가스기능사 필기

합격플래너

저자추천 3회독 완벽 플랜

구분			1회독	2회독	3회독
핵심이론 정리집 (별책부록)	1. 가스 안전관리	안전 1~50	DAY 1	–	–
		안전 51~100	DAY 2		
		안전 101~끝까지	DAY 3		
	2. 가스 장치 및 기기		DAY 4		
	3. 가스 설비		DAY 5		
핵심이론	1. 가스 일반	고압가스 기초 이론	DAY 6	DAY 37	DAY 51
		각종 가스의 특성 및 제법용도	DAY 7		
		연소 · 폭발 · 폭굉	DAY 8	DAY 38	
		가스계측 및 가스분석	DAY 9		
	2. 가스 장치 및 기기	고압가스 설비	DAY 10	DAY 39	DAY 52
		LP가스 및 도시가스 설비	DAY 11		
		압축기 및 펌프	DAY 12		
		수소 및 수소 안전관리 예상문제	DAY 13	DAY 40	
	3. 가스 안전관리	고압가스 안전관리	DAY 14	DAY 41	DAY 53
		LPG 안전관리	DAY 15		
		도시가스 안전관리	DAY 16		
과년도 출제문제 (CBT 이전)	**2013년** 제1회(1월 기출문제)		DAY 17	DAY 42	DAY 54
	2013년 제2회(4월 기출문제)		DAY 18		
	2013년 제4회(7월 기출문제)		DAY 19	DAY 43	
	2013년 제5회(10월 기출문제)		DAY 20		
	2014년 제1회(1월 기출문제)		DAY 21	DAY 44	DAY 55
	2014년 제2회(4월 기출문제)		DAY 22		
	2014년 제4회(7월 기출문제)		DAY 23	DAY 45	
	2014년 제5회(10월 기출문제)		DAY 24		
	2015년 제1회(1월 기출문제)		DAY 25	DAY 46	DAY 56
	2015년 제2회(4월 기출문제)		DAY 26		
	2015년 제4회(7월 기출문제)		DAY 27	DAY 47	
	2015년 제5회(10월 기출문제)		DAY 28		
	2016년 제1회(1월 기출문제)		DAY 29	DAY 48	DAY 57
	2016년 제2회(4월 기출문제)		DAY 30		
	2016년 제4회(7월 기출문제)		DAY 31		
최근 출제문제 (CBT 이후)	제1회 CBT 기출복원문제		DAY 32	DAY 49	DAY 58
	제2회 CBT 기출복원문제		DAY 33		
	제3회 CBT 기출복원문제		DAY 34	DAY 50	
	제4회 CBT 기출복원문제		DAY 35		
	제5회 CBT 기출복원문제		DAY 36		
온라인 모의고사	제1회 CBT 온라인 모의고사		–	–	DAY 59
	제2회 CBT 온라인 모의고사				
	제3회 CBT 온라인 모의고사				
	제4회 CBT 온라인 모의고사				
복습	별책부록(시험 전 최종마무리로 한번 더 반복학습)				DAY 60

절취선

단기완성 1회독 맞춤 플랜

<table>
<tr><th colspan="3"></th><th>30일 꼼꼼코스</th><th>14일 집중코스</th><th>7일 속성코스</th></tr>
<tr><td rowspan="5">핵심이론 정리집 (별책부록)</td><td rowspan="3">1. 가스 안전관리</td><td>안전 1~50</td><td>☐ DAY 1</td><td rowspan="3">☐ DAY 1</td><td rowspan="5">–</td></tr>
<tr><td>안전 51~100</td><td>☐ DAY 2</td></tr>
<tr><td>안전 101~끝까지</td><td>☐ DAY 3</td></tr>
<tr><td colspan="2">2. 가스 장치 및 기기</td><td>☐ DAY 4</td><td rowspan="2">☐ DAY 2</td></tr>
<tr><td colspan="2">3. 가스 설비</td><td>☐ DAY 5</td></tr>
<tr><td rowspan="11">핵심이론</td><td rowspan="4">1. 가스 일반</td><td>고압가스 기초 이론</td><td>☐ DAY 6</td><td rowspan="2">☐ DAY 3</td><td rowspan="5">☐ DAY 1</td></tr>
<tr><td>각종 가스의 특성 및 제법용도</td><td>☐ DAY 7</td></tr>
<tr><td>연소 · 폭발 · 폭굉</td><td>☐ DAY 8</td><td rowspan="2">☐ DAY 4</td></tr>
<tr><td>가스계측 및 가스분석</td><td>☐ DAY 9</td></tr>
<tr><td rowspan="4">2. 가스 장치 및 기기</td><td>고압가스 설비</td><td>☐ DAY 10</td><td rowspan="2">☐ DAY 5</td></tr>
<tr><td>LP가스 및 도시가스 설비</td><td>☐ DAY 11</td><td rowspan="3">☐ DAY 2</td></tr>
<tr><td>압축기 및 펌프</td><td>☐ DAY 12</td><td rowspan="2">☐ DAY 6</td></tr>
<tr><td>수소 및 수소 안전관리 예상문제</td><td>☐ DAY 13</td></tr>
<tr><td rowspan="3">3. 가스 안전관리</td><td>고압가스 안전관리</td><td>☐ DAY 14</td><td rowspan="3">☐ DAY 7</td><td rowspan="3">☐ DAY 3</td></tr>
<tr><td>LPG 안전관리</td><td>☐ DAY 15</td></tr>
<tr><td>도시가스 안전관리</td><td>☐ DAY 16</td></tr>
<tr><td rowspan="15">과년도 출제문제 (CBT 이전)</td><td colspan="2">2013년 제1회(1월 기출문제)</td><td rowspan="2">☐ DAY 17</td><td rowspan="4">☐ DAY 8</td><td rowspan="8">☐ DAY 4</td></tr>
<tr><td colspan="2">2013년 제2회(4월 기출문제)</td></tr>
<tr><td colspan="2">2013년 제4회(7월 기출문제)</td><td rowspan="2">☐ DAY 18</td></tr>
<tr><td colspan="2">2013년 제5회(10월 기출문제)</td></tr>
<tr><td colspan="2">2014년 제1회(1월 기출문제)</td><td rowspan="2">☐ DAY 19</td><td rowspan="4">☐ DAY 9</td></tr>
<tr><td colspan="2">2014년 제2회(4월 기출문제)</td></tr>
<tr><td colspan="2">2014년 제4회(7월 기출문제)</td><td rowspan="2">☐ DAY 20</td></tr>
<tr><td colspan="2">2014년 제5회(10월 기출문제)</td></tr>
<tr><td colspan="2">2015년 제1회(1월 기출문제)</td><td rowspan="2">☐ DAY 21</td><td rowspan="4">☐ DAY 10</td><td rowspan="7">☐ DAY 5</td></tr>
<tr><td colspan="2">2015년 제2회(4월 기출문제)</td></tr>
<tr><td colspan="2">2015년 제4회(7월 기출문제)</td><td rowspan="2">☐ DAY 22</td></tr>
<tr><td colspan="2">2015년 제5회(10월 기출문제)</td></tr>
<tr><td colspan="2">2016년 제1회(1월 기출문제)</td><td rowspan="2">☐ DAY 23</td><td rowspan="3">☐ DAY 11</td></tr>
<tr><td colspan="2">2016년 제2회(4월 기출문제)</td></tr>
<tr><td colspan="2">2016년 제4회(7월 기출문제)</td><td>☐ DAY 24</td></tr>
<tr><td rowspan="5">최근 출제문제 (CBT 이후)</td><td colspan="2">제1회 CBT 기출복원문제</td><td rowspan="2">☐ DAY 25</td><td rowspan="5">☐ DAY 12</td><td rowspan="5">☐ DAY 6</td></tr>
<tr><td colspan="2">제2회 CBT 기출복원문제</td></tr>
<tr><td colspan="2">제3회 CBT 기출복원문제</td><td rowspan="2">☐ DAY 26</td></tr>
<tr><td colspan="2">제4회 CBT 기출복원문제</td></tr>
<tr><td colspan="2">제5회 CBT 기출복원문제</td><td>☐ DAY 27</td></tr>
<tr><td rowspan="4">온라인 모의고사</td><td colspan="2">제1회 CBT 온라인 모의고사</td><td rowspan="2">☐ DAY 28</td><td rowspan="4">☐ DAY 13</td><td rowspan="4">☐ DAY 7</td></tr>
<tr><td colspan="2">제2회 CBT 온라인 모의고사</td></tr>
<tr><td colspan="2">제3회 CBT 온라인 모의고사</td><td rowspan="2">☐ DAY 29</td></tr>
<tr><td colspan="2">제4회 CBT 온라인 모의고사</td></tr>
<tr><td>복습</td><td colspan="2">별책부록(시험 전 최종마무리로 한번 더 반복학습)</td><td>☐ DAY 30</td><td>☐ DAY 14</td><td>–</td></tr>
</table>

절취선

유일무이 나만의 합격 플랜

나만의 합격코스

구분	과목	세부	날짜	1회독	2회독	3회독	MEMO
핵심이론 정리집 (별책부록)	1. 가스 안전관리	안전 1~50	월 일	☐	☐	☐	
		안전 51~100	월 일	☐	☐	☐	
		안전 101~끝까지	월 일	☐	☐	☐	
	2. 가스 장치 및 기기		월 일	☐	☐	☐	
	3. 가스 설비		월 일	☐	☐	☐	
핵심이론	1. 가스 일반	고압가스 기초 이론	월 일	☐	☐	☐	
		각종 가스의 특성 및 제법용도	월 일	☐	☐	☐	
		연소 · 폭발 · 폭굉	월 일	☐	☐	☐	
		가스계측 및 가스분석	월 일	☐	☐	☐	
	2. 가스 장치 및 기기	고압가스 설비	월 일	☐	☐	☐	
		LP가스 및 도시가스 설비	월 일	☐	☐	☐	
		압축기 및 펌프	월 일	☐	☐	☐	
		수소 및 수소 안전관리 예상문제	월 일	☐	☐	☐	
	3. 가스 안전관리	고압가스 안전관리	월 일	☐	☐	☐	
		LPG 안전관리	월 일	☐	☐	☐	
		도시가스 안전관리	월 일	☐	☐	☐	
과년도 출제문제 (CBT 이전)	**2013년** 제1회(1월 기출문제)		월 일	☐	☐	☐	
	2013년 제2회(4월 기출문제)		월 일	☐	☐	☐	
	2013년 제4회(7월 기출문제)		월 일	☐	☐	☐	
	2013년 제5회(10월 기출문제)		월 일	☐	☐	☐	
	2014년 제1회(1월 기출문제)		월 일	☐	☐	☐	
	2014년 제2회(4월 기출문제)		월 일	☐	☐	☐	
	2014년 제4회(7월 기출문제)		월 일	☐	☐	☐	
	2014년 제5회(10월 기출문제)		월 일	☐	☐	☐	
	2015년 제1회(1월 기출문제)		월 일	☐	☐	☐	
	2015년 제2회(4월 기출문제)		월 일	☐	☐	☐	
	2015년 제4회(7월 기출문제)		월 일	☐	☐	☐	
	2015년 제5회(10월 기출문제)		월 일	☐	☐	☐	
	2016년 제1회(1월 기출문제)		월 일	☐	☐	☐	
	2016년 제2회(4월 기출문제)		월 일	☐	☐	☐	
	2016년 제4회(7월 기출문제)		월 일	☐	☐	☐	
최근 출제문제 (CBT 이후)	제1회 CBT 기출복원문제		월 일	☐	☐	☐	
	제2회 CBT 기출복원문제		월 일	☐	☐	☐	
	제3회 CBT 기출복원문제		월 일	☐	☐	☐	
	제4회 CBT 기출복원문제		월 일	☐	☐	☐	
	제5회 CBT 기출복원문제		월 일	☐	☐	☐	
온라인 모의고사	제1회 CBT 온라인 모의고사		월 일	☐	☐	☐	
	제2회 CBT 온라인 모의고사		월 일	☐	☐	☐	
	제3회 CBT 온라인 모의고사		월 일	☐	☐	☐	
	제4회 CBT 온라인 모의고사		월 일	☐	☐	☐	
복습	별책부록(시험 전 최종마무리로 한번 더 반복학습)		월 일	☐	☐	☐	

절취선

저자쌤의 합격플래너 활용 Tip.

01. Choice

시험대비를 위해 여유 있는 시간을 확보해 제대로 공부하여 시험합격은 물론 고득점을 노리는 수험생들은 **Plan 1 (60일 3회독 완벽코스)**를, 폭넓고 깊은 학습은 불가능해도 꼼꼼하게 공부해 한번에 시험합격을 원하시는 수험생들은 **Plan 2 (30일 꼼꼼코스)**를, 시험준비를 늦게 시작하였으나 짧은 기간에 온전히 학습할 수 있는 많은 시간확보가 가능한 수험생들은 **Plan 3 (14일 집중코스)**를, 부족한 시간이지만 열심히 공부하여 60점만 넘어 합격의 영광을 누리고 싶은 수험생들은 **Plan 4 (7일 속성코스)**가 적합합니다!
단, 저자쌤은 위의 학습플랜 중 충분한 학습기간을 가지고 제대로 시험대비를 할 수 있는 **Plan 1**을 추천합니다!!!

02. Plus

Plan 1~4까지 중 나에게 맞는 학습플랜이 없을 시, **Plan 5**에 **나에게 꼭~ 맞는 나만의 학습계획**을 스스로 세워보거나, 또는 **Plan 2 + Plan 3**, **Plan 2 + Plan 4**, **Plan 3 + Plan 4** 등 제시된 코스를 활용하여 나의 시험준비기간에 잘~ 맞는 학습계획을 세워보세요!

03. Unique

유일무이 나만의 합격 플랜에는 계획에 따라 3회독까지 학습체크를 할 수 있는 공란과, 처음 1회독 시 학습한 날짜를 기입할 수 있는 공간을 따로 두었습니다!

04. Pass

별책부록으로 수록되어 있는 **"핵심이론정리집"**은 플래너의 학습일과 상관없이 기출문제를 풀 때 **수시로 참고**하거나 **모든 학습이 끝난 후 한번 더 반복**하여 봐주시고, 시험당일 **시험장에서 최종 마무리용**으로 활용하시길 바랍니다!

※ 합격플래너를 활용해 계획적으로 시험대비를 하여 필기시험에 합격하신 수험생분께는 「문화상품권(2만원)」을 보내드립니다(단, 선착순(10명)이며, 온라인서점에 플래너 활용사진을 포함한 도서리뷰 or 합격후기를 올려주신 후 인증사진을 보내주신 분에 한합니다).
☎ 관련문의 : 031-950-6371

절취선

D+PLUS

더플러스

더 쉽게 더 빠르게 합격 플러스

가스기능사 필기

필수이론 + 기출문제집

양용석 지음

BM (주)도서출판 성안당

도서 A/S 안내

성안당에서 발행하는 모든 도서는 저자와 출판사, 그리고 독자가 함께 만들어 나갑니다.

좋은 책을 펴내기 위해 많은 노력을 기울이고 있습니다. 혹시라도 내용상의 오류나 오탈자 등이 발견되면 **"좋은 책은 나라의 보배"**로서 우리 모두가 함께 만들어 간다는 마음으로 연락주시기 바랍니다. 수정 보완하여 더 나은 책이 되도록 최선을 다하겠습니다.

성안당은 늘 독자 여러분들의 소중한 의견을 기다리고 있습니다. 좋은 의견을 보내주시는 분께는 성안당 쇼핑몰의 포인트(3,000포인트)를 적립해 드립니다.

잘못 만들어진 책이나 부록 등이 파손된 경우에는 교환해 드립니다.

저자 문의 e-mail : 3305542a@daum.net(양용석)

본서 기획자 e-mail : coh@cyber.co.kr(최옥현)

홈페이지 : http://www.cyber.co.kr   전화 : 031) 950-6300

국가적으로 안전관리 분야(가스 · 소방 · 전기 · 토목 · 건축 등)가 강조되고 있는 현시대에 특히 고압가스 분야에 관심을 가지고 가스기능사 자격을 취득하려는 독자 여러분 반갑습니다.

이 책의 특징은 다음과 같습니다.

01 각 장별 핵심이론을 구성하여 전체적인 이해도를 높였으며 가스기능사 공부를 처음 하는 초보자들도 이해하기 쉽도록 하였습니다. 특히 이해하기 어려운 부분은 중간중간 풀어 설명하는 강의록을 편성하였습니다.

02 각 장마다 출제예상문제를 구성하여 중요이론을 완벽히 이해할 수 있도록 하였습니다.

03 2013~2016년 기출문제+최근 CBT 기출복원문제 및 해설을 수록하여 출제문제 파악 및 분석이 가능하도록 하였습니다. 기출문제(기출복원문제 포함)는 동봉된 '별책부록집'과 함께 공부하시면 새롭게 바뀐 CBT(Computer Based Test) 시험에 완벽한 대비가 가능합니다.

04 반드시 숙지하여야 하고 그동안 출제되었던 내용 및 출제 가능성이 높은 내용을 별책부록으로 제작하였습니다. 휴대가 간편하며, 시험보기 전 시험장에서 최종마무리로 이용하실 수 있도록 하였습니다.

끝으로 이 책의 집필을 위하여 물심양면으로 도움을 주신 도서출판 성안당 회장님과 편집부 임직원 여러분께 진심으로 감사드리며, 수험생 여러분의 합격을 기원드립니다.

이 책을 보면서 궁금한 점이 있으시면 **저자 직통전화(010-5835-0508)**나 **저자 메일(3305542a@daum.net)**로 언제든 질문을 주시면 성실하게 답변드리겠습니다.
또한 출간 이후의 오류사항은 성안당 홈페이지-자료실-정오표 게시판에 올려두겠습니다.

저자 씀

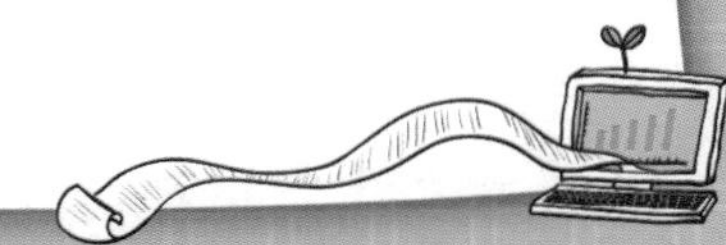

시험 안내

✦ 자격명 : 가스기능사(과정평가형 자격 취득 가능 종목)
✦ 영문명 : Craftsman Gas
✦ 관련부처 : 산업통상자원부
✦ 시행기관 : 한국산업인력공단

1 기본 정보

(1) 개요

경제성장과 더불어 산업체로부터 가정에 이르기까지 수요가 증가하고 있는 가스류 제품은 인화성과 폭발성이 있는 에너지 자원이다. 이에 따라 고압가스와 관련된 생산, 공정, 시설, 기수의 안전관리에 대한 제도적 개편과 기능인력을 양성하기 위하여 자격제도를 시행하게 되었다.

(2) 수행직무

고압가스 제조, 저장 및 공급 시설, 용기, 기구 등의 제조 및 수리 시설을 시공, 조작, 검사하기 위한 기술적 사항의 관리, 생산공정에서 가스생산 기계 및 장비를 운전하고 충전하기 위해 예방조치 점검과 고압가스충전용기의 운반, 관리 및 용기 부속품 교체 등의 업무를 수행한다.

(3) 진로 및 전망

① 고압가스 제조업체 · 저장업체 · 판매업체에 기타 도시가스사업소, 용기제조업소, 냉동기계제조업체 등 전국의 고압가스 관련업체로 진출할 수 있다.

② 최근 국민생활수준의 향상과 산업의 발달로 연료용 및 산업용 가스의 수급 규모가 대형화되고, 가스시설의 복잡 · 다양화됨에 따라 가스사고 건수가 급증하고 사고 규모도 대형화되는 추세이다. 한국가스안전공사의 자료에 의하면 가스사고로 인한 인명 피해가 해마다 증가하였고, 정부의 도시가스 확대방안으로 인천, 평택 인수기지에 이어 추가 기지 건설을 추진하는 등 가스 사용량 증가가 예상되어 가스기능사의 인력수요는 증가할 것이다.

(4) 연도별 검정현황

연 도	필 기			실 기		
	응시	합격	합격률	응시	합격	합격률
2023	13,963명	4,308명	30.85%	6,311명	4,013명	63.59%
2022	11,955명	3,986명	33.3%	5,984명	2,049명	34.2%
2021	11,741명	3,753명	31.9%	5,611명	2,479명	44.2%
2020	8,891명	3,003명	33.8%	4,442명	2,597명	58.5%
2019	11,090명	3,426명	30.9%	5,086명	2,828명	55.6%

2 시험 정보

(1) 시험 수수료

① 필기 : 14,500원
② 실기 : 32,800원

(2) 출제 경향

가스 설비, 운전, 저장 및 공급에 대한 취급과 가스장치의 고장진단 및 유지관리, 그리고 가스안전관리에 관한 업무를 수행할 수 있는지의 능력을 평가

(3) 취득방법

① 시행처 : 한국산업인력공단
② 관련학과 : 실업계 고등학교 및 전문대학의 기계공학 또는 화학공학 관련학과
③ 시험과목
- 필기 : 1. 가스 안전관리
  2. 가스 장치 및 기기
  3. 가스 일반
- 실기 : 가스 실무

④ 검정방법
- 필기 : 전 과목 혼합, 객관식 60문항(1시간)
- 실기 : 복합형(2시간(필답형(12문항) : 1시간+동영상(12문항) : 1시간))

⑤ 합격기준
- 필기 : 100점을 만점으로 하여 과목당 40점 이상, 전 과목 평균 60점 이상
- 실기 : 100점(필답형 50점+동영상 50점)을 만점으로 하여 60점 이상

(4) 시험 일정

회 별	필기시험			실기시험		
	원서접수(휴일제외)	시험시행	합격자 발표	원서접수(휴일제외)	시험시행	합격자 발표
제1회	1. 6(월) ~ 1. 9(목)	1. 21(화) ~ 1. 25(토)	2. 6(목)	2. 10(월) ~ 2. 13(목)	3. 15(토) ~ 4. 2(수)	1차 : 4. 11(금) 2차 : 4. 18(금)
제2회	3. 17(월) ~ 3. 21(금) * 3. 18(화) 제외	4. 5(토) ~ 4. 10(목)	4. 16(수)	4. 21(월) ~4. 24(목)	5. 31(토) ~ 6. 15(일)	1차 : 6. 27(금) 2차 : 7. 4(금)
	산업수요 맞춤형 고등학교 및 특성화고 등 필기시험 면제자 검정 **(일반 필기시험 면제자 응시불가)**			5. 19(월) ~5. 22(목)	6. 14(토) ~ 6. 24(화)	1차 : 7. 18(금) 2차 : 7. 25(금)
제3회	6. 9(월) ~ 6. 12(목)	6. 28(토) ~ 7. 3(목)	7. 16(수)	7. 28(월) ~7. 31(목)	8. 30(토) ~ 9. 17(수)	1차 : 9. 26(금) 2차 : 9. 30(화)
제4회	8. 25(월) ~ 8. 28(목)	9. 20(토) ~ 9. 25(목)	10. 15(수)	10. 20(월) ~10. 23(목)	11. 22(토) ~ 12. 10(수)	1차 : 12. 19(금) 2차 : 12. 24(수)

[비고]
1. 원서접수 시간 : 원서접수 첫날 10시~마지막 날 18시까지입니다.
   (가끔 마지막 날 밤 12:00까지로 알고 접수를 놓치는 경우도 있으니 주의하기 바람!)
2. 필기시험 합격예정자 및 최종합격자 발표시간은 해당 발표일 9시입니다.
3. 주말 및 공휴일, 공단창립기념일(3.18)에는 실기시험 원서접수 불가합니다.
4. 자세한 시험 일정은 Q-net 홈페이지(www.q-net.or.kr)를 참고하시기 바랍니다.

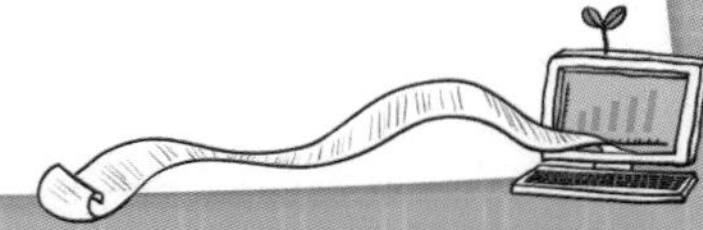

3 시험 접수에서 자격증 수령까지 안내

☑ 원서접수 안내 및 유의사항입니다.

- 원서접수 확인 및 수험표 출력기간은 접수당일부터 시험시행일까지 출력 가능(이외 기간은 조회불가)합니다. 또한 출력장애 등을 대비하여 사전에 출력 보관하시기 바랍니다.
- 원서접수는 온라인(인터넷, 모바일앱)에서만 가능합니다.
- 스마트폰, 태블릿 PC 사용자는 모바일앱 프로그램을 설치한 후 접수 및 취소/환불 서비스를 이용하시기 바랍니다.

STEP 01 필기시험 원서접수

- 필기시험은 온라인 접수만 가능
- Q-net(www.q-net.or.kr) 사이트 회원 가입
- 응시자격 자가진단 확인 후 원서 접수 진행
- 반명함 사진 등록 필요 (6개월 이내 촬영본 / 3.5cm×4.5cm)

STEP 02 필기시험 응시

- 입실시간 미준수 시 시험 응시 불가 (시험시작 30분 전에 입실 완료)
- 수험표, 신분증, 계산기 지참 (공학용 계산기 지참 시 반드시 포맷)

STEP 03 필기시험 합격자 확인

- CBT 형식으로 치러지므로 시험 완료 즉시 합격 여부 확인 가능
- 문자 메시지, SNS 메신저를 통해 합격 통보 (합격자만 통보)
- Q-net(www.q-net.or.kr) 사이트 및 ARS (1666-0100)를 통해서 확인 가능

STEP 04 실기시험 원서접수

- Q-net(www.q-net.or.kr) 사이트에서 원서 접수
- 응시자격서류 제출 후 심사에 합격 처리된 사람에 한하여 원서 접수 가능 (응시자격서류 미제출 시 필기시험 합격예정 무효)

※ 자세한 사항은 Q-net 홈페이지(www.q-net.or.kr)를 참고하시기 바랍니다.

"성안당은 여러분의 합격을 기원합니다"

STEP 05
실기시험 응시

- 수험표, 신분증, 필기구, 공학용 계산기, 종목별 수험자 준비물 지참
(공학용 계산기는 허용된 종류에 한하여 사용 가능하며, 수험자 지참 준비물은 실기시험 접수기간에 확인 가능)

STEP 06
실기시험 합격자 확인

- 문자 메시지, SNS 메신저를 통해 합격 통보
(합격자만 통보)
- Q-net(www.q-net.or.kr) 사이트 및 ARS (1666-0100)를 통해서 확인 가능

STEP 07
자격증 교부 신청

- 상장형 자격증, 수첩형 자격증 형식 신청 가능
- Q-net(www.q-net.or.kr) 사이트를 통해 신청

STEP 08
자격증 수령

- 상장형 자격증은 합격자 발표 당일부터 인터넷으로 발급 가능
(직접 출력하여 사용)
- 수첩형 자격증은 인터넷 신청 후 우편수령만 가능
(수수료 : 3,100원 / 배송비 : 3,010원)

★ **필기/실기 시험 시 허용되는 공학용 계산기 기종**

1. 카시오(CASIO) FX-901~999
2. 카시오(CASIO) FX-501~599
3. 카시오(CASIO) FX-301~399
4. 카시오(CASIO) FX-80~120
5. 샤프(SHARP) EL-501-599
6. 샤프(SHARP) EL-5100, EL-5230, EL-5250, EL-5500
7. 캐논(CANON) F-715SG, F-788SG, F-792SGA
8. 유니원(UNIONE) UC-400M, UC-600E, UC-800X
9. 모닝글로리(MORNING GLORY) ECS-101

※ 1. 직업 초기화가 불가능한 계산기는 사용 불가
2. 사칙연산만 가능한 일반 계산기는 기종 상관없이 사용 가능
3. 허용군 내 기종 번호 말미의 영어 표기(ES, MS, EX 등)는 무관

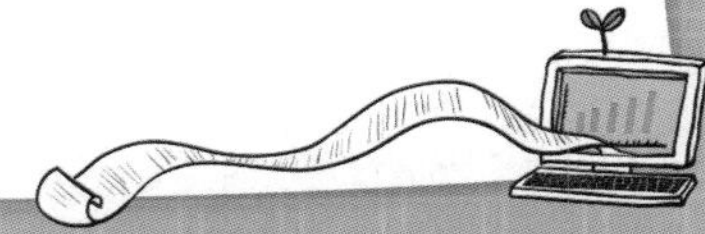

CBT 안내

1 CBT란?

CBT란 Computer Based Test의 약자로, 컴퓨터 기반 시험을 의미한다.
정보기기운용기능사, 정보처리기능사, 굴삭기운전기능사, 지게차운전기능사, 제과기능사, 제빵기능사, 한식조리기능사, 양식조리기능사, 일식조리기능사, 중식조리기능사, 미용사(일반), 미용사(피부) 등 12종목은 이미 오래 전부터 CBT 시험을 시행하고 있으며, **가스기능사는 2016년 5회 시험부터 CBT 시험이 시행**되었다.
CBT 필기시험은 컴퓨터로 보는 만큼 수험자가 답안을 제출함과 동시에 합격여부를 확인할 수 있다.

2 CBT 시험과정

한국산업인력공단에서 운영하는 홈페이지 **큐넷(Q-net)**에서는 누구나 쉽게 **CBT 시험**을 볼 수 있도록 실제 자격시험 환경과 동일하게 구성한 **가상 웹 체험 서비스를 제공**하고 있으며, 그 과정을 요약한 내용은 아래와 같다.

(1) 시험시작 전 신분 확인절차

수험자가 자신에게 배정된 좌석에 앉아 있으면 신분 확인절차가 진행된다.
이것은 시험장 감독위원이 컴퓨터에 나온 수험자 정보와 신분증이 일치하는지를 확인하는 단계이다.

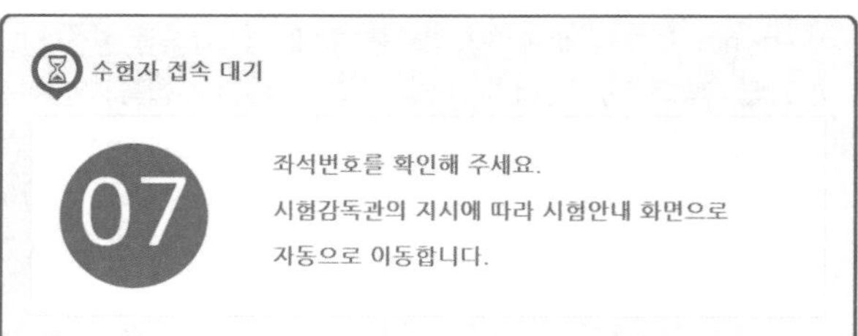

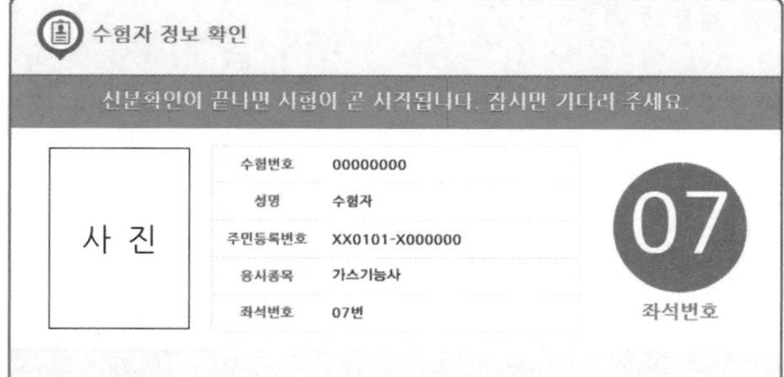

(2) CBT 시험안내 진행

신분 확인이 끝난 후 시험시작 전 CBT 시험안내가 진행된다.

안내사항 > 유의사항 > 메뉴 설명 > 문제풀이 연습 > 시험준비 완료

① 시험 **[안내사항]**을 확인한다.

- 시험은 총 5문제로 구성되어 있으며, 5분간 진행된다.
  (자격종목별로 시험문제 수와 시험시간은 다를 수 있다.(가스기능사 필기−60문제/1시간))
- 시험도중 수험자 PC 장애 발생 시 손을 들어 시험감독관에게 알리면 긴급장애조치 또는 자리이동을 할 수 있다.
- 시험이 끝나면 합격여부를 바로 확인할 수 있다.

② 시험 **[유의사항]**을 확인한다.
시험 중 금지되는 행위 및 저작권 보호에 관한 유의사항이 제시된다.

③ 문제풀이 **[메뉴 설명]**을 확인한다.
문제풀이 기능 설명을 유의해서 읽고 기능을 숙지해야 한다.

④ 자격검정 CBT **[문제풀이 연습]**을 진행한다.
실제 시험과 동일한 방식의 문제풀이 연습을 통해 CBT 시험을 준비한다.

- CBT 시험 문제화면의 기본 글자크기는 150%이다. 글자가 크거나 작을 경우 크기를 변경할 수 있다.
- 화면배치는 1단 배치가 기본 설정이다. 더 많은 문제를 볼 수 있는 2단 배치와 한 문제씩 보기 설정이 가능하다.

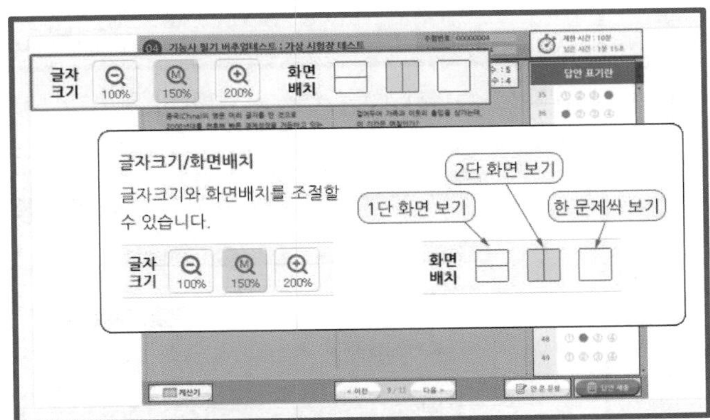

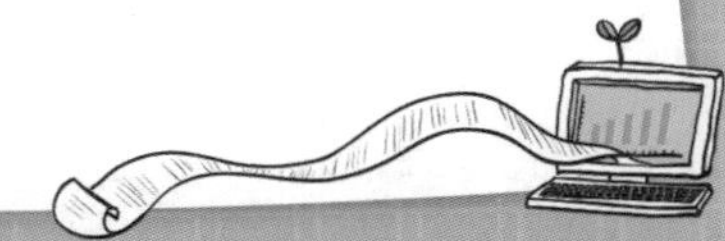

- 답안은 문제의 보기번호를 클릭하거나 답안표기 칸의 번호를 클릭하여 입력할 수 있다.
- 입력된 답안은 문제화면 또는 답안표기 칸의 보기번호를 클릭하여 변경할 수 있다.

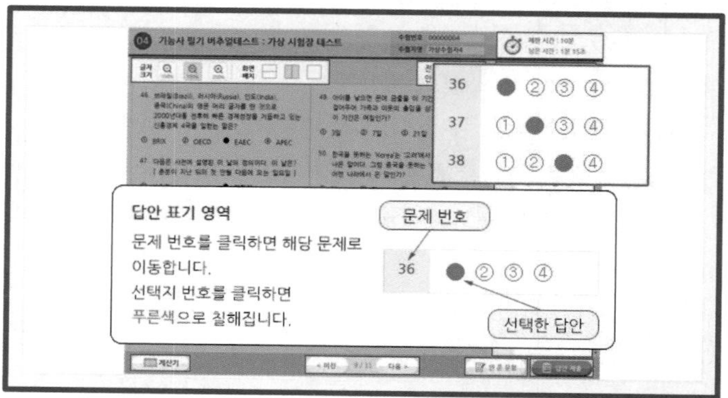

- 페이지 이동은 아래의 페이지 이동 버튼 또는 답안표기 칸의 문제번호를 클릭하여 이동할 수 있다.

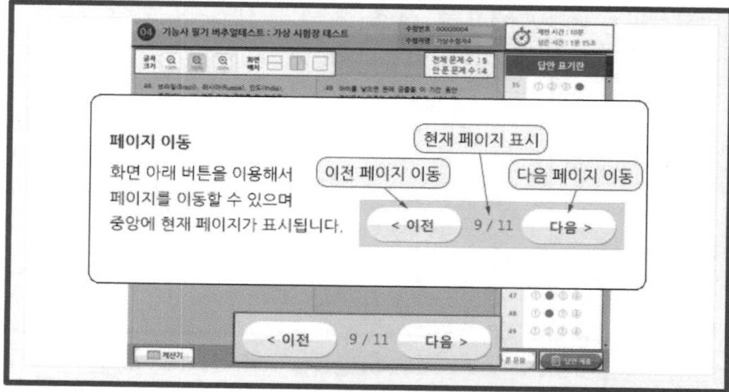

- 응시종목에 계산문제가 있을 경우 좌측 하단의 계산기 기능을 이용할 수 있다.

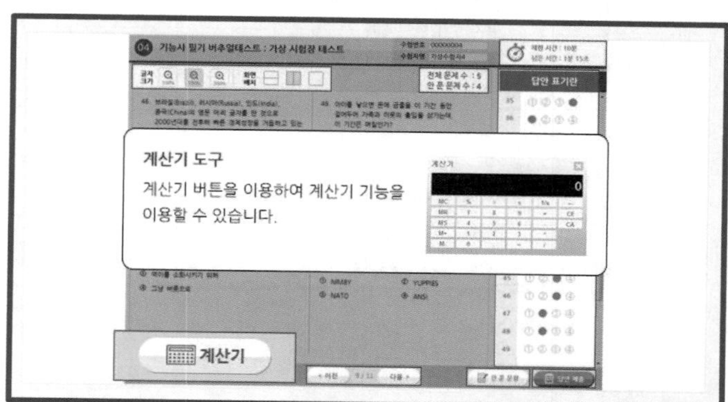

- 안 푼 문제 확인은 답안 표기란 좌측에 안 푼 문제 수를 확인하거나 답안 표기란 하단 [안 푼 문제] 버튼을 클릭하여 확인할 수 있다. 안 푼 문제번호 보기 팝업창에 안 푼 문제번호가 표시된다. 번호를 클릭하면 해당 문제로 이동한다.

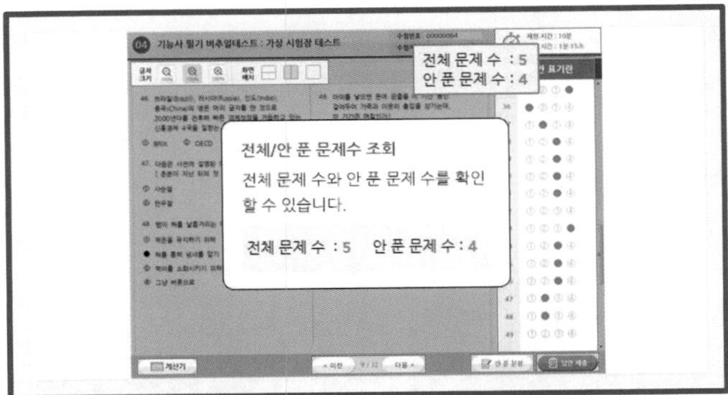

- 시험문제를 다 푼 후 답안 제출을 하거나 시험시간이 모두 경과되었을 경우 시험이 종료되며 시험결과를 바로 확인할 수 있다.
- [답안 제출] 버튼을 클릭하면 답안 제출 승인 알림창이 나온다. 시험을 마치려면 [예] 버튼을 클릭하고 시험을 계속 진행하려면 [아니오] 버튼을 클릭하면 된다. 답안 제출은 실수 방지를 위해 두 번의 확인 과정을 거친다. 이상이 없으면 [예] 버튼을 한 번 더 클릭하면 된다.

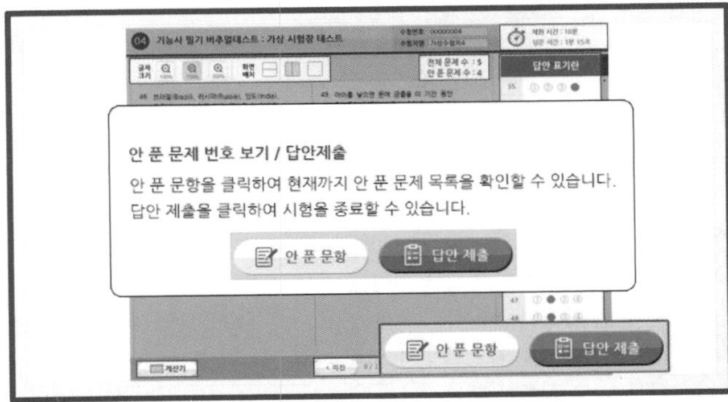

⑤ **[시험준비 완료]**를 한다.

시험 안내사항 및 문제풀이 연습까지 모두 마친 수험자는 [시험준비 완료] 버튼을 클릭한 후 잠시 대기한다.

(3) CBT 시험 시행

(4) 답안 제출 및 합격 여부 확인

★ 더 자세한 내용에 대해서는 Q-Net 홈페이지(www.q-net.or.kr)를 참고해 주시기 바랍니다. ★

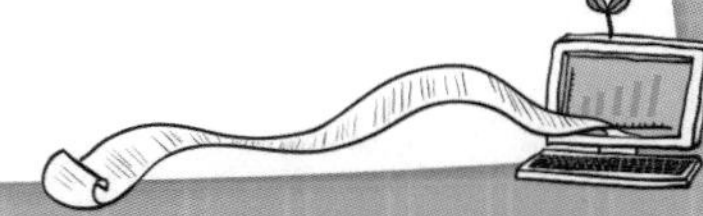

1 국가직무능력표준(NCS)이란?

국가직무능력표준(NCS, National Competency Standards)은 산업현장에서 직무를 행하기 위해 요구되는 지식 · 기술 · 태도 등의 내용을 국가가 산업 부문별, 수준별로 체계화한 것이다.

(1) 국가직무능력표준(NCS) 개념도

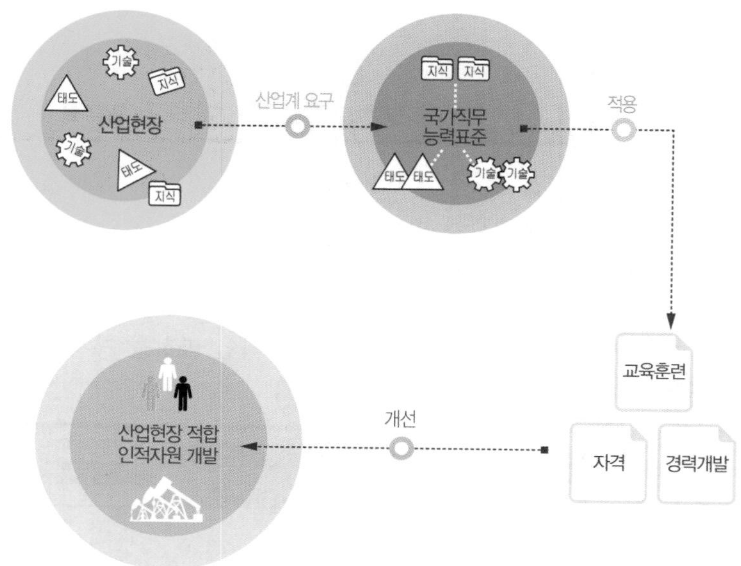

〈직무능력 : 일을 할 수 있는 On-spec인 능력**〉**

① 직업인으로서 기본적으로 갖추어야 할 공통 능력 → **직업기초능력**

② 해당 직무를 수행하는 데 필요한 역량(지식, 기술, 태도) → **직무수행능력**

〈보다 효율적이고 현실적인 대안 마련〉

① 실무중심의 교육 · 훈련 과정 개편

② 국가자격의 종목 신설 및 재설계

③ 산업현장 직무에 맞게 자격시험 전면 개편

④ NCS 채용을 통한 기업의 능력중심 인사관리 및 근로자의 평생경력 개발 관리 지원

(2) 국가직무능력표준(NCS) 학습모듈

국가직무능력표준(NCS)이 현장의 '**직무 요구서**'라고 한다면, **NCS 학습모듈**은 **NCS 능력단위를 교육훈련에서 학습할 수 있도록 구성한 '교수 · 학습 자료'**이다. NCS 학습모듈은 구체적 직무를 학습할 수 있도록 이론 및 실습과 관련된 내용을 상세하게 제시하고 있다.

2 국가직무능력표준(NCS)이 왜 필요한가?

능력 있는 인재를 개발해 핵심 인프라를 구축하고, 나아가 국가경쟁력을 향상시키기 위해 국가직무능력표준이 필요하다.

(1) 국가직무능력표준(NCS) 적용 전/후

지금은

- 직업 교육 · 훈련 및 자격제도가 산업현장과 불일치
- 인적자원의 비효율적 관리 운용

→ 국가직무능력표준 →

이렇게 바뀝니다.

- 각각 따로 운영되었던 교육 · 훈련, 국가직무능력표준 중심 시스템으로 전환 (일-교육 · 훈련-자격 연계)
- 산업현장 직무중심의 인적자원 개발
- 능력중심사회 구현을 위한 핵심 인프라 구축
- 고용과 평생직업능력 개발 연계를 통한 국가경쟁력 향상

(2) 국가직무능력표준(NCS) 활용범위

기업체 Corporation	교육훈련기관 Education and training	자격시험기관 Qualification
- 현장 수요 기반의 인력채용 및 인사관리 기준 - 근로자 경력 개발 - 직무 기술서	- 직업교육 훈련과정 개발 - 교수계획 및 매체, 교재 개발 - 훈련기준 개발	- 자격종목의 신설 · 통합 · 폐지 - 출제기준 개발 및 개정 - 시험문항 및 평가방법

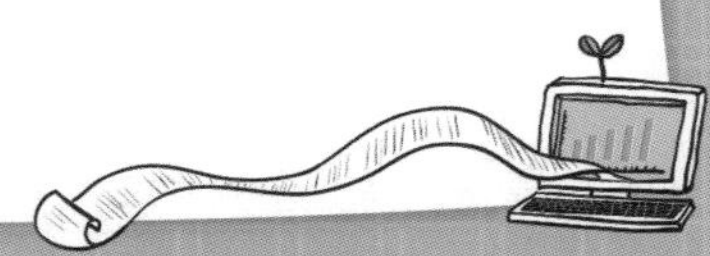

출제기준 (필기)

직무 분야	안전관리	중직무 분야	안전관리	자격 종목	가스기능사	적용 기간	2025.1.1.~2028.12.31.

• **직무 내용** : 가스 시설의 운용, 유지관리 및 사고예방조치 등의 업무를 수행하는 직무이다.

필기 검정 방법	객관식	문제 수	60	시험 시간	1시간

필기 과목명	문제수	주요항목	세부항목	세세항목
가스 법령 활용, 가스사고 예방·관리, 가스시설 유지관리, 가스 특성 활용	60	1. 가스 법령 활용	(1) 가스제조 공급·충전	① 고압가스 특정·일반제조시설 ② 고압가스 공급·충전시설 ③ 고압가스 냉동제조시설 ④ 액화석유가스 공급·충전시설 ⑤ 도시가스 제조 및 공급시설 ⑥ 도시가스 충전시설 ⑦ 수소 제조 및 충전시설
			(2) 가스저장·사용시설	① 고압가스 저장·사용시설 ② 액화석유가스 저장·사용시설 ③ 도시가스 저장·사용시설 ④ 수소 저장·사용시설
			(3) 고압가스 관련 설비 등의 제조·검사	① 특정설비 제조 및 검사 ② 가스용품 제조 및 검사 ③ 냉동기 제조 및 검사 ④ 히트펌프 제조 및 검사 ⑤ 용기 제조 및 검사
			(4) 가스판매, 운반·취급	① 가스 판매시설 ② 가스 운반시설 ③ 가스 취급
			(5) 가스관련법 활용	① 고압가스안전관리법 활용 ② 액화석유가스의안전관리 및 사업법 활용 ③ 도시가스사업법 활용 ④ 수소경제육성 및 수소안전관리법률 활용
		2. 가스사고 예방·관리	(1) 가스사고 예방·관리 및 조치	① 사고조사 보고서 작성 ② 사고조사 장비 관리 ③ 응급조치
			(2) 가스화재·폭발예방	① 폭발범위·종류 ② 폭발의 피해 영향·방지대책 ③ 위험장소 및 방폭구조 ④ 위험성 평가

필기 과목명	문제수	주요항목	세부항목	세세항목
			(3) 부식 · 비파괴 검사	① 부식의 종류 및 방식 ② 비파괴 검사의 종류
		3. 가스시설 유지관리	(1) 가스장치	① 기화장치 및 정압기 ② 가스장치 요소 및 재료 ③ 가스용기 및 저장탱크 ④ 압축기 및 펌프 ⑤ 저온장치
			(2) 가스설비	① 고압가스설비 ② 액화석유가스설비 ③ 도시가스설비 ④ 수소설비
			(3) 가스계측기기	① 온도계 및 압력계측기 ② 액면 및 유량계측기 ③ 가스분석기 ④ 가스누출검지기 ⑤ 제어기기
		4. 가스 특성 활용	(1) 가스의 기초	① 압력 ② 온도 ③ 열량 ④ 밀도, 비중 ⑤ 가스의 기초 이론 ⑥ 이상기체의 성질
			(2) 가스의 연소	① 연소현상 ② 연소의 종류와 특성 ③ 가스의 종류 및 특성 ④ 가스의 시험 및 분석 ⑤ 연소계산
			(3) 고압가스 특성 활용	① 고압가스 특성 및 취급 ② 고압가스의 품질관리 · 검사기준적용
			(4) 액화석유가스 특성 활용	① 액화석유가스 특성 및 취급 ② 액화석유가스의 품질관리 · 검사기준적용
			(5) 도시가스 특성 활용	① 도시가스 특성 및 취급 ② 도시가스의 품질관리 · 검사기준적용
			(6) 독성가스 특성 활용	① 독성가스 특성 및 취급 ② 독성가스 처리

출제기준 (실기)

직무 분야	안전관리	중직무 분야	안전관리	자격 종목	가스기능사	적용 기간	2025.1.1.~2028.12.31.

• **직무 내용** : 가스 시설의 운용, 유지관리 및 사고예방조치 등의 업무를 수행하는 직무이다.

• **수행 준거** : 1. 가스시설에 대한 기초적인 지식과 기능을 가지고 각종 가스 설비를 운용할 수 있다.
2. 가스설비에 대한 운전 · 저장 · 취급과 유지관리를 할 수 있다.
3. 가스기기와 설비에 대한 검사업무 및 가스안전관리 업무를 수행할 수 있다.
4. 가스로 인한 질식 · 화재 · 폭발사고를 예방 · 관리할 수 있다.

실기 검정 방법	복합형	시험 시간	2시간 (필답형 : 1시간, 동영상 : 1시간)

실기 과목명	주요항목	세부항목	세세항목
가스 안전 실무	1. 가스 특성 활용	(1) 가스 특성 활용하기	① 가스의 종류별 물리 · 화학적 기초지식을 이해하고 취급할 수 있다. ② 고압가스의 위험 특성을 이해하고 취급할 수 있다. ③ 액화석유가스의 위험 특성을 이해하고 취급할 수 있다. ④ 도시가스의 위험 특성을 이해하고 취급할 수 있다.
	2. 가스시설 유지관리	(1) 가스설비 운용하기	① 제조, 저장, 충전장치의 종류별 작동 원리를 이해하고 운용할 수 있다. ② 기화장치의 종류별 작동 원리를 이해하고 운용할 수 있다. ③ 저온장치의 종류별 작동 원리를 이해하고 운용할 수 있다. ④ 가스용기, 저장탱크를 관리 및 운용할 수 있다. ⑤ 펌프 및 압축기의 종류별 작동 원리를 이해하고 운용할 수 있다.
		(2) 가스설비 작업하기	① 가스설비 설치를 할 수 있다. ② 가스설비 유지관리를 할 수 있다.
		(3) 가스안전설비 · 제어 및 계측기기 운용하기	① 온도계의 구조 및 원리를 이해하고, 유지 보수할 수 있다. ② 압력계의 구조 및 원리를 이해하고, 유지 보수할 수 있다. ③ 액면계의 구조 및 원리를 이해하고, 유지 보수할 수 있다. ④ 유량계의 구조 및 원리를 이해하고, 유지 보수할 수 있다.

실기 과목명	주요항목	세부항목	세세항목
			⑤ 가스검지기기의 구조 및 원리를 이해하고, 운용할 수 있다. ⑥ 각종 제어기기의 구조 및 원리를 이해하고, 운용할 수 있다. ⑦ 각종 안전장치의 구조 및 원리를 이해하고, 운용할 수 있다.
	3. 가스 법령 활용	(1) 고압가스안전관리법 활용하기	① 고압가스안전관리법을 활용하여 고압가스 시설의 운용·유지관리를 할 수 있다.
		(2) 액화석유가스의안전관리및사업법 활용하기	① 액화석유가스의안전관리및사업법을 활용하여 액화석유가스 시설의 운용·유지관리를 할 수 있다.
		(3) 도시가스사업법 활용하기	① 도시가스사업법을 활용하여 도시가스 시설의 운용·유지관리를 할 수 있다.
		(4) 수소경제육성및수소안전관리법률 활용하기	① 수소경제육성및수소안전관리법률을 활용하여 수소 관련 시설의 운용·유지관리를 할 수 있다.
	4. 가스사고 예방·관리	(1) 가스시설 안전관리하기	① 가스 사고예방 작업을 할 수 있다. ② 가스 안전장치를 유지관리를 할 수 있다. ③ 가스 연소기기의 구조 및 기능에 대하여 알 수 있다. ④ 가스화재·폭발의 위험 인지와 응급대응을 할 수 있다.

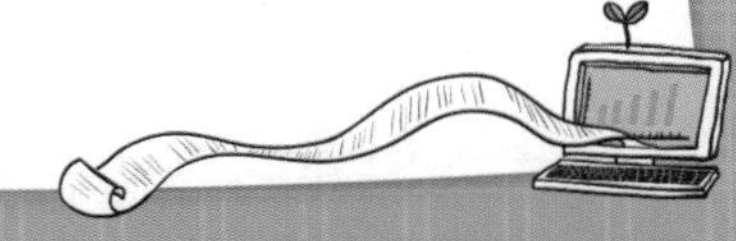

차 례

chapter 2 | 각종 가스의 특성 및 제법용도

chapter 3 | 연소 · 폭발 · 폭굉

chapter 4 | 가스계측 및 가스분석

PART 2 가스 장치 및 기기

chapter 1 고압가스 설비

chapter 2 | LP가스 및 도시가스 설비

chapter 3 | 압축기 및 펌프

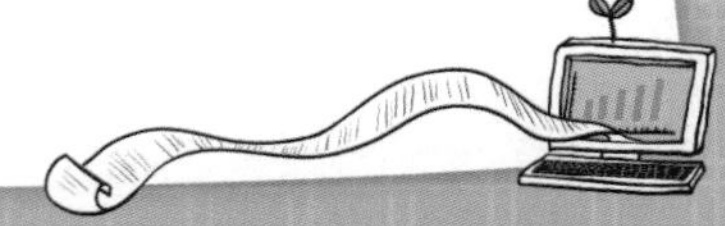

chapter 2 ❙ LPG 안전관리

chapter 3 ❙ 도시가스 안전관리

부 록 과년도 출제문제

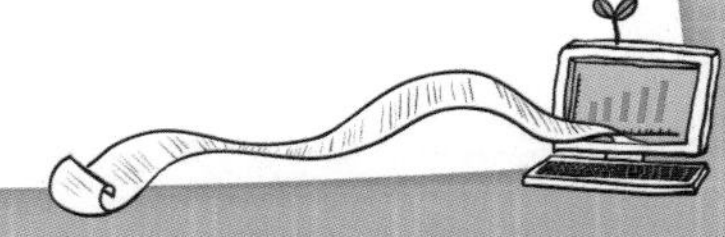

별책부록 시험에 잘 나오는 핵심이론정리집

PART 1

가스 일반

chapter 1 고압가스 기초 이론
chapter 2 각종 가스의 특성 및 제법용도
chapter 3 연소 · 폭발 · 폭굉
chapter 4 가스계측 및 가스분석

chapter 1 고압가스 기초 이론

'chapter 1'은 한국산업인력공단 출제기준 중에서 가스의 성질, 가스의 기초 이론(압력, 온도, 열, 밀도, 비중, 가스의 기초법칙, 완전가스의 성질) 부분입니다.

01 고압가스의 개념

1 가스의 일반적 개념

① 기체 상태의 물질
② 상호간 인력이 작용

2 고압가스의 분류

(1) 상태에 따른 분류

① 압축가스 : 비점이 낮아 용기 내 압력을 가하여 기체 상태로 충전하는 가스로, 용기 내 F_P(최고충전압력)을 15MPa로 충전하는 가스

- 종류 : O_2(−183℃), H_2(−252℃), N_2(−196℃), CH_4(−162℃), Ar(−186℃)

  ※ (　) 안의 수치는 비등점이다.

② 액화가스 : 비점이 높아 용기 내 액체 상태로 충전하는 가스

- 종류 : Cl_2(−34℃), NH_3(−33℃), C_3H_8(−42℃), C_4H_{10}(−0.5℃)

③ 용해가스 : C_2H_2 압축 시 분해폭발의 우려가 있으므로 용제(아세톤, DMF)를 이용하여 녹이면서 충전하는 가스

TiP 암기하지 마시고 그냥 읽어보세요.

1. 가스 충전 시 가능한 한 액체 상태로 충전한다.
   ① 압력이 낮으므로 안정성이 있다.
   ② 액체 상태이므로 운반 · 저장의 비용이 절감되어 경제성이 있다.
   예 C_3H_8(액체 1L=기체 250L)
2. 압축가스는 고압에 견뎌야 하므로 튼튼한 무이음용기에 충전한다.
3. 액화가스는 저압이므로 가격이 저렴한 용접용기에 충전한다(단, 액화가스 중 CO_2는 무이음용기이다).
4. C_2H_2은 폭발성이 매우 높아 압력을 2.5MPa 이하로 가하여 충전한다(단, 2.5MPa 이상으로 충전 시 N_2, CH_4, CO, C_2H_4 등을 첨가한다).
   ① C_2H_2 충전 시 아세틸렌을 녹일 수 있는 용제 : 아세톤, DMF
   ② 다공물질 : C_2H_2 충전 후 빈 공간이 생기면 빈 공간으로부터 확산하면서 폭발할 우려가 있으므로, 석면, 규조토, 목탄, 석회, 다공성 플라스틱 등의 물질로 빈 공간을 채운다.
   ③ C_2H_2의 폭발성
   ㉠ 분해폭발 : $C_2H_2 \rightarrow 2C + H_2$
   ㉡ 화합폭발 : $2Cu + C_2H_2 \rightarrow Cu_2C_2 + H_2$
   ㉢ 산화폭발 : $C_2H_2 + 2.5O_2 \rightarrow 2CO_2 + H_2O$

(2) 연소성에 따른 분류

① 가연성 가스 : 연소가 가능한(불이 붙는) 가스
- 종류 : C_2H_2(아세틸렌), C_2H_4O(산화에틸렌), H_2(수소), C_3H_8(프로판), C_4H_{10}(부탄), CH_4(메탄)

② 조연성 가스 : 가연성 가스의 연소를 도와주는 보조 가연성 가스
- 종류 : O_2(산소), O_3(오존), 공기, Cl_2(염소)

③ 불연성 가스 : 불에 타지 않는 가스
- 종류 : N_2(질소), CO_2(이산화탄소), Ar(아르곤), He(헬륨)

(3) 독성에 의한 분류

① 독성가스 : 그 자체의 독성을 이용하여 살균, 소독, 살충, 농약제조에 쓰이며, 누설 시 중독의 우려가 있어 취급상 주의를 요하는 위험한 가스

② 독성가스의 구분(법규상의 정의)
㉠ 허용농도가 5000ppm(100만 분의 5000) 이하인 가스 : LC_{50}
㉡ 허용농도가 200ppm(100만 분의 200) 이하인 가스 : TLV-TWA

TiP 필독 요망

1. 허용농도
   LC_{50}(1hr.rat) : 해당 가스를 성숙한 흰쥐의 집단에 대해 대기 중에서 1시간 동안 계속하여 노출시킨 경우 14일 이내에 흰쥐의 1/2 이상이 죽게 되는 가스의 농도
2. 농도의 단위
   ① $1\% = \frac{1}{10^2}$
   ② $1ppm = \frac{1}{10^6}$
   ③ $1ppb = \frac{1}{10^9}$

02 기초 물리화학 및 물질의 구성

1 원자량과 분자량

(1) 원자량

C=12g을 기준으로 다른 원자들의 질량비로 나타낸 값

예 H=1g, C=12g, N=14g, O=16g, Cl=35.5g, Ar=40g

(2) 분자량

원자량의 총합

예 $CH_4 = 12\times1+1\times4=16g$
$C_3H_8 = 12\times3+1\times8=44g$
$3H_2O = 3\times(1\times2+16)=54g$
$O_2 = 16\times2=32g$

2 아보가드로 법칙

같은 온도, 같은 압력에서 같은 기체의 부피에는 같은 수의 분자수가 존재한다.
표준상태(0℃, 1atm)에서 1mol=M(분자량, g)=22.4L이다.

예 C_3H_8=1mol=44g=22.4L
H_2=1mol=2g=22.4L
O_2=1mol=32g=22.4L

TiP

몰수$(n) = \frac{질량(W)}{분자량(M)}$

예제 수소 8g은 몇 mol, 몇 L인가?

풀이 • $n=\frac{8}{2}$=4mol

• 4×22.4=89.6L

3 밀도와 비체적

(1) 밀도

단위체적당 질량(kg/m^3)

예제 어떤 유체의 질량이 10kg이고 그때의 체적이 5m^{3}일 때, 밀도는 몇 g/L인가?

풀이 10kg/5m^3=2kg/m^3=2g/L

TiP

1. 1kg/m^3=10^{3}g/10^{3}L=1g/L
2. 밀도 중 가스밀도=M(분자량, g)/22.4L

   예 분자량이 44g인 기체의 밀도 : 44g/22.4L=1.96g/L

※ 밀도값은 부피가 클수록 작아진다.

(2) 비체적

단위질량(중량)당 유체의 체적(밀도의 역수)

예제 1. 어떤 유체의 질량(중량)이 10kg이고 그때의 체적이 5m^{3}일 때, 비체적은 몇 m^3/kg인가?

풀이 5m^3/10kg=0.5m^3/kg

• 가스의 비체적 : 22.4L/M(g)

예제 2. 산소가스의 밀도와 비체적은 얼마인가?

풀이 • 밀도 : 32g/22.4L=1.429g/L

• 비체적 : 22.4L/32g=0.7L/g

4 비중량과 비중

(1) 비중량

단위체적당 유체의 중량(kgf/m^3)

(2) 비중

① 액비중 : 물의 비중을 1로 하여 그것과 비교한 값

예 물 : 1, C_3H_8 : 0.5, 수은 : 13.6

② 기체(가스)비중 : 공기 분자량 29g을 기준으로 하여 비교한 각 가스 분자량의 값

$$기체(가스)비중=\frac{M}{29}$$

여기서, M : 분자량(g)

TIP 상기 내용에 대한 보충설명입니다.

1. 절대단위계에서는 질량(kg), 중량(kgf)을 구별 없이 같은 무게 단위로 사용한다(kgf=중량).
2. 액비중×10^3=비중량(예 물의 비중은 1, 물의 비중량은 1000kgf/m^3)
3. 비중
   ① 액비중(단위는 kg/L → 1L의 부피를 무게로 측정)
   예 물 : 1kg/L(1L=1kg)
   C_3H_8 : 0.5kg/L(1L=0.5kg)
   20kg C_3H_8 액을 L로 환산 시 1L : 0.5kg=x(L) : 20kg
   ∴ x=40lL
   ② 기체비중(무차원)
   O_2=32g, C_3H_8=44g
   ∴ $\frac{32}{29}$=1.1 : 산소 비중
   ∴ $\frac{44}{29}$=1.5 : 프로판 비중
   ※ 공기의 부피성분(공기 100m^3 중 산소는 21m^3)
   산소 : 21%, 질소 : 78%, 아르곤 : 1%
   ∴ 32×0.21+28×0.78+40×0.01=29g
   ※ 공기 중 산소의 중량은 23.2%, 공기 100kg 중 산소는 23.2kg

5 온도

물체의 차고 더운 정도를 수량적으로 표시한 물리학적 개념

(1) 섭씨온도(℃)

물의 어는점을 0℃, 끓는점을 100℃로 하고, 그 사이를 100등분한 값

(2) 화씨온도(℉)

물의 어는점을 32℉, 끓는점을 212℉로 하고, 그 사이를 180등분한 값

(3) 절대온도

자연계에서 존재하는 가장 낮은 온도

① 켈빈온도(K) : 0K＝－273°C(섭씨의 절대온도)

② 랭킨온도(°R) : 0°R＝－460°F(화씨의 절대온도)

∴ K＝℃＋273

−273℃=0K	0℃	100℃
켈빈온도	섭씨온도 100등분(1)	
랭킨온도	화씨온도 180등분(1.8)	
460°Fm=0°R	32°F	212°F

TiP 온도의 계산 공식입니다.

1. ℉＝°C×1.8＋32
2. °C＝$\frac{1}{1.8}$(℉－32)
3. K＝°C＋273
4. °R＝℉＋460

예제 0℃는 몇 ℉, 몇 K, 몇 °R인가?

풀이
- ℉＝℃×1.8＋32＝0×1.8＋32＝32℉
- K＝0＋273＝273K
- °R＝32＋460＝492°R

6 압력

단위면적당 작용하는 힘(kg/cm²)

$$P=\frac{W}{A}$$

여기서, W : 하중(kg), A : 면적(cm²)

예제 원관 4cm에 하중 10kg이 걸릴 때의 압력은 몇 kg/cm²인가?

풀이 $P=\frac{W}{A}=\frac{10\text{kg}}{\frac{\pi}{4}\times(4\text{cm})^2}=0.796\text{kg/cm}^2$

(1) 표준대기압

1atm＝1.033kg/cm²＝76cmHg＝30inHg

＝14.7psi＝101.325kPa＝0.101325MPa

(2) 절대압력

완전 진공상태를 0으로 보고 측정한 압력으로, 압력값의 단위 끝에 a, abs를 붙여 표현한다.

(3) 게이지압력

대기압을 0으로 보고 측정한 압력으로 일반적으로 압력계의 압력을 나타낸다.
압력값 끝에 g, gage를 붙여 표현한다.

(4) 진공압력

대기압보다 낮은 압력으로, (−)값을 나타내므로 환산하여 절대값으로 표현하고 압력값 끝에 v를 붙여 표시한다.

∴ 절대압력＝대기압＋게이지 압력＝대기압－진공압력

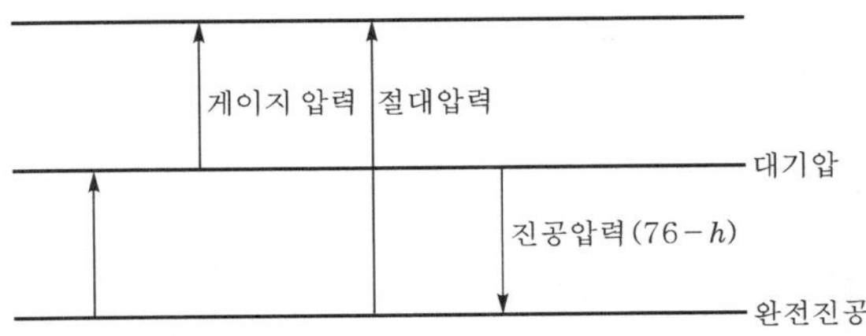

TiP 보충 설명입니다.

1. 대기압 : 공기가 누르는 지표면의 압력을 말한다.

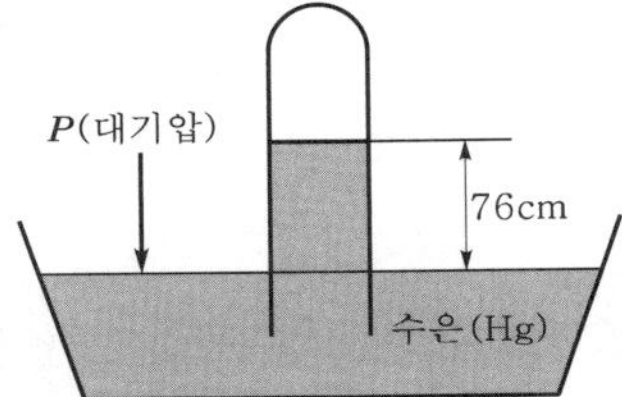

토리첼리의 실험에서 1atm=76cmHg이다.

2. 절대압력=대기압+게이지 압력=대기압－진공압력
3. 압력단위 환산

   $1atm=1.033kg/cm^2=76cmHg=30inHg=14.7psi=101.325kPa$이므로

   $10kg/cm^2$를 psi로 환산 시

   $\frac{10kg/cm^2}{(\text{㉠})kg/cm^2}\times(\text{㉡})psi=\frac{10kg/cm^2}{1.033kg/cm^2}\times 14.7psi=142.30psi$

   ㉠ 같은 단위 대기압 $1.033kg/cm^2$이며

   ㉡ 환산하고자 하는 대기압 14.7psi가 들어간다.

예제 $3kg/cm^2g$는 몇 cmHga인가?

풀이 절대압력=대기압+게이지 압력이므로

$=1.0332kg/cm^2+3kg/cm^2=4.0332kg/cm^2a$ (같은 단위의 대기압으로 절대로 환산)

$\therefore \frac{4033kg/cm^2}{1033kgcm^2}\times 76cmHga=296.67cmHga$이다. (요구하는 단위로 환산)

7 열량

열의 에너지를 양적으로 나타낸 값

(1) 단위

① 1kcal＝물 1kg의 온도를 1℃(14.5∼15.5℃) 높이는 데 필요한 열량

② 1BTU＝물 1lb의 온도를 1°F 높이는 데 필요한 열량

③ 1CHU=물 1lb의 온도를 1℃ 높이는 데 필요한 열량

④ 열량 환산표

kcal	BTU	CHU
1	3.968	2.205

8 현열과 잠열

(1) 현열(감열)

온도 변화가 있는 상태의 열량

$$Q = Gc\Delta t$$

여기서, Q : 열량(kcal)
c : 비열(kcal/kg℃)
G : 중량(kg)
Δt : 온도차(℃)

(2) 잠열

상태 변화가 있는 상태의 열량

$$Q = Gr$$

여기서, Q : 열량(kcal)
G : 중량(kg)
r : 잠열량(kcal/kg)

TiP 상기 내용에 대한 보충설명과 예제입니다.

1kg =2.205lb
1℃만큼의 눈금차 =1.8℉만큼의 눈금차
① 1kcal=1kg×1℃=2.205lb×1.8℉=3.968lb℉=3.968BTU
② 1kcal=1kg×1℃=2.205lb×1℃=2.205CHU
∴ 1kcal=3.968BTU=2.205CHU

예제 1. 100kg의 물을 10℃에서 80℃까지 높이는 데 필요한 열량은?

풀이 $Q = Gc\Delta t$ =100kg×1kcal/kg℃×(80−10)℃=7000kcal(물의 비열 : 1, 얼음의 비열 : 0.5)

예제 2. 0℃ 얼음 100kg이 녹는 데 필요한 열량은?

풀이 $Q = Gr$ =100kg×79.68kcal/kg=79680kcal
100℃ 물 100kg이 증발하는 데 필요한 열량
$Q = Gr$ =100kg×539kcal/kg=53900kcal
• (0℃ 얼음 ↔ 0℃ 물) 잠열량 : 79.68kcal/kg
• (100℃물 ↔ 100℃ 수증기) 잠열량 : 539kcal/kg

9 엔탈피와 엔트로피

(1) 엔탈피

단위중량당 열량(kcal/kg)으로, 물체가 가지는 총 에너지

(2) 엔트로피

단위중량당 열량을 그때의 절대온도로 나눈 값

$$엔트로피\ 변화량(\Delta S) = \frac{dQ}{T}$$

여기서, ΔS : 엔트로피 변화량, dQ : 열량 변화값, T : 절대온도

예제 온도가 100℃인 열기관에서 1kg당 200kcal의 열량이 주어질 때 엔트로피 변화값(kcal/kg · K)은 얼마인가?

풀이 $\Delta S = \frac{dQ}{T} = \frac{200}{273+100} = 0.536\text{kcal/kg} \cdot \text{K}$

10 물질의 상태 변화

(1) 등온 변화

압축 전후의 온도가 같은 변화(일량 없음)

(2) 폴리트로픽 변화

압축 후 약간의 열손실이 있는 변화(실제 압축 변화)

(3) 단열 변화

외부와 열의 출입이 없는 변화

(4) 일량, 온도의 관계

구 분	압축일량	온 도
등온 압축	소	저
폴리트로픽 압축	중	중
단열 압축	대	대

(5) 선도

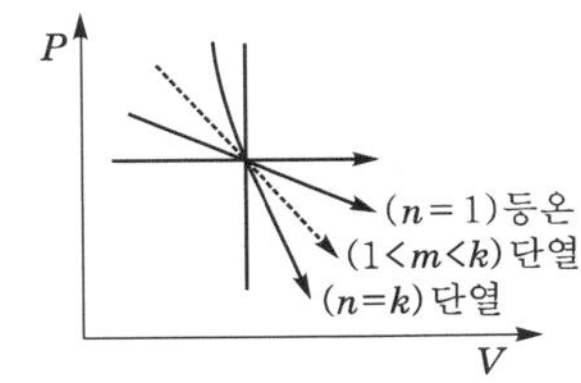

(6) 카르노사이클

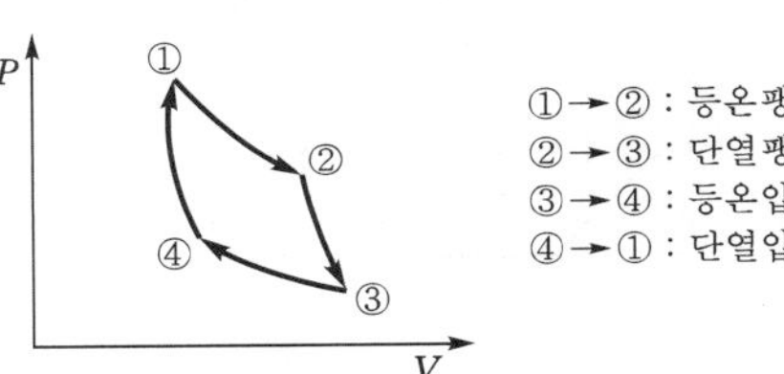

03 가스의 기초 법칙

1 열역학의 법칙

(1) 열역학 제1법칙(에너지 보존의 법칙=이론적인 법칙)

열은 일로 변환하며, 일도 열로 변환이 가능한 법칙

- $Q = AW$
- $W = JQ$

여기서, Q : 열량(kcal), A : 일의 열당량$\left(\frac{1}{427}\text{kcal/kg} \cdot \text{m}\right)$
W : 일량(kg · m), J : 열의 일당량(427kg · m/kcal)

(2) 열역학 제2법칙(엔트로피 법칙=실제적인 법칙)

일은 열로 변환이 가능하나, 열은 일로 변환이 불가능하다. 열은 스스로 고온에서 저온으로 흐르기에 효율이 100%인 열기관은 없다. 이에 제2종 영구기관의 제작은 불가능한 것이라 하는 법칙이다.

(3) 열역학 제3법칙

어떤 방법으로도 물체의 온도를 절대온도 0K로 내리는 것은 불가능하다.

(4) 열역학 제0법칙(열평형의 법칙)

온도가 서로 다른 물체를 접촉할 때 높은 것은 내려가고 낮은 것은 올라가 두 물체 사이에 온도차가 없어지게 된다. 이것을 열평형이 되었다고 하며 열역학 제0법칙이라 한다.

TIP 상기 내용에 대한 3분 강의록입니다. 정독하셔서 부디 이해하시기 바랍니다.

1. 열량(kcal), 일량(kg · m)
   A(일의 열당량) $= \frac{1}{427}$ kcal/kg · m (어떤 물질 1kg을 1m 움직이는 데 $\frac{1}{427}$kcal가 필요함)
   J(열의 일당량) =427kg · m/kcal (어떤 물질 1kcal로 427kg의 물체를 1m 움직일 수 있음)
   - Q(열) $= A$(일의 열당량)$\times W$(일량) ∴ 일을 열로 변환 시 : 일량×일의 열당량 =열
   - W(일) $= J$(열의 일당량)$\times Q$(열량) ∴ 열량을 일량으로 환산 시 : 열량×열의 일당량=일량
2. 열은 스스로 고온에서 저온으로 흐른다. 만약 열이 저온에서 고온으로 된다면 열도 일이 될 수 있다. 그러나 이것은 열기관의 힘을 빌리지 않고서는 불가능하다.

예 30℃ 물 —열기관으로 가열 시→ 30℃보다 높아진다.

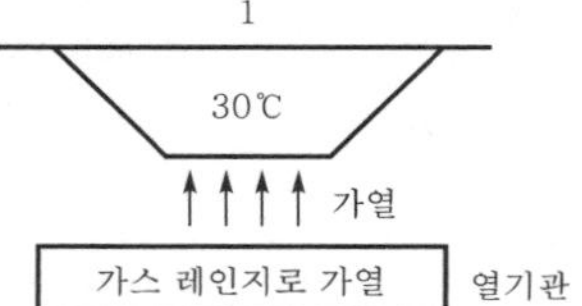

이 경우 100℃ 이상되면 용기 뚜껑이 움직인다. 뚜껑이 움직이는 것은 열이 일로 변한 것이다.

3. 열역학 0법칙(열평형의 법칙)

예제 1. 500kg · m의 일량을 열량으로 환산 시 몇 kcal인가?

풀이 500kg · m× $\frac{1}{427}$ kcal/kg · m=1.17kcal

예제 2. 5kcal의 열량을 일량으로 환산 시 몇 kg · m인가?

풀이 5kcal×427kg · m/kcal=2135kg · m

예제 3. 100℃ 물 100kg과 50℃ 물 300kg 혼합 시 평균온도는?

풀이 (100×1×100)+(300×1×50)=(100+300)×1×t

$\therefore\ t=\frac{100\times100+300\times50}{(100+300)}$=62.5℃ (혼합의 온도는 100℃와 50℃의 사이값이 계산된다.)

2 완전가스(이상기체)의 성질

① 액화하지 않는다.
② 분자 간의 충돌은 탄성체이다.
③ 분자의 크기는 없다.
④ 이상기체는 부피가 없다.

(1) 보일의 법칙

온도가 일정할 때 기체의 체적은 압력에 반비례한다.

$PV=K$(일정)

$$P_1V_1=P_2V_2$$

(2) 샤를의 법칙

압력이 일정할 때 기체의 체적은 온도에 비례한다.

$\frac{V}{T}=K$(일정)

$$\frac{V_1}{T_1}=\frac{V_2}{T_2}$$

(3) 보일-샤를의 법칙

이상기체의 체적은 압력에는 반비례하고, 온도에는 비례한다.

$\frac{PV}{T}=K$(일정)

$$\frac{P_1V_1}{T_1}=\frac{P_2V_2}{T_2}$$

도면은 참고사항입니다. 예제를 이해할 수 있도록 숙지하세요.

보일의 법칙, 샤를의 법칙, 보일-샤를의 법칙은 체적, 절대온도, 절대압력의 상관관계식이다.
즉, 이상기체의 체적은 압력에는 반비례하고, 절대온도에는 비례하므로 다음의 선도로 표시된다.

1. 보일의 법칙

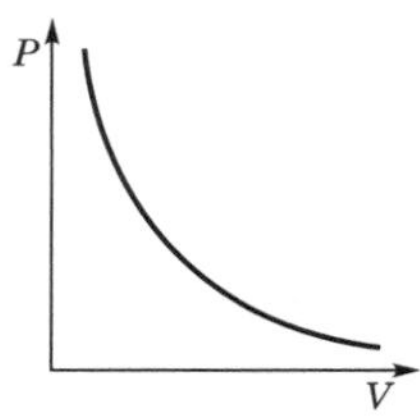

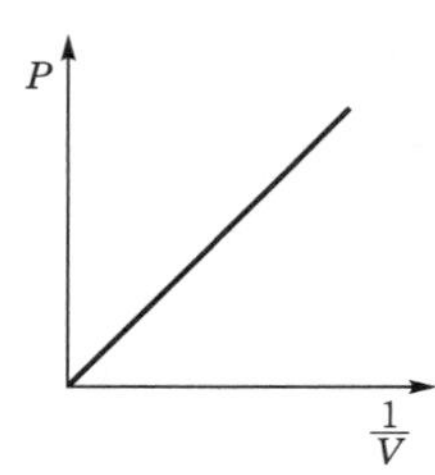

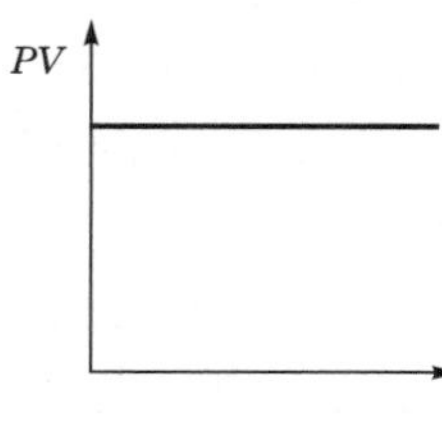

2. 샤를의 법칙

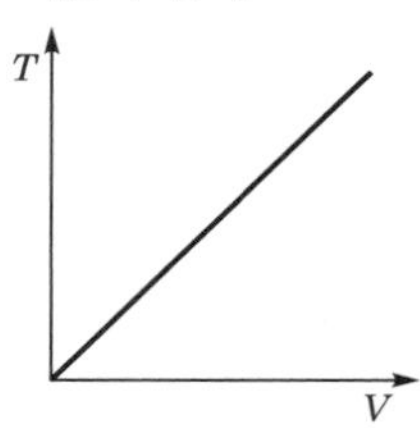

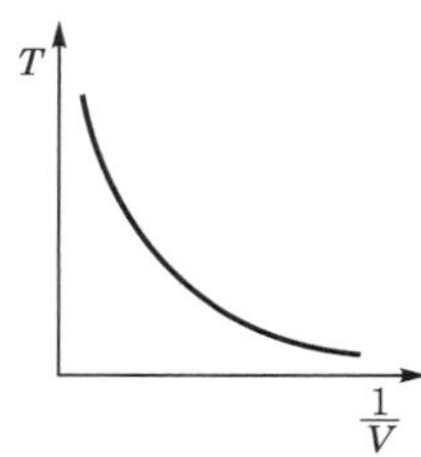

예제 0℃, 50L, 3atm의 기체를 273℃, 20L로 변화시키면 압력은 얼마인가?

풀이 $\frac{P_1 V_1}{T_1} = \frac{P_2 V_2}{T_2}$

$\therefore P_2 = \frac{P_1 V_1 T_2}{T_1 V_2}$

$= \frac{3 \times 50 \times (273+273)}{(273+0) \times 20} = 15\text{atm}$

(4) 이상기체의 상태방정식

질량(g)을 구하거나 질량(g)값이 주어지고 체적, 압력, 온도 등을 계산할 때는 이상기체 상태방정식을 이용한다.

$$PV = nRT$$

여기서, P : 압력(atm)

V : 체적(L) ※ $1m^3 = 1000L$

n : 몰수$= \frac{W}{M}$ (W : 질량(g), M : 분자량(g))

$R = 0.082\text{atm} \cdot \text{L/mol} \cdot \text{K}$

T : 절대온도(K)

• $PV = \frac{W}{M}RT$

• $PV = Z\frac{W}{M}RT \Rightarrow$ 압축계수(Z)가 주어질 때

TiP 상기 내용의 보충설명입니다.

보일-샤를의 법칙은 V(체적), T(절대온도), P(절대압력)과의 관계식이고, 이상기체의 상태방정식은 질량(g), 분자량(g)의 개념이 추가된 것이다.

예제 0℃, 1atm, O_2 10kg이 차지하는 부피는 몇 m^3인가?

풀이 $PV = \frac{W}{M}RT$

$V = \frac{WRT}{PM}$

$= \frac{10 \times 0.082 \times 273}{1 \times 32}$

$= 6.99m^3$ (W가 g일 때 V는 L, W가 kg일 때 V는 m^3이다.)

(5) 실제기체 상태방정식(※ 실제기체 상태방정식은 빈번하게 출제되지 않으므로 참고로 보세요.)

$$\left(P + \frac{n^2 a}{V^2}\right)(V - nb) = nRT$$

$$\therefore P = \frac{nRT}{V - nb} - \frac{n^2 a}{PV^2}$$

여기서, a : 기체 분자 간 인력

b : 기체 자신이 차지하는 부피

(6) 이상기체와 실제기체의 차이점

구 분	온 도	압 력	액 화	비 고
이상기체	고온	저압	액화 안 됨	이상기체가 실제기체처럼 행동하는 조건 : 저온, 고압
실제기체	저온	고압	액화 가능	실제기체가 이상기체처럼 행동하는 조건 : 고온, 저압

※ 실제기체 상태방정식은 빈번하게 출제되지 않으므로 참고로 보세요.

3 돌턴의 분압 법칙

혼합기체가 가지는 전압력은 각 성분 기체가 나타내는 압력의 합과 같다.

$$P = \frac{P_1 V_1 + P_2 V_2}{V}$$

$$\therefore \text{분압} = \text{전압} \times \frac{\text{성분몰수}}{\text{전몰수}} = \text{전압} \times \frac{\text{성분부피}}{\text{전부피}}$$

여기서, P : 전압
P_1, P_2 : 분압
V : 전부피
V_1, V_2 : 성분부피

예제 1. 5L의 탱크에는 9atm의 기체가, 10L의 탱크에는 6atm의 기체가 있다. 이 탱크를 연결 시 전압력은?

풀이 $P = \frac{P_1 V_1 + P_2 V_2}{V} = \frac{9 \times 5 + 6 \times 10}{5 + 10} = 7\text{atm}$

예제 2. 5L의 탱크에는 9atm의 기체가, 10L의 탱크에는 6atm 기체가 있다. 이 탱크를 20L의 용기에 담을 때 전압력은?

풀이 $P = \frac{P_1 V_1 + P_2 V_2}{V} = \frac{9 \times 5 + 6 \times 10}{20} = 5.25\text{atm}$

예제 3. N_2 20mol, O_2 30mol로 구성된 혼합가스가 용기에 8kg/cm^{2}으로 충전되어 있다. 질소와 산소의 분압은 각각 몇 kg/cm^{2}인가?

풀이
- $P_{N_2} = 8\text{kg/cm}^2 \times \frac{20}{20+30} = 3.2\text{kg/cm}^2$
- $P_{O_2} = 8\text{kg/cm}^2 \times \frac{3}{20+30} = 4.8\text{kg/cm}^2$

4 압축가스의 충전량

압축가스의 충전량 계산식은 다음과 같으며, 이 식은 압축가스에서만 사용된다.

※ 대표적인 압축가스 : O_2, N_2, H_2

$$M = PV$$

여기서, M : 대기 · 표준상태의 가스에서 용적(M의 단위는 V의 단위와 같다.)
V : 용기 내용적
P : 35℃에서의 F_P(kg/cm^2) ⇨ '표준상태'에서 계산 시 kg/cm^{2}는 atm으로 고쳐서 계산한다.

$$M = 10PV$$

이때 P : MPa이다.

예제 내용적 40L의 산소용기에 100kg/cm²의 압력이 걸려 있을 때 용기 내부의 산소가스량(L)과 산소가스의 질량(kg)은 얼마인가?

풀이 압축가스 충전량 $M=PV$에서 $M=100\times40=4000$L이고, 아보가드로 법칙에 의하여 다음과 같이 계산한다.

4000L : x(g) = 22.4L : 32g

$\therefore\ x=\dfrac{4000}{22.4}\times32=5714.285\text{g}=5.71\text{kg}$

5 가스의 부피(중량%)

$$\text{부피(몰)\%}\ \underset{\text{분자량을 나눈다.}}{\overset{\text{분자량을 곱한다.}}{\rightleftarrows}}\ \text{중량\%}$$

예제 N_2 : 50%, O_2 : 30%, CO_2 : 20%의 부피조성을 무게%로 환산하여라.

풀이 $N_2(\%)=\dfrac{28\times0.5}{28\times0.5+32\times0.3+44\times0.2}\times100=43.2\%$

$O_2(\%)=\dfrac{32\times0.3}{28\times0.5+32\times0.3+44\times0.2}\times100=29.6\%$

$\therefore\ CO_2(\%)=100-(43.2+29.6)=27.2\%$

6 혼합가스의 폭발한계(르 샤틀리에의 법칙)

각 가스가 단독으로 가지고 있는 연소범위가 몇 종류의 가스를 부피비율로 혼합 시 혼합가스의 폭발한계를 구하는 식

$$\frac{100}{L}=\frac{V_1}{L_1}+\frac{V_2}{L_2}+\frac{V_3}{L_3}+\cdots$$

여기서, L : 혼합가스의 폭발한계

L_1, L_2, L_3 : 각 가스의 폭발한계

V_1, V_2, V_3 : 각 가스의 부피%

예제 C_2H_2 50%, C_3H_8 30%, C_4H_{10} 20%를 혼합 시 혼합된 가스의 폭발하한은? (단, C_2H_2, C_3H_8, C_4H_{10}의 하한치는 2.5, 2.0, 1.8이다.)

풀이 $\dfrac{100}{L}=\dfrac{50}{2.5}+\dfrac{30}{2}+\dfrac{20}{1.8}$

$\therefore\ L=2.17\%$

chapter 1

출 / 제 / 예 / 상 / 문 / 제

01. 고압가스의 개념

01 고압가스의 상태에 따른 분류 중 틀린 것은?

① 용해가스　② 액화가스
③ 압축가스　④ 충전가스

해설

고압가스는 상태에 따라 압축 · 액화 · 용해가스 등으로 분류된다.

02 다음 중 용접용기인 것은?

① 산소용기　② LPG용기
③ 질소용기　④ 아르곤용기

해설

㉠ 압축가스(He, H_2, N_2, Ar, O_2, CH_4, CO) : 무이음용기에 충전
㉡ 액화가스 : CO_2를 제외하고 용접용기에 충전
㉢ 용해가스(C_2H_2) : 용접용기에 충전

03 다음 가스 중 상온에서 액화할 수 있는 것은?

① CH_4　② Cl_2
③ O_2　④ H_2

04 다음 가스 중 용접용기에 충전되는 가스가 아닌 것은?

① H_2　② NH_3
③ Cl_2　④ H_2S

해설

㉠ 액화가스 : 용접용기
㉡ 압축가스 : 무이음용기

05 다음 물질 중 고압강제용기에 가스 상태로 충전되어 시판되는 것은?

① 프레온　② 염소
③ 아황산가스　④ 아르곤

해설

가스 상태(압축가스 → 무이음용기)

06 다음 가스의 종류를 연소성에 따라 구분한 것이 아닌 것은?

① 가연성 가스　② 조연성 가스
③ 압축 가스　④ 불연성 가스

해설

고압가스를 연소성에 따라 분류 시 가연성, 조연성, 불연성으로 구분한다.

07 다음 중 지연성(조연성) 가스가 아닌 것은?

① 오존　② 염소
③ 산소　④ 수소

해설

조연성 가스 : 가연성 가스가 연소하는 것을 도와주는 가스이며 보조 가연성 가스라고 한다(O_2, O_3, 공기, Cl_2 등이 있다).

참고 • O_2 : 압축가스인 동시에 조연성 가스
• Cl_2 : 액화가스, 독성가스, 조연성 가스

08 가스 중독의 원인이 되는 가스가 아닌 것은?

① 일산화탄소　② 염소
③ 이산화유황　④ 메탄

해설

CH_4는 가연성 가스이다.

02. 기초 물리화학 및 물질의 구성

09 다음 가스 중 공기보다 무겁고 가연성 가스인 것은?

① 메탄　② 염소
③ 부탄　④ 헬륨

해설

부탄(C_4H_{10})의 분자량은 58g이다.

정답 01.④ 02.② 03.② 04.① 05.④ 06.③ 07.④ 08.④ 09.③

10 다음 설명 중 현열(감열)을 정의한 것은?

① 물질이 상태변화할 때 필요한 열량
② 물질이 상태변화 없이 온도가 변화할 때 필요한 열
③ 물질이 상태 · 온도 변화 시 필요한 열
④ 물질의 온도 · 압력이 변화할 때 필요한 열

해설

현열 : 물질이 상태변화 없이 온도변화에 필요한 열량
$Q = Gc\Delta t$
여기서, Q : 열량　G : 중량(kg)
c : 비열(kcal/kg · ℃)　Δt : 온도차

참고 잠열 : 물질이 온도변화 없이 상태변화에 필요한 열량
$Q = Gr$
여기서, Q : 열량
G : 중량(kg)
r : 잠열량(kcal/kg)

11 다음 중 임계온도의 정의를 설명한 것은?

① 액화할 수 있는 최소의 온도
② 액화할 수 있는 온도
③ 액화할 수 있는 최고의 온도
④ 액화할 수 있는 평균온도

12 비열에 대한 설명 중 맞는 것은?

① 비열비란 $\frac{C_v}{C_p}$이다.
② 비열이 큰 물질일수록 빨리 더워지거나 식어지지 않는다.
③ 비열비는 1 이하이다.
④ 비열비가 큰 냉매일수록 토출가스 온도는 낮아진다.

해설

비열비$(K) = \frac{C_p}{C_v} > 1$

13 다음 가스 중에서 공기와 혼합할 때 폭발성 혼합기체로 되는 것은?

① 염소　② 암모니아
③ 이산화황　④ 산화질소

해설

암모니아(NH_3)는 독성이며 가연성 가스이다.

14 불연성 가스와 관계없는 것은?

① 이산화탄소　② 암모니아
③ 수증기　④ 아르곤

15 건강한 성인 남자가 1일 작업장에서 8시간 일을 하였을 때 인체에 아무런 해를 끼치지 않는 TLV-TWA 기준의 독성가스 농도를 무엇이라 하는가?

① 한계농도　② 안전농도
③ 위험농도　④ 허용농도

16 30cmHgV는 몇 kg/cm^{2}a인가?

① 0.63　② 0.73
③ 0.83　④ 0.93

해설

절대 = 대기 − 진공 = 76 − 30 = 46cmHga
$\therefore \frac{46}{76} \times 1.033 = 0.63\text{kg/cm}^2\text{a}$

17 다음 중 온도의 관계식이 틀린 것은?

① °F = ℃ × 1.8 + 32　② K = ℃ + 273
③ °R = K × 1.8　④ ℃ = $\frac{9}{5}$(°F − 32)

해설

℃ = $\frac{5}{9}$(°F − 32)

18 0℃는 몇 °F, K, °R인가?

① 30°F, 273K, 490°R
② 32°F, 273K, 492°R
③ 30°F, 270K, 491°R
④ 32°F, 273K, 493°R

해설

㉠ °F = 0 × 1.8 + 32 = 32°F
㉡ K = 0 + 273 = 273K
㉢ °R = 32 + 460 또는 273 × 1.8 ≒ 492

19 다음 중 일의 열당량을 표시하는 것은?

① 427kg · m/kcal　② 427kcal/kg · m
③ $\frac{1}{427}$kcal/kg · m　④ $\frac{1}{427}$kg · m/kcal

정답 10.② 11.③ 12.② 13.② 14.② 15.④ 16.① 17.④ 18.② 19.③

해설

㉠ 일의 열당량(A)$=\frac{1}{427}$kcal/kg · m
㉡ 열의 일당량(J)$=$427kg · m/kcal

20 −40℃는 몇 °F인가?

① −10°F ② −20°F
③ −32°F ④ −40°F

해설

°F$=$℃$\times 1.8+32$
°F$=\frac{9}{5}$℃$+32$
∴ °F$=-40\times 1.8+32=-40$

참고 온도란 물체의 차고 더운 정도를 수량적으로 나타낸 것이다.
- 섭씨온도(℃) : 표준대기압에서 물의 어는점을 0℃, 끓는점을 100℃로 하여 그 사이를 100등분한 값(주로 동양에서 사용)
- 화씨온도(°F) : 표준대기압에서 물의 어는점을 32°F, 끓는점을 212°F로 하여 그 사이를 180등분한 값(주로 서양에서 사용)
- 절대온도 : 인간이 얻을 수 있는 가장 낮은 온도를 말하는데, 섭씨의 절대온도는 −273.15℃=0K, 화씨의 절대온도는 −460°F=0°R이다. 이것은 기체의 압력을 일정하게 하고 온도를 낮추면 온도를 1℃ 내릴 때마다 0℃ 때부터 $\frac{1}{273}$씩 감소하므로 −273℃가 되면 부피가 0이 된다.

21 실제기체가 이상기체처럼 행동하는 경우는?

① 저온저압 ② 저온고압
③ 고온고압 ④ 고온저압

22 다음 중 공기보다 무거운 것은?

① H_2 ② N_2
③ C_3H_8 ④ He

해설

공기는 N_2=78%, O_2=21%, Ar=1%이므로 구성되어 있으므로 분자량은 $28\times 0.78+32\times 0.21+40\times 0.01 \fallingdotseq 29$g이다.

참고 ① H_2=2g, ② N_2=28g, ③ C_3H_8=44g, ④ He=4g
- 원자량 : C=12g을 기준으로 이것과 비교한 값(H=1g, C=12g, N=14g, O=16g, P=31g, S=32g, Cl=35.5g, Ar=40g 등)
- 분자량 : 원자량의 총합
  $C_3H_8=12\times 3+1\times 8=44$g
  $3H_2SO_4=3\times(1\times 2+32+16\times 4)=294$g
  $CO_2=12\times 1+16\times 2=44$g

23 표준상태에서 C_3H_8 88g이 차지하는 mol수와 체적은 몇 L인가?

① 11.2L($\frac{1}{2}$mol) ② 22.4L(1mol)
③ 33.6L(1.5mol) ④ 44.8L(2mol)

해설

몰수$(n)=\frac{W(\text{질량})}{M(\text{분자량})}$, C_3H_8의 분자량$=44$g

$n=\frac{88}{44}=2$mol, 1mol$=22.4$L이므로,

∴ $2\times 22.4=44.8$L(2mol)

참고 아보가드로 법칙 : 같은 온도, 같은 압력, 같은 부피의 기체는 종류에 관계없이 같은 수의 분자가 존재하며, 모든 기체 1mol은 표준상태에서 22.4L, 그때의 무게는 분자량(g)만큼이고 개수는 6.02×10^{23}개이다.
- H_2=1mol=2g=22.4L=6.02×10^{23}개
- N_2=1mol=28g=22.4L=6.02×10^{23}개
- O_2=1mol=32g=22.4L=6.02×10^{23}개

24 다음 기체 중 같은 무게를 달면 가장 체적이 큰 것은?

① H_2 ② He
③ N_2 ④ O_2

해설

H_2=2g=22.4L이므로, 1g=11.2L이다.

25 모든 기체는 같은 온도와 같은 압력 하에서 같은 체적과 같은 수의 분자를 함유한다는 법칙은?

① 돌턴의 법칙
② 보일−샤를의 법칙
③ 아보가드로 법칙
④ 기체 용해도의 법칙

26 어떤 유체의 무게가 5kg이고, 이때의 체적이 $2m^3$일 때 이 액체의 밀도(g/L)는 얼마인가?

① 10g/L ② 5g/L
③ 2.5g/L ④ 1g/L

해설

참고 밀도 $5\text{kg}/2\text{m}^3=2.5\text{kg}/\text{m}^3=2.5$g/L
- 밀도(ρ) : 단위체적당 유체의 질량(kg/m^3, g/L)
- 밀도 중 가스의 밀도$=M$(분자량, g)/22.4L

정답 20.④ 21.④ 22.③ 23.④ 24.① 25.③ 26.③

27 C_3H_8=75%, C_4H_{10}=25%인 혼합가스의 밀도는 얼마인가?

① 3.21kg/m^3 ② 2.12kg/m^3
③ 2.21kg/m^3 ④ 4.21kg/m^3

$$\frac{44g}{22.4L}\times0.75+\frac{58g}{22.4L}\times0.25=2.12g/L=2.12kg/m^3$$

28 질소의 비체적은 얼마인가?

① 0.5L/g ② 0.6L/g
③ 0.7L/g ④ 0.8L/g

$$\frac{22.4L}{28g}=0.8L/g$$

29 다음 중 C_3H_8의 기체비중과 액비중이 맞는 것은?

① 1, 0.5 ② 1.5, 0.5
③ 2, 0.5 ④ 2.5, 0.5

프로판(C_3H_8)의 기체비중은 $\frac{44}{29}$=1.52, 액체비중은 0.5

• 기체비중은 공기 분자량 29g을 기준으로 하여 $\frac{분자량}{29}$ 으로 계산한다.

수소의 비중은 $\frac{2}{29}$, 산소의 비중은 $\frac{32}{29}$

기체비중은 단위가 없는 무차원이며, 액체비중은 물의 비중 1을 기준으로 하여 그것과 비교한 값이다.

• 액비중의 단위(kg/L)

참고 물의 비중이 1이므로 1kg/L이고 이것은 1L=1kg이다. C_3H_8은 0.5kg/L이므로 1L=0.5kg이 된다. 가정용으로 사용되는 C_3H_8은 20kg이므로 40L가 된다.

1L : 0.5kg = x(L) : 20kg

$$\therefore\ x=\frac{1\times20}{0.5}=40L$$

30 직경 4cm의 원관에 400kg의 하중이 작용할 때 압력은 얼마인가?

① 30.8kg/cm^2 ② 40.8kg/cm^2
③ 31.8kg/cm^2 ④ 41.8kg/cm^2

해설

$$P=\frac{W}{A}=\frac{400kg}{\frac{\pi}{4}\times(4cm)^2}=31.8kg/cm^2$$

참고 압력이란 단위면적당 작용하는 힘(kg/cm^2) 또는 하중(kg)을 단면적으로 나눈 값이다.

03. 가스의 기초 법칙

31 온도가 일정할 때 압력과 체적은 반비례한다는 법칙은?

① 보일-샤를의 법칙 ② 샤를의 법칙
③ 보일의 법칙 ④ 돌턴의 법칙

32 다음 중 이상기체의 설명이 아닌 것은?

① 완전탄성체이다.
② 분자간의 인력은 0이다.
③ 온도압력의 조건은 저온, 고압이다.
④ 액화하지 않는다.

해설

㉠ 이상기체의 조건 : 고온, 저압(액화 불가능)
㉡ 실제기체의 조건 : 저압, 고온(액화 가능)

33 다음 물질 중 안정된 순서로 맞는 것은?

① 액체>고체>기체 ② 고체>액체>기체
③ 기체>고체>액체 ④ 고체>기체>액체

해설

안정도 순서 : 고체>액체>기체

모든 물질은 기체, 액체, 고체의 3가지 형태로 존재한다. 이것을 물질의 삼태(Three States of Matter)라 한다.

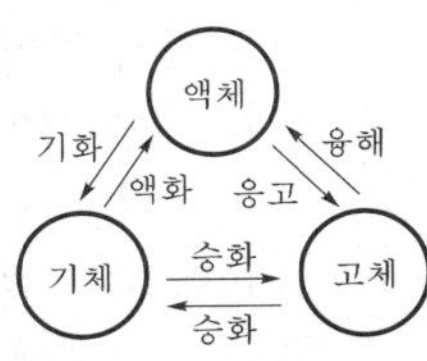

구 분	기체	액체	고체
형 상	일정한 모양과 부피가 없고 분자간의 인력이 가장 적다.	담는 용기에 따라 모양이 변함. 약간의 인력이 작용	부피형태가 일정하며 분자간의 인력이 크다.
운 동	진동회전, 병진운동	진동, 회전운동	진동
안정도	불안정	안정	매우 안정

정답 27.② 28.④ 29.② 30.③ 31.③ 32.③ 33.②

34 다음 중 열역학 제1법칙을 나타내는 것은?

① 열평형의 법칙이다.
② 100% 효율의 열기관은 존재하지 않는다.
③ 열은 고온에서 저온으로 이동한다.
④ 에너지 보존의 법칙이다.

해설

①：제0법칙
②：제2법칙
③：제2법칙
④：제1법칙

참고 열역학 제1법칙(에너지 보존의 법칙, 이론적인 법칙 → 실제는 불가능)

일(kg · m)과 열(kcal)은 상호변환이 가능하며 이들의 비는 일정하다.

$Q=AW,\ \ W=JQ$

여기서, Q ： 열(kcal)

W ： 일(kg · m)

A ： 일의 열당량$\left(\frac{1}{427}\text{kcal/kg}\cdot\text{m}\right)$

J ： 열의 일당량(427kg · m/kcal)

- A(일의 열당량)：1kg 물체를 1m 움직이는 데 필요한 열량은 $\frac{1}{427}$ kcal이다.
- J(열의 일당량)：1kcal의 열을 가지고 427kg 물체를 1m 움직일 수 있다.
- 일(kg · m)을 열로 변환 시에는 일의 열당량 $\frac{1}{427}$ kcal/kg · m을, 열(kcal)을 일로 변환 시에는 열의 일당량 427kg · m/kcal을 곱하면 된다.

35 다음 중 열역학 제0법칙을 설명한 것은?

① 기계적 일이 열로, 열이 일로 변환한다.
② 두 물체 사이 온도차가 없게 되어 열평형이 이루어진다.
③ 어떤 계를 절대로 0에 이르게 할 수 없다.
④ 열은 고온에서 저온으로 흐른다.

36 다음 중 열역학 제2법칙을 설명한 것은?

① 열평형의 법칙이다.
② 100% 효율의 열기관은 존재할 수 있다.
③ 열은 고온에서 저온으로 흐른다.
④ 에너지 보존의 법칙이다.

37 다음 중 열역학 제1법칙을 정의한 것은? (단, Q : kcal, W : kg · m, A : $\frac{1}{427}$ kcal/ kg · m, J : 427kg · m/kcal)

① $Q=JW$　② $J=QW$
③ $W=JQ$　④ $W=AQ$

해설

$Q=AW,\ \ W=JQ$

38 1kW는 몇 kcal/hr인가?

① 632.5　② 641
③ 75　④ 860

해설

1kW=102kg · m/s이므로

$1\text{kW}=102\text{kg}\cdot\text{m/s}\times\frac{1}{427}\text{kcal/kg}\cdot\text{m}$

$=\frac{102}{427}\times3600\text{kcal/hr}$

$=860\text{kcal/hr}$

참고 1PS=75kg · m/s이므로

$1\text{PS}=75\text{kg}\cdot\text{m/s}\times\frac{1}{427}\text{kg}\cdot\text{m/s}$

$=\frac{75}{427}\times3600\text{kcal/hr}$

$=632.5\text{kcal/hr}$

같은 방법으로 1HP=76kg · m=641kcal/hr

39 1kW는 몇 PS인가?

① 0.36　② 3.36
③ 1.36　④ 4.36

해설

1PS=75kg · m/s
1kW=102kg · m/s이므로

$1\text{kW}=\frac{102}{75}\text{PS}=1.36\text{PS}$

40 30℃에서 물 800kg, 80℃ 물 300kg 혼합 시 평균온도는?

① 15℃　② 12.3℃
③ 28.5℃　④ 43.6℃

30~80℃ 사이에 혼합온도가 있다.

$800\times30+300\times80=(800+300)\times t$

$\therefore\ t=\frac{800\times30+300\times80}{1100}=43.6℃$

정답 34.④ 35.② 36.③ 37.③ 38.④ 39.③ 40.④

41 다음 중 액화의 조건은?

① 저온, 고압　② 고온, 고압
③ 고온, 저압　④ 저온, 저압

액화의 조건(임계온도 이하, 임계압력 이상) : 온도는 내리고 압력은 올림

참고
- 임계온도 : 가스를 액화할 수 있는 최고 온도
- 임계압력 : 가스를 액화할 수 있는 최소 압력

42 다음은 완전가스(perfect gas)의 성질을 설명한 것이다. 틀린 것은?

① 비열비 $K\left(=\dfrac{C_P}{C_V}\right)$는 온도에 비례한다.
② 아보가드로 법칙에 따른다.
③ 내부 에너지는 줄의 법칙이 성립한다.
④ 분자간의 충돌은 완전탄성체이다.

비열비 $\dfrac{C_P}{C_V}$는 온도에 관계없이 일정하다.

참고 완전가스(이상기체)의 성질
- 기체 분자의 크기는 없다.
- 분자간의 충돌은 완전탄성체이다.
- 기체 분자력은 없다.
- 0K에서도 고체로 되지 않고 그 기체의 부피는 0이다.
- 냉각 압축시켜도 액화되지 않는다(실제기체는 액화됨).
- 보일-샤를의 법칙을 만족한다.
- 이상기체는 액화되지 않고(고온, 저압), 실제기체는 액화 가능(저온, 고압)

- 이상기체가 실제기체처럼 행동하는 조건 : 저온, 고압
- 실제기체가 이상기체처럼 행동하는 조건 : 고온, 저압

43 부피 40L의 용기에 100kg/cm² abs압력으로 충전되어 있는 가스를 같은 온도에서 25L의 용기에 넣으면 압력(kg/cm² abs)은?

① 25　② 40
③ 80　④ 160

해설

$$\frac{PV}{T}=\frac{P'V'}{T'}\ (T=T'\ \text{같은 온도이므로})$$

$$\therefore\ P'=\frac{PV}{V'}=\frac{100\times 40}{25}=160\text{kg/cm}^2$$

참고 P(절대압력), V(부피), T(절대온도)의 관계를 나타내는 식은 보일의 법칙, 샤를의 법칙, 보일-샤를의 법칙이 있다.
- 보일의 법칙 : 온도가 일정할 때 이상기체의 체적은 압력에 반비례한다. 즉, 압력이 상승하면 부피가 감소한다.
  $P_1V_1=P_2V_2$
- 샤를의 법칙 : 압력이 일정할 때 이상기체의 체적은 절대온도에 비례한다. 즉, 온도상승 시 기체의 체적은 증가하게 된다.
  $\dfrac{V_1}{T_1}=\dfrac{V_2}{T_2}$
- 보일-샤를의 법칙 : 이상기체의 체적은 절대온도에 비례하고 절대압력에 반비례한다.
  $\dfrac{P_1V_1}{T_1}=\dfrac{P_2V_2}{T_2}$
  즉, 보일-샤를의 법칙에서 온도가 일정($T_1=T_2$)하면 보일의 법칙이 되고, $P_1=P_2$이면 샤를의 법칙이 된다.

※ 상기의 법칙은 P(절대압력), T(절대온도), V(부피) 중 2가지 이상의 관계일 때 성립한다(압력, 온도가 일정할 수 있으므로).

44 용기에 산소가 충전되어 있다. 이 용기의 온도가 15℃일 때 압력은 150kg/cm²이다. 이 용기가 직사광선을 받아서 용기 온도가 40℃로 상승하였다면 이때의 압력은 몇 kg/cm²가 되는가?

① 100　② 123
③ 143　④ 163

해설

15℃, 150kg/cm²이면 40℃일 때 150kg/cm²보다 높은 압력을 유지하므로 163kg/cm²이다.

$$\frac{P_1V_1}{T_1}=\frac{P_2V_2}{T_2}\ (V_1=V_2\text{이므로})$$

$$\therefore\ P_2=\frac{T_2P_1}{T_1}=\frac{(273+40)\times 150}{(273+15)}=163\text{kg/cm}^2$$

45 0℃ 3atm에서 40L의 산소가 가지는 질량은 몇 kg인가?

① 0.57kg
② 0.67kg
③ 0.07kg
④ 0.17kg

정답 41.① 42.① 43.④ 44.④ 45.④

해설

$PV=\frac{W}{M}RT$

$W=\frac{PVM}{RT}=\frac{3\times40\times32}{0.082\times273}=171.535\text{g}=0.171\text{kg}$

참고 이상기체 상태식

$PV=nRT$

여기서, P : 압력(atm)

V : 부피(L)

n : 몰수$\left(=\frac{W}{M}\right)$

W : 질량(g), M : 분자량(g)

$R=$ 0.082atm · L/mol · K

T : 절대온도(K)

위의 식으로 보일-샤를의 법칙에서 구할 수 없는 질량을 계산할 수 있다. 압력, 부피, 온도를 구할 때에도 주어진 조건에서 질량이 주어지면 상기의 공식으로 계산하여야 한다.

위의 식 $PV=nRT$에서 $R=\frac{PV}{nT}$

이상기체는 표준상태(0℃, 1atm)가 기준이므로 0℃, 1atm에서 모든 기체 1mol은 22.4L이다.

46 최고사용압력이 5kg/cm²g인 용기에 20℃, 2kg/cm²g인 가스가 채워져 있다. 이 가스는 몇 ℃까지 상승할 수 있는가?

① 300℃ ② 310℃
③ 320℃ ④ 330℃

해설

$\frac{P_1}{T_1}=\frac{P_2}{T_2}$

$T_2=\frac{T_1P_2}{P_1}=\frac{(273+20)\times(5+1.033)}{(2+1.033)}=582.8\text{K}$

∴ 582.8−273=309.8℃=310℃

47 $PV=GRT$에서 R의 값은 얼마인가? (단, 단위는 kg · m/kmol · K이다)

① 427 ② 848
③ 26.5 ④ 0.082

해설

$PV=GRT$

여기서, P : 압력(kg/m²)

V : 체적(m³)

G : 질량(kg)

$R=\frac{848}{M}$(kg · m/kmol · K)

T : 절대온도(K)

※ 위 식은 $PV=nRT$와 비교 시 단위의 차이가 있고 단위 자체가 클 때 사용한다.

48 다음 가스 중 기체상수의 값이 가장 큰 것은?

① CO_2 ② N_2
③ O_2 ④ H_2

해설

$R=\frac{848}{M}$

∴ $\frac{848}{2}$ =424kg · m/kg · K

49 물 100kg을 10℃에서 80℃까지 높이는 데 필요한 열량은?

① 7000kcal ② 8000kcal
③ 9000kcal ④ 10000kcal

해설

$Q=Gc\Delta t$ =100kg×1kcal/kg · ℃×70℃=7000kcal

참고 (1) 현열(감열) : 온도변화가 있는 열(상태변화 없음)

$Q=Gc\Delta t$

여기서, Q : 열량(kcal)

G : 물질의 중량(kg)

Δt : 온도차(℃)

c : 비열(kcal/kg℃)

• 물의 비열 : 1, 얼음 : 0.5, 수증기 : 0.46

(2) 잠열 : 상태변화가 있는 열(온도변화 없음)

$Q=Gr$

여기서, Q : 열량(kcal)

r : 잠열량(kcal/kg)

• 얼음 ↔ 물 79.68kcal/kg

• 물 ↔ 수증기 539kcal/kg

※ 상기 내용에서 물의 비열 1, 얼음의 비열 0.5 얼음이 물로 되는 융해잠열, 물이 얼음으로 되는 응고잠열은 79.68kcal/kg, 물이 수증기로 되는 기화잠열, 수증기가 물로 되는 응축잠열 539kcal/kg은 암기를 하여야 한다.

50 79680kcal의 열로 얼음 몇 kg을 용해할 수 있는가?

① 100kg ② 1000kg
③ 10000kg ④ 100000kg

해설

얼음의 융해잠열 79.68kcal/kg이므로

1kg : 79.68kcal=x(kg) : 79680kcal

∴ $x=\frac{79.680\text{kcal/kg}}{79.68\text{kcal}}=1000\text{kg}$

정답 46.② 47.② 48.④ 49.① 50.②

51 다음 중 비열의 단위는 무엇인가?

① kcal/kg · ℃
② kcal/kg · K
③ kcal/kg
④ $kcal/m^3$

비열(kcal/kg · ℃) : 단위중량당의 열량을 섭씨온도로 나눈 값(어떤 물체의 온도를 1℃ 높이는 데 필요한 열량)
② kcal/kg · K : 엔트로피
③ kcal/kg : 엔탈피

52 $2kg/cm^2g$은 절대압력으로 몇 kg/cm^3a인가?

① $3kg/cm^2$ ② $3.033kg/cm^2$
③ $4kg/cm^2$ ④ $4.033kg/cm^2$

해설

절대압력＝대기압＋게이지압력
＝1.0332＋2＝3.0332kg/cma

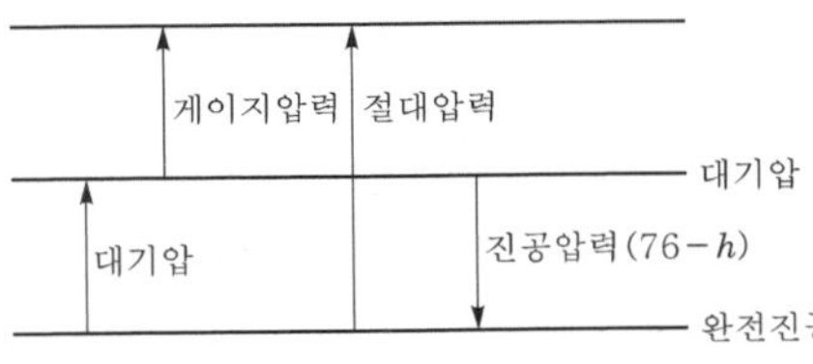

㉠ 게이지 압력 : 대기압력을 기준으로 환산하는 압력(gage)
㉡ 대기압력 : 완전진공을 기준으로 환산하는 압력
㉢ 절대압력 : 완전진공을 기준으로 대기압보다 높은 압력(abs)
㉣ 진공압력 : 대기압보다 낮은 압력이며 압력값에 V를 붙여 표현하고 절대압력으로 계산하여 나타낸다.
∴ 절대압력＝대기압력＋게이지압력
＝대기압력－진공압력

53 1kcal는 몇 BTU인가?

① 0.252 ② 1.8
③ 0.454 ④ 3.968

해설

1kcal＝3.968BTU＝2.205CHU(PCU)

참고 열 : 열은 질량이 없어 그 양을 직접 측정할 수 없으나 따뜻하고 차가운 정도로서 그 양을 측정한다.

54 다음 선도 중 단열변화는 어느 것인가?

① ㉮
② ㉯
③ ㉰
④ ㉱

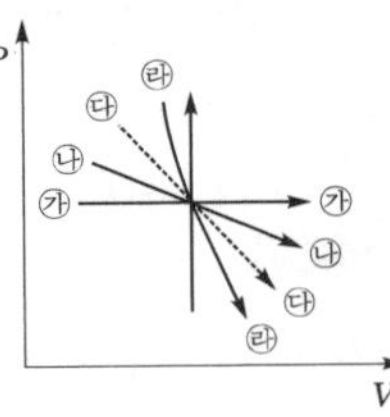

해설

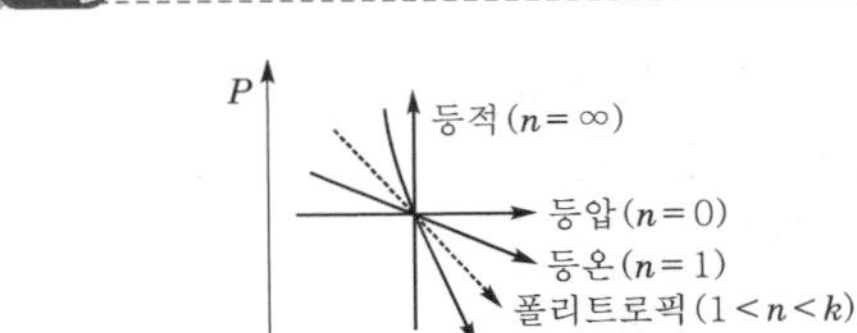

㉠ 등적변화 : 체적이 일정한 상태의 변화($n=\infty$)
㉡ 등압변화 : 압력이 일정한 상태의 변화($n=0$)
㉢ 등온변화 : 온도가 일정한 상태의 변화($n=1$)
㉣ 폴리트로픽 변화 : 약간의 열 출입이 있는 상태의 변화($1<n<K$)
㉤ 단열변화 : 외부와 열 출입이 전혀 없는 상태의 변화($n=K$)

55 5L의 탱크에는 6atm의 기체가, 10L의 탱크에는 5atm의 기체가 있다. 이 탱크를 연결했을 때와 20L 용기에 담았을 때 전압은 얼마인가?

① 2.33atm, 2atm ② 3.33atm, 3atm
③ 5.33atm, 4atm ④ 6.33atm, 5atm

해설

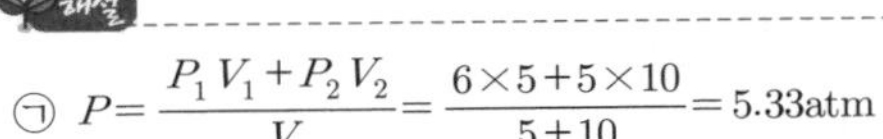

㉠ $P=\dfrac{P_1V_1+P_2V_2}{V}=\dfrac{6\times5+5\times10}{5+10}=5.33\text{atm}$

㉡ $P=\dfrac{P_1V_1+P_2V_2}{V}=\dfrac{6\times5+5\times10}{20}=4\text{atm}$

참고 돌턴의 분압법칙 : 혼합가스가 나타내는 전압력은 각 성분기체가 나타내는 압력의 합과 같다.

$P=\dfrac{P_1V_1+P_2V_2}{V}$

여기서, P : 전압(atm)
V_1V_2 : 성분부피
P_1P_2 : 분압
V : 전부피

∴ 분압＝전압×$\dfrac{성분부피}{전부피}$
＝전압×$\dfrac{성분몰}{전몰}$＝전압×$\dfrac{성분분자수}{전분자수}$

정답 51.① 52.② 53.④ 54.④ 55.③

56 질소 4mol, 산소 3mol의 혼합기체 전압이 10atm일 때 산소의 분압은?

① 2atm　② 4.28atm
③ 5atm　④ 6atm

$P_O = 10 \times \frac{3}{3+4} = 4.28\text{atm}$

57 공기의 압력이 1atm일 때 공기 중 질소와 산소의 분압은? (단, 질소가 80%, 산소가 20%이다.)

① 0.1, 0.8　② 0.8, 0.2
③ 0.3, 0.8　④ 0.4, 0.8

$P_N = 1 \times \frac{80}{80+20} = 0.8\text{atm}$

$P_O = 1 \times \frac{20}{80+20} = 0.2\text{atm}$

또는 1−0.8=0.2atm(또는 1atm−0.8atm=0.2atm)

58 $PV = nRT$에서 단위(atm · L/mol · K)의 R의 값은?

① 82　② 0.082
③ 8.2　④ 0.82

59 어느 액체의 압력이 감소할 때 증발온도는 어떻게 되는가?

① 저하한다.
② 상승한다.
③ 변함없다.
④ 저하 · 상승을 반복한다.

대기압에서 물의 증발온도는 100℃이다. 높은 곳으로 갈수록 압력이 낮아지므로 증발온도는 낮아진다.

정답 56.② 57.② 58.② 59.①

chapter 2 각종 가스의 특성 및 제법용도

'chapter 2'는 한국산업인력공단의 출제기준 중 가스의 성질, 제조의 성질, 제법용도, 제조 및 특성 부분입니다.

01 수소(H_2) ⇨ 압축가스, 가연성

① 밀도 : 가스 중에서 최소의 밀도를 갖는다.

② 확산속도 : 기체의 확산속도는 분자량의 제곱근에 반비례한다.

$$\frac{U_1}{U_2} = \sqrt{\frac{M_2}{M_1}}$$

③ 폭발범위 : 4~75%(공기 중), 4~94%(산소 중)

④ 폭굉속도 : 1400~3500m/s

※ 폭굉속도의 경우 H_2 이외는 모두 1000~3500m/s이다.

⑤ 폭명기

- $2H_2 + O_2 \rightarrow 2H_2O$ ⇨ 수소폭명기
- $H_2 + Cl_2 \rightarrow 2HCl$ ⇨ 염소폭명기
- $H_2 + F_2 \rightarrow 2HF$ ⇨ 불소폭명기

⑥ 수소취성 방지법 : 5~6%의 Cr강에 Ti, V, W, Mo 등을 첨가한다.

⑦ 제조법 : 물의 전기분해(순도가 높고, 비경제적이다.)

⑧ 용도 : NH_3 제조에 주로 쓰인다.

TIP 상기 내용의 핵심요점입니다.

1. 가스밀도 : $\frac{M(\text{분자량, g})}{22.4\text{L}}$ 이므로 ⇨ 2g/22.4L=0.089g/L
   ※ 수소의 분자량은 2g이며 모든 가스 중 제일 가볍다.
2. 가벼운 가스는 확산속도가 빠르다.
3. 폭명기 : 촉매 없이도 반응이 폭발적으로 일어난다.
4. 수소가스 부식명 : 수소취성=강의탈탄
5. 제조법의 종류 : 소금물의 전기분해 , 석유의 분해, 수성가스법, 천연가스 분해, 물의 전기분해
   ※ 금속에 산을 가하는 방법 등이 있으나 가장 순도가 높은 수소를 제조하는 방법은 물의 전기분해이다.
6. 상기 이외에도 기구부양, 유지공업, 염산제조 등이 있다.

02 산소(O_2) ⇨ 압축가스, 조연성

〈산소(O_2)가스의 핵심 key Point〉

항 목		핵심 내용
공기 중 함유량	부피	21%
	무게	23.2%
대기 중 산소의 유지농도		18% 이상 22% 이하
산소가스와 고온고압하에서 접촉 시 일어나는 현상(부식명)		산화 ※ 산화방지 금속 : Cr(크롬), Al(알미늄), Si(규소)
제조법	물의 전기분해	$2H_2O \rightarrow 2H_2+O_2$
	공기액화분리법	액화산소(−183℃), 액화아르곤(−186℃), 액화질소(−196℃)의 순으로 제조 ※ ( )안의 수치는 비등점이다.
산소의 농도가 높아지면 변화하는 사항		① 연소범위 : 넓어짐 ② 연소속도 : 빨라짐 ③ 화염온도 : 높아짐 ④ 발화점, 인화점 : 낮아짐
산소가스가 폭발하는 경우		① 가연성 가스와 혼합하여 연소범위를 형성할 때 ② 녹, 이물질, 특히 유지류와 결합 시 연소폭발이 일어남
산소가스를 압축 시 압축기에 사용되는 윤활유		물, 10% 이하 글리세린수

〈공기액화분리장치〉

항 목	핵심 내용
정의	기체공기를 고압, 저온(임계압력 이상, 임계온도 이하)으로 하여 액으로 만들어 O_2, Ar, N_2로 제조하는 장치
폭발원인	① 공기 취입구로부터 C_2H_2 혼입 ② 압축기용 윤활유 분해에 따른 탄화수소 생성 ③ 액체공기 중 O_3의 혼입 ④ 공기 중 NO, NO_2(질소산화물)의 혼입
폭발에 따른 대책	① 공기 취입구는 C_2H_2을 혼입할 수 없는 맑은 곳에 설치 ② 부근에 카바이드 작업을 피할 것 ③ 윤활유는 양질의 광유를 사용 ④ 연 1회 사염화탄소(CCl_4)로 세척 ⑤ 장치 내 여과기를 설치
분리장치의 불순물	① CO_2 : 드라이아이스가 되어 배관 흐름을 방해 ② H_2O : 얼음이 되어 장치 내를 동결시킴
불순물 제거방법	CO_2는 NaOH로, 얼음은 건조제(실리카겔, 알루미나, 소바비드, 몰리큘러 시브 등)로 건조

TIP 산소의 핵심요점 사항입니다. 암기하려 하지 마시고 가볍게 읽어보세요.

1. 산소의 부피%는 공기 중 21%, 무게%는 공기 중 23.2%이다.
   - 공기 100m^3 중 산소는 21m^3
   - 공기 100kg 중 산소는 23.2kg
2. 대기 중 산소는 21%가 제일 적당하며, 아무리 적어도 18% 이상, 아무리 많아도 22% 이하를 유지해야 한다. 16% 이하에서 질식의 우려가 있고, 25% 이상에서는 이상 연소의 우려가 있다.
3. 산소의 부식명은 산화이며 부식은 고온, 고압에서 발생한다.
4. 공기 액화 시(비등점 이하로 온도를 낮추면 액화가 가능하므로) 비등점이 −183℃인 O_2, −186℃인 Ar, −196℃인 N_2의 순으로 액화가 되며 기화 시에는 비등점이 낮은 순으로 기화가 된다.
5. 산소 농도가 높아지면 발화온도가 낮아지며, 점화에너지가 감소하고 연소범위가 넓어지며, 화염온도 높아지고 연소속도가 빨라진다.
6. 산소는 유지류와 접촉 시 폭발을 일으키며, 산소가스로 인하여 일어나는 폭발을 연소폭발이라 한다. 그래서 산소가스에 사용되는 압력계에는 "금유"라고 명시되어 있다.
7. 산소가스에는 유지류를 사용하지 못하므로 산소가스를 압축하는 압축기에는 윤활유로 물 10% 이하 글리세린을 사용한다.
8. 무급유작동압축기란 윤활유로 기름을 사용치 못하는 압축기로 산소를 비롯해 양조, 약품 등에 사용되는 압축기에 무급유식이 사용되며 주로 피스톤링에 고무의 신축성을 이용한 것이 사용되고, 피스톤링의 종류로는 카본링, 테프론링, 다이어프램링 등이 있다.
9. 공기액화장치에서 CO_2를 제거하는 이유 : CO_2는 저온으로 되면 드라이아이스가 되어 공기액화장치의 배관을 폐쇄시키므로 저온으로 만들기 전 NaOH(가성소다)로 제거를 한다.
   $2NaOH + CO_2 \rightarrow Na_2CO_3 + H_2O$
   가성소다로 CO_2를 제거 시 생성물에 H_2O이 생기므로, 물은 건조제로 제거하여 배관의 동결을 방지한다.

03 아세틸렌(C_2H_2) ⇨ 용해가스, 가연성

〈아세틸렌(C_2H_2)가스의 핵심 key Point〉

항 목		핵심 내용
폭발범위	공기 중	2.5~81%
	산소 중	2.5~93%
분자량		26g(공기보다 가볍고 무색인 가스)
폭발성	분해폭발	$C_2H_2 \rightarrow 2C + H_2$
	화합폭발	$2Cu + C_2H_2 \rightarrow Cu_2C_2 + H_2$
	산화폭발	$C_2H_2 + 2.5O_2 \rightarrow 2CO_2 + H_2O$
용제	정의	C_2H_2 충전 시 C_2H_2을 녹이는 물질
	종류	아세톤, DMF

항 목		핵심 내용
다공물질	정의	C_2H_2 충전 후 빈 공간이 있으면 C_2H_2이 공간으로 확산하여 폭발되는 것을 방지
	종류	석면, 규조토, 목탄, 석회, 다공성 플라스틱
	다공도	75% 이상 92% 미만
	다공도 공식	$\frac{V-E}{V}\times 100\%$ (여기서, V : 다공물질의 용적, E : 침윤잔용적)
충전	순서	용제를 충전 → C_2H_2가스 충전 → 다공물질 주입
	충전 압력	2.5MPa 이하로 충전 ※ 2.5MPa 이상으로 충전하는 경우 폭발방지를 위해 N_2, CH_4, CO, C_2H_4의 희석제 첨가
	충전 후	15℃, 1.5MPa 정도 유지
제조	제조방법	카바이드에서 제조 $CaC_2+2H_2O \rightarrow C_2H_2+Ca(OH)_2$
	제조 시 불순물	H_2S(황화수소), PH_3(인화수소), NH_3(암모니아), SiH_4(규화수소), N_2(질소), O_2(산소), CH_4(메탄)
	불순물 제거 청정제	카타리솔, 리가솔, 에퓨렌
	불순물 존재 시 영향	① C_2H_2 순도 저하 ② 아세틸렌이 아세톤에 용해되는 것 저해 ③ 폭발의 원인
	제조발생기의 종류	주수식, 투입식, 침지식
C_2H_2 압축기	윤활제	양질의 광유
	작동장소	수중에서 작동(이때 냉각수 온도는 20℃ 이하)
	회전수	100rpm, 저속
C_2H_2 용기 밸브	재료	동함유량 62% 미만 단조황동, 단조강
안전밸브 종류		가용전식

TiP **아세틸렌(C_2H_2)에 대한 핵심내용입니다. 필독을 부탁드립니다.**

1. 가연성 가스 중 폭발범위가 가장 넓다. 산소 중 폭발범위는 공기 중 폭발범위보다 넓다.
2. 순수한 C_2H_2은 불순물이 없으나 순도가 낮은 C_2H_2에는 불순물이 존재한다.
3. C_2H_2은 3가지의 폭발성이 있다.
   ① 분해폭발 : C_2H_2의 대표적인 폭발이며 분해폭발 때문에 압력은 가하여 충전할 수 없고 녹이면서 충전하므로 용해가스라 한다.
   ② 동아세틸라이트 폭발 : 화합폭발이라고 하며 Cu, Ag, Hg 등과 화합 시 폭발성 물질인 CuC_2(동아세틸라이트), Ag_2C_2(은아세틸라이트), Hg_2C_2(수은아세틸라이트) 등을 생성하므로 Cu를 사용 시 62% 미만의 합금을 사용한다.
   ③ 산화폭발 : 공기, 산소 중에 일어나는 폭발로서 모든 가연성 가스는 산화폭발을 가지고 있다.

4. ① C_2H_2가스를 녹이면서 충전하면 충전된 액면 이하로 빈 공간이 생긴다. 이러한 공간으로 이동하면서 C_2H_2이 폭발할 우려가 있으므로 이러한 공간을 폭발성이 없는 안정된 물질로 채우는데 그것이 다공물질이다.
② C_2H_2은 압력을 가하여 충전할 수 없으나 전혀 압력을 가하지 않으면 용기 내부에 가스가 충전되지 않으므로 충전 중 압력은 2.5MPa 이하, 충전 후 압력은 15℃에서 1.5MPa이다. 그러나 부득이 2.5MPa 이상으로 충전할 경우 위험성을 방지하기 위하여 희석제를 넣는다.

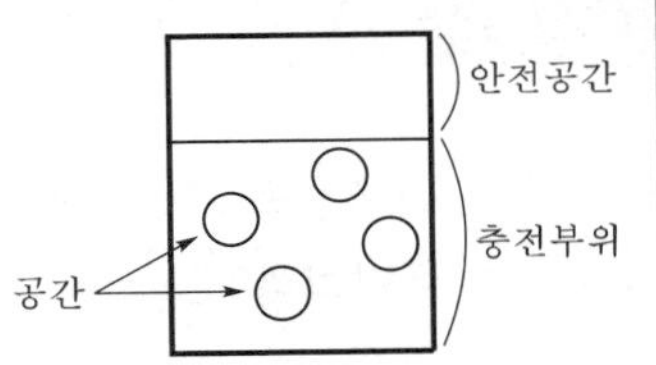

5. 아세틸렌 제조공정
카바이드(CaC_2)+물($2H_2O$) → C_2H_2+$Ca(OH)_2$

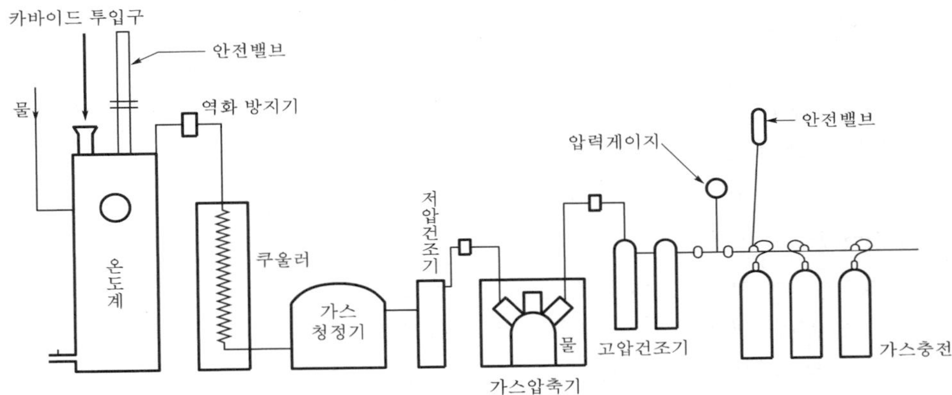

6. 발생기를 형식에 따라 분류 시
① 주수식 : 카바이드에 물을 넣는 방법(불순물이 많음)
② 침지식 : 카바이드와 물을 소량씩 접촉시키는 방법
③ 투입식 : 물에 카바이드를 넣는 방식으로, 대량 생산에 적합

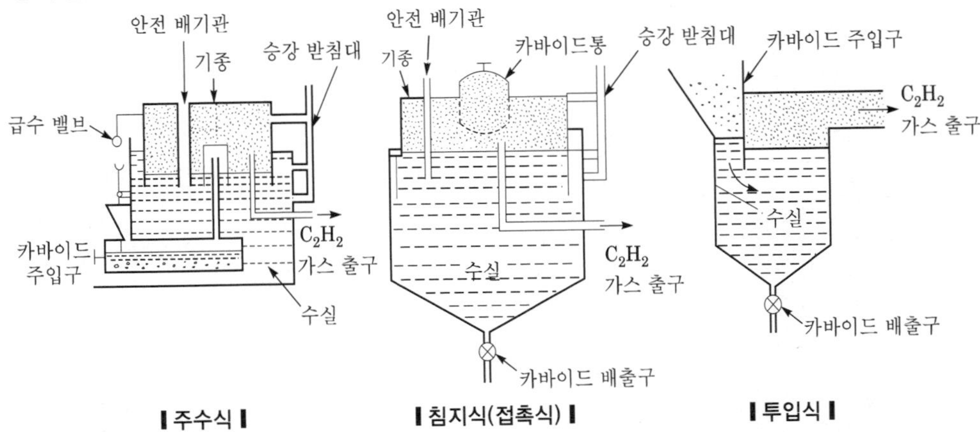

▌주수식▐ ▌침지식(접촉식)▐ ▌투입식▐

7. C_2H_2 압축기
급격한 압력상승을 방지하기 위하여 압축기는 물 안에, 모터는 물 밖에 두고 압축기를 가동하며 이때 물의 온도는 20℃ 이하 압축기 회전수는 100rpm 정도이다.

8. 제조공정 중의 청정기에서 불순물을 제거하며(제조공정도 참조) 청정제의 종류로는 카타리솔, 리가솔, 에퓨렌이 있다.

04 암모니아(NH_3) ⇨ 독성, 가연성

① 허용농도 : TLV-TWA 25ppm, LC_{50} 7338ppm) ⇨ 독성

② 폭발범위 : 15~28% ⇨ 가연성

③ 모든 가연성 가스의 충전구 나사는 왼나사이다.

※ NH_3, CH_3Br(브롬화메탄) ⇨ 오른나사

④ 모든 가연성의 전기설비는 방폭구조로 해야 하지만 NH_3, CH_3Br은 제외한다.

※ 이유 : 가연성의 정의에 벗어나는 가연성 가스이므로 폭발하한이 다른 가연성 가스보다 높다.

⑤ 물리적 성질 : 물에 잘 녹는다(물 1L에 NH_3 800L(800배)이 녹는다).

※ NH_3(부식), C_2H_2(폭발)되므로 : 동 함유량이 62% 미만이어야 한다.

⑥ 암모니아 제조법

㉠ 하이보시법 : $N_2 + 3H_2 \rightarrow 2NH_3$

㉡ 석회질소법 : $CaCN_2 + 3H_2O \rightarrow 2NH_3 + CaCO_3$

⑦ 압력에 따른 합성법

㉠ 60~100MPa : 클로드법, 카자레법(고압합성)

㉡ 30MPa 전후 : IG법, 동공시법(중압합성)

㉢ 15MPa 전후 : 후우데법, 케로그법(저압합성)

TiP NH_3의 참고사항입니다.

1. 가스가 들어가고 나오는 부분을 충전구라 하며 충전구는 왼쪽으로 회전하며 차단되는 왼나사와 오른쪽으로 회전하면 차단되는 오른나사로 구분되고 모든 가연성 가스의 충전구 나사는 왼나사이다.
2. NH_3와 CH_3Br은 가연성 가스 중 위험성이 적기 때문에 충전구 나사가 오른나사이고, 전기설비도 방폭구조가 아닌 일반구조이다.
   ※ 가스 충전구의 나사형식에 따른 분류 : 밖으로 나사가 돌출되어 있는 숫나사(A형), 안으로 나사가 있는 암나사(B형), 충전구에 나사가 없는 것(C형)
3. 암모니아 가스는 물에 용해도가 높으므로 헨리의 법칙이 적용되지 않으며 약알칼리성에 속하므로 중화액으로 물, 묽은 염산, 묽은 황산이 사용된다.
   구리를 사용할 때 부식을 일으키므로 구리를 사용 시 C_2H_2과 같이 62% 미만의 구리합금을 사용하여야 한다.
   ※ 구리를 사용해서는 안 되는 가스 : C_2H_2(폭발), NH_3(부식), H_2S(Cu와 접촉 시 분말가루로 변함)
4. 모든 가스용 밸브 재질은 대부분 단조황동이다.
   ※ NH_3, C_2H_2은 동함유량 62% 미만인 단조황동 또는 단조강이다.

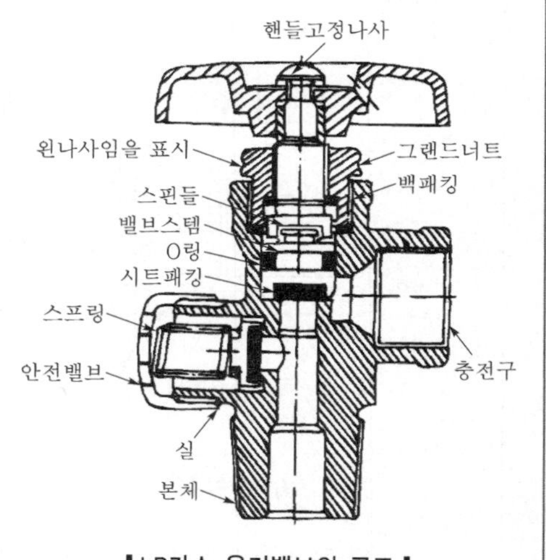

▎LP가스 용기밸브의 구조▎

5. 암모니아 제법으로는 하버보시법과 석회질소법이 있다.
   ① 용도 : 냉동기의 냉매, 질소비료 원료, 요소 제조
   ② 누설검지 시험지 : 적색 리트머스지(청변)
   ③ 누설검출법 : 적색 리트머스지(청변), 네슬러시약(황갈색), 취기, 염산과 접촉 시 염화암모늄의 흰 연기

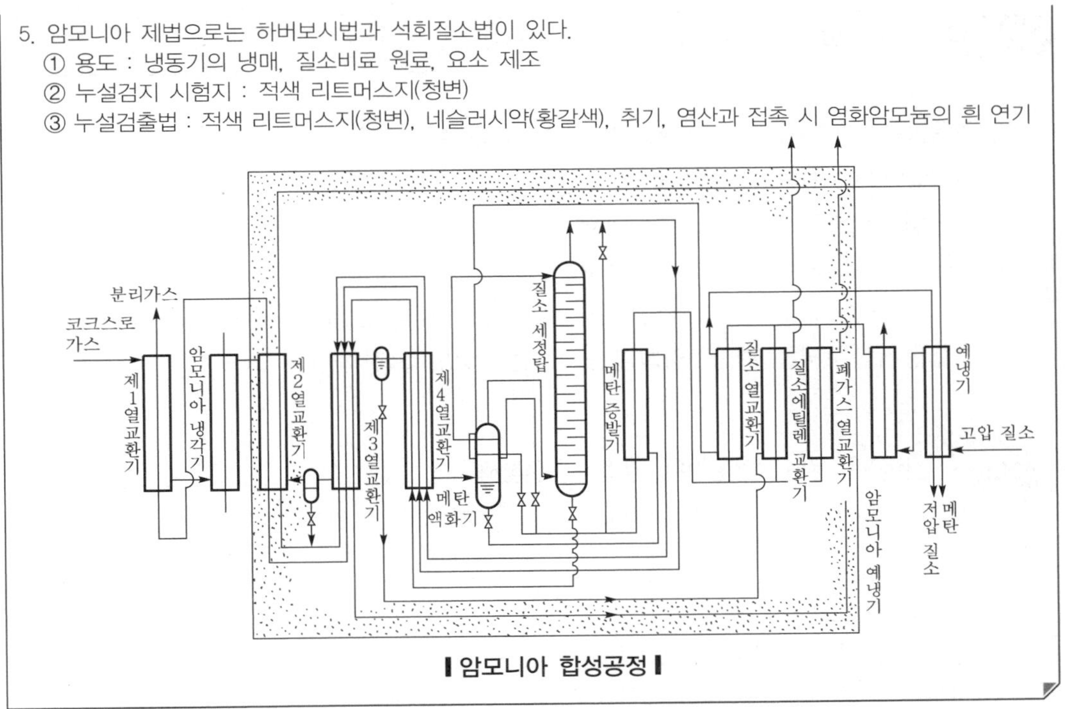

▌암모니아 합성공정▌

05 염소(Cl_2) ⇨ 독성, 액화 조연성 가스

〈염소(Cl_2)가스의 핵심 key Point〉

항 목		핵심 내용
허용농도	TLV-TWA	1ppm
	LC_{50}	293ppm
비등점		-34℃
안전밸브	형식	가용전식
	용융온도	65~68℃
누설검지법	시험지	KI 전분지(청색)
	암모니아수	염화암모늄, 흰 연기 발생
	취기	자극적, 황록색 기체
중화액(제독제)		가성소다수용액, 탄산소다수용액, 소석회
제조법(수은법, 격막법)		소금물 전기분해($2NaCl+2H_2O \rightarrow 2NaOH+Cl_2+H_2$)
용도		표백제, 수돗물의 살균소독
압축기의 윤활유		진한 황산
건조제		진한 황산
부식성		수분이 없는 건조상태에서는 부식성이 없으나 수분 존재 시 염산 생성으로 부식

06 시안화수소(HCN) ⇨ 독성, 가연성

① **허용농도** : TLV-TWA 10ppm, LC_{50} 140ppm ⇨ 독성

② **폭발범위** : 6~41% ⇨ 가연성

③ 특유한 복숭아 냄새 또는 감 냄새

④ '중합폭발'의 위험 ⇨ 충전 후 60일을 넘지 않게 한다.

↳ 수분이 2% 이상 ↳ HCN의 순도가 98% 이상되면 그러하지 않아도 된다.

⑤ 중합방지안정제 : 황산, 염화칼슘, 인산, 동망, 오산화인

TIP HCN의 요점 내용입니다. 가볍게 읽어보세요.

1. 시안화수소의 대표적인 폭발은 중합폭발(수분이 2% 이상 침투 시 일어나는 폭발)이다. 그러므로 시안화수소의 순도를 98% 이상으로 유지해야 공기 중 수분이 2% 이상 응축되지 않는다.
   시안화수소를 충전 시 60일 동안 사용하지 못하며 공기 중 2%의 수분이 침투할 우려가 있으므로 다른 용기에 다시 충전을 한다.
2. 수분에 의한 중합방지제의 종류로는 동, 동망, 염화칼슘, 오산화인 등이 있다.
3. 제법으로는 폼아미드법, 앤드류쇼법이 있고, 살충제로 사용된다.

07 산화에틸렌(C_2H_4O) ⇨ 독성, 가연성

① **허용농도** : TLV-TWA 1ppm, LC_{50} 2900ppm ⇨ 독성

② **폭발범위** : 3~80% ⇨ 가연성

③ 분해폭발을 일으키는 가스 : C_2H_2, C_2H_4O, N_2H_4

④ 산화에틸렌은 분해 · 중합 폭발을 동시에 가지고 있으나 금속염화물과 반응 시는 중합폭발을 일으킨다.

TIP

1. 산화에틸렌은 C_2H_2 다음으로 폭발성이 강하여 용기 내 충전 시 미리 안정한 가스인 N_2, CO_2 수증기를 $4kg/cm^2$(0.4MPa) 정도 충전한 후 C_2H_4O을 충전한다.
   그러므로 C_2H_4O의 안정제는 N_2, CO_2, 수증기이다.
2. 제법 : $C_2H_4 + \frac{1}{2}O_2 \rightarrow C_2H_4O$(에틸렌의 접촉기상 산화법)

08 질소(N_2)

① 불연성 압축가스이다.
② 공기 중에 78%이 함유되어 있다.
③ 비등점은 −196℃이다.
④ 용도
㉠ 비료에 이용
㉡ 액체질소의 비등점을 이용하여 식품의 급속동결용으로 이용
㉢ 암모니아의 제조원료, 고온장치의 치환용 가스로 이용
⑤ 부식명 : 질화
※부식방지 금속 : Ni

09 희가스(불활성 가스) ⇨ 비활성 기체(He, Ne, Ar, Kr, Xe, Rn)

① 희가스를 충전한 방전관의 발광색

기 체	발광색	기 체	발광색
He	황백색	Kr	녹자색
Ne	주황색	Xe	청자색
Ar	적색	Rn	청록색

② 용도 : 가스 그래마토그래피의 캐리어가스(He, Ar) 등으로 사용

TIP

1. 희가스란 주기율표의 0족에 속하는 가스로서 다른 원소와 화학결합이 없으나 Xe(크세논)과 F_2(불소) 사이에 몇 가지 화합물이 있다.
2. 캐리어 가스란 시료를 분석하기 위하여 시료를 운반해 주는 가스로서 He, Ar 이외에 H_2, N_2도 있다.

10 포스겐($COCl_2$) ⇨ 독성

① 허용농도 : TLV−TWA 0.1ppm, LC_{50} 5ppm ⇨ 독성
② 건조상태에서는 공업용 금속재료가 거의 부식하지 않으나 수분이 존재하면 가수분해 시 염산이 생성되므로 부식이 일어난다.
$COCl_2 + H_2O \rightarrow CO_2 + 2HCl$
③ 중화제 : NaOH(가성소다), $Ca(OH)_2$(소석회)

1. 포스겐은 허용농도(TLV-TWA) 0.1ppm의 독성가스로서 법규상 가장 독성이 강함
2. 수분 접촉 시 염산 생성으로 부식이 일어남
   〈수분 접촉 시 부식이 일어나는 가스〉
   - Cl_2, $COCl_2$ → 염산 생성으로 부식
   - SO_2 → 황산 생성으로 부식
   - CO_2 → 탄산 생성으로 부식
3. 건조제, 윤활제는 진한 황산을 사용
   ※ 포스겐은 염소와 성질이 유사하여 중화액, 건조제 등이 동일하다.
4. 제법 : $CO+Cl_2 \xrightarrow{\text{활성탄}} COCl_2$ ⇨ 촉매로는 활성탄이 사용됨

11 일산화탄소(CO) ⇨ 독성, 가연성

① **허용농도** : TLV-TWA 50ppm, LC_{50} 3760ppm ⇨ 독성

② **폭발범위** : 12.5~74% ⇨ 가연성

③ **완전연소 시 생성되는 가스** : CO_2, H_2O

④ **불완전연소 시 생성되는 가스** : CO, H_2

⑤ **성질**

㉠ $Ni+4CO \rightarrow \underset{\text{니켈카보닐}}{\underline{Ni(CO)_4}}$

㉡ $Fe+5CO \rightarrow \underset{\text{철카보닐}}{\underline{Fe(CO)_5}}$

※ CO의 부식명 : 카보닐(침탄)

⑥ 상온에서 염소와 반응하여 포스겐을 생성한다.

$CO+Cl_2 \rightarrow \underset{\text{포스겐}}{\underline{COCl_2}}$

⑦ 압력을 올리면 폭발범위는 좁아진다.

㉠ CO 외의 다른 모든 가스는 넓어진다(단, 수소는 압력을 올리면 폭발범위가 좁아지다가 계속 압력을 올리면 다시 넓어진다).

㉡ CO의 부식방지법

- 고온고압하에서 Ni, Cr계 스테인리스강을 사용하는 것이 좋다.
- 고온고압하에서 내면을 '구리'나 '알루미늄' 등으로 피복한다.

⑧ **누설검지시험지** : 염화파라듐지(흑변)

CO에 대한 핵심사항입니다. 암기하시기 바랍니다.

1. CO가스에 부식을 일으키는 금속 : Fe, Ni
   ※ 부식을 방지하기 위하여 장치 내면을 피복하거나 Ni을 사용 시 Cr을 함유한 Ni-Cr계 STS를 사용한다.
2. 압력을 올리면 폭발범위가 좁아지는 가스 : CO
   압력을 올리면 폭발범위가 좁아지다가 계속 압력을 올리면 폭발범위가 다시 넓어지는 가스 : H_2

12 이산화탄소(CO_2)

① 허용농도 : TLV-TWA 5000ppm(독성은 아님)
② 대기 중의 존재량은 약 0.03%이다.
③ 공기 중에 다량으로 존재하면 산소 부족으로 질식한다.
※ 1일 8시간 노동에 있어서 허용농도 : 5000ppm(TLV-TWA의 허용농도의 정의)
④ 드라이아이스 제조에 사용한다(CO_2를 100atm까지 압축한 뒤에 -25℃까지 냉각시키고 단열팽창시키면 드라이아이스가 얻어진다).
⑤ 흡수제 : KOH

CO2에 대한 주요 내용입니다. 가볍게 읽어보세요.

1. 불연성 액화가스로서 증기압이 높으므로 무이음 용기에 충전하여 대기 중 다량 존재 시 질식의 우려가 있으므로 허용농도를 기억한다.
2. 가스, 유류 등의 소화제 및 청량음료수에 이용된다.
3. 물에 약간 용해하므로 헨리법칙이 적용된다. 물에 약간 용해되는 기체는 O_2, H_2, N_2, CO_2 등이며, 물에 다량 용해하는 NH_3는 헨리법칙이 적용되지 않는다.
   ※ 헨리법칙 : 기체 용해도의 법칙

13 황화수소(H_2S) ⇨ 독성, 가연성

항 목		핵심 내용
허용농도	TLV-TWA	10ppm
	LC_{50}	144ppm
연소범위		4.3~45%
누설검지시험지		연당지(흑변)
중화액		가성소다수용액, 탄산가스수용액

14 메탄(CH_4(분자량 16g)) ⇨ 가연성(5~15%), 압축가스

① 비등점 : −162℃

※ 부취제 : 가스 누설 시 조기발견을 위하여 첨가하는 향료

② CH_4 계열 탄화수소는 무색무취이므로 가정에서는 부취제를 혼합하여 사용한다.

㉠ THT : 석탄가스 냄새

㉡ TBM : 양파 썩는 냄새

㉢ DMS : 마늘 냄새

③ CH_4과 염소를 반응시키면 생성되는 물질

㉠ 염화메틸(CH_3Cl) : 냉동

㉡ 염화메틸렌(CH_2Cl_2) : 소독제

㉢ 클로로포름($CHCl_3$) : 마취제

㉣ 사염화탄소(CCl_4) : 소화제

TIP CH_4의 참고사항입니다.

1. LNG의 주성분인 CH_4과 LPG 등은 누설 시 색, 맛, 냄새가 없으므로 냄새가 나는 물질을 혼합함으로써 누설을 조기에 발견하여 위해를 예방한다.
2. 탈수소반응
   ① $CH_4 + Cl_2 \rightarrow CH_3Cl + HCl$
   ② $CH_3Cl + Cl_2 \rightarrow CH_2Cl_2 + HCl$
   ③ $CH_2Cl_2 + Cl_2 \rightarrow CHCl_3 + HCl$
   ④ $CHCl_3 + Cl_2 \rightarrow CCl_4 + HCl$

15 LP가스 ⇨ 프로판(C_3H_8), 부탄(C_4H_{10})

① 공기 중의 비중은 공기의 약 1.5~2배로, 낮은 곳에 체류하기 쉽고 인화폭발의 위험성이 크다.

② 천연고무를 잘 용해한다.

※ 배관 시 패킹제로는 합성고무제인 실리콘 고무를 사용한다.

③ 폭발범위

㉠ C_3H_8 : 2.1~9.5, 비등점 −42℃, 자연기화방식(가정용)

㉡ C_4H_{10} : 1.8~8.4, 비등점 −0.5℃, 강제기화방식(공업용)

④ LP가스의 특성

㉠ 가스는 공기보다 무겁다.

㉡ 액은 물보다 가볍다.
㉢ 기화, 액화가 용이하다.
㉣ 기화 시 체적이 커진다(액 1L → 기체 250L).
㉤ 증발잠열이 크다.

⑤ LP가스의 연소특성
㉠ 연소속도가 늦다.
㉡ 연소범위가 좁다.
㉢ 연소 시 다량의 공기가 필요하다.
㉣ 발열량이 크다.
㉤ 발화온도가 높다.

TIP 상기 내용에 대한 3분 강의록입니다. 필독하십시오.

LPG(액화석유가스) : C_3, C_4로 이루어진 탄화수소

1. 분자량이 C_3H_8=44g, C_4H_{10}=58g이므로 비중은 $\frac{44}{29}=1.52$, $\frac{58}{29}=2$이다.
2. 누설 시 낮은 곳에 체류하므로 검지기는 지면에서 30cm 이내에 부착한다.
3. ① C_3H_8 비등점은 −42℃이므로 외기의 기온이 −42℃보다 높으면 자연적으로 기화가 가능하므로 기화기가 필요 없는 대기 중의 열을 흡수하여 기화시키는 자연기화방식을 채택한다. 그러나 대량 사용처에서는 기화기를 사용할 수도 있다.
   ② C_4H_{10} 비등점은 −0.5℃이므로 외기의 기온이 −1℃만 되어도 기화가 불가능하기 때문에 기화기를 이용하여 가스를 기화시키는 강제기화방식을 선택한다.
4. 기화기 사용 시 이점
   ① 한랭 시에도 가스공급이 가능하다.
   ② 공급가스 조성이 일정하다.
   ③ 기화량을 가감할 수 있다.
   ④ 설치면적이 적어진다.
5. 기화기를 사용하여 가스를 공급하는 방식을 강제기화방식이라 하며 강제기화방식에는 생가스 공급방식, 공기혼합가스 공급방식, 변성가스 공급방식 등이 있다.

chapter 2

출 / 제 / 예 / 상 / 문 / 제

01. 수소(H_2)

01 순도가 가장 높은 수소를 공업적으로 만드는 방법은?

① 수성가스법　② 물의 전기분해법
③ 석유의 분해　④ 천연가스의 분해

해설

수소가스의 제법
㉠ 물의 전기분해($2H_2O \rightarrow 2H_2+O_2$)
㉡ 소금물의 전기분해($2NaCl+2H_2O \rightarrow 2NaOH+Cl_2+H_2$)
㉢ 천연가스 분해 : 수성가스법($C+H_2O \rightarrow CO+H_2$)
㉣ 석유의 분해 : 일산화탄소 전화법($CO+H_2O \rightarrow CO_2+H_2$)
이 중 순도가 높은 제조법은 물의 전기분해인데, 비경제적인 단점이 있다.

02 상온, 상압일 경우 수소(H_2)의 공기 중 폭발범위는?

① 4~94%　② 15~28%
③ 2.5~81%　④ 4~75%

해설

폭발범위란 가연성 가스와 공기가 혼합하여 전체로 하였을 때 그 중 가연성 가스가 가진 용량 %로, 수소의 경우는 4~75%이다.
가연성 가스+공기=100%일 때
수소+공기
1%　99%(폭발범위 아님)
2%　98%(폭발범위 아님)
3%　97%(폭발범위 아님)
4%　96%(폭발범위)
≀　≀
75%　25%(폭발범위)
가연성 가스는 폭발범위 안에서 연소 및 폭발이 일어나며 폭발범위가 아닐 때에는 연소 및 착화가 일어나지 않는다.

03 수소의 용도로 부적당한 것은?

① 식품, 야채 등의 급속동결용으로 사용
② 니켈 환원 시 촉매제로 사용
③ 수소불꽃을 이용한 인조보석이나 유리 제조용
④ 암모니아 제조 및 합성가스의 원료

해설

식품, 야채의 급속동결용으로 사용하는 가스는 N_2이다(비점 −196℃). 수소는 상기 용도 외에 기구부양용 염산 제조, 금속 제련 등에 이용한다.

04 고온고압하에서 수소를 사용하는 장치공장의 재질은 일반적으로 다음 중 어느 재료를 사용하는가?

① 탄소강　② 크롬강
③ 조강　④ 실리콘강

수소의 부식명은 수소취성(강의탈탄)이라 하며, 이것은 수소가 강 중의 탄소와 반응, CH_4를 생성하여 강을 약화시키는 것을 말하는데 반응은 다음과 같다.
$Fe_3C+2H_2 \rightarrow CH_4+3Fe$
수소취성을 방지하기 위하여 5~6% Cr강에 W, Mo, Ti, V 등을 첨가한다.

참고 각종 가스에는 그 가스만의 특성으로 고온고압에서 부식을 일으키며, 수소는 수소취성, 산소는 산화, 황화수소는 황화 등의 부식명이 있다. 고온고압이 아닐 때 일반적으로 사용될 수 있는 재질은 탄소강이다.

05 가스 회수장치에 의한 제일 먼저 발생되는 가스는?

① 수소　② 산소
③ 프로판　④ 부탄

해설

비등점이 낮은 가스일수록 먼저 회수되며 중요한 가스의 비등점은 다음과 같다.
- O_2 : −183℃
- Ar : −186℃
- N_2 : −196℃
- CH_4 : −162℃
- C_3H_8 : −42℃
- C_4H_{10} : −0.5℃
- H_2 : −252.5℃

정답 01.② 02.④ 03.① 04.② 05.①

06 H_2의 공업적 제법이 아닌 것은?

① 물의 전기분해법
② 석유 및 석탄에서 만드는 법
③ 천연가스에서 만드는 법
④ 금속을 산에 반응시키는 법

해설

금속에 산을 반응시키는 법은 실험적 제법이다.
$Zn + H_2SO_4 \rightarrow ZnSO_4 + H_2$

07 수소에 대한 설명 중 옳은 것은?

㉮ 수소가 공기와 혼합된 상태에서의 폭발범위는 2.0~65.0이다.
㉯ 무색, 무취이므로 누설되었을 경우 색깔이나 냄새를 발견할 수 없다.
㉰ 수소는 고온, 고압에서는 강(鋼) 중의 탄소와 반응하여 수소취성을 일으킨다.

① ㉮, ㉯ ② ㉯, ㉰
③ ㉮, ㉰ ④ ㉮, ㉯, ㉰

08 수소취성에 대한 다음 설명 중 맞는 것은?

① 수소는 환원성의 가스로 상온에서 부식을 일으킨다.
② 수소가 고온, 고압에서 철과 화합하는 것이다.
③ 니켈강은 수소취성을 일으키지 않는다.
④ 수소는 고온, 고압에서 강 중의 탄소와 화합하여 메탄을 생성하며 수소취성을 일으킨다.

09 다음 중 수소의 일반적 성질이 아닌 것은?

① 무색, 무미, 무취의 기체
② 가스 중 비중이 가장 작다.
③ 기체 중에서 확산속도가 느리다.
④ 수소는 산소, 염소, 불소와 폭발반응을 일으킨다.

해설

수소는 분자량이 2g으로 기체 중 가장 가볍고 색, 맛, 냄새가 없으며 산소, 염소, 불소와는 폭발적인 반응을 일으키고, 가장 가벼운 기체이기 때문에 확산속도가 가장 빠르다.

참고 (1) 폭명기 : 반응이 폭발적으로 일어난다.
- $2H_2 + O_2 \rightarrow 2H_2O$(수소폭명기)
- $H_2 + Cl_2 \rightarrow 2HCl_2$(염소폭명기)
- $H_2 + F_2 \rightarrow 2HF$(불소폭명기)

(2) 확산속도(그레이엄의 법칙) : 기체의 확산속도는 분자량의 제곱근에 반비례한다(기체가 가벼울수록 확산속도가 빠르다).

10 수소의 성질 중 폭발, 화재 등의 재해발생 원인이 아닌 것은?

① 가벼운 기체이므로 가스가 누출되기 쉽다.
② 고온, 고압에서 강에 대해 탈탄작용을 일으킨다.
③ 공기와 증발잠열로 수분이 동결하여 밸브나 배관을 폐쇄시킨다.
④ 혼합된 경우 폭발범위가 4~75%이다.

11 수소의 재해발생 원인으로 틀린 것은?

① 확산속도가 가장 크다.
② 구리와 반응하여 폭발한다.
③ 가장 가벼운 가스이다.
④ 가연성 가스이다.

해설

구리와 반응하여 폭발하는 가스 : 아세틸렌

12 수소와 산소는 600℃ 이상에서 폭발적으로 반응한다. 이때의 반응식은?

① $H_2 + O \rightarrow H_2O + 136.6kcal$
② $H_2 + O \rightarrow H_2O + 83.3kcal$
③ $2H_2 + O_2 \rightarrow 2H_2O + 136.6kcal$
④ $H_2 + O \rightarrow \frac{1}{2}H_2O + 83.3kcal$

해설

수소폭명기 : $2H_2 + O_2 \rightarrow 2H_2O$

13 수소가 고온, 고압하에서 탄소강과 접촉하여 메탄을 생성하는 것을 무엇이라 하는가?

① 수소취성 ② 산소취성
③ 고온취성 ④ 저온취성

해설

수소취성 = 강의탈탄
$Fe_3C + 2H_2 \rightarrow CH_4 + 3Fe$

정답 06.④ 07.② 08.④ 09.③ 10.④ 11.② 12.③ 13.①

02. 산소(O_2)

14 산소에 관한 설명 중 옳은 것은?

① 물질을 잘 태우는 가연성 가스이다.
② 유지류에 접촉하면 발화한다.
③ 가스로서 용기에 충전할 때는 25MPa로 충전한다.
④ 폭발범위가 비교적 큰 가스이다.

해설
산소는 가연성의 연소를 돕는 조연성 가스이며, F_P=15MPa이다.
또한 녹, 이물질, 석유류, 유지류 등과 화합 시 연소폭발이 일어나므로 유지류 혼입에 주의해야 하고, 기름 묻은 장갑으로 취급하지 않아야 한다. 압력계는 금유라고 명시된 산소 전용의 것을 사용하며, 윤활제는 물 또는 10%의 글리세린수를 사용한다.

15 다음 중 산소의 비등점은?

① −100℃
② −183℃
③ −186℃
④ −196℃

16 공기 액화 시 가장 먼저 액화되는 가스는?

① CO_2　② N_2
③ Ar　④ O_2

해설
㉠ 공기의 액화 순서 : O_2 → Ar → N_2
㉡ 공기의 기화 순서 : N_2 → Ar → O_2

17 산소압축기는 무급유식이다. 그 이유로 맞는 것은?

① 산소가스는 발화점이 높으므로
② 윤활유 사용 시 부식 때문에
③ 윤활유 사용 시 폭발의 우려가 있으므로
④ 압축효율이 낮으므로

해설
산소+유지류 ⇨ 연소폭발 일으킴

18 산소 분압이 높아짐에 따라 물질의 연소성은 증대하는데 연소속도와 발화온도는 어떻게 되는가?

① 증가되고 저하된다.
② 증가되고 상승된다.
③ 감소되고 저하된다.
④ 감소되고 상승된다.

해설
산소의 농도가 높아짐에 따라 발화, 점화, 인화는 감소하고 다른 사항은 모두 증가한다. 산소의 양이 많아짐에 따라 연소가 잘 되므로 발화점, 점화에너지, 인화점은 낮아지고 연소속도, 연소범위, 화염온도 등은 커지고 넓어지며 높아진다. 발화온도가 낮아지는 것은 연소가 빨리 일어나는 것을 말한다.
※ 발화온도가 5℃인 물질과 10℃인 물질을 비교했을 때 5℃에서 연소하는 것이 연소가 빨리 일어난다.

19 산소를 제조하는 설비에서 산소배관과 이에 접촉하는 압축기 사이에는 안전상 무엇을 설치해야 하는가?

① 체크밸브와 역화방지장치
② 압력계와 유량계
③ 마노미터
④ 드레인 세퍼레이터

해설
산소는 비점이 −183℃이므로 수분 혼입 시 동결이 되어 밸브 배관을 폐쇄시킬 우려가 있으므로 수취기(드레인 세퍼레이터)를 설치, 산소 중의 수분을 제거해야 한다.

20 다음은 압축기 실린더부의 내부 윤활제에 대하여 설명한 것이다. 이 중 옳은 것으로만 나열된 것은?

> ㉮ 산소압축기에는 머신유를 사용한다.
> ㉯ 염소압축기에는 농황산을 사용한다.
> ㉰ 아세틸렌 압축기에는 양질의 광유(鑛油)를 사용한다.
> ㉱ 공기압축기에는 광유를 사용한다.

① ㉮, ㉯　② ㉮, ㉰
③ ㉮, ㉯, ㉰　④ ㉯, ㉰, ㉱

정답 14.② 15.② 16.④ 17.③ 18.① 19.④ 20.④

21 산소를 취급할 때 주의사항으로 틀린 것은?
① 액체 충전 시 불연성 재료를 밑에 깔 것
② 가연성 가스 충전용기와 함께 저장하지 말 것
③ 고압가스 설비의 기밀시험용으로 사용하지 말 것
④ 밸브의 나사부분에 그리스(grease)를 사용하여 윤활시킬 것

22 다음은 산소(O_2)에 대하여 설명한 것이다. 틀린 것은?
① 무색, 무취의 기체이며 물에는 약간 녹는다.
② 가연성 가스이나 그 자신을 연소하지 않는다.
③ 용기의 도색은 일반 공업용이 녹색, 의료용이 백색이다.
④ 용기는 탄소강으로 무게목 용기이다.

해설
물에 약간 녹는 기체 : H_2, O_2, N_2, CO_2
용기 내 기체 상태로 충전되는 가스(O_2, H_2, N_2, CH_4, Ar, CO) 등을 압축가스라 하며 압축가스는 무이음용기에 충전된다. 위 가스 외의 가스는 액화가스라고 하며 액화가스는 용접용기에 충전된다.

23 다음 설비 중 산소가스와 관련이 있는 것은?
① 고온 고압에서 사용하는 강관 내면이 동라이닝되어 있다.
② 압축기에 달린 압력계에 금유라고 기입되어 있다.
③ 제품 탱크의 압력계의 부르동관은 강제였다.
④ 관련이 있는 것이 없다.

24 산소가스 설비의 수리 및 청소를 위한 저장탱크 내의 산소를 치환할 때 산소의 농도가 몇 % 이하가 될 때까지 계속 치환해야 하는가?
① 22% ② 28%
③ 31% ④ 33%

해설
대기 중 산소의 농도는 21%이며, 고압장치 내 산소의 농도는 18~22%를 유지해야 한다.
※ 16% 이하이면 질식의 위험, 25% 이상이면 이상연소의 위험이 있다.

25 공기의 액화분리에 의하여 제조하는 가스는?
① 수소 ② 질소
③ 염소 ④ 불소

해설
산소의 공업적 제법 중 대표적인 방법은 공기액화분리법이며, 공기 속에는 산소, 아르곤, 질소 등이 있고, CO_2도 0.03% 함유되어 있다. 액화 시에는 산소가 −183℃에 액화되며, 아르곤은 186℃, 질소는 −196℃에서 액화된다. 또한 공기액화분리법에는 전저압식 공기분리장치, 중압식 공기분리장치, 저압식 액산 플랜트 등이 있다.

26 공기액화분리장치의 압력에 따른 분류가 아닌 것은?
① 고압식 공기분리장치
② 전저압식 공기분리장치
③ 저압식 액산 플랜트
④ 초고압식 공기분리장치

27 산소제조장치의 건조제로 사용되는 것이 아닌 것은?
① Al_2O_3 ② NaOH
③ 사염화탄소 ④ SiO_2

해설
공기액화분리 시 CO_2 제거에 NaOH가 사용되며, 이 과정에서 수분이 생성되고 수분의 건조제로는 가성소다, 실리카겔, 알루미나, 소바비드 등이 있다.

03. 아세틸렌(C_2H_2)

28 다음 아세틸렌의 성질 중 옳은 것은?
① 액체 아세틸렌보다 고체 아세틸렌이 비교적 안전하다.
② 발열화합물이다.
③ 분해폭발을 일으킬 염려가 전혀 없다.
④ 압축하여 용기에 충전할 수 있다.

해설
① 안정도의 순서 : 고체＞액체＞기체
② C_2H_2는 흡열화합물이므로 분해폭발의 우려가 있다.
③ 분해폭발로 인하여 압력을 가하여 충전할 수 없으므로 용제에 녹이면서 충전하므로 용해가스라 한다.

정답 21.④ 22.② 23.② 24.① 25.② 26.④ 27.③ 28.①

29 아세틸렌에 관한 설명으로 옳은 것은?

① 연소범위는 공기 중에서 약 2.2~9.5이다.
② 용기 속에 아세톤만은 반드시 채운 뒤 가스를 충전하여야 한다.
③ 용기밸브는 동(銅)이 62% 이상 함유된 것은 사용하면 안 된다.
④ 용접 시 편리하도록 충전압력을 산소와 동일하게 하는 것이 좋다.

해설

C_2H_2은 가연성 가스로서 폭발범위 2.5~81%로 모든 가연성 중에서 폭발범위가 가장 넓다.

30 아세틸렌의 충전작업 시 올바른 것은?

① 충전 중의 압력은 온도에 관계없이 2.5MPa 이하로 할 것
② 충전 후의 압력은 15℃에서 2.05MPa 이하로 할 것
③ 충전 후 12시간 정지할 것
④ 충전은 빠르게, 2~3회에 걸쳐서 한다.

해설

㉠ 모든 가스는 충전 후 24시간 정지한다.
㉡ 충전은 서서히 한다.

31 다음 중 아세틸렌 용기에 충전하는 다공성 물질이 아닌 것은?

① 폴리에틸렌
② 규조토
③ 탄화마그네슘
④ 다공성 플라스틱

32 다음 (   ) 안에 알맞은 것은?

> 아세틸렌가스를 용기에 충전 시 온도에 관계없이 (   )MPa 이하로 하고, 충전한 후의 압력은 (   )℃에서 1.5MPa 이하가 되도록 한다.

① 46.5, 35
② 3.5, 20
③ 2.5, 15
④ 1.8, 15

33 용해 아세틸렌(soluble acetylene)에 대한 설명 중 틀린 것은?

① 아세틸렌을 압축해서 액화시킨다.
② 아세톤의 존재하에서는 폭발이 일어나지 않는다.
③ 가열, 충격, 마찰 등의 원인으로 탄소와 수소로 자기분해한다.
④ 구리, 은, 수은 또는 그 화합물과 화합하면 폭발하여 착화원으로 된다.

34 아세틸렌 제조설비에 관한 다음 사항 중 틀린 것은?

① 아세틸렌 충전용 지관에는 탄소함유량 0.1% 이하의 강을 사용한다.
② 아세틸렌에 접촉하는 부분에는 동함유량이 60% 이상, 70% 이하의 것이 허용된다.
③ 아세틸렌 충전용 교체밸브는 충전장소와 격리하여 설치한다.
④ 압축기와 충전장소 사이에는 방호벽을 설치한다.

해설

② 동함유량은 62% 미만이어야 한다.

35 아세틸렌에 관한 다음 사항 중 틀린 것은?

① 아세틸렌은 공기보다 가볍고 무색인 가스이다.
② 아세틸렌은 구리, 은, 수은 및 그 합금과 폭발성의 화합물을 만든다.
③ 폭발범위는 수소보다 좁다.
④ 공기와 혼합되지 아니하여도 폭발하는 경우가 있다.

해설

가연성 가스 중 C_2H_2의 폭발범위가 가장 넓다.

36 다음 중 폭발범위가 가장 넓은 가스는?

① 수소　　② 아세틸렌
③ 일산화탄소　　④ 메탄

해설

① H_2(4~75%)　　② C_2H_2(2.5~81%)
③ CO(12.5~74%)　　④ CH_4(5~15%)

정답 29.③ 30.① 31.① 32.③ 33.① 34.② 35.③ 36.②

37 다음 중 분해폭발을 일으키는 가스는?

① 마그네슘　② 아세틸렌
③ 액화가스　④ 탄닌

해설

분해폭발성 가스 : C_2H_2, C_2H_4O, N_2H_4

38 아세틸렌의 성질로 틀린 것은 어느 것인가?

① 고체 아세틸렌은 융해하지 않고 승화한다.
② 액체 아세틸렌보다 고체 아세틸렌이 안정하다.
③ 무색 기체로서 에테르와 같은 향기가 있다.
④ 황산수은을 촉매로 수화 시 포름알데히드가 된다.

$C_2H_2 + H_2O \rightarrow CH_3CHO$(아세트알데히드)

참고 HCHO
(포름알데히드)

39 아세틸렌가스 충전 시에 희석제로서 부적합한 것은?

① 메탄　② 프로판
③ 수소　④ 이산화황

40 카바이드에 물을 작용하거나 메탄나프타를 열분해함으로써 얻어지는 가스는?

① 산화에틸렌　② 시안화수소
③ 아세틸렌　④ 포스겐

해설

$\underline{CaC_2} + 2H_2O \rightarrow C_2H_2 + Ca(OH)_2$
카바이드

41 다음 중 아세틸렌가스의 제조법으로 올바른 것은?

① 석회석을 물과 작용시킨다.
② 탄화칼슘을 물과 작용시킨다.
③ 수산화칼슘을 물과 작용시킨다.
④ 칼슘을 물과 작용시킨다.

해설

$CaC_2 + 2H_2O \rightarrow C_2H_2 + Ca(OH)_2$

42 수소, 아세틸렌 등과 같은 가연성 가스가 배관의 출구 등에서 대기 중에 유출연소하는 경우 다음 중 옳은 것은?

① 확산연소
② 증발연소
③ 분해연소
④ 표면연소

해설

공기보다 가벼운 C_2H_2, H_2 등은 확산연소이다.

43 습식 아세틸렌 제조법 중에서 투입식의 특징이 아닌 것은?

① 대량 생산이 용이하다.
② 불순가스 발생이 적다.
③ 배기가스 발생이 많다.
④ 온도 상승이 느리다.

해설

투입식의 특징
㉠ 공업적 대량 생산에 적합하다.
㉡ 불순가스 발생이 적다.
㉢ 온도 상승이 느리다.

참고
• C_2H_2 발생기를 발생형식에 따라 분류하면 주수식, 투입식, 침지식 등이 있다.
• C_2H_2 발생기를 압력에 따라 분류하면, 저압식($0.07kg/cm^2$ 미만), 중압식($0.07 \sim 1.3kg/cm^2$), 고압식($1.3kg/cm^2$)으로 나뉜다.

44 습식 아세틸렌가스 발생기의 표면 유지 온도는?

① 110℃ 이하
② 100℃ 이하
③ 90℃ 이하
④ 70℃ 이하

해설

습식 C_2H_2 발생기의 표면 온도는 70℃ 이하이며, 최적 온도는 50~60℃이다.

45 아세틸렌 용기에 다공질물을 충전할 때 다공도의 기준은?

① 75~92%　② 65~75%
③ 90~98%　④ 45~60%

정답 37.② 38.④ 39.④ 40.③ 41.② 42.① 43.③ 44.④ 45.①

46 아세틸렌(Acetylene)가스 용기에 대한 설명 중 맞지 않은 것은?

① 용기 내에 목탄, 규조토, 석면 등 다공성 물질이 들어 있다.
② 용기 내에 일정비율 이상의 안전공간을 두어야 한다.
③ 용기 내에 아세톤을 넣고 아세틸렌 가스는 그 아세톤에 용해시켜 저장한다.
④ 아세틸렌가스 용기로 용접용기를 쓸 수 없다.

해설

C_2H_2은 용접용기에 속한다.

47 아세틸렌은 그 폭발범위가 넓어 매우 위험하다. 따라서 충전 시 아세톤에 용해시키는데 15℃에서 아세톤 용적의 약 몇 배로 녹일 수 있나?

① 10배　② 15배
③ 20배　④ 25배

해설

약 25배로 용해시킨다.

48 다음 중 아세틸렌 사용 시 일반적인 주의사항으로 틀린 것은?

① $1kg/cm^2$ 이상의 압력으로 사용하지 않는다.
② 용기밸브는 핸들을 1.5회전 이상 열지 않는다.
③ 아세틸렌은 용기 속의 전량을 소비하지 않는다.
④ 배관 등의 수리 시에는 용기밸브관을 닫고 수리한다.

해설

$1.5kg/cm^2$(0.15MPa) 이상으로 사용하지 않는다.

49 아세틸렌 폭발 예방장치를 위한 조치로서 적당한 것은?

① 62% 이상 구리를 함유한 금속을 사용하지 않을 것
② 배관의 길이를 40m 이상으로 하지 않을 것
③ 발화물질과는 10cm 이상의 거리를 유지할 것
④ 배관용 파이프의 지름이 1인치보다 작은 것을 사용할 것

50 아세틸렌 용기에 불이 붙었을 때 취해야 할 조치 중 가장 좋지 않은 것은?

① 젖은 거적으로 용기를 덮는다.
② 소화기로 신속하게 소화한다.
③ 밸브를 닫는다.
④ 용기를 옥외로 내놓는다.

해설

가스 소화에는 분말소화기를 사용하므로 젖은 거적으로 소화하기에는 부적당하다.

51 아세틸렌은 일정 압력에 도달하면 탄소와 수소로 분해하여 다량의 열을 발산한다. 아세틸렌의 분해 한계압에 대한 설명 중 틀린 것은?

① 아세틸렌 용기의 크기에 따라 분해 한계압이 다르다.
② 아세틸렌의 온도에 따라 분해 한계압이 다르다.
③ 아세틸렌에 물이 존재하면 분해 한계압이 극히 낮아져 분해폭발을 일으킨다.
④ 아세틸렌은 혼합가스의 종류에 따라 분해 한계압이 다르다.

52 공기액화분리장치에 들어가는 공기 중 아세틸렌가스가 혼합되면 안 되는 이유는?

① 산소와 반응하여 산소의 증발을 방해한다.
② 응고되어 돌아다니다가 산소 중에서 폭발할 수 있다.
③ 파이프 내에서 동결되어 파이프가 막히기 때문이다.
④ 질소와 산소의 분리작용을 방해하기 때문이다.

해설

공기액화분리장치의 폭발 원인 : 공기 취입구로부터 C_2H_2 혼입

정답 46.④ 47.④ 48.① 49.① 50.① 51.③ 52.②

53 어느 가스 용기에 구리관을 연결시켜 사용하고 있다. 사용 도중 구리관에 충격을 가하였더니 폭발사고가 발생하였다. 이 용기에 충전된 가스의 명칭은?

① 수소
② 아세틸렌
③ 암모니아
④ 염소

$2Cu + C_2H_2 \rightarrow Cu_2C_2 + H_2$(동아세틸라이트 생성으로 폭발)

54 아세틸렌 용기에서 다공물질을 충전 시 다공도는 몇 ℃에서 측정하는가?

① 5℃ ② 10℃
③ 15℃ ④ 20℃

55 다음 중 C_2H_2 가스와 반응 시 폭발성 물질인 아세틸라이트를 형성하지 않는 금속은?

① Cu ② Ag
③ Hg ④ Ar

56 C_2H_2에 대한 설명이 아닌 것은?

① 산소와 연소 시 3000℃의 고열이 있다.
② 분해폭발, 화합폭발이 있다.
③ 폭발범위가 가장 넓다.
④ 밸브 재질은 단조황동이다.

해설

단조황동 사용 시 아세틸라이트 생성으로 폭발의 우려가 있다.

57 다음 중 C_2H_2의 청정제가 아닌 것은?

① 가성소다 ② 에퓨렌
③ 카다리솔 ④ 리가솔

순수 C_2H_2은 불순물이 없으나, C_2H_2 제조 시 약간의 불순물이 함유되어 있다.

참고 불순물의 종류 : 인화수소(PH_3), 황화수소(H_2S), 규화수소(SiH_4), 암모니아(NH_3) 등

58 C_2H_2 제조 시 불순물의 영향이 아닌 것은?

① 순도 저하 ② 용해도 저하
③ 폭발의 원인 ④ 부식의 원인

59 다공물질의 용적이 170m³이고, 침윤잔용적이 100m³일 때 다공도는 몇 %인가?

① 20% ② 30%
③ 40% ④ 50%

$$\text{다공도} = \frac{V-E}{V} \times 100 = \frac{170-100}{170} \times 100 \fallingdotseq 41\%$$

60 다공물질의 구비조건이 아닌 것은?

① 경제적일 것
② 화학적으로 안정할 것
③ 가스충전이 쉬울 것
④ 점도가 적당할 것

①, ②, ③ 이외에 안정성이 있을 것, 고다공도일 것

61 C_2H_2 제조공정 중 압축기를 기준으로 고압, 저압 측에 설치하는 기구는?

① 가스발생기 ② 냉각기
③ 압축기 ④ 건조기

62 다음 중 C_2H_2 가스의 위험도(H)는?

① 10.5 ② 20.4
③ 31.4 ④ 40.4

해설

$$\text{위험도}(H) = \frac{U-L}{L}$$

여기서, U : 폭발상한계(%)
L : 폭발하한계(%)

$$\therefore \text{위험도}(H) = \frac{81-2.5}{2.5} = 31.4$$

63 C_2H_2의 안전밸브 형식은?

① 가용전식 ② 스프링식
③ 피스톤식 ④ 중추식

정답 53.② 54.④ 55.④ 56.④ 57.① 58.④ 59.③ 60.④ 61.④ 62.③ 63.①

64 다음 중 C_2H_2 가스와 혼합 시 위험한 가스는?

① N_2
② O_2
③ Ar
④ He

해설
가연성 가스와 조연성 가스가 혼합하면 폭발의 위험이 있다.

65 아세틸렌가스가 공기 중에서 완전연소하기 위해서는 약 몇 배의 공기가 필요한가? (단, 공기는 질소가 80%, 산소가 20%이다.)

① 2.5배 ② 5.5배
③ 10.5배 ④ 12.5배

해설
$C_2H_2 + 2.5O_2 \rightarrow 2CO_2 + H_2O$
$1 : 2.5 \times \frac{100}{20} = 12.5$

66 다음 반응식 중 아세틸렌의 산화폭발에 해당하는 반응식은?

① $C_2H_2 \rightarrow 2C + H_2$
② $C_2H_2 + 2.5O_2 \rightarrow 2CO_2 + H_2O$
③ $C_2H_2 + 2Cu \rightarrow Cu_2C_2 + H_2$
④ $C_2H_2 + 2Ag \rightarrow AgC_2 + H_2$

해설
① 분해폭발 ② 산화폭발
③ 화합폭발 ④ 화합폭발

04. 암모니아(NH_3)

67 다음의 성질을 만족하는 기체는 어느 것인가?

> ㉮ 독성이 매우 강한 기체이다.
> ㉯ 연소시키면 잘 탄다.
> ㉰ 물에 매우 잘 녹는다.

① HCl ② NH_3
③ CO ④ C_2H_2

해설
NH_3(암모니아)
㉠ 분자량 17g, 독성 25ppm, 가연성 15~28%
㉡ 물 1L에 NH_3를 800배 용해하므로 중화제로는 물을 사용한다.
㉢ 동, 은, 수은 등과 화합 시 착이온 생성으로 부식을 일으키므로 동함유량 62% 미만이어야 한다.
㉣ 충전구나사는 오른나사(다른 가연성 가스는 왼나사)이며 전기설비는 방폭구조가 필요 없다.
㉤ 누설검지시험지 : 적색 리트머스지(청변)

참고 NH_3 누설검지법
- 적색 리트머스지(청변)
- 네슬러시약(황갈색)
- 염산과 반응 시 염화암모늄(NH_4Cl)의 흰 연기
- 취기 냄새

㉥ 비등점 −33℃
㉦ 증발잠열을 이용해 냉동제로 사용한다.

68 독성이고 가연성이 있으며 냉동제로 이용할 수 있는 것은?

① $CHCl_3$
② CO_2
③ Cl_2
④ NH_3

69 암모니아 합성법 중 특수한 촉매를 사용하여 낮은 압력 하에서 조작하는 방법은?

① 하버보시법 ② 클로드법
③ 카자레법 ④ 후우데법

해설
반응압력에 따른 암모니아 합성법
㉠ 고압합성(600~1000kg/cm^2) : 클로드법, 카자레법
㉡ 중압합성(300kg/cm^2) : 뉴파더법, IG법, 케미그법, 동공시법
㉢ 저압합성(150kg/cm^2) : 케로그법, 후우데법

70 다음 금속 중 암모니아와 착이온을 생성하는 금속류가 아닌 것은?

① Cu ② Zn
③ Ag ④ Fe

해설
착이온 생성(부식을 일으킴) : Cu, Ag, Zn

정답 64.② 65.④ 66.② 67.② 68.④ 69.④ 70.④

71 암모니아가스의 저장용 탱크로 적합한 재질은 다음 중 어느 것인가?

① 동합금 ② 순수 구리
③ 알루미늄 합금 ④ 철합금

72 암모니아의 용기 도색은 어떤 색인가?

① 적색 ② 갈색
③ 흑색 ④ 백색

73 암모니아가스의 누설검지시험지와 그 변색으로 알맞은 것은?

① KI 전분지(청변)
② 염화파라듐지(흑변)
③ 적색 리트머스(청변)
④ 하리슨 시험지(적변)

74 암모니아(NH_3)의 용도가 아닌 것은?

① 냉동기의 냉매
② 폐수의 소독 · 살균
③ 질소비료 원료
④ 복사기의 청사진용

해설

폐수의 소독 · 살균은 염소가스이다.

75 암모니아가스의 장치에 사용 가능한 재료는?

① 동 ② 동합금
③ 철합금 ④ 알미늄

해설

암모니아는 아연, 구리 등과 반응하여 착이온을 생성하여 부식을 일으킨다.

76 다음 암모니아 합성공정에서 중압법이 아닌 것은?

① IG법 ② 뉴파더법
③ 카자레법 ④ 동공시법

해설

고압법 : 클로우드법, 카자레법

77 다음 기체 중 헨리의 법칙에 적용되지 않는 것은 어느 것인가?

① CO_2 ② O_2
③ H_2 ④ NH_3

해설

헨리의 법칙
물에 약간 녹는 기체(O_2, H_2, N_2, CO_2) 등에만 적용되며 NH_3와 같이 물에 다량으로 녹는 기체는 적용되지 않는다.

78 상온의 9기압에서 액화되며 기화할 때 많은 열을 흡수하기 때문에 냉동제로 쓰이는 것은?

① 암모니아 ② 프로판
③ 이산화탄소 ④ 에틸렌

79 암모니아 제조법으로 맞는 것은?

① 격막법 ② 수은법
③ 석회질소법 ④ 액분리법

해설

암모니아 제법
㉠ 하버보시법 : $N_2+3H_2 \rightarrow 2NH_3$
㉡ 석회질소법 : $CaCN_2+3H_2O \rightarrow 2NH_3+CaCO_3$

05. 염소(Cl_2)

80 다음 중 염소에 대한 설명으로 틀린 것은?

① TLV-TWA 허용농도는 1ppm이다.
② 표백작용을 한다.
③ 독성이 강하다.
④ 기체는 공기보다 가볍다.

해설

염소(Cl_2)
㉠ 허용농도 1ppm(독성가스), 분자량 71g
㉡ 조연성, 액화가스(용접용기)
㉢ 중화액 : NaOH 수용액, Na_2CO_3 수용액, $Ca(OH)_2$ 소석회
㉣ 수분과 접촉 시 HCl(염산) 생성으로 부식을 일으키므로 수분 접촉에 주의
㉤ 윤활제, 건조제 : 진한 황산
㉥ 용도 : 상수도 살균, 염화비닐 합성 등에 사용
㉦ 누설검지시험지 : KI 전분지(청변)
㉧ NH_3와 반응 시 NH_4Cl(염화암모늄)의 흰 연기가 발생하므로 누설검지액으로 암모니아수 사용

정답 71.④ 72.④ 73.③ 74.② 75.③ 76.③ 77.④ 78.① 79.③ 80.④

81 염소기체를 건조하는 데 가장 적당한 것은?

① 생석회 ② 가성소다
③ 진한 황산 ④ 진한 질산

해설

80번 문제 해설 참조

82 액화염소 142g을 기화시키면 표준상태에서 몇 L의 기체염소가 되는가?

① 34L ② 34.8L
③ 44L ④ 44.8L

$\frac{142}{71} \times 22.4L = 44.8L$

83 염소에 다음 물질을 혼합했을 때 폭발의 위험이 있는 것은?

① 일산화탄소 ② 탄소
③ 수소 ④ 이산화탄소

해설

염소는 조연성이므로 가연성과 혼합 시 폭발의 위험이 있다. CO와 H_2가 가연성이나 H_2가 폭발범위가 넓다.

84 염소 저장실에는 염소가스 누설 시 제독제로서 적당하지 않은 것은?

① 가성소다 ② 소석회
③ 탄산소다 수용액 ④ 물

해설

염소가스에 물이 혼합 시 염산이 발생된다.

85 다음 중 조연성 기체는?

① NH_3 ② C_2H_4
③ Cl_2 ④ H_2

86 염소의 성질과 고압장치에 대한 부식성에 관한 설명으로 틀리는 것은?

① 고온에서 염소가스는 철과 직접 심하게 작용한다.
② 염소는 압축가스 상태일 때 건조한 경우에는 심한 부식성을 나타낸다.
③ 염소는 습기를 띠면 강재에 대하여 심하나 부식성을 가지고 용기밸브 등이 침해된다.
④ 염소는 물과 작용하여 염산을 발생시키기 때문에 장치 재료로는 내산도기, 유리, 염화비닐이 가장 우수하다.

해설

염소는 건조 상태일 때는 수분이 없으므로 부식성이 없다.

87 염소가스에 대한 다음의 설명은 모두 잘못되었다. 옳게 고쳐진 것은?

> ㉮ 건조제 : 진한 질산
> ㉯ 압축기용 윤활유 : 진한 질산
> ㉰ 용기의 안전밸브 종류 : 스프링식
> ㉱ 용기의 도색 : 흰색

① ㉮ 진한 염산 ② ㉯ 묽은 황산
③ ㉰ 가용전식 ④ ㉱ 녹색

해설

㉠ 염소용기 도색 : 갈색
㉡ 안전밸브 형식 : 가용전식
※ 가용전식으로 쓰는 가스의 종류 : Cl_2, C_2H_2

88 염소의 제법을 공업적인 방법으로 설명한 것이다. 틀린 것은?

① 격막법에 의한 소금의 전기분해
② 황산의 전해
③ 수은법에 의한 소금의 전기분해
④ 염산의 전해

해설

황산을 전해 시 염소가스가 생성되지 않는다.
㉠ 소금물 전기분해법(수은법, 격막법)
: $2NaCl + 2H_2O \rightarrow 2NaOH + H_2 + Cl_2$
㉡ 염산의 전해 : $2HCl \rightarrow H_2 + Cl_2$

89 염소가스의 누설검출법이 아닌 것은?

① KI 전분지
② 냄새로 감지할 수 있다.
③ 적색 리트머스지
④ 암모니아수

정답 81.③ 82.④ 83.③ 84.④ 85.③ 86.② 87.③ 88.② 89.③

해설

① KI 전분지(청변)
② 취기로 감지
③ 적색 리트머스지 : 암모니아 검출법
④ $3Cl_2 + 8NH_3 \rightarrow 6NH_4Cl$
염화암모늄의 흰 연기 발생

90 염소가스의 비등점은 몇 ℃인가?

① −34℃ ② −33℃
③ −42℃ ④ −0.5℃

해설

주요 가스의 비등점

- NH_3 : −33℃
- C_3H_8 : −42℃
- C_4H_{10} : −0.5℃
- O_2 : −183℃
- N_2 : −196℃
- CH_4 : −162℃

91 염소가스와 반응하여 폭명기를 일으키는 가스는?

① H_2 ② C_2H_2
③ F_2 ④ N_2

$H_2 + Cl_2 \rightarrow 2HCl$

92 염소 용기의 색상은 무엇인가?

① 흰색 ② 회색
③ 갈색 ④ 황색

93 염소가스액 1L은 기체 460배가 된다. 액비중이 1.55일 때 10kg의 염소가 기화 시 몇 m^3이 되는가?

① $1m^3$ ② $2m^3$
③ $3m^3$ ④ $4m^3$

해설

10kg÷1.55kg/L=6.45L
∴ 6.45×460=2,967.74L=$2.97m^3 ≒ 3m^3$

94 염소가스 저장소 외부에 표시하는 표지는 무엇인가?

① 위험표지 ② 식별표지
③ 주의표지 ④ 접근표지

해설

㉠ 저장실 외부 : 식별표지
㉡ 저장실 내부 : 배관이 외부 누설의 우려가 있는 부위는 위험표지

95 염소가스 재해설비에서 흡수탑의 흡수효율은 얼마인가?

① 10% 이내 ② 10~20%
③ 90% 이내 ④ 90% 이상

06. 시안화수소(HCN)

96 시안화수소를 장기간 저장하지 못하는 이유는?

① 중합폭발 때문에 ② 산화폭발 때문에
③ 분해폭발 때문에 ④ 촉매폭발 때문에

해설

시안화수소(HCN)

㉠ 독성(허용농도 10ppm), 가연성(폭발범위 6~41%)
㉡ 특유한 복숭아 냄새, 감 냄새
㉢ 중합폭발(수분이 2% 이상 함유되면 폭발)의 위험
※ 충전 후 60일을 넘지 않게 한다(HCN의 순도가 98% 이상이면 그러하지 않아도 된다).
㉣ 중합방지 안정제 : 황산, 염화칼슘, 인산, 동망, 오산화인 등
㉤ 제법
- 앤드류쇼법 : 메탄과 암모니아를 반응, 백금로듐을 촉매로 사용하여 제조
$CH_4 + NH_3 + \frac{3}{2}O_2 \rightarrow HCN \rightarrow HCN + 3H_2O$
- 폼아미드법 : 일산화탄소 암모니아 반응, 폼아미드 생성, 탈수 후 제조
$CO + NH_3 \rightarrow HCONH_2 \rightarrow HCN + H_2O$

㉥ 누설검지시험지 : 질산구리벤젠지(초산벤젠지) ⇨ 청변
㉦ 용도 : 살충제

97 다음 ( ) 안에 알맞은 것은?

> 용기에 충전한 시안화수소는 충전 후 ( )을 초과하지 아니할 것, 다만 순도 ( ) 이상으로서 착색되지 않은 것에 대하여는 그러하지 아니하다.

① 30일, 90% ② 30일, 95%
③ 60일, 98% ④ 60일, 90%

정답 90.① 91.① 92.③ 93.③ 94.② 95.④ 96.① 97.③

98 시안화수소를 저장할 때 1일 1회 이상 충전용기의 가스누설검사를 해야 하는데 이때 쓰이는 시험지명은?

① 질산구리벤젠
② 발연황산
③ 질산은
④ 브롬

시험지	검지가스	반 응
KI 전분지	Cl_2(염소)	청색
염화제1동착염지	C_2H_2(아세틸렌)	적색
하리슨 시험지	$COCl_2$(포스겐)	심등색(귤색)
염화파라듐지	CO(일산화탄소)	흑색
연당지	H_2S(황화수소)	흑색
질산구리벤젠지	HCN(시안화수소)	청색

99 시안화수소(HCN) 제법 중 앤드류소(Andrussow)법에서 사용되는 주원료는?

① 일산화탄소와 암모니아
② 포름아미드와 물
③ 에틸렌과 암모니아
④ 암모니아와 메탄

96번 문제 해설 참조

100 시안화수소를 용기에 충전하고 정치할 때 정치시간은 얼마로 하여야 하는가?

① 5시간
② 20시간
③ 14시간
④ 24시간

101 시안화수소(HCN)가스의 취급 시 주의사항으로서 관계가 없는 것은?

① 누설주의　② Cu 접촉주의
③ 중독주의　④ 중합폭발주의

해설

Cu 접촉에 주의하여야 할 가스 : NH_3, C_2H_2, H_2S

07. 산화에틸렌(C_2H_4O)

102 산화에틸렌을 금속염화물과 반응 시 예견되는 위험은?

① 분해폭발　② 중합폭발
③ 축합폭발　④ 산화폭발

해설

산화에틸렌(C_2H_4O)
㉠ 독성(허용농도 1ppm), 가연성(폭발범위 3~80%)
㉡ 분해폭발 및 중합폭발을 동시에 가지고 있으며 산화에틸렌이 금속염화물과 반응 시 일어나는 폭발은 중합폭발이다.
㉢ 중화액 : 물
㉣ 법규상 35℃에서 0Pa 이상이면 법의 적용을 받는다.
㉤ 충전 시 45℃에서 0.4MPa 이상되도록 N_2, CO_2를 충전한다.
㉥ 제법 : C_2H_4의 접촉 기상산화법

$$C_2H + \frac{1}{2}O_2 \rightarrow H_2C - CH_2 + 29kcal$$

103 다음 중 산화에틸렌(C_2H_4O) 중화제로 쓰이는 것은?

① 물　② 가성소다
③ 알칼리 수용액　④ 암모니아수

해설

산화에틸렌 중화액 : 물

104 구리와 접촉하면 심한 반응을 일으켜 분말상태로 만드는 가스는 다음 중 어느 것인가?

① 암모니아　② 프레온 12
③ 아황산가스　④ 탄산가스

08. 질소(N_2)

105 질소의 용도가 아닌 것은?

① 비료에 이용
② 질산 제조에 이용
③ 연료용에 이용
④ 냉동제

정답 98.① 99.④ 100.④ 101.② 102.② 103.① 104.③ 105.③

해설

질소는 불연성 가스이므로 연료로 사용되지 않는다.

질소(N_2)

㉠ 분자량 28g, 불연성 압축가스
 ※ 모든 압축가스의 F_P(최고충전압력)은 150kg/cm^2 (15MPa)이다.

㉡ 공기 중 78.1% 함유

㉢ 고온고압에서 H_2와 작용해 NH_3를 생성
 $N_2 + 3H_2 \rightarrow 2NH_3$

㉣ 비등점 : −195.8℃(식품의 급속동결용으로 사용)

㉤ 불활성이므로 독성 · 가연성 가스를 취급하는 장치의 수리, 청소 시 치환용 가스로 사용

㉥ 부식명 : 질화(부속 방지 금속 : Ni)

㉦ 제법 : 공기액화분리법으로 제조(산소 제법 참조)

㉧ 용도 : 식품 급속냉각용, 기밀시험용 가스, 암모니아 · 석회질소 · 비료의 원료

106 질소가스의 용도가 아닌 것은?

① 고온용 냉동기의 냉매
② 가스설비의 기밀시험용
③ 금속의 산화방지용
④ 암모니아 · 석회질소 · 비료의 원료

해설

105번 문제 해설 참조

① 저온용 냉동기의 냉매

107 극저온용 냉동기의 급속동결 냉매로 사용되는 것은?

① 프레온
② 암모니아
③ 질소
④ 탄산가스

108 다음 중 냉동기의 냉매로 사용되며 독성이 없는 안정된 가스는?

① 암모니아 ② 프레온
③ 수소 ④ 질소

해설

프레온 가스는 냉동기의 냉매로 사용되는 대표적인 가스로서 F_2, Cl_2, C의 화합물이며 불연성, 독성이 없는 대단히 안정된 가스이다.

09. 희가스(불활성 가스)

109 다음 비활성 기체는 방전관에 넣어 방전시키면 특유한 색상을 나타낸다. 빨간색을 나타내는 것은?

① Ar ② Ne
③ He ④ Kr

해설

희가스	발광색	희가스	발광색
He	황백색	Kr	녹자색
Ne	주황색	Xe	청자색
Ar	적 색	Re	청록색

110 Al의 용접 시에 특별히 사용되는 기체는?

① C_2H_2 ② H_2
③ Ar ④ Propane

해설

Ar의 용도 : 전구에 사용, Al과 용접 시 사용

111 전구에 넣어서 산화방지와 증발을 막는 불활성 기체는?

① Ar ② Ne
③ He ④ Kr

해설

희가스

㉠ 종류 : He, Ne, Ar, Kr, Xe, Rn

㉡ 주기율표상 0족, 다른 원소와 화합하지 않으나 Xe와 불소 사이에 몇가지 화합물이 있다.

㉢ 용도 : 가스 크로마토그래프에서 운반용 가스(캐리어가스)로 사용
 ※ Ne : 네온사인용, Ar : 전구 봉입용

112 가스 크로마토그래프에서 운반용(캐리어가스)으로 사용하지 않는 것은?

① H_2 ② He
③ N_2 ④ O_2

해설

캐리어가스(전개제) : H_2, He, N_2, Ar이며, 가장 많이 쓰이는 것은 He, N_2이다.

정답 106.① 107.③ 108.② 109.① 110.③ 111.① 112.④

113 프레온 냉매가 실수로 눈에 들어갔을 경우 눈 세척에 쓰이는 약품으로 적당한 것은?

① 바세린
② 희붕산 용액
③ 농피크린산 용액
④ 유동 파라핀과 점안기

114 다음 중 충전한 방전관의 발광색으로 옳지 않은 것은?

① He : 황백색　② Ne : 주황색
③ Ar : 적색　④ Rn : 청자색

해설

④ Rn : 청록색

115 공기 중에 희가스의 존재량이 많은 것부터 나열된 것은?

① Ne−He−Ar
② Ar−Ne−He
③ He−Ne−Ar
④ He−Ar−Ne

116 다음 중 가스장치의 치환용으로 사용되는 가스는?

① 질소, 산소　② 질소, 염소
③ 질소, 탄산가스　④ 질소, 수소

117 다음 중 화학적으로 안정하여 다른 원소와 결합을 하지 않는 가스는?

① Ar　② O_2
③ Cl_2　④ N_2

118 다음 원소 중 이온화 에너지가 제일 큰 것은?

① Ar　② Ne
③ He　④ Kr

119 다음 비활성 기체 중 1L의 중량이 제일 큰 것은 어느 것인가?

① He　② Ne
③ Kr　④ Rn

120 아르곤(Ar)의 비등점은 몇 ℃인가?

① −248.67℃　② −272.2℃
③ −186.2℃　④ −157.2℃

10. 포스겐($COCl_2$)

121 다음 중 허용농도 0.1ppm으로서 농약 제조에 쓰이는 독성가스는?

① CO　② $COCl_2$
③ Cl_2　④ C_2H_4O

해설

포스겐($COCl_2$)
㉠ 허용농도 : 0.1ppm(독성)
㉡ 제법 : $CO+Cl_2 \rightarrow COCl_2$(촉매 : 활성탄)
㉢ 가수분해 시 CO_2와 HCl(염산)이 생성(수분 접촉에 유의한다)
$COCl_2+H_2O \rightarrow CO_2+2HCl$
㉣ 중화액 : NaOH 수용액, Na_2CO_3 수용액
※ 포스겐은 Cl_2와 거의 성질이 유사하다.
㉤ 건조제 : 진한 황산
㉥ 누설시험지 : 하리슨 시험지(심등색, 귤색, 오렌지색)

122 포스겐을 운반 시 운반책임자를 동승하여야 하는 운반 용량은?

① 10kg　② 100kg
③ 1000kg　④ 10000kg

법규상 1ppm 미만인 독성은 $10m^3$, 100kg 이상 운반 시 운반책임자를 동승하여야 한다.

11. 일산화탄소(CO)

123 다음은 CO가스의 부식성에 대한 내용이다. 틀린 것은?

① 고온에서 강재를 침탄시킨다.
② 부식을 일으키는 금속은 Fe, Ni 등이다.
③ 고온, 고압에서 탄소강 사용이 가능하다.
④ Cr은 부식을 방지하는 금속이다.

정답 113.② 114.④ 115.② 116.③ 117.① 118.③ 119.④ 120.③ 121.② 122.② 123.③

해설

CO의 부식명 : 카보닐(침탄)

- $Fe+5CO \rightarrow Fe(CO)_5$ 철카보닐
- $Ni+4CO \rightarrow Ni(CO)_4$ 니켈카보닐

카보닐(침탄)은 고온고압에서 현저하며, 고온고압에서 CO를 사용 시 탄소강의 사용은 불가능하며 Ni-Cr, STS를 사용하거나 장치 내면을 Cu, Al 등으로 라이닝한다.

CO(일산화탄소)

㉠ 독성 50ppm, 가연성 12.5~74%
㉡ 불완전연소 시 생성되는 가스
㉢ 상온에서 Cl_2와 반응해 포스겐을 생성
㉣ 압력을 올리면 폭발범위가 좁아짐(다른 가스는 압력상승 시 폭발범위 넓어짐)
㉤ 누설검지시험지 : 염화파라듐지(흑변)

124 CO의 부식명은?

① 산화　② 강의탈탄
③ 황화　④ 카보닐

125 일산화탄소는 상온에서 염소와 반응하여 무엇을 생성하는가?

① 포스겐　② 카보닐
③ 카복실산　④ 사염화탄소

$CO+Cl_2 \rightarrow COCl_2$

126 다음 가스 중 공기와 혼합된 가스가 압력이 높아지면 폭발범위가 좁아지는 것은 어느 것인가?

① 메탄　② 프로판
③ 일산화탄소　④ 아세틸렌

12. 이산화탄소(CO_2)

127 가스 분석 시 이산화탄소 흡수제로 가장 많이 사용되는 것은?

① KCl　② $Ca(OH)_2$
③ KOH　④ NaCl

해설

CO_2(이산화탄소)

CO_2의 흡수액은 KOH이며, 공기(산소)중 CO_2의 흡수제는 NaOH, CO_2 중 수분흡수제는 CaO이다.

㉠ 분자량 44g, 불연성 액화가스
㉡ TLV-TWA 허용농도 5000ppm ⇨ 독성은 아니다.
㉢ 대기 중의 존재량은 약 0.03%인데 공기분리장치에서는 드라이아이스가 되므로 제거한다.
㉣ 공기 중에 다량으로 존재하면 산소부족으로 질식한다.
㉤ 물에 용해 시 탄산을 생성하므로 청량음료수에 이용된다.
$H_2O+CO_2 \rightarrow H_2CO_3$
㉥ 의료용 용기는 회색, 공업용은 청색이다.
㉦ 용도
- 청량음료수 제조
- 소화제(가연성, 유류의 CO_2 분말소화제 사용)
- 드라이아이스 제조(CO_2를 100atm까지 압축한 뒤에 -25℃까지 냉각시키고 단열팽창하면 드라이아이스가 얻어진다.)

128 CO_2의 성질에 대한 설명 중 맞지 않는 것은?

① 무색 무취의 기체로 공기보다 무겁고 불연성이다.
② 독성가스로 TLV-TWA 허용농도 5000ppm이다.
③ 탄소의 연소 유기물 부패발효에 의해 생성된다.
④ 드라이아이스 제조에 쓰인다.

CO_2는 독성가스가 아니다.

13. 황화수소(H_2S)

129 다음 중 황화수소의 부식을 방지하는 금속이 아닌 것은?

① Cr　② Fe
③ Al　④ Si

해설

H_2S의 부식명은 황화이며, 이것을 방지하는 금속은 Cr, Al, Si지만, Cr은 40% 이상이면 오히려 부식을 촉진시킨다.

정답 124.④ 125.① 126.③ 127.③ 128.② 129.②

황화수소(H_2S)
㉠ 독성 : 10ppm, 가연성 : 4.3~45%
㉡ 수분 함유 시 황산(H_2SO_4) 생성으로 부식을 일으킨다.
㉢ 누설검지시험지 : 연당지(초산납 시험지) ⇨ 흑색이다.
㉣ 중화제 : 가성소다 수용액, 탄산소다 수용액
㉤ 연소반응식
- $2H_2S+3O_2 \rightarrow 2H_2O+2SO_2$(완전연소식)
- $2H_2S+O_2 \rightarrow 2H_2O+2S$(불완전연소식)

참고 모든 가스 제조에 황을 제거하는 탈황장치가 있는 이유 : 황은 모든 금속에 치명적인 부식을 일으키는 가스이므로 반드시 제거하여야 하며, 대표적인 탈황장치로는 수소화 탈황장치가 사용된다.

14. 메탄(CH_4)

130 메탄(CH_4)가스에 대한 다음 사항 중 틀린 것은?
① 고온도에서 수증기와 작용하면 일산화탄소와 수소의 혼합가스를 생성한다.
② 무색, 무취의 기체로서 잘 연소하며 분자량은 16.04이다.
③ 폭발범위는 5~15% 정도이다.
④ 임계압력은 85.4atm 정도이다.

해설
CH4 : 임계압력 45.8atm, 임계온도 −82.1℃

131 다음 중 메탄의 제조방법이 아닌 것은?
① 천연가스에서 직접 얻는다.
② 석유정제의 분해가스에서 얻는다.
③ 석탄의 고압건류에 의하여 얻는다.
④ 코크스를 수증기 개질하여 얻는다.

132 메탄(CH_4)가스 10L를 완전연소시켰을 때 필요한 이론공기량은? (단, 공기 중의 산소량은 20%로 계산한다.)
① 100L ② 200L
③ 300L ④ 400L

해설
$CH_4+2O_2 \rightarrow CO_2+2H_2O$
$\therefore 20\times\frac{1}{0.2}=100L$

133 1mol의 메탄을 완전연소시키는 데 필요한 산소의 몰수는?
① 2mol
② 3mol
③ 4mol
④ 5mol

$CH_4+2O_2 \rightarrow CO_2+2H_2O$

15. LPG

134 LP가스의 성질 중 옳지 않은 것은?
① 상온 · 상압에서 기체이다.
② 비중은 공기의 0.8~1배가 된다.
③ 무색 투명하다.
④ 물에 녹지 않고 알코올에 용해된다.

해설
(1) LP가스의 일반적인 성질
㉠ 상온 상압에서는 기체
㉡ 종류는 C_3H_8(프로판), C_4H_{10}(부탄), C_3H_6(프로필렌), C_4H_8 (부틸렌), C_4H_6(부타디엔) 등
㉢ 공기 중의 비중은 공기의 약 1.5~2배, 낮은 곳에 체류하기 쉽고, 인화폭발의 위험성이 크다.
㉣ 천연고무를 잘 용해한다(배관 시 패킹제로는 합성고무제(실리콘 고무)를 사용).
㉤ 폭발범위
- C_3H_8 : 2.1~9.5, 비등점 −42℃, 자연기화방식(가정용)
- C_4H_{10} : 1.8~8.4, 비등점 −0.5℃, 강제기화방식(공업용)

(2) LP가스의 특성
㉠ 가스는 공기보다 무겁다($\frac{44}{29}=1.52$, $\frac{58}{29}=2$).
㉡ 액은 물보다 가볍다(액비중 0.5).
㉢ 기화, 액화가 용이하다.
㉣ 기화 시 체적이 커진다(액체 1L−기체 250L).

(3) LP가스의 연소 특성
㉠ 연소속도가 늦다 : 타 가연성 가스에 비하여 연소속도가 느리다.
㉡ 연소범위가 좁다 : 타 가연성 가스에 비하여 연소범위가 좁다.
㉢ 연소 시 다량의 공기가 필요하다.
㉣ 발열량이 크다.
㉤ 발화온도가 높다 : 타 가연성 가스에 비하여 불이 늦게 붙는다.

정답 130.④ 131.④ 132.① 133.① 134.②

135 C_3H_8 액체 1L는 기체로 250L가 된다. 10kg의 C_3H_8을 기화하면 몇 m^3가 되는가? (단, 액비중은 0.5이다.)

① $1m^3$ ② $2m^3$
③ $3m^3$ ④ $5m^3$

해설

10kg÷0.5kg/L=20L
∴ 20×250=5000L=$5m^3$

특성 \ 가스종류	C_3H_8	C_4H_{10}
분자량	44g	58g
기체비중	1.52	2
액비중	0.509	0.582
비등점	−42℃	−0.5℃
기화방식	자연기화방식	강제기화방식
1mol에 대한 공기배수	24mol	31mol

136 C_3H_8 10kg은 표준상태에서 몇 m^3인가?

① $1m^3$ ② $2m^3$
③ $3m^3$ ④ $5m^3$

해설

문제 126번과 비교해보자. 풀이방법이 다르다.
10kg : $x(m^3)$
44kg : $22.4m^3$
$\therefore\ x = \dfrac{10\times 22.4}{44} = 5.09m^3$

137 C_3H_8 1mol당 발열량은 530kcal이다. 1kg당 발열량은 얼마인가?

① 10000kcal/kg ② 11000kcal/kg
③ 12000kcal/kg ④ 13000kcal/kg

해설

44g : 530
1000g : x
$\therefore\ x = \dfrac{1000\times 530}{44} = 12045 \fallingdotseq 12000$

138 LP가스의 장점이 아닌 것은?

① 점화 · 소화가 용이하며 온도조절이 간단하다.
② 발열량이 높다.
③ 직화식으로 사용할 수 있다.
④ 열효율이 낮다.

해설

④ 열효율이 높다.

139 액화석유가스(LPG)의 주성분은?

① 메탄 ② 에탄
③ 프로판 ④ 옥탄

해설

LPG(Liquefied Petroleum Gas) : C_3(프로), C_4(부탄) ⇨ 탄소수가 3~4인 것이 LPG이다.

140 액화석유가스가 누설된 상태를 설명한 것이 아닌 것은?

① 공기보다 무거우므로 바닥에 고이기 쉽다.
② 누설된 부분의 온도가 급격히 내려가므로 서리가 생겨 누설 개소가 발견될 수 있다.
③ 빛의 굴절률이 공기와 달라 아지랑이와 같은 현상이 나타나므로 발견될 수 있다.
④ 대량 누설되었을 때도 순식간에 기화하므로 대기압 하에서는 액체로 존재하는 일이 없다.

141 LPG란 액화석유가스의 약자로서 석유계 저급 탄화수소의 혼합물이다. 이의 주성분으로 틀린 것은?

① 프로필렌
② 에탄
③ 부탄
④ 부틸렌

142 다음 설명 중 옳은 것은?

① 프로판은 공기와 혼합만 되면 연소한다.
② 프로판은 혼합된 공기와의 비율이 폭발범위 안에서 연소한다.
③ LPG는 충격에 의해 폭발한다.
④ LPG는 산소가 적을수록 완전연소한다.

정답 135.④ 136.④ 137.③ 138.④ 139.③ 140.④ 141.② 142.②

143 LP가스 수송관의 연결부에 사용되는 패킹으로 적당한 것은?

① 종이 ② 구리
③ 합성고무 ④ 실리콘 고무

LP가스는 천연고무를 용해하므로 합성고무제인 실리콘고무를 사용한다.

144 C_3H_8 연소반응식이 맞는 것은?

① $C_3H_8+5O_2 \rightarrow 2CO_2+3H_2O$
② $C_3H_8+4O_2 \rightarrow 3CO_2+4H_2O$
③ $C_3H_8+5O_2 \rightarrow 3CO_2+4H_2O$
④ $C_3H_8+3O_2 \rightarrow 3CO_2+4H_2O$

$C_3H_8+5O_2 \rightarrow 3CO_2+4H_2O$
탄화수소의 완전연소 시 생성물은 CO_2와 H_2O가 생성된다.

$C_mH_n+\left(m+\frac{n}{4}\right)O_2 \rightarrow mCO_2+\frac{n}{2}H_2O$

145 용기에 충전된 액화석유가스(LPG)의 압력에 대하여 틀린 것은?

① 가스량이 반이 되면 압력도 반이 된다.
② 온도가 높아지면 압력도 높아진다.
③ 압력은 온도에 관계없이 가스 충전량에 비례한다.
④ 압력은 규정량을 충전했을 때 가장 높다.

가스량이 반일 때 압력이 반이 되는 것은 압축가스에 해당되며 액화가스와는 다르다.

146 C_3H_8 10kg 연소 시 필요한 산소는 몇 m^3인가?

① $20m^3$ ② $21m^3$
③ $22m^3$ ④ $25m^3$

$C_3H_8+5O_2 \rightarrow 3CO_2+4H_2O$
44kg : 5×22.4L
10kg : $x(m^3)$
$\therefore\ x=\frac{10\times5\times22.4}{44}=25.45m^3$

147 프로판 충전용 용기로 쓰이는 것은?

① 이음매 없는 용기
② 용접 용기
③ 리벳 용기
④ 주철 용기

16. 공통 문제

148 이황화탄소(CS_2)의 폭발범위는?

① 1.2~44% ② 1~44.5%
③ 12~44% ④ 15~49%

149 다음 중 LNG의 주성분은?

① CH_4 ② C_2H_6
③ C_3H_8 ④ C_4H_{10}

해설

LNG(액화천연가스) 주성분 : CH_4(분자량 16g, 비등점 −162℃, 폭발범위 5~15%)

150 표준상태에서 산소 1g/mol의 밀도는 얼마인가?

① 0.01429g/L
② 0.1429g/L
③ 1.429g/L
④ 14.29g/L

해설

가스의 밀도$=\frac{M(g)}{22.4L}$

$\therefore\ \frac{32g}{22.4L}=1.429g/L$

151 나프타에 수증기를 사용하여 수소와 일산화탄소의 제조 시 다음 반응식에서 수소의 몰수는?

$$C_nH_m+nH_2O \rightarrow nCO+(\quad)H_2$$

① $m+n$ ② $\frac{m}{2}+n$
③ $2m+n$ ④ $m+\frac{m}{2}$

정답 143.④ 144.③ 145.① 146.④ 147.② 148.① 149.① 150.③ 151.②

152 다음 보기에서 공기 중에 유출되면 낮은 곳으로 흘러 머무는 가스로만 이루어진 것은?

> ㉮ 액화석유가스
> ㉯ 수소
> ㉰ 아세틸렌
> ㉱ 포스겐

① ㉮, ㉱　　② ㉯, ㉰
③ ㉰, ㉮　　④ ㉱, ㉯

해설

㉮ LPG : 44.58g　　㉯ H_2 : 5g
㉰ C_2H_2 : 26g　　㉱ $COCl_2$: 99g

153 고압가스 제조장치의 기밀시험을 할 때 사용할 수 없는 기체는 어느 것인가?

① 공기　　② 이산화질소
③ 이산화탄소　　④ 질소

해설

NO_2는 조연성이므로 기밀시험용으로 사용하지 않는다.

154 다음 기체 중에서 독성도 없고 가연성도 없는 것은?

① Cl_2　　② NH_3
③ $CHClF_2$　　④ C_2H_4O

155 프로판이 공기와 혼합하여 완전연소할 수 있는 프로판의 최소 농도는 약 몇 %인가?

① 3%　　② 4%
③ 5%　　④ 6%

해설

$C_3H_8 + 5O_2 \rightarrow 3CO_2 + 4H_2O$

$$\therefore \frac{1}{1+5\times\frac{100}{21}} \times 100 \fallingdotseq 4\%$$

156 다음 물질을 취급하는 장치의 재료로서 구리 및 구리합금을 사용해도 좋은 것은?

① 황화수소　　② 아르곤
③ 아세틸렌　　④ 암모니아

구리를 사용해서는 안되는 가스는 H_2S, C_2H_2, NH_3, SO_2 등이며, 특히 구리와 반응이 심한 분말을 만드는 가스는 H_2S, SO_2 등이다.

정답　152.①　153.②　154.③　155.②　156.②

chapter 3 연소 · 폭발 · 폭굉

'chapter 3'은 한국산업인력공단 출제기준 중에서 가스연소이론의 가스의 연소(연소현상, 특성, 시험분석) 부분입니다.

01 점화원과 연소의 종류

(1) 점화원의 종류

타격, 마찰, 충격, 전기불꽃, 단열압축, 정전기, 열복사, 자외선 등

(2) 연소의 종류

① 증발연소 : 액체(알코올, 에테르), 고체(황, 나프탈렌)의 연소
② 분해연소 : 고체 물질(종이, 목재, 섬유)의 연소
③ 표면연소 : 고체 물질(코크스, 목탄)의 연소
④ 확산연소 : 가스의 연소

(3) 인화점, 발화점(착화점)

① 인화점 : 가연물을 연소 시 점화원을 갖고 연소하는 최저 온도
② 발화점 : 가연성 물질을 가열 시 점화원 없이 스스로 연소하는 최저 온도
③ 탄화수소의 발화점은 탄소수가 많을수록 낮아진다.

※ 발화점이 낮아지는 경우
- 화학적으로 발열량이 높을수록
- 반응활성도가 클수록
- 산소농도가 클수록
- 압력이 높을수록
- 탄화수소에서 탄소수가 많은 분자일수록

(4) 발화가 생기는 원인

온도, 압력, 조성, 용기의 크기와 형태

(5) 발화점에 영향을 주는 인자

① 가연성 가스와 공기의 혼합비(조성)

② 발화가 생기는 공간의 형태와 크기(용기의 크기와 형태)
③ 가열속도와 지속시간
④ 기벽의 재질과 촉매효과
⑤ 점화원의 종류와 에너지 투여법

02 폭굉 및 폭굉유도거리

(1) 폭굉(Detonation)

가스 중의 음속보다 화염전파속도가 큰 경우로 파면선단에 충격파라는 압력파가 발생, 격렬한 파괴작용을 일으키는 원인이다.

(2) 폭굉유도거리(DID)

최초의 완만한 연소가 격렬한 폭굉으로 발전하는 거리

(3) 폭굉유도거리가 짧아지는 조건

① 정상 연소속도가 큰 혼합가스일수록
② 관 속에 방해물이 있거나 관경이 가늘수록
③ 압력이 높을수록
④ 점화원의 에너지가 클수록

(4) 화재 종류

① A급 화재(백색) : 목재, 종이
② B급 화재(황색) : 유류, 가스
③ C급 화재(청색) : 전기
④ D급 화재(없음) : 금속

(5) 위험도

$$위험도(H) = \frac{U-L}{L}$$

여기서, U : 폭발상한값(%)
L : 폭발하한값(%)

예제 C_2H_2의 폭발범위가 2.5~81%일 때 위험도는?

풀이 $위험도(H) = \frac{81-2.5}{2.5} = 31.4$

03 연소 및 폭발

(1) 연소

산소와 가연성 물질이 결합하여 빛과 열을 수반하는 산화반응

① 연소의 3요소 : 가연물, 산소공급원, 점화원

② 연소파 : 화염의 진행속도(폭발의 연소속도) : 0.03~10m/sec

(2) 폭발

① 분해폭발 : C_2H_2, C_2H_4O, N_2H_4

② 밀폐공간의 가스폭발 : 가스가 팽창하여 0.7~0.8MPa의 고압이 되어 용기를 파괴

③ 건물과 기물 파괴 시 : 압력 1.5~1.6MPa

(3) 안전간격 및 폭발등급

① 일반적으로 가연성 가스의 폭발범위는 압력이 높을수록 넓어진다(CO는 제외).

② 안전간격 : 8L의 구형용기 안에 폭발성 혼합가스를 채우고 화염 전달 여부를 측정하였을 때 화염이 전파되지 않는 간격이다.

③ 안전간격에 따른 폭발등급

㉠ 1등급 : 안전간격 0.6mm 이상

예 메탄, 에탄, 프로판(주로 폭발범위가 좁은 가스)

㉡ 2등급 : 안전간격 0.4mm 초과 0.6mm 미만

예 에틸렌, 석탄가스

㉢ 3등급 : 안전간격 0.4mm 미만

예 수소, 아세틸렌, 수성가스, 이황화탄소 등(폭발범위가 넓은 가스)

TIP 연소 및 폭발에 대한 핵심정리 내용입니다.

1. 점화원은 연소의 3요소(가연물, 산소공급원, 점화원)의 하나로서, 일명 불씨라고도 한다.
2. 연소의 종류
   ① 고체 물질의 대표적인 연소 : 표면연소, 분해연소
   ② 액체 물질의 대표적인 연소 : 증발연소(액체 물질 중 가장 효과적인 연소 : 분무연소=액적연소)
   ③ 기체의 대표적인 연소 : 확산연소(기체 물질 중 가장 효과적인 연소 : 예혼합연소)
3. ① 발화점 : 점화원 없이 연소하는 최저온도
   ② 인화점 : 점화원을 가지고 연소하는 최저온도(위험성의 척도를 측정하는 기준)
4. 폭굉유도거리가 짧아지는 조건(폭굉이 빨리 일어날 수 있는 조건)
   ① 정상 연소속도가 큰 혼합가스일수록
   ② 압력이 높을수록
   ③ 점화원의 에너지가 클수록
   ④ 관속에 방해물이 있거나 관경이 가늘수록

5. 폭발
   ㉠ 분해폭발이란 스스로 분해되면서 일어나는 폭발로서, 산소 또는 공기가 없어도 폭발이 일어난다(C_2H_2, C_2H_4O, N_2H_4).
   ㉡ 가스의 정상 연소속도 : 0.03~10m/s
   ㉢ 가스의 폭굉속도 : 1000~3500m/s
   ※ 폭굉이란 폭발 중 가장 격렬한 폭발로서 폭발범위 중 한 부분이 폭굉범위이므로 폭굉범위는 폭발범위보다 좁다. 또는 폭발범위는 폭굉범위보다 넓다.

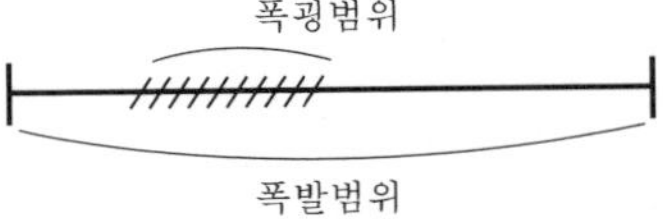

6. 안전간격 : 화염이 전파되지 않는 한계의 틈

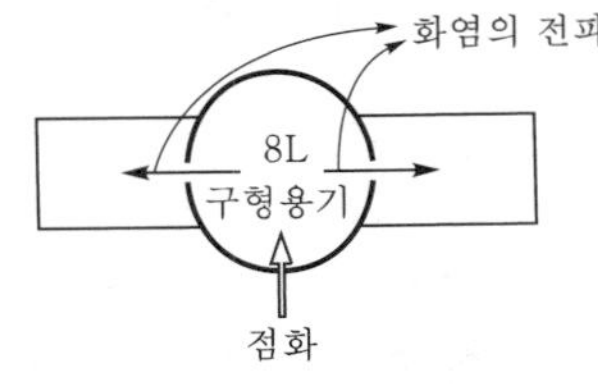

chapter 3

출 / 제 / 예 / 상 / 문 / 제

01 다음 중 연소의 3요소에 해당하는 것은?

① 가연물, 공기, 조연성
② 가연물, 조연성, 점화원
③ 가연물, 산소, 열
④ 가연물, 탄산가스, 점화원

연소(combustion)
산소와 가연성 물질과 결합하여 빛과 열을 수반하는 산화반응으로 연소의 3요소는 다음과 같다.
㉠ 가연물 : 불이 붙는 물질
㉡ 조연성(산소공급원) : 가연물이 불 붙는 데 보조하는 물질
㉢ 점화원 : 타격, 마찰, 충격, 정전기, 전기불꽃, 단열압축, 열복사 등

02 액체 물질의 가장 효과적인 연소는?

① 표면연소 ② 액적(분무)연소
③ 증발연소 ④ 확산연소

해설

액체 물질이 가지는 가장 효과적인 연소는 분무연소이며, 액체의 보편적인 연소는 증발연소이다.
㉠ 분해연소(고체) : 종이, 목재, 섬유
㉡ 표면연소(고체) : 코크스, 목탄
㉢ 확산연소(기체)
㉣ 증발연소(액체)

03 다음 중 가스의 정상 연소속도는?

① 0.5~10m/s
② 0.03~10m/s
③ 10~20m/s
④ 20~30m/s

㉠ 가스의 정상 연소속도 : 0.03~10m/s
㉡ 폭굉의 연소속도 : 1000~3500m/s
※ 수소의 폭굉속도 : 1400~3500m/s

04 연소속도가 빨라지는 조건에 해당되지 않는 것은?

① 온도가 높을수록
② 압력이 높을수록
③ 농도가 클수록
④ 열전도가 빠를수록

열전도가 작을수록 연소속도가 빠르다. 압력이 높을수록 연소속도가 빨라지고 연소범위도 넓어지나, CO는 압력이 높을수록 연소범위가 좁아진다.

05 다음 중 착화온도가 가장 높은 기체는?

① CH_4 ② C_2H_6
③ C_3H_8 ④ C_4H_{10}

해설

착화(발화)점
가연성 물질이 연소 시 점화원이 없이 스스로 연소하는 최저온도로서, 탄화수소에서 탄소수가 많을수록 착화점이 낮다.

참고 탄화수소에서 탄소수가 많을수록
- 폭발하한이 낮아진다.
- 비등점이 높아진다.
- 폭발범위가 좁아진다.
- 발화점이 낮아진다.

06 액화가스 충전 시 안전공간을 두는 이유는?

① 안전밸브 작동 시 액을 분출시키려고
② 액체는 비압축성이므로 액팽창에 의한 파괴를 방지하려고
③ 액충만 시 외부 충격으로 파괴의 우려가 있으므로
④ 온도상승 시 액체에 의하여 화재의 우려가 있으므로

정답 01.② 02.② 03.② 04.④ 05.① 06.②

07 폭굉에 대한 설명 중 잘못된 것은?

① 폭굉속도는 1~3.5km/s이다.
② 폭굉 시 온도는 가스의 연소 시보다 40~50% 상승한다.
③ 밀폐된 공간에서 폭굉이 일어나면 7~8배의 압력이 상승한다.
④ 폭발 중에 격렬한 폭발을 폭굉이라 한다.

해설

② 폭굉 시 온도는 가스의 연소 시보다 10~20% 상승한다.

08 프로판가스가 공기와 적당히 혼합하여 밀폐용기 내 또는 폐쇄장소에 존재 시 순간적으로 연소팽창하여 기물과 건물을 파괴할 경우의 압력은?

① 1~2atm　② 7~8atm
③ 10~12atm　④ 15~16atm

09 연소를 잘 일으키는 요인이 아닌 것은?

① 산소와 접촉이 양호할수록 연소는 잘 된다.
② 열전도율이 좋을수록 연소는 잘 된다.
③ 온도가 상승할수록 연소는 잘 된다.
④ 화학적 친화력이 클수록 연소는 잘 된다.

해설

열전도율이 좋으면 연소물질은 온도가 낮으므로 연소가 불량하다.

10 사염화탄소(CCl_4)로 소화 시 밀폐장소에서는 사용하지 않는다. 그 이유는?

① 가연성 가스이므로
② 증기비중이 크므로
③ 독성가스를 발생시키므로
④ 소화가 안 되므로

해설

$COCl_2$ 또는 Cl_2가 발생한다.

11 연소범위의 설명 중 옳은 것은?

① 상한계 이상이면 폭발
② 하한계 이하에서 폭발
③ 폭발한계 내에서만 폭발
④ 하한계 이상에서 폭발

해설

연소한계(폭발한계) 내에서만 폭발한다.

12 르 샤틀리에의 식을 이용하여 폭발하한계를 구하여라. (단, CH_4 80%, C_2H_6 15%, C_3H_8 4%, C_4H_{10} 1%이며, 각 가스의 폭발하한은 메탄 5%, 에탄 3%, 프로판 2.1%, 부탄 1.8%이다.)

① 23.1%　② 10.2%
③ 2.3%　④ 4.2%

$$\frac{100}{L}=\frac{V_1}{L_1}+\frac{V_2}{L_2}+\frac{V_3}{L_3}+\frac{V_4}{L_4}$$

$$\frac{100}{L}=\frac{80}{5}+\frac{15}{3}+\frac{4}{2.1}+\frac{1}{1.8}=23.46$$

$$\therefore\ L=100\div 23.46=4.26\%$$

13 다음의 가스를 혼합 시 위험한 것은?

① 염소, 아세틸렌　② 염소, 질소
③ 염소, 산소　④ 염소, 이산화탄소

가연성 가스와 조연성 폭발 위험이 있다.

14 다음 중 발화가 생기는 요인이 아닌 것은?

① 온도　② 농도
③ 조성　④ 압력

발화가 생기는 요인
㉠ 온도　㉡ 압력
㉢ 조성　㉣ 용기의 크기와 형태

참고 발화점에 영향을 주는 인자
㉠ 가연성 가스와 공기의 혼합비
㉡ 발화가 생기는 공간의 형태와 크기
㉢ 가열속도와 지속시간
㉣ 기벽의 재질과 촉매효과
㉤ 점화원의 종류와 에너지 투여법

15 다음 중 폭발범위가 가장 넓은 가스는?

① C_3H_8　② C_2H_6
③ C_2H_4O　④ CH_4

해설

폭발범위 : 가연성 가스가 공기 중 연소하는 농도의 부피(%)이며, 최고농도는 폭발상한, 최저농도는 폭발하한이라 한다.
① C_3H_8 : 2.1~9.5%　② C_2H_6 : 3~12.5%
③ C_2H_4O : 3~80%　④ CH_4 : 5~15%

정답 07.② 08.④ 09.② 10.③ 11.③ 12.④ 13.① 14.② 15.③

16 공기가 전혀 없어도 폭발을 일으킬 수 있는 물질이 아닌 것은?

① C_2H_2 ② C_2H_4
③ C_3H_8 ④ N_2H_4

17 다음 ( ) 안에 적당한 단어는?

> 폭굉이란 가스 중의 ( )보다 ( )가 큰 경우로 파면선단에 ( )라는 압력파가 생겨 격렬한 파괴작용을 일으키는 원인이다.

① 음속, 화염전파속도, 충격파
② 음속, 폭발속도, 화염속도
③ 폭발속도, 음속, 충격파
④ 음속, 충격파, 폭발속도

18 다음 중 폭발의 종류가 아닌 것은?

① 중합폭발 ② 분해폭발
③ 산화폭발 ④ 정압폭발

해설

폭발의 종류
㉠ 화학적 폭발 : 폭발성 혼합가스에 의한 폭발(산화폭발)
㉡ 압력폭발 : 보일러 폭발
㉢ 분해폭발 : C_2H_2 등 분해에 의한 폭발
㉣ 중합폭발 : HCN 등 수분에 의한 폭발
㉤ 촉매폭발 : 수소, 연소 등 혼합가스의 촉매에 의한 폭발

19 폭발범위에 관한 설명 중 옳은 것은?

① 완전연소가 될 때 산소의 범위
② 물질이 연소하는 최저온도
③ 연소하는 가스와 공기의 혼합비율
④ 발화점과 인화점의 범위

20 다음 중 금속화재는?

① A급 화재 ② B급 화재
③ C급 화재 ④ D급 화재

해설

① A급(백색) : 목재, 종이
② B급(황색) : 유류, 가스
③ C급(청색) : 전기화재
④ D급(색 없음) : 금속화재

21 전부 밀폐되어 내부의 폭발성 가스가 폭발했을 때 그 압력에 견디면서 내부 화염이 외부로 전달되지 않도록 설치하는 방폭구조는?

① 유입 방폭구조
② 내압(耐壓) 방폭구조
③ 압력 방폭구조
④ 본질 안전 방폭구조

해설

방폭구조의 종류
㉠ 내압(耐壓) 방폭구조 : 전폐구조로서 용기 내부에 폭발성 가스가 폭발할 때 그 압력에 견디고 폭발화염이 외부로 전해지지 않도록 한 구조
㉡ 안전증 방폭구조 : 상시 운전 중에 불꽃, 아크 또는 과열이 발생하면 안 되는 부분에 이들이 발생되지 않도록 구조상 온도 상승에 대하여 특히 안전성을 높인 구조
㉢ 압력 방폭구조 : 용기 내부에 공기, 질소 등의 보호기체를 압입, 내압을 갖도록 하여 폭발성 가스가 침입하지 않도록 한 구조
㉣ 유입 방폭구조 : 전기기기의 불꽃 또는 아크가 발생하는 부분에 절연유를 격납함으로써 폭발성 가스에 점화되지 않도록 한 구조
㉤ 본질 안전 방폭구조 : 상시 운전 중 사고 시(단락, 지락, 단선)에 발생되는 불꽃, 아크열에 의하여 폭발성 가스에 점화될 우려가 없음이 점화시험으로 확인된 구조

22 전기불꽃에 의한 발화원이라 볼 수 없는 것은?

① 정전기 ② 고전압 방전
③ 스파크 방전 ④ 접점 스파크

23 폭발등급 3등급에 속하는 가스는 어느 것인가?

① CH_4 ② C_2H_2
③ CO ④ C_2H_4

해설

폭발등급 3등급 : CS_2, H_2, C_2H_2, 수성가스

24 다음 중 자연발화가 아닌 것은?

① 분해열에 의한 발열
② 중합열에 의한 발열
③ 촉매열에 의한 발열
④ 산화열에 의한 발열

정답 16.③ 17.① 18.④ 19.③ 20.④ 21.② 22.① 23.② 24.③

해설

자연발화 : 분해열, 발화열, 산화열, 중합열

25 공기 중에서 가연물을 가열 시 점화원 없이 스스로 연소하는 최저온도를 무엇이라 하는가?

① 인화점 ② 착화점
③ 점화점 ④ 임계점

26 다음 중 폭발등급 2등급에 해당하는 가스는?

① C_3H_8, CH_4 ② C_2H_4, C_2H_2
③ H_2, 수성가스 ④ C_2H_4, 석탄가스

해설

폭발등급 2등급 : C_2H_4, 석탄가스

참고 안전간격 : 8L의 구형 용기 안에 폭발성 혼합가스를 채우고 점화시켜 화염전달 여부를 측정, 화염이 전파되지 않는 간격으로, 안전간격이 작은 가스일수록 위험하다.

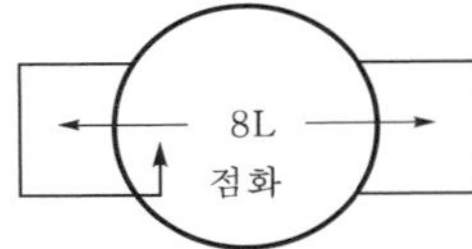

- 폭발등급 1등급 : 안전간격이 0.6mm 초과
  예 CO, C_3H_8, NH_3, 아세톤, 가솔린, 벤젠, CH_4 등
- 폭발등급 2등급 : 안전간격이 0.4~0.6mm 이하
  예 C_2H_4, 석탄가스
- 폭발등급 3등급 : 안전간격이 0.4mm 이하인 가스
  예 H_2, C_2H_2, CS_2, 수성가스

27 2매의 평행판에서 면 간의 거리를 좁게 하면서 화염전달 여부를 측정하였을 때 화염이 전파되지 않는 한계의 틈을 무엇이라 하는가?

① 안전간격 ② 폭발범위
③ 소염거리 ④ 연소속도

28 C_2H_2의 폭발범위는 2.5~81%이다. C_2H_2의 위험도는?

① 10.2 ② 31.4
③ 21.4 ④ 40

해설

위험도$(H)=\dfrac{U-L}{L}$

여기서, U : 폭발상한(%), L : 폭발하한(%)

$\therefore$ 위험도 $=\dfrac{81-2.5}{2.5}=31.4$

29 내용적 47L 용기에 C_3H_8을 규정대로 충전 시 안전공간은 몇 %인가? (단, 액비중은 0.5이다.)

① 15% ② 16%
③ 16.5% ④ 17.5%

해설

$G=\dfrac{V}{C}=\dfrac{47}{2.35}=20\text{kg}$

$20\div0.5=40\text{L}$

$\dfrac{47-40}{47}\times100=14.8\%\fallingdotseq15\%$

30 연소에 대한 설명 중 맞지 않는 것은?

① 발화온도가 낮은 것은 위험하다.
② 인화온도가 낮은 것은 위험하다.
③ 인화온도가 높으면 연소가 잘 안 된다.
④ 위험성의 척도는 발화온도이다.

해설

위험성의 척도 : 인화온도(인화점)

31 연소의 종류에 해당하지 않는 것은?

① 증발연소 ② 분무연소
③ 가압연소 ④ 분해연소

32 다음 중 연소와 거리가 먼 것은?

① 연소속도
② 발화온도
③ 허용한도
④ 점화에너지

33 다음 중 위험성의 기준이 되는 온도는?

① 인화온도 ② 발화온도
③ 연소온도 ④ 증발온도

34 다음 중 산소, 공기가 없어도 폭발할 수 있는 가스가 아닌 것은?

① C_2H_2 ② C_2H_4O
③ C_2H_4 ④ N_2H_4

해설

분해폭발을 일으키는 가스 : C_2H_2, C_2H_4O, N_2H_4

정답 25.② 26.④ 27.③ 28.② 29.① 30.④ 31.③ 32.③ 33.① 34.③

35 자연발화를 방지하고자 한다. 가장 적당한 것은?

① 연소온도를 올린다.
② 압력을 올린다.
③ 통풍을 양호하게 한다.
④ 연소범위를 조성한다.

36 가연성 가스로 인하여 화재가 발생하였다. 화재의 종류와 소화제로 맞는 것은?

① A급 화재, 건조사
② B급 화재, 분말소화제
③ C급 화재, 사염화탄소
④ D급 화재, 물

정답 35.③ 36.②

chapter 4 가스계측 및 가스분석

'chapter 4'는 한국산업인력공단 출제기준 중에서 가스의 계측 및 분석 부분입니다.

01 가스계측

(1) 계측의 목적

조업조건의 안정, 설비의 효율화, 안전관리, 인원 절감

(2) 계측기기의 구비조건

내구성, 신뢰성, 경제성, 연속성, 보수성

(3) 기본 단위(7종)

기본 단위에는 길이(m), 질량(kg), 시간(sec), 전류(A), 온도(K), 광도(Cd), 물질량(mol)이 있다.

※ 속도는 보조계량 단위이며, 길이가 공업계측의 기본이다.

(4) 오차 및 오차율

① 오차(error)

$$\text{오차} = \text{측정값} - \text{참값(진실치)}$$

② 오차율

$$\text{오차율} = \frac{\text{오차}}{\text{참값(진실치)}} \times 100 = \frac{\text{측정값} - \text{참값}}{\text{참값(진실치)}} \times 100\%$$

③ 계통오차 : 이론, 개인, 환경, 계기오차

02 가스분석

(1) 흡수분석법

오르자트법, 헴펠법, 게겔법

① 오르자트법 : $CO_2 \rightarrow O_2 \rightarrow CO$

② 헴펠법 : $CO_2 \rightarrow C_mH_n \rightarrow O_2 \rightarrow CO$

③ 게겔법 : $CO_2 \rightarrow C_2H_2 \rightarrow C_6H_6 \rightarrow n-C_4H_{10} \rightarrow C_2H_4 \rightarrow O_2 \rightarrow CO_2$

(2) 연소분석법

폭발법, 완만연소법, 분별연소법

(3) 화학분석법

적정법, 중량법, 흡광광도법

(4) 기기분석법

가스 크로마토그래피(캐리어가스 : H_2, Ar, He, Ne), 질량분석법, 적외선 분광분석법

(5) 가스분석계

열전도율식, 적외선식, 반응열식, 자기식, 용액전도율식

(6) 시험지에 의한 가스분석

검지가스	시험지	변 색
NH_3	적색 리트머스지	청변
C_2H_2	염화 제1동 착염지	적변
$COCl_2$	하리슨 시험지	심등색
CO	염화파라듐지	흑변
H_2S	연당지	황갈색(흑색)
HCN	초산벤젠지	청변
Cl_2	KI 전분지	청변

(7) 검지관법에 의한 가스분석

검지관은 내경 2~4mm의 유리관 중에 발색시약을 흡착시킨 검지제를 충전하여 양끝을 막은 것이다. 사용할 때는 양끝을 절단하여 가스 채취기로 시료가스를 넣은 후 착색층의 길이, 착색의 정도에서 성분의 농도를 측정한다.

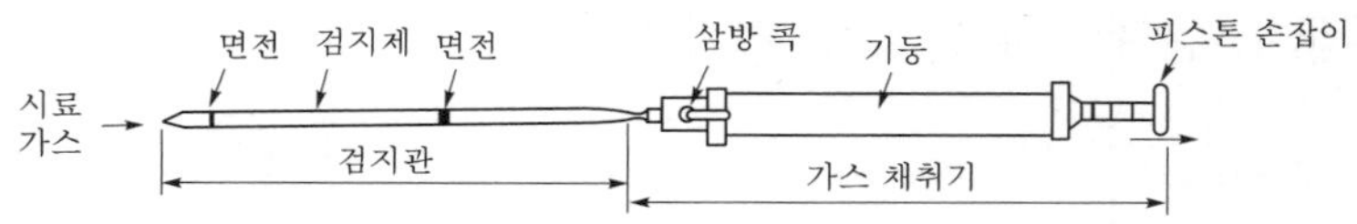

▎검지관 가스 채취기▎

03 가연성 가스 검출기

(1) 안전등형

탄광 내에서 메탄(CH_4)의 발생을 검출하는 데 안전등형 간이 가연성 가스 검출기가 이용되고 있다. 이 검출기는 2중의 철망에 싸인 석유램프의 일종으로 인화점 50℃ 정도의 등유를 연료로 사용한다.

이 램프가 점화하고 있는 공기 중에 CH_4가 있으면 불꽃 주위의 발열량이 증가하므로 불꽃의 모양이 커진다. 이 불꽃의 길이만으로는 CH_4의 농도를 알 수 없다.

CH_4이 연소범위에 가깝게 5.7% 정도가 되면 불꽃이 흔들리기 시작하고 5.85%가 되면 등내에서 폭발연소하여 불꽃이 작아지거나 철망 때문에 등외에 가스가 점화되는 경우가 있으므로 주의해야 한다.

〈불꽃길이와 메탄 농도의 관계〉

불꽃길이(mm)	7	8	9.5	11	13.5	17	24.5	47
메탄 농도(%)	1	1.5	2	2.5	3	3.5	4	4.5

(2) 간섭계형

가스의 굴절률 차이를 이용하여 농도를 측정하는 방법이다.

다음은 성분가스의 농도 x(%)를 구하는 식이다.

$$x = \frac{Z}{(n_m - n_a)L} \times 100$$

여기서, x : 성분가스의 농도, Z : 공기의 굴절률 차에 의한 간섭무늬의 이동
n_m : 성분가스의 굴절률, n_a : 공기의 굴절률
L : 가스실의 유효길이(빛의 통로)

(3) 열선형

브리지회로의 편위 전류 가스 농도의 지시 또는 자동적으로 경보를 하는 것이다.

① **열전도식** : 가스 크로마토그래피의 열전도형 검출기와 같이 전기적으로 가열된 열선(필라멘트)으로 가스를 검지한다.

② **열소식** : 열선으로 검지가스를 연소시켜 생기는 전기저항의 변화가 연소에 의해 생기는 온도에 비례하는 것을 이용한 것으로 LPG 등 가연성 가스에는 사용할 수 없다.

(4) 반도체식 검지기

반도체 소자에 전류를 흐르게 하고, 여기에 측정하고자 하는 가스를 접촉시키면 전압이 변화한다. 이 전압의 변화를 가스 농도로 변화한 것이다.

04 압력계

(1) 1차 압력계

지시된 압력에서 압력을 직접 측정하는 것이며 2차 압력계의 눈금 교정용, 연구실용으로 사용 종류로는 마노미터(manometer, 액주계), 자유(부유)피스톤식 압력계가 있다.

① 액주식 압력계(수주, 수은주 등의 밀도와 액주를 곱하여 사용) $P=\gamma \cdot H$

종 류	특 징
U자관식 압력계	• 정도 : ±0.05mmH_2O • 통풍계로 사용 • 절대압력을 측정 • $P_1=P_2+\gamma H(P_1>P_2)$
경사관식 압력계	• U자관식을 변형시킨 것 • 통풍계로 사용 • 가장 정확 • 가장 미세한 압을 측정 • 측정범위 : 10~50mmH_2O • 실험실에서 사용 • 정도 : 0.05mmH_2O • $P_1=P_2+\gamma \cdot x \cdot \sin\theta$
환상천평식 압력계 (링밸런스식)	• 측정범위 : 25~3000mmAq • 정도 : ±1~2% • 통풍계로 사용 • 봉입액으로 물, 기름, 수은을 사용

㉠ U자관식 압력계

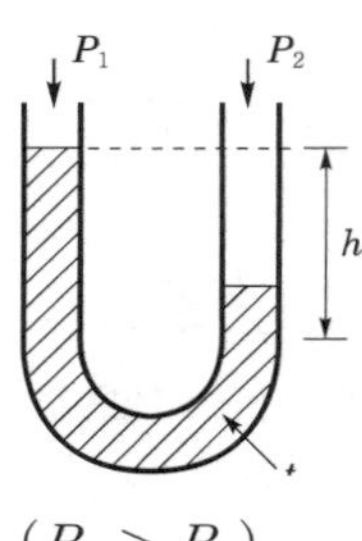

$(P_1 > P_2)$

$P_1 = P_2 \gamma H$

㉡ 경사관식 압력계

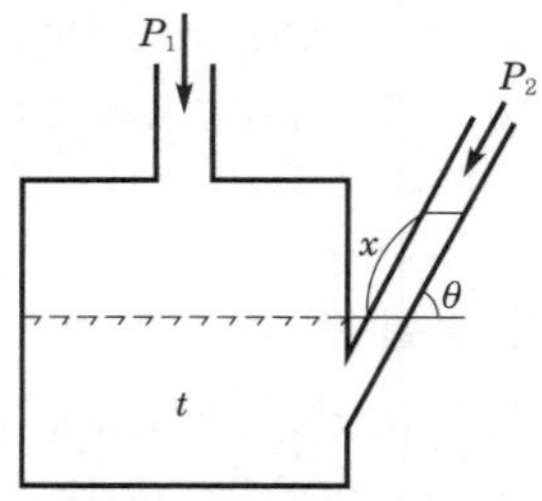

$(P_1 > P_2)$

$P_1 = P_2+\gamma H$에서 $H=x \cdot \sin\theta$이므로

$P_1 = P_2+\gamma \cdot x \cdot \sin\theta$

② 자유피스톤식 압력계

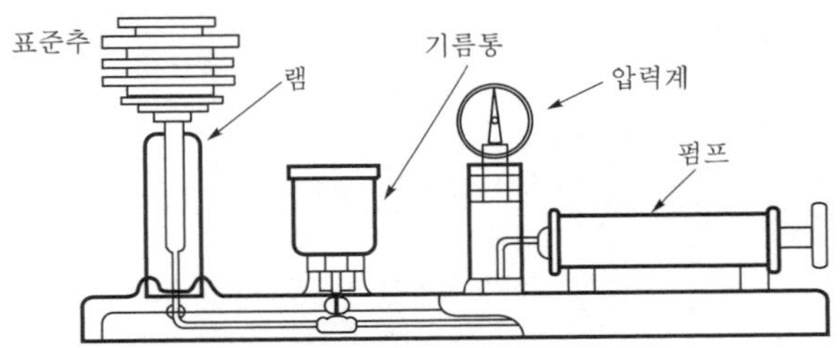

▍자유피스톤식 압력계(부르동관 압력계의 눈금 교정 및 연구실용으로 사용)▍

㉠ 추의 무게 W, 피스톤 무게 w, 단면적 A일 때

$$게이지압력\ P=\frac{W+w}{A}$$

여기서, P : 게이지압력
W : 추의 무게
w : 피스톤의 무게
A : 실린더의 단면적

대기압이 P_0이면 절대압력=대기압+게이지압력

$$\therefore\ 절대압력=P_0+\frac{W+w}{A}$$

※ 오차값 $=\dfrac{눈금교정압력}{게이지압력}\times 100(\%)$

㉡ 자유피스톤식 압력계에서 압력전달의 유체는 오일이며, 사용되는 오일은 다음과 같다.

- 모빌유(3000kg/cm^2, 300MPa)
- 피마자유(100~1000kg/cm^2, 10~100MPa)
- 경유(40~100kg/cm^2, 4~10MPa)

(2) 2차 압력계

물질의 성질이 압력에 의해 받는 변화를 탄성에 의해 측정하고 그 변화율로 계산하는 것으로, 부르동관 압력계, 벨로스 압력계, 다이어프램 압력계, 전기저항 압력계 등이 있다.

〈탄성식(탄성계) 압력계(금속의 탄성력을 이용)〉

종 류	특 징
부르동관식 압력계	• 측정범위 : 1~2000kg/cm^2 • 고압 측정용 • 보일러에서 가장 많이 사용 • 정확도가 제일 낮음 • 증기관(황동관, 동관 : 6.5mm 이상, 강관 : 12.7mm 이상) ※ 증기기온 210℃ 이상 시에는 강관 사용
벨로스식 압력계	• 측정압력 : 0.01~10kg/cm^2 • 정도 : ±1~2% • 용도 : 진공압이나 차압 측정용 • 벨로스의 재질 : 인청동, 스테인리스
다이어프램식 압력계 (박막식=격막식)	• 측정범위 : 20~5000mmH_2O • 미소압력 측정 • 드래프트게이지(통풍계)로 사용 • 부식성 액체, 고점도 액체에도 사용 • 다이어프램의 재질(저압용 : 고무, 종이, 고압용 : 양은, 인청동, 스테인리스)

05 온도계

(1) 접촉식 온도계

저온 측정

① 수은(−35~350℃), 알코올(−100~100℃)

② 베크만 온도계(초정밀용)

③ 바이메탈 온도계(열팽창계수 이용), 압력식 온도계

④ 전기저항식 온도계(자동제어)

⑤ 열전대 온도계(열기전력 이용) : 접촉식 중 가장 고온 측정, 냉접점은 0℃ 유지, 보상도선은 Cu−Ni의 합금선, 현재 많이 사용

〈접촉식 온도계의 종류 및 특징〉

온도계 명칭		특 징	측정원리	측정온도범위
수은 온도계		수은 · 알코올 · 베크만은 유리제 안에 저장되어 온도를 감지하면 팽창되어 온도가 측정되며 수은은 고온측정용, 알코올은 저온측정용으로 사용됨. 특히 베크만은 미세온도를 정밀측정 시 사용	유리관 속의 체적변화에 의한 팽창 수축을 이용	−35~350℃
알코올 온도계				−100~100℃
베크만 온도계				0.01~150℃
바이메탈 온도계		• 자동 기록에 적용 가능 • 응답성이 있음 • 열평창계수 이용	선팽창계수가 다른 2종의 금속을 이용	−30~500℃
전기저항 온도계		• 원격측정에 적합 • 자동 제어	• 온도 상승 시 저항값이 증가되는 원리를 이용한 온도계 • $R = R_o(1+at)$ 여기서, R : t℃ 저항값 R_o : 0℃ 저항값 a : 저항온도계수 t : 온도값 • 저항소자의 종류 : Pt, Cu, Ni	
더미스트 온도계		• 저항온도계수가 백금의 10배 • 온도변화에 따라 저항값이 변하는 반도체로 Ni, Cu, Mn, Fe, Co 등을 압축소결시켜 만든 온도계	온도 상승 시 저항값이 증가되는 원리를 이용한 온도계	100~300℃
열전대 온도계	백금-백금로듐 (PR)	• 고온 측정에 사용 • 산화에 강하고 환원성에 약함	• 열기전력 이용 (현재 많이 사용)	0~1600℃ 이상
	크로멜-알루멜 (CA)	• 열기전력이 큼 • 산화에 강하고 환원성에 약함		−20~1200℃ 이상
	철-콘스탄탄 (IC)	• 가격이 저렴 • 환원성에 강하고 산화에 약함		−20~800℃ 이상
	동-콘스탄탄 (CC)	• 약산성에 사용 • 수분에 약함		−200~400℃ 이상

(2) 비접촉식 온도계

접촉식 온도계보다 고온 측정

〈비접촉식 온도계의 종류 및 특징〉

온도계 명칭	특 징	측정원리	측정온도범위
색 온도계	• 개인오차가 있음 • 정확한 측정이 불가능	• 온도의 고저에 따라 파장이 발생 • 이것이 색깔로 변하여 나타나는 것을 이용하여 온도를 측정	500~2500℃
방사 온도계	• 방사율에 의한 보정량이 큼 • 이동물체 측정에 유리 • 자동제어 가능	슈테판볼츠만의 법칙을 적용 : 방사에너지는 절대온도 4승에 비례 $Q=4.88\varepsilon(T/100)^4$	100~3000℃
광고 온도계	• 정확도가 높음 • 방사율에 의한 보정량이 적음 • 먼지나 연기 등에 민감	광파장의 방사에너지와 표준온도를 가진 물체의 휘도와 비교 측정	700~3000℃
광전관식 온도계	• 자동제어 가능 • 이동물체측정 가능	금속 표면에서 방출되는 광전효과를 이용	700~3000℃

(3) 열전대 종류

① CC(동-콘스탄탄, 400℃)

② IC(철-콘스탄탄, 800℃)

③ CA(크로멜-알루멜, 1200℃)

④ PR(백금-백금로듐, 1600℃)

(4) 표준온도 정점의 기준

① 액산, 기산 공존(−183℃)

② 수증기 응축(100000℃)

③ 얼음 융해(0.000℃)

④ 금의 응고(1063.0℃)

⑤ 황증기 응축(444.60℃)

06 유량계

(1) 직접식 유량계

습식 가스미터, 건식 가스미터

※ 습식 가스미터의 측정원리는 드럼형이며 실험실용 기준기용으로 사용된다.)

(2) 간접식 유량계

오리피스, 벤투리, 피토관, 면적식 유량계(로터미터)

(3) 차압식 유량계

오리피스, 벤투리, 플로노즐

※ 차압식 유량계의 압력손실이 큰 순서 : 오리피스 > 플로노즐 > 벤투리

(4) 측정방법에 따른 유량계의 종류

분 류		종 류
측정원리	직접법	오발기어, 루트, 로터리피스톤, 습식가스미터, 회전원판, 왕복피스톤
	간접법	오리피스, 벤투리, 로터미터, 피토관
측정방법	차압식	오리피스, 플로노즐, 벤투리
	면적식	로터미터
	유속식	피토관, 열선식
	전자유도법칙	전자식 유량계
	유체와류 이용	와류식 유량계

(5) 유량계의 특징

① 차압식

㉠ 측정원리 : 베르누이 정리

㉡ 교축기구의 압력차를 이용해 순간 유량을 측정

㉢ 종류 : 오리피스, 플로노즐, 벤투리

㉣ 제백 효과를 이용 $Re = 10^5$에서 가장 정도가 좋다.

㉤ 특징

유량계의 종류	모 양	장 점	단 점
오리피스	$P_1 \rightarrow$ P_2	• 설치가 쉬움 • 값이 쌈	압력손실이 가장 큼
플로노즐		• 압력손실은 중간 • 고압용에 사용 • Re수가 클 때 사용	가격은 중간
벤투리		• 압력손실이 가장 적음 • 정도가 좋음	• 구조가 복잡 • 가격이 비쌈

② 면적식 유량계의 특징

㉠ 부식성 유체에 적합하다.

㉡ 종류 : 로터미터, 플로터미터

㉢ 정도 : 1~2%

③ 유속식 유량계의 특징

㉠ 피토관 유량계

㉡ 유속식 유량계인 동시에 간접식 유량계

㉢ $V = \sqrt{2gh}$ 이며, $h = \frac{\Delta P}{r}$ (ΔP : 동압=전압－정압)

㉣ 유속 5m/s 이하에는 적용할 수 없다.

㉤ 피토관의 두부는 유체의 흐름방향과 평행으로 부착한다.

07 액면계

(1) 액면계의 구비조건

① 구조가 간단하고 경제적일 것

② 보수점검이 용이하고 내구 · 내식성이 있을 것

③ 고온 · 고압에 견딜 것

④ 연속측정이 가능할 것

⑤ 원격측정이 가능할 것

⑥ 자동제어장치에 적용 가능할 것

(2) 직접법 및 간접법

- 직접법 : 글라스게이지, 플로트(버저) 등에 의하여 직접 액면의 변화를 검출하는 방법
- 간접법 : 탱크 밑면의 압력이 액면의 위치와 일정한 관계가 있는 것을 이용하여 액면을 측정

① 직접법의 종류

㉠ 직관식(클린카식 · 게이지글라스식)

㉡ 검척식 : 액면의 높이를 직접 자로 측정

㉢ 플로트(버저)식

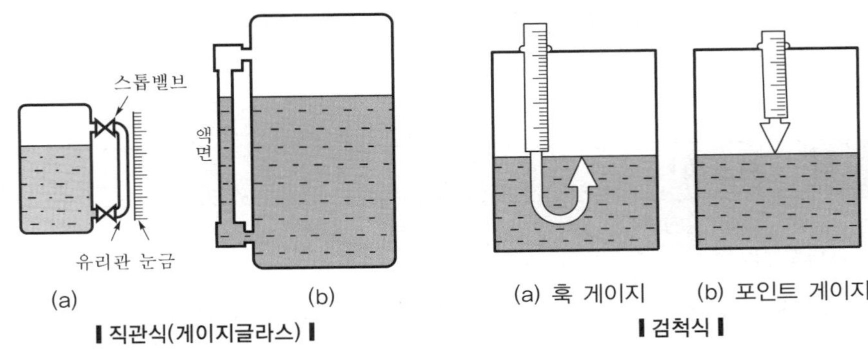

❙직관식(게이지글라스)❙ ❙검척식❙

② 간접법의 종류

㉠ 차압식 액면계(햄프슨식) : 자동액면장치에 용이

㉡ 압력검출식 액면계 : 액면으로부터 작용하는 압력을 압력계에 의해 액면을 측정, 밀도가 변하는 유체에는 적용이 불가능하며 정도가 낮은 곳에 사용된다.

$$P = \gamma h$$

여기서, P : 압력(kg/m^2), γ : 비중량(kg/m^3), h : 액면높이(m)

㉢ 다이어프램 액면계

㉣ 초음파식 액면계 : 발사된 초음파가 액면에서 반사되어 돌아오는 시간으로 액면을 측정

㉤ 방사선식 액면계 : γ선을 이용하여 액면의 변동으로 발생하는 방사선 강도 변화로 액면을 측정(방사선 선원은 액면에 띄우지 않는다)

㉥ 기포식 액면계 : 탱크 속에 관을 삽입하여 이 관으로 공기를 보내면 액 중에 발생하는 기포로 액면을 측정

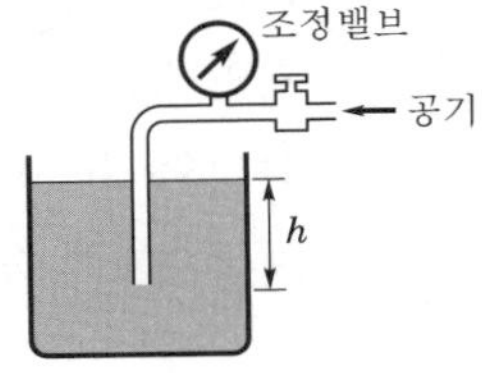

❙기포식 액면계❙

㉦ 슬립튜브식 액면계

(3) 차압식 액면계(햄프슨식)

① 자동액면제어장치에 용이하다.

② 정압측에 세워진 유체와 탱크 내의 유체의 밀도가 같지 않으면 측정이 곤란하다.

③ 일정한 액면을 유지하고 있는 기준기의 정압과 탱크 내 유체의 부압과 압력차를 차압계로 보내어 액면을 측정하는 계기이다.

④ 고압의 밀폐탱크에 주로 사용된다.

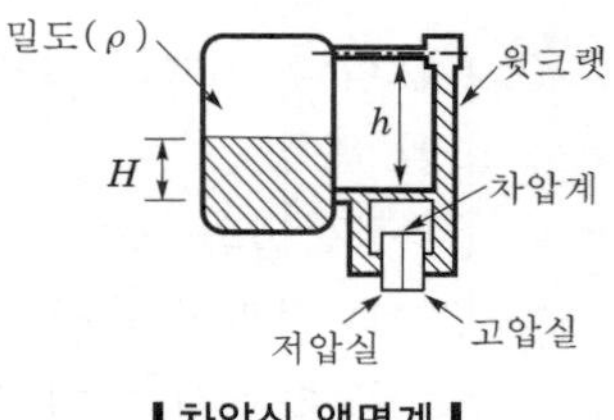

▌차압식 액면계▐

※ 인화 중독의 우려가 없는 곳에 사용되는 액면계 : 슬립튜브식, 고정튜브식, 회전튜브식 액면계

08 가스미터

(1) 사용목적

소비자에게 공급하는 가스체적을 측정해 요금환산의 근거로 삼는다.

(2) 기밀시험

수주 1000mm에 합격한 것일 것

(3) 압력손실

수주 30mm

(4) 감도유량

① LP 가스미터 : 15L/hr

② 막식 가스미터 : 3L/hr

(5) 설치기준

① 저압배관에 부착할 것

② 화기와 2m 이상 떨어지고 화기에 대하여 차열판을 설치할 것

③ 지면으로부터 1.6~2m 이내로 수직수평으로 설치할 것

(6) 가스미터의 종류

(8) 가스미터의 장 · 단점

구 분	막식 가스미터	습식 가스미터	Roots미터
장 점	• 값이 저렴 • 설치 후 유지관리에 시간을 요하지 않음	• 계량이 정확 • 기차변동이 작음 • 드럼형	• 대유량에 적합 • 중압계량이 가능 • 설치면적이 적음
단 점	대용량의 것은 설치면적이 큼	• 사용 중 수위조정 등 관리가 필요하다. • 설치면적이 큼	• 스트레나 설치가 필요 • 설치 후 유지관리 필요 • 소유량(0.5m^3/hr) 시 부동의 우려
용 도	일반수용가	기준기, 실험실용	대수용가
용량범위	1.5~200m^3/hr	0.2~3000m^3/hr	100~5000m^3/hr

chapter 4

출 / 제 / 예 / 상 / 문 / 제

01. 가스계측

01 다음 중 계측의 목적에 해당되지 않는 것은?

① 안정운전과 효율증대
② 인원 증대
③ 작업조건의 안정화
④ 인건비 절감

해설

계측의 목적
㉠ 작업조건의 안정화　　㉡ 장치의 안정조건 효율증대
㉢ 작업인원 절감　　㉣ 작업자의 위생관리
㉤ 인건비 절감　　㉥ 생산량 향상

02 다음 중 계측기의 구비조건에 해당되지 않는 것은?

① 견고하고 신뢰성이 있어야 한다.
② 경제성이 있어야 한다.
③ 정도가 높아야 한다.
④ 연속측정과는 무관하다.

해설

계측기기의 구비조건
㉠ 경제적(가격이 저렴)이어야 한다.
㉡ 설치장소의 내구성이 있어야 한다.
㉢ 견고하고 신뢰성이 있어야 한다.
㉣ 정도가 높아야 한다.
㉤ 연속측정이 가능하고 구조가 간단해야 한다.

03 계측기기 측정법 중 부르동관 압력의 탄성을 이용하여 측정하는 방법은?

① 영위법　　② 편위법
③ 치환법　　④ 보상법

해설

편위법 : 측정량과 관계있는 다른 양으로 변화시켜 측정하는 방법으로서 정도는 낮지만 측정이 간단하며 부르동관의 탄성변위를 이용한다.
① 영위법 : 측정하고자 하는 상태량과 독립적 크기를 조절할 수 있는 기준량과 비교하여 측정(블록게이지 등)
③ 치환법 : 지시량과 미리 알고 있는 양으로 측정량을 나타내는 방법

04 계측기의 측정법 중 블록게이지에 이용되는 측정법은?

① 보상법　　② 편위법
③ 영위법　　④ 치환법

해설

블록게이지(무눈금 게이지) : 규격화되어 있다.

05 길이계에서 측정값이 103mm이며 진실값이 100mm일 때 오차값은?

① 1mm　　② 2mm
③ 3mm　　④ 4mm

오차=측정값−진실값=103−100=3mm

06 다음 오차의 종류 중 원인을 알 수 있는 오차에 해당되지 않는 것은?

① 과오에 의한 오차　　② 계량기 오차
③ 계통 오차　　④ 우연 오차

해설

① 과오에 의한 오차 : 측정자의 부주의와 과실에 의한 오차
② 계량기 오차 : 계량기 자체 및 외부 요인에서 오는 오차
③ 계통 오차 : 평균치와 진실치의 차로 원인을 알 수 있는 오차
④ 우연 오차 : 원인을 알 수 없는 오차

07 최대유량 20~80%에서의 검정공차는?

① ±2.5%　　② ±2%
③ ±1.5%　　④ ±1%

정답　01.②　02.④　03.②　04.③　05.③　06.④　07.③

해설

㉠ 공차 : 계량기가 가지고 있는 기차의 최대허용한도를 관습 또는 규정에 의하여 정한 값으로, 검정공차와 사용공차가 있다.
㉡ 기차 : 미터 자체의 오차 또는 계측기가 가지고 있는 고유의 오차이며 제작 당시 가지고 있는 계통적 오차를 말한다.

$E=\frac{I-Q}{I}\times 100$

여기서, E : 기차(%)(±2)
Q : 기준 미터의 지시량
I : 시험용 미터의 지시량

유 량	검정공차
최대 유량의 $\frac{1}{5}$(20%) 미만	±2.5%
최대 유량의 $\frac{1}{5}\sim\frac{4}{5}$(20~80%)	±1.5%
최대 유량의 $\frac{4}{5}$(80%) 이상	±2.5%

08 최대 유량이 $\frac{1}{5}$ 이상, $\frac{4}{5}$ 미만 시 검정공차는 몇 %인가?

① ±1.5% ② ±2%
③ ±2.5% ④ ±3%

02. 가스분석

09 다음 중 가스 누설 시 재해를 미연에 방지하기 위하여 가스를 검지하는 방법이 아닌 것은?

① 시험지법 ② 검지관식
③ 광간섭식 ④ 중량법

해설

가스검지법에는 시험지법, 검지관식, 광간섭식, 열선식 등이 있다.

10 다음 중 염화파라듐지로 검지하는 가스는?

① C_2H_2 ② CO
③ HCN ④ H_2S

해설

시험지법 : 가스 접촉 시 검지가스와 반응하여 변색되는 시약을 시험지 등에 침투시키는 것을 이용
① C_2H_2(염화제1동착염지) ② CO(염화파라듐지)
③ HCN(초산벤젠지) ④ H_2S(연당지)

11 다음 중 시험지와 변색상태가 옳게 짝지어진 것은?

① NH_3 – 적색 리트머스지 – 적변
② C_2H_2 – 염화 제1동 착염지 – 적변
③ $COCl_2$ – 하리슨 시험지 – 흑변
④ HCN – 연당지 – 청변

12 가스검지 시 검지관법에서 사용하는 검지관의 내경은 몇 mm인가?

① 1~2mm ② 2~4mm
③ 4~6mm ④ 6~8mm

13 탄광 내에서 가연성 가스검출기로 농도측정을 하는 가스는?

① CH_4 ② C_2H_6
③ C_3H_8 ④ C_4H_{10}

14 다음 가스분석법 중 흡수분석법에 속하지 않는 항목은?

① 오르자트법 ② 산화동법
③ 헴펠법 ④ 게겔법

해설

흡수분석법 : 오르자트법, 헴펠법, 게겔법

참고 오르자트(Orsat)법
㉠ 분석 성분 : CO_2, O_2, CO, N_2
$N_2(\%)=100-\{CO_2(\%)+O_2(\%)+CO(\%)\}$
㉡ 분석 순서 : $CO_2 \rightarrow O_2 \rightarrow CO \rightarrow N_2$
최종 N_2 계산에서 구한다.
㉢ 흡수제
- CO_2 : KOH 33%(수산화칼륨 33% 수용액)
- O_2 : 알칼리성 피로카롤 용액, 차아황산소다, 황린
- CO : 암모니아성 염화 제1동 용액, 염산산성 염화 제1동 용액

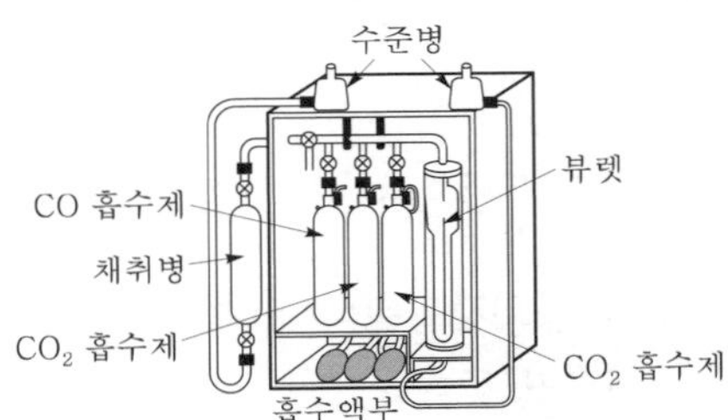

오르자트 가스분석기

정답 08.① 09.④ 10.② 11.② 12.② 13.① 14.②

15 오르자트 분석기의 올바른 분석 순서는?

① O_2 → CO_2 → CO
② CO → CO_2 → O_2
③ CO_2 → O_2 → CO
④ CO_2 → CO → O

해설

14번 문제 해설 참조

16 다음 중 분석가스의 흡수액이 잘못 연결된 항목은?

① CO_2 : KOH
② O_2 : 알칼리성 피로카롤 용액
③ CO : 암모니아성 염화 제1동 용액
④ C_mH_n : 수산화나트륨

해설

C_mH_n : 발연황산

17 60mL의 시료가스를 CO_2 → O_2 → CO의 순서로 흡수시켜 그때마다 남는 부피가 34mL, 26mL, 18mL일 때 가스 조성을 구하여라. (단, 나머지는 질소이다.)

	CO_2(%)	O_2(%)	CO(%)	N_2(%)
①	40.33	13.33	12.33	23
②	50	10	20	20
③	43.33	13.33	13.33	30.00
④	45.23	12.33	13.33	25.00

해설

㉠ $CO_2(\%) = \dfrac{CO_2\text{의 체적감량}}{\text{시료 채취량}} \times 100 = \dfrac{60-34}{60} \times 100 = 43.33\%$

㉡ $O_2(\%) = \dfrac{O_2\text{의 체적감량}}{\text{시료 채취량}} \times 100 = \dfrac{34-26}{60} \times 100 = 13.33\%$

㉢ $CO(\%) = \dfrac{CO\text{의 체적감량}}{\text{시료 채취량}} \times 100 = \dfrac{26-18}{60} \times 100 = 13.33\%$

㉣ $N_2(\%) = 100 - (CO_2 + CO + O_2) = 100 - (43.33 + 13.33 + 13.33) = 30\%$

18 다음 중 오르자트 분석기의 특징이 아닌 것은?

① 정도가 좋다.
② 구조가 간단하고 취급이 용이하다.
③ 휴대가 간편하다.
④ 자동 조작으로 성분을 분석한다.

해설

오르자트 가스분석계의 특징
㉠ 구조가 간단하고 취급이 용이하며 휴대가 간편하다.
㉡ 분석 순서가 바뀌면 오차가 크다.
㉢ 수동 조작에 의해 성분을 분석한다.
㉣ 정도가 매우 좋다.
㉤ 뷰렛, 피펫은 유리로 되어 있다.
㉥ 수분은 분석할 수 없고, 건배기가스에 대한 각 성분 분석이다.
㉦ 연속측정이 불가능하다.

19 흡수분석법 중 헴펠법의 분석 순서로 옳은 것은?

① CO_2 → CO → O_2 → C_mH_n
② CO_2 → C_mH_n → O_2 → CO
③ CO_2 → O_2 → CO → C_mH_n
④ O_2 → CO_2 → CO → C_mH_n

해설

헴펠법의 분석 순서 : CO_2 → C_mH_n → O_2 → CO

참고 게겔(Gockel)법 : 저급 탄화수소의 분석용에 사용되는 것으로 CO_2(33% KOH 용액), C_2H_2(요오드 수은칼륨 용액), C_3H_6, n−C_3H_8(87% H_2SO_4), C_2H_4(취소수 용액), O_2(알칼리성 피로카롤 용액), CO(암모니아성 염화 제1동 용액)의 순으로 흡수된다.

20 다음 가스분석법 중 연소분석법에 해당하지 않는 항목은?

① 흡광광도법 ② 폭발법
③ 완만연소법 ④ 분별연소법

해설

연소분석법 : 시료가스를 공기, 산소 등에 의해 연소하고 그 결과, 가스성분을 산출하는 방법(완만연소법, 분별연소법, 폭발법)
㉠ 완만연소법
- 직경 0.5mm 정도의 백금선 3~4mm의 코일로 한 적열부를 가진 완만연소 피펫으로 시료가스를 연소시키는 방법으로, 일명 우인클레법 또는 적열백금법이라고 한다.
- 산소와 시료가스를 피펫에 천천히 넣고 백금선으로 연소시키므로 폭발위험성이 작다.
- N_2가 혼재되어 있을 때도 질소산화물의 생성을 방지할 수 있다.
- 이 방법은 보통 흡수법과 조합하여 사용되며, H_2와 CH_4을 산출하는 것 이외에 H_2와 CO, H_2와 CH_4, C_2H_6 등 체적의 수축과 CO_2의 생성량 및 산소소비량에서 농도를 측정한다.

정답 15.③ 16.④ 17.③ 18.④ 19.② 20.①

㉡ 분별연소법 : 2종 이상의 동족 탄화수소와 H_2가 혼재하고 있는 시료에서는 폭발법과 완만연소법이 이용될 수 없다. 이 경우에 탄화수소는 산화시키지 않고 H_2 및 CO만을 분별적으로 완전산화시키는 분별연소법이 사용된다.
㉢ 폭발법

03. 가연성 가스검출기

21 가스분석계의 기기분석법 중 가스 크로마토그래피에 사용되는 캐리어가스의 종류가 아닌 항목은?

① H_2 ② He
③ Ar ④ O_2

해설

캐리어가스의 종류 : H_2, He, Ar, Ne, N_2 등
㉠ 전개제에 상당하는 가스를 캐리어가스라고 하며 H_2, He, Ar, N_2 등이 사용된다.
㉡ 장치는 가스 크로마토그래피라고 부르며 분리관(컬럼), 검출기, 기록계 등으로 구성된다.
㉢ 검출기에는 열전도형(TCD), 수소이온(량), 전자포획이온화(ECD) 등으로, 가장 많이 쓰이는 것은 TCD이다.
㉣ 정량, 정성 분석이 가능하다.

참고 가스 크로마토그래피(Gas Chromatography)법
- 흡착 크로마토그래피 : 흡착제(고정상)를 충전한 관 속에 혼합가스 시료를 넣고 용제(이동상)를 유동시켜 전개를 행하면 흡착력의 차이에 따라 시료 각 성분의 분리가 일어난다. 주로 기체 시료 분석에 널리 이용되고 있다.
- 분배 크로마토그래피 : 액체를 고정상태로 하여 이것과 자유롭게 혼합하지 않는 액체를 전개제(이동산)로 하여 시료 각 성분의 분배율 차이에 의하여 분리하는 것이다. 주로 액체시료 분석에 많이 이용되고 있다.

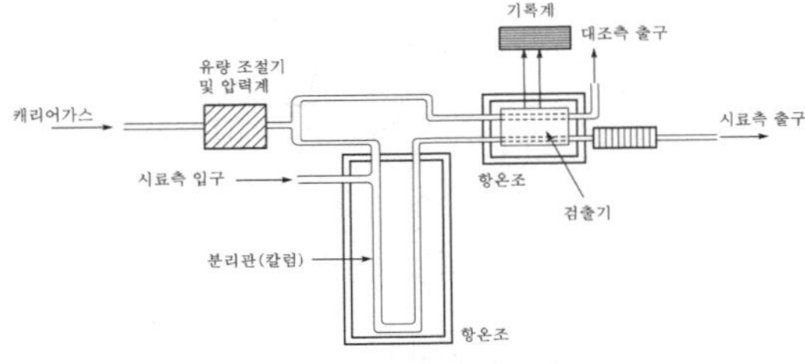

가스 크로마토그래피

컬럼 충전물의 예

흡착명	최고 사용 온도(℃)	적 용
활성탄	–	H_2, CO, CO_2, CH_4
활성알루미나	–	CO, C_1~C_4 탄화수소
셀리카겔	–	CO_2, C_1~C_3 탄화수소
Molecular sieves 13X	–	CO, CO_2, N_2, O_2
Porapak Q	250	N_2O, NO, H_2O

22 가스 크로마토그래피에 사용되는 검출기의 종류가 아닌 것은?

① 열전도형 검출기(TCD)
② 수소이온화 검출기(FID)
③ 전자포획이온화 검출기(ECD)
④ 가연성 가스검출기(ACD)

23 다음 중 적외선 가스분석계로 분석할 수 없는 가스는?

① CO_2 ② O_2
③ CO ④ NO_2

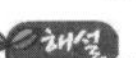

적외선 가스분석계는 단원자 분자(He, Ar, Ne)와 대칭이원자 분자(H_2, N_2, O_2)는 분석되지 않는다.

24 다음은 유독가스의 시험지검지법이다. 맞지 않는 것은?

① 황화수소 : 연당지(흑변)
② 아세틸렌 : 염화파라듐지(흑변)
③ 시안화수소 : 초산벤젠지(청변)
④ 포스겐 : 하리슨 시험지(심등색)

해설

C_2H_2 : 염화제1동착염지(적변)

25 질소와 수소의 혼합가스 중에 수소를 연속적으로 기록 · 분석하는 경우의 시험법은?

① 염화칼슘에 흡수시키는 중량분석법
② 염화제1동 용액에 의한 흡수법
③ 열전도도법
④ 노점측정법

정답 21.④ 22.④ 23.② 24.② 25.③

26 가스 크로마토그래피 분석기는 어떤 성질을 이용한 것인가?

① 확산속도 ② 비중
③ 비열 ④ 연소성

가스 크로마토그래피는 확산속도 또는 가스의 이동속도 차이를 이용한 것이다.

04. 압력계

27 압력변화에 의한 탄성변위를 이용한 압력계가 아닌 것은?

① 부르동관식 ② 벨로스식
③ 다이어프램식 ④ 링밸런스식

해설

링밸런스식(환상천평식) 압력계 : 액주식 압력계로서 측정범위가 25~3000mmAq 정도이며 통풍계(draft gauge)로 많이 사용된다.

28 탄성 압력계에 속하지 않는 것은?

① 부르동관식 압력계
② 벨로스식 압력계
③ 다이어프램식 압력계
④ 경사관식 압력계

해설

탄성식(탄성체) 압력계 : 금속의 탄성력을 이용한 압력계이며, 그 종류는 다음과 같다.
㉠ 부르동관식 압력계
㉡ 벨로스식 압력계
㉢ 다이어프램식(박막식) 압력계
㉣ 캡슐식 압력계

29 다음 중 액주식 압력계의 종류인 것은?

① 부르동관식 압력계
② 벨로스식 압력계
③ 다이어프램식 압력계
④ 경사관식 압력계

해설

액주식 압력계의 종류
㉠ 경사관식
㉡ U자관식
㉢ 환상천평식(링밸런스식)

30 액주식 압력계에서 액체의 구비조건이 아닌 항목은?

① 점성이 적을 것
② 열팽창계수가 작을 것
③ 액면은 수평을 유지할 것
④ 밀도가 클 것

해설

액체의 구비조건
㉠ 화학적으로 안정할 것
㉡ 모세관현상 표면장력이 작을 것
㉢ 밀도변화가 작을 것
㉣ 열팽창계수가 작을 것
㉤ 액면은 수평을 유지할 것

31 압력계 중 부르동관 압력계의 눈금 교정 및 연구실용으로 사용되는 압력계는?

① 벨로스식 압력계
② 다이어프램식 압력계
③ 자유피스톤식 압력계
④ 전기저항식 압력계

해설

자유피스톤식 압력계 : 모든 압력계의 기준기로서 2차 압력의 교정장치로 적합하다.

32 다음 중 링밸런스 압력계의 특징이 아닌 것은?

① 환상천평식 압력계라고도 한다.
② 원격전송이 가능하다.
③ 액체의 압력을 측정한다.
④ 수직 · 수평으로 설치한다.

해설

하부 유체가 액이므로 기체압이 측정된다.

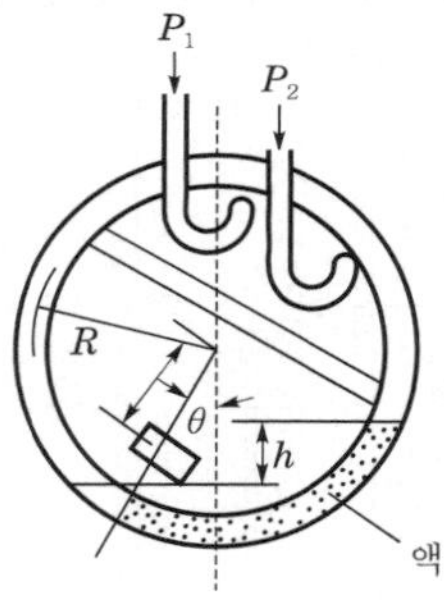

링밸런스식 압력계

정답 26.① 27.④ 28.④ 29.④ 30.④ 31.③ 32.③

33 2차 압력계의 대표적인 압력계로서 가장 많이 쓰이는 압력계는 다음 중 어느 것인가?

① 벨로스 압력계
② 전기저항 압력계
③ 다이어프램 압력계
④ 부르동관 압력계

해설

2차 압력계의 측정방법에는 물질변화, 전기변화, 탄성변화를 이용한 것이 있으며 탄성의 원리를 이용하고 가장 많이 쓰이는 압력계는 부르동관 압력계이다.

참고 부르동관 압력계(bourdon tube gauge)의 특징

- 금속의 탄성원리를 이용한 것으로서 2차 압력계의 대표적인 압력계이며 가장 많이 사용된다.
- 재질은 저압인 경우 황동, 청동, 인청동이 사용되며 고압인 경우에는 니켈강, 스테인리스강 등이 사용된다.
- 산소용에는 금유라고 명기된 산소 전용의 것을 사용한다(산소+유지류 → 연소폭발).
- 암모니아 아세틸렌용에는 Cu 및 Cu 합금 62% 미만을 사용한다(C_2H_2+Cu → 폭발, NH_3+Cu → 부식).
- 최고 3000kg/cm^{2}까지 측정이 가능하다.
- 정도는 ±1~2%이다.
- 압력계의 최고눈금범위는 상용압력의 1.5~2배이다.

부르동관 압력계

34 다음 중 P_2의 절대압력은 몇 kg/cm^{2}a인가? (단, P_1=1kg/cm^{2}이다.)

① 1.68kg/cm^{2}a
② 2.68kg/cm^{2}a
③ 3.68kg/cm^{2}a
④ 4.68kg/cm^{2}a

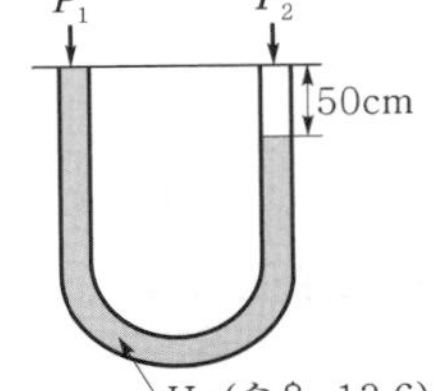

해설

$P_2 = P_1 + Sh$

$= 1\text{kg/cm}^2 + \dfrac{13.6\text{kg}}{10^3\text{cm}^3} \times 50\text{cm} = 1.68\text{kg/cm}^2\text{a}$

참고 U자관 압력계의 내부 액은 수은 또는 기름을 사용하며, 액비중 단위는 kg/L이므로 13.6kg/10^{3}cm^{3}이다.
∴ 1L=10^{3}cm^3

35 경사관식 압력계의 P_1 값으로 맞는 것은?

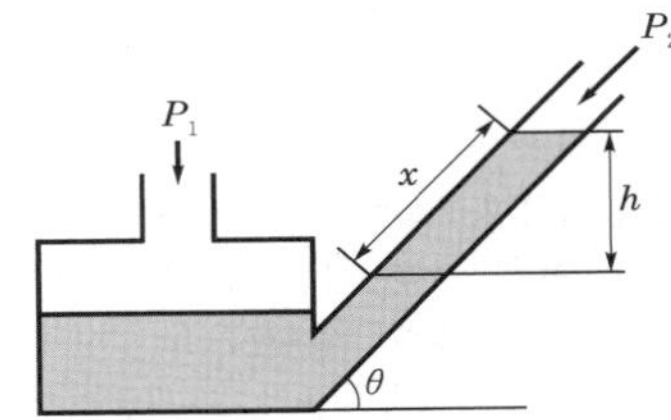

① $P_1 = P_2 + s\cos\theta$
② $P_1 = P_2 + sx\sin\theta$
③ $P_1 = P_2 \times s\cos\theta$
④ $P_1 = P_2 \times sx\tan\theta$

해설

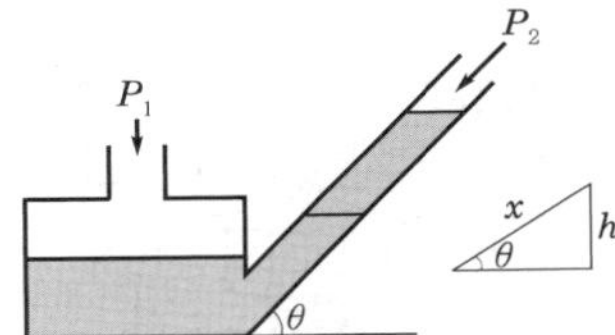

$h = x\sin\theta$

∴ $P_1 = P_2 + Sh = P_2 + sx\sin\theta$

36 부르동관 압력계에서 고압용에 쓰이는 부르동관의 재질은?

① 니켈강 ② 청동
③ 인청동 ④ 황동

해설

부르동관 압력계
㉠ 고압용 : 니켈강, 스테인리강
㉡ 저압용 : 황동, 청동, 인청동

37 다음 중 고압 측정에 적당한 압력계는?

① 액주식 압력계
② 부르동관 압력계
③ 벨로스 압력계
④ 전기저항 압력계

정답 33.④ 34.① 35.② 36.① 37.②

해설

부르동관 압력계의 측정압력 : 3000kg/cm^2

38 2차 압력계 중 미압 측정이 가능하고, 특히 부식성 유체에 적당한 압력계는?

① 부르동관 압력계
② 벨로스 압력계
③ 다이어프램 압력계
④ 분동식 압력계

해설

다이어프램 압력계(diaphragm gauge)의 특징
㉠ 부식성의 유체에 적합하고 미소압력 측정에 사용한다.
㉡ 온도의 영향을 받기 쉽다.
㉢ 금속식에는 인, 청동, 구리, 스테인리스, 비금속식에는 천연고무, 가죽 등을 사용한다.

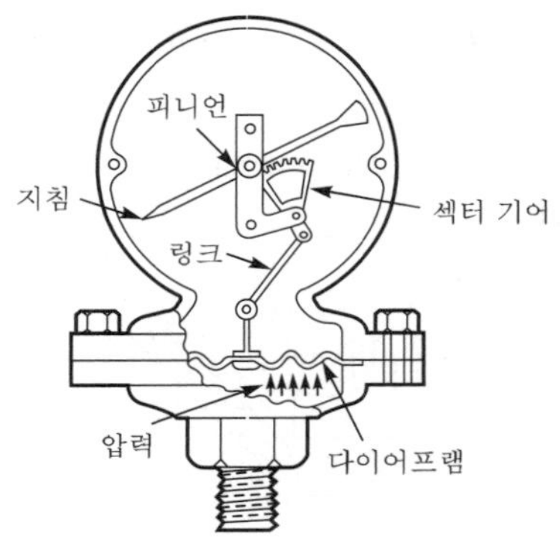

다이어프램 압력계

39 가스폭발 등 급속한 압력변화를 측정하는 데 사용되는 압력계는?

① 벨로스 압력계
② 피에조전기 압력계
③ 전기저항 압력계
④ 다이어프램 압력계

해설

피에조전기 압력계
㉠ 가스폭발 등 급속한 압력변화를 측정하는 데 유효하다.
㉡ 수정전기석 · 로셀염 등이 결정체의 특수 방향에 압력을 가하여 발생되는 전기량으로 압력을 측정한다.

40 2차 압력계 중 신축의 원리를 이용한 압력계로 차압 및 압력검출용으로 사용되는 압력계는?

① 피에조전기 압력계
② 다이어프램 압력계
③ 벨로스 압력계
④ 전기저항 압력계

해설

벨로스 압력계(bellows gauge)
㉠ 유체의 먼지 등의 영향이 적고 압력변동에 적응하기 어렵다.
㉡ 신축작용 시 측정하는 것으로 스프링과 조합하여 사용한다.
㉢ 구조가 간단하고 압력검출용으로 사용된다.

41 다음 중 1차 압력계인 것은?

① 전기저항식 압력계
② 부르동관식 압력계
③ 수은주식 압력계
④ 다이어프램식 압력계

해설

1차 압력계 : 액주계(마노미터), 자유(부유)피스톤식 압력계

42 1차 압력계에서 가장 기본이 되는 압력계는 무엇인가?

① 전기저항식 압력계
② 자유피스톤식 압력계
③ 부르동관식 압력계
④ 수은주식 압력계

43 압력계에 대한 설명 중 맞지 않는 것은?

① 부르동관식 압력계의 눈금은 게이지 압력이다.
② 암모니아용 압력계의 재질은 동관이다.
③ 급격한 압력값이 측정되는 것을 방지하기 위하여 사이펀관을 사용한다.
④ 압력계의 도관은 짧은 것이 좋다.

해설

② 암모니아는 Cu와 접촉 시 착이온 생성으로 부식을 일으킴

정답 38.③ 39.② 40.③ 41.③ 42.④ 43.②

05. 온도계

44 접촉식 온도계의 특징으로 틀린 것은?

① 고온 측정(1000℃ 이상)에 유리하다.
② 측정온도의 오차가 적다.
③ 측정 간이 상대적으로 많이 소요된다.
④ 온도계가 피측정물에 열적 조건을 교란시킬 수 있다.

해설

접촉식 온도계는 감열부의 소모 또는 재질의 내열성 관계로 1000℃ 이하의 측온에 적당하다.

참고 비접촉식 온도계의 특징
- 내열성 문제가 전혀 없어 고온 측정이 가능하다.
- 이동하는 물체의 온도 측정이 가능(방사온도계)하다.
- 물체의 표면 온도만 측정 가능하다.
- 1000℃ 이상의 고온 측정에 적당하다.
- 방사율의 보정이 필요하다.
- 접촉에 의하여 열을 빼앗기는 일이 없고, 피측정물의 열적 조건을 교란하는 일이 없다.
- 응답이 빠르다.

45 다음 중 비접촉식 온도계에 속하는 것은?

① 열전대　② 저항 온도계
③ 바이메탈 온도계　④ 복사 온도계

해설

비접촉식 온도계의 종류
㉠ 전방사 에너지를 이용한 것 : 방사 온도계(복사 온도계)
㉡ 단파장(가시광선) 에너지를 이용한 것 : 광고 온도계, 광전관 온도계, 색 온도계

46 다음 온도계 중 접촉식 온도계가 아닌 것은?

① 열전대 온도계
② 바이메탈 온도계
③ 수은 유리제 온도계
④ 광고 온도계

해설

광고 온도계는 비접촉식 온도계이다.

47 열전대 온도계에서 열전대의 구비조건이 아닌 것은?

① 충분한 열기전력을 가지고 있을 것
② 사용조건에 적합한 기계적 강도가 있을 것
③ 사용조건에 적합한 내식성이 있을 것
④ 온도상승에 따라 연속상승이 되지 않을 것

해설

④ 온도상승에 따라 연속상승이 가능할 것

48 다음 중 온도의 기본 단위와 물의 삼중점 온도가 알맞게 표현된 것은?

① ℃, 273.15K　② °R, 460°R
③ °F, 273.15°R　④ K, 273.16K

해설

온도의 기본 단위는 K, 물의 삼중점은 273.16K

49 다음 온도계 중 비접촉식에 해당하는 것은?

① 유리 온도계　② 바이메탈 온도계
③ 압력식 온도계　④ 광고 온도계

해설

비접촉식 온도계의 종류
㉠ 광고 온도계　㉡ 광전관 온도계
㉢ 방사 온도계　㉣ 색 온도계

참고 접촉식 온도계의 종류
- 유리 온도계
- 바이메탈 온도계
- 압력식 온도계
- 저항 온도계
- 열전대 온도계

50 다음 비접촉식 온도계의 특징이 아닌 것은?

① 측정온도의 오차가 적다.
② 고온 측정이 가능하다.
③ 접촉에 의한 열손실이 없다.
④ 이동물체 측정이 가능하다.

해설

비접촉식 온도계의 특징
① 측정온도의 오차가 크다.
② 방사율의 보정이 필요하다.
③ 응답이 빠르고 내구성이 좋다.
④ 고온 측정이 가능하고 이동물체 측정에 알맞다.
⑤ 접촉에 의한 열손실이 없다.

정답 44.① 45.④ 46.④ 47.④ 48.④ 49.④ 50.①

51 더미스터 온도계의 소자에 해당되지 않는 것은?

① Al ② Fe
③ Ni ④ Mn

더미스터의 소자 : Ni, Cu, Mn, Fe, Co

52 다음 중 색 온도계의 특징이 아닌 것은?

① 비접촉식 온도계이다.
② 휴대 취급이 간편하다.
③ 연기, 먼지 등에 영향을 받는다.
④ 고장률이 적다.

해설

색 온도계 : 고온 물체로부터 방사되는 고온의 복사에너지는 온도가 낮은 상태에서 파장이 길어지고, 온도가 상승함에 따라 파장이 짧아진다. 이 점을 이용하여 온도를 측정하는 계기를 색온도라 하며 다음의 특징을 갖는다.
㉠ 휴대 및 취급이 간편하다.
㉡ 고장이 적으나 개인 오차가 있을 수 있다.
㉢ 연기와 먼지 등에는 영향을 받지 않는다.
㉣ 컬러필터를 통해 고온체의 색을 시야 내에 있는 다른 기준색과 일치시켜서 고온체의 온도를 측정한다.

온 도	색 깔
600℃	어두운색
800℃	붉은색
1000℃	오렌지색
1200℃	노란색
1500℃	눈부신 황백색
2000℃	매우 눈부신 흰색
2500℃	푸른기가 있는 흰백색

53 다음 온도계 중 가장 높은 온도를 측정할 수 있는 온도계는?

① 전기식 온도계
② 유리 온도계
③ 압력식 온도계
④ 복사 온도계

해설

비접촉식 온도계인 복사 온도계의 측정범위는 50~3000℃이다.

54 열전대 온도계의 측정원리는?

① 물체의 열전도율이 큰 것을 이용한다.
② 고온을 측정하는 데 쓰인다.
③ 두 물체의 열기전력을 이용한다.
④ 전기적으로 온도를 측정한다.

해설

열전대 온도계 : 열전쌍 회로에서 두 접점 사이에 열기전력을 발생시켜 그 전위차를 측정하여 두 접점의 온도차를 밀리볼트계로 온도를 측정하는데 이것을 제백효과라 한다.
(1) 측정원리 : 열기전력을 이용한다.
(2) 특징
㉠ 접촉식 중 가장 고온용이다.
㉡ 냉 · 열접점이 있다.
㉢ 원격 측정 온도계로 적합하다.
㉣ 전원이 필요 없고 자동제어가 가능하다.
(3) 열전대의 구비조건
㉠ 기전력이 강하고 안정되며 내열성, 내식성이 클 것
㉡ 열전도율 전기저항이 작고 가공하기 쉬울 것
㉢ 열기전력이 크고 온도상승에 따라 연속으로 상승할 것
㉣ 경제적이고 구입이 용이하며 기계적 강도가 클 것

55 열전대 온도계 중 1600℃까지 측정이 가능한 소자는?

① CC
② CA
③ IC
④ PR

해설

열전대 온도계의 측정온도범위와 특성

종 류	온도범위	특 성
PR(백금－백금로듐) (－)(＋)	0~1600℃	산에 강하고 환원성에 약함
CA(크로멜－알루멜) (＋)(－)	300~1200℃	환원성에 강하고 산화성에 약함
IC(철－콘스탄탄) (＋)(－)	400~800℃	환원성에 강하고 산화성에 약함
CC(동－콘스탄탄) (＋)(－)	200~400℃	수분에 약하고 약산성에만 사용

정답 51.① 52.③ 53.④ 54.③ 55.④

56 열전대 온도계의 구성요소가 아닌 것은?

① 냉접점
② 보상도선
③ 온수탱크
④ 밀리볼트계

해설

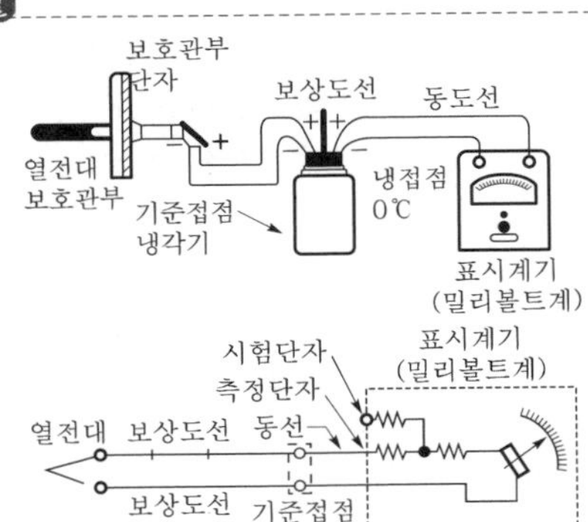

57 콘스탄탄의 성분으로 맞는 것은?

① Cu(55%), Ni(45%)
② Ni(94%), Mn(3%)
③ Cu(50%), Ni(50%)
④ Cu(60%), Ni(40%)

58 다음 열전대 온도계의 취급상 주의사항 중 맞지 않는 것은?

① 지시계와 열전대를 알맞게 결합시킨 것을 사용한다.
② 단자의 (+)(−)와 보상도선의 (−)(+)를 일치시켜 부착한다.
③ 열전대의 삽입길이는 정확히 한다.
④ 도선은 접촉하기 전 지시의 0점을 조정한다.

해설

열전대 온도계의 취급상 주의점
㉠ 지시계와 열전대를 알맞게 결합시킨 것을 사용한다.
㉡ 단자의 (+)(−)와 보상도선의 (+)(−)를 일치시켜 부착한다.
㉢ 열전대의 삽입길이는 보호관 외경의 1.5배로 한다.
㉣ 표준계기로서 정기적으로 지시눈금을 교정한다.
㉤ 열전대는 측정할 위치에 정확히 삽입하며 사용온도 한계에 주의한다.
㉥ 도선은 접속하기 전 0점을 조정한다.

06. 유량계

59 다음 유량계 중 면적식 유량계의 대표적인 유량계는 어느 것인가?

① 습식 가스미터
② 로터리 피스톤 유량계
③ 로터미터
④ 플로 노즐 유량계

60 다음 중 용적식 유량계에 속하지 않는 것은?

① 플로 노즐 유량계
② 습식 가스미터
③ 로터리 피스톤식
④ 왕복 피스톤식

해설

①는 차압식 유량계이다.

61 수면 10m의 물탱크에서 9m 지점에 구멍이 뚫렸을 때 유속은?

① 10m/s
② 12m/s
③ 13.28m/s
④ 14.57m/s

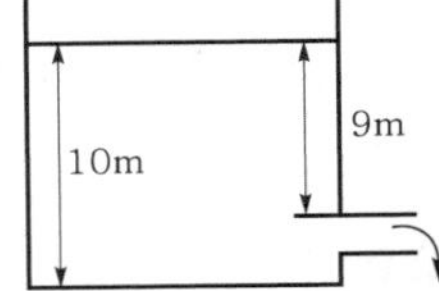

해설

$V = \sqrt{2gh} = \sqrt{2 \times 9.8 \times 9} = 13.28\text{m/s}$

62 차압식 유량계에서 적용되는 법칙은?

① 뉴턴의 법칙
② 열역학 제1법칙
③ 베르누이 정리
④ 작용 · 반작용 법칙

63 다음 유량계 중 전자유도법칙의 원리로서 전도성 액체의 순간 유량을 측정하는 유량계는?

① 와류식 유량계　② 초음파 유량계
③ 열선식 유량계　④ 전자식 유량계

전자유도법칙(패러데이 법칙)

정답 56.③ 57.① 58.② 59.③ 60.① 61.③ 62.③ 63.④

64 다음 중 피토관의 유량계에 대한 설명으로 틀린 항목은?

① 간접식 유량계에 속한다.
② 유속식 유량계에 속한다.
③ 유속이 5m/s 이상에는 적용할 수 없다.
④ 피토관의 두부는 유체의 흐름방향과 평행하게 부착해야 한다.

유속 5m/s 이상에 적용할 수 있다.

65 그림과 같이 A점의 유속이 1.3m/sec이고 B점의 유속이 5m/sec, 단면적이 $0.8m^2$라면 A점의 단면적은?

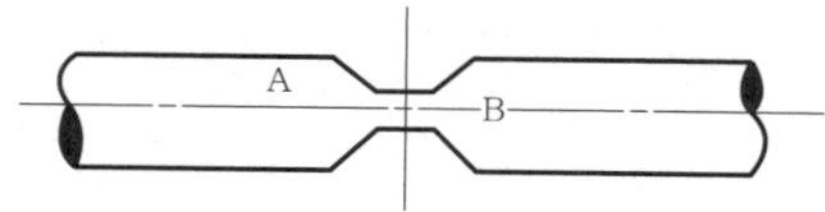

① $3.075m^2$ ② $4.785m^2$
③ $5.192m^2$ ④ $6.419m^2$

연속의 법칙 $A_1 V_1 = A_2 V_2$

$A_1 = \frac{0.8 \times 5}{1.3} = 3.075m^2$

66 관 내의 액체가 흐를 때 레이놀즈 수 $Re = \frac{d \cdot V \cdot \rho}{\mu}$ 이다. 여기서 기호의 설명 중 틀린 것은?

① d : 관의 안지름(cm)
② V : 유체의 평균 속도(m/sec)
③ ρ : 유체의 밀도(g/cm^3)
④ μ : 유체의 점도(g/cm · sec)

해설

$Re = \frac{\rho d V}{\mu}$

여기서, ρ : 밀도(g/cm^3)
d : 관경(cm)
V : 유속(cm/sec)
μ : 점성계수(g/cm · sec)

Re란 층류와 난류를 구분하는 무차원 수를 의미하며 $Re > 2300$이면 난류, $Re < 2300$ 층류이다.

㉠ 층류 : 유체의 흐름이 일정한 것
㉡ 난류 : 유체의 흐름이 불규칙한 것

67 다음 중 신축을 이용한 압력계는?

① 피에조 전기 압력계
② 벨로스 압력계
③ 부르동관 압력계
④ 다이어프램 압력계

68 관경 4cm의 관에 어떤 유체가 1m/sec를 흐를 때 유량은 몇 m^3/hr인가?

① 110 ② 111
③ 112 ④ 113

해설

$Q = A \cdot V = \frac{\pi}{4} \times (0.04m)^2 \times 1m/s = 0.0314m^2/s$

$\therefore$ $0.314 \times 3600 = 113.09m^3/hr$

참고 유량의 단위 : m^3/s 또는 L/s, L/min, m^3/min, m^3/hr 등

69 다음 중 간접식 유량계의 종류에 해당되지 않는 것은?

① 오리피스 ② 습식 가스미터
③ 피토관 ④ 로터미터

해설

㉠ 직접 유량계 : 유체의 부피나 질량을 직접 측정하는 방식(습식 가스미터)
㉡ 간접 유량계 : 유량과 관계있는 다른 양인 유속이나 면적을 측정하고 이 값을 비교하여 유량을 측정하는 방식(오리피스, 벤투리관, 로터미터, 피토관)

70 다음 차압식 유량계 중에서 압력손실이 가장 큰 유량계는?

① 피토관 ② 오리피스
③ 벤투리관 ④ 플로 노즐

해설

차압식 유량계의 압력손실이 큰 순서

오리피스 > 플로 노즐 > 벤투리관

참고 차압식 유량계의 특징
㉠ 유량 측정은 베르누이 정리를 이용
㉡ 교축기구 전후 압력차를 이용해 순간 유량을 측정
㉢ 유체가 흐르는 관로에 교축기구를 설치, 압력차를 이용하여 계산
㉣ 측정 유체의 압력손실이 크고 저유량 유체에는 측정이 곤란하다.
㉤ 종류에는 오리피스, 플로 노즐, 벤투리가 있다.

정답 64.③ 65.① 66.② 67.② 68.④ 69.② 70.②

07. 액면계

71 다음 중 액면계의 구비조건이 아닌 것은?
① 고온 · 고압에 견딜 것
② 구조가 간단할 것
③ 자동제어장치에 적용이 가능할 것
④ 투명성이 있을 것

72 다음 중 인화 또는 중독의 우려가 없는 곳에 사용할 수 있는 액면계가 아닌 것은?
① 고정튜브식 액면계
② 슬립튜브식 액면계
③ 회전튜브식 액면계
④ 클린카식 액면계

인화 또는 중독의 우려가 없는 곳에 사용되는 액면계로는 고정튜브식, 슬립튜브식, 회전튜브식 등이 있다.

73 다음 중 액면 측정장치가 아닌 것은?
① 유리관식 액면계 ② 버저식 액면계
③ 임펠러식 액면계 ④ 차압식 액면계

74 극저온 저장탱크의 측정에 사용되는 차압식 액면계로 차압에 의해 액면을 측정하는 액면계는?
① 햄프슨식 액면계
② 슬립튜브식 액면계
③ 고정튜브식 액면계
④ 로터리식 액면계

차압식 액면계=햄프슨식 액면계

75 직접 액면을 관찰할 수 있는 투시식과 빛의 반사에 의해 측정되는 반사식이 있는 액면계는?
① 슬립튜브식 액면계
② 전기저항식 액면계
③ 버저식 액면계
④ 클린카식 액면계

76 측정물의 전기장을 이용하여 정전용량의 변화로서 액면을 측정하는 액면계는?
① 전기저항식 액면계
② 정전용량식 액면계
③ 다이어프램식 액면계
④ 공기압식 액면계

정전용량식 액면계 : 2개의 금속 도체가 공간을 이루고 있을 때 도체 사이에는 정전용량이 존재하며, 그 크기는 두 도체 사이에 존재하는 물질에 따라 다르다는 원리를 이용한 것이다.

77 다음 중 차압식 액면계의 특징이 아닌 것은?
① 햄프슨식 액면계라고 한다.
② 자동액면제어에는 곤란하다.
③ 정압측 유체와 탱크 내 유체의 밀도가 같아야 측정이 가능하다.
④ 압력차로 액면을 측정한다.

자동액면제어장치에 용이하다.

78 다음 중 간접식 액면계가 아닌 것은?
① 초음파 액면계
② 버저식 액면계
③ 압력식 액면계
④ 정전용량식 액면계

해설
버저식(플로트식) 액면계 : 직접식

정답 71.④ 72.④ 73.③ 74.① 75.④ 76.② 77.② 78.②

인생에서 가장 멋진 일은
사람들이 당신이 해내지 못할 것이라 장담한 일을
해내는 것이다.

-월터 배젓(Walter Bagehot)-

☆

항상 긍정적인 생각으로 도전하고 노력한다면,
언젠가는 멋진 성공을 이끌어 낼 수 있다는 것을 잊지 마세요.^^

PART 2

가스 장치 및 기기

chapter 1 고압가스 설비
chapter 2 LP가스 및 도시가스 설비
chapter 3 압축기 및 펌프
chapter 4 수소 경제 육성 및 수소 안전관리에 관한 법령 (출제예상문제)

가스기능사 필기

www.cyber.co.kr

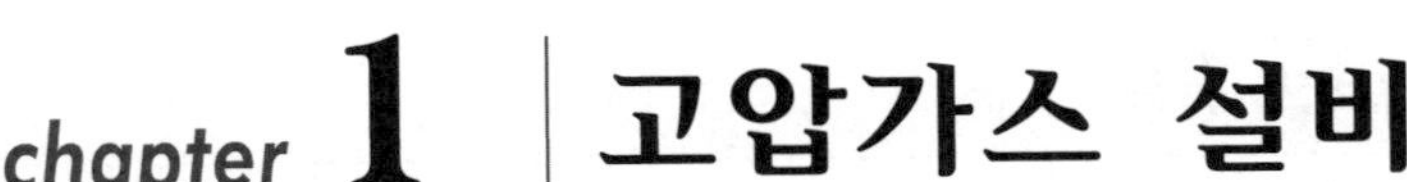

chapter 1 고압가스 설비

'chapter 1'은 한국산업인력공단 출제기준 중에서 가스 장치 및 기기 중 고압가스 설비와 저온장치에 관한 부분입니다.

01 용기의 파열사고 원인

과충전, 재질 불량, 난폭한 취급, 폭발성 혼합가스 혼입

02 화기와의 직선거리 및 우회거리

(1) 이내거리(직선거리)

2m(단, 산소와 화기의 직선거리는 5m)

(2) 우회거리

① 가연성 · 산소가스 설비, 에어졸 설비 : 8m
② LPG 판매시설, 가정용 시설, 가스계량기 입상관 : 2m

(3) 가스충전용기는 40℃ 이하를 유지

(4) 가스누설 시 조치사항

① 용기밸브를 잠근다.
② 중간밸브를 잠근다.
③ 창문을 열어 통풍시킨다.
④ 판매점에 연락한다.

03 안전관리상 압력의 종류

(1) T_P(내압시험압력, MPa)

용기 또는 저장탱크 배관 내부의 강도를 측정하는 압력을 의미한다.

(2) F_P(최고충전압력, MPa)

용기 또는 저장탱크에 가스를 충전 시 최고충전압력 이하로 충전하여야 한다.

(3) A_P(기밀시험압력, MPa)

누설 유무를 측정하는 압력을 말한다.

(4) 상용압력(MPa)

내압시험압력 및 기밀시험압력의 기준이 되는 압력으로서 사용 상태에서 해당 설비 각 부에 작용하는 최고사용압력을 말한다.

(5) 안전밸브 작동압력(MPa)

$T_P \times \frac{8}{10}$

액화산소탱크의 안전밸브 작동압력=상용압력×1.5

용기저장탱크 배관 내부에서 이상고압이 생성 시 내부가스를 분출시키는 압력을 의미한다.

※ 내부가스를 일부 분출시켜 용기나 탱크 자체의 파괴를 방지한다.

04 용기 종류별 부속품의 기호

① 아세틸렌가스를 충전하는 용기의 부속품 : AG
② 압축가스를 충전하는 용기의 부속품 : PG
③ 액화석유가스 이외의 액화가스를 충전하는 용기의 부속품 : LG
④ 액화석유가스를 충전하는 용기의 부속품 : LPG
⑤ 초저온용기 및 저온용기 : LT

05 용기의 도색

(1) 일반 용기

가스의 종류	도 색	가스의 종류	도 색
LPG	회색	O_2	녹색
수소	주황색	CO_2	청색
C_2H_2	황색	N_2	회색
NH_3	백색	기타	회색
Cl_2	갈색		

(2) 의료용 용기

가스의 종류	도 색	가스의 종류	도 색
O_2	백색	이산화질소	청색
N_2	흑색	에틸렌	자색
He	갈색	사이크로프로판	주황색
CO_2	회색		

06 저장능력 산정식

(1) 압축가스 설비(용기의 집합장치 저장탱크, 가스 홀더에 적용)

$$M = PV$$

여기서, M : 대기압상태에서 가스의 용적(L)
P : 35℃에서의 최고충전압력(kg/cm^2) ⇨ 언제든 변화 가능
V : 설비의 내용적(L)

예제 내용적이 50L인 수소가스 배관에 100kg/cm^{2}g으로 공기를 충전 시 5000L/min의 압축기를 사용하면 몇 분이 소요되는가?

풀이 $M = PV = 100 \times 50 = 5000$L (※ P(MPa)이면 $M = 10PV$)
∴ 5000L÷5000L/min = 1min

(2) 압축가스 용기

$$Q = (10P + 1)$$

여기서, Q : 저장능력(m^3)
P : 35℃에서의 최고충전압력(MPa) ⇨ 15MPa 사용
V : 용기 내용적(m^3)

예제 수소 50L의 용기에 규정압력으로 충전 시 충전되는 수소는 ① 몇 L, ② 몇 kg인가?

풀이 ① $Q=(10P+1)V=(10\times15+1)\times50=7550\text{L}$

② $\frac{7550}{22.4}\times2=674.10\text{g}=0.67\text{kg}$

(3) 액화가스 설비

$$W=0.9dV$$

여기서, W : 저장능력(kg)

d : 상용온도에서의 액비중(kg/L)

V : 저장설비 내용적(L)

예제 액화산소탱크 5000L에 충전할 수 있는 질량은 몇 kg인가? (단, 비중은 1.14이다.)

풀이 $W=0.9dV$

$0.9\times1.14\times5000$

$\therefore$ 5130kg

TiP 법령에 있는 압력의 종류와 상관 관계입니다.

안전관리상 압력의 종류

T_P=상용압력×1.5(고압가스)

T_P=설계압력×1.5(냉동)

T_P=최고사용압력×1.5(도시가스)

$T_P=F_P\times\frac{5}{3}$(용기의 경우)

예제 1. 상용압력이 10MPa인 어느 설비의 T_P와 안전밸브 작동압력은?

풀이 T_P=10×1.5=15MPa

안전밸브 작동압력 $=15\times\frac{8}{10}=120\text{MPa}$

예제 2. F_P=15MPa인 질소용기의 T_P와 안전밸브 작동압력은?

풀이 $T_P=15\times\frac{5}{3}=25\text{MPa}$

안전밸브 작동압력 $=25\times\frac{8}{10}=20\text{MPa}$

(4) 액화가스 용기

$$W=\frac{V}{C}$$

여기서, V : 용기의 내용적(L)
W : 액화가스 질량(kg)
C : 충전상수(가스정수)
※ 프로판 2.35, 부탄 2.05, 암모니아 1.86, CO_2 1.47, Cl_2 0.8

예제 C_3H_8 용기 47L에 충전되는 양은 몇 kg인가? 이때의 ① 충전량과 ② 안전공간은 몇 %인가? (단, 액비중은 0.5이다.)

풀이 L, kg, 즉 부호가 다르므로 L로 통일시키기 위해 액비중 (0.5kg/L) 사용

1L : 0.5kg = x(L) : 20kg

∴ x = 40L

$$W = \frac{V}{C} = \frac{47}{2.35} = 20\text{kg}$$

① 충전량 : $\frac{40}{47} \times 100 = 85.10\%$

② 안전공간 : $\frac{47-40}{47} \times 100 = 14.89\%$

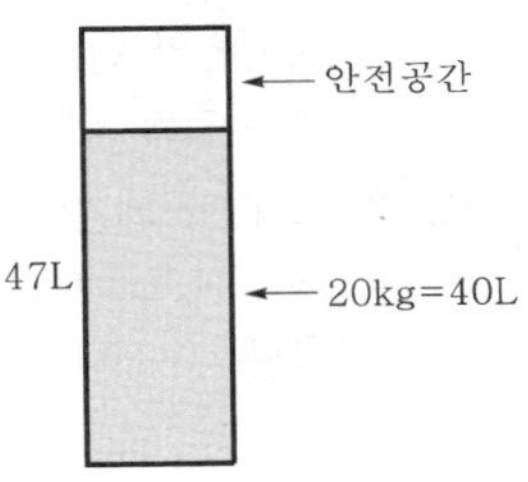

(5) 관이음

① 관이음의 종류 및 도시기호

종 류	도시기호
나사형	─┼─
플랜지형	─╫─
턱걸이형(소켓이음)	─⊂─
유니언형	─╫┼─
용접이음	─✕─(영구이음)
납땜이음	─○─(영구이음)

② 신축이음의 종류 및 도시기호

종 류	도시기호
슬리브이음	─▭─
스위블이음	
벨로스이음(팩리스)	
루프이음	Ω
상온 스프링(콜드 스프링)	도시기호 없음

TiP

1. 관이음방법
   ① 일시이음(분해결합이 가능한 이음) ⇨ 나사, 플랜지, 유니온, 소켓
   ② 영구이음(분해결합이 불가능한 이음) ⇨ 용접, 납땜
2. 신축이음
   온도에 따라 관이 늘어나고 줄어드는 정도의 열팽창을 흡수하기 위한 관이음방법
   ① 신축이음 중 가장 큰 신축을 흡수할 수 있는 이음 : 루프이음(U밴드)
   ② 신축이음 중 상온 스프링의 정의 : 배관의 자유팽창량을 미리 계산하여 관을 짧게 절단하는 강제 배관을 함으로써 열팽창을 흡수하는 방법. 이때 절단길이는 계산값의 1/2로 한다.

예제 길이 6m 배관을 온도차이가 50℃가 되는 지점에서 상온 스프링으로 연결 시 절단길이는 몇 mm인가? (단, $\alpha = 1.2\times10^{-5}$/℃이다.)

풀이 λ(신축길이) = L(관길이) × α(선팽창계수) × Δt(온도차)
= 6000(mm) × 1.2×10^{-5}/℃ × 50℃
= 3.6mm

∴ 계산값의 $\frac{1}{2}$을 절단하므로 $3.6\times\frac{1}{2} = 1.8\text{mm}$

07 배관의 응력 및 진동

(1) 응력의 원인

① 열팽창에 의한 응력
② 내압에 의한 응력
③ 냉간 가공에 의한 응력
④ 용접에 의한 응력
⑤ 배관 부속물의 중량에 의한 응력

(2) 진동의 원인

① 펌프, 압축기 등에 의한 진동
② 파이프를 흐르는 유체의 압력변화에 의한 진동
③ 파이프 굽힘에 의해 생기는 힘의 영향
④ 안전밸브의 분출에 의한 진동
⑤ 자연의 영향(바람, 지진 등)

08 배관 내의 압력손실과 유량식

구분	항목	식	기호
압력손실	마찰저항(직선 배관)에 의한 압력손실	$H=\frac{Q^2 \cdot S \cdot L}{K^2 \cdot D^5}$ ① 유량의 제곱에 비례 ② 관 길이에 비례 ③ 관내경의 5승에 반비례 ④ 관내면의 거칠기 비중에 관계 ⑤ 유체의 점도에 비례	H : 압력손실(mmH_2O) Q : 가스유량 S : 가스비중 L : 관 길이 K : 유량계수 D : 관 지름
	입상(수직상향) 배관에 의한 압력손실	$H=1.293(S-1)h$	H : 압력손실(mmH_2O) S : 가스비중 h : 입상높이(m)
	밸브 엘보 등을 통과할 때의 손실		
	가스미터에 의한 손실		
유량식	저압배관	$Q=K_1\sqrt{\frac{D^5H}{SL}}$	Q : 가스유량(m^3/h) K_1 : 폴의 정수(0.701) K_2 : 콕의 정수(52.31) D : 관경(cm) H : 압력손실(mmH_2O) S : 가스비중 L : 관 길이(m) P_1 : 초압(kg/cm^2a) P_2 : 종압(kg/cm^2a)
	중고압배관	$Q=K_2\sqrt{\frac{D^5(P_1^2-P_2^2)}{SL}}$	
저압배관 설계 4요소		① 가스유량 ② 압력손실 ③ 관경 ④ 관길이	
관경 결정 4요소		① 가스유량 ② 압력손실 ③ 관길이 ④ 가스비중	

09 용기의 구분

(1) 무이음 용기(압축가스 해당)(O_2, H_2, N_2, Ar, CH_4, CO), 액화가스는 용접용기이나 액화가스 중 CO_2는 무이음 용기이다.

(2) 용기의 원소함유량(%)

구 분 \ 성 분	C(%)	P(%)	S(%)
용접용기	0.33 이하	0.04 이하	0.05 이하
무이음용기	0.55	0.04 이하	0.05 이하

(3) 용접용기 및 무이음용기의 장점

① 용접용기

㉠ 경제적이다.

㉡ 모양, 치수가 자유롭다.

㉢ 두께 공차가 적다.

② 무이음용기

㉠ 응력 분포가 균일하다.

㉡ 고압력에 강도가 높다.

(4) 용기재료 구비조건

① 내식성, 내마모성을 가져야 한다.

② 가볍고 충분한 강도를 가져야 한다.

③ 저온 및 사용 중에 견디는 연성, 점성, 강도가 있어야 한다.

④ 용접성, 가공성이 뛰어나고 가공 중 결함이 없어야 한다.

(5) 초저온용기

−50℃ 이하인 액화가스를 충전하기 위한 용기로서 단열재로 피복하거나 냉동설비로 냉각하여 용기 내 온도가 상용온도를 초과하지 않도록 조치한 용기이다.

(6) 용접용기의 동판

동판의 최대 두께와 최소 두께의 차이는 평균 두께의 10% 이하이다.

※ 이음매 없는 용기 동판의 최대 두께와 최소 두께의 차이는 평균 두께의 20% 이하이다.

(7) 비열처리재료

오스테나이트계 스테인리스강, 내식 알미늄합금판, 내식 알미늄합금 단조판 등과 같이 열처리가 필요 없는 것으로 한다.

(8) 용기두께 계산식

① 용접용기 동판 두께 : $t=\dfrac{PD}{2Sn-1.2p}+C$

② 프로판용기 두께 : $t=\dfrac{PD}{0.5Sn-P}+C$

③ 산소용기 두께 : $t=\dfrac{PD}{2SE}$

④ 염소용기 두께 : $t=\dfrac{PD}{2S}$

여기서, t : 용기 두께(mm)

S : 허용응력 = 인장강도 × $\dfrac{1}{4}$ (N/mm^2) : 용접용기

S : 인장강도(프로판, 산소, 염소의 용기)(N/mm^2)
P : F_P(최고충전압력)(MPa)
D : 내경(mm)
C : 부식여유치(mm)

⑤ 부식여유치(mm)

NH_3		Cl_2	
1000L 이하	1mm	1000L 이하	3mm
1000L 초과	2mm	1000L 초과	5mm

(9) 수조식 내압시험의 특징

① 소형 용기에서 행한다.
② 팽창이 정확하게 측정된다.
③ 측정결과의 신뢰성이 크다.

10 고압밸브

(1) 충전구 나사 형식에 따른 분류

구 분		내 용
A · B · C형	A형	충전구가 숫나사
	B형	충전구가 암나사
	C형	충전구에 나사가 없음
왼나사, 오른나사	왼나사	NH_3, CH_3Br 제외 가연성 가스
	오른나사	NH_3, CH_3Br과 가연성 이외의 가스

(2) 밸브의 종류

구 분		내 용	기타 사항
역지(체크)밸브	리프트형	수평 배관용	유체의 역류방지 (—N—)
	스윙형	수직 · 수평 배관용	
스톱밸브	앵글	유량조절용	–
	글로브		

(3) 안전밸브의 종류

① 스프링식
② 가용전식
③ 파열판식
④ 중추식

안전밸브

저장탱크, 용기 등에서 내부 압력이 급상승 시 일부 가스를 분출시켜 압력을 낮춤으로써 탱크나 용기의 파열을 방지하는 밸브

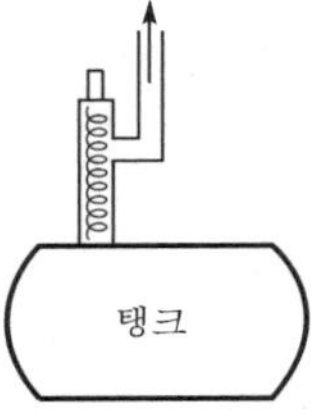

탱크 내부의 고압 상승 시 스프링이 위로 올라감에 따라 가스를 일부 분출하면 다시 스프링으로 차단한다.

▎스프링식▎

1. 가용전식으로 사용되는 가스 : C_2H_2, Cl_2, C_2H_4O
2. 파열판식 안전밸브의 특징
   ① 구조가 간단하며, 부식성 유체에 적합하다.
   ② 밸브시트의 누설은 없다.
   ③ 일회용이다(한 번 작동 시 새로운 박판과 교체한다).

(4) 고압밸브의 특징

① 주조보다 단조품이다.
② 밸브시트는 내식성과 경도 높은 재료가 쓰인다.
③ 시트를 교체할 수 있는 구조이다.

(5) 배관 재료의 구비조건

① 관내 가스유통이 원활할 것
② 내부의 가스압력과 외부로부터의 하중, 충격하중에 견디는 강도를 가질 것
③ 토양 지하수 등에 내식성을 가질 것
④ 배관의 접합이 용이하고 가스누출이 방지될 것
⑤ 절단가공이 용이할 것

(6) 가스배관 경로

① 최단 거리로 할 것
② 구부러지거나 오르내림이 적을 것(직선)
③ 은폐 매설을 피할 것(노출)
④ 가능한 옥외에 설치할 것

TIP

밸브 재료는 주로 단조황동을 사용한다.
단, NH_3, C_2H_2을 동함유량 62% 미만의 단조황동 또는 단조강을 사용한다.

11 안전밸브 분출면적 계산

$$a = \frac{w}{2300P\sqrt{\frac{M}{T}}}$$

여기서, a : 분출면적(cm^2)
w : 시간당 분출가스량(kg/hr)
P : 분출압력(MPa)(a)
T : 분출압력에서의 절대온도(K)
M : 분자량

12 고압가스 저장설비

(1) 원통형 탱크

원통형 탱크에는 안전밸브 압력계, 온도계, 액면계, 긴급차단밸브, 드레인밸브 등이 있다.

$$V = \frac{\pi}{4}d^2 \times L$$

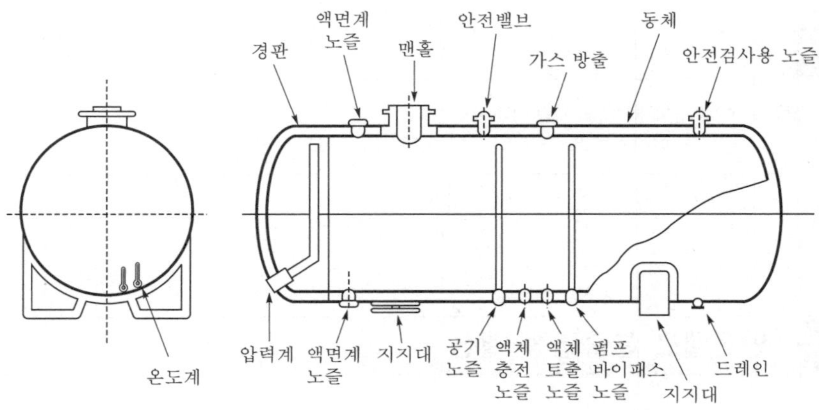

(2) 구형 저장탱크

$$V = \frac{\pi}{6}d^3 = \frac{4}{3}\pi r^3$$

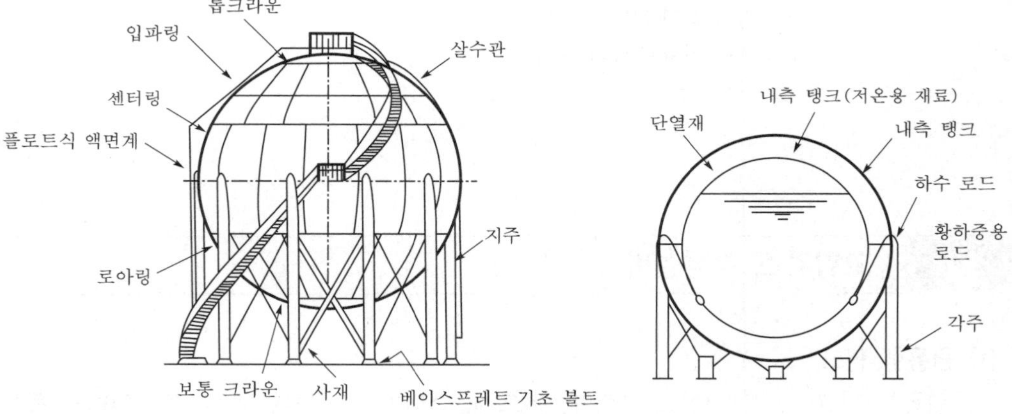

▌단각식과 2중각식 구형 저장탱크의 구조▐

TiP

1. 원통형 탱크의 내용적

$$V=\frac{\pi}{4}d^2\times L$$

여기서, V : 탱크 내용적(m^3)
d : 탱크 직경(m)
L : 탱크 길이(m)

2. 구형 탱크의 내용적

$$V=\frac{\pi}{6}d^3,\quad V=\frac{\pi}{6}(2r)^3=\frac{4}{3}\pi r^3$$

여기서, V : 탱크 내용적(m^3)
d : 탱크 직경(m)
r : 탱크 길이(m)

예제 직경 7m의 구형 탱크에 물을 채울 때 $5m^3$/min으로 몇 시간이 소요되는가?

풀이 $V=\frac{\pi}{6}\times(7\text{m})^3=179.59\text{m}^3$

1min : $5m^3=x$(min) : 179.59m^3

$\therefore\ x=\frac{1\times179.59}{5}=35.91\text{min}=0.58\text{hr}$

(3) 구형 저장탱크의 특징

① 모양이 아름답다.
② 표면적이 작다.
③ 강도가 높다.
④ 누설이 방지된다.
⑤ 건설비가 저렴하다.

(4) 오토클레이브(Autoclave)

액체를 가열하면 온도상승과 함께 증기압도 상승한다. 이 액상을 유지하며 어떤 반응을 일으킬 때 필요한 고압반응 가마솥을 말한다.

※ 종류 : 교반형, 진탕형, 회전형, 가스교반형

(5) 진공단열법의 종류

① 고진공단열법
② 분말진공단열법
③ 다층진공단열법

(6) 가스액화의 원리

줄-톰슨효과란 압축가스를 단열 · 팽창시키면 온도나 압력이 강하하는 현상을 말한다.

(7) 액화장치의 종류

① 린데식

② 클로드식

③ 필립스식

$$\sigma = \frac{\omega}{A}$$

여기서, σ : 응력(kg/cm^2)

ω : 하중(kg)

A : 단면적(cm^2)

(8) 클리프 현상

어느 온도(350℃) 이상에서 재료에 하중을 가하면 시간과 더불어 변형이 증대되는 현상

$$\text{안전율} = \frac{\text{인장강도}}{\text{허용응력}}$$

$$\text{변형율} = \frac{\text{변형된 길이}}{\text{처음 길이}} \times 100 = \frac{l_2 - l_1}{l} \times 100$$

$$\text{가공도} = \frac{\text{나중 단면적}}{\text{처음 단면적}} \times 100 = \frac{A}{A_0} \times 100$$

$$\text{단면수축률} = \frac{\text{변형 단면적}}{\text{처음 단면적}} \times 100 = \frac{A - A_0}{A_0} \times 100$$

TIP

1. 구형 탱크는 횡형 탱크에 비해 설치 시 부지면적을 적게 차지하며, 미관상 횡형에 비하여 모양이 아름답고 같은 용량의 가스를 저장 시 응력분포가 균일해 강도가 높으나 횡형 탱크는 동판 부분에는 경판에 비하여 높은 압력에는 강도가 약하다.

| 횡형 탱크 |　　| 구형 탱크 |

2. 가스액화의 원리
   빈 용기에 가스를 충전 시 용기 내부의 압력이 상승하면서 온도가 상승하는 원리와 마찬가지로 용기 내부에 가스를 밖으로 분출시키면(팽창) 온도와 압력이 강하한다. 이것을 액화의 원리로 이용하며 '줄-톰슨 효과'라 한다.

13 열처리의 종류

(1) 풀림(Annealing, 소둔)

잔류응력 제거, 강도의 증가, 냉간가공을 용이하게 하기 위해 뜨임보다 약간 높게 가열 후 서랭시킨다.

(2) 불림(Normalizing, 소준)

소성가공으로 거칠어진 조직을 미세화하거나 정상상태로 하기 위해 가열 후 급랭시킨다.

(3) 뜨임(Tempering, 소려)

인성 증가 담금질보다 낮게 가열 후 서랭시킨다.

(4) 담금질(Quenching, 소입)

강의 강도를 증가시키기 위해 가열 후 급랭시킨다.

14 부식의 종류

(1) 전면부식

전면이 균일하게 일어나는 부식

(2) 국부부식

특정 부분에 집중되는 부식

(3) 입계부식

결정입계가 선택적으로 부식되는 양상

(4) 선택부식

합금 중 특정 성분만 일어나는 부식

(5) 응력부식

연성 재료임에도 취성 파괴를 일으키는 현상

① 부식속도에 영향을 주는 인자 : pH, 온도, 부식액 조성, 금속재료 조성, 응력, 표면상태 등

② 방식법

㉠ 부식억제제(인히비터)에 의한 방식

㉡ 부식환경 처리에 의한 방식
㉢ 전기방식법
㉢ 피복에 의한 방식

③ 전기방식법의 종류
㉠ 유전(전류)양극법
㉡ 외부전원법
㉢ 선택배류법
㉣ 강제배류법

④ 청열취성 : 200~300℃에서 인장강도의 경도가 커지고 연신율이 감소되어 강이 취약하게 되는 성질

⑤ 적열취성 : 900℃ 이상에 산화철, 황화철이 되어 부작용이 되는 현상

⑥ 탄소량이 증가할수록 인장강도, 항복점, 경도가 증가하고 연신율, 충격치, 단면수축률이 감소한다.

15 공기액화분리장치

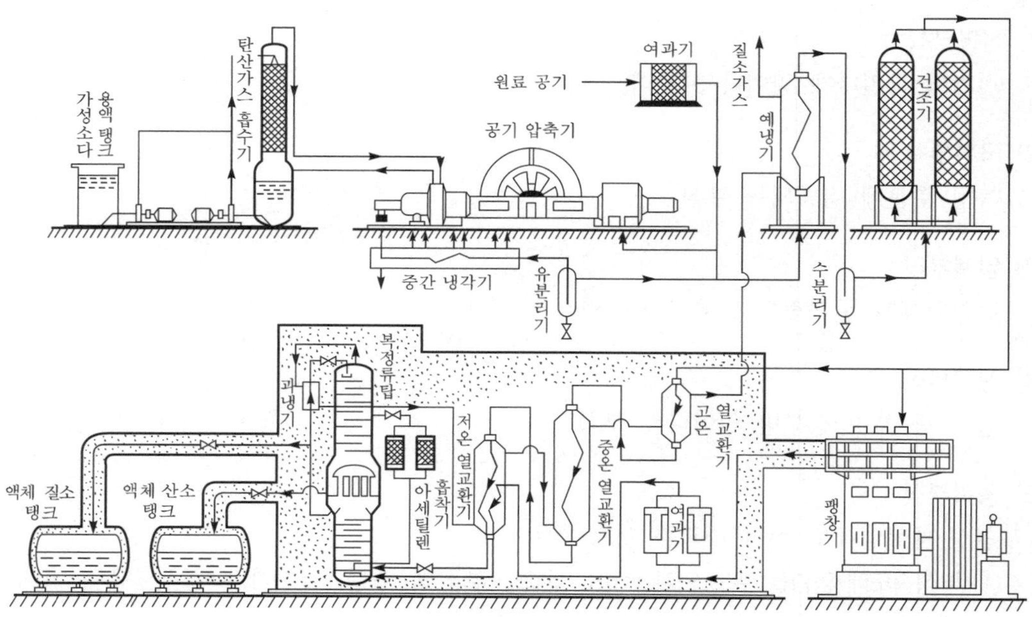

▌고압식 액체산소분리장치 계통도▐

고압식 액체산소분리장치의 공정

원료 공기는 여과기를 통해 불순물이 제거된 후 압축기에 흡입되어 약 15atm 정도의 중간단에서 탄소가스 흡수기로 이송된다. 여기에서 8% 정도의 가성소다용액에 의해 탄산가스가 제거된 후 다시 압축기에서 150~200atm 정도로 압축되어 유분리기를 통하면서 기름이 제거된 후 예냉기로 들어간다.

예냉기에서는 약간 냉각된 후 수분리기를 거쳐 건조기에서 흡착제에 의해 최종적으로 수분이 제거된 후 반 정도는 피스톤 팽창기로, 나머지 팽창밸브를 통해 약 5atm으로 팽창되어 정류탑 하부에 들어간다. 나머지 팽창기로 이송된 공기는 역시 5atm 정도로 단열팽창하여 약 −150℃ 정도의 저온으로 되고, 팽창기에서 혼입된 유분을 여과기에서 제거한 후 고온, 중온, 저온 열교환기를 통하여 복식 정류탑으로 들어간다. 여기서 정류판을 거쳐 정류된 액체공기는 비등점 차에 의해 액화산소와 액화질소로 되어 상부탑 하부에 액화산소가, 하부탑 상부에서는 액화질소가 각각 분리되어 저장탱크로 이송된다.

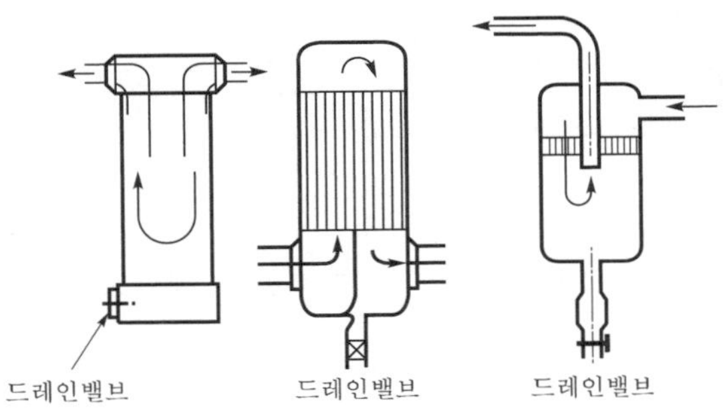

▌유 · 수분리기의 구조▐

(1) 공기액화분리장치의 폭발원인

① 공기 취입구로부터 아세틸렌의 혼입

② 압축기용 윤활유 분해에 따른 탄화수소의 생성

③ 공기 중 질소화합물(NO, NO_2)의 혼입

④ 액체 공기 중 오존(O_3)의 혼입

(2) 대책

① 장치 내에 여과기를 설치할 것

② 공기가 맑은 곳에 공기 취입구를 설치할 것

③ 윤활유는 양질의 것을 사용할 것

④ 1년에 1회 이상 사염화탄소(CCl_4)로 내부를 세척할 것

⑤ 부근에 CaC_2 작업을 피할 것

공기액화분리장치에서 액화산소 5L 중 C_2H_2의 질량이 5mg 이상이거나 탄화수소 중 탄소의 양이 500mg 이상 시 폭발위험이 있으므로 운전을 중지하고 액화산소를 방출하여야 한다.

(3) 공기액화분리장치 내 불순물

① C_2H_2 : 폭발의 위험

② CO_2 : 드라이아이스가 되어 장치 내 폐쇄

③ H_2O : 얼음이 되어 장치 내 폐쇄

④ 제거방법

- C_2H_2 : C_2H_2 흡착기에서 흡착 제거
- CO_2 : NaOH로 제거($2NaOH + CO_2 \rightarrow Na_2CO_3 + H_2O$)
- H_2O : 건조제로 제거(Al_2O_3, SiO_4, NaOH, 소바비드 등)

16 냉동장치

(1) 한국 1냉동톤 1RT

0℃ 물 1톤을 0℃ 얼음으로 만드는 데 하루동안 제거하여야 할 열량

$Q = G\gamma = 1000\text{kg} \times 79.68\text{kcal/kg}/24\text{hr} = 3320\text{kcal/hr}$

(2) 미국 1냉동톤(1USRT)

0℃ 물 1톤(2000lb)을 0℃ 얼음으로 만드는 데 하루동안 제거하여야 할 열량을 시간당으로 계산한 값

$Q = G\gamma = 2000\text{lb} \times 144\text{BTU/lb}(79.68\text{kcal/kg} = 79.68 \times 3.968/2.205\text{lb}$

$\fallingdotseq 144\text{BTU/lb}) = 288000\text{BTU}/24\text{hr} = 12000\text{BTU/hr} = 3024\text{kcal/hr}$

(3) 증기압축기 냉동기의 4대 주기

압축기 – 응축기 – 팽창변 – 증발기

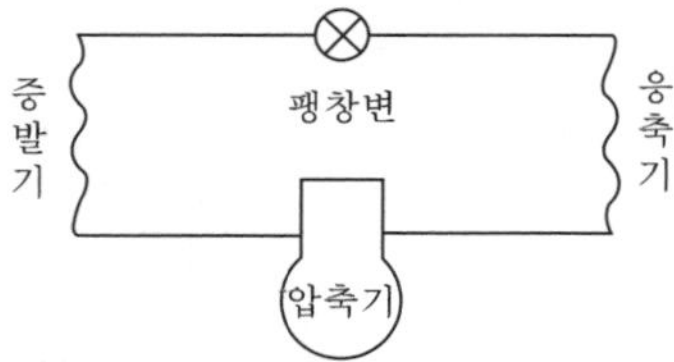

원심식 압축기는 1일 1.2kW가 1ton이다.

∴ 1RT=1.2kW

(4) 흡수식 냉동기의 4대 주기

흡수기 – 발생기(재생기) – 응축기 – 증발기

흡수식 냉동설비는 1RT=6640kcal/hr이다.

chapter 1

출 / 제 / 예 / 상 / 문 / 제

01 내용적 $40m^3$인 액화산소 탱크에 충전하는 가스량은 몇 톤인가? (단, 산소의 비중은 1.14이다.)

① 36톤 ② 37톤
③ 39톤 ④ 41톤

$W=0.9dV=0.9\times1.14\times40=41.04$톤

02 초저온용기나 저온용기의 단열재 선정 시 주의사항이 아닌 것은?

① 밀도가 작고 시공이 쉬울 것
② 흡습성 열전도가 클 것
③ 불연성 · 난연성일 것
④ 화학적으로 안정하고 반응성이 작을 것

흡습성 열전도가 작을 것

03 용기밸브를 구조에 따라 분류한 것이 아닌 것은?

① O링식
② 다이어프램식
③ △ 링식
④ 패킹식

①, ②, ④ 이외에 백시트식이 있다.

04 압축가스를 단열팽창하면 온도와 압력이 강하하는 현상을 무엇이라 하는가?

① 돌턴의 분압법칙
② 줄-톰슨효과
③ 르샤틀리에의 법칙
④ 열역학 제1법칙

05 다음 중 액화장치의 종류가 아닌 것은?

① 린데식 ② 클로드식
③ 필립스식 ④ 백시트식

해설

㉠ 액화장치의 종류 : 린데식, 클로드식, 필립스식
㉡ 액화의 원리 : 가스를 액체로 만드는 액화의 조건은 저온 · 고압(임계온도 이하, 임계압력 이상)이며 임계온도가 낮은 O_2, N_2, 공기 등은 단열팽창의 방법으로 액화시킨다.
※ 단열팽창의 방법 : 팽창밸브에 의한 방법(린데식), 팽창기에 의한 방법(클로드식)

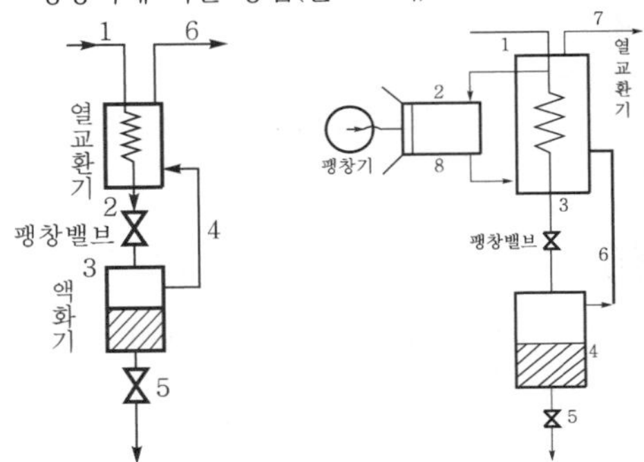

▌린데식 액화장치▐ ▌클로드식 액화장치▐

06 고압식 공기액화분리장치의 압축기에서 압축되는 최대압력은?

① 50~100atm ② 100~150atm
③ 150~200atm ④ 200~250atm

07 다음 중 공기액화분리장치의 폭발원인이 아닌 것은?

① 공기취입구로부터 C_2H_2 혼입
② 압축기용 윤활유 분해에 대한 탄화수소 생성
③ 액체 공기 중 O_3의 혼입
④ 공기 중 N_2의 혼입

정답 01.④ 02.② 03.③ 04.② 05.④ 06.③ 07.④

공기 중 질소화합물의 혼입

08 공기액화분리장치에서 내부 세정제로 사용되는 것은?

① H_2SO_4
② CCl_4
③ NaOH
④ KOH

09 다음 중 무이음용기에 충전하는 가스가 아닌 것은?

① 산소
② 수소
③ 질소
④ LPG

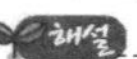

압축가스(산소, 수소, 질소, Ar, CH_4, CO)는 무이음용기에, 액화가스(C_3H_8, C_4H_{10}, NH_3, Cl_2)는 용접용기에 충전한다.

10 무이음용기의 제조방법이 아닌 항목은?

① 만네스만식(Mannes－man)
② 웰딩식
③ 딥드로잉식(Deep drawing)
④ 에르하르트식(Ehrhardt)

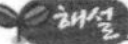

무이음용기의 제조법에는 만네스만식, 딥드로잉식, 에르하르트식이 있다.
① 만네스만식 : 이음매 없는 강관을 단접 성형하는 방식
② 딥드로잉식 : 강판을 재료로 하는 방식
④ 에르하르트식 : 각 강편을 적열상태에서 단접 성형하는 방식

11 무이음용기의 화학성분으로 맞는 것은?

① C 0.22%, P 0.04%, S 0.05% 이하
② C 0.33%, P 0.04%, S 0.05% 이하
③ C 0.55%, P 0.04%, S 0.05% 이하
④ C 0.66%, P 0.04%, S 0.05% 이하

해설

구 분	C	P	S
용접용기	0.33% 이하	0.04% 이하	0.05% 이하
무이음용기	0.55% 이하	0.04% 이하	0.05% 이하

12 다음 중 저압배관 설계의 4요소에 해당되지 않는 항목은?

① 가스유량 ② 압력손실
③ 가스비중 ④ 관 길이

해설

③항 대신에 관지름이 들어간다.
관경 결정 4요소
가스유량, 압력손실, 가스비중, 관 길이 등이 해당
㉠ 저압배관 유량식

$$Q=K\sqrt{\frac{D^5H}{SL}}$$

여기서, Q : 가스유량(m^3/hr)
K : 유량계수
D : 관 지름(cm)
H : 압력손실(mmH_2O)
S : 가스 비중
L : 관 길이(m)

㉡ 중 · 고압배관 유량식

$$Q=K\sqrt{\frac{D^5(P_1^2-P_2^2)}{SL}}$$

여기서, Q : 가스유량(m^3/hr)
K : 유량계수
D : 관 지름(cm)
P_1 : 초압(kg/cm^2a)
P_2 : 종압(kg/cm^2a)
S : 가스비중
L : 관 길이(m)

13 다음 중 저압배관 유량식으로 맞는 것은?

① $Q=K\sqrt{\frac{D^5H}{SL}}$
② $Q=K\sqrt{\frac{SL}{D^5H}}$
③ $Q=K\sqrt{\frac{D^5L}{SH}}$
④ $Q=K\sqrt{\frac{DH}{SL}}$

12번 문제 해설 참조

정답 08.② 09.④ 10.② 11.③ 12.③ 13.①

14 다음 중 배관 내 압력손실의 원인에 해당되지 않는 항목은?

① 직선배관에 의한 압력손실
② 입상배관에 의한 압력손실
③ 안전밸브에 의한 압력손실
④ 사주배관에 의한 압력손실

압력손실 요인은 ①, ②, ③ 이외에도 가스미터, 콕에 의한 압력손실이 있다.

참고 배관의 압력손실 요인

(1) 직선배관에 의한 압력손실(마찰저항에 의한 압력손실)

$H=\frac{Q^2\times S\times L}{K^2\times D^5}$

- 유량의 2승에 비례하고($Q=A\cdot V$이므로) 유속의 2승에도 비례
- 관 길이에 비례
- 관 내면의 거칠기 비중에 비례
- 유체의 점도에 비례
- 관 내경의 5승에 반비례

(2) 입상배관에 의한 압력손실

$h=1.293(S-1)H$

여기서, h : 압력손실(mmH_2O)
1.293 : 공기의 밀도 (29g/22.4L=1.293)
S : 가스비중
H : 입상 높이(m)

15 C_3H_8 입상 30m 지점의 압력손실은?

① $18mmH_2O$
② $19mmH_2O$
③ $19.39mmH_2O$
④ $20.39mmH_2O$

$h=1.293(S-1)H$
$=1.293(1.5-1)\times 30=19.395mmH_2O$

16 압궤시험이 부적당한 용기는 용기에서 채취한 시험편으로 실시하는 시험의 종류는?

① 인장시험　② 충격시험
③ 파열검사　④ 굽힘시험

압궤시험은 열처리 후 시험용기에 대하여 실시한다.

17 다음 중 수조식 내압시험장치의 특징이 아닌 것은?

① 대형 용기에서 행한다.
② 팽창이 정확하게 측정된다.
③ 신뢰성이 크다.
④ 용기를 수조에 넣고 수압으로 가압한다.

해설

① 소형 용기에서 행한다.

18 용기의 재검사 기준에서 다공물질을 채울 때 용기 직경의 $\frac{1}{200}$ 또는 몇 mm의 틈이 있는 것은 무방한가?

① 1mm　② 2mm
③ 3mm　④ 4mm

해설

법 규정상 재검사를 받아야 할 용기
㉠ 산업통상자원부가 정하는 기간이 경과된 용기
㉡ 손상이 발생된 용기
㉢ 합격표시가 훼손된 용기
㉣ 충전할 고압가스의 종류를 변경할 용기

19 다음 중 원통형 저장탱크의 내용적을 구하는 식은?

① $\frac{4}{3}\pi r^3$　② $\frac{\pi r^3}{6}$
③ $\frac{\pi}{6}d^3$　④ $\frac{\pi}{4}d^2\times L$

해설

㉠ 원통형 저장탱크의 내용적 : $\frac{\pi}{4}d^2\times L$
㉡ 구형 탱크의 내용적 : $\frac{\pi}{6}d^3$

20 다음 중 구형 탱크의 특징에 해당되지 않는 항목은?

① 건설비가 저렴하다.
② 표면적이 크다.
③ 강도가 높다.
④ 모양이 아름답다.

정답 14.④ 15.③ 16.④ 17.① 18.③ 19.④ 20.②

해설

구형 탱크의 특징
㉠ 모양이 아름답다.
㉡ 동일 용량의 가스 액체를 저장 시 표면적이 작고 강도가 높다.
㉢ 누설이 방지된다.
㉣ 건설비가 싸다.
㉤ 구조가 간단하고 공사가 용이하다.

21 고온 · 고압하에서 화학적인 합성이나 반응을 하기 위한 고압반응 가마솥을 무엇이라 하는가?

① 반응기 ② 합성관
③ 교반기 ④ 오토클레이브

해설

오토클레이브(Autoclave)의 종류
㉠ 교반형 : 전자코일을 이용하거나 모터에 연결 베인을 회전하는 형식
㉡ 진탕형 : 수평이나 전후 운동을 함으로써 내용물을 교반시키는 형식
㉢ 회전형 : 오토클레이브 자체를 회전시키는 방식
㉣ 가스교반형 : 가늘고 긴 수직형 반응기로서 유체가 순환되어 교반되는 형식으로 화학공장 등에서 이용

22 오토클레이브의 종류에 해당되지 않는 항목은?

① 피스톤형 ② 교반형
③ 가스교반형 ④ 진탕형

23 다음은 이음매 없는 용기에 관한 사항이다. 해당되지 않는 항목은?

① 제조법은 만네스만식, 에르하르트식이 있다.
② 산소, 수소 등의 용기에 해당된다.
③ C 0.55% 이하, P 0.04% 이하, S 0.05% 이하이다.
④ 저압용기에는 망간강, 고압용기에는 탄소강을 사용한다.

고압에는 망간강, 저압에는 탄소강이 사용된다.

24 단열재의 구비조건에 해당되지 않는 것은?

① 화학적으로 안정할 것
② 경제적일 것
③ 흡습성, 열전도가 클 것
④ 밀도가 작고 시공이 쉬울 것

해설

③ 흡습성, 열전도가 작을 것

25 다음 중 밸브의 재료가 잘못 연결된 항목은?

① NH_3 : 강재
② Cl_2 : 황동
③ LPG : 단조황동
④ C_2H_2 : 동

해설

C_2H_2은 동 함유량이 62% 미만이어야 한다.

26 용기의 인장시험의 목적이 아닌 것은?

① 경도 ② 인장강도
③ 연신율 ④ 항복점

해설

인장시험 시 연신율, 인장강도, 항복점, 단면수축률을 알 수 있다.

27 아세틸렌 용기의 내압시험압력은 얼마인가?

① 1.55MPa ② 2.7MPa
③ 4.5MPa ④ 5MPa

해설

F_P=1.5MPa이므로 4.5MPa이다.

28 내용적 40L 용기에 30kg/cm² 수압을 가하였다. 이때 40.5L가 되었고 수압을 제거했을 때 40.025L가 되었다. 이때 항구증가율은 몇 %인가?

① 5% ② 3%
③ 0.3% ④ 0.5%

해설

$$\text{항구증가율} = \frac{\text{항구증가량}}{\text{전증가량}} \times 100\%$$
$$= \frac{40.025 - 40}{40.5 - 40} \times 100\% = 5\%$$

정답 21.④ 22.① 23.④ 24.③ 25.④ 26.① 27.③ 28.①

29 초저온용기의 기밀시험압력은 얼마인가?

① 최고충전압력의 2배
② 최고충전압력의 1.2배
③ 최고충전압력의 1.5배
④ 최고충전압력의 1.1배

해설
초저온 · 저온 용기의 $A_P = F_P \times 1.1$배

30 원통형 저장탱크의 부속품에 해당되지 않는 것은?

① 드레인밸브
② 유량계
③ 액면계
④ 안전밸브

해설
원통형 용기의 부속품 : 안전밸브, 압력계, 온도계, 액면계, 긴급차단밸브, 드레인밸브 등

31 납붙임 접합용기의 고압 · 가압시험은 최고충전압력의 몇 배인가?

① 5배　② 4배
③ 3.6배　④ 5.6배

32 용량 1000L인 액산탱크에 액산을 넣어 방출밸브를 개방하여 10시간 방치 시 5kg 방출되었다. 증발잠열이 50cal/g일 때 시간당 탱크에 침입하는 열량은 얼마인가?

① 20kcal/hr　② 25kcal/hr
③ 30kcal/hr　④ 40kcal/hr

해설
5kg × 50kcal/kg = 250kcal
∴ 250kcal/10hr = 25kcal/hr

33 고압가스 용기 재료에 사용되는 강의 성분 중 탄소, 인, 황의 함유량이 제한되어 있다. 다음 중 틀린 항목은 어느 것인가?

① 황은 적열취성의 원인이 된다.
② 인은 상온취성이 생긴다.
③ Mn은 황의 악영향을 가속시킨다.
④ Ni은 저온취성을 개선시킨다.

해설
① S : 적열취성
② P : 상온취성
③ Mn : 황의 악영향을 완화함
④ Ni : 저온취성을 개선함

34 내압시험 시 전증가량 150cc일 때 용기의 내압시험에 합격하려면 항구증가량은 얼마인가?

① 10cc　② 15cc
③ 20cc　④ 25cc

해설
10% 이하가 합격이므로 15cc이다.

35 원통형 용기의 원주방향 응력을 구하는 식은?

① $\sigma = \dfrac{W}{A}$　② $\sigma z = \dfrac{PD}{4t}$
③ $\sigma t = \dfrac{PD}{2t}$　④ $P = \dfrac{W}{A}$

해설
㉠ 원통형 용기 원주방향 응력 $\sigma t = \dfrac{PD}{2t}$

㉡ 축방향 응력 $\sigma z = \dfrac{PD}{4t}$

원통형 용기의 내압강도 $P = \dfrac{\sigma_t \times 2 \times t}{D}$는 두께가 두꺼울수록, 관경이 작을수록 크다.

36 원통형 탱크에 대하여 잘못 설명된 것은?

① 구형 탱크보다 운반이 쉽다.
② 구형 탱크보다 제작이 어렵다.
③ 구형 탱크보다 표면적이 크다.
④ 횡형으로 설치 시 안정감이 있다.

37 다음 중 안전밸브의 설치장소가 아닌 것은?

① 감압밸브 뒤의 배관
② 펌프의 흡입측
③ 압축기의 토출측
④ 저장탱크의 기상부

해설
② 펌프의 토출측
위 항목 이외에 압축기 최종단 등이 있다.

정답 29.④ 30.② 31.② 32.② 33.③ 34.② 35.③ 36.② 37.②

38 LPG 50L 용기에 300kg을 충전 시 용기 몇 개가 필요한가? (단, C=2.35이다.)

① 15개
② 16개
③ 17개
④ 18개

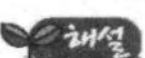

$$G=\frac{V}{C}=\frac{50}{2.35}=21.276\text{kg}$$

∴ 300÷21.276=14.1개=15개
아무리 적은 양이라도 1개의 용기에 충전한다.

39 질소용기의 기밀시험압력(MPa)과 내압시험 압력(MPa)은 얼마인가?

① 10, 20　② 25, 35
③ 15, 25　④ 30, 40

해설

F_P=15MPa이므로 $F_P=A_P$=15MPa

$$T_P=F_P\times\frac{5}{3}=15\times\frac{5}{3}=25\text{MPa}$$

40 다음 중 용접용기의 장점이 아닌 것은?

① 고압에 견딜 수 있다.
② 경제적이다.
③ 두께공차가 적다.
④ 모양 · 치수가 자유롭다.

용접 용기의 장점
㉠ 저렴한 강판을 사용하므로 경제적이다.
㉡ 용기의 형태, 모양, 치수가 자유롭다.
㉢ 두께공차가 적다.

참고 무이음용기의 장점
• 응력분포가 균일하다.
• 고압에 견딜수 있다.

41 초저온용기란 가스온도가 몇 ℃ 이하인 용기인가?

① −10℃　② −20℃
③ −30℃　④ −50℃

해설

초저온용기 : 가스온도가 −50℃ 이하인 용기로서 단열재로 피복하거나 냉동설비로 냉각하여 용기 내 온도가 상용온도를 초과하지 않도록 조치한 용기이다.

42 용접용기 동판의 최대 · 최소 두께는 평균 두께의 몇 % 이하인가?

① 10% 이하　② 20% 이하
③ 30% 이하　④ 40% 이하

해설

용접용기의 경우 동판의 최대 · 최소 두께는 평균 두께의 10% 이하이다.
※ 이음매 없는 용기의 경우 20% 이하

43 용기 재료의 구비조건이 아닌 것은?

① 중량이고 충분한 강도를 가질 것
② 저온, 사용온도에 견디는 연성 · 점성 강도를 가질 것
③ 내식성, 내마모성을 가질 것
④ 가공성, 용접성이 좋을 것

해설

① 경량이고 충분한 강도를 가질 것

44 다음 중 가스충전구 형식이 암나사인 것은?

① A형　② B형
③ C형　④ D형

해설

충전구 나사의 형식
㉠ A형 : 충전구가 수나사
㉡ B형 : 충전구가 암나사
㉢ C형 : 충전구에 나사가 없는 것

45 고압가스 용기밸브의 그랜드너트에 V자형으로 각인되어 있는 것은 무엇을 뜻하는가?

① 그랜드너트 개폐방향 왼나사
② 충전구 개폐방향
③ 충전구나사 왼나사
④ 액화가스 용기

해설

그랜드너트의 개폐방향에는 왼나사, 오른나사가 있으며 왼나사인 것은 V형 홈을 각인한다.

46 다음 중 밸브 구조의 종류가 아닌 것은?

① 패킹식　② O링식
③ 백시트식　④ 카본식

카본식 대신에 다이어프램식으로 하여야 한다.

정답 38.① 39.③ 40.① 41.④ 42.① 43.① 44.② 45.① 46.④

47 다음 중 밸브 누설의 종류가 아닌 것은?

① 패킹 누설
② 시트 누설
③ 밸브 본체 누설
④ 충전구 누설

밸브 누설의 종류
㉠ 패킹 누설 : 핸들을 열고 충전구를 막은 상태에서 그랜드너트와 스핀들 사이로 누설
㉡ 시트 누설 : 핸들을 잠근 상태에서 시트로부터 충전구로 누설
㉢ 밸브 본체의 누설 : 밸브 본체의 홈이나 갈라짐으로 인한 누설

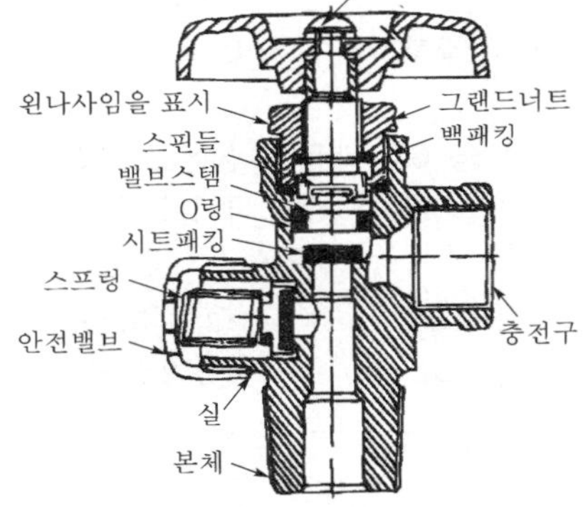

▮LP가스 용기 밸브의 구조▮

48 유체를 한 방향으로 흐르게 하며 역류를 방지하는 밸브로서 스윙식, 리프트식이 있는 밸브는?

① 스톱밸브　② 앵글밸브
③ 역지밸브　④ 안전밸브

해설

역지밸브(–N–)
㉠ 스윙형 : 수직 · 수평배관

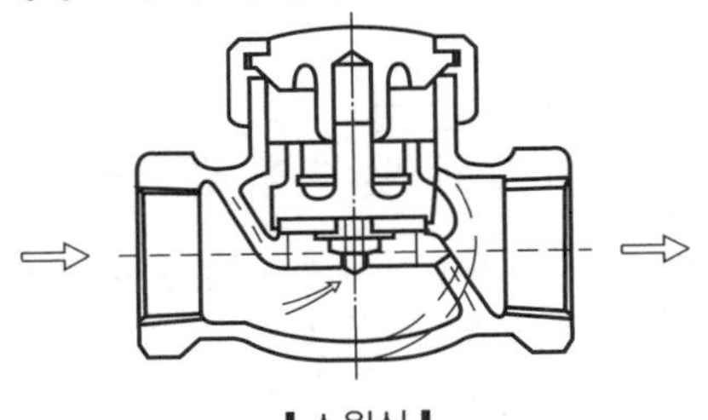

▮스윙식▮

㉡ 리프트형 : 수평 배관

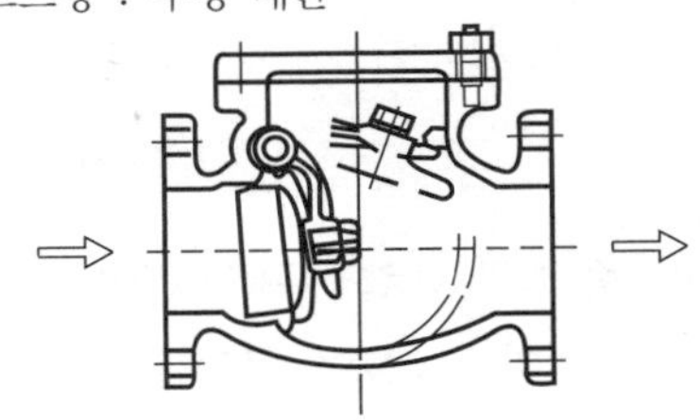

▮리프트식▮

참고 (1) 고압밸브의 종류
- 체크밸브(역지밸브) : 유체를 한 방향으로 흐르게 하는 밸브
- 스톱밸브 : 유체의 흐름 단속이나 유량조절에 적합한 밸브(앵글밸브, 글로브밸브)
- 감압밸브 : 고압측 압력을 저압으로 낮추거나 저압측 압력을 일정하게 유지하기 위해 사용하는 밸브

(2) 고압밸브의 특징
- 주조보다 단조품이 많다.
- 밸브 시트는 내식성과 경도 높은 재료를 사용한다.
- 밸브 시트만을 교체할 수 있는 구조로 되어 있다.
- 기밀유지를 위해 스핀들에 나사가 없는 직선 부분을 만들고 밸브 본체 사이에는 패킹을 끼워 넣도록 되어 있다.

49 안전밸브의 종류가 아닌 것은?

① 피스톤식　② 가용전식
③ 스프링식　④ 박판식

해설

안전밸브의 종류 : 스프링식, 가용전식, 박판식(파열판식), 중추식
㉠ 안전밸브의 형식 중 가장 많이 쓰이는 것 : 스프링식
㉡ 가용전식으로 사용되는 것 : Cl_2, C_2H_2, C_2H_4O
㉢ 파열판식 안전밸브의 특징
- 구조가 간단하고, 취급점검이 용이하다.
- 부식성이며, 괴상물질을 함유한 유체에 적합하다.
- 스프링식 안전밸브와 같이 밸브시트 누설이 없다.
- 한 번 작동 시 새로운 박판과 교체해야 한다(1회용이다).

50 안전장치의 종류가 아닌 것은?

① 안전밸브　② 앵글밸브
③ 바이패스밸브　④ 긴급차단밸브

정답 47.④ 48.③ 49.① 50.②

해설

앵글밸브는 일반밸브이다.

▌앵글밸브▌

51 다음 중 배관 재료의 구비조건이 아닌 것은?

① 관내 가스유통이 원활할 것
② 토양, 지하수에 내식성이 있을 것
③ 절단가공이 용이할 것
④ 연소폭발성이 없을 것

해설

①, ②, ③ 이외에 내부 가스압과 외부로부터의 하중 및 충격하중에 견디는 강도를 가질 것, 관의 접합이 용이할 것, 누설이 방지될 것 등이 있다.

52 다음 중 가스배관 경로 선정 4요소가 아닌 항목은?

① 최단거리로 할 것
② 구부러지거나 오르내림이 적을 것
③ 가능한 옥내에 설치할 것
④ 은폐매설을 피할 것

해설

가스배관 경로 선정 4요소
㉠ 최단거리로 할 것
㉡ 구부러지거나 오르내림이 적을 것(직선)
㉢ 가능한 옥외에 설치할 것
㉣ 은폐매설을 피할 것(노출)

53 안전밸브 분출면적을 구하는 식으로 옳은 것은?

① $h=1293(S-1)H$ ② $Q=K\sqrt{\dfrac{D^5H}{SL}}$
③ $a=230H\sqrt{\dfrac{M}{T}}$ ④ $a=\dfrac{W}{2300P\sqrt{\dfrac{M}{T}}}$

해설

$$a=\frac{W}{2300P\sqrt{\dfrac{M}{T}}}$$

여기서, a : 분출면적(cm^2)
W : 시간당 분출가스량(kg/hr)
P : 분출압력(MPa)
M : 분자량
T : 분출 직전의 절대온도(K)

참고 $a=\dfrac{W}{230P\sqrt{\dfrac{M}{T}}}$

여기서, P : 분출압력(kg/cm^2a)

54 다음 배관이음 중 분해할 수 있는 이음이 아닌 항목은?

① 나사이음
② 플랜지이음
③ 용접이음
④ 유니언

해설

관 이음
㉠ 영구 이음 : 용접(—✕—), 납땜(—ο—)
㉡ 분해 이음 : 나사(—┼—), 플랜지(—╫—), 유니언(—╫—), 소켓(턱걸이, —⊂—)

55 대기 중 6m 배관을 상온스프링으로 연결 시 온도차가 50℃일 때 절단길이는 몇 mm인가? (단, $\alpha=1.2\times10^{-5}$/℃이다.)

① 1.2mm ② 1.5mm
③ 1.8mm ④ 2mm

해설

$\lambda=l\alpha\Delta t$
$=6000\text{mm}\times1.2\times10^{-5}/℃\times50℃=3.6\text{mm}$

절단길이는 자유팽창량의 $\dfrac{1}{2}$이므로

$3.6\times\dfrac{1}{2}=1.8\text{mm}$

56 다음 중 신축이음의 종류가 아닌 것은?

① 플랜지이음 ② 루프이음
③ 상온스프링 ④ 벨로스이음

해설

신축이음의 종류
㉠ 루프이음(U밴드) : 가장 큰 신축을 흡수(Ω)
㉡ 벨로스이음 : —⩘⩘⩘—
㉢ 슬리브이음 : —▭—
㉣ 스위블이음 : 2개 이상의 엘보를 이용하여 신축을 흡수
㉤ 상온스프링 : 배관의 자유팽창량을 미리 계산하여 관을 짧게 절단하는 강제배관을 함으로써 신축을 흡수하는 방법(절단길이는 자유팽창량의 $\dfrac{1}{2}$)

정답 51.④ 52.③ 53.④ 54.③ 55.③ 56.①

57 다음 중 수증기를 뜻하는 배관 도시기호는?

① $\xrightarrow{A}$ ② $\xrightarrow{W}$

③ $\xrightarrow{O}$ ④ $\xrightarrow{S}$

배관 도시기호 : 공기(A), 가스(G), 오일(O), 수증기(S), 물(W)

58 배관계에서 응력의 원인이 아닌 것은?

① 열팽창에 의한 응력
② 펌프압축기에 의한 응력
③ 안전밸브 분출에 의한 응력
④ 내압에 의한 응력

응력의 원인은 ①, ③, ④ 이외에 냉간가공에 의한 응력, 배관부속물의 중량에 의한 응력 등이 있다.

참고 배관계의 진동원인
- 바람, 지진의 영향(자연의 영향)
- 관내를 흐르는 유체의 압력변화에 의한 진동
- 안전밸브 분출에 의한 진동
- 관의 굽힘에 의한 힘의 영향

59 이상기체의 엔탈피가 변하지 않는 과정은?

① 비가역 단열과정 ② 등압과정
③ 교축과정 ④ 가역 단열과정

해설

엔탈피가 변하지 않는 과정 : 교축과정

60 공기액화분리장치에서 CO_2 1g 제거에 필요한 가성소다는 몇 g인가?

① 0.82g ② 1.82g
③ 2g ④ 2.82g

해설

$2NaOH + CO_2 \rightarrow Na_2CO_3 + H_2O$

$2 \times 40g : 44g$

$x(g) : 1g$

$\therefore x = \dfrac{2 \times 40 \times 1}{44} = 1.82g$

61 초저온 액화가스를 취급 시 사고발생의 원인에 해당되지 않는 것은?

① 동상
② 질식
③ 화학적 변화
④ 기체의 급격한 증발에 의한 이상압력 상승

해설

④ 액의 급격한 증발에 의한 이상압력의 상승

62 복식 정류탑에서 얻어지는 질소의 순도는 몇 % 이상인가?

① 90~92% ② 93~95%
③ 94~98% ④ 99~99.8%

63 공기액화분리장치에서 CO_2와 수분 혼입 시 미치는 영향이 아닌 것은?

① 드라이아이스 얼음이 된다.
② 배관 및 장치를 동결시킨다.
③ 액체 공기의 흐름을 방해한다.
④ 질소, 산소 순도가 증가한다.

공기액화분리장치에서 CO_2는 드라이아이스, 수분은 얼음이 되어 장치 내를 폐쇄시키므로 CO_2는 NaOH로, 수분은 건조제(NaOH, SiO_2, Al_2O_3, 소바비드)로 제거한다.

64 한국 1냉동톤의 시간당 열량은 얼마인가?

① 632kcal ② 641kcal
③ 860kcal ④ 3320kcal

해설

1RT = 3320kcal/hr

65 냉동의 4대 주기의 순서가 올바르게 된 것은?

① 압축기 – 증발기 – 팽창밸브 – 응축기
② 증발기 – 압축기 – 응축기 – 팽창밸브
③ 증발기 – 응축기 – 팽창밸브 – 압축기
④ 압축기 – 응축기 – 증발기 – 팽창밸브

해설

냉동의 4대 주기
증발기 – 압축기 – 응축기 – 팽창밸브
※ 흡수식 냉동기(흡수기 – 발생기 – 응축기 – 증발기)

정답 57.④ 58.② 59.③ 60.② 61.④ 62.④ 63.④ 64.④ 65.②

66 고압가스 용기의 재료에 사용되는 강의 성분 중 탄소, 인, 황의 함유량이 제한되어 있다. 그 이유는?

① 탄소량이 증가하면 인장강도 충격치는 증가한다.
② 황은 적열취성의 원인이 된다.
③ 인은 많은 것이 좋다.
④ 탄소량은 많으면 인장강도는 감소하나 충격치는 증가한다.

해설

탄소량이 증가하면 인장강도 경도는 증가하고, 충격치 연신율은 감소하며, S은 적열취성의 원인이 되고 P은 상온취성의 원인이 된다.

㉠ S : 적열취성의 원인
㉡ P : 상온취성
㉢ Mn : S과 결합하여 S의 악영향을 완화
㉣ Ni : 저온취성을 개선시킨다.

67 저온장치용 금속재료에 있어서 가장 중요시하여야 할 사항은 무엇인가?

① 금속재료의 물리적 · 화학적 성질
② 금속재료의 약화
③ 저온취성에 의한 취성 파괴
④ 저온취성에 의한 충격치 강화

68 어떤 고압용기의 지름을 2배, 재료의 강도를 2배로 하면 용기 두께는 몇 배인가?

① 0.5　　② 1.5
③ 3　　④ 변함없다.

해설

$$\sigma t = \frac{PD}{2t}$$

$$\therefore\ t = \frac{PD}{2\sigma t} = \frac{P\times 2D}{2\times 2\sigma t} = \frac{PD}{2\sigma t}\ \text{(변함없음)}$$

69 공기액화분리장치에서 액산 35L 중 CH_4 2g, C_4H_{10}이 4g 혼입 시 5L 중 탄소의 양은 몇 mg인가?

① 500mg　　② 600mg
③ 687mg　　④ 787mg

$$\frac{12}{16}\times 2000\text{mg} + \frac{48}{58}\times 4000\text{mg} = 4810.3\text{mg}$$

$$\therefore\ 4810.3\times\frac{5}{35} = 687.19\text{mg}$$

70 같은 강도이고 같은 두께인 원통형 용기의 내압성능에 대하여 옳은 것은?

① 길이가 짧을수록 강하다.
② 관경이 작을수록 강하다.
③ 관경이 클수록 강하다.
④ 길이가 길수록 강하다.

$$\sigma t = \frac{PD}{2t}$$

$$\therefore\ P = \frac{\sigma t\times 2\times t}{D}$$

원통형 용기의 내압성능은 관경이 작을수록, 두께가 두꺼울수록 강하다.

71 내경 15cm의 파이프를 플랜지 접속 시 40kg/cm^2의 압력을 걸었을 때 볼트 1개에 걸리는 힘이 400kg일 때 볼트 수는 몇 개인가?

① 15개　　② 16개
③ 17개　　④ 18개

볼트 수=전압÷볼트 1개당 압력

$$= 40\text{kg/cm}^2 \div \frac{400\text{kg}}{\frac{\pi}{4}\times(15\text{cm})^2} = 17.6 = 18\text{개}$$

72 지름 1cm의 원관에 500kg의 하중이 작용할 경우 이 재료에 걸리는 응력은 몇 kg/mm^2인가?

① 4.5kg/mm^2　　② 5.5kg/mm^2
③ 6.4kg/mm^2　　④ 7.5kg/mm^2

$$\sigma = \frac{\omega}{A} = \frac{500\text{kg}}{\frac{\pi}{4}\times(10\text{cm})^2} = 6.36\text{kg/mm}^2 \fallingdotseq 6.4\text{kg/mm}^2$$

응력이란 하중을 단면적으로 나눈 값이며, 하중에 대항하여 발생되는 반대방향인 내력을 말한다.

정답 66.② 67.③ 68.④ 69.③ 70.② 71.④ 72.③

73 클리프현상이 발생되는 온도는 몇 ℃ 이상 인가?

① 100℃
② 200℃
③ 350℃
④ 450℃

해설

클리프현상 : 350℃ 이상에서 재료에 하중을 가하면 시간과 더불어 변형이 증대되는 현상

74 응력을 표현한 것은 어느 것인가?

① 응력 = 하중 × 단면적
② $응력 = \frac{단면적}{하중}$
③ $응력 = \frac{하중}{단면적}$
④ $응력 = \frac{체적}{하중}$

72번 해설 참조

75 단면적이 $100mm^2$인 봉을 매달고 100kg의 추를 자유단에 달았더니 허용응력이 되었다. 인장강도가 $100kg/cm^2$일 때 안전율은?

① 1 ② 2
③ 3 ④ 4

해설

㉠ $안전율 = \frac{인장강도}{허용응력} = \frac{100kg/cm^2}{100kg/cm^2} = 1$

㉡ $허용응력 = \frac{100kg}{100mm^2} = 1kg/mm^2 = 100kg/cm^2$

76 지름 10mm, 길이 100mm의 재료를 인장 시 105mm일 때 이 재료의 변율은 얼마인가?

① 0.01 ② 0.02
③ 0.03 ④ 0.05

해설

㉠ $변율 = \frac{l'-l}{l} = \frac{변형된\ 길이}{처음\ 길이} = \frac{105-100}{100} = 0.05$

㉡ $연신율 = \frac{\lambda}{l} \times 100(\%)$

77 금속재료에서 탄소량이 많을 때 증가하는 것은?

① 연신율 ② 변형률
③ 인장강도 ④ 충격치

탄소량이 증가하면 인장강도 항복점은 증가, 연신율 충격치는 감소한다.

78 고압가스에 사용되는 금속재료의 구비조건이 아닌 것은?

① 내알칼리성 ② 내식성
③ 내열성 ④ 내마모성

해설

금속재료의 구비조건 : 내식성, 내열성, 내구성, 내마모성

79 고압장치용 금속재료에서 구리 사용이 가능한 가스는?

① H_2S ② C_2H_2
③ NH_3 ④ N_2

해설

동 사용이 금지된 가스 : NH_3, H_2S(부식), C_2H_2(폭발)

80 용기의 제조공정에서 숏블라스팅을 실시하는 목적은 다음 중 어느 것인가?

① 방청도장 전 용기에 존재하는 녹이나 이물질을 제거하기 위하여
② 용기의 강도를 증가시키기 위하여
③ 용기에 존재하는 잔류응력을 제거하기 위하여
④ 용기의 폭발을 방지하기 위하여

해설

숏블라스팅 : 용기에 존재하는 녹이나 이물질을 제거하여 방청도장이 용이하도록 하기 위하여

81 금속재료의 열처리 중 풀림의 목적이 아닌 항목은?

① 잔류응력 제거
② 금속재료의 인성 증가
③ 금속재료의 조직 개선
④ 기계적 성질 개선

정답 73.③ 74.③ 75.① 76.④ 77.③ 78.① 79.④ 80.① 81.②

해설

풀림의 목적
㉠ 잔류응력 제거
㉡ 강도의 증가
㉢ 기계적 성질 및 조직의 개선

참고 금속의 열처리 : 금속을 적당히 가열하거나 냉각하여 특별한 성질을 부여하기 위한 작업
- 담금질(Quenching, 소입) : 강의 경도나 강도를 증가시키기 위하여 적당히 가열한 후 급랭시킨다(단, Cu, Al은 급랭 시 오히려 연해진다).
- 뜨임(Tempering, 소려) : 인성을 증가시키기 위해 담금질 온도보다 조금 낮게 가열한 후 공기 중에서 서랭시킨다.
- 불림(Normalizing, 소준) : 소성가공 등으로 거칠어진 조직을 미세화하거나 정상상태로 하기 위해 가열 후 공랭시킨다.
- 풀림(Annealing, 소둔) : 잔류응력을 제거하거나 냉간가공을 용이하게 하기 위해서 뜨임보다 약간 높게 가열하여 노 중에서 서랭시킨다.

82 금속재료의 부식 중 특정 부분에 집중적으로 일어나는 부식의 형태를 무엇이라 하는가?

① 전면부식　② 국부부식
③ 선택부식　④ 입계부식

해설

부식 : 금속재료가 화학적 변화를 일으켜 소모되는 현상으로, 다음과 같은 종류의 형태가 있다.
㉠ 전면부식 : 전면이 균일하게 부식되어 부식량은 크나 전면에 파급되므로 큰 해는 없고 대처하기 쉽다.
㉡ 국부부식 : 부식이 특정한 부분에 집중되는 형식으로 부식속도가 빠르고 위험성이 높으며 장치에 중대한 손상을 입힌다.
㉢ 입계부식 : 결정입계가 선택적으로 부식되는 양상으로 스테인리스강의 열 영향을 받아 크롬탄화물이 석출되는 현상
㉣ 선택부식 : 합금 중에서 특정 성분만이 선택적으로 부식하므로 기계적 강도가 적은 다공질의 침식층을 형성하는 현상(예 주철의 흑연화, 황도의 탈아연화 부식)
㉤ 응력부식 : 인장응력이 작용할 때 부식환경에 있는 금속이 연성재료임에도 불구하고 취성파괴를 일으키는 현상(예 연강으로 제작한 NaOH 탱크에서 많이 발생한다.)

참고 (1) 부식속도에 영향을 주는 인자
- 내부 인자 : 금속재료의 조성, 조직, 응력, 표면상태
- 외부 인자 : 수소이온농도(pH), 유동상태, 온도, 부식액의 조성 등

(2) 방식법
- 부식억제제(인히비터)에 의한 방식
- 부식환경처리에 의한 방식
- 전기방식법
- 피복에 의한 방식

83 다음 중 전기방식법의 종류가 아닌 것은?

① 유전양극법　② 외부전원법
③ 선택배류법　④ 인히비터법

해설

전기방식법의 종류
㉠ 유전양극법　㉡ 외부전원법
㉢ 선택배류법　㉣ 강제배류법

84 금속재료의 용도로서 적당하지 못한 것은?

① 상온, 고압수소용기 : 보통강
② 액체산소탱크 : 알루미늄
③ 수분이 없는 염소용기 : 보통강
④ 암모니아 : 동

해설

NH_3는 착이온 생성으로 부식을 일으키므로 동 함유량 62% 미만의 동합금을 사용하여야 한다.

85 다음 중 고온고압용에 사용되는 금속의 종류가 아닌 것은?

① 5% Cr강　② 9% 크롬강
③ 탄소강　④ 니켈－크롬강

해설

고온고압용 금속재료 : 상온용 재료에는 일반적으로 탄소강이 사용되나, 고온고압용으로는 탄소강에 기계적으로 개선시킨 합금강이 사용된다. 그 종류는 다음과 같다.
㉠ 5% 크롬강 : 탄소강에 Cr, Mo, W, V을 소량 첨가시킨 것으로 내식성 및 강도는 탄소강보다 뛰어나며 암모니아 합성장치 등에 사용된다.
㉡ 9% 크롬강 : 일명 '반불수강'이라고도 하며 탄소에 크롬을 함유한 것으로 내식성이 뛰어나다.
㉢ 스테인리스강 : 13% Cr강이나 오스테나이트계 스테인리스강을 말한다.
㉣ 니켈－크롬－몰리브덴강 : 탄소강에 니켈, 크롬, 몰리브덴을 함유한 강으로 바이블랙강이라 한다.

정답 82.② 83.④ 84.④ 85.③

86 저온용에 사용되는 재료가 아닌 것은?

① 탄소강
② 18－8 STS
③ 9% Ni
④ Al 합금

87 용기 밸브에 V형 홈이 있다. 이것의 의미는 무엇인가?

① 오른나사를 뜻한다.
② 왼나사를 뜻한다.
③ 독성가스의 표시이다.
④ 가연성 가스의 표시이다.

88 용기의 파열 원인 중 가장 큰 요인은 무엇인가?

① 과충전 ② 부식
③ 재질 불량 ④ 취성 발생

89 고압가스 용기에 안전밸브가 작동 시 조치사항이 아닌 것은?

① 위험하므로 즉시 대피한다.
② 분출가스에 피부가 닿지 않도록 한다.
③ 충전용기를 안전한 장소로 옮긴다.
④ 분출가스의 방향을 안전한 곳으로 돌린다.

정답 86.① 87.② 88.① 89.①

chapter 2 LP가스 및 도시가스 설비

'chapter 2'는 한국산업인력공단의 출제기준 중에서 가스장치 및 기기 중 LP가스 설비, 도시가스 설비 부분입니다.

01 LP가스의 특징

(1) LP가스의 연소 특성

① 연소 시 발열량이 크다.

② 연소범위(폭발한계)가 좁다.

LP가스는 연소범위가 아주 좁아 다른 연료가스에 비해 안전성이 크다.

공기 중 프로판의 연소범위는 2.1~9.5%, 부탄은 1.8~8.4%이다.

③ 연소속도가 느리다.

LP가스는 다른 가스에 비하여 연소속도가 비교적 느리므로 안전성이 있다.

프로판의 연소속도는 4.45m/s, 부탄은 3.65m/s, 메탄은 6.65m/s이다.

④ 착화온도(발화온도)가 높다.

LP가스의 발화온도는 다른 연료에 비하여 높으므로 가열에 따른 발화확률이 적어 안전성이 크나 점화원(불꽃)이 있을 경우는 발화온도에 관계없이 영하의 온도에서도 인화하므로 주의를 요한다.

⑤ 연소 시 많은 공기가 필요하다.

㉠ 프로판(C_3H_8) 연소반응식 : $C_3H_8 + 5O_2 \rightarrow 3CO_2 + 4H_2O + 530kcal/mol$

㉡ 부탄(C_4H_{10}) 연소반응식 : $C_4H_{10} + 6.5O_2 \rightarrow 4CO_2 + 5H_2O + 700kcal/mol$

Air $6.5 \times \frac{100}{21} = 31$배

TIP

1. **LP가스의 일반적 특성**

㉠ 가스는 공기보다 무겁다. ⇨ 비중 1.5~2
㉡ 액은 물보다 가볍다. ⇨ 비중 0.5
㉢ 기화 · 액화가 용이하다.
㉣ 기화 시 체적이 커진다. ⇨ C_3H_8 250배, C_4H_{10} 230배
㉤ 증발잠열이 크다.

2. **도시가스와 비교한 LP가스의 특성**

㉠ 장점
- 열량이 높기 때문에 작은 관경으로 공급이 가능하다.
- LP가스 특유의 증기압을 이용하므로 특별한 가압장치가 필요 없다.
- 입지적 제약이 없다(어디서나 사용이 가능).
- 발열량이 높기에 최소의 연소장치로 단시간 온도상승이 가능하다.

㉡ 단점
- 저장탱크용기의 집합장치가 필요하다.
- 부탄의 경우 재액화방지가 필요하다.
- 연소 시 다량의 공기가 필요하다. ⇨ C_3H_8 24배, C_4H_{10} 31배
- 공급을 중단시키지 않기 위해 예비용기 확보가 필요하다.

(2) LP가스를 자동차용 연료로 사용 시 특징

① 장점

㉠ 발열량이 높고 기체가 되기 때문에 완전연소한다.
㉡ 완전연소에 의해 탄소의 퇴적이 적어 점화전(Spark plug) 및 엔진의 수명이 연장된다.
㉢ 공해가 적다.
㉣ 경제적이다.
㉤ 열효율이 높다.

② 단점

㉠ 용기의 무게와 장소가 필요하다.
㉡ 급속한 가속은 곤란하다.
㉢ 누설가스가 차내에 들어오지 않도록 밀폐시켜야 한다.

LPG 탱크 ⇨ 필터 ⇨ 전자밸브 ⇨ 기화기 ⇨ 카브레터 ⇨ 엔진

▌LP가스 자동차의 연료공급과정▐

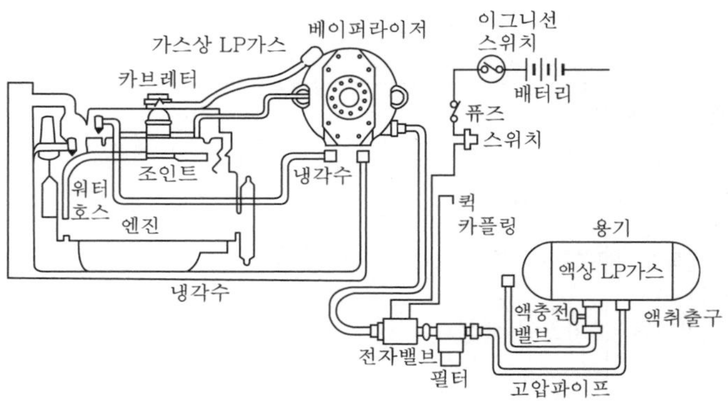

▌LP가스 자동차 계통도▐

02 조정기(Regulartor)

(1) 조정기의 역할

① 용기로부터 유출되는 공급가스의 압력을 연소기구에 알맞은 압력(통상 일반 연소기구는 2~3kPa 정도)까지 감압시킨다.

② 용기 내 가스를 소비하는 동안 공급가스압력을 일정하게 유지하고 소비가 중단되었을 때는 가스를 차단한다.

(2) 조정기의 사용목적

용기 내의 가스유출압력(공급압력)을 조정하여 연소기에서 연소시키는 데 필요한 최적의 압력을 유지시킴으로써 안정된 연소를 도모하기 위해 사용된다.

(3) 조정기의 구조 및 용어

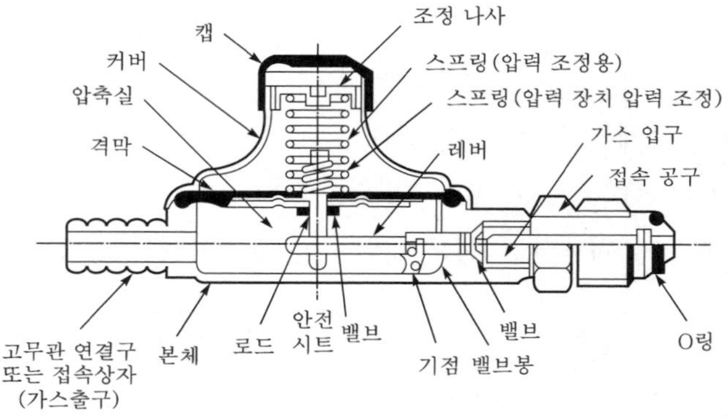

▌조정기 구조와 명칭▐

• 조정기에 대한 용어

① **기준압력** : LP가스 사용 시 표준이 되는 압력

② **조정기 입구압력** : 용기로부터 유출되는 고압측 압력

③ **조정기 출구압력** : 조정기를 통과한 후의 조정압력

④ **폐쇄압력** : 가스유출이 정지될 때의 압력

⑤ **조정기 용량** : 조정기로부터 나온 가스유출량

⑥ **안전장치** : 조정기의 압력상승을 방지하는 장치

(4) 조정기의 작동원리

① 감압실 내의 압력이 낮은 경우
다이어프램이 내려간다 ⇨ 레버가 내려간다 ⇨ 밸브봉이 좌로 끌려간다 ⇨ 밸브가 열려 감압실 내에 가스가 들어간다.

② 감압실 내의 압력이 높은 경우
다이어프램이 올라간다 ⇨ 레버가 올라간다 ⇨ 밸브봉이 우측으로 끌려간다 ⇨ 밸브가 닫혀 감압실 내에 가스가 들어가는 것이 정지된다.

(5) 조정기의 감압방식

① **1단 감압방식** : 용기 내의 가스압력을 한 번에 사용압력까지 낮추는 방식이다.

㉠ 장점
- 조작이 간단하다.
- 장치가 간단하다.

㉡ 단점
- 최종 공급압력의 정확을 기하기 힘들다.
- 배관의 굵기가 비교적 굵어진다.

② **2단 감압방식** : 용기 내의 가스압력을 소비압력보다 약간 높은 상태로 감압하고 다음 단계에서 소비압력까지 낮추는 방식이다.

㉠ 장점
- 공급압력이 안정하다.
- 중간 배관이 가늘어도 된다.
- 배관입상에 의한 압력손실을 보정할 수 있다.
- 각 연소기구에 알맞은 압력으로 공급이 가능하다.

㉡ 단점
- 설비가 복잡하다.
- 조정기가 많이 소요된다.
- 검사방법이 복잡하다.
- 재액화의 문제가 있다.

③ 자동교체식 조정기 사용 시 이점
㉠ 용기 교환주기의 폭을 넓힐 수 있다.
㉡ 잔액이 거의 없어질 때까지 소비된다.
㉢ 전체 용기 수량이 수동교체식의 경우보다 작아도 된다.
㉣ 자동절체식 분리형을 사용할 경우 1단 감압식의 경우에 비해 도관의 압력손실을 크게 해도 된다.

(6) 조정기의 기능

① 조정압력은 항상 2.3~3.3kPa 범위일 것
② 조정기의 최대폐쇄압력은 3.5kPa 이하일 것
③ 저압조정기 안전장치 작동개시압력은 7±1.4kPa일 것

(7) 조정기의 설치 시 주의사항

① 조정기와 용기의 탈착작업은 판매자가 할 것
② 조정기의 규격용량은 사용 연소기구 총가스소비량의 150% 이상일 것
③ 용기 및 조정기는 통풍이 양호한 곳에 설치할 것
④ 용기 및 조정기 부근에 연소되기 쉬운 물질을 두지 말 것
⑤ 조정기에 부착된 압력나사는 건드리지 말 것
⑥ 조정기 부착 시 접속구를 청소하고, 나사는 정확하고 바르게 접속 후 너무 조이지 말 것
⑦ 조정기 부착 후 접속부는 반드시 비눗물 등으로 검사할 것

03 기화기(Vaporizer)

(1) 기화기의 구성 및 장점

① 기화기의 구성 : 기화기는 전열기나 온수에 의해 LPG액을 기화시키는 장치로 열발생부와 열교환부, 기타 각종 제어장치로 구성되어 있다.
② 기화기를 사용했을 때의 이점
㉠ LP가스의 종류에 관계없이 한랭 시에도 충분히 기화시킬 수 있다.
㉡ 공급가스의 조성이 일정하다.
㉢ 설치면적이 작아도 되고 기화량을 가감할 수 있다.
㉣ 설비비 및 인건비가 절감된다.

(2) 장치 구성형식에 따른 분류

단관식, 다관식, 사관식, 열판식

(3) 증발형식에 따른 분류

순간증발식, 유입증발식

(4) 작동원리에 따른 분류

① **가온감압식** : 열교환기에 의해 액상의 LP가스를 보내 온도를 가하고 기화된 가스를 조정기로 감압 공급하는 방식으로 많이 사용된다.

② **감압가온식** : 액상의 LP가스를 조정기 감압밸브로 감압, 열교환기로 보내 온수 등으로 가열하는 방식

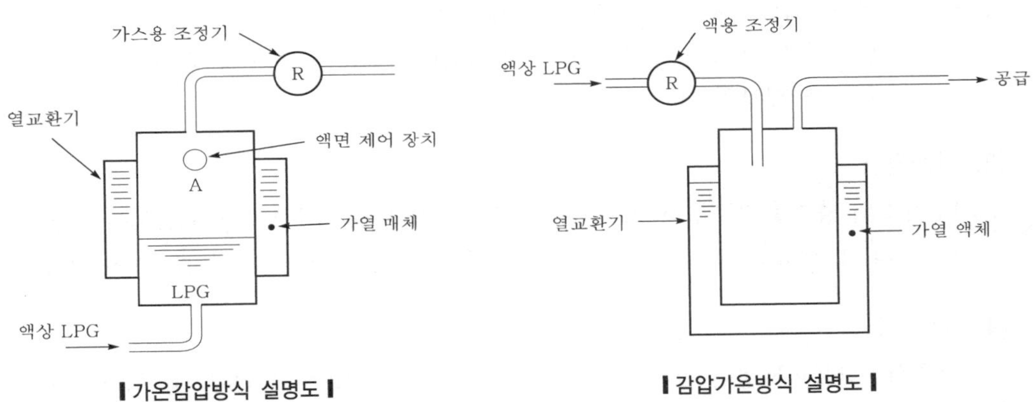

▌가온감압방식 설명도▐ ▌감압가온방식 설명도▐

(5) 가열방식에 따른 분류

① 간접(열매체 이용) 가열방식 : 온수를 매개체로 하여 전기가열, 가스가열, 증기가열 등이 있다.

② 대기온도 이용방식

04 LP가스 설비의 완성검사 항목

(1) 기밀시험

① 시험매체 : 공기 및 질소 등의 불활성 가스

② 시험압력 : 8.4kPa 이상

③ 시험시간

㉠ 10L 이하 : 5분

㉡ 10L 초과~50L 이하 : 10분

㉢ 50L 초과 : 24분

(2) 가스치환

LP가스를 사용하기 위해 기밀시험한 관내의 공기 및 질소를 LP가스를 봉입하여 배제하는 시험이다.

① 치환하는 방법

㉠ 기밀시험 후 말단 콕을 열어서 대기압이 될 때까지 공기를 방출한다.

㉡ LP가스 용기로부터 조정기를 통하여 LP가스를 배관 내에 유입하여 배관 전체 말단으로부터 공기를 서서히 방출한다. 이때 공기와 함께 나오는 LP가스는 화기에 인화, 폭발되지 않도록 주의를 요한다.

㉢ 완전하게 가스가 치환된 것이 확인되면 연소기구의 전부를 점화시켜 보고 치환 완료를 재확인한다.

(3) 기능검사

LP가스의 충전용기로부터 조정기를 통하여 LP가스를 건설비에 도입하여 배관 등 전부의 설비 및 연소기구가 LP가스를 소비하는 데 적당한가를 검사하는 작업이다.

(4) 내압시험

압축성이 적고 독성이 없는 물을 사용하므로 '수압시험'이라고도 하며 배관 등이 사용압력에 충분히 견딜 수 있는 강도를 갖고 있는가를 확인하는 시험이다.

① 시험매체 : 20℃의 순수한 물

② 시험압력

㉠ 충전용기와 조정기 사이의 배관 : 3MPa

㉡ 조정기와 중간밸브(폐지밸브) : 0.8MPa

㉢ 용기에 접속하는 3m 미만의 배관(고무호스) : 0.2MPa

05 가스연소 시 이상현상

(1) 선화(Lifting)

가스의 연소속도보다 유출속도가 빨라 염공에 접하여 연소하지 않고 염공을 떠나 연소하는 현상

(2) 역화(Backfire)

① 역화의 정의 : 가스의 연소속도가 유출속도보다 커서 불꽃이 염공에서 연소기 내부로 침투하여 연소기 내부에서 연소되는 현상

② 역화의 원인
- ㉠ 염공이 크게 되었을 때
- ㉡ 노즐 구경이 클 때
- ㉢ 콕에 먼지나 이물질이 부착되었을 때
- ㉣ 가스압력이 낮을 때
- ㉤ 콕이 충분히 열리지 않았을 때

06 부취제 주입방식

(1) 액체 주입식

부취제를 액체상태 그대로 직접 가스 흐름에 주입하는 방식이다.

① **펌프 주입방식** : 소용량의 다이어프램 펌프 등으로 부취제를 직접 가스 중에 주입하는 방식이다.

② **적하 주입방식** : 부취제 주입용기를 사용해 중력에 의해 부취제를 가스 흐름 중에 떨어뜨리는 방식이다.

③ **미터 연결 바이패스 방식** : 가스미터에 연결된 부취제 첨가장치를 구동해 가스 중에 주입하는 방식이다.

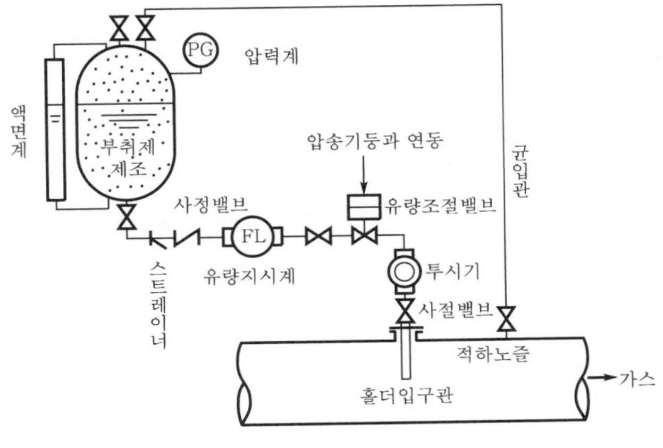

▌적하주입방식▐

(2) 증발식

부취제의 증기를 가스 흐름에 직접 혼합하는 방식이다.

① 종류 : 바이패스 증발식, 위크 증발식

② 부취제를 제거하는 방법 : 활성탄에 의한 흡착, 화학적 산화처리, 연소법

07 강제 기화방식

용기 또는 탱크에서 액체의 LP가스를 도관으로 통하여 기화기에 의해 기화시키는 방식으로서 생가스 공급방식, 공기혼합가스 공급방식, 변성가스 공급방식 등이 있다.

(1) 생가스 공급방식

기화기(베이퍼라이저)에 의하여 기화된 그대로의 가스를 공급하는 방식으로 0℃ 이하가 되면 재액화되기 쉽기 때문에 가스배관은 고온처리를 한다.

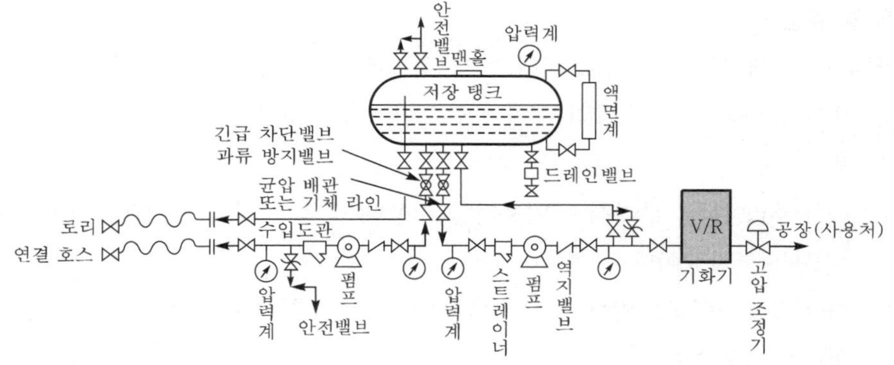

▎생가스 공급방식▎

(2) 공기혼합가스 공급방식

기화한 부탄에 공기를 혼합하여 공급하는 방식으로 기화된 가스의 재액화 방지 및 발열량을 조절할 수 있으며 부탄을 다량 소비하는 경우에 사용된다.

- 공기혼합(Air dilute)의 공급목적 : 재액화 방지, 발열량 조절, 누설 시의 손실 감소, 연소효율의 증대

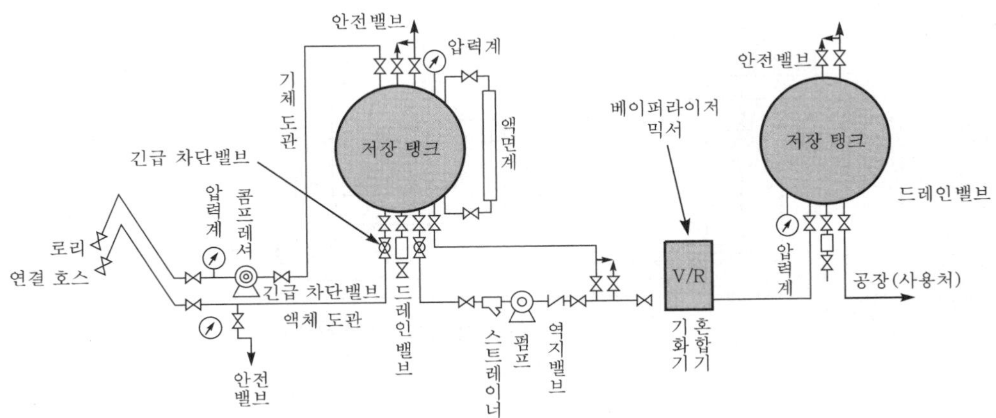

▌공기혼합가스 공급방식(부탄)▐

(3) 변성가스 공급방식

부탄을 고온의 촉매로서 분해하여 메탄, 수소, 일산화탄소 등의 연질가스로 변성시켜 공급하는 방식으로 금속의 열처리나 특수제품의 가열 등 특수용도에 사용하기 위해 이용되는 방식이다.

08 LP가스 이송설비

LP가스 이송설비는 LP가스를 탱크로리로부터 저장탱크에 이송하는 경우에 사용되는 설비로서 액체펌프나 압축기가 주로 사용된다.

(1) 이송방법의 구분

① 차압에 의한 방법
② 압축기에 의한 방법
③ 균압관이 있는 펌프에 의한 방법
④ 균압관이 없는 펌프에 의한 방법

(2) 압축기 및 액체 펌프 이송에 대한 장·단점

압축기		액체 펌프	
장 점	단 점	장 점	단 점
• 충전시간이 짧다. • 잔가스 회수가 용이하다. • 베이퍼록의 우려가 없다.	• 재액화 우려가 있다. • 드레인 우려가 있다.	• 재액화 우려가 없다. • 드레인 우려가 없다.	• 충전시간이 길다. • 잔가스 회수가 불가능하다. • 베이퍼록 우려가 있다.

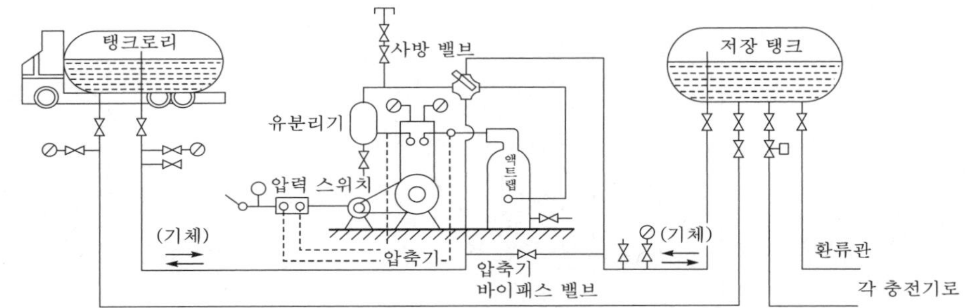

▌압축기에 의한 이송방식▐

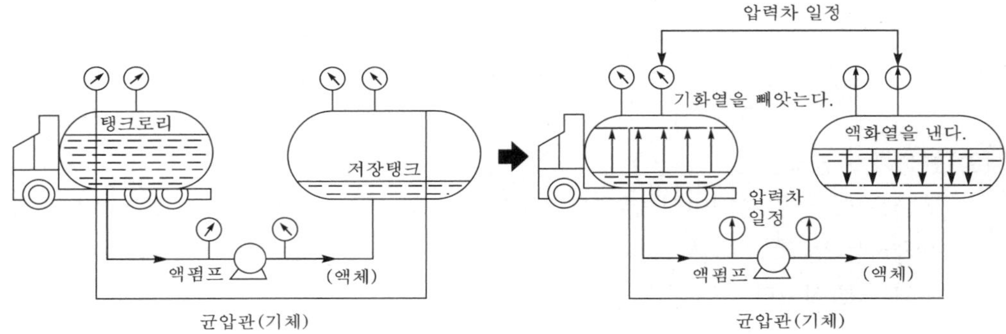

▌액체펌프 이송방식(균입관이 있는 경우)▐

09 도시가스 홀더

(1) 가스 홀더의 분류

중 · 고압용	원통형
	구형
저압용	유수식
	무수식

(2) 가스 홀더의 종류 및 특징

종 류	기 능	특 징
유수식	물탱크 내 가스를 띄워 가스의 출입구에 따라 가스탱크가 상승하고 수봉에 의하여 외기와 차단하여 가스를 저장하며 가스량에 따라 가스탱크가 상하로 자유롭게 움직인다.	① 한랭지에서 물의 동결방지가 필요하다. ② 유효가동량이 구형 홀더에 비해 크다. ③ 제조설비가 저압인 경우 사용된다. ④ 물탱크 수분 때문에 가스에 습기가 포함되어 있다. ⑤ 다량의 물 때문에 기초공사비가 많이 든다.

<table>
<tr><th>종 류</th><th>기 능</th><th>특 징</th></tr>
<tr><td rowspan="2">무수식</td><td>가스가 피스톤 하부에 저장되며 저장가스량 증감에 따라 피스톤이 상하로 자유롭게 움직이는 형식으로 대용량 저장에 사용된다.</td><td>① 물탱크가 없어 기초가 간단하며 설치비가 절감된다.
② 건조한 상태로 가스가 저장된다.
③ 유수식에 비해 작업 중 가스의 압력변동이 적다.</td></tr>
<tr><td colspan="2">〈무수식 홀더의 구비조건〉
• 피스톤이 원활히 작동되도록 설치한 것일 것
• 봉액을 사용하는 것은 봉액공급용 예비펌프를 설치한 것일 것</td></tr>
<tr><td>구형</td><td>① 가스 수온의 시간적 변동에 대하여 일정 가스량을 안전하게 공급하고 남는 가스를 저장한다.
② 조성이 변화하는 제조가스를 저장 · 혼합하여 공급가스의 열량, 성분, 연소성 등을 균일하게 한다.
③ 정전, 배관공사, 공급 및 제조설비의 일시적 지장에 대하여 어느 정도 공급을 확보한다.
④ 각 지역에 가스홀더를 설치하여 피크 시 각 지구 공급을 가스홀더에 의해 공급함과 동시에 배관의 수송효율을 높인다.</td><td>① 표면적이 적어 다른 홀더에 비해 사용강제량이 적다.
② 부지 면적과 기초 공사량이 적다.
③ 가스 송출에 가스홀더 자체 압력을 이용할 수 있다.
④ 가스를 건조한 상태로 저장할 수 있다.
⑤ 움직이는 부분이 없어 롤러 간격 실상황 등의 감시가 필요하지 않고 관리가 용이하다.</td></tr>
<tr><td colspan="3">〈고압가스 홀더의 구비조건〉
• 관의 입출구에는 온도 · 압력 변화에 따른 신축을 흡수하는 조치를 할 것
• 응축액을 외부로 뽑을 수 있는 장치를 설치할 것
• 맨홀 또는 검사구를 설치할 것
• 응축액의 동결을 방지하는 조치를 할 것</td></tr>
</table>

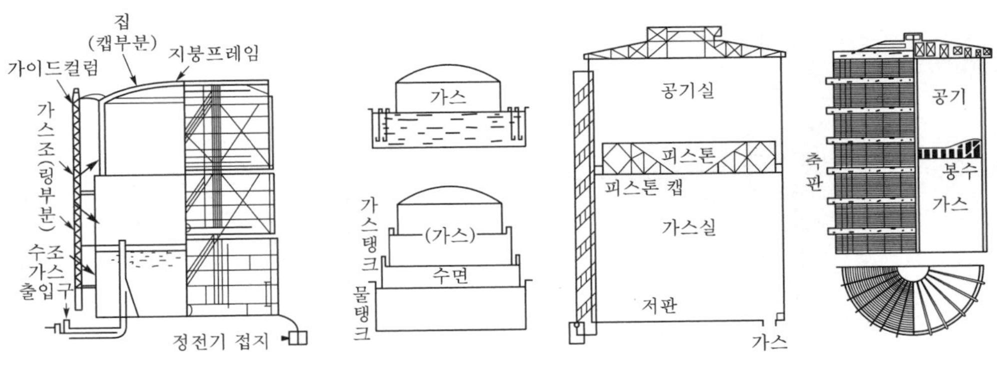

▎유수식 가스홀더▎ ▎무수식 가스홀더▎

10 정압기(Governor) (KG S Fs 552)

(1) 정의 및 부속설비

① 정압기의 정의

도시가스 압력을 사용처에 맞게 낮추는 감압기능, 2차측 압력을 허용범위 내의 압력으로 유지하는 정압기능, 가스 흐름이 없을 때 밸브를 완전히 폐쇄하여 압력상승을 방지하는 폐쇄기능을 가진 기기로서 정압기용 압력조정기와 그 부속설비를 말한다.

② 정압기용 부속설비

1차측 최초 밸브로부터 2차측 말단 밸브 사이에 설치된 배관, 가스차단장치, 정압기용 필터, 긴급차단장치(slamshut valve), 안전밸브(safety valve), 압력기록장치(pressure recorder), 각종 통보설비, 연결 배관 및 전선

(2) 정압기의 종류

① 지구정압기

일반 도시가스 사업자의 소유시설로 가스도매 사업자로부터 공급받은 도시가스의 압력을 1차적으로 낮추기 위해 설치하는 정압기

② 지역정압기

일반 도시가스 사업자의 소유시설로서 지구정압기 또는 가스도매 사업자로부터 공급받은 도시가스의 압력을 낮추어 다수의 사용자에게 가스를 공급하기 위해 설치하는 정압기

③ 캐비닛형 구조의 정압기

정압기 배관 및 안전장치 등이 일체로 구성된 정압기에 한하여 사용할 수 있는 정압기실로 내식성 재료의 캐비닛과 철근콘크리트 기초로 구성된 정압기실

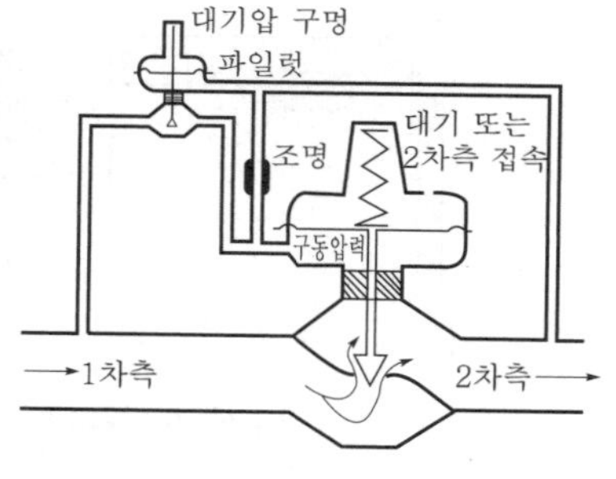

▌파일럿 로딩형 정압기▐

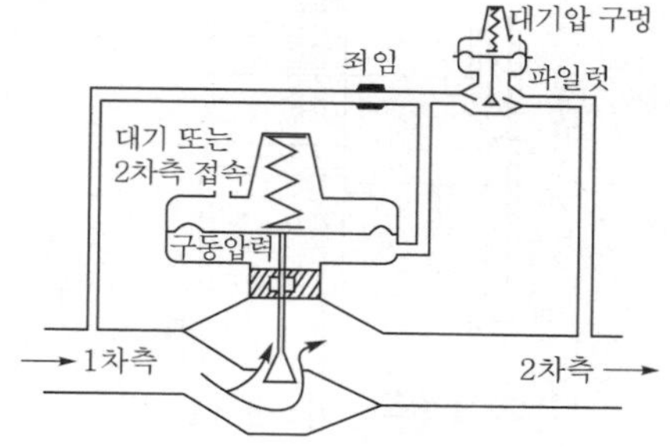

▌파일럿 언로딩형 정압기▐

(3) 정압기의 설치기준

① 가스 차단장치 및 이상압력 방지장치

㉠ 입구에는 가스 차단장치를 설치한다.

㉡ 출구에는 가스압력의 이상압력 방지장치를 설치한다.

② 침수 방지조치

침수 위험이 있는 지하에 설치하는 정압기에는 침수 방지조치를 한다. 가스 중 수분의 동결에 의하여 정압기능을 저해할 우려가 있는 정압기에는 동결 방지조치를 한다.

③ 압력 기록장치

정압기 출구에는 가스의 압력을 측정 · 기록할 수 있는 장치를 설치한다.

④ 불순물 제거

정압기의 입구에는 불순물 제거장치를 설치한다.

⑤ 정압기와 필터의 분해 점검

공급시설				사용시설		
정압기	예비정압기	필터		정압기	필터	
		공급개시 직후	향후		공급개시 직후	향후
2년 1회	3년 1회	1월 이내	1년 1회	3년 1회 그 이후는 4년 1회	1월 이내	3년 1회 그 이후는 4년 1회
공통사항						
① 정압기실 전체는 1주일에 1회 이상 작동상황 점검 ② 정압기실 가스누출경보기는 1주일에 1회 이상 점검 ③ 공급시설에서 3년에 1회 분해 점검하는 예비정압기란 다음과 같다. ㉠ 주정압기의 기능상실에만 사용하는 예비정압기 ㉡ 월 1회 이상 작동점검을 실시하는 예비정압기						

(4) 정압기의 평가 · 선정 시 고려해야 할 특성

종 류	관 계
정특성	유량과 2차 압력과 관계
동특성	부하변화가 큰 곳에 사용되는 정압기이며 부하변동에 대한 응답의 신속성과 안정성
유량특성	메인밸브의 열림과 유량과의 관계
사용 최대차압	1차 압력과 2차 압력의 차압이 작용하여 정압 성능에 영향을 주나 이것이 실용적으로 사용할 수 있는 범위에서 최대로 되었을 때 차압
작동 최소차압	정압기가 작동할 수 있는 최소차압

chapter 2

출/제/예/상/문/제

01 LP가스 사용시설에 조정기의 사용목적은?

① 유출압력 조절 ② 유량 조절
③ 유출압력 상승 ④ 발열량 조절

해설
조정기의 사용목적 : 유출압력 조절

02 LP가스 이송설비 중 펌프에 의한 방식은 충전시간이 많이 소요되는 단점이 있는데 이것을 보완하기 위해 설치하는 것은 무엇인가?

① 안전밸브 ② 역지밸브
③ 기화기 ④ 균압관

해설
균압관은 저장탱크의 상부 압력을 탱크로리로 보냄으로써 충전시간을 단축할 수 있는 장점이 있다.

참고 펌프에 의한 이송 : 펌프를 액라인에 설치하여 탱크로리의 액상가스를 도중에 가압시켜 저장탱크로 이송시키는 방식으로 LP가스 이송펌프는 주로 기어펌프나 원심펌프 등이 이용된다.

03 보기의 LP가스 저압배관 완성검사방법 중 ( )에 적당한 수치는?

> 배관의 기밀시험은 불연성 가스로 실시하며 압력은 (㉮)kPa이고 시험시간은 가스미터로 5분간 자기압력계로 (㉯)분간 실시한다.

① ㉮ 8.4, ㉯ 24 ② ㉮ 10, ㉯ 5
③ ㉮ 15, ㉯ 24 ④ ㉮ 20, ㉯ 5

04 LP가스용 배관설비의 완성검사에 속하지 않는 것은?

① 외관검사 ② 내압시험
③ 기밀시험 ④ 가스치환

해설
완성검사 항목 : 내압시험, 기밀시험, 가스치환, 기능검사

05 다음 중 LP가스 연소기구가 갖추어야 할 구비조건이 아닌 것은?

① 취급이 간단하고 안정성이 높아야 한다.
② 전가스 소비량은 표시치의 ±5% 이내이어야 한다.
③ 열을 유효하게 이용할 수 있어야 한다.
④ 가스를 완전연소시킬 수 있어야 한다.

해설
② 전가스 소비량 ±10% 이내이어야 한다.

06 어느 집단 공급 아파트에서 1일 1호당 평균 가스소비량이 1.33kg/day, 가구 수가 60이며 피크 시 평균 가스소비율이 80%일 때 평균 가스소비량은 몇 kg/hr인가?

① 40.24 ② 50.84
③ 55.80 ④ 63.84

해설
$Q = q \times N \times n$
$= 1.33 \times 60 \times 0.8 = 63.84\text{kg/hr}$
여기서, Q : 피크 시 평균 가스소비량(kg/hr)
q : 1일 1호당 평균 가스소비량(kg/d)
N : 세대 수
n : 소비율

07 LP가스 연소방식 중 연소용 공기를 1차 및 2차 공기로 취하는 방식은?

① 적화식 ② 분젠식
③ 세미분젠식 ④ 전1차 공기식

해설
① 적화식 : 가스를 대기 중으로 분출. 대기 중 공기를 이용하여 연소한다.
② 분젠식 : 1차 및 2차 공기를 취한다.
③ 세미분젠식 : 적화식과 분젠식의 중간 형태이다.
④ 전1차 공기식 : 2차 공기를 취하지 않고 모두 1차 공기로 취한다.

정답 01.① 02.④ 03.① 04.① 05.② 06.④ 07.②

08 LPG 사용시설의 저압배관의 내압시험압력은 몇 MPa이어야 하는가?

① 0.3 ② 0.8
③ 1.5 ④ 2.6

09 급배기방식에 따른 연소기구 중 실내에서 연소 공기를 흡입하여 폐가스를 옥외로 배출하는 형식은?

① 밀폐형 ② 반밀폐형
③ 개방형 ④ 반개방형

급배기방식에 따른 연소기구
㉠ 개방형 : 실내의 공기를 흡입하여 연소를 지속하고 연소폐가스를 실내에 배출한다.
㉡ 반밀폐형 : 연소용 공기를 실내에서 취하며 연소폐가스는 옥외로 방출한다.
㉢ 밀폐형 : 연소용 공기를 옥외에서 취하고 폐가스도 옥외로 배출한다.

10 LPG $50m^3$의 탱크에 20t을 충전 시 저장탱크 내 액상의 용적은 몇 %인가? (단, 액비중은 0.55로 한다.)

① 70% ② 71%
③ 72% ④ 73%

해설

$20t \div 0.55t/m^3 = 36.3636m^3$

$\therefore \frac{36.36}{50} \times 100 = 72.727\% \fallingdotseq 73\%$

11 LPG 용기에 대한 설명 중 잘못된 항목은?

① T_P(3MPa)
② 안전밸브(가용전식)
③ 용접용기
④ 충전구(왼나사)

해설

LP가스 용기 안전밸브 : 스프링식

12 LP가스 기화기 C_3H_8의 입구압력은?

① 1.56~0.07MPa ② 0.5~0.04MPa
③ 2.8kPa ④ 2.3~3.3kPa

해설

②는 C_4H_{10}의 입구압력이다.
$15.6 \sim 0.7kg/cm^2 = 1.56 \sim 0.07MPa$

13 LPG 연소 특성이 아닌 항목은?

① 연소 시 물과 탄산가스가 생성된다.
② 발열량이 크다.
③ 연소 시 다량의 공기가 필요하다.
④ 발화온도가 낮다.

14 LPG의 일반적 특성이 아닌 것은?

① LPG는 공기보다 무겁다.
② 액은 물보다 무겁다.
③ 기화 · 액화가 용이하다.
④ 기화 시 체적이 커진다.

해설

액은 물보다 가볍다(액비중 0.5).

15 LPG와 도시가스를 비교했을 때 LPG의 장점이 아닌 항목은?

① 특별한 가압장치가 필요 없다.
② 어디서나 사용이 가능하다.
③ 연소 시 다량의 공기가 필요하다.
④ 작은 관경으로 많은 양의 공급이 가능하다.

해설

연소 시 다량의 공기가 필요하다는 것은 단점이다.

16 다음 중 LP가스 수송방법이 아닌 것은?

① 압축기에 의한 방법
② 용기에 의한 방법
③ 탱크로리에 의한 방법
④ 유조선에 의한 방법

해설

LPG 수송방법 : 용기, 탱크로리, 철도차량, 유조선(탱커), 파이프라인에 의한 방법

17 탱크로리에서 저장탱크로 LPG를 이송하는 방법이 아닌 것은?

① 차압에 의한 방법
② 압축기에 의한 방법
③ 압축가스 용기에 의한 방법
④ 펌프에 의한 방법

정답 08.② 09.② 10.④ 11.② 12.① 13.④ 14.② 15.③ 16.① 17.③

해설

LP가스 이송설비
㉠ 압축기에 의한 방법
㉡ 펌프에 의한 방법
㉢ 차압에 의한 방법

18 LP가스를 자동차 연료로 사용 시 장점이 아닌 것은?

① 엔진 수명이 연장된다.
② 공해가 적다.
③ 급속한 가속이 가능하다.
④ 완전연소된다.

19 다음 LP가스 이송방법 중 펌프 사용 시 단점이 아닌 것은?

① 잔가스 회수가 어렵다.
② 베이퍼록 현상이 없다.
③ 충전시간이 길다.
④ 베이퍼록이 발생한다.

20 LP가스 공급 시 관이 보온되었을 경우 어떤 공급방식에 해당되는가?

① 생가스 공급방식
② 개질가스 공급방식
③ 공기혼합가스 공급방식
④ 변성가스 공급방식

21 다음 중 강제기화방식의 종류가 아닌 것은?

① 생가스 공급방식
② 직접 공급방식
③ 공기혼합가스 공급방식
④ 변성가스 공급방식

해설

강제기화방식의 종류에 ②는 해당되지 않는다.

참고 LP가스를 도시가스로 공급하는 방식
㉠ 직접혼입식
㉡ 변성혼입식
㉢ 공기혼입식

22 LP가스 사용시설 중 기화기 사용 시 장점이 아닌 항목은?

① 한랭 시 가스공급이 가능하다.
② 기화량을 가감할 수 있다.
③ 설치면적이 커진다.
④ 공급가스 조성이 일정하다.

해설

기화기 사용 시 장점 : 설치면적이 작아진다.

23 LP가스를 공급 시 공기 희석의 목적이 아닌 것은?

① 재액화 방지 ② 발열량 조절
③ 연소효율 증대 ④ 누설 시 손실 증대

④ 누설 시 손실 감소

24 자연기화방식의 특징이 아닌 항목은?

① 기화능력에 한계가 있어 소량 소비처에 사용한다.
② 조성변화가 크다.
③ 발열량의 변화가 크다.
④ 용기 수량이 적어도 된다.

해설

자연기화는 용기 수량이 많아야 된다.

가스 종류 / 특 징	C_3H_8	C_4H_{10}
비등점	−42℃	−0.5℃
기화방식	자연기화방식	강제기화방식
분자량	44g	58g
연소범위	2.1~9.5%	1.9~8.5%

25 일반 가정용에서 널리 사용되는 조정기는?

① 1단 감압식 저압조정기
② 1단 감압식 준저압조정기
③ 자동교체식 일체형 조정기
④ 자동교체식 분리형 조정기

26 다음 중 1단 감압식의 특징이 아닌 것은?

① 압력조정이 정확하다.
② 장치가 간단하다.
③ 조작이 간단하다.
④ 배관이 굵어진다.

정답 18.③ 19.② 20.① 21.② 22.③ 23.④ 24.④ 25.① 26.①

해설

① 압력조정이 부정확하다.

27 자동교체식 조정기의 장점이 아닌 것은?

① 전체 용기 수량이 수동보다 많이 필요하다.
② 잔액이 없어질 때까지 사용이 가능하다.
③ 용기 교환 주기가 넓다.
④ 분리형 사용 시 압력손실이 커도 된다.

해설

① 용기 수량이 적어도 된다.

28 LPG 사용시설 중 2단 감압식의 장점이 아닌 것은?

① 공급압력이 안정하다.
② 장치가 간단하다.
③ 중간 배관이 가늘어도 된다.
④ 최종압력이 정확하다.

29 다음 중 기화기의 구성요소에 해당되지 않는 것은?

① 안전밸브 ② 과열방지장치
③ 긴급차단장치 ④ 액면제어장치

해설

기화장치의 구조도

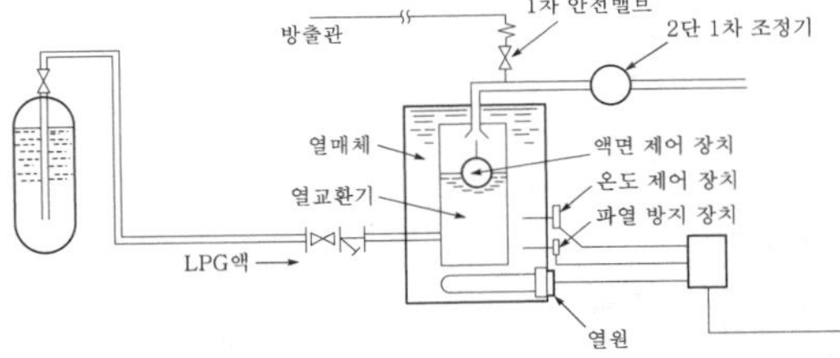

㉠ 기화부(열교환기) : 액체상태의 LP가스를 열교환기에 의해 가스화시키는 부분
㉡ 열매온도 제어장치 : 열매온도를 일정 범위 내에 보존하기 위한 장치
㉢ 열매과열 방지장치 : 열매가 이상하게 과열되었을 경우 열매로의 입열을 정지시키는 장치
㉣ 액면제어장치 : LP가스가 액체상태로 열교환기 밖으로 유출되는 것을 방지하는 장치
㉤ 압력조정기 : 기화부에서 나온 가스를 소비목적에 따라 일정한 압력으로 조정하는 부분
㉥ 안전변 : 기화장치의 내압이 이상 상승했을 때 장치 내의 가스를 외부로 방출하는 장치

30 다음 중 기화기의 종류에 해당되지 않는 것은?

① 열판식
② 쌍관식
③ 단관식
④ 다관식

31 부탄을 고온의 촉매로서 분해하여 메탄, 수소 등의 가스로 변성시켜 공급하는 강제기화방식의 종류는?

① 생가스 공급방식
② 직접 공급방식
③ 변성가스 공급방식
④ 공기혼합 공급방식

해설

변성가스 공급방식 : 부탄을 고온의 촉매로서 분해하여 메탄, 수소, 일산화탄소 등의 연질가스로 변성시켜 공급하는 방식으로 금속의 열처리나 특수제품의 가열 등 특수용도에 사용하기 위해 이용되는 방식이다.

32 LP가스 저장탱크에서 반드시 부착하지 않아도 되는 부속품은?

① 긴급차단밸브
② 온도계
③ 안전밸브
④ 액면계

해설

온도계는 반드시 부착하는 부속품이 아니다.

33 긴급차단장치에 대한 설명으로 잘못된 것은?

① 긴급차단밸브는 역류방지밸브로 갈음할 수 있다.
② 긴급차단밸브는 주밸브와 겸용할 수 있다.
③ 원격조작온도는 110℃이다.
④ 작동하는 동력원은 액압, 기압, 전기압 등이다.

해설

② 긴급차단밸브는 주밸브와 겸용할 수 없다.

정답 27.① 28.② 29.③ 30.② 31.③ 32.② 33.②

34 LP가스 탱크로리에서 저장탱크로 가스 이송이 끝난 다음의 작업 순서로 올바른 것은?

> ㉮ 차량 및 설비의 각 밸브를 잠근다.
> ㉯ 밸브에 캡을 부착한다.
> ㉰ 호스를 제거한다.
> ㉱ 어스선을 제거한다.

① ㉮ – ㉯ – ㉰ – ㉱
② ㉮ – ㉰ – ㉯ – ㉱
③ ㉯ – ㉰ – ㉮ – ㉱
④ ㉯ – ㉮ – ㉰ – ㉱

35 대기 중 6m 배관을 상온스프링으로 연결 시 절단길이는 몇 mm인가? (단, 온도차는 50℃, 열팽창계수는 8×10^{-5}/℃이다.)

① 9mm　　② 12mm
③ 18mm　　④ 24mm

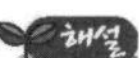

$\lambda = L\alpha\Delta t = 6\times10^3\text{mm}\times8\times10^{-5}/℃\times50℃ = 24\text{mm}$

$\therefore\ 24\times\frac{1}{2} = 12\text{mm}$

36 비열이 0.6인 액체 7000kg을 30℃에서 80℃까지 상승 시 몇 m^3의 C_3H_8이 소비되는가? (단, 열효율은 90%, 발열량은 24000 kcal/m^3이다.)

① $5.6m^3$　　② $6.6m^3$
③ $8.7m^3$　　④ $9.7m^3$

해설

$(7000\times0.6\times50)\text{kcal} : x(m^3)$

$24000\text{kcal}\times0.9 : 1m^3$

$x = \frac{7000\times0.6\times50\times1}{24000\times0.9(m^3)} = 9.72m^3 \fallingdotseq 9.7m^3$

37 석유화학공업에서 부산물로 얻어지는 업가스의 발열량은 어느 정도인가?

① 8800kcal/m^3
② 9800kcal/m^3
③ 10000kcal/m^3
④ 20000kcal/m^3

38 원유를 상압 증류 시 얻어지는 도시가스의 원료로 사용되는 가솔린을 무엇이라 하며 비점은 어느 정도인가?

① 액화석유가스(–40℃)
② 업가스(100℃)
③ 납사(200℃)
④ 액화천연가스(–160℃)

39 가스용 나프타의 성상 중 PONA 값이 있다. 다음 중 틀린 것은?

① P : 파라핀계 탄화수소
② O : 올레핀계 탄화수소
③ N : 나프텐계 탄화수소
④ A : 알칸족 탄화수소

해설

④ A : 방향족 탄화수소

참고 가스용 나프타의 성상
- 파라핀계 탄화수소가 많다.
- 유황분이 적게 함유되어 있다.
- 촉매의 활성에 영향을 미치지 않는다.
- 카본 석출이 적다.

40 도시가스 원료 중 액체 연료에 해당되지 않는 것은?

① LPG
② LNG
③ 나프타
④ 천연가스

해설

도시가스의 원료
㉠ 기체연료 : 천연가스, 정유가스(업가스)
㉡ 액체연료 : LNG, LPG, 나프타
㉢ 고체연료 : 코크스, 석탄

41 다음 중 연소기에서 일어나는 선화의 원인이 아닌 것은?

① 가스의 공급압력이 높을 때
② 노즐 구경이 클 때
③ 공기조절장치가 많이 열렸을 때
④ 환기 불량 시

정답 34.① 35.② 36.④ 37.② 38.② 39.④ 40.④ 41.②

해설

선화의 원인
㉠ 버너의 염공에 먼지 등이 끼어 염공이 작게 된 경우
㉡ 가스의 공급압력이 너무 높은 경우
㉢ 노즐의 구경이 너무 작은 경우
㉣ 연소가스의 배기 불충분이나 환기의 불충분 시
㉤ 공기조절장치(damper)를 너무 많이 열었을 경우

42 다음 중 역화의 원인에 해당되지 않는 것은?

① 염공이 클 때
② 노즐구경이 클 때
③ 가스압력이 높을 때
④ 콕 개방이 불충분할 때

해설

역화(백파이어) : 가스의 연소속도가 유출속도보다 빨라 연소기 내부에서 연소하는 현상

43 다음 도시가스의 부취제 종류에 해당되지 않는 것은?

① THT
② DMS
③ TBM
④ ABS

해설

부취제의 종류
㉠ 터시어리부틸 메르카부탄(TBM) : 양파 썩는 냄새
㉡ 테드라히드로티오펜(THT) : 석탄가스 냄새
㉢ 디메틸설파이드(DMS) : 마늘 냄새
※ 부취제의 착지농도 : $\frac{1}{1000}$ 상태에서 냄새로 판별할 수 있어야 한다.

44 다음 부취제의 주입방식 중 액체 주입식이 아닌 항목은?

① 펌프 주입방식
② 바이패스 증발식
③ 적하 주입방식
④ 미터 연결 바이패스방식

해설

액체 주입식 또는 증발식이 있으며 증발식에는 위크 증발식과 바이패스 증발식이 있다.

45 도시가스 공장에서 사용 중인 가스홀더 중 유수식의 특징이 아닌 것은?

① 한랭지에서 물의 동결방지가 필요하다.
② 유효가동량이 구형에 비해 적다.
③ 제조설비가 저압인 경우에 사용된다.
④ 기초 공사비가 많이 든다.

해설

② 유효가동량이 구형에 비해 크다.

참고 가스홀더의 분류
- 저압식 ┌ 유수식 가스홀더
  └ 무수식 가스홀더
- 중 · 고압식 ┌ 원통형 가스홀더
  └ 구형 가스홀더

46 도시가스배관에서 중압 A의 압력범위는?

① $1kg/cm^2g$ 미만　② $3\sim10kg/cm^2$
③ $1\sim3kg/cm^2$　④ $10kg/cm^2$ 이상

해설

- 고압 : $10kg/cm^2$(1MPa) 이상
- 중압 A : $3\sim10kg/cm^2$(0.3~1MPa)
- 중압 B : $1\sim3kg/cm^2$(0.1~0.3MPa)
- 저압 : $1kg/cm^2$(0.1MPa) 미만

47 정압기를 사용압력별로 분류한 것이 아닌 것은?

① 저압 정압기　② 중압 저압기
③ 고압 정압기　④ 상압 정압기

해설

① 저압 정압기 : 가스홀더의 압력을 소요압력으로 조정하는 감압설비
② 중압 정압기 : 중압을 저압으로 낮추는 감압설비
③ 고압 정압기 : 제조소에 압송된 고압을 중압으로 낮추는 감압설비

48 도시가스설비에 사용되는 정압기 중 가장 기본이 되는 정압기는?

① 파일럿 정압기
② 직동식 정압기
③ 레이놀즈식 정압기
④ 피셔식 정압기

해설

㉠ 직동식 정압기 : 작동상 가장 기본이 되는 정압기
㉡ 레이놀즈식 정압기 : 기능이 가장 우수한 정압기

정답 42.③ 43.④ 44.② 45.② 46.② 47.④ 48.②

49 정압기의 특성 중 유량과 2차 압력의 관계를 말하는 특성은 어느 것인가?

① 사용최대차압 및 작동최소차압
② 유량특성
③ 동특성
④ 정특성

해설

정특성 : 정상 상태에서 유량과 2차 압력과의 관계

50 다음 중 지역 정압기의 종류에 해당되지 않는 것은?

① 피셔식 ② 레이놀즈식
③ AFV식 ④ 파일럿식

해설

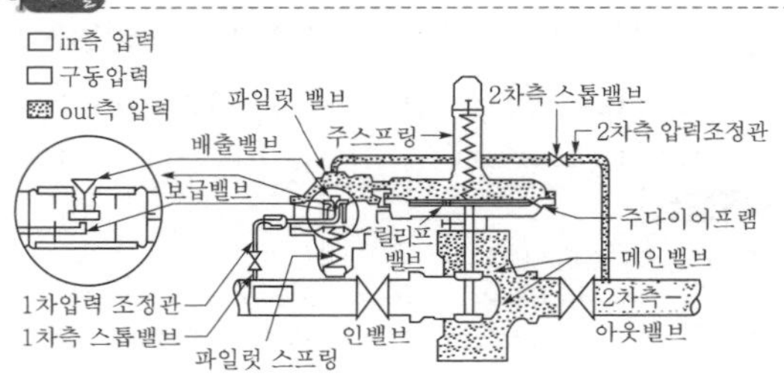

피셔식 정압기

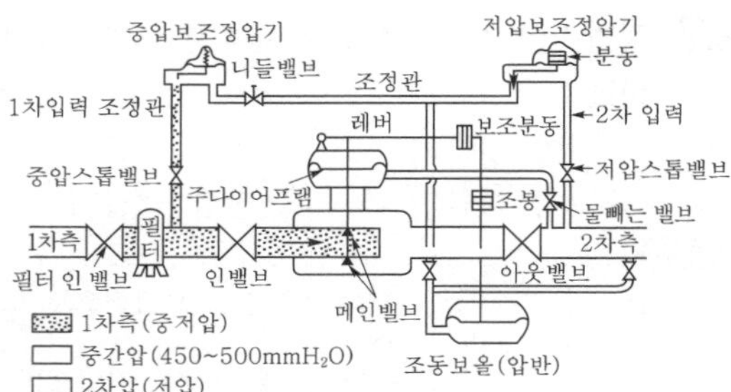

레이놀즈식 정압기

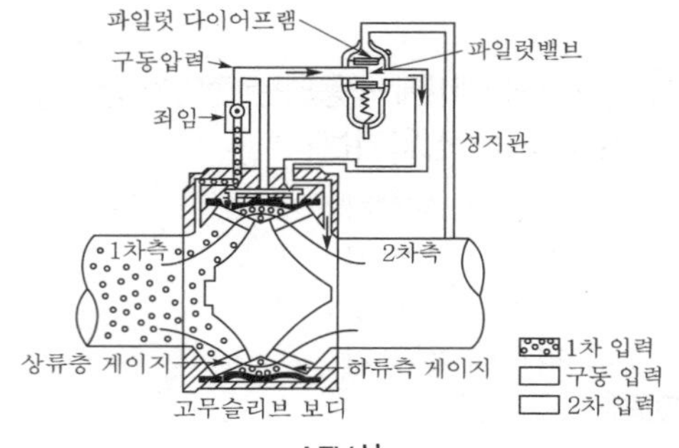

AFV식

상기 이외에 KRF식이 있다.

51 다음 중 무수식 가스홀더의 특징이 아닌 항목은?

① 설치비가 저렴하다.
② 가스 중에 수분이 포함되어 있다.
③ 압력 변동이 적다.
④ 물탱크가 필요 없다.

해설

무수식 가스홀더 : 수분이 없음

52 다음 중 구형 가스홀더의 기능이 아닌 항목은?

① 가스 수요의 변동에 대하여 가스량을 일정량 공급하고 남는 것은 저장한다.
② 조성변동하는 가스를 혼합하여 열량, 성분 등을 균일화한다.
③ 공급설비의 지장 시 공급이 중단된다.
④ 각 지역의 가스홀더에 의해 배관의 수송효율이 향상된다.

해설

공급 설비의 지장 시 어느 정도 공급이 가능하다.

53 다음 도시가스 설비에서 사용하는 압송기의 용도로 부적당한 것은?

① 가스홀더의 압력으로 가스 수송이 불가능 시
② 원거리 수송 시
③ 재승압 필요 시
④ 압력 조정 시

해설

압력 조정 시에는 정압기 또는 조정기가 사용된다.
압송기 : 배관을 통하여 공급되는 가스압력이 공급지역이 넓어 압력이 부족할 때 다시 압력을 높여주는 기기이다. 용도는 다음과 같다.

참고
- 도시가스를 재승압 시
- 도시가스를 제조공장으로부터 원거리 수송 시
- 가스홀더 자체 압력으로 전량 수송 불가능 시

54 압송기의 종류가 아닌 것은?

① 나사압송기 ② 터보압송기
③ 회전압송기 ④ 왕복압송기

정답 49.④ 50.④ 51.② 52.③ 53.④ 54.①

55 가스의 시간당 사용량이 다음과 같을 때 조정기 능력은? (단, 가스레인지 0.5kg/hr 가스 스토브 0.35kg/hr, 욕조통 0.9kg/hr)

① 1.775kg/hr
② 1.85kg/hr
③ 2.625kg/hr
④ 3.2kg/hr

조정기 능력은 총가스 사용량의 1.5배이므로
(0.5+0.35+0.9)×1.5=2.625kg/hr

56 가스홀더의 종류에 해당되지 않는 것은?

① 유수식　② 무수식
③ 원통형　④ 투입식

57 도시가스에서 공급지역이 넓어 압력이 부족할 때 사용되는 기기는?

① 계량기　② 정압기
③ 가스홀더　④ 압송기

53번 해설 참조

58 도시가스의 연소성은 표준 웨버지수의 얼마를 유지해야 하는가?

① ±4.5%　② ±5%
③ ±5.5%　④ 6%

웨버지수

$$WI = \frac{H}{\sqrt{d}}$$

여기서, WI : 웨버지수
d : 비중
H : 발열량(kcal/m^3)

59 총발열량이 9000kcal/m^{3}이며 비중이 0.5일 때 웨버지수는?

① 9000　② 10000
③ 12727　④ 23050

해설

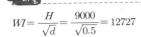

$$WI = \frac{H}{\sqrt{d}} = \frac{9000}{\sqrt{0.5}} = 12727$$

60 도시가스에서 고압공급의 특징이 아닌 것은?

① 유지관리가 쉽다.
② 압송비가 많이 든다.
③ 작은 관경으로 많은 양을 보낼 수 있다.
④ 공급의 안전성이 높다.

해설

① 유지관리가 어렵다.

61 원거리 지역에 대량의 가스를 공급 시 사용되는 방법은?

① 초고압 공급방식　② 고압 공급방식
③ 중압 공급방식　④ 저압 공급방식

62 도관 내 수분에 의하여 부식이 되는 것을 방지하기 위하여 주로 산소나 천연메탄의 수송배관에 설치하는 것은?

① 드레인 세퍼레이터
② 정압기
③ 압송기
④ 세척기

63 정압기 설치 시 분해점검 등에 의해 공급을 중지시키지 않기 위해 설치하는 것은?

① 인밸브　② 스톱밸브
③ 긴급차단밸브　④ 바이패스밸브

해설

㉠ 정압기를 설치하였을 때에는 분해 점검 등에 의하여 정압기를 정지할 때가 있으므로 가스의 공급을 정지시키지 않기 위하여 바이패스관을 만들어야 한다. 다만 개별로 작동되는 정압기를 그 기(基) 병렬로 설치하였을 때는 만들 필요가 없다.
㉡ 바이패스관의 크기는 유량, 유압측의 압력, 바이패스관의 길이 등으로 결정된다. 또 유량조절용 바이패스밸브는 조작을 용이하게 할 수 있는 밸브, 예를 들면 스톱밸브(stop valve), 글로브밸브를 부착하는 것이 좋다. 또한 유량 조절용 바이패스밸브로서 먼지(dust), 모래 등이 끼워져 완전 차단이 될 수 없는 구조의 밸브를 사용해야 할 때에는 차단용 바이패스밸브를 부가해야 한다.

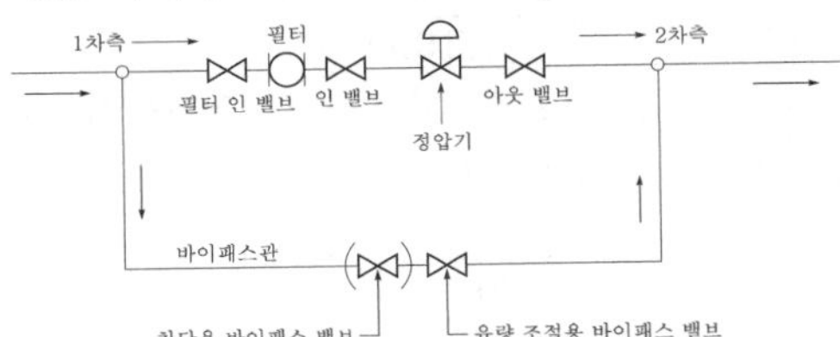

정답　55.③　56.④　57.④　58.①　59.③　60.①　61.②　62.①　63.④

64 도시가스기구에서 in put이란 무엇인가?

① 연소기구에 유효하게 주어진 열량
② 연소기구에서 분출되는 총열량
③ 목적물에 주어진 열량
④ 연소기구에서 주어진 총발열량을 가스량으로 나눈 값

㉠ in put : 연소기구에서 분출되는 총발열량
㉡ out put : 목적물에 유효하게 주어진 열량

$\eta(\text{열효율}) = \frac{o}{I} \times 100(\%)$

65 4호 가스 순간온수기의 in put이 8000kcal/hr일 때 열효율은 몇 %인가? (단, 4호가스 순간온수기란 25℃ 상승한 온수가 1분간에 4L의 출탕능력을 갖는다.)

① 60%　② 65%
③ 70%　④ 75%

해설

$\eta = \frac{o}{I} \times 100 = \frac{4 \times 1 \times 25 \times 60}{8000} \times 100 = 75\%$

66 도시가스 공급장치에서 가스홀더로 가장 많이 사용되고 있는 장치는?

① 무수식　② 유수식
③ 구형　④ 원통형

67 가스제조공장 공급지역이 가깝거나 공급면적이 좁을 때 적당한 공급방법은?

① 저압 공급　② 중압 공급
③ 고압 공급　④ 초고압 공급

68 다음 중 도시가스의 월사용 예정량을 산출하는 식으로 알맞은 것은?

① $Q = X \times \frac{A}{11000}$
② $Q = (A \times 240) + (B \times 90)/11000$
③ $Q = 240AQ$
④ $Q = \frac{B \times 90}{11000}$

69 다음 중 도시가스의 압력 측정장소 부분이 아닌 것은?

① 압송기 출구
② 정압기 출구
③ 가스공급시설 끝부분
④ 가스홀더 출구

도시가스 정압기의 압송기 출구 가스공급시설의 끝부분 압력이 1~2.5kPa이어야 한다.

70 도시가스 유해성분 측정 시 해당이 없는 항목은?

① 황
② 황화수소
③ 암모니아
④ 시안화수소

해설

도시가스 유해성분 측정 시 황 0.5g, 황화수소 0.02g, 암모니아 0.2g을 초과해서는 안 된다.

71 도시가스 제조공정 중 발열량이 가장 많은 제조공정은?

① 열분해공정
② 접촉분해공정
③ 수첨분해공정
④ 부분연소공정

해설

열분해공정이란 원유, 중유, 나프타 등의 분자량이 큰 탄화수소 원료를 고온(800~900℃)으로 분해하여 10000 kcal/Nm^3 정도의 고열량의 가스를 제조하는 방식이다.

72 도시가스 공급압력에서 고압공급일 때의 특징이 아닌 것은?

① 고압홀더가 있을 때 정전 등에 대하여 공급의 안정성이 높다.
② 압송기, 정압기의 유지관리가 어렵다.
③ 적은 관경으로 많은 양의 공급이 가능하다.
④ 공급가스는 고압으로 수분 제거가 어렵다.

정답 64.② 65.④ 66.③ 67.① 68.② 69.④ 70.④ 71.① 72.④

73 SNG에 대한 내용 중 맞지 않은 항목은?

① 합성 또는 대체 천연가스이다.
② 주성분은 CH_4이다.
③ 발열량은 9000kcal/m^3 정도이다.
④ 제조법은 수소와 탄소를 첨가하는 방법이 있다.

해설
④ 탄소 첨가방법은 없다.

74 오조작으로 인한 사고를 미연에 방지하기 위하여 긴급 운전 시 자동으로 정지되게 하는 장치는?

① 인터록기구 ② 플레어스택
③ 압송기 ④ 수봉기

75 다음 용도별로 분류한 정압기의 종류가 아닌 것은?

① 수요자 전용 정압기
② 기정압기
③ 지구 정압기
④ 공급자 전용 정압기

76 파일럿 정압기에서 2차 압력을 감지하여 그 압력의 변동을 메인밸브에 전달하는 장치는?

① 스프링 ② 조절밸브
③ 다이어프램 ④ 주밸브

77 도시가스 제조공정 중에서 접촉분해방식이란 무엇인가?

① 중질탄화수소에 가열하여 수소를 얻는다.
② 탄화수소에 산소를 접촉시킨다.
③ 탄화수소에 수증기를 접촉시킨다.
④ 나프타를 고온으로 가열한다.

해설
도시가스에 사용되는 접촉 분해 반응은 탄화수소와 수증기를 반응시킨 수소, 일산화탄소, 탄산가스, 메탄, 에틸렌, 에탄 및 프로필렌 등의 저급 탄화수소로 변화하는 반응을 말한다.

정답 73.④ 74.① 75.④ 76.③ 77.③

chapter 3 압축기 및 펌프

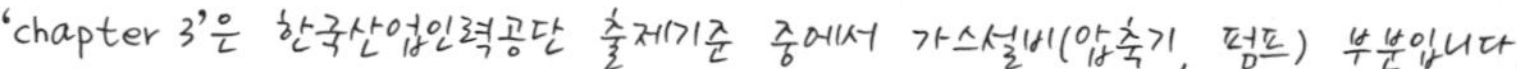

'chapter 3'은 한국산업인력공단 출제기준 중에서 가스설비(압축기, 펌프) 부분입니다.

01 압축기(Compressor)

1 압축기의 정의, 용도, 분류

(1) 정의

기체에 기계적 에너지를 전달하여 압력과 속도를 높이는 기계

(2) 용도

① 고압으로 화학반응 촉진

$N_2+3H_2 \xrightarrow{\text{(저온, 고압)}} 2NH_3$

② 고압력으로 가스를 압축하여 액화가스로 저장 · 운반에 이용된다.
③ 냉동장치, 저온장치에 이용된다.
④ 배관을 통하여 가스의 수송에 이용된다.

(3) 분류

구 분	세부 내용		
작동압력에 따른 분류	압축기		토출압력 0.1MPa 이상
	송풍기(블로어)		토출압력 10kPa 이상 0.1MPa 미만
	통풍기(팬)		토출압력 10kPa 미만
압축방식에 따른 분류	용적형	왕복식	피스톤의 왕복운동으로 압축하는 방식
		나사식	한 쌍의 나사가 회전하면서 압축하는 방식
		회전식	임펠러 회전운동으로 압축하는 방식
	터보형	원심식	원심력에 의해 가스를 압축하는 방식
		축류식	축방향으로 흡입, 토출하는 방식
		사류식	축방향으로 흡입, 경사지게 토출하는 방식

2 압축기의 운전 중 용량조정

(1) 용량조정의 목적

① 경부하(경제적 운전)
② 소요동력 절감
③ 압축기 보호
④ 수요공급의 균형유지
⑤ 기계수명 연장

(2) 용량조정방법의 구분

구 분		세부 내용
왕복압축기	연속적 조절	① 회전수 변경법 ② 바이패스법 ③ 타임드밸브에 의한 방법 ④ 흡입구밸브를 폐쇄하는 방법
	단계적 조절	① 클리어런스밸브에 의한 방법 ② 흡입밸브를 개방하여 흡입하지 못하도록 하는 방법
원심압축기		① 속도제어(회전수 가감)에 의한 방법 : 회전수를 변경하여 용량을 제어하는 방법 ② 바이패스법 : 토출관 중에 바이패스를 설치하여 토출량을 흡입측으로 복귀시켜 용량을 제어하는 방법 ③ 안내깃 각도(베인컨트롤) 조정법 : 안내깃 각도를 조정함으로 흡입량을 조절하여 용량을 조절하는 방법 ④ 흡입밸브 조정법 : 흡입관 밸브의 개도를 조정하는 방법 ⑤ 토출밸브 조정법 : 토출관 밸브의 개도를 조정하는 방법

3 각종 압축기의 특징

종 류		기능 및 특징
왕복압축기	기능	실린더 내 피스톤을 왕복운동시켜 기체를 흡입 · 압축 · 토출하는 형식으로 스카치요크형 압축기라고도 한다.
	특징	① 용적형이다. ② 오일윤활식 또는 무급유식이다. ③ 용량조정범위가 넓고 쉽다. ④ 압축효율이 높아 쉽게 고압을 얻을 수 있다. ⑤ 토출압력변화에 따른 용량변화가 작다. ⑥ 실린더 내 압력은 저압이며 압축이 단속적이다. ⑦ 저속회전이며 형태가 크고 중량이며 설치면적이 크다. ⑧ 접촉부분이 많아 소음진동이 크다.

원심(터보) 압축기	기능	회전축상에 임펠러를 설치, 축을 고속회전시켜 원심력을 이용, 가스를 압축
	특징	① 원심력이며 무급유식이다. ② 토출압력변화에 따른 용량변화가 크다. ③ 용량조정은 가능하나 어렵다. ④ 맥동이 없고 연속적으로 송출된다. ⑤ 경량, 대용량이며 효율이 나쁘다. ⑥ 서징현상이 일어날 우려가 있다.
회전 압축기	특징	① 용적형이다. ② 오일윤활식이다. ③ 왕복에 비해 소형이며 구조가 간단하다. ④ 압축이 연속적이다. ⑤ 흡입밸브가 없고 크랭크케이스 내부는 고압이다.
나사 압축기	특징	① 용적형이다. ② 급유 · 무급유식이다. ③ 설치면적이 작다. ④ 맥동이 없고 연속 송출된다. ⑤ 흡입 · 압축 · 토출의 3행정이다. ⑥ 고속회전형태가 작고 경량, 대용량에 적합하다.
고속다기통 압축기	특징	① 고속이므로 소형으로 제작, 경량이다. ② 기통수가 많아 실린더 직경이 작고 동적 · 정적 밸런스가 양호하며, 진동이 적다. ③ 용량 제어가 용이, 자동 운전이 가능하다. ④ 체적 효율이 낮고 부품 교환이 간단하다.

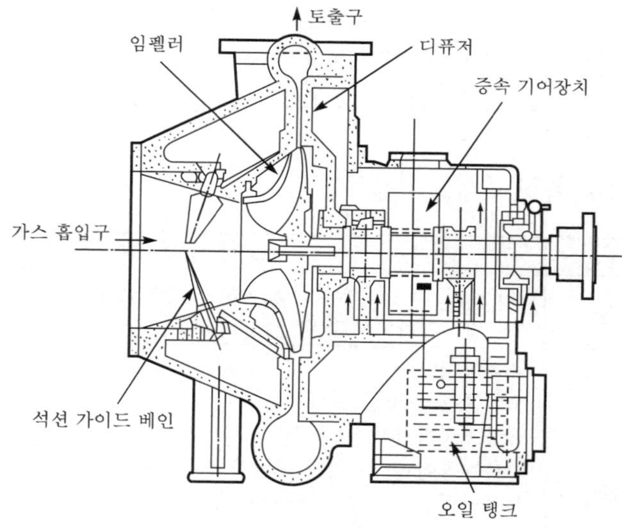

▌터보압축기의 구조▐

4 압축기 관리상 주의사항

① 단기간 정지 시에도 1일 1회 운전
② 장기간 정지 시 윤활유 교환 냉각수 제거
③ 냉각사관은 무게를 재어 10% 이상 감소 시 교환

5 압축기의 피스톤 압축량 및 각종 효율

(1) 왕복동압축기의 피스톤 압축량

피스톤이 가스를 흡입하여 토출하는 양

$$Q=\frac{\pi}{4}d^2\times L\times N\times n\times \eta_v\times 60$$

여기서, Q : 피스톤 압축량(m^3/hr)
d : 실린더 내경(m)
N : 회전수(rpm ⇨ 분당 회전수이므로 시간당으로 계산 시 60을 곱한다.
n : 기통수
η_v : 체적효율 ⇨ 이 수치가 없으면 효율이 100%이므로 그때를 이론적인 피스톤 압출량이라 한다.

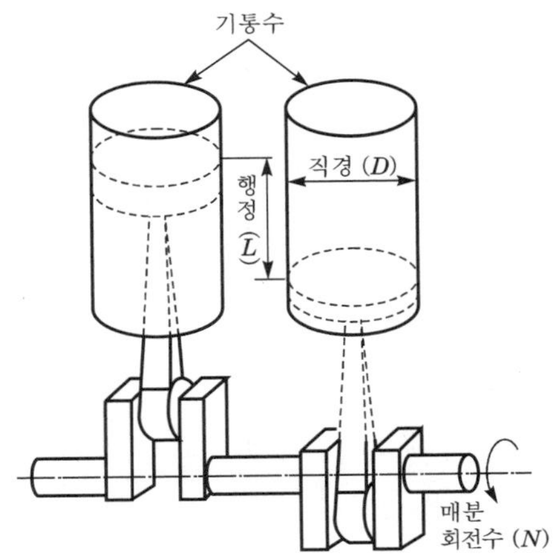

(2) 체적효율

이론가스 흡입량은 실린더 내의 체적이 정해져 있으므로 실제가스 흡입량이 클수록 체적효율이 좋으며, 체적효율이 좋을수록 압축기의 성능이 양호한 것을 뜻한다.

$$\text{체적효율}(\eta_v)=\frac{\text{실제가스 흡입량}}{\text{이론가스 흡입량}}$$

(3) 압축효율

$$압축효율(\eta_c) = \frac{이론동력}{실제가스\ 소요동력(지시동력)}$$

(4) 기계효율

$$기계효율(\eta_m) = \frac{지시동력}{축동력}$$

$$축동력 = \frac{이론동력}{\eta_c \times \eta_m}$$

6 다단압축의 목적

① 일량이 절약된다.
② 힘의 평형이 양호하다.
③ 이용효율이 증가된다.
④ 가스 온도 상승을 피한다.

• 압축비

1kg/cm² 25kg/cm²

$(a) = \frac{25}{1} = 25$, $(a) = \frac{5}{1} = 5$

$\therefore a = \frac{25}{5} = 5$

• 다단압축

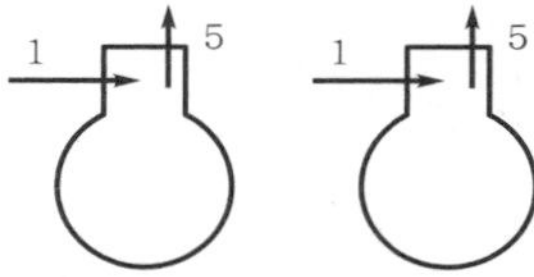

압축비가 적으므로 일량이 절약된다. ⇨ 가스 온도 상승을 피한다. ⇨ 이용효율이 증가된다. ⇨ 힘의 평형이 양호하다.

7 압축비의 계산 및 영향

(1) 1단 압축비

$$a = \frac{P_2}{P_1}$$

여기서, P_1 : 흡입 절대압력, P_2 : 토출 절대압력

(2) n단 압축비

$$a = \sqrt[n]{\frac{P_2}{P_1}}$$

여기서, P_1 : 흡입 절대압력, P_2 : 토출 절대압력, n : 단수

(3) 2단 압축기에서 중간압력 계산

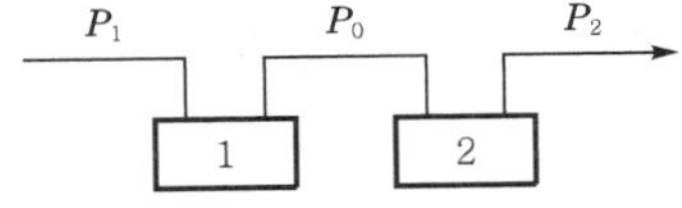

$$P_0 = \sqrt{P_1 \times P_2}$$

(4) 각 단의 토출압력

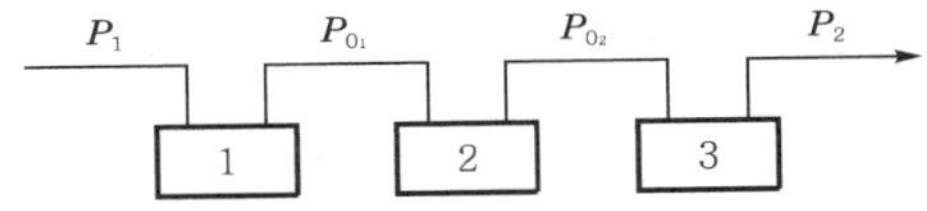

① 1단 $a = \dfrac{P_{0_1}}{P_1}$　　$\therefore$ 1단의 토출압력 $P_{0_1} = a \times P_1$

② 2단 $a = P_{0_2}/P_{0_1}$　　$\therefore P_{0_2} = a \times P_{0_1} = a \times a \times P_1$

③ 3단 $a = P_2/P_{0_2}$　　$\therefore P_2 = a \times P_{0_2} = a \times a \times a \times P_1$

(5) 압축비 증대 시 영향

① 소요동력 증대
② 체적효율 감소
③ 실린더 내 온도 상승
④ 윤활유 열화탄화
⑤ 윤활유 기능 저하

(6) 실린더 냉각의 목적

① 체적효율 증대
② 압축효율 증대
③ 윤활유 열화탄화 방지
④ 윤활유 기능 향상
⑤ 실린더 내 온도 저하

8 운전 중 및 운전 개시 전 점검사항

(1) 운전 중 점검 및 확인사항

① 압력계는 규정압력을 나타내고 있는가 확인한다.
② 작동 중 이상음이 없는가 확인(점검)한다.
③ 누설이 없는가 확인(점검)한다.
④ 진동 유무를 확인(점검)한다.
⑤ 온도가 상승하지 않았는가를 확인(점검)한다.

(2) 운전 개시 전 주의사항

① 압축기에 부착된 모든 볼트, 너트가 적절히 조여져 있는가 확인한다.
② 압력계 및 온도계를 점검한다.
③ 냉각수의 통수상태를 확인 및 점검한다.
④ 윤활유를 점검한다.
⑤ 무부하상태에서 수회전시켜 이상 유무를 확인한다.

9 압축 시 이상현상

(1) 서징(Surging)현상

압축기를 운전 중 토출측 저항이 커지면 풍량이 감소하고 불안정한 상태가 되는 현상

• 방지법

① 우상 특성이 없게 하는 방법
② 바이패스법(방출밸브에 의한 방법)
③ 안내깃 각도 조정법(베인 컨트롤에 의한 방법)
④ 교축밸브를 근접 설치하는 방법

(2) 톱클리어런스(간극용적)

피스톤이 상사점이 있을 때 차지하는 용적

• 톱클리어런스가 커질 경우 나타나는 현상

① 체적효율 감소
② 압축비 증대
③ 소요동력 증대
④ 윤활기능 저하
⑤ 기계수명 단축

(3) 일반 압축기 정지 작업순서

① 드레인밸브, 조정밸브를 열어 응축수 및 기름을 배출한다.
② 각 단의 압력을 0으로 하여 정지시킨다.
③ 주밸브를 잠근다.
④ 냉각수 밸브를 잠근다.

(4) 가연성 압축기 정지 작업순서

① 전동기 스위치를 내린다.
② 최종 스톱밸브를 닫는다.
③ 드레인밸브를 열어둔다.
④ 각 단의 입력저하를 확인한 후 흡입밸브를 닫는다.
⑤ 냉각수를 배출한다.

10 윤활유

(1) 사용목적

① 과열 압축 방지
② 기계 수명 연장
③ 기밀보장 : 활동부에 유막 형성, 가스누설 방지
④ 냉각작용 : 활동부에 마찰열 제거
⑤ 방청효과

(2) 각종 가스의 윤활유

① O_2 : 물 또는 10% 이하 글리세린수
② Cl_2 : 진한 황산
③ LPG : 식물성유
④ H_2, 공기, C_2H_2 : 양질의 광유

(3) 구비조건

① 경제적일 것
② 화학적으로 안정할 것
③ 인화점이 높을 것
④ 불순물이 적을 것
⑤ 점도가 적당할 것
⑥ 항유화성이 클 것
⑦ 저온에서 왁스분이 분리되지 않고 고온에서 슬러지가 생기지 않을 것

여기서 잠깐 !

압축기 및 펌프 등의 동력기계는 운전이 잘 되게 하기 위하여 윤활유를 뿌리는데, 윤활유를 뿌리는 것을 급유식, 윤활유를 사용하지 않는 것을 무급유식이라 한다. 무급유식은 산소가스는 오일과 혼합 시 폭발을 일으키므로 오일 대신 물, 10% 이하 글리세린을 사용하고 또한 식품양조공업 등에 사용되는 압축기에는 무급유식으로 고무링을 이용해 윤활성을 대신하여 운전을 시킨다. 그때 사용되는 고무링의 종류로는 카본링, 테프론링, 다이어프램링 등이 있다.

02 펌프(Pump)

1 펌프의 정의 및 분류

펌프란 낮은 곳의 액을 높은 곳으로 끌어올리는 데 사용되는 동력기계이다.

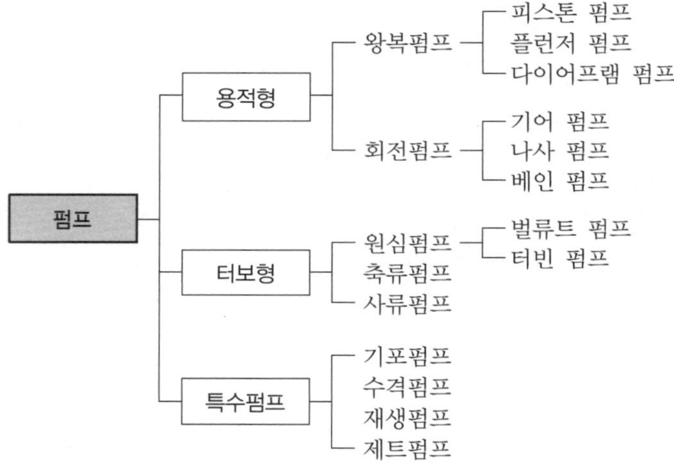

2 펌프의 특징

왕복펌프	원심펌프
① 형태가 크고 설치면적이 크다. ② 저속 회전 작동이 단속적이다. ③ 소음진동이 있다. ④ 왕복운동으로 액을 끌어올린다.	① 소형이며 맥동이 없다. ② 원심력에 의해 액을 이송한다. ③ 설치면적이 작고 대용량에 적합하다. ④ 펌프에 액을 채워 운전하는 프라이밍 작업이 필요하다.
	• 벌류트 : 안내깃이 없음 • 터빈 : 안내깃이 있음

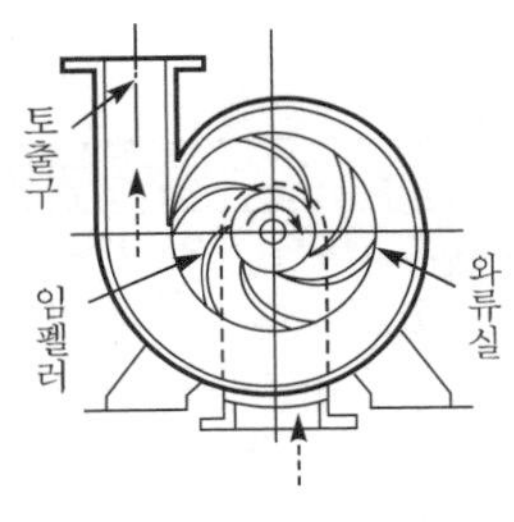

❙벌류트 펌프❙

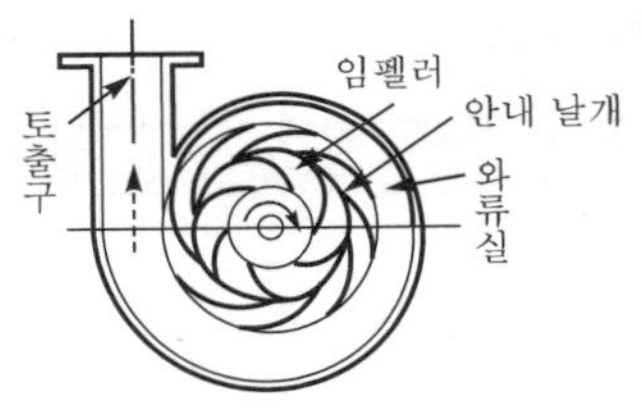

❙터빈 펌프❙

3 펌프의 정지 시 작업순서

왕복펌프	원심펌프	기어펌프
① 모터를 정지시킨다. ② 토출밸브를 닫는다. ③ 흡입밸브를 닫는다. ④ 펌프 내 액을 뺀다.	① 토출밸브를 닫는다. ② 모터를 정지시킨다. ③ 흡입밸브를 닫는다. ④ 펌프 내 액을 뺀다.	① 모터를 정지시킨다. ② 흡입밸브를 닫는다. ③ 토출밸브를 닫는다. ④ 펌프 내 액을 뺀다.

4 수두의 종류

항 목	공 식	기호 설명
위치수두	h	h : 수두 높이(m) P : 압력(kg/m^2) γ : 비중량(kg/m^3) V : 유속(m/s) g : 중력가속도(m/s^2)
압력수두	$\dfrac{P}{\gamma}$	
속도수두	$\dfrac{V^2}{2g}$	

예제 1. 물의 수압 $10kg/cm^2$일 때 수두(m)는?

풀이 $\dfrac{P}{\gamma}=\dfrac{10\times10^4\,(kg/m^2)}{1000kg/m^3}=100m$

물의 비중량(γ) $=1000kg/m^3$

압력 $10kg/cm^2=100000kg/m^2$

예제 2. 유속 5m/s의 속도수두(m)는?

풀이 $\dfrac{V^2}{2g}=\dfrac{(5m/s)^2}{2\times9.8m/s^2}=1.275 ≒ 1.28m$

5 펌프의 계산공식

항 목	공 식	기호 설명
마력(L_{PS})	$L_{PS}=\dfrac{\gamma\cdot Q\cdot H}{75\eta}$	L_{PS} : 펌프의 마력 L_{kW} : 펌프의 동력 γ : 비중량(kg/m^3) Q : 유량(m^3/s) H : 양정(m) η : 효율
동력(L_{kW})	$L_{kW}=\dfrac{\gamma\cdot Q\cdot H}{102\eta}$	
마찰손실수두(h_f)	$h_f=\lambda\dfrac{L}{d}\cdot\dfrac{V^2}{2g}$	h_f : 마찰손실수두 λ : 관마찰계수 L : 관길이(m) d : 관경(m) V : 유속(m/s) g : 중력가속도(m/s^2)
비교회전도(N_s)	$N_s=\dfrac{N\sqrt{Q}}{\left(\dfrac{H}{n}\right)^{\frac{3}{4}}}$	N_s : 비교회전도 N : 회전수(rpm) Q : 유량(m^3/min) H : 양정(m) n : 단수
전동기 직결식 원심펌프회전수(N)	$N=\dfrac{120f}{P}\left(1-\dfrac{S}{100}\right)$	N : 전동기 직결식 원심펌프 회전수(rpm) P : 모터극수 f : 전기주파수(60Hz) S : 미끄럼률

6 펌프 회전수 변경 및 상사로 운전 시 변경(송수량, 양정, 동력값)

항 목		공 식
회전수를 $N_1\rightarrow N_2$로 변경한 경우	송수량(Q_2)	$Q_2=Q_1\times\left(\dfrac{N_2}{N_1}\right)^1$
	양정(H_2)	$H_2=H_1\times\left(\dfrac{N_2}{N_1}\right)^2$
	동력(P_2)	$P_2=P_1\times\left(\dfrac{N_2}{N_1}\right)^3$
회전수를 $N_1\rightarrow N_2$로 변경과 상사로 운전 시 $D_1\rightarrow D_2$ 변경	송수량(Q_2)	$Q_2=Q_1\times\left(\dfrac{N_2}{N_1}\right)^1\left(\dfrac{D_2}{D_1}\right)^3$
	양정(H_2)	$H_2=H_1\times\left(\dfrac{N_2}{N_1}\right)^2\left(\dfrac{D_2}{D_1}\right)^2$
	동력(P_2)	$P_2=P_1\times\left(\dfrac{N_2}{N_1}\right)^3\left(\dfrac{D_2}{D_1}\right)^5$

기호 설명	
• Q_1, Q_2 : 처음 및 변경된 송수량	• H_1, H_2 : 처음 및 변경된 양정
• P_1, P_2 : 처음 및 변경된 동력	• N_1, N_2 : 처음 및 변경된 회전수

7 펌프의 이상현상

구 분	정 의	방지법
캐비테이션	유수 중 그 수온의 증기압보다 낮은 부분이 생기면 물이 증발을 일으키고 기포를 발생하는 현상	① 펌프 회전수를 낮춘다. ② 양흡입펌프를 사용한다. ③ 펌프 설치위치를 낮춘다. ④ 두 대 이상의 펌프를 사용한다. ⑤ 압축펌프를 사용하여 회전차를 수중에 잠기게 한다.
	참고 발생에 따른 현상 : 소음, 진동, 깃의 침식, 양정효율곡선 저하	
베이퍼록	저비등점의 펌프 등에서 액화가스 이송 시 일어나는 현상으로 액의 끓음에 의한 동요를 말한다.	① 펌프 설치위치를 낮춘다. ② 흡입관경을 넓힌다. ③ 회전수를 낮춘다. ④ 외부와 단열조치한다. ⑤ 실린더 라이너를 냉각시킨다.
	참고 베이퍼록이 발생되는 펌프 : 회전펌프	
수격작용(워터해머)	관속을 충만하게 흐르는 물이 정전 등에 의한 심한 압력변화에 따른 심한 속도변화를 일으키는 현상	① 관내 유속을 낮춘다. ② 펌프에 플라이휠을 설치한다. ③ 조압수조를 관선에 설치한다. ④ 밸브를 송출구 가까이 설치하고 적당히 제어한다.
서징현상	펌프를 운전 중 주기적으로 양정 토출량 등이 규칙 바르게 변동하는 현상	**서징의 발생조건** ① 펌프의 양정곡선이 산고곡선이고 곡선의 산고 상승부에서 운전하였을 때 ② 유량조절밸브가 탱크 뒤쪽에 있을 때 ③ 배관 중에 물탱크나 공기탱크가 있을 때

8 메커니컬 실

(1) 메커니컬 실의 종류

형 식	구 분	특 성
사이드형식	인사이드형	고정환이 펌프측에 있는 것으로 일반적으로 사용된다.
	아웃사이드형(외장형)	① 구조재, 스프링재가 액의 내식성에 문제가 있을 때 ② 점성계수가 100cp를 초과하는 고점도액일 때 ③ 저응고점액일 때 ④ 스타핑, 박스 내가 고진공일 때
면압밸런스 형식	언밸런스실	일반적으로 사용된다(제품에 의해 차이가 있으나 윤활성이 좋은 액으로 약 7kg/cm^2(0.7MPa) 이하, 나쁜 액으로 약 2.5kg/cm^2(0.25MPa) 이하 사용된다).
	밸런스실	① 내압 4~5kg/cm^2(0.4~0.5MPa) 이상일 때 ② LPG, 액화가스와 같이 저비점 액체일 때 ③ 하이드로카본일 때
실 형식	싱글실형	일반적으로 사용된다.
	더블실형	① 유독액 또는 인화성이 강한 액일 때 ② 보냉, 보온이 필요할 때 ③ 누설되면 응고되는 액일 때 ④ 내부가 고진공일 때 ⑤ 기체를 실할 때

(2) 메커니컬 실의 특징

① 누설을 거의 완전하게 방지할 수 있다.
② 위험성이 있거나 특수한 액 등에 사용할 수 있다.
③ 마찰저항 및 동력손실이 적으며 효율이 좋다.
④ 구조가 복잡하여 교환이나 조립이 힘들다.
⑤ 다듬질에 초정밀도가 요구되며 가격이 비싸다.
⑥ 이물질이 혼입되지 않도록 주의가 요구된다.

(3) 메커니컬 실의 냉각

① **플래싱** : 냉각제를 고압측 액이 있는 곳에 주입하여 윤활을 좋도록 한 방식
② **퀜칭** : 냉각제를 고압측이 아닌 곳의 실 단면에 주입시키는 방식
③ **쿨링** : 실의 단면이 아닌 곳에 냉각제를 접하도록 주입하는 방식

chapter 3

출 / 제 / 예 / 상 / 문 / 제

01. 압축기(Compressor)

01 압축기를 작동압력에 따라 분류 시 송풍기의 압력에 해당하는 것은?

① $1kg/cm^2g$ 이상
② $1000mmH_2O$ 이상~$1kg/cm^2g$ 미만
③ $0.1kg/cm^2g$ 미만
④ $1000mmH_2O$ 미만

압축기의 작동압력에 따른 분류
㉠ 압축기 : 토출압력 $1kg/cm^2g$ 이상
㉡ 송풍기 : 토출압력 $1000mmH_2O(0.1kg/cm^2)$ 이상 ~$1kg/cm^2g$ 미만
㉢ 통풍기 : 토출압력 $1000mmH_2Og$ 미만

02 다음 중 왕복압축기의 특징이 아닌 것은?

① 압축이 연속적이며 맥동이 생기기 쉽다.
② 오일윤활식, 무급유식이다.
③ 압축효율이 높아 쉽게 고압을 얻을 수 있다.
④ 소음진동이 심하다.

왕복압축기는 압축이 단속적이다.

03 고속 다기통 압축기의 특징이 아닌 것은?

① 실린더 직경이 작고 정적 밸런스가 양호하다.
② 체적효율이 좋으며 부품교환이 간단하다.
③ 용량제어가 용이하고 자동운전이 가능하다.
④ 소형이며 자동운전이 가능하다.

해설

고속 다기통 압축기는 체적효율이 나쁘다.

04 다음 압축기 중 분류방법이 다른 압축기는?

① 왕복식 ② 회전식
③ 나사식 ④ 원심식

용적식 압축기의 구분 : 왕복식, 회전식, 나사식

05 압축기를 운전 중 압력이 이상 상승 시 작동하여 고압에 의한 위해를 방지하는 기구는?

① LPS ② HPS
③ 안전두 ④ 안전밸브

해설

② 고압차단스위치(HPS) : 정상압력$+4\sim5kg/cm^2$
③ 안전두 : 정상압력$+3\sim4kg/cm^2$
④ 안전밸브 : 정상압력$+5\sim6kg/cm^2$

06 압축기 운전 중 용량조정의 목적은?

① 소요동력 증대 ② 회전수 증가
③ 토출량 증가 ④ 무부하운전

해설

용량조정의 목적 : 무부하운전, 소요동력 감소

07 다음 중 왕복압축기의 용량조정방법이 아닌 항목은?

① 회전수 가감법
② 바이패스법
③ 흡입밸브 개방법
④ 안내깃 각도 조정법

해설

용량조정방법
㉠ 흡입밸브 개방법
㉡ 타임드밸브에 의한 방법
㉢ 바이패스밸브에 의한 방법
㉣ 회전수 변경
㉤ 클리어런스에 의한 방법

정답 01.② 02.① 03.② 04.④ 05.② 06.④ 07.④

08 실린더 단면적 50cm², 행정 10cm, 회전수 200rpm, 효율이 80%인 왕복압축기의 피스톤 압출량은 몇 L/min인가?

① 50L/min ② 60L/min
③ 70L/min ④ 80L/min

$$Q = \frac{\pi}{4}d^2 \times L \times N \times \eta_v$$
$$= 50\text{cm}^2 \times 10\text{cm} \times 200 \times 0.8 = 80000\text{cm}^3/\text{min}$$
$$= 80\text{L/min}$$

09 왕복동압축기에서 실린더 내경이 200mm, 행정 100mm, 회전수 500rpm, 효율이 80%일 때 토출량은 몇 m³/hr인가?

① 50.60m³/hr ② 60.50m³/hr
③ 75.40m³/hr ④ 80m³/hr

$$Q = \frac{\pi}{4}d^2 \times L \times N \times \eta_v \times 60$$
$$= \frac{\pi}{4}(0.2\text{m})^2 \times 0.1\text{m} \times 500 \times 0.8 \times 60$$
$$= 75.398\text{m}^3/\text{hr} = 75.40\text{m}^3/\text{hr}$$

10 왕복압축기에서 η_m = 지시동력/축동력일 경우 η_m은 무엇인가?

① 체적효율 ② 압축효율
③ 토출효율 ④ 기계효율

해설

$$\eta_m(\text{기계효율}) = \frac{\text{지시동력(실제가스 소요동력)}}{\text{축동력}}$$

11 다음 중 매시간 점검해야 할 항목이 아닌 것은?

① 흡입 · 토출 밸브
② 압력계
③ 온도계
④ 드레인밸브

해설

흡입 · 토출 밸브 : 1500~2000시간마다 점검

12 왕복동식 압축기에서 토출온도 상승 원인이 아닌 것은?

① 토출밸브 불량에 의한 역류
② 흡입밸브 불량에 의한 고온가스 흡입
③ 압축비 감소
④ 전단냉각기 불량에 의한 고온가스 흡입

해설

③ 압축비 증가

참고 토출온도 저하 원인
㉠ 흡입가스 온도 저하
㉡ 압축비 저하
㉢ 실린더의 과냉각

13 왕복압축기의 부속기기가 아닌 것은?

① 크랭크샤프트 ② 압력계
③ 실린더 ④ 커넥팅로드

해설

왕복압축기의 구조

14 왕복압축기에서 피스톤링이 마모 시 일어나는 현상이 아닌 것은?

① 압축기 능력이 저하한다.
② 실린더 내 압력이 증가한다.
③ 윤활기능이 저하한다.
④ 체적효율이 일정하다.

해설

④ 체적효율이 감소한다.

참고 위에서 ㉠ 압축비가 증가한다.
㉡ 기계수명이 단축된다.

15 왕복압축기의 토출밸브 누설 시 일어나는 현상은?

① 압축기 능력 향상
② 소요동력 증대
③ 토출가스 온도 저하
④ 체적효율 증대

정답 08.④ 09.③ 10.④ 11.① 12.③ 13.② 14.④ 15.②

해설

가스 누설 시 압축비가 증대하며 동시에 소요동력이 증대한다.

16 원심압축기의 서징현상 방지법이 아닌 것은?

① 우상특성이 없게 하는 방법
② 방출밸브에 의한 방법
③ 흡입밸브에 의한 방법
④ 안내깃 각도 조정법

해설

①, ②, ④ 이외에 교축밸브를 근접 설치하는 방법이 있다.

17 왕복압축기에서 피스톤의 상사점에서 하사점까지의 거리를 무엇이라고 하는가?

① 실린더　　② 압축량
③ 체적효율　　④ 행정

해설

④ 행정 : 상사점과 하사점까지의 거리

18 다음은 압축기 관리상 주의사항이다. 맞지 않는 항목은?

① 정지 시에도 1번 정도 운전하여 본다.
② 장기 정지 시 깨끗이 청소, 점검을 한다.
③ 밸브, 압력계 등의 부품을 점검하여 고장 시 새 것으로 교환한다.
④ 냉각사관은 무게를 재어 20% 이상 감소 시 교환한다.

해설

압축기 관리상 주의사항

참고 ㉠ 단기간 정지 시에도 하루 한 번쯤은 운전하여 본다.
㉡ 장기간 정지 시에는 분해·소제하여 마모 부분을 교환하고 윤활유는 새 것과 교환해야 하며, 냉각수는 제거해야 한다.
㉢ 냉각사관은 6개월 또는 1년마다 분해해서 무게를 재어 10% 이상 감소되었을 때는 교환한다.
㉣ 밸브 및 압력계, 여과기 등은 수시로 점검하여 고장을 미연에 방지한다.

19 4단 압축기에서 3단 안전밸브 분출 시 점검항목이 아닌 것은?

① 4단 흡입토출밸브 점검
② 4단 피스톤링 점검
③ 3단 냉각기 점검
④ 2단 바이패스밸브 점검

해설

안전밸브는 중간 압력 이상 상승 시 분출하며, 이상 상승의 원인은 다음과 같다.
㉠ 다음 단 흡입토출밸브 불량
㉡ 다음 단 바이패스밸브 불량
㉢ 다음 단 피스톤링 불량
㉣ 다음 단 클리어런스밸브 불량
㉤ 2단 냉각기 능력 과소
※ 압력 상승 시 다음 단이 불량이며 보편적으로 냉각기는 2단이 불량이다.

20 압축기 운전 중 온도, 압력이 저하했을 때 우선적으로 점검해야 하는 사항은?

① 크로스헤드　　② 실린더
③ 피스톤링　　④ 흡입토출밸브

해설

온도, 압력 이상 시 점검해야 되는 곳 : 흡입토출밸브

21 압축기 운전 정지 시 최종적으로 하는 일은?

① 냉각수를 배출한다.
② 드레인밸브를 개방한다.
③ 각 단의 압력을 0으로 한다.
④ 윤활유를 배출한다.

해설

압축기 정지 시 주의사항
㉠ 전동기 스위치를 내린다.
㉡ 최종 스톱밸브를 닫는다.
㉢ 드레인을 개방한다.
㉣ 각 단의 압력저하을 확인 후 흡입밸브를 닫는다.
㉤ 냉각수를 뺀다.

22 왕복압축기에서 체적효율에 영향을 주는 요소가 아닌 것은?

① 톱클리어런스에 의한 영향
② 흡입토출밸브에 의한 영향
③ 불완전 냉각에 의한 영향
④ 기체 누설에 의한 영향

해설

체적효율에 영향을 주는 인자는 ①, ③, ④ 이외에 사이드 클리어런스에 의한 영향, 밸브의 하중과 기체의 마찰에 의한 영향 등이 있다.

정답 16.③ 17.④ 18.④ 19.④ 20.④ 21.① 22.②

23 압축기의 이론동력 20kW, 압축기계 효율이 각각 80%일 때 축동력은 얼마인가?

① 18.25kW ② 20kW
③ 31.25kW ④ 40kW

$$축동력 = \frac{이론동력}{\eta_c \times \eta_m} = \frac{20kW}{0.8 \times 0.8} = 31.25kW$$

24 다음 중 일량이 가장 큰 압축방식은?

① 등온압축 ② 폴리트로픽 압축
③ 다단압축 ④ 단열압축

해설

일량의 대소 : 단열압축 > 폴리트로픽 압축 > 등온압축

25 왕복동압축기에서 토출량을 Q, 실린더 단면적을 A, 피스톤 행정을 L, 회전수를 N이라 할 때 효율 η_v는?

① $\eta_v = \frac{\pi}{4}ALN$
② $\eta_v = ASN$
③ $\eta_v = \frac{Q}{ALN}$
④ $\eta_v = \frac{ALN}{Q}$

$Q = ALN \times \eta_v$

$\therefore \ \eta_v = \frac{Q}{ALN}$

26 피스톤 행정량 0.00248m³, 회전수 163rpm으로 시간당 토출량이 90kg/hr이며, 토출가스 1kg의 체적이 0.189m³일 때 토출효율은 몇 %인가?

① 70.13% ② 71.7%
③ 7.17% ④ 65.2%

해설

$$토출효율 = \frac{실제가스\ 흡입량}{이론가스\ 흡입량} \times 100$$
$$= \frac{90 \times 0.189}{0.00248 \times 163 \times 60} \times 100 = 70.13\%$$

27 다음 중 다단압축의 목적이 아닌 것은?

① 일량이 증가된다.
② 힘의 평형이 좋아진다.
③ 이용효율이 증가된다.
④ 가스 온도 상승을 피한다.

해설

다단압축의 목적
㉠ 일량 절약
㉡ 온도상승의 방지
㉢ 힘의 평형 양호
㉣ 효율 방지

28 흡입압력이 대기압과 같으며 토출압력이 26kg/cm²g인 3단 압축기의 압축비는? (단, 대기압은 1kg/cm²로 한다.)

① 1 ② 2
③ 3 ④ 4

해설

$$a = \sqrt[3]{\frac{26+1}{1}} = 3$$

29 대기압으로부터 15kg/cm²g까지 2단 압축 시 중간 압력은 몇 kg/cm²g이 되는가? (단, 대기압은 1kg/cm²이다.)

① 1 ② 2
③ 3 ④ 4

해설

2단 압축 시 중간 압력(P_0)

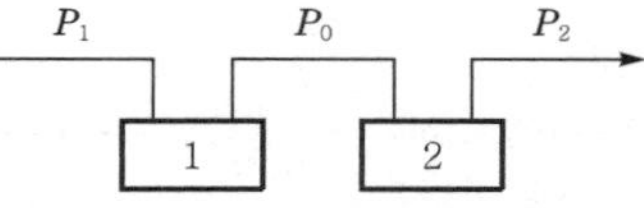

$P_0 = \sqrt{P_1 \times P_2} = \sqrt{1 \times 16} = 4kg/cm^2$

$\therefore \ 4 - 1 = 3kg/cm^2g$

30 PV^n = 일정일 때 이 압축은 무엇에 해당하는가? (단, $1 < n < k$)

① 등적압축 ② 등온압축
③ 폴리트로픽압축 ④ 단열압축

해설

$n = 1$(등온), $1 < n < k$(폴리트로픽), $n = k$(단열)

정답 23.③ 24.④ 25.③ 26.① 27.① 28.③ 29.③ 30.③

31 흡입압력이 5kg/cm²a인 3단 압축기에서 압축비를 3으로 하면 각 단의 토출압력은 몇 kg/cm²g인가?

① 10−40−130 ② 11−41−131
③ 13−43−134 ④ 14−44−134

해설

㉠ 1단 토출압력
$P_{0_1} = a \times P_1 = 3 \times 5 = 15\text{kg/cm}^2$
$\therefore\ 15 - 1.033 = 13.96\text{kg/cm}^2 ≒ 14\text{kg/cm}^2\text{g}$
㉡ 2단 토출압력
$P_{0_2} = a \times a \times P_1 = 3 \times 3 \times 5 = 45\text{kg/cm}^2$
$\therefore\ 45 - 1.033 = 43.967\text{kg/cm}^2 ≒ 44\text{kg/cm}^2\text{g}$
㉢ 3단 토출압력
$P_2 = a \times a \times a \times P_1 = 3 \times 3 \times 3 \times 5 = 135\text{kg/cm}^2$
$\therefore\ 135 - 1.033 = 133.967\text{kg/cm}^2\text{g} ≒ 134\text{kg/cm}^2\text{g}$

32 다음 중 압축비 증대 시 일어나는 영향이 아닌 것은?

① 소요동력이 감소한다.
② 체적효율이 저하한다.
③ 실린더 내 온도가 상승한다.
④ 윤활기능이 저하한다.

압축비 증대 시 영향
㉠ 체적효율 저하
㉡ 소요동력 증대
㉢ 실린더 내 온도 상승
㉣ 토출량 감소
㉤ 윤활유 열화탄화

33 용적형 압축기의 일종으로 흡입, 압축, 토출의 3행정이며, 대용량에 적합한 압축기는?

① 왕복 ② 원심
③ 회전 ④ 나사

해설

나사압축기 : 암수 나사가 맞물려 돌면서 연속적인 압축을 행하는 방식으로 무급유 또는 급유식이다.

34 다음 중 원심압축기의 특징이 아닌 것은?

① 무급유식이다.
② 토출압력변화에 의한 용량변화가 작다.
③ 용량 조정이 어렵다.
④ 기체에 맥동이 없고 연속 송출된다.

해설

원심압축기의 특징
㉠ 무급유식이다.
㉡ 용량 조정이 어렵다.
㉢ 소음, 진동이 없다.
㉣ 압축이 연속적이다.
㉤ 설치면적이 작다.

35 원심압축기에서 일어나는 현상으로 토출측 저항이 증대하면 풍량이 감소하고 불안정한 운전이 되는 것을 무엇이라 하는가?

① 정격현상 ② 서징현상
③ 공동현상 ④ 바이패스현상

해설

서징(surging)현상 : 송풍기와 압축기에서 토출측 저항이 증대하면 풍량이 감소하고, 어느 풍량에 대하여 일정한 압력으로 운전이 되지만 우선 특성의 풍량까지 감소하면 관로에 심한 공기의 진동과 맥동을 발생시키며 불완전한 운전이 되는 현상

36 원심압축기에서 임펠러 깃 각도에 따른 분류에 해당되지 않는 것은?

① 스러스트형 ② 다익형
③ 레이디얼형 ④ 터보형

해설

임펠러 깃 각도에 따른 분류
㉠ 다익형 : 90°보다 클 때
㉡ 레이디얼형 : 90°일 때
㉢ 터보형 : 90°보다 작을 때

37 터보압축기의 용량조정법에 해당되지 않는 것은?

① 클리어런스밸브에 의한 방법
② 바이패스법
③ 속도제어에 의한 방법
④ 안내깃 각도 조정법

원심용량조정방법
㉠ 속도제어에 의한 방법
㉡ 바이패스에 의한 방법
㉢ 안내깃 각도(베인컨트롤) 조정
㉣ 흡입 · 토출 밸브 조정법

정답 31.④ 32.① 33.④ 34.② 35.② 36.① 37.①

38 다음 중 무급유압축기에서 사용하는 피스톤링의 종류에 해당하지 않는 것은?

① 카본링 ② 테프론링
③ 다이어프램링 ④ 오일필름링

해설

①, ②, ③ 이외에 라비런스피스톤링이 있다.

39 다음 중 압축기 운전 중 점검사항이 아닌 항목은?

① 압력 이상 유무
② 누설이 없는가 점검
③ 볼트, 너트 조임상태 확인
④ 진동 유무 점검

해설

③은 운전 개시 전 점검사항이다.

40 압축기 보존 및 점검에서 1500~2000시간마다 점검해야 하는 항목은?

① 압력계, 온도계 ② 드레인밸브
③ 흡입토출밸브 ④ 유압계

해설

1500~2000시간에 점검해야 하는 항목
㉠ 흡입토출밸브
㉡ 실린더 내면
㉢ 프레임 윤활유

41 원심압축기의 정지 순서로 올바른 것은?

㉮ 드레인을 개방한다.
㉯ 토출밸브를 서서히 닫는다.
㉰ 전동기 스위치를 내린다.
㉱ 흡입밸브를 닫는다.

① ㉮－㉯－㉰－㉱
② ㉯－㉰－㉱－㉮
③ ㉰－㉱－㉮－㉯
④ ㉱－㉮－㉯－㉰

해설

원심압축기의 정지 순서
㉠ 토출밸브를 서서히 닫는다.
㉡ 전동기 스위치를 내린다.
㉢ 흡입밸브를 닫는다.
㉣ 드레인을 개방한다.

42 원심압축기에서 누설이 자주 일어나는 부분이 아닌 것은?

① 흡입토출밸브
② 축이 케이싱을 관통하는 부분
③ 밸런스 피스톤 부분
④ 임펠러 입구 부분

해설

②, ③, ④ 이외에 다이어프램 부시가 있다.

참고 축봉장치 : 축이 케이싱을 관통 시 기체 누설을 방지하는 것을 말하며 위험성이 없을 때는 라비런스실(공기 등), 위험성이 있을 때는(가연성 · 독성) 오일필림실을 사용한다.

02. 펌프(pump)

43 다음 중 왕복형 펌프에 속하는 항목이 아닌 것은?

① 피스톤 ② 플런저
③ 다이어프램 ④ 원심

해설

왕복형 펌프 : 피스톤, 플런저, 다이어프램

44 원심펌프의 특성에 해당되지 않는 항목은?

① 소형이고 맥동이 없다.
② 설치면적이 크고 대용량에 적합하다.
③ 프라이밍이 필요하다.
④ 임펠러의 원심력으로 이송된다.

해설

② 설치면적이 작고 대용량이 적합하다.

45 펌프 운전 시 공회전을 방지하기 위하여 액을 채워 넣는 작업을 무엇이라 하는가?

① 서징
② 프라이밍
③ 캐비테이션
④ 수격현상

해설

프라이밍(Priming) : 펌프를 운전 시 공회전을 방지하기 위하여 운전 전 미리 액을 채우는 작업이며 원심펌프에 필요하다.

정답 38.④ 39.③ 40.③ 41.② 42.① 43.④ 44.② 45.②

46 원심펌프를 병렬운전 시 일어나는 현상은?

① 유량 증가, 양정 일정
② 유량 증가, 양정 증가
③ 유량 일정, 양정 일정
④ 유량 증가, 양정 감소

해설

㉠ 직렬운전 : 양정 증가, 유량 일정
㉡ 병렬운전 : 유량 증가, 양정 일정

47 다음 중 펌프의 구비조건에 해당되지 않는 항목은?

① 고온 · 고압에 견딜 것
② 작동이 확실하고 조작이 쉬울 것
③ 직렬운전에 지장이 없을 것
④ 부하변동에 대응할 수 있을 것

펌프의 구비조건
㉠ 작동이 확실하고 조작이 간단할 것
㉡ 병렬운전에 지장이 없을 것
㉢ 부하변동에 대응할 수 있을 것
㉣ 고온 · 고압에 견딜 것

48 원심펌프의 정지 순서가 올바르게 된 것은?

> ㉮ 토출밸브를 서서히 닫는다.
> ㉯ 모터를 정지시킨다.
> ㉰ 흡입밸브를 닫는다.
> ㉱ 펌프 내의 액을 뺀다.

① ㉮-㉯-㉰-㉱　② ㉯-㉰-㉮-㉱
③ ㉮-㉯-㉱-㉰　④ ㉱-㉰-㉯-㉮

해설

펌프의 정지 순서
㉠ 원심펌프 : 토출밸브를 닫는다. → 모터를 정지시킨다. → 흡입밸브 닫는다. → 펌프 내의 액을 뺀다.
㉡ 왕복펌프 : 모터를 정지시킨다. → 토출밸브를 닫는다. → 흡입밸브 닫는다. → 펌프 내의 액을 뺀다.
㉢ 기어펌프 : 모터를 정지시킨다. → 흡입밸브를 닫는다. → 토출밸브 닫는다. → 펌프 내의 액을 뺀다.

49 다음 중 특수펌프가 아닌 것은?

① 기포펌프　② 원심펌프
③ 수격펌프　④ 제트펌프

해설

특수펌프 : 제트펌프, 수격펌프, 마찰펌프, 기포펌프

50 토출측의 맥동을 완화하기 위하여 공기실을 설치하여야 하는 펌프는?

① 원심펌프　② 특수펌프
③ 회전펌프　④ 왕복펌프

해설

왕복펌프의 특징
㉠ 일정한 용적에 액을 흡입하여 토출하는 펌프
㉡ 소유량, 고양정에 적합
㉢ 토출측의 맥동을 완화하기 위해 공기실을 설치

51 물의 압력이 $5kg/cm^2$를 수두로 환산하면 몇 m인가?

① 20m　② 30m
③ 40m　④ 50m

해설

$$\text{압력수두} = \frac{P}{\gamma} = \frac{5\times10^4(kg/m^2)}{1000kg/m^3} = 50m$$

52 물의 유속이 5m/s일 때 속도수두는 몇 m인가?

① 5.5m　② 3.5m
③ 1.3m　④ 0.3m

$$\text{속도수두}\ \frac{V^2}{2g} = \frac{5^2}{2\times9.8} = 1.275m \fallingdotseq 1.3m$$

53 관경 10cm인 관에 어떤 유체가 3m/s로 흐를 때 100m 지점의 손실수두는 얼마인가? (단, 손실계수는 0.03이다.)

① 1.1m　② 1.2m
③ 1.3m　④ 13.7m

해설

$$h_f = \lambda\frac{l}{d}\times\frac{V^2}{2g} = 0.03\times\frac{100}{0.1}\times\frac{3^2}{2\times9.8} = 13.7m$$

여기서, h_f : 관마찰손실수두(m)
λ : 관마찰계수
l : 관길이(m)
d : 관경(m)
V : 유속(m/s)
g : 중력가속도(=9.8m/s²)

정답 46.① 47.③ 48.① 49.② 50.④ 51.④ 52.③ 53.④

54 원심펌프의 송수량 6000L/min, 전양정 40m, 회전수 1000rpm, 효율이 70%일 때 소요마력은 몇 PS인가?

① 70 ② 72
③ 74 ④ 76

$$L_{PS}=\frac{\gamma\cdot Q\cdot H}{75\eta}$$
$$=\frac{1000\text{kg/m}^3\times\frac{6}{60}\times 40}{75\times 0.7}=76.19=76.2\text{PS}$$

55 양정 10m, 유량 3m^3/min인 펌프의 마력이 10PS일 때 효율은 몇 %인가?

① 67% ② 68%
③ 69% ④ 70%

해설

$$L_{PS}=\frac{\gamma\cdot Q\cdot H}{75\eta}$$
$$\therefore\ \eta=\frac{\gamma\cdot Q\cdot H}{L_{PS}\times 75}=\frac{1000\times\frac{3}{60}\times 10}{10\times 75}$$
$$=0.666=66.6\%≒67\%$$

56 양정 4m, 유량 1.3m^3/s인 펌프의 효율이 80%일 때 소요동력은 몇 kW인가?

① 60.52kW ② 63.72kW
③ 64.56kW ④ 72.52kW

해설

$$L_{kW}=\frac{\gamma\cdot Q\cdot H}{102\eta}=\frac{1000\times 1.3\times 4}{102\times 0.8}=63.725\text{kW}$$

57 송수량 6000L/min, 전양정 50m, 축동력 100PS일 때 이 펌프의 회전수를 1000rpm에서 1100rpm으로 변경 시 변경된 송수량은 몇 m^3/min인가?

① 3.6 ② 4.6
③ 5.6 ④ 6.6

해설

$$Q'=Q\times\left(\frac{N'}{N}\right)=6\text{m}^3/\text{min}\times\left(\frac{1100}{1000}\right)^1=6.6\text{m}^3/\text{min}$$

참고 펌프의 회전수 $N\to N'$로 변경 시

- 송수량$(Q')=Q\times\left(\frac{N'}{N}\right)^1$
- 양정$(H')=H\times\left(\frac{N'}{N}\right)^2=50\text{m}\times\left(\frac{1100}{1000}\right)^2=60.5\text{m}$
- 동력$(P')=P\times\left(\frac{N'}{N}\right)^3=100\text{PS}\times\left(\frac{1100}{1000}\right)^3=133.1\text{PS}$

58 송수량 5m^3/min, 전양정 100m, 축동력이 200kW일 때 이 펌프의 회전수를 30% 증가 시 변한 축동력은 처음의 몇 배인가?

① 1.1배 ② 2.2배
③ 3.3배 ④ 4.5배

해설

$$P'=P\times\left(\frac{N'}{N}\right)^3=P\times 1.3^3=2.197P≒2.2P$$

59 다음 중 비교회전도의 식이 맞는 것은?

① $N_s=\dfrac{Q\sqrt{N}}{(H)^{\frac{3}{4}}}$ ② $N_s=\dfrac{N\sqrt{Q}}{\left(\frac{H}{n}\right)^{\frac{4}{3}}}$

③ $N_s=\dfrac{N\cdot Q}{\left(\frac{H}{n}\right)^{\frac{3}{4}}}$ ④ $N_s=\dfrac{N\sqrt{Q}}{\left(\frac{H}{n}\right)^{\frac{3}{4}}}$

해설

N_s(비교회전도) : 한 개의 회전차에서 유량, 회전수 등 운전상태를 상사하게 유지하면서 그 크기를 바꾸고, 단위유량에서 단위수두 발생 시 그 회전차에 주는 매분 회전수를 원래의 회전수와 비교한 값

$$N_s=\frac{N\sqrt{Q}}{\left(\frac{H}{n}\right)^{\frac{3}{4}}}$$

여기서, N : 회전수(rpm)
Q : 유량(m^3/min)
H : 양정(m)
n : 단수

60 비교회전도 175, 회전수 3000rpm, 양정 210m, 3단 원심펌프에서 유량은 몇 m^3/min인가?

① 1.99
② 2.32
③ 3.45
④ 4.45

정답 54.④ 55.① 56.② 57.④ 58.② 59.④ 60.①

해설

$$N_s = \frac{N\sqrt{Q}}{\left(\frac{H}{n}\right)^{\frac{3}{4}}}$$

$$Q = \left\{\frac{N_s \times \left(\frac{H}{n}\right)^{\frac{3}{4}}}{N}\right\}^2 = \left\{\frac{175 \times \left(\frac{210}{3}\right)^{\frac{3}{4}}}{3000}\right\}^2 = 1.99\text{m}^3/\text{min}$$

61 전동기 직렬식 원심펌프에서 모터극수가 4극이고 주파수가 60Hz일 때 모터의 분당 회전수는? (단, 미끄럼률은 0이다.)

① 1000rpm ② 1500rpm
③ 1800rpm ④ 2000rpm

해설

$$N = \frac{120f}{P}\left(1 - \frac{S}{100}\right) = \frac{120 \times 60}{4}\left(1 - \frac{0}{100}\right) = 1800\text{rpm}$$

여기서, N : 회전수(rpm)
f : 전기주파수(60Hz)
P : 모터극수
S : 미끄럼률

62 다음 중 캐비테이션 방지법이 아닌 것은?

① 양흡입펌프 또는 두 대 이상의 펌프를 사용한다.
② 펌프의 회전수를 증가시킨다.
③ 흡입관경을 넓히며 사주배관을 피한다.
④ 펌프 설치위치를 낮춘다.

해설

② 펌프의 회전수를 낮춘다.

63 캐비테이션의 발생현상이 아닌 것은?

① 소음 ② 회전수 증가
③ 진동 ④ 임펠러 침식

64 저비등점의 액체 이송 시 펌프 입구에서 발생하는 현상으로 액의 끓음에 의한 동요를 무엇이라 하는가?

① 캐비테이션 ② 수격현상
③ 서징현상 ④ 베이퍼록현상

해설

베이퍼록현상 : 저비등점의 액화가스 펌프에서 발생

65 다음 중 수격작용의 방지법이 아닌 항목은?

① 관의 직경을 줄인다.
② 관내 유속을 낮춘다.
③ 조압수조를 관선에 설치한다.
④ 펌프에 플라이휠을 설치한다.

해설

수격작용 방지법
㉠ 관내 유속을 낮춘다.
㉡ 펌프에 플라이휠을 설치한다.
㉢ 조압수조를 설치한다.
㉣ 밸브를 송출구에 설치하고 적당히 제어한다.
※ 수격작용(워터 햄머링) : 심한 속도변화에 따른 심한 압력변화가 생기는 현상

66 원심압축기에서 서징현상의 방지법이 아닌 것은?

① 방출밸브에 의한 방법
② 안내깃 각도 조정법
③ 우상 특성으로 하는 방법
④ 교축밸브를 근접 설치하는 방법

해설

서징 방지법
㉠ 속도제어에 의한 방법
㉡ 바이패스법
㉢ 안내깃 각도 조절법
㉣ 교축밸브를 근접 설치하는 방법
㉤ 우상 특성이 없게 하는 방법

67 다음 중 펌프에서 서징현상의 발생조건이 아닌 것은?

① 펌프의 양정곡선이 산고곡선일 때
② 배관 중에 물탱크나 공기탱크가 있을 때
③ 유량조절밸브가 탱크 앞쪽에 있을 때
④ 유량조절밸브가 탱크 뒤쪽에 있을 때

해설

서징현상의 발생조건
㉠ 펌프의 양정곡선이 산고곡선이고 곡선의 산고 상승부에 운전했을 때
㉡ 배관 중에 물탱크나 공기탱크가 있을 때
㉢ 유량조절밸브가 탱크 뒤쪽에 있을 때
※ 펌프에서 서징현상 : 펌프, 송풍기 등이 운전 중에 한숨을 쉬는 것과 같은 상태가 되어 펌프인 경우 입구와 출구의 진공계, 압력계의 지침이 흔들리고, 동시에 송출유량이 변화하는 현상, 즉 송출압력과 송출유량 사이에 주기적인 변동이 일어나는 현상

정답 61.③ 62.② 63.② 64.④ 65.① 66.③ 67.③

68 내압이 4~5kg/cm^{2}이며 LPG와 같이 저비점일 때 사용되는 메커니컬실의 종류는?

① 밸런스실
② 언밸런스실
③ 카본실
④ 오일필름실

69 다음의 축봉장치 중 더블실형에 사용되는 것이 아닌 것은?

① 유독액 인화성이 강한 액일 때
② 보냉 · 보온이 필요할 때
③ 누설되면 응고되는 액일 때
④ 액체를 실(seal)할 때

해설

④ 기체를 실(seal)할 때

70 펌프의 운전 시 소음 · 진동의 발생원인에 해당되지 않는 것은?

① 캐비테이션 발생 시
② 서징 발생 시
③ 회전수가 빠를 때
④ 임펠러 마모 시

해설

펌프의 운전 시 소음과 진동의 발생원인
㉠ 캐비테이션의 발생 때문
㉡ 임펠러에 이물질이 혼입됐기 때문
㉢ 서징 발생 때문
㉣ 임펠러의 국부마모 부식 때문
㉤ 베어링의 마모 또는 파손 때문
㉥ 기초 불량 또는 설치 및 센터링 불량 때문

71 무급유 압축기의 용도가 아닌 것은?

① 양조공업
② 식품공업
③ 산소압축
④ 수소압축

해설

무급유 압축기(oil-free-compressor)란 오일 대신 물을 윤활제로 쓰거나 아무것도 윤활제로 쓰지 않는 압축기로 양조 · 약품 산소가스 압축에 쓰인다.

72 다음 펌프 중 진공펌프로 사용하기에 적당한 것은?

① 회전펌프
② 왕복펌프
③ 원심펌프
④ 나사펌프

73 압축비와 체적효율의 관계의 설명으로 틀린 것은?

① 압축비가 높으면 체적효율은 높아진다.
② 같은 압축비일 때 단수가 많을수록 효율이 좋다.
③ 체적효율은 실제적인 피스톤 압출량을 이론적 피스톤 압출량으로 나눈 값
④ 압축비가 높으면 토출량이 증가한다.

해설

압축비와 체적효율은 반비례관계에 있다.

74 완전가스를 등온압축 시 열량과 엔탈피는 어떻게 변하는가?

① 방열 증가
② 방열 일정
③ 흡열 감소
④ 흡열 증가

75 펌프 축봉장치의 메커니컬실의 장점이 아닌 것은?

① 위험한 액의 실에 사용된다.
② 완전 누설이 방지된다.
③ 균열이 없으므로 진동이 많은 부분의 실에 사용된다.
④ 마찰저항이 적어 효율이 높고 실의 마모가 적다.

정답 68.① 69.④ 70.③ 71.④ 72.① 73.① 74.② 75.③

76 LP가스용 펌프를 취급할 때 주의할 사항 중 틀린 것은?

① 펌프의 축봉에 메카니컬실을 사용할 때는 파손이 없으므로 정기적으로 교환할 필요는 없다.
② 축봉장치에 패킹을 사용하는 경우는 누설에 주의하며 약간 더 조여두고 가끔 패킹 교환을 한다.
③ 펌프가 작동되고 있을 때는 항상 기계의 작동상태를 점검해야 한다.
④ 과부하 발견은 모터의 전류에 영향을 주므로 평소 운전 시 암페어를 알아두어야 한다.

① 정기적으로 교환할 필요가 있다.

77 원심펌프에서 공동현상이 일어나는 곳은 어디인가?

① 회전차 날개의 표면에서 일어난다.
② 회전차 날개의 입구를 조금 지난 날개의 이면에서 일어난다.
③ 펌프의 토출측은 토출밸브 입구에서 일어난다.
④ 펌프의 흡입측은 풋(foot)밸브에서 일어난다.

78 다음 중 메커니컬실의 냉각방법에 해당되지 않는 것은?

① 플래싱　　② 풀림
③ 퀜칭　　④ 쿨링

정답 76.① 77.② 78.②

인생의 희망은

늘 괴로운 언덕길 너머에서 기다린다.

-폴 베를렌(Paul Verlaine)-

☆

어쩌면 지금이 언덕길의 마지막 고비일지도 모릅니다.
다시 힘을 내서 힘차게 넘어보아요.
희망이란 녀석이 우릴 기다리고 있을 테니까요.^^

chapter 4 ··· 수소 경제 육성 및 수소 안전관리에 관한 법령

출/제/예/상/문/제

[수소 경제 육성 및 수소 안전관리에 관한 법령]

〈목 차〉

1. 수소연료 사용시설의 시설 · 기술 · 검사 기준

01 다음 중 용어에 대한 설명이 틀린 것은 어느 것인가?

① "수소 제조설비"란 수소를 제조하기 위한 것으로서 법령에 따른 수소용품 중 수전해 설비 수소 추출설비를 말한다.
② "수소 저장설비"란 수소를 충전 · 저장하기 위하여 지상 또는 지하에 고정 설치하는 저장탱크(수소의 질을 균질화하기 위한 것을 포함)를 말한다.
③ "수소가스 설비"란 수소 제조설비, 수소 저장설비 및 연료전지와 이들 설비를 연결하는 배관 및 속설비 중 수소가 통하는 부분을 말한다.
④ 수소 용품 중 "연료전지"란 수소와 전기화학적 반응을 통하여 전기와 열을 생산하는 연료 소비량이 232.6kW 이상인 고정형, 이동형 설비와 그 부대설비를 말한다.

해설
연료전지 : 연료 소비량이 232.6kW 이하인 고정형, 이동형 설비와 그 부대설비

02 물의 전기분해에 의하여 그 물로부터 수소를 제조하는 설비는 무엇인가?

① 수소 추출설비
② 수전해 설비
③ 연료전지 설비
④ 수소 제조설비

정답 01.④ 02.②

03 수소 설비와 산소 설비의 이격거리는 몇 m 이상인가?

① 2m ② 3m
③ 5m ④ 8m

해설

수소-산소 : 5m 이상
참고 수소-화기 : 8m 이상

04 다음 [보기]는 수소 설비에 대한 내용이나 수치가 모두 잘못되었다. 맞는 수치로 나열된 것은 어느 것인가? (단, 순서는 (1), (2), (3)의 순서대로 수정된 것으로 한다.)

> [보기]
> (1) 유동방지시설은 높이 5m 이상 내화성의 벽으로 한다.
> (2) 입상관과 화기의 우회거리는 8m 이상으로 한다.
> (3) 수소의 제조 · 저장 설비의 지반조사 대상의 용량은 중량 3ton 이상의 것에 한한다.

① 2m, 2m, 1ton
② 3m, 2m, 1ton
③ 4m, 2m, 1ton
④ 8m, 2m, 1ton

해설

(1) 유동방지시설 : 2m 이상 내화성의 벽
(2) 입상관과 화기의 우회거리 : 2m 이상
(3) 지반조사 대상 수소 설비의 중량 : 1ton 이상
참고 지반조사는 수소 설비의 외면으로부터 10m 이내 2곳 이상에서 실시한다.

05 수소의 제조 · 저장 설비를 실내에 설치 시 지붕의 재료로 맞는 것은?

① 불연 재료
② 난연 재료
③ 무거운 불연 또는 난연 재료
④ 가벼운 불연 또는 난연 재료

해설

수소 설비의 재료 : 불연 재료(지붕은 가벼운 불연 또는 난연 재료)

06 다음 [보기]는 수소의 저장설비에서 대한 내용이다. 맞는 설명은 어느 것인가?

> [보기]
> (1) 저장설비에 설치하는 가스방출장치의 탱크 용량은 $10m^3$ 이상이다.
> (2) 내진설계로 시공하여야 하며, 저장능력은 5ton 이상이다.
> (3) 저장설비에 설치하는 보호대의 높이는 0.6m 이상이다.
> (4) 보호대가 말뚝 형태일 때는 말뚝이 2개 이상이고 간격은 2m 이상이다.

① (1) ② (2)
③ (3) ④ (4)

해설

(1) 가스방출장치의 탱크 용량 : $5m^3$ 이상
(3) 보호대의 높이 : 0.8m 이상
(4) 말뚝 형태 : 2개 이상, 간격 1.5m 이상

07 수소연료 사용시설에 안전확보 정상작동을 위하여 설치되어야 하는 부속장치에 해당되지 않는 것은?

① 압력조정기
② 가스계량기
③ 중간밸브
④ 정압기

08 수소가스 설비의 T_p, A_p를 옳게 나타낸 것은?

① T_p =상용압력×1.5
A_p =상용압력
② T_p =상용압력×1.2
A_p =상용압력×1.1
③ T_p =상용압력×1.5
A_p =최고사용압력×1.1 또는 8.4kPa 중 높은 압력
④ T_p =최고사용압력×1.5
A_p =최고사용압력×1.1 또는 8.4kPa 중 높은 압력

정답 03.③ 04.① 05.④ 06.② 07.④ 08.③

09 다음 [보기]는 수소 제조 시의 수전해 설비에 대한 내용이다. 틀린 내용으로만 나열된 것은?

[보기]
(1) 수전해 설비실의 환기가 강제환기만으로 이루어지는 경우에는 강제환기가 중단되었을 때 수전해 설비의 운전이 정상작동이 되도록 한다.
(2) 수전해 설비를 실내에 설치하는 경우에는 해당 실내의 산소 농도가 22% 이하가 되도록 유지한다.
(3) 수전해 설비를 실외에 설치하는 경우에는 눈, 비, 낙뢰 등으로부터 보호할 수 있는 조치를 한다.
(4) 수소 및 산소의 방출관과 방출구는 방출된 수소 및 산소가 체류할 우려가 없는 통풍이 양호한 장소에 설치한다.
(5) 수소의 방출관과 방출구는 지면에서 5m 이상 또는 설비 상부에서 2m 이상의 높이 중 높은 위치에 설치하며, 화기를 취급하는 장소와 8m 이상 떨어진 장소에 위치하도록 한다.
(6) 산소의 방출관과 방출구는 수소의 방출관과 방출구 높이보다 낮은 높이에 위치하도록 한다.
(7) 산소를 대기로 방출하는 경우에는 그 농도가 23.5% 이하가 되도록 공기 또는 불활성 가스와 혼합하여 방출한다.
(8) 수전해 설비의 동결로 인한 파손을 방지하기 위하여 해당 설비의 온도가 5℃ 이하인 경우에는 설비의 운전을 자동으로 차단하는 조치를 한다.

① (1), (2)
② (1), (2), (5)
③ (1), (5), (8)
④ (1), (2), (7)

해설
(1) 강제환기 중단 시 : 운전 정지
(2) 실내의 산소 농도 : 23.5% 이하
(5) 화기를 취급하는 장소와의 거리 : 6m 떨어진 위치

10 수소 추출설비를 실내에 설치하는 경우 실내의 산소 농도는 몇 % 미만이 되는 경우 운전이 정지되어야 하는가?

① 10.5%　② 15.8%
③ 19.5%　④ 22%

11 다음 ( ) 안에 공통으로 들어갈 단어는 무엇인가?

연료전지가 설치된 곳에는 조작하기 쉬운 위치에 ( )를 다음 기준에 따라 설치한다.
- 수소연료 사용시설에는 연료전지 각각에 대하여 ( )를 설치한다.
- 배관이 분기되는 경우에는 주배관에 ( )를 설치한다.
- 2개 이상의 실로 분기되는 경우에는 각 실의 주배관마다 ( )를 설치한다.

① 압력조정기　② 필터
③ 배관용 밸브　④ 가스계량기

12 배관장치의 이상전류로 인하여 부식이 예상되는 장소에는 절연물질을 삽입하여야 한다. 다음의 보기 중 절연물질을 삽입해야 하는 장소에 해당되지 않는 것은?

① 누전으로 인하여 전류가 흐르기 쉬운 곳
② 직류전류가 흐르고 있는 선로(線路)의 자계(磁界)로 인하여 유도전류가 발생하기 쉬운 곳
③ 흙속 또는 물속에서 미로전류(謎路電流)가 흐르기 쉬운 곳
④ 양극의 설치로 전기방식이 되어 있는 장소

13 사업소 외의 배관장치에 설치하는 안전제어장치와 관계가 없는 것은?

① 압력안전장치
② 가스누출검지경보장치
③ 긴급차단장치
④ 인터록장치

정답 09.② 10.③ 11.③ 12.④ 13.④

14 수소의 배관장치에는 이상사태 발생 시 압축기, 펌프 긴급차단장치 등이 신속하게 정지 또는 폐쇄되어야 하는 제어기능이 가동되어야 하는데 이 경우에 해당되지 않는 것은?

① 온도계로 측정한 온도가 1.5배 초과 시
② 규정에 따라 설치된 압력계가 상용압력의 1.1배 초과 시
③ 규정에 따라 압력계로 측정한 압력이 정상운전 시보다 30% 이상 강하 시
④ 측정유량이 정상유량보다 15% 이상 증가 시

15 수소의 배관장치에 설치하는 압력안전장치의 기준이 아닌 것은?

① 배관 안의 압력이 상용압력을 초과하지 않고, 또한 수격현상(water hammer)으로 인하여 생기는 압력이 상용압력의 1.1배를 초과하지 않도록 하는 제어기능을 갖춘 것
② 재질 및 강도는 가스의 성질, 상태, 온도 및 압력 등에 상응되는 적절한 것
③ 배관장치의 압력변동을 충분히 흡수할 수 있는 용량을 갖춘 것
④ 압력이 상용압력의 1.5배 초과 시 인터록기구가 작동되는 제어기능을 갖춘 것

16 수소의 배관장치에서 내압성능이 상용압력의 1.5배 이상이 되어야 하는 경우 상용압력은 얼마인가?

① 0.1MPa 이상
② 0.5MPa 이상
③ 0.7MPa 이상
④ 1MPa 이상

17 수소 배관을 지하에 매설 시 최고사용압력에 따른 배관의 색상이 맞는 것은?

① 0.1MPa 미만은 적색
② 0.1MPa 이상은 황색
③ 0.1MPa 미만은 황색
④ 0.1MPa 이상은 녹색

해설

(1) 지상배관 : 황색
(2) 지하배관
① 0.1MPa 미만 : 황색
② 0.1MPa 이상 : 적색

18 다음 [보기]는 수소배관을 지하에 매설 시 직상부에 설치하는 보호포에 대한 설명이다. 틀린 내용은?

> [보기]
> (1) 두께 : 0.2mm 이상
> (2) 폭 : 0.3m 이상
> (3) 바탕색
> – 최고사용압력 0.1MPa 미만 : 황색
> – 최고사용압력 0.1MPa 이상 2MPa 미만 : 적색
> (4) 설치위치 : 배관 정상부에서 0.3m 이상 떨어진 곳

① (1), (2)
② (1), (3)
③ (2), (3), (4)
④ (1), (2), (3)

해설

(2) 폭 : 0.15m 이상
(3) 바탕색
– 최고사용압력 0.1MPa 미만 : 황색
– 최고사용압력 0.1MPa 이상 1MPa 미만 : 적색
(4) 설치위치 : 배관 정상부에서 0.4m 이상 떨어진 곳

19 연료전지를 연료전지실에 설치하지 않아도 되는 경우는?

① 연료전지를 실내에 설치한 경우
② 밀폐식 연료전지인 경우
③ 연료전지 설치장소 안이 목욕탕인 경우
④ 연료전지 설치장소 안이 사람이 거처하는 곳일 경우

해설

연료전지를 연료전지실에 설치하지 않아도 되는 경우
• 밀폐식 연료전지인 경우
• 연료전지를 옥외에 설치한 경우

정답 14.① 15.④ 16.① 17.③ 18.③ 19.②

20 다음 중 틀린 설명은?

① 연료전지실에는 환기팬을 설치하지 않는다.
② 연료전지실에는 가스레인지의 후드등을 설치하지 않는다.
③ 연료전지는 가연물 인화성 물질과 2m 이상 이격하여 설치한다.
④ 옥외형 연료전지는 보호장치를 하지 않아도 된다.

해설
연료전지는 가연물 인화성 물질과 1.5m 이상 이격하여 설치한다.

21 다음 중 연료전지에 대한 설명으로 올바르지 않은 것은?

① 연료전지 연통의 터미널에는 동력팬을 부착하지 않는다.
② 연료전지는 접지하여 설치한다.
③ 연료전지 발열부분과 전선은 0.5m 이상 이격하여 설치한다.
④ 연료전지의 가스 접속배관은 금속배관을 사용하여 가스의 누출이 없도록 하여야 한다.

해설
전선은 연료전지의 발열부분과 0.15m 이상 이격하여 설치한다.

22 연료전지를 설치 시공한 자는 시공확인서를 작성하고 그 내용을 몇 년간 보존하여야 하는가?

① 1년 ② 2년
③ 3년 ④ 5년

23 수소의 반밀폐식 연료전지에 대한 내용 중 틀린 것은?

① 배기통의 유효단면적은 연료전지의 배기통 접속부의 유효단면적 이상으로 한다.
② 배기통은 기울기를 주어 응축수가 외부로 배출될 수 있도록 설치한다.
③ 배기통은 단독으로 설치한다.
④ 터미널에는 직경 20mm 이상의 물체가 통과할 수 없도록 방조망을 설치한다.

해설
방조망 : 직경 16mm 이상의 물체가 통과할 수 없도록 하여야 한다.
그 밖에 터미널의 전방 · 측면 · 상하 주위 0.6m 이내에는 가연물이 없도록 하며, 연료전지는 급배기에 영향이 없도록 담, 벽 등의 건축물과 0.3m 이상 이격하여 설치한다.

24 수소 저장설비를 지상에 설치 시 가스 방출관의 설치위치는?

① 지면에서 3m 이상
② 지면에서 5m 이상 또는 저장설비의 정상부에서 2m 이상 중 높은 위치
③ 지면에서 5m 이상
④ 수소 저장설비 정상부에서 2m 이상

25 수소가스 저장설비의 가스누출경보기의 가스누출자동차단장치에 대한 내용 중 틀린 것은?

① 건축물 내부의 경우 검지경보장치의 검출부 설치개수는 바닥면 둘레 10m 마다 1개씩으로 계산한 수로 한다.
② 건축물 밖의 경우 검지경보장치의 검출부 설치개수는 바닥면 둘레 20m마다 1개씩으로 계산한 수로 한다.
③ 가열로 등 발화원이 있는 제조설비에 누출가스가 체류하기 쉬운 장소의 경우 검지경보장치의 검출부 설치개수는 바닥면 둘레 10m마다 1개씩으로 계산한 수로 한다.
④ 검지경보장치 검출부 설치위치는 천장에서 검출부 하단까지 0.3m 이하가 되도록 한다.

해설
③ 가열로 등 발화원이 있는 제조설비에 누출가스가 체류하기 쉬운 장소의 경우 : 20m마다 1개씩으로 계산한 수

정답 20.③ 21.③ 22.④ 23.④ 24.② 25.③

26 수소 저장설비 사업소 밖의 가스누출경보기 설치장소가 아닌 것은?

① 긴급차단장치가 설치된 부분
② 누출가스가 체류하기 쉬운 부분
③ 슬리브관, 이중관 또는 방호구조물로 개방되어 설치된 부분
④ 방호구조물에 밀폐되어 설치되는 부분

해설

③ 슬리브관, 이중관 또는 방호구조물로 밀폐되어 설치된 부분이 가스누출경보기 설치장소이다.

27 수소의 저장설비에서 천장 높이가 너무 높아 검지경보장치 · 검출부를 천장에 설치 시 대량누출이 되어 위험한 상태가 되어야 검지가 가능하게 되는 것을 보완하기 위해 설치하는 것은?

① 가스웅덩이
② 포집갓
③ 가스용 맨홀
④ 원형 가스공장

28 수소 저장설비에서 포집갓의 사각형의 규격은?

① 가로 0.3m×세로 0.3m
② 가로 0.4m×세로 0.5m
③ 가로 0.4m×세로 0.6m
④ 가로 0.4m×세로 0.4m

해설

참고 원형인 경우 : 직경 0.4m 이상

29 수소의 제조 · 저장 설비 배관이 시가지 주요 하천, 호수 등을 횡단 시 횡단거리 500m 이상인 경우 횡단부 양끝에서 가까운 거리에 긴급차단장치를 설치하고 배관연장설비 몇 km마다 긴급차단장치를 추가로 설치하여야 하는가?

① 1km　　② 2km
③ 3km　　④ 4km

30 수소가스 설비를 실내에 설치 시 환기설비에 대한 내용으로 옳지 않은 것은?

① 천장이나 벽면 상부에 0.4m 이내 2방향 환기구를 설치한다.
② 통풍가능 면적의 합계는 바닥면적 $1m^2$ 당 $300cm^2$의 면적 이상으로 한다.
③ 1개의 환기구 면적은 $2400cm^2$ 이하로 한다.
④ 강제환기설비의 통풍능력은 바닥면적 $1m^2$마다 $0.5m^3/min$ 이상으로 한다.

0.3m 이내 2방향 환기구를 설치한다.

31 수소가스 설비실의 강제환기설비에 대한 내용으로 맞지 않는 것은?

① 배기구는 천장 가까이 설치한다.
② 배기가스 방출구는 지면에서 5m의 높이에 설치한다.
③ 수소연료전지를 실내에 설치하는 경우 바닥면적 $1m^2$당 $0.3m^3/min$ 이상의 환기능력을 갖추어야 한다.
④ 수소연료전지를 실내에 설치하는 경우 규정에 따른 $45m^3/min$ 이상의 환기능력을 만족하도록 한다.

배기가스 방출구는 지면에서 3m 이상 높이에 설치한다.

32 수소 저장설비는 가연성 저장탱크 또는 가연성 물질을 취급하는 설비와 온도상승방지 조치를 하여야 하는데 그 규정으로 옳지 않은 것은?

① 방류둑을 설치한 가연성 가스 저장탱크
② 방류둑을 설치하지 아니한 조연성 가스 저장탱크의 경우 저장탱크 외면으로부터 20m 이내
③ 가연성 물질을 취급하는 설비의 경우 그 외면에서 20m 이내
④ 방류둑을 설치하지 아니한 가연성 저장탱크의 경우 저장탱크 외면에서 20m 이내

정답 26.③ 27.② 28.④ 29.④ 30.① 31.② 32.②

해설

② 방류둑을 설치하지 아니한 가연성 가스 저장탱크의 경우 저장탱크 외면으로부터 20m 이내

33 수소 저장설비를 실내에 설치 시 방호벽을 설치하여야 하는 저장능력은?

① $30m^3$ 이상　② $50m^3$ 이상
③ $60m^3$ 이상　④ $100m^3$ 이상

34 수소가스 배관의 온도상승방지 조치의 규정으로 옳지 않은 것은?

① 배관에 가스를 공급하는 설비에는 상용온도를 초과한 가스가 배관에 송입되지 않도록 처리할 수 있는 필요한 조치를 한다.
② 배관을 지상에 설치하는 경우 온도의 이상상승을 방지하기 위하여 부식방지도료를 칠한 후 은백색 도료로 재도장하는 등의 조치를 한다. 다만, 지상 설치 부분의 길이가 짧은 경우에는 본문에 따른 조치를 하지 않을 수 있다.
③ 배관을 교량 등에 설치할 경우에는 가능하면 교량 하부에 설치하여 직사광선을 피하도록 하는 조치를 한다.
④ 배관에 열팽창 안전밸브를 설치한 경우에는 온도가 40℃ 이하로 유지될 수 있도록 조치를 한다.

해설

열팽창 안전밸브가 설치된 경우 온도상승방지 조치를 하지 않아도 된다.

35 수소가스 배관에 표지판을 설치 시 표지판의 설치간격으로 맞는 것은?

① 지하 배관 500m마다
② 지하 배관 300m마다
③ 지상 배관 500m마다
④ 지상 배관 800m마다

해설

- 지하 설치배관 : 500m마다
- 지상 설치배관 : 1000m마다

36 물을 전기분해하여 수소를 제조 시 1일 1회 이상 가스를 채취하여 분석해야 하는 장소가 아닌 것은?

① 발생장치
② 여과장치
③ 정제장치
④ 수소 저장설비 출구

37 수소가스 설비를 개방하여 수리를 할 경우의 내용 중 맞지 않는 것은?

① 가스치환 조치가 완료된 후에는 개방하는 수소가스 설비의 전후 밸브를 확실히 닫고 개방하는 부분의 밸브 또는 배관의 이음매에 맹판을 설치한다.
② 개방하는 수소가스 설비에 접속하는 배관 출입구에 2중으로 밸브를 설치하고, 2중 밸브 중간에 수소를 회수 또는 방출할 수 있는 회수용 배관을 설치하여 그 회수용 배관 등을 통하여 수소를 회수 또는 방출하여 개방한 부분에 수소의 누출이 없음을 확인한다.
③ 대기압 이하의 수소는 반드시 회수 또는 방출하여야 한다.
④ 개방하는 수소가스 설비의 부분 및 그 전후 부분의 상용압력이 대기압에 가까운 설비(압력계를 설치한 것에 한정한다)는 그 설비에 접속하는 배관의 밸브를 확실히 닫고 해당 부분에 가스의 누출이 없음을 확인한다.

해설

대기압 이하의 수소는 회수 또는 방출할 필요가 없다.

38 수소 배관을 용접 시 용접시공의 진행방법으로 가장 옳은 것은?

① 작업계획을 수립 후 용접시공을 한다.
② 적합한 용접절차서(w.p.s)에 따라 진행한다.
③ 위험성 평가를 한 후 진행한다.
④ 일반적 가스 배관의 용접방향으로 진행한다.

정답 33.③ 34.④ 35.① 36.② 37.③ 38.②

39 수소 설비에 설치한 밸브 콕의 안전한 개폐 조작을 위하여 행하는 조치가 아닌 것은?

① 각 밸브 등에는 그 명칭이나 플로시트(flow sheet)에 의한 기호, 번호 등을 표시하고 그 밸브 등의 핸들 또는 별도로 부착한 표지판에 그 밸브 등의 개폐방향(조작스위치로 그 밸브 등이 설치된 설비에 안전상 중대한 영향을 미치는 밸브 등에는 그 밸브 등의 개폐상태를 포함한다)이 표시되도록 한다.
② 밸브 등(조작스위치로 개폐하는 것을 제외한다)이 설치된 배관에는 그 밸브 등의 가까운 부분에 쉽게 식별할 수 있는 방법으로 그 배관 내의 가스 및 그 밖에 유체의 종류 및 방향이 표시되도록 한다.
③ 조작하여 그 밸브 등이 설치된 설비에 안전상 중대한 영향을 미치는 밸브 등(압력을 구분하는 경우에는 압력을 구분하는 밸브, 안전밸브의 주밸브, 긴급차단밸브, 긴급방출용 밸브, 제어용 공기 등)에는 개폐상태를 명시하는 표지판을 부착하고 조정밸브 등에는 개도계를 설치한다.
④ 계기판에 설치한 긴급차단밸브, 긴급방출밸브 등의 버튼핸들(button handle), 노칭디바이스핸들(notching device handle) 등(갑자기 작동할 염려가 없는 것을 제외한다)에는 오조작 등 불시의 사고를 방지하기 위해 덮개, 캡 또는 보호장치를 사용하는 등의 조치를 함과 동시에 긴급차단밸브 등의 개폐상태를 표시하는 시그널램프 등을 계기판에 설치한다. 또한 긴급차단밸브의 조작위치가 3곳 이상일 경우 평상시 사용하지 않는 밸브 등에는 "함부로 조작하여서는 안 된다"는 뜻과 그것을 조작할 때의 주의사항을 표시한다.

긴급차단밸브의 조작위치가 2곳 이상일 경우 함부로 조작하여서는 안 된다는 뜻과 주의사항을 표시한다.

참고 안전밸브 또는 방출밸브에 설치된 스톱밸브는 수리 등의 필요한 때를 제외하고는 항상 열어둔다.

40 수소 저장설비의 침하방지 조치에 대한 내용이 아닌 것은?

① 수소 저장설비 중 저장능력이 $50m^3$ 이상인 것은 주기적으로 침하상태를 측정한다.
② 침하상태의 측정주기는 1년 1회 이상으로 한다.
③ 벤치마크는 해당 사업소 앞 50만m^2당 1개소 이상을 설치한다.
④ 측정결과 침하량의 단위는 h/L로 계산한다.

저장능력 $100m^3$ 미만은 침하방지 조치에서 제외된다.

41 정전기 제거설비를 정상으로 유지하기 위하여 확인하여야 할 사항이 아닌 것은 어느 것인가?

① 지상에서의 접지 저항치
② 지상에서의 접속부의 접속상태
③ 지하에서의 접지 저항치
④ 지상에서의 절선 및 손상유무

42 수소 설비에서 이상이 발행하면 그 정도에 따라 하나 이상의 조치를 강구하여 위험을 방지하여야 하는데 다음 중 그 조치사항이 아닌 것은?

① 이상이 발견된 설비에 대한 원인의 규명과 제거
② 예비기로 교체
③ 부하의 상승
④ 이상을 발견한 설비 또는 공정의 운전정지 후 보수

부하의 저하

정답 39.④ 40.① 41.③ 42.③

43 다음 중 틀린 내용은?

① 수소는 누출 시 공기보다 가벼워 누설 가스는 상부로 향한다.

② 수소 배관을 지하에 설치하는 경우에는 배관을 매몰하기 전에 검사원의 확인 후 공정별 진행을 한다.

③ 배관을 매몰 시 검사원의 확인 전에 설치자가 임의로 공정을 진행한 경우에는 그 검사의 성실도를 판단하여 성실도의 지수가 90 이상일 때는 합격 처리를 할 수 있다.

④ 수소의 저장탱크 설치 전 기초 설치를 필요로 하는 공정의 경우에는 보링조사, 표준관입시험, 베인시험, 토질시험, 평판재하시험, 파일재하시험 등을 하였는지와 그 결과의 적합여부를 문서 등으로 확인한다. 또한 검사신청 시험한 기관의 서명이 된 보고서를 첨부하며 해당 서류를 첨부하지 않은 경우 부적합한 것으로 처리된다.

해설

검사원의 확인 전에 설치자가 임의로 공정을 진행한 경우에는 검사원은 이를 불합격 처리를 한다.

44 수소 설비 배관의 기밀시험압력에 대한 내용 중 틀린 것은?

① 기밀시험압력은 상용압력 이상으로 한다.

② 상용압력이 0.7MPa 초과 시 0.7MPa 미만으로 한다.

③ 기밀시험압력에서 누설이 없는 경우 합격으로 처리할 수 있다.

④ 기밀시험은 공기 등으로 하여야 하나 위험성이 없을 때에는 수소를 사용하여 기밀시험을 할 수 있다.

해설

상용압력이 0.7MPa 초과 시 0.7MPa 이상으로 할 수 있다.

45 수소가스 설비의 배관 용접 시 내압기밀시험에 대한 다음 내용 중 틀린 것은?

① 내압기밀시험은 전기식 다이어프램 압력계로 측정하여야 한다.

② 사업소 경계 밖에 설치되는 배관에 대하여 가스시설 용접 및 비파괴시험 기준에 따라 비파괴시험을 하여야 한다.

③ 사업소 경계 밖에 설치되는 배관의 양 끝부분에는 이음부의 재료와 동등 강도를 가진 엔드캡, 막음플랜지 등을 용접으로 부착하여 비파괴시험을 한 후 내압시험을 한다.

④ 내압시험은 상용압력의 1.5배 이상으로 하고 유지시간은 5분에서 20분간을 표준으로 한다.

해설

내압기밀시험은 자기압력계로 측정한다.

46 수소 배관의 기밀시험 시 기밀시험 유지시간이 맞는 것은? (단, 측정기구는 압력계 또는 자기압력기록계이다.)

① $1m^3$ 미만 20분

② $1m^3$ 이상 $10m^3$ 미만 240분

③ $10m^3$ 이상 50분

④ $10m^3$ 이상 시 1440분을 초과 시에는 초과한 시간으로 한다.

해설

압력 측정기구	용적	기밀시험 유지시간
압력계 또는 자기압력 기록계	$1m^3$ 미만	24분
	$1m^3$ 이상 $10m^3$ 미만	240분
	$10m^3$ 이상	$24 \times V$분 (다만, 1440분을 초과한 경우는 1440분으로 할 수 있다.)

$24 \times V$는 피시험 부분의 용적(단위 : m^3)이다.

정답 43.③ 44.② 45.① 46.②

2. 이동형 연료전지(드론용) 제조의 시설 · 기술 · 검사 기준

47 다음 설명에 부합되는 용어는 무엇인가?

> 수소이온을 통과시키는 고분자막을 전해질로 사용하여 수소와 산소의 전기화학적 반응을 통해 전기와 열을 생산하는 설비와 그 부대설비를 말한다.

① 연료전지
② 이온전지
③ 고분자전해질 연료전지(PEMFC)
④ 가상연료전지

48 위험부분으로부터의 접근, 외부 분진의 침투, 물의 침투에 대한 외함의 방진보호 및 방수보호 등급을 표시하는 용어는?

① UP
② Tp
③ IP
④ MP

49 다음 중 연료전지에 사용할 수 있는 재료는?

① 폴리염화비페닐(PCB)
② 석면
③ 카드뮴
④ 동, 동합금 및 스테인리스강

50 배관을 접속하기 위한 연료전지 외함의 접속부 구조에 대한 설명으로 틀린 것은?

① 배관의 구경에 적합하여야 한다.
② 일반인의 접근을 방지하기 위하여 외부에 노출시켜서는 안 된다.
③ 진동, 자충 등의 요인에 영향이 없어야 한다.
④ 내압력, 열하중 등의 응력에 견뎌야 한다.

해설

외부에서 쉽게 확인할 수 있도록 외부에 노출되어 있어야 한다.

51 연료전지의 구조에 대한 맞는 내용을 고른 것은?

> (1) 연료가스가 통하는 부분에 설치된 호스는 그 호스가 체결된 축 방향을 따라 150N의 힘을 가하였을 때 체결이 풀리지 않는 구조로 한다.
> (2) 연료전지의 안전장치가 작동해야 하는 설정값은 원격조작 등을 통하여 변경이 가능하도록 한다.
> (3) 환기팬 등 연료전지의 운전상태에서 사람이 접할 우려가 있는 가동부분은 쉽게 접할 수 없도록 적절한 보호틀이나 보호망 등을 설치한다.
> (4) 정격입력전압 또는 정격주파수를 변환하는 기구를 가진 이중정격의 것은 변환된 전압 및 주파수를 쉽게 식별할 수 있도록 한다. 다만, 자동으로 변환되는 기구를 가지는 것은 그렇지 않다.
> (5) 압력조정기(상용압력 이상의 압력으로 압력이 상승한 경우 자동으로 가스를 방출하는 안전장치를 갖춘 것에 한정한다)에서 방출되는 가스는 방출관 등을 이용하여 외함 외부로 직접 방출하여서는 안 되는 구조로 하여야 한다.
> (6) 연료전지의 배기가스는 방출관 등을 이용하여 외함 외부로 직접 배출되어서는 안 되는 구조로 하여야 한다.

① (2), (4) ② (3), (4)
③ (4), (5) ④ (5), (6)

해설

(1) 147.1N
(2) 임의로 변경할 수 없도록 하여야 한다.
(5) 외함 외부로 직접 방출하는 구조로 한다.
(6) 외함 외부로 직접 배출되는 구조로 한다.

52 연료 인입 자동차단밸브의 전단에 설치해야 하는 것은?

① 1차 차단밸브 ② 퓨즈콕
③ 상자콕 ④ 필터

정답 47.③ 48.③ 49.④ 50.② 51.② 52.④

해설

인입밸브 전단에 필터를 설치하며, 필터의 여과재 최대직경은 1.5mm 이하이고 1mm 초과하는 틈이 없어야 한다.

53 연료전지 배관에 대한 다음 설명 중 틀린 것은?

① 중력으로 응축수를 배출하는 경우 응축수 배출배관의 내부 직경은 13mm 이상으로 한다.
② 용기용 밸브의 후단 연료가스 배관에는 인입밸브를 설치한다.
③ 인입밸브 후단에는 그 인입밸브와 독립적으로 작동하는 인입밸브를 병렬로 1개 이상 추가하여 설치한다.
④ 인입밸브는 공인인증기관의 인증품 또는 규정에 따른 성능시험을 만족하는 것을 사용하고, 구동원 상실 시 연료가스의 통로가 자동으로 차단되는 fail safe로 한다.

해설

직렬로 1개 이상 추가 설치한다.

54 연료전지의 전기배선에 대한 아래 ( ) 안에 공통으로 들어가는 숫자는?

- 배선은 가동부에 접촉하지 않도록 설치해야 하며, 설치된 상태에서 ( )N의 힘을 가하였을 때에도 가동부에 접촉할 우려가 없는 구조로 한다.
- 배선은 고온부에 접촉하지 않도록 설치해야 하며, 설치된 상태에서 ( )N의 힘을 가하였을 때 고온부에 접촉할 우려가 있는 부분은 피복이 녹는 등의 손상이 발생되지 않도록 충분한 내열성능을 갖는 것으로 한다.
- 배선이 구조물을 관통하는 부분 또는 ( )N의 힘을 가하였을 때 구조물에 접촉할 우려가 있는 부분은 피복이 손상되지 않는 구조로 한다.

① 1　② 2
③ 3　④ 5

55 연료전지의 전기배선에 대한 내용 중 틀린 것은?

① 전기접속기에 접속한 것은 5N의 힘을 가하였을 때 접속이 풀리지 않는 구조로 한다.
② 리드선, 단자 등은 숫자, 문자, 기호, 색상 등의 표시를 구분하여 식별 가능한 조치를 한다. 다만, 접속부의 크기, 형태를 달리하는 등 물리적인 방법으로 오접속을 방지할 수 있도록 하고 식별조치를 하여야 한다.
③ 단락, 과전류 등과 같은 이상 상황이 발생한 경우 전류를 효과적으로 차단하기 위해 퓨즈 또는 과전류보호장치 등을 설치한다.
④ 전선이 기능상 부득이하게 외함을 통과하는 경우에는 부싱 등을 통해 적절한 보호조치를 하여 피복 손상, 절연 파괴 등의 우려가 없도록 한다.

해설

물리적인 방법으로 오접속 방지 조치를 할 경우 식별조치를 하지 않을 수 있다.

56 연료전지의 전기배선에 있어 단자대의 충전부와 비충전부 사이 단자대와 단자대가 설치되는 접촉부위에 해야 하는 조치는?

① 외부 케이싱　② 보호관 설치
③ 절연 조치　④ 정전기 제거장치 설치

57 연료전지의 외부출력 접속기에 대한 적합하지 않은 내용은?

① 연료전지의 출력에 적합한 것을 사용한다.
② 외부의 위해요소로부터 쉽게 파손되지 않도록 적절한 보호조치를 한다.
③ 100N 이하의 힘으로 분리가 가능하여야 한다.
④ 분리 시 케이블 손상이 방지되는 구조이어야 한다.

150N 이하의 힘으로 분리가 가능하여야 한다.

정답　53.③　54.②　55.②　56.③　57.③

58 연료전지의 충전부 구조에 대한 틀린 설명은 어느 것인가?

① 충전부의 보호함이 드라이버, 스패너 등의 공구 또는 보수점검용 열쇠 등을 이용하지 않아도 쉽게 분리되는 경우에는 그 보호함 등을 제거한 상태에서 시험지를 삽입하여 시험지가 충전부에 접촉하지 않는 구조로 한다.
② 충전부의 보호함이 나사 등으로 고정 설치되어 공구 등을 이용해야 분리되는 경우에는 그 보호함이 분리되어 있지 않은 상태에서 시험지를 삽입하여 시험지가 충전부에 접촉하지 않는 구조로 한다.
③ 설치한 상태에서 사람이 쉽게 접촉할 우려가 없는 설치면의 충전부에 시험지가 접촉하여도 된다.
④ 질량이 40kg을 넘는 몸체 밑면의 개구부에서 0.4m 이상 떨어진 충전부에 시험지가 접촉하지 않는 구조로 한다.

해설

충전부에 시험지가 접촉하여도 되는 경우
- 설치한 상태에서 사람이 쉽게 접촉할 우려가 없는 설치면의 충전부
- 질량 40kg을 넘는 몸체 밑면의 개구부에서 0.4m 이상 떨어진 충전부
- 구조상 노출될 수밖에 없는 충전부로서 절연변압기에 접속된 2차측의 전압이 교류인 경우 30V(직류의 경우 45V) 이하인 것
- 대지와 접지되어 있는 외함과 충전부 사이에 1MΩ의 저항을 설치한 후 수전해 설비 내 충전부의 상용주파수에서 그 저항에 흐르는 전류가 1mA 이하인 것

59 다음 중 연료전지의 비상정지제어기능이 작동해야 하는 경우가 아닌 것은?

① 연료가스의 압력 또는 온도가 현저하게 상승하였을 경우
② 연료가스의 누출이 검지된 경우
③ 배터리 전압에 이상이 생겼을 경우
④ 비상제어장치와 긴급차단장치가 연동되어 이상이 발생한 경우

해설

비상제어기능이 작동해야 하는 경우
①, ②, ③ 및
- 제어 전원전압이 현저하게 저하하는 등 제어장치에 이상이 생길 우려가 있는 경우
- 스택에 과전류가 생겼을 경우
- 스택의 발생전압에 이상이 생겼을 경우
- 스택의 온도가 현저하게 상승 시
- 연료전지 안의 온도가 현저하게 상승, 하강 시
- 연료전지 안의 환기장치가 이상 시
- 냉각수 유량이 현저하게 줄어든 경우

60 연료전지의 장치 설치에 대한 내용 중 틀린 것은?

① 과류방지밸브 및 역류방지밸브를 설치하고자 하는 경우에는 용기에 직접 연결하거나 용기에서 스택으로 수소가 공급되는 라인에 직렬로 설치해야 한다.
② 역류방지밸브를 용기에 직렬로 설치할 때에는 충격, 진동 및 우발적 손상에 따른 위험을 최소화하기 위해 용기와 역류방지밸브 사이에는 반드시 차단밸브를 설치하여야 한다.
③ 용기 일체형 연료전지의 경우 용기에 수소를 공급받기 위한 충전라인에는 역류방지 기능이 있는 리셉터클을 설치하여야 한다.
④ 용기 일체형 리셉터클과 용기 사이에 추가로 역류방지밸브를 설치하여야 한다.

해설

용기와 역류방지밸브 사이에 차단밸브를 설치할 필요가 없다.

61 연료전지의 전기배선 시 용기 및 압력 조절의 실패로 상용압력 이상의 압력이 발생할 때 설치해야 하는 장치는?

① 과압안전장치
② 역화방지장치
③ 긴급차단장치
④ 소정장치

해설

참고 과압안전장치의 종류 : 안전밸브 및 릴리프밸브 등

정답 58.④ 59.④ 60.② 61.①

62 연료전지의 연료가스 누출검지장치에 대한 내용 중 틀린 것은?

① 검지 설정값은 연료가스 폭발하한계의 1/4 이하로 한다.
② 검지 설정값의 ±10% 이내의 범위에서 연료가스를 검지하고, 검지가 되었음을 알리는 신호를 30초 이내에 제어장치로 보내는 것으로 한다.
③ 검지소자는 사용 상태에서 불꽃을 발생시키지 않는 것으로 한다. 다만, 검지소자에서 발생된 불꽃이 외부로 확산되는 것을 차단하는 조치(스트레이너 설치 등)를 하는 경우에는 그렇지 않을 수 있다.
④ 연료가스 누출검지장치의 검지부는 연료가스의 특성 및 외함 내부의 구조 등을 고려하여 누출된 연료가스가 체류하기 쉬운 장소에 설치한다.

해설

20초 이내에 제어장치로 보내는 것으로 한다.

63 연료전지의 내압성능에 대하여 (   ) 안에 들어갈 수치로 틀린 것은?

> 연료가스 등 유체의 통로(스택은 제외한다)는 상용압력의 (㉮)배 이상의 수압으로 그 구조상 물로 실시하는 내압시험이 곤란하여 공기·질소·헬륨 등의 기체로 내압시험을 실시하는 경우 1.25배 (㉯)분간 내압시험을 실시하여 팽창·누설 등의 이상이 없어야 한다. 공통압력시험은 스택 상용압력(음극과 양극의 상용압력이 서로 다른 경우 더 높은 압력을 기준으로 한다)의 1.5배 이상의 수압으로 그 구조상 물로 실시하는 것이 곤란하여 공기·질소·헬륨 등의 기체로 실시하는 경우 (㉰)배 음극과 양극의 유체통로를 동시에 (㉱)분간 가압한다. 이 경우, 스택의 음극과 양극에 가압을 위한 압력원은 공통으로 해야 한다.

① ㉮ 1.5　　② ㉯ 20
③ ㉰ 1.5　　④ ㉱ 20

해설

㉰ 1.25배

64 연료전지 부품의 내구성능에 관한 내용 중 틀린 것은?

① 자동차단밸브의 경우, 밸브(인입밸브는 제외한다)를 (2~20)회/분 속도로 250000회 내구성능시험을 실시한 후 성능에 이상이 없어야 한다.
② 자동제어시스템의 경우, 자동제어시스템을 (2~20)회/분 속도로 250000회 내구성능시험을 실시한 후 성능에 이상이 없어야 하며, 규정에 따른 안전장치 성능을 만족해야 한다.
③ 이상압력차단장치의 경우, 압력차단장치를 (2~20)회/분 속도로 5000회 내구성능시험을 실시한 후 성능에 이상이 없어야 하며, 압력차만 설정값의 ±10% 이내에서 안전하게 차단해야 한다.
④ 과열방지안전장치의 경우, 과열방지안전장치를 (2~20)회/분 속도로 5000회 내구성능시험을 실시한 후 성능에 이상이 없어야 하며, 과열차단 설정값의 ±5% 이내에서 안전하게 차단해야 한다.

해설

③ 이상압력차단장치 설정값의 ±5% 이내에서 안전하게 차단하여야 한다.

65 드론형 이동연료전지의 정격운전조건에서 60분 동안 5초 이하의 간격으로 측정한 배기가스 중 수소의 평균농도는 몇 ppm 이하가 되어야 하는가?

① 100
② 1000
③ 10000
④ 100000

해설

참고 이동형 연료전지(지게차용)의 정격운전조건에서 60분 동안 5초 이하의 간격으로 배기가스 중 H_2, CO, 메탄올의 평균농도가 초과하면 안 되는 배기가스 방출 제한 농도값

- H_2 : 5000ppm
- CO : 200ppm
- 메탄올 : 200ppm

정답 62.② 63.③ 64.③ 65.③

66 수소연료전지의 각 성능에 대한 내용 중 틀린 것은?

① 내가스 성능 : 수소가 통하는 배관의 패킹류 및 금속 이외의 기밀유지부는 5℃ 이상 25℃ 이하의 수소를 해당 부품에 인가되는 압력으로 72시간 인가 후 24시간 동안 대기 중에 방치하여 무게변화율이 20% 이내이고 사용상 지장이 있는 열화 등이 없어야 한다.
② 내식 성능 : 외함, 습도가 높은 환경에서 사용되는 것, 연료가스, 배기가스, 물 등의 유체가 통하는 부분의 금속재료는 규정에 따른 내식성능시험을 실시하여 이상이 없어야 하며, 합성수지 부분은 80℃±3℃의 공기 중에 1시간 방치한 후 자연냉각 시켰을 때 부풀음, 균열, 갈라짐 등의 이상이 없어야 한다.
③ 연료소비량 성능 : 연료전지는 규정에 따른 정격출력 연료소비량 성능시험으로 측정한 연료소비량이 표시 연료소비량의 ±5% 이내인 것으로 한다.
④ 온도상승 성능 : 연료전지의 출력 상태에서 30분 동안 측정한 각 항목별 허용최고온도에 적합한 것으로 한다.

해설

온도상승 성능 : 1시간 동안 측정한 각 항목별 최고온도에 적합한 것으로 한다.

참고 그 밖에

(1) 용기고정 성능
용기의 무게(완충 시 연료가스 무게를 포함한다)와 동일한 힘을 용기의 수직방향 중심높이에서 전후좌우의 4방향으로 가하였을 때 용기의 이탈 및 고정장치의 파손 등이 없는 것으로 한다.

(2) 환기 성능
① 환기유량은 연료전지의 외함 내에 체류 가능성이 있는 수소의 농도가 1% 미만으로 유지될 수 있도록 충분한 것으로 한다.
② 연료전지의 외함 내부로 유입되거나 외함 외부로 배출되는 공기의 유량은 제조사가 제시한 환기유량 이상이어야 한다.

(3) 전기출력 성능
연료전지의 정격출력 상태에서 1시간 동안 측정한 전기출력의 평균값이 표시정격출력의 ±5% 이내인 것으로 한다.

(4) 발전효율 성능
연료전지는 규정에 따른 발전효율시험으로 측정한 발전효율이 제조자가 표시한 값 이상인 것으로 한다.

(5) 낙하 내구성능
시험용 판재로부터 수직방향 1.2m 높이에서 4방향으로 떨어뜨린 후 제품성능을 만족하는 것으로 한다.

67 연료전지의 절연저항 성능에서 500V의 절연저항계 사이의 절연저항은 얼마인가?

① 1MΩ　② 2MΩ
③ 3MΩ　④ 4MΩ

68 수소연료전지의 절연거리시험에서 공간거리 측정의 오염등급 기준 중 1등급에 해당되는 것은?

① 주요 환경조건이 비전도성 오염이 없는 마른 곳 오염이 누적되지 않는 곳
② 주요 환경조건이 비전도성 오염이 일시적으로 누적될 수도 있는 곳
③ 주요 환경조건이 오염이 누적되고 습기가 있는 곳
④ 주요 환경조건이 먼지, 비, 눈 등에 노출되어 오염이 누적되는 곳

해설

① : 오염등급 1
② : 오염등급 2
③ : 오염등급 3
④ : 오염등급 4

69 연료전지의 접지 연속성 시험에서 무부하 전압이 12V 이하인 교류 또는 직류 전원을 사용하여 접지단자 또는 접지극과 사람이 닿을 수 있는 금속부와의 사이에 기기의 정격전류의 1.5배와 같은 전류 또는 25A의 전류 중 큰 쪽의 전류를 인가한 후 전류와 전압 강하로부터 산출한 저항값은 얼마 이하가 되어야 하는가?

① 0.1Ω　② 0.2Ω
③ 0.3Ω　④ 0.4Ω

정답 66.④ 67.① 68.① 69.①

70 연료전지의 시험연료의 성분부피 특성에서 온도와 압력의 조건은?

① 5℃, 101.3kPa
② 10℃, 101.3kPa
③ 15℃, 101.3kPa
④ 20℃, 101.3kPa

71 연료전지의 시험환경에서 측정불확도의 대기압에서 오차범위가 맞는 것은?

① ±100Pa
② ±200Pa
③ ±300Pa
④ ±500Pa

해설

측정 불확도(오차)의 범위

- 대기압 : ±500Pa
- 가스 압력 : ±2% full scale
- 물 배관의 압력손실 : ±5%
- 물 양 : ±1%
- 가스 양 : ±1%
- 공기량 : ±2%

72 연료전지의 시험연료 기준에서 각 가스 성분 부피가 맞는 것은?

① H_2 : 99.9% 이상
② CH_4 : 99% 이상
③ C_3H_8 : 99% 이상
④ C_4H_{10} : 98.9% 이상

해설

시험연료 성분 부피 및 특성

구분	성분 부피(%)						특성		
	수소 (H_2)	메탄 (CH_4)	프로판 (C_3H_{10})	부탄 (C_4H_{10})	질소 (N_2)	공기 (O_2 21% N_2 79%)	총발열량 MJ/m^3N	진발열량 MJ/m^3N	비중 (공기=1)
시험연료	99.9	–	–	–	0.1	–	12.75	10.77	0.070

73 다음은 연료전지의 인입밸브 성능시험에 대한 내용이다. 밸브를 잠근 상태에서 밸브 위 입구측에 공기, 질소 등의 불활성 기체를 이용하여 상용압력이 0.9MPa일 때는 몇 MPa로 가압하여 성능시험을 하여야 하는가?

① 0.7
② 0.8
③ 0.9
④ 1

해설

- 밸브를 잠근 상태에서 밸브의 입구측에 공기 또는 질소 등의 불활성 기체를 이용하여 상용압력 이상의 압력(0.7MPa을 초과하는 경우 0.7MPa 이상으로 한다)으로 2분간 가압하였을 때 밸브의 출구측으로 누출이 없어야 한다.
- 밸브는 (2~20)회/분 속도로 개폐를 250000회 반복하여 실시한 후 규정에 따른 기밀성능을 만족해야 한다.

74 연료전지의 인입배분 성능시험에서 밸브 호칭경에 대한 차단시간이 맞는 것은?

① 50A 미만 1초 이내
② 100A 미만 2초 이내
③ 100A 이상 200A 미만 3초 이내
④ 200A 이상 3초 이내

해설

밸브의 차단시간

밸브의 호칭 지름	차단시간
100A 미만	1초 이내
100A 이상 200A 미만	3초 이내
200A 이상	5초 이내

75 연료전지를 안전하게 사용할 수 있도록 극성이 다른 충전부 사이나 충전부와 사람이 접촉할 수 있는 비충전 금속부 사이 가스 안전수칙 표시를 할 때 침투전압 기준과 표시 문구가 맞는 것은?

① 200V 초과, 위험 표시
② 300V 초과, 주의 표시
③ 500V 초과, 위험 표시
④ 600V 초과, 주의 표시

정답 70.③ 71.④ 72.① 73.① 74.③ 75.④

76 연료전지를 안전하게 사용하기 위해 배관 표시 및 시공 표지판을 부착 시 맞는 내용은?

① 배관 연결부 주위에 가스 위험 등의 표시를 한다.
② 연료전지의 눈에 띄기 쉬운 곳에 안전관리자의 전화번호를 게시한다.
③ 연료전지의 눈에 띄기 쉬운 곳에 제조자의 상호가 표시된 시공 표지판을 부착한다.
④ 연료전지의 눈에 띄기 쉬운 곳에 제조자의 상호 소재지 제조일을 기록한 시공 표지판을 부착한다.

참고 배관 연결부 주위에 가스, 전기 등을 표시

3. 수전해 설비 제조의 시설 · 기술 · 검사 기준

77 다음 중 수전해 설비에 속하지 않는 것은?

① 산성 및 염기성 수용액을 이용하는 수전해 설비
② AEM(음이온교환막) 전해질을 이용하는 수전해 설비
③ PEM(양이온교환막) 전해질을 이용하는 수전해 설비
④ 산성과 염기성을 중화한 수용액을 이용하는 수전해 설비

78 수전해 설비의 기하학적 범위가 맞는 것은?

① 급수밸브로부터 스택, 전력변환장치, 기액분리기, 열교환기, 수분제거장치, 산소제거장치 등을 통해 토출되는 수소, 수소배관의 첫 번째 연결부위까지
② 수전해 설비가 하나의 외함으로 둘러싸인 구조의 경우에는 외함 외부에 노출되지 않는 각 장치의 접속부까지
③ 급수밸브에서 수전해 설비의 외함까지
④ 연료전지의 차단밸브에서 수전해 설비의 외함까지

참고 ② 수전해 설비가 외함으로 둘러싸인 구조의 경우 외함 외부에 노출되는 장치 접속부까지가 기하학적 범위에 해당한다.

79 수전해 설비의 비상정지등이 발생하여 수전해 설비를 안전하게 정지하고 이후 수동으로만 운전을 복귀시킬 수 있게 하는 용어의 설명은?

① IP 등급
② 로크아웃(lockout)
③ 비상운전복귀
④ 공정운전 재가 등

80 수전해 설비의 외함에 대하여 틀린 설명은 어느 것인가?

① 유지보수를 위해 사람이 외함 내부로 들어갈 수 있는 구조를 가진 수전해 설비의 환기구 면적은 $0.05m^2/m^3$ 이상으로 한다.
② 외함에 설치된 패널, 커버, 출입문 등은 외부에서 열쇠 또는 전용공구 등을 통해 개방할 수 있는 구조로 하고, 개폐상태를 유지할 수 있는 구조를 갖추어야 한다.
③ 작업자가 통과할 정도로 큰 외함의 점검구, 출입문 등은 바깥쪽으로 열리는 구조여야 하며, 열쇠 또는 전용공구 없이 안에서 쉽게 개방할 수 있는 구조여야 한다.
④ 수전해 설비가 수산화칼륨(KOH) 등 유해한 액체를 포함하는 경우, 수전해 설비의 외함은 유해한 액체가 외부로 누출되지 않도록 안전한 격납수단을 갖추어야 한다.

환기구의 면적은 $0.003m^2/m^3$ 이상으로 한다.

정답 76.④ 77.④ 78.① 79.② 80.①

81 수전해 설비의 재료에 관한 내용 중 틀린 것은 어느 것인가?

① 수용액, 산소, 수소가 통하는 배관은 금속재료를 사용해야 하며, 기밀을 유지하기 위한 패킹류 시일(seal)재 등에도 가능한 금속으로 기밀을 유지한다.
② 외함 및 습도가 높은 환경에서 사용되는 금속은 스테인리스강 등 내식성이 있는 재료를 사용해야 하며, 탄소강을 사용하는 경우에는 부식에 강한 코팅을 한다.
③ 고무 또는 플라스틱의 비금속성 재료는 단기간에 열화되지 않도록 사용조건에 적합한 것으로 한다.
④ 전기절연물 단열재는 그 부근의 온도에 견디고 흡습성이 적은 것으로 하며, 도전재료는 동, 동합금, 스테인리스강 등으로 안전성을 기하여야 한다.

해설

기밀유지를 위한 패킹류에는 금속재료를 사용하지 않아도 된다.

82 수전해 설비의 비상정지제어기능이 작동해야 하는 경우가 맞는 것은?

① 외함 내 수소의 농도가 2% 초과할 때
② 발생 수소 중 산소의 농도가 2%를 초과할 때
③ 발생 산소 중 수소의 농도가 2%를 초과할 때
④ 외함 내 수소의 농도가 3%를 초과할 때

해설

비상정지제어기능 작동 농도
- 외함 내 수소의 농도 1% 초과 시
- 발생 수소 중 산소의 농도 3% 초과 시
- 발생 산소 중 수소의 농도 2% 초과 시

83 수전해 설비의 수소 정제장치에 필요 없는 설비는?

① 긴급차단장치
② 산소제거 설비
③ 수분제거 설비
④ 각 설비에 모니터링 장치

84 수전해 설비의 열관리장치에서 독성의 유체가 통하는 열교환기는 파손으로 인해 상수원 및 상수도에 영향을 미칠 위험이 있는 경우 이중벽으로 하고 이중벽 사이는 공극으로서 대기 중으로 개방된 구조로 하여야 한다. 독성의 유체 압력이 냉각 유체의 압력보다 몇 kPa 낮은 경우 모니터를 통하여 그 압력 차이가 항상 유지되는 구조인 경우 이중벽으로 하지 않아도 되는가?

① 30kPa
② 50kPa
③ 60kPa
④ 70kPa

85 수전해 설비의 정격운전 2시간 동안 측정된 최고허용온도가 틀린 항목은?

① 조작 시 손이 닿는 금속제, 도자기, 유리제 50℃ 이하
② 가연성 가스 차단밸브 본체의 가연성 가스가 통하는 부분의 외표면 85℃ 이하
③ 기기 후면, 측면 80℃
④ 배기통 급기구와 배기통 벽 관통부 목벽의 표면 100℃ 이하

해설

기기 후면, 측면 100℃ 이하

4. 수소 추출설비 제조의 시설 · 기술 · 검사 기준

86 수소 추출설비의 연료가 사용되는 항목이 아닌 것은?

① 「도시가스사업법」에 따른 "도시가스"
② 「액화석유가스의 안전관리 및 사업법」(이하 "액법"이라 한다)에 따른 "액화석유가스"
③ "탄화수소" 및 메탄올, 에탄올 등 "알코올류"
④ SNG에 사용되는 탄화수소류

정답 81.① 82.③ 83.① 84.④ 85.③ 86.④

87 수소 추출설비의 기하학적 범위에 대한 내용이다. ( ) 안에 공통으로 들어갈 적당한 단어는?

> 연료공급설비, 개질기, 버너, ( )장치 등 수소 추출에 필요한 설비 및 부대설비와 이를 연결하는 배관으로 인입밸브 전단에 설치된 필터부터 ( )장치 후단의 정제수소 수송배관의 첫 번째 연결부까지이며 이에 해당하는 수소 추출설비가 하나의 외함으로 둘러싸인 구조의 경우에는 외함 외부에 노출되는 각 장치의 접속부까지를 말한다.

① 수소여과 ② 산소정제
③ 수소정제 ④ 산소여과

88 수소 추출설비에 대한 내용으로 틀린 것은?

① "연료가스"란 수소가 주성분인 가스를 생산하기 위한 연료 또는 버너 내 점화 및 연소를 위한 에너지원으로 사용되기 위해 수소 추출설비로 공급되는 가스를 말한다.
② "개질가스"란 연료가스를 수증기 개질, 자열 개질, 부분 산화 등 개질반응을 통해 생성된 것으로서 수소가 주성분인 가스를 말한다.
③ 안전차단시간이란 화염이 있다는 신호가 오지 않는 상태에서 연소안전제어기가 가스의 공급을 허용하는 최소의 시간을 말한다.
④ 화염감시장치란 연소안전제어기와 화염감시기로 구성된 장치를 말한다.

해설
안전차단시간 : 공급을 허용하는 최대의 시간

89 수소 추출설비에서 개질가스가 통하는 배관의 재료로 부적당한 것은?

① 석면으로 된 재료
② 금속 재료
③ 내식성이 강한 재료
④ 코팅된 재료

90 수소 추출설비에서 개질기와 수소 정제장치 사이에 설치하면 안 되는 동력 기계 및 설비는 무엇인가?

① 배관
② 차단밸브
③ 배관연결 부속품
④ 압축기

91 수소 추출설비에서 연료가스 배관에는 독립적으로 작동하는 연료인입 자동차단밸브를 직렬로 몇 개 이상을 설치하여야 하는가?

① 1개 ② 2개
③ 3개 ④ 4개

92 수소 추출설비에서 인입밸브의 구동원이 상실되었을 때 연료가스 통로가 자동으로 차단되는 구조를 뜻하는 용어는?

① Back fire ② Liffting
③ Fail-safe ④ Yellow tip

93 다음 보기 내용에 대한 답으로 옳은 것으로만 묶여진 것은? (단, (1), (2), (3)의 순서대로 나열된 것으로 한다.)

> (1) 연료가스 인입밸브 전단에 설치하여야 하는 것
> (2) 중력으로 응축수를 배출 시 배출 배관의 내부직경
> (3) 독성의 연료가스가 통하는 배관에 조치하는 사항

① 필터, 15mm, 방출장치 설치
② 필터, 13mm, 회수장치 설치
③ 필터, 11mm, 이중관 설치
④ 필터, 9mm, 회수장치 설치

해설
연료가스 전단에 필터를 설치하며, 필터의 여과재 최대직경은 1.5mm 이하이고, 1mm를 초과하는 틈이 없어야 한다. 또한 메탄올 등 독성의 연료가스가 통하는 배관은 이중관 구조로 하고 회수장치를 설치하여야 한다.

정답 87.③ 88.③ 89.① 90.④ 91.② 92.③ 93.②

94 수소 추출설비에서 방전불꽃을 이용하는 점화장치의 구조로서 부적합한 것은?

① 전극부는 상시 황염이 접촉되는 위치에 있는 것으로 한다.
② 전극의 간격이 사용 상태에서 변화되지 않도록 고정되어 있는 것으로 한다.
③ 고압배선의 충전부와 비충전 금속부와의 사이는 전극간격 이상의 충분한 공간 거리를 유지하고 점화동작 시에 누전을 방지하도록 적절한 전기절연 조치를 한다.
④ 방전불꽃이 닿을 우려가 있는 부분에 사용하는 전기절연물은 방전불꽃으로 인한 유해한 변형 및 절연저하 등의 변질이 없는 것으로 하며, 그 밖에 사용 시 손이 닿을 우려가 있는 고압배선에는 적절한 전기절연피복을 한다.

전극부는 상시 황염이 접촉되지 않는 위치에 있는 것으로 한다.

참고 점화히터를 이용하는 점화의 경우에는 다음에 적합한 구조로 한다.
- 점화히터는 설치위치가 쉽게 움직이지 않는 것으로 한다.
- 점화히터의 소모품은 쉽게 교환할 수 있는 것으로 한다.

95 수소 추출설비에서 촉매버너의 구조에 대한 내용으로 맞지 않는 것은?

① 촉매연료 산화반응을 일으킬 수 있도록 의도적으로 인화성 또는 폭발성 가스가 생성되도록 하는 수소 추출설비의 경우 구성요소 내에서 인화성 또는 폭발성 가스의 과도한 축적위험을 방지해야 한다.
② 공기과잉 시스템인 경우 연료 및 공기의 공급은 반응 시작 전에 공기가 있음을 확인하고 공기 공급을 준비하며, 반응장치에 연료가 들어갈 수 있도록 조절되어야 한다.
③ 연료과잉 시스템인 경우 연료 및 공기의 공급은 반응 시작 전에 연료가 있음을 확인하고 연료 공급이 준비될 때까지 반응장치에 공기가 들어가지 않도록 조절되어야 한다.
④ 제조자는 제품 기술문서에 반응이 시작되는 최대대기시간을 명시해야 한다. 이 경우 최대대기시간은 시스템 제어장치의 반응시간, 연료-공기 혼합물의 인화성 등을 고려하여 결정되어야 한다.

해설

공기 공급이 준비될 때까지 반응장치에 연료가 들어가지 않도록 조절되어야 한다.

96 다음 중 개질가스가 통하는 배관의 접지기준에 대한 설명으로 틀린 것은?

① 직선배관은 100m 이내의 간격으로 접지를 한다.
② 서로 교차하지 않는 배관 사이의 거리가 100m 미만인 경우, 배관 사이에서 발생될 수 있는 스파크 점프를 방지하기 위해 20m 이내의 간격으로 점퍼를 설치한다.
③ 서로 교차하는 배관 사이의 거리가 100m 미만인 경우, 배관이 교차하는 곳에는 점퍼를 설치한다.
④ 금속 볼트 또는 클램프로 고정된 금속 플랜지에는 추가적인 정전기 와이어가 장착되지 않지만 최소한 4개의 볼트 또는 클램프들마다에는 양호한 전도성 접촉점이 있도록 해야 한다.

직선배관은 80m 이내의 간격으로 접지를 한다.

97 수소 추출설비의 급배기통 접속부의 구조가 아닌 것은?

① 리브 타입
② 플랜지이음 방식
③ 리벳이음 방식
④ 나사이음 방식

정답 94.① 95.② 96.① 97.③

98 다음 중 수소 정제장치의 접지기준에 대한 설명으로 틀린 것은?

① 수소 정제장치의 입구 및 출구 단에는 각각 접지부가 있어야 한다.
② 직경이 2.5m 이상이고 부피가 $50m^3$ 이상인 수소 정제장치에는 두 개 이상의 접지부가 있어야 한다.
③ 접지부의 간격은 50m 이내로 하여야 한다.
④ 접지부의 간격은 장치의 둘레에 따라 균등하게 분포되어야 한다.

해설

접지부의 간격은 30m 이내로 하여야 한다.

99 수소 추출설비의 유체이동 관련 기기 구조와 관련이 없는 것은?

① 회전자의 위치에 따라 시동되는 것으로 한다.
② 정상적인 운전이 지속될 수 있는 것으로 한다.
③ 전원에 이상이 있는 경우에도 안전에 지장 없는 것으로 한다.
④ 통상의 사용환경에서 전동기의 회전자는 지장을 받지 않는 구조로 한다.

해설

① 회전자의 위치에 관계없이 시동이 되는 것으로 한다.

100 수소 추출설비의 가스홀더, 압축기, 펌프 및 배관 등 압력을 받는 부분에는 그 압력부 내의 압력이 상용압력을 초과할 우려가 있는 장소에 안전밸브, 릴리프밸브 등의 과압안전장치를 설치하여야 한다. 다음 중 설치하는 곳으로 틀린 것은?

① 내 · 외부 요인으로 압력상승이 설계압력을 초과할 우려가 있는 압력용기 등
② 압축기(다단압축기의 경우에는 각 단을 포함한다) 또는 펌프의 출구측
③ 배관 안의 액체가 1개 이상의 밸브로 차단되어 외부열원으로 인한 액체의 열팽창으로 파열이 우려되는 배관
④ 그 밖에 압력조절 실패, 이상반응, 밸브의 막힘 등으로 인해 상용압력을 초과할 우려가 있는 압력부

해설

③ 배관 안의 액체가 2개 이상의 밸브로 차단되어 외부열원으로 인한 액체의 열팽창으로 파열이 우려되는 배관

101 수소 추출설비 급배기통의 리브 타입의 접속부 길이는 몇 mm 이상인가?

① 10mm ② 20mm
③ 30mm ④ 40mm

102 수소 추출설비의 비상정지제어 기능이 작동하여야 하는 경우에 해당되지 않는 것은?

① 제어 전원전압이 현저하게 저하하는 등 제어장치에 이상이 생겼을 경우
② 수소 추출설비 안의 온도가 현저하게 상승하였을 경우
③ 수소 추출설비 안의 환기장치에 이상이 생겼을 경우
④ 배열회수계통 출구부 온수의 온도가 50℃를 초과하는 경우

해설

④ 배열회수계통 출구부 온수의 온도가 100℃를 초과하는 경우

상기항목 이외에

- 연료가스 및 개질가스의 압력 또는 온도가 현저하게 상승하였을 경우
- 연료가스 및 개질가스의 누출이 검지된 경우
- 버너(개질기 및 그 외의 버너를 포함한다)의 불이 꺼졌을 경우

참고 비상정지 후에는 로크아웃 상태로 전환되어야 하며, 수동으로 로크아웃을 해제하는 경우에만 정상운전하는 구조로 한다.

103 수소 추출설비, 수소 정제장치에서 흡착, 탈착 공정이 수행되는 배관에 산소농도 측정설비를 설치하는 이유는 무엇인가?

① 수소의 순도를 높이기 위하여
② 산소 흡입 시 가연성 혼합물과 폭발성 혼합물의 생성을 방지하기 위하여
③ 수소가스의 폭발범위 형성을 하지 않기 위하여
④ 수소, 산소의 원활한 제조를 위하여

정답 98.③ 99.① 100.③ 101.④ 102.④ 103.②

104 압력 또는 온도의 변화를 이용하여 개질가스를 정제하는 방식의 경우 장치가 정상적으로 작동되는지 확인할 수 있도록 갖추어야 하는 모니터링 장치의 설치위치는?

① 수소 정제장치 및 장치의 연결배관
② 수소 정제장치에 설치된 차단배관
③ 수소 정제장치에 연결된 가스검지기
④ 수소 정제장치와 연료전지

해설

참고 모니터링 장치의 설치 이유 : 흡착, 탈착 공정의 압력과 온도를 측정하기 위해

105 수소 정제장치는 시스템의 안전한 작동을 보장하기 위해 장치를 안전하게 정지시킬 수 있도록 제어되는 것으로 하여야 한다. 다음 중 정지 제어해야 하는 경우가 아닌 것은?

① 공급가스의 압력, 온도, 조성 또는 유량이 경보 기준수치를 초과한 경우
② 프로세스 제어밸브가 작동 중에 장애를 일으키는 경우
③ 수소 정제장치에 전원공급이 차단된 경우
④ 흡착 및 탈착 공정이 수행되는 배관의 수소 함유량이 허용한계를 초과하는 경우

④ 흡착 및 탈착 공정이 수행되는 배관의 산소 함유량이 허용한계를 초과하는 경우
그 이외에 버퍼탱크의 압력이 허용 최대설정치를 초과하는 경우

106 수소 추출설비의 내압성능에 관한 내용이 아닌 것은?

① 상용압력 1.5배 이상의 수압으로 한다.
② 공기, 질소, 헬륨인 경우 상용압력 1.25배 이상으로 한다.
③ 시험시간은 30분으로 한다.
④ 안전인증을 받은 압력용기는 내압시험을 하지 않아도 된다.

시험시간은 20분으로 한다.

107 수소 추출설비의 각 성능에 대한 내용 중 틀린 것은?

① 충전부와 외면 사이 절연저항은 1MΩ 이상으로 한다.
② 내가스 성능에서 탄화수소계 연료가스가 통하는 배관의 패킹류 및 금속 이외의 기밀유지부는 5℃ 이상 25℃ 이하의 n-펜탄 속에 72시간 이상 담근 후, 24시간 동안 대기 중에 방치하여 무게 변화율이 20% 이내이고 사용상 지장이 있는 연화 및 취화 등이 없어야 한다.
③ 수소가 통하는 배관의 패킹류 및 금속 이외의 기밀유지부는 5℃ 이상 25℃ 이하의 수소가스를 해당 부품에 작용되는 상용압력으로 72시간 인가 후, 24시간 동안 대기 중에 방치하여 무게 변화율이 20% 이내이고 사용상 지장이 있는 연화 및 취화 등이 없어야 한다.
④ 투과성 시험에서 탄화수소계 비금속 배관은 35±0.5℃ 온도에서 0.9m 길이의 비금속 배관 안에 순도 95% C_3H_8가스를 담은 상태에서 24시간 동안 유지하고 이후 6시간 동안 측정한 가스 투과량은 3mL/h 이하이어야 한다.

순도 98% C_3H_8가스

108 다음 중 수소 추출설비의 내식 성능을 위한 염수분무를 실시하는 부분이 아닌 것은 어느 것인가?

① 연료가스, 개질가스가 통하는 부분
② 배기가스, 물, 유체가 통하는 부분
③ 외함
④ 습도가 낮은 환경에서 사용되는 금속

해설

습도가 높은 환경에서 사용되는 금속 부분에 염수분무를 실시한다.

정답 104.① 105.④ 106.③ 107.④ 108.④

109 옥외용 및 강제배기식 수소 추출설비의 살수성능 시험방법으로 살수 시 항목별 점화성능 기준에 해당하지 않는 것은?

① 점화 ② 불꽃모양
③ 불옮김 ④ 연소상태

110 다음은 수소 추출설비에서 촉매버너를 제외한 버너의 운전성능에 대한 내용이다. ( ) 안에 맞는 수치로만 나열된 것은?

> 버너가 점화되기 전에는 항상 연소실이 프리퍼지되는 것으로 해야 하는데 송풍기 정격효율에서의 송풍속도로 프리퍼지하는 경우 프리퍼지 시간은 ( )초 이상으로 한다. 다만, 연소실을 ( )회 이상 치환할 수 있는 공기를 송풍하는 경우에는 프리퍼지 시간을 30초 이상으로 하지 않을 수 있다. 또한 프리퍼지가 완료되지 않는 경우 점화장치가 작동되지 않는 것으로 한다.

① 10, 5 ② 20, 5
③ 30, 5 ④ 40, 5

111 수소 추출설비에서 촉매버너를 제외한 버너의 운전성능에 대한 다음 내용 중 ( ) 안에 들어갈 수치가 틀린 것은?

> 점화는 프리퍼지 직후 자동으로 되는 것으로 하며, 정격주파수에서 정격전압의 (㉮)% 전압으로 (㉯)회 중 3회 모두 점화되는 것으로 한다. 다만, 3회 중 (㉰)회가 점화되지 않는 경우에는 추가로 (㉱)회를 실시하여 모두 점화되는 것으로 한다. 또한 점화로 폭발이 되지 않는 것으로 한다.

① ㉮ 90 ② ㉯ 3
③ ㉰ 1 ④ ㉱ 3

해설

3회 중 1회가 점화되지 않는 경우에는 추가로 2회를 실시하여 모두 점화되어야 하므로 총 5회 중 4회 점화

112 수소 추출설비 버너의 운전성능에서 가스 공급을 개시할 때 안전밸브가 3가지 조건을 모두 만족 시 작동되어야 한다. 3가지 조건에 들지 않는 것은?

① 규정에 따른 프리퍼지가 완료되고 공기압력감시장치로부터 송풍기가 작동되고 있다는 신호가 올 것
② 가스압력장치로부터 가스압력이 적정하다는 신호가 올 것
③ 점화장치는 안전을 위하여 꺼져 있을 것
④ 파일럿 화염으로 버너가 점화되는 경우에는 파일럿 화염이 있다는 신호가 올 것

점화장치는 켜져 있을 것

113 수소 추출설비의 화염감시장치에서 표시가스 소비량이 몇 kW 초과하는 버너는 시동 시 안전차단시간 내에 화염이 검지되지 않을 때 버너가 자동폐쇄 되어야 하는가?

① 10kW
② 20kW
③ 30kW
④ 50kW

114 수소 추출설비의 화염감시에서 불꺼짐 시 안전장치 작동의 주역할은 무엇인가?

① 생가스 누출 방지
② 누출 시 검지장치 작동
③ 누출 시 퓨즈콕 폐쇄
④ 누출 시 착화 방지

115 수소 추출설비의 화염감시에서 불꺼짐 시 안전장치가 작동되어야 하는 화염의 형태는 어느 것인가?

① 리프팅
② 백파이어
③ 옐로팁
④ 블루오프

정답 109.② 110.③ 111.④ 112.③ 113.④ 114.① 115.④

116 수소 추출설비 운전 중 이상사태 시 버너의 안전장치가 작동하여 가스의 공급이 차단되어야 하는 경우가 아닌 것은?

① 제어에너지가 단절된 경우 또는 조절장치나 감시장치로부터 신호가 온 경우
② 가스압력감시장치로부터 버너에 대한 가스의 공급압력이 소정의 압력 이하로 강하하였다고 신호가 온 경우
③ 가스압력감시장치로부터 버너에 대한 가스의 공급압력이 소정의 압력 이상으로 상승하였다고 신호가 온 경우. 다만, 공급가스압력이 8.4kPa 이하인 경우에는 즉시 화염감시장치로 안전차단밸브에 차단신호를 보내 가스의 공급이 차단되도록 하지 않을 수 있다.
④ 공기압력감시장치로부터 연소용 공기압력이 소정의 압력 이하로 강하하였다고 신호가 온 경우 또는 송풍기의 작동상태에 이상이 있다고 신호가 온 경우

해설
③ 공급압력이 3.3kPa 이하인 경우에는 즉시 화염감시장치로 안전차단밸브에 차단신호를 보내 가스의 공급이 차단되도록 하지 않을 수 있다.

117 수소 추출설비의 버너 이상 시 안전한 작동정지의 주기능은 무엇인가?

① 역화소화음 방지
② 선화 방지
③ 블루오프 소음음 방지
④ 옐로팁 소음음 방지

해설
안전한 작동정지(역화 및 소화음 방지) : 정상운전상태에서 버너의 운전을 정지시키고자 하는 경우 최대연료소비량이 350kW를 초과하는 버너는 최대가스소비량의 50% 미만에서 이루어지는 것으로 한다.

118 수소 추출설비의 누설전류시험 시 누설전류는 몇 mA이어야 하는가?

① 1mA ② 2mA
③ 3mA ④ 5mA

119 수소 추출설비의 촉매버너 성능에서 반응실패로 잠긴 시간은 정격가스소비량으로 가동 중 반응실패를 모의하기 위해 반응기 온도를 모니터링하는 온도센서를 분리한 시점부터 공기과잉 시스템의 경우 연료 차단시점, 연료과잉 시스템의 경우 공기 및 연료 공급 차단시점까지 몇 초 초과하지 않아야 하는가?

① 1초
② 2초
③ 3초
④ 4초

120 수소 추출설비의 연소상태 성능에 대한 내용 중 틀린 것은?

① 배기가스 중 CO 농도는 정격운전 상태에서 30분 동안 5초 이하의 간격으로 측정된 이론건조연소가스 중 CO 농도(이하 "CO%"라 한다)의 평균값은 0.03% 이하로 한다.
② 이론건조연소가스 중 NO_x의 제한농도 1등급은 70(mg/kWh)이다.
③ 이론건조연소가스 중 NO_x의 제한농도 2등급은 100(mg/kWh)이다.
④ 이론건조연소가스 중 NO_x의 제한농도 3등급은 200(mg/kWh)이다.

해설
등급별 제한 NO_x 농도

등급	제한 NO_x 농도(mg/kWh)
1	70
2	100
3	150
4	200
5	260

121 수소 추출설비의 공기감시장치 성능에서 급기구, 배기구 막힘 시 배기가스 중 CO 농도의 평균값은 몇 % 이하인가?

① 0.05% ② 0.06%
③ 0.08% ④ 0.1%

정답 116.③ 117.① 118.④ 119.③ 120.④ 121.②

122 다음 보기 중 수소 추출설비의 부품 내구성능에서의 시험횟수가 틀린 것은?

(1) 자동차단밸브 : 250000회
(2) 자동제어시스템 : 250000회
(3) 전기점화장치 : 250000회
(4) 풍압스위치 : 5000회
(5) 화염감시장치 : 250000회
(6) 이상압력차단장치 : 250000회
(7) 과열방지안전장치 : 5000회

① (2), (3)
② (4), (5)
③ (4), (6)
④ (5), (6)

해설

(4) 풍압스위치 : 250000회
(6) 이상압력차단장치 : 5000회

123 수소 추출설비의 종합공정검사에 대한 내용이 아닌 것은?

① 종합공정검사는 종합품질관리체계 심사와 수시 품질검사로 구분하여 각각 실시한다.
② 심사를 받고자 신청한 제품의 종합품질관리체계 심사는 규정에 따라 적절하게 문서화된 품질시스템 이행실적이 3개월 이상 있는 경우 실시한다.
③ 수시 품질검사는 종합품질관리체계 심사를 받은 품목에 대하여 1년에 1회 이상 사전통보 후 실시한다.
④ 수시 품질검사는 품목 중 대표성 있는 1종의 형식에 대하여 정기 품질검사와 같은 방법으로 한다.

해설

1년에 1회 이상 예고없이 실시한다.

124 수소 추출설비에 대한 내용 중 틀린 것은?

① 정격 수소 생산 효율은 수소 추출시험방법에 따른 제조사가 표시한 값 이상이어야 한다.
② 정격 수소 생산량 성능은 수소 추출설비의 정격운전상태에서 측정된 수소 생산량은 제조사가 표시한 값의 ±5% 이내인 것으로 한다.
③ 정격 수소 생산 압력성능은 수소 추출설비의 정격운전상태에서 측정된 수소 생산압력의 평균값을 제조사가 표시한 값의 ±5% 이내인 것으로 한다.
④ 환기성능에서 환기유량은 수소 추출설비의 외함 내에 체류 가능성이 있는 가연가스의 농도가 폭발하한계 미만이 유지될 수 있도록 충분한 것으로 한다.

해설

환기유량은 폭발하한계 1/4 미만

125 수소 추출설비의 부품 내구성능의 니켈, 카르보닐 배출제한 성능에서 니켈을 포함하는 촉매를 사용하는 반응기에 대한 ( ) 안에 알맞은 온도는 몇 ℃인가?

운전시작 시 반응기의 온도가 ( )℃ 이하인 경우에는 반응기 내부로 연료가스 투입이 제한되어야 한다.

① 100
② 200
③ 250
④ 300

해설

참고 비상정지를 포함한 운전 정지 시 및 종료 시 반응기의 온도가 250℃ 이하로 내려가기 전에 반응기의 내부로 연결가스 투입이 제한되어야 하며, 반응기 내부의 가스는 외부로 안전하게 배출되어야 한다.

126 아래의 보기 중 청정수소에 해당되지 않는 것은?

① 무탄소 수소
② 저탄소 수소
③ 저탄소 수소화합물
④ 무탄소 수소화합물

정답 122.③ 123.③ 124.④ 125.③ 126.④

해설

- 무탄소 수소 : 온실가스를 배출하지 않는 수소
- 저탄소 수소 : 온실가스를 기준 이하로 배출하는 수소
- 저탄소 수소 화합물 : 온실가스를 기준 이하로 배출하는 수소 화합물
- 수소발전 : 수소 또는 수소화합물을 연료로 전기 또는 열을 생산하는 것

127 다음 중 수소경제이행기본계획의 수립과 관계없는 것은?

① LPG, 도시가스 등 사용연료의 협의에 관한 사항
② 정책의 기본방향에 관한 사항
③ 제도의 수립 및 정비에 관한 사항
④ 기반조성에 관한 사항

해설

②, ③, ④ 이외에
- 재원조달에 관한 사항
- 생산시설 및 수소연료 공급시설의 설치에 관한 사항
- 수소의 수급계획에 관한 사항

128 수소전문투자회사는 자본금의 100분의 얼마를 초과하는 범위에서 대통령령으로 정하는 비율 이상의 금액을 수소전문기업에 투자하여야 하는가?

① 30
② 50
③ 70
④ 100

129 다음 중 수소 특화단지의 궁극적 지정대상 항목은?

① 수소 배관시설
② 수소 충전시설
③ 수소 전기차 및 연료전지
④ 수소 저장시설

130 수소 경제의 기반조성 항목 중 전문인력 양성과 관계가 없는 것은?

① 수소 경제기반 구축에 부합하는 기술인력 양성체제 구축
② 우수인력의 양성
③ 기반 구축을 위한 기술인력의 재교육
④ 수소 충전, 저장 시설 근무자 및 사무요원의 양성기술교육

해설

상기 항목 이외에
수소경제기반 구축에 관한 현장 기술인력의 재교육

131 수소산업 관련 기술개발 촉진을 위하여 추진하는 사항과 거리가 먼 것은?

① 개발된 기술의 확보 및 실용화
② 수소 관련 사업 및 유사연료(LPG. 도시)
③ 수소산업 관련 기술의 협력 및 정보교류
④ 수소산업 관련 기술의 동향 및 수요 조사

132 수소 사업자가 하여서는 안 되는 금지행위에 해당하지 않는 것은?

① 수소를 산업통상자원부령으로 정하는 사용 공차를 벗어나 정량에 미달하게 판매하는 행위
② 인위적으로 열을 증가시켜 부당하게 수소의 부피를 증가시켜 판매하는 행위
③ 정량 미달을 부당하게 부피를 증가시키기 위한 영업시설을 설치, 개조한 경우
④ 정당한 사유 없이 수소의 생산을 중단, 감축 및 출고, 판매를 제한하는 행위

해설

산업통상자원부령 → 대통령령

133 수소연료 공급시설 설치계획서 제출 시 관련 없는 항목은?

① 수소연료 공급시설 공사계획
② 수소연료 공급시설 설치장소
③ 수소연료 공급시설 규모
④ 수소연료 사용시설에 필요한 수소 수급방식

④ 사용시설 → 공급시설
상기 항목 이외에 자금조달방안

정답 127.① 128.② 129.③ 130.④ 131.② 132.① 133.④

134 다음 중 연료전지 설치계획서와 관련이 없는 항목은?

① 연료전지의 설치계획
② 연료전지로 충당하는 전력 및 온도, 압력
③ 연료전지에 필요한 연료공급 방식
④ 자금조달 방안

해설

② 연료전지로 충당하는 전력 및 열비중

135 다음 중 수소 경제 이행에 필요한 사업이 아닌 것은?

① 수소의 생산, 저장, 운송, 활용 관련 기반 구축에 관한 사업
② 수소산업 관련 제품의 시제품 사용에 관한 사업
③ 수소 경제 시범도시, 시범지구에 관한 사업
④ 수소제품의 시범보급에 관한 사업

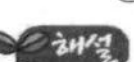

② 수소산업 관련 제품의 시제품 생산에 관한 사업
상기 항목 이외에
- 수소산업 생태계 조성을 위한 실증사업
- 그 밖에 수소 경제 이행과 관련하여 산업통상자원부 장관이 필요하다고 인정하는 사업

136 수소 경제 육성 및 수소 안전관리자의 자격 선임인원으로 틀린 것은 어느 것인가?

① 안전관리총괄자 1인
② 안전관리부총괄자 1인
③ 안전관리책임자 1인
④ 안전관리원 2인

137 수소 경제 육성 및 수소의 안전관리에 따른 안전관리책임자의 자격에서 양성교육 이수자는 근로기준법에 따른 상시 사용하는 근로자 수가 몇 명 미만인 시설로 한정하는가?

① 5인 ② 8인
③ 10인 ④ 15인

해설

안전관리자의 자격과 선임인원

안전관리자의 구분	자격	선임인원
안전관리 총괄자	해당사업자 (법인인 경우에는 그 대표자를 말한다)	1명
안전관리 부총괄자	해당 사업자의 수소용품 제조시설을 직접 관리하는 최고책임자	1명
안전관리 책임자	일반기계기사 · 화공기사 · 금속기사 · 가스산업기사 이상의 자격을 가진 사람 또는 일반시설 안전관리자 양성교육 이수자 (「근로기준법」에 따른 상시 사용하는 근로자 수가 10명 미만인 시설로 한정한다)	1명 이상
안전관리원	가스기능사 이상의 자격을 가진 사람 또는 일반시설 안전관리자 양성교육 이수자	1명 이상

138 수소 판매 및 수소의 보고내용 중 틀린 항목은?

① 보고의 내용은 수소의 종류별 체적단위(Nm^3)의 정상판매가격이다.
② 보고방법은 전자보고 및 그 밖의 적절한 방법으로 한다.
③ 보고기한은 판매가격 결정 또는 변경 후 24시간 이내이다.
④ 전자보고란 인터넷 부가가치통신망(UAN)을 말한다.

해설

보고의 내용은 수소의 종류별 중량(kg)단위의 정상판매가격이다.

139 수소용품의 검사를 생략할 수 있는 경우가 아닌 것은?

① 검사를 실시함으로 수소용품의 성능을 떨어뜨릴 우려가 있는 경우
② 검사를 실시함으로 수소용품에 손상을 입힐 우려가 있는 경우
③ 검사 실시의 인력이 부족한 경우
④ 산업통상자원부 장관이 인정하는 외국의 검사기관으로부터 검사를 받았음이 증명되는 경우

정답 134.② 135.② 136.④ 137.③ 138.① 139.③

140 다음 [보기]는 수소용품 제조시설의 안전관리자에 대한 내용이다. 맞는 것은?

> ㉮ 허가관청이 안전관리에 지장이 없다고 인정하면 수소용품 제조시설의 안전관리책임자를 가스기능사 이상의 자격을 가진 사람 또는 일반시설 안전관리자 양성교육 이수자로 선임할 수 있으며, 안전관리원을 선임하지 않을 수 있다.
> ㉯ 수소용품 제조시설의 안전관리책임자는 같은 사업장에 설치된 「고압가스안전관리법」에 따른 특정고압가스 사용신고시설, 「액화석유가스의 안전관리 및 사업법」에 따른 액화석유가스 특정사용시설 또는 「도시가스사업법」에 따른 특정가스 사용시설의 안전관리책임자를 겸할 수 있다.

① ㉮의 보기가 올바른 내용이다.
② ㉯의 보기가 올바른 내용이다.
③ ㉮는 올바른 보기, ㉯는 틀린 보기이다.
④ ㉮, ㉯ 모두 올바른 내용이다.

정답 140.④

길을 가다가 돌이 나타나면
약자는 그것을 걸림돌이라 말하고,
강자는 그것을 디딤돌이라고 말한다.

-토마스 칼라일(Thomas Carlyle)-

☆

같은 돌이지만 바라보는 시각에 따라 그리고 마음가짐에 따라
걸림돌이 되기도 하고 디딤돌이 되기도 합니다.
자기에게 주어진 상황을 활용할 줄 아는 자만이
성공의 문에 도달할 수 있답니다.^^

PART 3

가스 안전관리

chapter 1 고압가스 안전관리

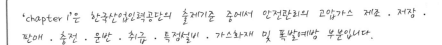

'chapter 1'은 한국산업인력공단의 출제기준 중에서 안전관리의 고압가스 제조·저장·판매·충전·운반·취급·특정설비·가스화재 및 폭발예방 부분입니다.

01 가연성 가스

(1) 폭발한계

가스명	폭발범위	가스명	폭발범위
C_2H_2	2.5~81%	C_2H_4	2.7~36%
C_2H_4O	3~80%	C_3H_8	2.1~9.5%
H_2	4~75%	C_4H_{10}	1.8~8.4%
CO	12.5~74%	NH_3	15~28%
HCN	6~41%	CH_3Br	13.5~14.5%
H_2S	4.3~45%	C_2H_6	3~12.5%
CS_2	1.2~44%	CH_4	5~15%

① 폭발한계 하한 : 10% 이하
② 폭발한계 상한과 하한의 차 : 20% 이상
③ 모든 가연성 가스의 충전구나사는 왼나사로 하여야 한다. 단, NH_3, CH_3Br 및 그 밖의 가스는 오른나사로 한다.
④ 모든 가연성 가스의 전기설비는 방폭구조로 시설을 하여야 한다. 단, NH_3, CH_3Br은 방폭구조가 필요 없다(NH_3, CH_3Br은 다른 가연성에 비해 폭발하한이 높고 폭발범위가 좁기 때문이다).

(2) 방폭구조

① 가연성 가스는 정전기 및 전기스파크 등과 접촉 시 폭발을 일으키므로 전기스파크에 의한 폭발을 방지하기 위하여 가연성 가스의 전기설비는 방폭구조로 시설을 설치한다.
② 종류 : 내압 방폭구조(d), 압력 방폭구조(p), 안전증 방폭구조(e), 유입 방폭구조(o), 본질안전 방폭구조(ia, ib), 특수 방폭구조(s)

02 독성가스

(1) LC_{50} 기준 허용농도

① LC_{50}이 5000ppm 이하인 경우 : 독성가스로 분류

※ LC_{50}(1hr.rat) : 성숙한 흰 쥐의 집단에 대해 대기 중에서 1시간 동안의 흡입실험에 의하여 14일 이내에 실험동물의 50%를 사망시킬 수 있는 가스의 농도

- 종류 : 암모니아, 염화메탄, 실란, 삼불화질소

② LC_{50}이 200ppm 이하인 경우 : 맹독성으로 분류

- 종류 : 200ppm 이하(LC_{50} 기준) – 불소(185ppm), 시안화수소(140ppm,), 디보레인(80ppm), 아크릴알데히드(65ppm), 니켈카보닐(20ppm), 모노게르만(20ppm), 알진(20ppm), 포스핀(20ppm), 오존(9ppm), 포스겐(5ppm), 세렌화수소(2ppm)

TiP 독성, 가연성이 동시에 해당되는 가스

아크릴로니트릴, 벤젠, 시안화수소, 일산화탄소, 산화에틸렌, 염화메탄, 황화수소, 이황화탄소, 석탄가스, 암모니아, 브롬화메탄

암기법 : **암**모니아와 **브롬**화 메탄이 **일산** 신도**시**에 누출되어 **염화**메탄과 같이 **석탄**과 **벤젠이** 도시를 **황**색으로 변화시켰다.

(2) TLV–TWA 기준 허용농도

2008. 7. 18. 이전 독성가스 허용농도로서, 이 기준으로는 200ppm 이하가 독성가스였으며 ① 가스누설검지기의 검지경보 농도 ② 제1종, 제2종 독성가스는 계속 TLV–TWA의 기준으로 적용하며, 기존 TLV–TWA의 기준 독성가스는 계속 독성가스로 간주하고 있다.

〈주요 가스의 허용한도(농도)〉

가스명	허용한도(ppm)		가스명	허용한도(ppm)		가스명	허용한도(ppm)	
	LC_{50}	TLV–TWA		LC_{50}	TLV–TWA		LC_{50}	TLV–TWA
암모니아(NH_3)	7338	25	염화수소	3120	5	벤젠	13700	1
일산화탄소(CO)	3760	50	니켈카보닐	20		오존(O_3)	9	0.1
이산화황	2520	10	모노메틸아민	7000	10	포스겐($COCl_2$)	5	0.1
브롬화수소	2860	3	디에틸아민	11100	5	요오드화수소	2860	0.1
염소(Cl_2)	293	1	불화수소	966	3	트리메틸아민	7000	5
불소	185	0.1	황화수소(H_2S)	444	10	알진	20	0.05
디보레인	80	0.1	세렌화수소	2	0.05	포스핀	20	0.3
산화에틸렌(C_2H_4O)	2900	1	시안화수소(HCN)	140	10	브롬화메탄(CH_3Br)	850	20

TiP 용어의 정의

1. 저장탱크 : 고정 설치된 것
2. 용기 : 이동 가능한 것
3. 저장설비 : 저장탱크 및 용기집합시설
4. 충전용기 : 가스가 $\frac{1}{2}$ 이상 충전되어 있는 것
5. 잔가스용기 : 가스가 $\frac{1}{2}$ 미만인 것
6. 초저온용기 : −50℃ 이하 액화가스를 충전하기 위한 용기
7. 처리능력 : 1일에 0℃, 0Pa 이상을 처리할 수 있는 양
8. 처리설비 : 고압가스의 제조에 필요한 펌프, 압축기, 기화장치
9. 불연재료 : 콘크리트, 벽돌, 기와 등에 불에 타지 않는 것

03 방호벽

구 조 / 방호벽의 종류	높 이	두 께
철근콘크리트	2m 이상	12cm 이상
콘크리트 블록	2m 이상	15cm 이상
박강판	2m 이상	3.2mm 이상
후강판	2m 이상	6mm 이상

(1) 방호벽 적용

구 분	적용시설
고압가스 일반제조 중 C_2H_2가스 또는 압력이 9.8MPa 이상 압축가스 충전 시	① 압축기와 당해 충전장소 사이 ② 압축기와 당해 충전용기 보관장소 사이 ③ 당해 충전장소와 당해 가스 충전용기 보관장소 사이 및 당해 충전장소와 당해 충전용 주관밸브 사이 암기를 위한 용어(압축기를 기준으로) : ① 충전장소 ② 충전용기 보관장소 ③ 충전용 주관 밸브
고압가스 판매시설	용기보관실의 벽
특정고압가스	압축($60m^3$), 액화(300kg) 이상 사용시설의 용기보관실 벽
충전시설	저장탱크와 가스 충전장소
저장탱크	사업소 내 보호시설

TiP
1. LPG 판매시설 : 용기보관실의 벽
2. 도시가스(지하 포함) : 정압기실

(2) 보호시설

① 1종 보호시설
- ㉠ 학교, 유치원, 학원, 병원, 도서관, 시장, 공중목욕탕, 호텔 및 여관, 극장, 교회, 공회당(많은 사람이 상주하는 장소)
- ㉡ 어린이집, 놀이방, 어린이 놀이터, 경로당, 청소년 수련시설
- ㉢ 면적 1000m^2 이상인 곳
- ㉣ 예식장, 장례식장, 전시장(300인 이상)
- ㉤ 복지시설(20인 이상)
  ※ 복지시설이란 아동복지시설, 장애인 복지시설임
- ㉥ 문화재

② 2종 보호시설
- ㉠ 주택
- ㉡ 면적 100~1000m^2 미만

(3) 안전거리 기준

구 분 / 처리 및 저장 능력	독성 · 가연성		산 소		기타
	1종	2종(산소 1종)	2종(기타 1종)	2종	
1만 이하	17m	12m	8m	5m	
1만~2만	21m	14m	9m	7m	
2만~3만	24m	16m	11m	8m	
3만~4만	27m	18m	13m	9m	
4만 초과	30m	20m	14m	10m	
4만	독가연성 2종				

(4) 저장능력 산정기준

① 압축가스 저장탱크

$$Q=(10P+1)V_1$$

② 액화가스 저장탱크

$$W=0.9dV_2$$

③ 액화가스 용기

$$W = \frac{V_2}{C}$$

여기서, Q : 저장능력(m^3)
P : 35℃의 F_P(MPa)
V_1 : 내용적(m^3)
W : 저장능력(kg)
d : 상용온도에서 액화가스 비중(kg/L)
V_2 : 내용적(L)
C : 충전상수 ⇨ C_3H_8 : 2.35, C_4H_{10} : 2.05, NH_3 : 1.86, Cl_2 : 0.8, CO_2 : 1.47

(5) 냉동능력 산정기준

종 류	IRT 값
한국 1냉동톤	3320kcal/hr
흡수식 냉동설비	6640kcal/hr
원심식 압축기	1.2kW

04 고압가스 특정 제조

(1) 시설의 위치

① 안전구역 내 고압가스설비(당해 안전구역에 인접하는 다른 안전구역설비) : 30m 이상 이격
② 제조설비와 당해 제조소 경계 : 20m 이상 이격
③ 가연성 가스 저장탱크 : 처리능력 20만m^3 압축기와 30m 거리 유지
④ 300m^3, 3톤 이상 저장탱크 사이의 거리 : 두 저장탱크 최대 직경의 합$\times\frac{1}{4}$이 1m 이상일 때는 그 길이 이상을, 1m 미만일 때는 1m 이상을 유지(탱크를 지하에 설치할 때는 직경에 관계없이 1m 이상 유지)
⑤ 물분무장치 분무량

구 분	저장탱크 전표면	준내화구조	내화 구조	비 고
탱크 상호 1m 또는 최대 직경 $\frac{1}{4}$ 길이 중 큰 쪽과 거리를 유지하지 않은 경우	8L/min	6.5L/min	4L/min	• 물분무장치 조작위치 : 15m • 30분 연속 분무 가능 • 소화전 호스 끝 수압 : 0.3MPa • 방수능력 : 400L/min
저장탱크 최대직경의 $\frac{1}{4}$보다 작은 경우	7L/min	4.5L/min	2L/min	

(2) 인터록(interlock)기구

고압가스설비 내에서 이상사태 발생 시 자동으로 원재료의 공급을 차단시키는 장치

(3) 가스누출검지 경보장치

<table>
<tr><th colspan="2">항 목</th><th colspan="2">간추린 세부 핵심 내용</th></tr>
<tr><td colspan="2">설치 대상가스</td><td colspan="2">독성 가스 공기보다 무거운 가연성 가스 저장설비</td></tr>
<tr><td colspan="2">설치 목적</td><td colspan="2">가스누출 시 신속히 검지하여 대응조치하기 위함</td></tr>
<tr><td rowspan="2">검지경보장치</td><td>기능</td><td colspan="2">가스누출을 검지 농도 지시함과 동시에 경보하되 담배연기, 잡가스에는 경보하지 않을 것</td></tr>
<tr><td>종류</td><td colspan="2">접촉연소방식, 격막갈바니 전지방식, 반도체방식</td></tr>
<tr><td rowspan="3">가스별 경보농도</td><td>가연성</td><td colspan="2">폭발하한계의 1/4 이하에서 경보</td></tr>
<tr><td>독성</td><td colspan="2">TLV-TWA 기준농도 이하</td></tr>
<tr><td>NH_3</td><td colspan="2">실내에서 사용 시 TLV-TWA 50ppm 이하</td></tr>
<tr><td rowspan="2">경보기 정밀도</td><td>가연성</td><td colspan="2">±25% 이하</td></tr>
<tr><td>독성</td><td colspan="2">±30% 이하</td></tr>
<tr><td rowspan="2">검지에서 발신까지 걸리는 시간</td><td>NH_3, CO</td><td rowspan="2">경보농도의 1.6배 농도에서</td><td>60초 이내</td></tr>
<tr><td>그 밖의 가스</td><td>30초 이내</td></tr>
<tr><td rowspan="3">지시계 눈금</td><td>가연성</td><td colspan="2">0 ~ 폭발하한계값</td></tr>
<tr><td>독성</td><td colspan="2">TLV-TWA 기준농도의 3배값</td></tr>
<tr><td>NH_3</td><td colspan="2">실내에서 사용 시 150ppm</td></tr>
</table>

(4) 벤트스택(Bent stack)

가스를 연소시키지 않고 대기 중에 방출시키는 파이프 또는 탑을 의미한다. 가스 확산 촉진을 위하여 150m/s 이상의 속도가 되도록 파이프경을 결정한다.

① 착지농도
   ㉠ 가연성 : 폭발하한 미만
   ㉡ 독성 : TLV-TWA 허용농도 미만

② 방출구의 위치
   ㉠ 긴급용 벤트스택, 공급시설 벤트스택 : 10m
   ㉡ 그 밖의 벤트스택 : 5m

③ 액화가스가 방출되거나 급랭될 우려가 있는 곳에 기액분리기를 설치한다.

(5) 플레어스택(Flare stack)

가연성 가스를 연소에 의하여 처리하는 파이프 또는 탑(복사열 4000kcal/m^2 · hr 이하)

(6) 방류둑

액상의 가스가 누설 시 한정된 범위를 벗어나지 않도록 액화가스 저장탱크 주위에 둘러 쌓는 제방

① 적용시설
㉠ 고압가스 일반 제조(가연성 및 산소 1000톤, 독성 5톤 이상)
㉡ 고압가스 특정 제조(가연성 500톤, 산소 1000톤, 독성 5톤 이상)
㉢ 냉동 제조시설(독성가스를 냉매로 사용 시 수액기 내용적 10000L 이상)
㉣ 일반 도시가스 사업(1000톤 이상)
㉤ 가스 도매사업(500톤 이상)
㉥ 액화석유가스 사업(1000톤 이상)

② 방류둑의 용량
㉠ 독성, 가연성 가스 : 저장탱크의 저장능력 상당 용적
㉡ 액화산소 탱크 : 저장탱크의 저장능력 상당 용적의 60% 이상

③ 방류둑의 구조
㉠ 성토의 각도 : 45°이하
㉡ 정상부 폭 : 30cm 이상
㉢ 출입구 : 둘레 50m마다 1곳씩 계단형 사다리로 출입구를 설치(전둘레가 50m 미만 시 2곳을 분산 설치)
㉣ 방류둑 내측 및 외면으로부터 10m(1000톤 미만의 가연성 가스는 8m) 이내는 부속설비 이외의 것을 설치하지 말 것

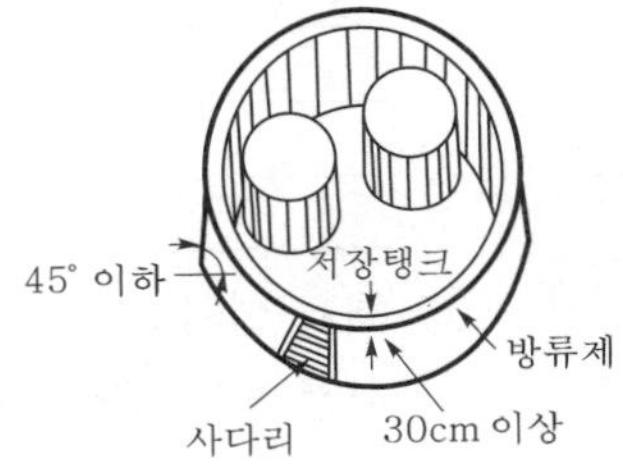

(7) 긴급차단장치

구 분	내 용
기능	이상사태 발생 시 작동하여 가스 유동을 차단하여 피해 확대를 막는 장치(밸브)
적용시설	내용적 5000L 이상 저장탱크
원격조작온도	110℃
동력원(밸브를 작동하게 하는 힘)	유압, 공기압, 전기압, 스프링압
설치위치	• 탱크 내부 • 탱크와 주밸브 사이 • 주밸브의 외측 ※ 단, 주밸브와 겸용으로 사용해서는 안 된다.
긴급차단장치를 작동하게 하는 조작원의 설치위치	
고압가스, 일반 제조시설, LPG법 일반 도시가스사업법	• 고압가스 특정 제조시설 • 가스도매사업법
탱크 외면 5m 이상	탱크 외면 10m 이상
수압시험 방법	• 연 1회 이상 • KS B 2304의 방법으로 누설검사

(8) 배관의 설치기준

① 지하 매설

㉠ 건축물 : 1.5m, 지하가 터널 : 10m, 독성가스 혼입 우려 수도시설 : 300m

㉡ 다른 시설물 : 0.3m

② 도로 밑 매설 : 도로 경계와 1m

③ 도로 노면 밑 매설

㉠ 시가지의 도로 노면 밑 : 노면에서 배관 외면 1.5m(방호구조물 안에는 1.2m)

㉡ 시가지 외 도로 노면 밑 : 노면에서 배관 외면 1.2m

④ 철도부지 밑 매설

㉠ 궤도 중심 : 4m

㉡ 철도부지 경계 : 1m

⑤ 지상 설치(공지의 폭)

상용압력	공지의 폭
0.2MPa 미만	5m 이상
0.2~1MPa 미만	9m 이상
1MPa 이상	15m 이상

⑥ 해저 설치 : 다른 배관과 교차하지 않으면서 수평거리 30m 이상일 것

⑦ 하천 횡단 매설 : 하천을 횡단 시 교량에 설치

(9) 경보장치

① 경보가 울리는 경우

㉠ 배관 내 압력이 상용압력의 1.05배 초과 시

※ 상용압력이 4MPa를 초과 시 상용압력에 0.2MPa를 더한 압력

㉡ 정상 압력보다 15% 이상 강하 시

㉢ 정상 유량보다 7% 이상 변동 시

㉣ 긴급차단밸브 고장 시

② 이상사태가 발생한 경우

㉠ 상용압력 1.1배 초과 시

㉡ 유량이 15% 이상 증가 시

㉢ 압력이 30% 이상 강하 시

㉣ 가스누설검지 경보장치 작동 시

(10) 피뢰설비

• 규격 : KS C 9609

05 고압가스 일반 제조

(1) 설비와의 거리

① 가연성 설비와 가연성 설비 : 5m

② 가연성 설비와 산소설비 : 10m

(2) 화기와의 거리

① 직선거리 : 2m

② 우회거리

㉠ 가연성 · 산소가스 설비, 에어졸 설비 : 8m

㉡ LPG 판매, 가정용 시설, 가스계량기, 입상관 : 2m

(3) 경계책

1.5m

(4) 독성가스의 표지

표지의 구분	바탕색	글자색	적색으로 표시	글자 크기	식별 거리
위험표지	흰색	흑색	주의	5cm×5cm	10m
식별표지			가스 명칭	10cm×10cm	30m

(5) 가스방출장치 적용

내용적 $5m^3$(5000L) 이상의 저장탱크

(6) 저장탱크 설치방법(지하 매설)

① 천장, 벽, 바닥 : 30cm 이상 철근콘크리트로 만든 방

② 저장탱크 주위 : 마른 모래로 채움

③ 탱크 정상부와 지면 : 60cm 이상

④ 탱크 상호간 : 1m 이상

⑤ 가스방출관 : 지상에서 5m 이상

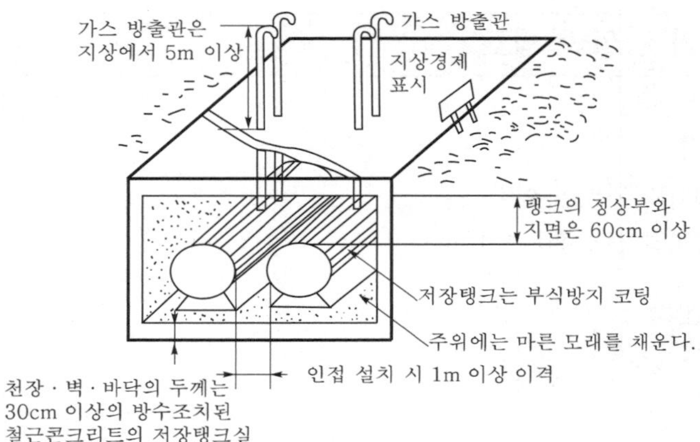

▌저장탱크를 지하에 매설하는 경우▐

(7) 액면계

① 액화가스 저장탱크에는 환형 유리관을 제외한 액면계를 설치(단, 산소, 불활성 초저온 저장탱크의 경우는 환형 유리관 가능)

② 액면계의 상하 배관에는 자동 및 수동식 스톱밸브 설치

③ 인화중독의 우려가 없는 곳에 설치하는 액면계의 종류

㉠ 고정튜브식 액면계

㉡ 회전튜브식 액면계

㉢ 슬립튜브식 액면계

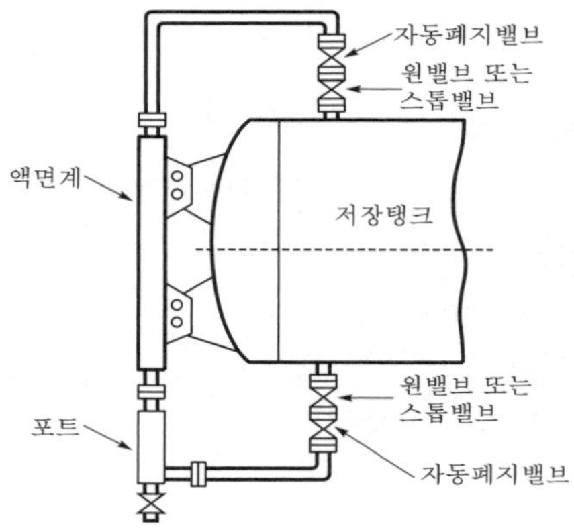

▌액면계의 구조▐

(8) 저장탱크의 파괴 방지조치를 위한 설비

① 압력계

② 압력경보설비

③ 기타 중 1개 이상 설치(진공안전밸브, 균압관, 냉동제어장치, 송액설비)

(9) 온도상승 방지조치를 하는 거리

① 방류둑 설치 시 : 방류둑 외면 10m 이내

② 방류둑 미설치 시 : 당해 저장탱크 외면 20m 이내

③ 가연성 물질 취급설비 : 그 외면으로 20m 이내

(10) 독성가스 중 이중관으로 시공하여야 할 가스의 구분

구 분		해당 가스
독성 가스 중 이중관 설치 가스 및 누출확산 방지조치 대상가스		아황산, 암모니아, 염소, 염화메탄, 산화에틸렌, 시안화수소, 포스겐, 황화수소
하천수로 횡단 시	이중관	아황산, 염소, 시안화수소, 포스겐, 황화수소, 불소, 아크릴알데히드
	방호구조물에 설치하는 것	하천수로 횡단 시 이중관에 설치하는 독성 가스를 제외한 그 이외의 독성 가스
이중관의 규격		외층관 내경=내층관 외경×1.2배 이상

(11) 지반침하 방지 용량 탱크의 크기

① 압축가스 : $100m^3$ 이상

② 액화가스 : 1톤 이상(단, LPG는 3톤 이상)

(12) 고압설비 강도

① 항복 : 상용압력의 2배 이상, 최고 사용 압력의 1.7배 이상

② 압력계의 눈금범위 : 상용압력의 1.5배 이상~2배 이하에 최고 눈금이 있어야 한다.

(13) 가스방출관의 위치

탱크 정상부에서 2m와 지면에서 5m 중 높은 위치

(14) 안전밸브

① 작동압력

$$T_p \times \frac{8}{10} \text{배}$$

단, 액화산소 탱크는 상용압력×1.5배이다.

② 분출면적

$$a = \frac{w}{2300P\sqrt{\frac{M}{T}}}$$

여기서, a : 분출면적(cm^2), w : 시간당 분출가스량(kg/hr), P : 분출압력(MPa)
M : 분자량, T : 분출압력에서의 절대온도(K)

(15) 독성가스의 보호구 장착 훈련

3개월에 1회씩 해야 한다.

(16) 배관 설치

① 인구밀집지역 이외의 배관 설치 시 1000m마다 표지판 설치
단, 도시가스 배관 ㉠ 가스 도매사업 : 500m마다 설치
㉡ 일반 도시가스 사업
- 제조소, 공급소 내의 배관 : 500m마다 설치
- 제조소, 공급소 밖의 배관 : 200m마다 설치

② 압축가스 배관에는 압력계 설치, 액화가스 배관에는 압력계, 온도계 설치
③ 산소, 천연메탄과 압축기 사이에는 수취기 설치

(17) 정전기 제거기준

① 접지저항치 100Ω 이하
② 피뢰설비 설치 시 10Ω 이하
③ 접지접속선 단면적 5.5mm^2 이상

(18) 공기액화분리기에 여과기 설치 용량

1000m^3/hr 초과 시

(19) 통신시설

통보범위	통보설비
① 안전관리자가 상주하는 사무소와 현장사무소 사이 ② 현장사무소 상호간	• 구내 전화 • 구내 방송설비 • 인터폰 • 페이징 설비
사업소 전체	• 구내 방송설비 • 사이렌 • 휴대용 확성기 • 페이징 설비 • 메가폰
종업원 상호간	• 페이징 설비 • 휴대용 확성기 • 트란시바 • 메가폰

※ 메가폰은 1500m^2 이하에 한한다.

(20) 표준압력계 설치 용량

1일 100m^3 이상의 사업소에는 표준압력계 2개 비

(21) 압축 금지 가스

가스 종류	%	가스 종류	%
가연성 중 산소 (C_2H_2, H_2, C_2H_4 제외)	4% 이상	C_2H_2, H_2, C_2H_4 중 산소	2% 이상
산소 중 가연성 (C_2H_2, H_2, C_2H_4 제외)	4% 이상	산소 중 C_2H_2, H_2, C_2H_4	2% 이상

(22) 가연성 산소 제조 시 가스분석 장소

발생장치, 정제장치, 저장탱크 출구에서 1일 1회 이상

(23) 공기액화분리기 불순물 유입 금지

① 액화산소 5L 중 C_2H_2 5mg 이상 시

② 액화산소 5L 중 탄화수소 중 C의 질량이 500mg 이상 시 운전을 중지하고 액화산소를 방출해야 한다.

③ 공기압축기 내부 윤활유

잔류탄소 질량	인화점	교반 조건	교반 시간
1% 이하	200℃	170℃	8시간
1~1.5%	230℃	170℃	12시간

(24) 나사게이지로 검사하는 압력

상용압력 19.6MPa 이상

(25) 밸브 조작하는 장소의 조도

150lux 이상

(26) 제조설비 점검

① 압력계

㉠ 충전용 주관의 압력계 : 매월 1회 이상 기능 검사

㉡ 기타 압력계 : 3월 1회 이상 기능 검사

② 안전밸브

㉠ 압축기 최종단 안전밸브 : 1년 1회 작동성능 검사

㉡ 기타 안전밸브 : 2년 1회 작동성능 검사

(27) 음향검사 및 내부조명 검사 대상 가스

액화암모니아, 액화탄산가스, 액화염소

(28) 가스의 폭발 종류 및 안정제

가스 종류	폭발의 종류	안정제
C_2H_2	분해	N_2, CH_4, CO, C_2H_4, H_2, C_3H_8
C_2H_4O	분해, 중합	N_2, CO_2, 수증기
HCN	중합	황산, 아황산, 동·동망, 염화칼슘, 오산화인

(29) 밀폐형의 수전해조

액면계, 자동급수장치 설치

(30) 다공도의 진동시험

다공도	바닥기준	낙하높이	낙하횟수	판 정
80% 이상	강괴	7.5cm	1000회 이상	침하 공동 갈라짐이 없을 것
80% 미만	목재연와	5cm	1000회 이상	공동이 없고 침하량이 3mm 이하일 것

(31) 품질검사 대상 가스

가스의 종류	시 약	검사방법	순 도	충전상태
O_2	동암모니아	오르자트법	99.5%	35℃, 11.8MPa
H_2	피로카롤 하이드로설파이드	오르자트법	98.5%	35℃, 11.8MPa
C_2H_2	발연황산 브롬시약	오르자트법, 뷰렛법	98%	질산은시약을 사용한 정성시험에 합격할 것

• 검사 빈도 및 장소 : 1일 1회 이상, 가스제조장

(32) 차량정지목 설치 탱크 용량

① 고압가스 안전관리 : 2,000L 이상

② LPG 안전관리 : 5,000L 이상

(33) 에어졸

구 조	내 용	기타 항목
내용적	1L 미만	• 정량을 충전할 수 있는 자동충전기 설치 • 인체, 가정 사용, 제조시설에는 불꽃길이 시험장치 설치 • 분사제는 독성이 아닐 것 • 인체에 사용 시 20cm 이상 떨어져 사용 • 특정부위에 장시간 사용하지 말 것
용기재료	강, 경금속	
금속제 용기두께	0.125mm 이상	
내압시험압력	0.8MPa	
가압시험압력	1.3MPa	
파열시험압력	1.5MPa	
누설시험온도	46~50℃ 미만	
화기와 우회거리	8m 이상	
불꽃길이 시험온도	24℃ 이상 26℃ 이하	
시료	충전용기 1조에서 3개 채취	
버너와 시료간격	15cm	
버너 불꽃길이	4.5cm 이상 5.5cm 이하	

제품 기재사항	
가연성	• 40℃ 이상 장소에 보관하지 말 것 • 불 속에 버리지 말 것 • 사용 후 잔가스 제거 후 버릴 것 • 밀폐장소에 보관하지 말 것
가연성 이외의 것	상기 항목 이외에 • 불꽃을 향해 사용하지 말 것 • 화기부근에서 사용하지 말 것 • 밀폐실 내에서 사용 후 환기시킬 것

(34) 누설검사시험지 변색 상태

가스 명칭	시험지	변 색	가스 명칭	시험지	변 색
NH_3	적색 리트머스지	청색	H_2S	연당지	흑색
CO	염화파라듐지	흑색	HCN	질산구리벤젠지 (초산벤젠지)	청색
$COCl_2$	하리슨 시험지	심등색	C_2H_2	염화 제1동 착염지	적색
Cl_2	KI 전분지	청색			

06 냉동 제조

① 자동제어장치가 있을 경우 안전거리가 필요 없다.
② 냉매설비에는 압력계를 비치한다.
③ 수액기에는 파손 방지조치를 위해 상하배관에 자동 및 수동 스톱밸브를 설치한다.
④ 방류둑 : 10000L 이상
T_P=설계압력×1.5
⑤ 압축기 최종단 안전밸브 1년 1회, 기타 안전밸브 2년 1회 작동검사를 한다.

07 판매시설

① 용기보관실 : 방호벽(사무실 면적 $9m^2$ 이상, 주차장 면적 $11.5m^2$ 이상)
② 안전거리 : 탱크의 크기가 $300m^3$, 3톤 이상 시 안전거리 유지
③ 압력계, 계량기 구비
④ 용기보관면적
㉠ 산소, 가연성, 독성 : $10m^2$
㉡ 기타 가스 : 시장 · 군수 · 구청장이 정함

08 용기 제조

① 무이음 용기 동판의 최대 · 최소 두께는 평균 두께의 20% 이하로 한다.
② 용접용기 동판의 최대 · 최소 두께는 평균 두께의 10% 이하로 한다.
③ 초저온용기의 재료는 18－8STS(오스테나이트계 스테인리스), 9% Ni, Cu, Al 등으로 한다.

09 냉동기 제조

① 시설 기준(세척 설비 해당 없음)
② 초음파 탐상에 합격해야 하는 경우
㉠ 50mm 이상 탄소강
㉡ 38mm 저합금강
㉢ 19mm 이상 인장강도 568.4N/mm^2 이상인 강
㉣ 13mm 이상 2.5%, 3.5% 니켈강
㉤ 6mm 이상 9% 니켈강
③ 맞대기 용접부 : 이음매 인장시험, 자유굽힘시험, 측면굽힘시험, 이면굽힘시험, 충격시험에 합격할 것

10 특정 설비 제조

① 두께 8mm 미만의 판 스테이를 부착하지 말 것
② 두께 8mm 이상의 판에 구멍을 뚫을 때는 펀칭가공으로 하지 않을 것
③ 두께 8mm 미만의 판에 펀칭을 할 때 가장자리 1.5mm 깎아낼 것
④ 가스로 구멍을 뚫은 경우 가장자리 3mm 깎아낼 것
⑤ 확관 관부착 시 관판, 관구멍 중심 간의 거리는 관외경의 1.25배
⑥ 확관 관부착 시 관부착부 두께는 10mm 이상
⑦ 직관을 굽힘 가공하여 만드는 관의 굽힘 가공 부분의 곡률반경은 관 외경의 4배

(1) 용기 등의 수리 자격자별 수리 범위

수리 자격자	수리 범위
용기 제조자	• 용기 몸체의 용접 • 아세틸렌 용기 내의 다공물질 교체 • 용기의 스커트 · 프로텍터 및 넥크링의 교체 및 가공 • 용기 부속품의 부품 교체 • 저온 또는 초저온 용기의 단열재 교체(용기의 수리) • 초저온용기 부속품의 탈부착
특정설비 제조자	• 특정 설비 몸체의 용접 • 특정 설비 부속품의 부품 교체 및 가공 • 단열재 교체
냉동기 제조자	• 냉동기 용접 부분의 용접 • 냉동기 부속품의 교체 및 가공 • 냉동기의 단열재 교체
고압가스 제조자	• 용기밸브의 부품 교체(용기밸브 제조자가 그 밸브의 규격에 적합하게 제조한 부품의 교체에 한한다) • 특정 설비의 부품 교체 • 냉동기의 부품 교체 • 단열재 교체(고압가스 특정 제조자에 한한다) • 용접가공(고압가스 특정 제조자에 한하며 특정 설비 몸체 용접가공 제외)
액화석유가스 충전사업자	액화석유가스 용기용 밸브의 부품 교체(핸들 교체 등 그 부속품 교체 시 가스 누출의 우려가 없는 경우만을 말한다)
자동차관리사업자	자동차의 액화석유가스 용기에 부착된 용기 부속품의 수지

(2) 공급자의 안전점검자의 자격 및 점검

① 안전점검자의 자격 : 안전관리 책임자로부터 10시간 이상 교육을 받은 자

② 점검장비

㉠ 산소, 불연성(가스누설검지액)

㉡ 가연성(누설검지기, 누설검지액)

㉢ 독성(누설시험지, 누설검지액)

③ 점검기준

㉠ 충전용기 설치위치

㉡ 충전용기와 화기와의 거리

㉢ 충전용기 및 배관 설치 상태

㉣ 충전용기 누설 여부

④ 점검방법

㉠ 공급 시마다 점검

㉡ 2년 1회 정기점검

㉢ 실시기록 2년간 보존

(3) 용기의 재검사 기간

용기의 종류		신규검사 후 경과연수에 따른 재검사 주기		
		15년 미만	15년 이상 20년 미만	20년 이상
용접용기 (액화석유가스용 용접용기 제외)	500L 이상	5년마다	2년마다	1년마다
	500L 미만	3년마다	2년마다	1년마다
액화석유가스용 용접용기	500L 이상	5년마다	2년마다	1년마다
	500L 미만	5년마다		2년마다
이음매 없는 용기 또는 복합재료용기	500L 이상	5년마다		
	500L 미만	신규검사 후 경과연수가 10년 이하인 것은 5년마다, 10년을 초과한 것은 3년마다		
액화석유가스용 복합재료용기		5년마다(설계조건에 반영되고, 산업통상자원부장관으로부터 안전한 것으로 인정을 받은 경우에는 10년마다)		

(4) 불합격 재검사용기 및 특정 설비의 파괴방법

① 원형으로 가공할 수 없도록 할 것
② 잔가스 제거 후 절단할 것
③ 파기의 사유, 일시, 장소, 인수시한을 파기 전까지 통지하고 파기할 것

(5) T_P(내압시험)

① $항구증가율 = \dfrac{항구증가량}{전증가량} \times 100\%$

② 수조식 내압시험은 소형 용기에 행한다(팽창이 정확, 측정결과의 신뢰성이 큼).

③ 합격기준
㉠ 영구증가율 : 10% 이하 합격(신규 검사)
㉡ 재검사 : 10% 이하 합격(질량 검사 95%), 6% 이하 합격(질량 검사 90~95%)
㉢ 내용적 500L 미만 용접용기 방사선 검사 : 100개 이하 1조로 무작위 1개를 검사
㉣ 내용적 500L 이상 용접용기 방사선 검사 : 용기마다 실시

(6) 초저온용기 단열성능 시험

① 1000L 이상 : 0.002kcal/hr · ℃ · L 이하가 합격
② 1000L 미만 : 0.0005kcal/hr · ℃ · L 이하가 합격

$$Q = \frac{W \cdot q}{H \cdot \Delta t \cdot V}$$

여기서, Q : 침입열량(kcal/hr · ℃ · L), W : 측정 중 기화가스량(kg),
q : 기화잠열(kcal/kg), H : 측정시간(hr), V : 용기 내용적(L)

시험용 액화가스 종류	비점(℃)
액화 질소	−196℃
액화 산소	−183℃
액화 아르곤	−186℃

(7) 특정 설비 중 내압시험에서 물 사용 불가 시 설계압력 1.25배 시험으로 공기, 질소 등을 사용하여 내압시험

(8) 특정 설비 단열성능시험 : 0.002kcal/hr · ℃ · L 이하 압력

(9) 특정 설비(고압가스 관련 설비 및 저장탱크)

안전밸브, 긴급차단장치, 기화기, 역류방지밸브, 자동차용 가스 자동주입기, 역화방지장치, 압력용기, 독성가스 배관용 밸브, 액화석유가스용 용기 잔류 회수장치, 고압가스용 실린더캐비닛, 저장탱크

(10) 특정 고압가스의 종류

포스핀, 세렌화수소, 게르만, 디실란, 오불화비소, 오불화인, 삼불화인, 삼불화질소, 삼불화불소, 사불화유황, 사불화규소

(11) 독성가스의 감압설비와 당해 가스 반응설비 간의 배관에는 역류방지장치를 할 것

염소 500kg 이상 안전거리 유지

(12) 300kg(60m^3) 방호벽 설치

액화가스인 경우 300kg, 압축가스인 경우 60m^3 이상

(13) 매몰설치 가능 배관

동관, 스테인리스 강관, 가스용 폴리에틸렌관, 폴리에틸렌 피복강관, 분말융착식 폴리에틸렌 피복강관

(14) 용기의 각인사항

기 호	내 용	단 위
V	내용적	L
W	초저온용기 이외의 용기에 밸브 부속품을 포함하지 아니한 용기 질량	kg
T_w	아세틸렌용기에 있어 용기 질량에 다공물질 용제 및 밸브의 질량을 합한 질량	kg
T_P	내압시험압력	MPa
F_P	최고충전압력	MPa
t	500L 초과 용기 동판두께	mm
	그 이외에 표시사항	
	① 용기 제조업자의 명칭 또는 약호 ② 충전하는 명칭 ③ 용기의 번호	

(15) 용기 종류별 부속품 기호

① AG : 아세틸렌가스를 충전하는 용기의 부속품

② PG : 압축가스를 충전하는 용기의 부속품

③ LG : 액화석유가스외 액화가스를 충전하는 용기의 부속품
④ LPG : 액화석유가스를 충전하는 용기의 부속품
⑤ LT : 초저온, 저온 용기의 부속품

(16) 용기 도색

가스의 종류	도 색	가스의 종류	도 색
액화석유가스	회색	액화암모니아	백색
수소	주황색	액화염소	갈색
아세틸렌	황색	액화탄산가스	청색
산소	녹색	기타	회색
질소	회색		

(17) 의료용 용기

가스의 종류	도 색	가스의 종류	도 색
산소	백색	아산화질소	청색
액화탄산가스	회색	헬륨	갈색
에틸렌	자색	사이크로프로판	주황색
질소	흑색		

(18) 용기의 표시사항

가스 종류	표시사항
가연성	
독성	

※ 출제 당시와 법규가 변경됨

(19) 고압가스 충전용기 운반기준

① 충전용기 적재 시 적재함에 세워서 적재한다.
② 차량의 최대 적재량 및 적재함을 초과하여 적재하지 아니한다.
③ 납붙임 및 접합 용기를 차량에 적재 시 용기 이탈을 막을 수 있도록 보호망을 적재함에 씌운다.
④ 충전용기를 차량에 적재 시 고무링을 씌우거나 적재함에 세워서 적재한다. 단, 압축가스의 경우 세우기 곤란 시 적재함 높이 이내로 눕혀서 적재가능하다.
⑤ 독성 가스 중 가연성, 조연성 가스는 동일차량 적재함에 운반하지 아니한다.
⑥ 밸브돌출 충전용기는 고정식 프로텍터, 캡을 부착하여 밸브 손상방지 조치를 한 후

운반한다.

⑦ 충전용기를 차에 실을 때 충격방지를 위해 완충판을 차량에 갖추고 사용한다.

⑧ 충전용기는 이륜차(자전거 포함)에 적재하여 운반하지 아니한다.

⑨ 염소와 아세틸렌, 암모니아, 수소는 동일차량에 적재하여 운반하지 아니한다.

⑩ 가연성과 산소를 동일차량에 적재운반 시 충전용기 밸브를 마주보지 않도록 한다.

⑪ 충전용기와 위험물안전관리법에 따른 위험물과 동일차량에 적재하여 운반하지 아니한다.

(20) 경계 표시

구 분		내 용
설치위치		차량 앞뒤 명확하게 볼 수 있도록(RTC 차량은 좌우에서 볼 수 있도록)
표시사항		위험고압가스, 독성 가스 등 삼각기를 외부운전석 등에 게시
규격	직사각형	가로치수 : 차폭의 30% 이상, 세로치수 : 가로의 20% 이상
	정사각형	면적 : 600cm^2 이상
	삼각기	• 가로 : 40cm, 세로 : 30cm • 바탕색 : 적색, 글자색 : 황색
그 밖의 사항		• 상호, 전화번호 • 운반기준 위반행위를 신고할 수 있는 허가관청, 등록관청의 전화번호 등이 표시된 안내문을 부착
경계 표시 도형		위 고압가스 험 독성가스 30cm 40cm

(21) 운반책임자 동승기준

용기에 의한 운반				
가스 종류			허용농도(ppm)	적재용량(m^3, kg)
독성 가스	압축가스(m^3)		200 초과	100m^3 이상
			200 이하	10m^3 이상
	액화가스(kg)		200 초과	1000kg 이상
			200 이하	100kg 이상
비독성 가스	압축가스	가연성	300m^3 이상	
		조연성	600m^3 이상	
	액화가스	가연성	3000kg 이상(납붙임 접합용기는 2000kg 이상)	
		조연성	6000kg 이상	

차량에 고정된 탱크에 의한 운반(운행거리 200km 초과 시에만 운반책임자 동승)					
압축가스(m^3)			액화가스(kg)		
독성	가연성	조연성	독성	가연성	조연성
100m^3 이상	300m^3 이상	600m^3 이상	1000kg 이상	3000kg 이상	6000kg 이상

(22) 차량 고정탱크(탱크로리) 운반기준

항 목	내 용
두 개 이상의 탱크를 동일차량에 운반 시	• 탱크 마다 주밸브 설치 • 탱크 상호 탱크와 차량 고정부착 조치 • 충전관에 안전밸브, 압력계 긴급탈압밸브 설치
LPG를 제외한 가연성 산소	18000L 이상 운반금지
NH_3를 제외한 독성	12000L 이상 운반금지
액면요동방지를 위해 하는 조치	방파판 설치
차량의 뒷범퍼와 이격거리	• 후부취출식 탱크(주밸브가 탱크 뒤쪽에 있는 것) : 40cm 이상 이격 • 후부취출식 이외의 탱크 : 30cm 이상 이격 • 조작상자(공구 등 기타 필요한 것을 넣는 상자) : 20cm 이상 이격
기타	돌출 부속품에 대한 보호장치를 하고 밸브콕 등에 개폐표시방향을 할 것
참고사항	LPG 차량 고정탱크(탱크로리)에 가스를 이입할 수 있도록 설치되는 로딩암을 건축물 내부에 설치 시 통풍을 양호하게 하기 위하여 환기구를 설치, 이때 환기구 면적의 합계는 바닥면적의 6% 이상

(23) 차량에 고정된 탱크를 운행 시 휴대하는 서류

① 고압가스 이동계획서
② 고압가스 관련 자격증
③ 운전면허증
④ 탱크테이블(용량환산표)
⑤ 차량운행일지
⑥ 차량등록증

(24) 배관의 고정부착 조치

① 관경 13mm 미만 : 1m마다
② 관경 13~33mm 미만 : 2m마다
③ 관경 33mm 이상 : 3m마다 고정부착 조치를 한다.

(25) 특정 고압가스 사용신고를 하여야 하는 경우

① 저장능력 250킬로그램 이상인 액화가스 저장설비를 갖추고 특정 고압가스를 사용하고자 하는 자
② 저장능력 50세제곱미터 이상인 압축가스 저장설비를 갖추고 특정 고압가스를 사용하고자 하는 자
③ 배관에 의하여 특정 고압가스(천연가스 제외)를 공급받아 사용하고자 하는 자
④ 압축 모노실란 · 압축 디보레인 · 액화알진 · 포스핀 · 세렌화수소 · 게르만 · 디실란 · 액화염소 또는 액화암모니아를 사용하고자 하는 자. 다만, 시험용으로 볏짚 등을 발효하기 위하여 액화암모니아를 사용하고자 하는 자를 제외한다.
⑤ 자동차 연료용으로 특정 고압가스를 사용하고자 하는 자

(26) 배관의 시가지 도로 밑에 배관 매설 시

배관 정상부에서 30cm 이상 떨어진 배관 직상부에 보호판 설치

(27) 배관의 하천 등 병행 매설

① 매설 심도 2.5m 이상 유지

② 배관 손상으로 위급사항 발생 시 가스를 신속하게 차단하는 장치 설치(단, 30분 이내 방출 가능한 벤트스택 및 플레어스택이 있는 경우 그러하지 아니하다)

(28) 내진설계

①

법규 구분		저장탱크 및 가스홀더
고압가스 안전관리법	독성, 가연성	5톤, 500m^3 이상
	비독성, 비가연성	10톤, 1000m^3 이상
액화석유가스의 안전관리 및 사업법		3톤, 300m^3 이상
도시가스사업법		3톤, 300m^3 이상
① 액화도시(천연)가스 자동차 충전시설 ② 고정식 압축도시(천연)가스 충전시설 ③ 고정식 압축도시(천연)가스 이동식 충전차량의 충전시설 ④ 이동식 압축도시(천연)가스 자동차 충전시설		5톤, 500m^3 이상

② 내진설계기준

구 분		간추린 핵심내용
내진 특등급	시설	그 설비의 손상이나 기능 상실이 사업소 경계 밖에 있는 공공의 생명 · 재산에 막대한 피해를 초래 및 사회의 정상적인 기능 유지에 심각한 지장을 가져 올 수 있는 것
	배관	독성 가스를 수송하는 고압가스 배관의 중요도
내진 1등급	시설	그 설비의 손상이나 기능 상실이 사업소 경계 밖에 있는 공공의 생명과 재산에 상당한 피해를 가져올 수 있는 것
	배관	가연성 가스를 수송하는 고압가스 배관의 중요도
내진 2등급	시설	그 설비의 손상이나 기능 상실이 사업소 경계 밖에 있는 공공의 생명 · 재산에 경미한 피해를 가져 올 수 있는 것
	배관	독성, 가연성 이외의 가스를 수송하는 배관의 중요도

사업소 경계거리에 따른 내진 등급표

사업소 경계선 최단거리(m) \ 저장능력(톤)	10톤 이하	10톤 초과 100톤 이하
20m 이하	1등급	
20m 초과 40m 이하	2등급	1등급
40m 초과 90m 이하	2등급	

chapter 1

출 / 제 / 예 / 상 / 문 / 제

01 가연성 가스의 정의로 적합한 것은?

① 폭발한계 하한이 10% 이하, 상한 – 하한의 차이가 20% 이상인 것
② 폭발한계 하한이 5% 이하, 상한 – 하한의 차이가 10% 이상인 것
③ 허용농도 200ppm 이하인 것
④ 폭발한계 하한이 10% 이하인 것

가연성 가스
㉠ 폭발한계 하한이 10% 이하
㉡ 폭발한계 상한–하한의 차가 20% 이상

02 가스의 폭발범위 중 틀린 것은?

① 산화에틸렌 – 3~70%
② 암모니아 – 15~28%
③ 부탄 – 1.8~8.4%
④ 수소 – 4~75%

산화에틸렌(C_2H_4O) : 3~80%

03 다음 가스 중 폭발범위가 넓은 것으로부터 좁은 것의 순서로 나열된 것은?

① H_2, C_2H_2, CH_4, CO
② C_2H_2, CO, H_2, C_2H_6
③ C_2H_2, H_2, CO, CH_4
④ CH_4, CO, C_2H_2, H_2

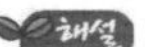

가스의 폭발범위
㉠ 아세틸렌(C_2H_2, 2.5~81%)
㉡ 수소(H_2, 4~75%)
㉢ 일산화탄소(CO, 12.5~74%)
㉣ 메탄(CH_4, 5~15%)

04 다음 가스 중 폭발범위가 가장 넓은 것은?

① 메탄 ② 일산화탄소
③ 아세틸렌 ④ 수소

해설

① 메탄 : 5~15%
② 일산화탄소 : 12.5~74%
③ 아세틸렌 : 2.5~81%
④ 수소 : 4~75%

05 가연성 가스의 위험성에 대한 설명 중 맞지 않는 것은?

① 온도나 압력이 높을수록 위험성이 커진다.
② 폭발한계가 좁고 하한이 낮을수록 위험이 적다.
③ 폭발한계 밖에서는 폭발의 위험성이 적다.
④ 폭발한계가 넓을수록 위험하다.

해설

폭발하한이 낮을수록, 폭발범위가 넓을수록 위험성이 커진다.

참고 위험도는 폭발범위가 넓은 정도로 계산한다.

$$\text{위험도} = \frac{\text{폭발상한} - \text{폭발하한}}{\text{폭발하한}}$$

06 다음의 가스 중 폭발범위에 대한 위험도가 가장 큰 것은?

① 메탄
② 아세틸렌
③ 수소
④ 부탄

해설

$$\text{위험도} = \frac{81-2.5}{2.5} = 31.4$$ (C_2H_2의 폭발범위 2.5~81%)

참고 가연성 가스 중 가장 위험도가 큰 것은 이황화탄소(CS_2 : 1.2~44%)이다.

정답 01.① 02.① 03.③ 04.③ 05.② 06.②

07 고압가스 안전관리법상 TLV-TWA 독성가스라 하면 그 허용농도는?

① 200만 분의 100 ② 100만 분의 200
③ 200만 분의 10 ④ 100만 분의 20

해설

TLV-TWA 허용농도 기준 : 200ppm 이하
※ LC_{50}의 독성가스 기준 : 허용농도 100만 분의 5000ppm 이하)

08 다음 중 독성이 강한 순서로 나열된 것은?

① 포스겐-염소-암모니아-염화메탄
② 포스겐-암모니아-염소-산화에틸렌
③ 염소-포스겐-암모니아-산화에틸렌
④ 염소-암모니아-포스겐-산화에틸렌

해설

LC_{50} 독성가스 허용한도(5000ppm 이하가 독성가스)

가스명	허용한도(ppm)	가스명	허용한도(ppm)
$COCl_2$	5(0.1)	SO_2	2520(2)
O_3	9(0.1)	H_2S	712(10)
F_2	185(0.1)	HCN	140(10)
		CH_3Br	850(20)
Cl_2	293(1)	NH_3	7338(25)
HF	966(3)	C_2H_4O	2900(1)
HCl	3120(5)	CO	3760(25)

※ ( ) 안의 수치는 TLV-TWA의 허용농도이며, TLV-TWA 기준은 200ppm 이하가 독성가스이다.

09 다음 중 가연성 가스이면서 독성가스로만 되어 있는 것은?

① 트리메닐아민, 석탄가스, 아황산가스, 프로판
② 아크릴로니트릴, 산화에틸렌, 황화수소, 염소
③ 일산화탄소, 암모니아, 벤젠, 시안화수소
④ 이황화탄소, 모노메틸아민, 브로메틸, 포스겐

해설

독성·가연성 가스 : 아크릴로니트릴, 벤젠, 시안화수소, 일산화탄소, 산화에틸렌, 염화메탄, 이황화탄소, 황화수소, 석탄가스, 암모니아, 브롬화메탄

10 다음 용어의 설명으로 틀린 것은?

① 충전용기는 고압가스의 충전질량 또는 압력의 $\frac{1}{2}$ 이상 충전되어 있는 상태이다.
② 잔가스용기는 고압가스의 충전질량 또는 압력의 $\frac{1}{2}$ 미만 남아 있는 상태이다.
③ 저장탱크라 함은 고압가스를 충전·저장하기 위하여 지상 또는 지하에 이동, 설치된 것을 말한다.
④ 저장설비라 함은 고압가스를 충전·저장하기 위한 설비로서 저장탱크 및 충전용기 보관설비를 말한다.

해설

㉠ 저장탱크 : 고정 설치
㉡ 용기 : 이동할 수 있는 것(차량에 고정된 탱크, 탱크로리는 이동이 가능하므로 용기에 해당)

참고
- '액화가스'라 함은 가압·냉각에 의하여 액체상태로 되어 있는 것으로서 대기압에서의 비점이 40℃ 이하 또는 상용온도 이하인 것을 말한다.
- '압축가스'라 함은 상온에서 압력을 가하여도 액화되지 아니하는 가스로서 일정한 압력에 의하여 압축되어 있는 것을 말한다.
- '저장설비'라 함은 고압가스를 충전·저장하기 위한 설비로서 저장탱크 및 충전용기 보관설비를 말한다.
- '저장능력'이라 함은 저장설비에 저장할 수 있는 고압가스의 양을 말한다.
- '저장탱크'라 함은 고압가스를 충전·저장하기 위하여 지상 또는 지하에 고정 설치된 탱크를 말한다.

11 다음 중 불연재료가 아닌 것은?

① 벽돌, 철재, 슬레이트
② 종이, 목재, 숯
③ 철재, 모르타르, 슬레이트
④ 콘크리트, 기와, 벽돌

해설

불연재료 : 불에 타지 않는 재료

정답 07.② 08.① 09.③ 10.③ 11.②

12 방호벽의 규격에 맞지 않는 것은?

① 높이 2m, 두께 12cm 이상의 철근콘크리트
② 높이 2m, 두께 18cm 이상의 콘크리트블록
③ 높이 2m, 두께 3.2mm 이상의 박강판
④ 높이 2m, 두께 6mm 이상의 후강판

해설

종류	규격	
	두께	높이
철근콘크리트	12cm 이상	2m 이상
콘크리트블록	15cm 이상	2m 이상
박강판	3.2mm 이상	2m 이상
후강판	6mm 이상	2m 이상

13 고압가스 일반제조시설에서 아세틸렌가스 또는 압력 9.8MPa 이상인 압축가스를 용기에 충전하는 경우 방호벽 설치조건이 아닌 것은?

① 가연성 가스의 주위
② 당해 충전장소와 당해 가스 충전용기 보관장소 사이
③ 압축기와 당해 가스 충전용기 보관장소 사이
④ 압축기와 당해 충전장소 사이

해설

방호벽의 적용시설
고압가스 일반제조시설 중 아세틸렌가스 또는 압력이 9.8MPa 이상인 압축가스를 용기에 충전하는 경우
㉠ 압축기와 당해 충전장소 사이
㉡ 압축기와 당해 가스 충전용기 보관장소 사이
㉢ 당해 충전장소와 당해 가스 충전용기 보관장소의 사이 및 당해 충전장소와 당해 충전용 주관밸브

14 방호벽을 설치하지 않아도 되는 것은?

① 아세틸렌 가스 압축기와 충전장소 사이
② 아세틸렌 가스 발생장치와 당해 가스 충전용기 보관장소 사이
③ LP가스 판매업소의 용기보관실
④ LPG 충전업소의 LPG 저장탱크와 가스 충전장소 사이

방호벽 설치장소
㉠ 특정 고압가스 사용시설 중 액화가스 저장능력 300kg (압축가스의 경우는 $1m^3$를 5kg으로 본다) 이상인 용기 보관실 벽(단, 안전거리 유지 시는 제외)
㉡ 고압가스 저장시설 중 저장탱크와 사업소 내의 보호시설과의 사이(단, 안전거리 유지 시 또는 시장, 군수, 구청장이 방호벽의 설치로 조업에 지장이 있다고 인정할 경우는 제외)
㉢ 고압가스 판매시설의 고압가스 용기보관실 벽
㉣ LP가스 충전사업소에서 저장탱크와 가스충전장소와의 사이
㉤ LP가스 판매업소에서 용기저장실의 벽

15 다음 중 제2종 보호시설은?

① 유치원　　② 학원
③ 학교　　④ 주택

해설

제2종 보호시설
㉠ 주택
㉡ 사람을 수용하는 건축물(가설 건축물 제외)로서 사실상 독립된 부분의 연면적이 $100m^2$ 이상 $1000m^2$ 미만인 것

참고 제1종 보호시설
㉠ 학교, 유치원, 어린이집, 학원, 병원(의원을 포함), 도서관, 시장, 공중목욕탕, 호텔 및 여관, 극장, 교회, 공회당
㉡ 사람을 수용하는 건축물(가설 건축물 제외)로서 사실상 독립된 부분의 연면적이 $1000m^2$ 이상인 것
㉢ 예식장, 장례식장, 전시장, 그 밖에 이와 유사한 시설로서 수용능력이 300인 이상인 건축물
㉣ 아동복지시설 또는 장애인복지시설로서 수용능력이 20인 이상인 건축물
㉤ 문화재보호법에 의하여 지정문화재로 지정된 건축물(면적 $1000m^2$ 이상, 문화재, 복지시설 20인, 예식장, 장례식장, 전시장 등 300인 이상 인구 다량집중시설 등)

16 A업소에서 1일 동안 NH_3 가스 35000kg을 처리하고자 할 때 제1종 보호시설과의 안전거리는 몇 m 이상이어야 하는가? (단, 시·도지사가 별도로 인정하지 않은 지역이다.)

① 27m　　② 24m
③ 21m　　④ 17m

정답 12.② 13.① 14.② 15.④ 16.①

해설

안전거리 : 암모니아 독성가스이므로 35000kg 1종 27m, 2종 18m이다.

개요	고압가스 처리 저장설비의 유지거리 규정 지하저장설비는 규정 안전거리 1/2 이상 유지 저장능력(압축가스 : m^3, 액화가스 : kg)		
구분	저장능력	제1종 보호시설	제2종 보호시설
처리 및 저장능력		학교, 유치원, 어린이집, 놀이방, 어린이놀이터, 학원, 병원, 도서관, 청소년수련시설, 경로당, 시장, 공중목욕탕, 호텔, 여관, 극장, 교회, 공회당 300인 이상(예식장, 장례식장, 전시장), 20인 이상 수용 건축물(아동복지 장애인복지시설) 면적 $1000m^2$ 이상인 곳, 지정문화재 건축물	주택 연면적 $100m^2$ 이상 $1000m^2$ 미만
산소의 저장설비	1만 이하	12m	8m
	1만 초과 2만 이하	14m	9m
	2만 초과 3만 이하	16m	11m
	3만 초과 4만 이하	18m	13m
	4만 초과	20m	14m
독성가스 또는 가연성가스의 저장설비	1만 이하	17m	12m
	1만 초과 2만 이하	21m	14m
	2만 초과 3만 이하	24m	16m
	3만 초과 4만 이하	27m	18m
	4만 초과 5만 이하	30m	20m
	5만 초과 99만 이하	30m (가연성 가스 저온 저장탱크는 $\frac{3}{25}\sqrt{X+10000}\,\text{m}$)	20m (가연성 가스 저온 저장탱크는 $\frac{2}{25}\sqrt{X+10000}\,\text{m}$)
	99만 초과	30m (가연성 가스 저온 저장탱크는 120m)	20m (가연성 가스 저온 저장탱크는 80m)

17 내부 용적이 25000L인 액화산소 저장탱크의 저장능력은 얼마인가? (단, 비중은 1.14로 본다.)

① 25650kg ② 27520kg
③ 24780kg ④ 26460kg

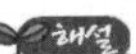

$W = 0.9dv = 0.9 \times 1.14 \times 25000 = 25650\text{kg}$

18 내용적 2000L인 용기에 암모니아를 저장 시 저장능력은?

① 5000kg ② 1075kg
③ 2500kg ④ 1600kg

해설

$W = \frac{V}{C} = \frac{2000}{1.86} = 1075.27\text{kg}$

19 염소가스 1ton을 50L 용기에 충전 시 용기 수는? (단, C=0.8로 한다.)

① 12개 ② 13개
③ 15개 ④ 16개

해설

$1000\text{kg} \div \frac{50}{0.8} = 16$개

20 원심압축기의 구동능력이 240kW라고 하면, 이 냉동장치의 법정 냉동능력은 얼마인가?

① 250RT
② 100RT
③ 300RT
④ 200RT

정답 17.① 18.② 19.④ 20.④

해설

원심식 압축기를 사용하는 냉동설비는 그 압축기의 원동기 정격출력 1.2kW를 1일의 냉동능력 1톤으로 보고, 흡수식 냉동설비는 발생기를 가열하는 1시간의 입열량 6640kcal를 1일의 냉동능력 1톤으로 본다.(원심식 압축기 1.2kW : 1톤, 흡수식 냉동설비 : 6640kcal : 1톤)
∴ 240kW÷1.2kW=200톤

21 흡수식 냉동설비에서 발생기를 가열하는 1시간의 입열량이 몇 kcal인 것을 1일 냉동능력 1톤으로 보는가?

① 6640 ② 3320
③ 8000 ④ 7000

22 고압가스 특정 제조시설 기준 및 기술기준에서 설비와 설비 사이의 거리가 옳은 것은?

① 가연성 가스의 저장탱크는 그 외면으로부터 처리능력이 20만m^3 이상인 압축기까지 30m 거리를 유지할 것
② 다른 저장탱크와의 사이에 두 저장탱크의 외경 지름을 합한 길이의 $\frac{1}{4}$이 1m 이상인 경우 1m 이하로 유지할 것
③ 안전구역 내의 고압가스설비(배관을 제외한다)는 그 외면으로부터 다른 안전구역 안에 있는 고압가스 설비의 외면까지 20m 이상의 거리를 유지할 것
④ 제조설비는 그 외면으로부터 그 제조소의 경계까지 15m 유지할 것

해설

② $\frac{1}{4}$이 1m 이상인 경우 그 길이를 유지
④ 제조소 경계 20m 유지

참고 설비 사이의 거리
㉠ 가연성 가스 또는 독성가스의 고압가스 설비는 통로, 공지 등으로 구분된 안전구역 안에 설치할 것. 다만, 공정상 밀접한 관련을 가지는 고압가스 설비로서 2개 이상의 안전구역을 구분함에 따라 고압가스 설비의 운영에 지장을 준 우려가 있는 경우에는 그러하지 아니한다.
㉡ 안전구역 내의 고압가스 설비(배관 제외)는 그 외면으로부터 다른 안전구역 안에 있는 고압가스 설비의 외면까지 30m 이상의 거리를 유지할 것
㉢ 제조설비는 그 외면으로부터 그 제조소의 경계까지 20m 이상의 거리를 유지할 것. 다만, 한 사업장 안에 동일한 안전관리체계로 운영되는 2개 이상의 제조소가 공존하는 경우에는 ㉡의 기준에 의한다.
㉣ 가연성 가스의 저장탱크는 그 외면으로부터 처리능력이 20만m^3 이상인 압축기까지 30m 이상의 거리를 유지할 것
㉤ 가연성 가스의 저장탱크(저장능력이 300m^3 또는 3톤 이상의 것에 한함)와 다른 가연성 가스 또는 산소의 저장탱크와의 사이에는 두 저장탱크의 최대 지름을 합산한 길이의 $\frac{1}{4}$이 1m보다 클 때는 그 길이를, 1m 미만인 경우에는 1m 이상의 거리를 유지할 것

23 최대 직경이 6m인 2개의 저장탱크에 있어서 물분무장치가 없을 때 유지되어야 할 거리는?

① 3m ② 2m
③ 1m ④ 0.6

해설

$6m+6m=12m$
$12\times\frac{1}{4}=3m$
∴ 3m는 1m보다 큰 길이므로 3m가 해당된다.

24 가연성 가스 또는 독성가스의 제조시설에서 누출되는 가스가 체류할 우려가 있는 장소에 가스누출검지 경보장치를 설치해야 한다. 이때 가스누출검지 경보장치에 해당되지 않는 것은?

① 가연성 전용 검지기
② 격막갈바니전지 방식
③ 반도체 방식
④ 접촉연소방식

해설

가스누출검지 경보장치
가연성 가스 또는 독성가스의 누설을 검지하여 그 농도를 지시함과 동시에 경보를 울리는 것으로서 그 기능은 가스의 종류에 따라 적절히 설치할 것이며 종류는 격막갈바니, 반도체, 접촉연소방식이 있다.

정답 21.① 22.① 23.① 24.①

25 고압가스 안전관리법규상 물분무장치를 설치할 때 동시에 방사할 수 있는 최대 수량은 몇 시간 이상 연장하여 방사할 수 있는 수원에 접속되어 있어야 하는가?

① 30분 이상
② 2시간 이상
③ 1시간 이상
④ 접속할 필요 없음

26 가스누출경보기의 기능으로 틀린 것은 어느 것인가?

① 담배연기 등의 잡가스에 울리지 않는다.
② 경보가 울린 후에 가스농도가 변하더라도 계속 경보를 한다.
③ 폭발하한계의 $\frac{1}{3}$ 이하에서 자동적으로 경보를 울린다.
④ 가스의 누출을 검지하여 그 농도를 지시함과 동시에 경보를 울린다.

경보농도
㉠ 가연성 가스 : 폭발하한계의 $\frac{1}{4}$ 이하
㉡ 독성가스 : 허용농도 이하
㉢ NH_3를 실내에서 사용하는 경우 : 50ppm(TLV-TWA 기준)

27 암모니아를 실내에서 사용하는 경우 가스누출검지 경보장치의 경보농도는 얼마인가?

① 50ppm
② 30ppm
③ 150ppm
④ 100ppm

28 암모니아 누출 시 검지경보장치의 검지에서 발신까지 걸리는 시간은?

① 30초 ② 20초
③ 1분 ④ 2분

해설

NH_3, CO는 1분이 소요된다.

29 가연성 가스의 경우 작업원이 정상 작업을 하는 데 필요한 장소 및 작업원이 항시 통행하는 장소로부터 몇 m 이상 떨어진 곳에 긴급용 벤트스택 방출구를 설치하는가?

① 10m ② 20m
③ 5m ④ 30m

해설

㉠ 긴급용 벤트스택 : 10m
㉡ 그 밖의 벤트스택 : 5m

참고 벤트스택(vent stack)
가스를 연소시키지 아니하고 대기 중에 방출시키는 파이프 또는 탑을 말한다. 또한 확산을 촉진시키기 위하여 150m/sec 이상의 속도가 되도록 파이프경을 결정한다.
(1) 벤트스택
㉠ 벤트스택 방출구 높이(가연성 : 폭발하한계값 미만, 독성 : TLV-TWA 기준농도 미만이 되는 위치)
㉡ 가연성 벤트스택 : 정전기, 낙뢰 등에 의한 착화방지조치 착화 시 소화할 수 있는 조치를 할 것
㉢ 응축기의 고임을 방지하는 조치
㉣ 기액분리기 설치
(2) 그 밖의 벤트스택
긴급용 벤트스택과 ㉠, ㉡, ㉢ 동일, 그 외에 액화가스가 급냉될 우려가 있는 곳에 액화가스가 방출되지 않는 조치를 할 것(방출구의 위치는 5m)

30 액화가스가 함께 방출되거나 또는 급랭될 우려가 있는 긴급용 벤트스택에는 벤트스택과 연결된 고압가스 설비의 가장 가까운 곳에 어느 것을 설치해야 하는가?

① 역류방지 밸브 ② 공기빼기 밸브
③ 역화방지기 ④ 기액분리기

31 가연성 가스 또는 독성가스 제조설비에 계기를 장치하는 회로에 안전확보를 위한 주요 부분에 설비가 잘못 조작되거나 정상적인 제조를 할 수 없는 경우 자동으로 원재료의 공급을 차단하는 장치는?

① 벤트스택 ② 긴급차단장치
③ 인터록 기구 ④ 플레어스택

정답 25.① 26.③ 27.① 28.③ 29.① 30.④ 31.③

해설

인터록 기구
가연성 가스 또는 독성가스의 제조설비, 이들 제조설비에 계기를 장치하는 회로에 제조하는 고압가스의 종류·온도 및 압력과 제조설비의 상황에 따라 안전확보를 위한 주요 부분에 설비가 잘못 조작되거나 정상적인 제조를 할 수 없는 경우에 자동으로 원재료의 공급을 차단시키는 등 제조설비 안의 제조를 제어할 수 있는 장치를 설치하는 것

32 고압가스 제조장치로부터 가연성 가스를 대기 중에 방출할 때 이 가연성 가스가 대기와 혼합하여 폭발성 혼합기체를 형성하지 않도록 하기 위해 설치하는 것은?

① 플레어스택
② 역화방지장치
③ 긴급차단장치
④ 벤트스택

해설

플레어스택(flare stack)
가연성 가스를 연소에 의하여 처리하는 파이프 또는 탑을 말한다. 플레어스택의 설치 위치 및 높이는 플레어스택 바로 밑의 지표면에 미치는 복사열이 4000kcal/m^2·hr 이하가 되도록 해야 하며, 다음의 기준에 따라 플레어스택을 설치한다.
㉠ 긴급이송설비에 의하여 이송되는 가스를 안전하게 연소시킬 수 있는 것일 것
㉡ 플레어스택에서 발생하는 복사열이 다른 제조시설에 나쁜 영향을 미치지 아니하도록 안전한 높이 및 위치에 설치할 것
㉢ 플레어스택에서 발생하는 최대 열량에 장시간 견딜 수 있는 재료 및 구조로 되어 있을 것
㉣ 파일럿 버너를 항상 점화하여 두는 등 플레어스택에 관련된 폭발을 방지하기 위한 조치가 되어 있을 것

33 특정 설비의 내압시험에서 구조상 물을 사용하기 적당하지 않은 경우 설계압력의 몇 배의 시험압력으로 질소, 공기 등을 사용하여 합격해야 하는가?

① 1.5배
② 1.25배
③ 1.1배
④ 3배

34 특정 고압가스에 해당되는 것만 나열한 것은?

① 포스핀, 게르만, 디실란
② 수소, 산소, 액화염소, 액화암모니아, 프로판
③ 수소, 질소, 아세틸렌, 프로판, 부탄, 메탄
④ 수소, LPG, 염소, 부탄, 프로판

해설

특정 고압가스의 종류 : 보기의 내용 외에 세렌화수소, 오불화비소, 오불화인, 삼불화인, 삼불화질소, 삼불화붕소, 사불화유황, 사불화규소

참고 특수 고압가스의 종류 : 압축모노실란, 압축디보레인, 액화알진, 포스핀, 세렌화수소, 게르만, 디실란

35 특정 고압가스 사용시설 및 기술상 기준으로 고압가스 설비에 안전밸브를 설치해야 하는 액화가스의 저장능력은?

① 300kg 이상
② 250kg 이상
③ 500kg 이상
④ 800kg 이상

36 특정 고압가스 사용시설 및 기술상 기준으로 맞는 것은?

① 산소의 저장설비 주위에 5m 이내에서는 화기취급을 하지 말 것
② 사용시설은 당해 설비의 작동상황을 1월마다 1회 이상 점검할 것
③ 액화염소의 감압설비와 당해 가스의 반응설비 간의 배관에는 역화방지장치를 할 것
④ 액화가스 저장량이 300kg 이상인 용기보관실은 방호벽으로 하고 또한 보호거리를 유지할 것

해설

① 산소와 화기와의 거리 5m 이내
② 설비의 작동상황은 1일 1회 점검
③ 액화염소의 감압설비와 당해 가스 반응설비 간의 배관에는 역류방지장치 설치
④ 액화가스 저장량이 300kg 이상(압축가스는 60m^3)은 방호벽으로 하며 방호벽 설치 시 안전거리유지 의무는 없다.

정답 32.① 33.② 34.① 35.① 36.①

37 다음은 고압가스 특정 제조의 시설기준 중 플레어스택에 관한 설명이다. 틀린 것은?

① 플레어스택에서 발생하는 복사열이 다른 제조시설에 나쁜 영향을 미치지 아니하도록 안전한 높이 및 위치에 설치할 것
② 가연성 가스인 경우에는 방출된 가연성 가스가 지상에서 폭발한계에 도달하지 아니하도록 할 것
③ 파일럿 버너를 항상 점화하여 두는 등 플레어스택에 관련된 폭발을 방지하기 위한 조치가 되어 있을 것
④ 플레어스택에서 발생하는 최대열량에 장시간 견딜 수 있는 재료 및 구조로 되어 있을 것

해설

②는 벤트스택의 설명임

38 고압가스 특정 제조시설에 설치되는 플레어스택의 설치 위치 및 높이는 플레어스택 바로 밑의 지표면에 미치는 복사열이 몇 $kcal/m^2 \cdot h$ 이하로 되도록 하여야 하는가?

① 4000 ② 12000
③ 5000 ④ 10000

39 고압가스설비 내의 가스를 대기 중으로 폐기하는 방법에 관한 설명 중 맞는 것은 어느 것인가?

① 통상 벤트스택에는 긴급시에 사용하는 것과 평상시에 사용하는 것 등의 2종류가 있다.
② 플레어스택에는 파일럿 버너 등을 설치하여 가연성 가스를 연소시킬 필요가 없다.
③ 독성가스를 대기 중으로 벤트스택을 통하여 방출할 때에는 재해조치는 필요없다.
④ 가연성 가스용의 벤트스택에는 자동점화장치를 설치할 필요가 있다.

40 고압가스 특정 제조의 시설기준에서 액화가스 저장탱크의 주위에는 액상의 가스가 누출된 경우 유출을 방지할 수 있는 방류둑의 시설기준에 적합하지 않은 것은?

① 질소는 저장능력이 5톤 이상
② 가연성 가스는 저장능력이 500톤 이상
③ 독성가스는 5톤 이상
④ 산소는 저장능력이 1000톤 이상

해설

(1) 방류둑의 정의 : 액화가스 누설 시 한정된 범위를 벗어나지 않도록 탱크 주위를 둘러쌓은 제방
(2) 방류둑의 설치에 관한 규정

법령에 따른 구분			설치기준(저장탱크 가스홀더 및 설비의 용량)	항 목		핵심 내용
고압가스안전관리법(KGS 111, 112)	독성		5t 이상	방류둑 용량(액화가스 누설 시 방류둑에서 차단할 수 있는 양)	독성·가연성	상당용적
	산소		1000t 이상			
	가연성	일반제조	1000t 이상			
		특정제조	500t 이상		산소	상당용적의 60% 이상
	냉동제조		수액가 용량 10000L 이상	재료		철근콘크리트·철골·금속·흙 또는 이의 조합
LPG안전관리법	1000t 이상 (LPG는 가연성 가스임)			성토 각도		45°
도시가스안전관리법	가스 도매사업법		500t 이상	성토 윗부분 폭		30cm 이상
	일반 도시 가스 사업법		1000t 이상	출입구 설치 수		50m마다 1개(전 둘레 50m 미만 시 2곳을 분산 설치)
	(도시가스는 가연성 가스임)			집합방류둑		가연성과 조연성, 가연성, 독성가스의 저장탱크를 혼합 배치하지 않음
참고사항	• 방류둑 안에는 고인 물을 외부로 배출할 수 있는 조치를 한다. • 배수조치는 방류둑 밖에서 배수차단 조작을 하고 배수할 때 이외는 반드시 닫아 둔다.					

정답 37.② 38.① 39.① 40.①

(3) 방류둑 부속설비 설치에 관한 규정

구 분	핵심 내용
방류둑 외측 및 내면	10m 이내 그 저장탱크 부속설비 이외의 것을 설치하지 아니함
10m 이내 설치 가능 시설	① 해당 저장탱크의 송출, 송액설비 ② 불활성 가스의 저장탱크 물분무, 살수장치 ③ 가스누출검지 경보설비 ④ 조명, 배수설비 ⑤ 배관 및 파이프 래크

※ 상기 문제 출제 시에는 10m 이내 설치 가능시설의 규정이 없었으나 법 규정이 이후 변경되었음

41 고압가스 특정제조시설에서 방류둑의 내측 및 그 외면으로부터 몇 m 이내에는 그 저장탱크의 부속설비 또는 시설로서 안전상 지장을 주지 않아야 하는가?

① 7m ② 8m
③ 10m ④ 15m

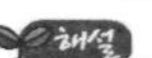

방류둑의 내측 및 외면으로부터 10m 이내에는 (1000톤 미만의 가연성은 8m) 부속설비 등을 설치하지 않는다.

42 고압가스 특정제조시설에서 가연성 또는 독성가스의 액화가스 저장탱크는 그 저장탱크의 외면으로부터 몇 m 이상 떨어진 위치에서 조작할 수 있는 긴급차단밸브를 설치하는가?

① 20m ② 30m
③ 10m ④ 5m

긴급차단밸브

구 분	내 용
기능	이상사태 발생 시 작동하여 가스 유동을 차단하여 피해 확대를 막는 장치(밸브)
적용시설	내용적 5000L 이상 저장탱크
원격조작온도	110℃
동력원(밸브를 작동하게 하는 힘)	유압, 공기압, 전기압, 스프링압
설치 위치	• 탱크 내부 • 탱크와 주밸브 사이 • 주밸브의 외측 ※ 단, 주밸브와 겸용으로 사용해서는 안 된다.

긴급차단장치를 작동하게 하는 조작원의 설치 위치	
고압가스, 일반제조시설, LPG법, 일반도시가스 사업법	• 고압가스 특정제조시설 • 가스도매사업법
탱크 외면 5m 이상	탱크 외면 10m 이상
수압시험방법	연 1회 이상 KS B 2304의 방법으로 누설검사

43 고압가스 특정제조시설에서 계기실의 출입문을 이중문으로 해야만 되는 가스가 아닌 것은?

① 프로판 ② 수소
③ 에틸렌 ④ 부탄

44 고압가스 특정제조시설에서 배관을 지하에 매설하는 경우 그 외면으로부터 건축물, 터널, 그 밖의 시설물에 대하여 수평거리를 유지해야 한다. 이에 대한 설명으로 잘못된 것은?

① 배관은 지하가 및 터널과 10m 이상 유지해야 한다.
② 배관은 건축물과 1.5m 이상 유지해야 한다.
③ 독성가스 이외의 고압가스 배관은 지하가 5m 이상 수평거리를 유지해야 한다.
④ 독성가스의 배관은 그 가스가 혼입될 우려가 있는 수도시설과는 300m 이상 유지해야 한다.

배관의 설치 기준 : 배관을 지하에 매설하는 경우에는 다음의 기준에 적합해야 한다.
㉠ 배관은 건축물과 1.5m, 지하가 및 터널과는 10m 이상의 거리를 유지할 것
㉡ 독성가스의 배관은 그 가스가 혼입될 우려가 있는 수도시설과는 300m 이상의 거리를 유지할 것
㉢ 배관은 그 외면으로부터 지하의 다른 시설물과 0.3m 이상의 거리를 유지할 것
㉣ 지표면으로부터 배관의 외면까지 매설 깊이는 산이나 들에서 1m 이상, 그 밖의 지역에서는 1.2m 이상으로 할 것. 다만, 방호구조물 안에 설치하는 경우에는 그 방호구조물의 외면까지의 깊이를 0.6m 이상으로 할 것

정답 41.③ 42.③ 43.② 44.③

45 고압가스 특정제조에서 배관은 그 외면으로부터 지하의 다른 시설물과 몇 m 이상 거리를 유지해야 하는가?

① 1m
② 2m
③ 0.3m
④ 0.2m

46 고압가스 특정제조에서 지표면으로부터 배관의 외면까지 매설 깊이는 산이나 들에서 몇 m 이상을 유지해야 하는가?

① 1.5m
② 2m
③ 1m
④ 0.3m

47 고압가스 특정제조시설 중 철도부지 밑에 매설하는 배관에 대하여 설명한 것이다. 틀린 것은?

① 배관의 외면으로부터 그 철도부지의 경계까지는 1m 이상 유지한다.
② 배관의 외면으로부터 궤도 중심까지 4m 이상 유지한다.
③ 배관의 외면과 지면과의 거리는 1m 이상으로 한다.
④ 배관은 그 외면으로부터 다른 시설물과 0.3m 이상의 거리를 유지한다.

해설

철도부지 밑 매설 기준
㉠ 궤도 중심과 4m 이상
㉡ 철도부지 경계와 1m 이상
㉢ 배관의 외면과 지면과의 거리 1.2m 이상
㉣ 다른 시설물과의 거리 0.3m 이상

48 배관을 철도부지 밑에 매설할 경우 그 철도부지의 경계까지는 몇 m 이상인가?

① 1m 이상
② 1.3m 이상
③ 2m 이상
④ 1.6m 이상

49 고압가스 특정제조시설에서 배관을 지상에 설치하는 경우에는 불활성 가스 이외의 가스 배관 양측에 상용압력 구분에 따른 폭 이상의 공지를 유지하는 경우 중 틀린 것은?

① 산업통상자원부장관이 정하는 지역에 설치하는 경우에는 규정폭의 1/3로 할 것
② 상용압력 1MPa 이상 : 15m
③ 상용압력 0.2~1MPa 미만 : 5m
④ 상용압력 0.2MPa 미만 : 5m

해설

배관을 지상에 설치하는 경우에는 다음의 기준에 의한다.
㉠ 배관은 고압가스의 종류에 따라 주택, 학교, 병원, 철도, 그 밖의 이와 유사한 시설과 안전확보상 필요한 거리를 유지할 것
㉡ 불활성 가스 이외의 가스의 배관 양측에는 다음 표에 의한 상용압력 구분에 따른 폭 이상의 공지를 유지할 것. 다만, 안전에 필요한 조치를 강구한 경우에는 그러하지 아니하다.

상용 압력	공지 폭
0.2MPa 미만	5m
0.2~1MPa 미만	9m
1MPa 이상	15m

※ 비고 : 공지의 폭은 배관 양쪽의 외면으로부터 계산하되, 다음에서 정하는 지역에 설치 시는 위 표에서 정한 폭의 1/3 이상으로 할 수 있다.
1. 도시계획법에서의 전용공업지역 또는 일반공업지역
2. 산업통상자원부장관이 지정하는 지역

50 하천 또는 수로를 횡단하여 배관을 매설할 경우에는 방호구조물 내에 설치하여야 하는 고압가스는?

① 염화메탄
② 포스겐
③ 불소
④ 염소

정답 45.③ 46.③ 47.③ 48.① 49.③ 50.①

해설

하천 또는 수로를 횡단하여 배관을 매설할 경우에는 이중관으로 하고 방호구조물 내에 설치해야 할 고압가스의 종류

㉠ 하천수로 횡단 시 이중관으로 해야 할 고압가스 : 염소, 포스겐, 불소, 아크릴알데히드, 아황산가스, 시안화가스, 황화수소

㉡ 하천수를 횡단 시 방호구조물 내에 설치해야 할 고압가스 : 하천수로 횡단 시 이중관으로 설치해야 하는 고압가스 이외의 독성, 가연성 가스

참고 독성가스 중 이중관으로 설치하는 가스
아황산(SO_2), 암모니아(NH_3), 염소(Cl_2), 염화메탄(CH_3Cl), 산화에틸렌(C_2H_4O), 시안화수소(HCN), 포스겐($COCl_2$), 황화수소(H_2S)가 있다.
이 중 물로써 중화가 가능한 가스는 암모니아, 염화메탄, 산화에틸렌으로 독성가스 중 이중관으로 설치하는 가스 중 물로 중화할 수 있는 3가지를 제외하고 불소와 아크릴알데히드를 첨가하면 하천수로를 횡단할 때 이중관으로 설치하는 가스가 되며 이중관을 제외한 나머지 독성가스는 방호구조물에 설치하는 가스가 된다(이중관의 규격 : 외층관 내경=내층관 외경×1.2배).

51 배관을 해저에 설치하는 경우 다음 기준에 맞지 않는 것은?

① 배관의 입상부에는 방호시설물을 설치할 것
② 배관은 원칙적으로 다른 배관과 25m 이상의 수평거리를 유지할 것
③ 배관은 원칙적으로 다른 배관과 교차하지 아니할 것
④ 배관은 해저면 밑에 매설할 것

해설

배관을 해저에 설치하는 경우에는 다음 기준에 적합해야 한다.

㉠ 배관은 해저면 밑에 매설할 것(단, 닻 내림 등에 의한 배관 손상의 우려가 없거나 그 밖에 부득이한 경우에는 그러하지 아니하다.)
㉡ 배관은 원칙적으로 다른 배관과 교차하지 아니할 것
㉢ 배관은 원칙적으로 다른 배관과 30m 이상의 수평거리를 유지할 것
㉣ 두 개 이상의 배관을 동시에 설치하는 경우에는 배관이 서로 접촉하지 아니하도록 필요한 조치를 할 것
㉤ 배관의 입상부에는 방호시설물을 설치할 것

52 고압가스 특정제조시설에서 시가지, 하천상, 터널상, 도로상 중에 배관을 설치하는 경우 누출확산 방지조치를 할 가스의 종류는 이중배관으로 해야 한다. 이에 속하지 않는 것은?

① 일산화탄소
② 시안화수소
③ 포스겐
④ 아황산

53 고압가스 특정제조시설 중 배관장치에 설치하는 피뢰설비 규격은?

① KS C 9609
② KC C 9609
③ KS C 9809
④ KB S 9609

해설

배관장치에는 필요에 따라 KS C 9609(피뢰침)에 정하는 규격의 피뢰설비를 설치해야 한다.

54 고압가스 특정제조시설에서 배관장치의 안전을 위한 설비에 해당하지 않는 것은?

① 운영상태 감시장치
② 가스누출검지 경보설비
③ 제독설비
④ 경계표지

해설

배관장치의 안전을 위한 설비

㉠ 운전상태 감시장치
㉡ 안전제어장치
㉢ 가스누설검지 경보설비
㉣ 제독시설
㉤ 통신시설
㉥ 비상조명설비
㉦ 기타 안전상 중요하다고 인정되는 설비

55 튜브게이지 액면표시장치에서 설치해야 하는 것은?

① 플레어스택 ② 스톱밸브
③ 벤트스택 ④ 눈금게이지

정답 51.② 52.① 53.① 54.④ 55.②

해설

액면계

액화가스의 저장탱크에는 액면계(산소 또는 불활성 가스의 초저온 저장탱크의 경우에 한하여 환형유리제 액면계도 가능)를 설치하여야 하며, 그 액면계가 유리제일 때에는 그 파손을 방지하는 장치를 설치하고, 저장탱크(가연성 가스 및 독성가스에 한함)와 유리제 게이지를 접속하는 상하 배관에는 자동식 및 수동식의 스톱밸브를 설치할 것

㉠ 액면계의 종류 : 평형반사식 유리액면계, 평형투시식 액면계, 플로트(float)식, 차압식, 정전용량식, 편위식, 고정튜브식, 회전튜브식, 슬립튜브식

㉡ 유리액면계에 사용하는 유리 : KS B 6208(보일러용 수면계 유리) 중 기호 B 또는 P의 것

㉢ 액면계로부터 가스가 방출되었을 때 인화 또는 중독의 우려가 없는 가스의 경우에 사용할 수 있는 것 : 고정튜브식, 회전튜브식, 슬립튜브식 액면계

㉣ 액면계의 상하 배관에는 자동 및 수동식의 스톱밸브를 설치할 것(단, 자동 · 수동 겸용은 하나의 스톱밸브)

56 액면계로부터 가스가 방출되었을 때 인화 또는 중독의 우려가 없는 가스의 경우에 사용할 수 있는 것이 아닌 것은?

① 슬립튜브식 액면계
② 회전튜브식 액면계
③ 고정튜브식 액면계
④ 클린카식 액면계

57 가스방출장치를 설치해야 하는 가스 저장탱크의 규모는 몇 m^3인가?

① $6m^3$ 이상 ② $5m^3$ 이상
③ $4m^3$ 이상 ④ $10m^3$ 이상

해설

저장탱크 등의 구조

저장탱크 및 가스홀더는 가스가 누출하지 아니하는 구조로 하고, $5m^3$ 이상의 가스를 저장하는 것에는 가스방출장치를 설치할 것(긴급차단장치를 설치하는 탱크용량 5000L 이상, 가스방출장치를 설치하는 탱크용량 $5m^3$ 이상($5m^3$=5000L)

참고 저장탱크 간의 거리

가연성 가스의 저장탱크(저장능력이 $300m^3$ 또는 3톤 이상의 것에 한한다)와 다른 가연성 가스 또는 산소의 저장탱크와의 사이에는 두 저장탱크의 최대지름을 합산한 길이의 1/4 이상에 해당하는 거리(두 저장탱크의 최대지름을 합산한 길이의 1/4이 1m 미만의 경우에는 1m 이상의 거리)를 유지할 것. 다만, 저장탱크에 물분무장치를 설치한 경우에는 그러하지 아니하다.

58 저장탱크 A의 최대직경이 4m, 저장탱크 B의 최대직경이 4m일 때 저장탱크 간의 이격거리는 얼마인가?

① 3m ② 2m
③ 1.5m ④ 1m

해설

$(4+4)\times\frac{1}{4}=2m$

물분무장치

구 분	저장탱크 전표면	준내화구조	내화구조
탱크 상호 1m 또는 최대직경 1/4 길이 중 큰 쪽과 거리는 유효하지 않은 경우	8L/min	6.5L/min	4L/min
저장탱크 최대직경의 1/4보다 적은 경우	8L/min	4.5L/min	2L/min

• 조작 위치 : 15m
• 연속분무 가능시간 : 30분
• 소화전의 호스 끝 수압 : 0.35MPa
• 방수능력 : 400L/min

물분무장치가 없을 경우 탱크의 이격거리(탱크의 직경을 각각 D_1, D_2라고 했을 때)	$(D_1+D_2)\times\frac{1}{4}>1m$	그 길이 유지
	$(D_1+D_2)\times\frac{1}{4}<1m$	1m 유지
저장탱크를 지하에 설치 시	상호간 1m 이상 유지	

59 방류둑의 기능에 대한 설명으로 맞는 것은?

① 액화가스가 누출 시 한정범위를 벗어나지 않도록 하는 둑
② 탱크의 침하를 방지하는 기능
③ 탱크 내 가스를 이송시키는 기능
④ 저장탱크 상호간 설치하는 방책

60 액화산소의 저장탱크 방류둑은 저장능력 상당용적의 몇 % 이상인가?

① 100% ② 120%
③ 60% ④ 40%

정답 56.④ 57.② 58.② 59.① 60.③

61 방류둑에는 승강을 위한 계단 사다리를 출입구 둘레 몇 m마다 1개 이상 두어야 하는가?

① 70m
② 50m
③ 40m
④ 20m

62 다음은 방류둑의 구조를 설명한 것이다. 틀린 것은?

① 방류둑의 높이는 당해 가스의 액두압에 견디어야 한다.
② 성토는 수평에 대하여 30° 이하의 기울기로 하여 다져 쌓는다.
③ 철근콘크리트는 수밀성 콘크리트를 사용한다.
④ 방류둑의 재료는 철근콘크리트, 철골, 흙 또는 이들을 조합하여 만든다.

해설

성토 각도 : 45°

63 다음은 방류둑의 구비조건이다. 틀린 것은?

① 저장탱크의 저장능력에 상당하는 용적일 것
② 액밀한 구조일 것
③ 방류둑 내 체류한 액의 표면적은 가능한 적게 할 것
④ 높이는 상당하는 액두압에 견딜 수 있을 것

해설

㉠ 독·가연성 : 저장탱크의 저장능력에 상당하는 용적
㉡ 산소 : 저장탱크의 저장능력 상당용적의 60%

64 다음 저장탱크를 지하에 묻는 경우 시설기준에 맞지 않는 것은?

① 저장탱크를 매설한 곳의 주위에는 지상에 경계표지를 할 것
② 저장탱크를 2개 이상 인접하여 설치하는 경우에는 상호간에 80cm 이상의 거리를 유지할 것
③ 지면으로부터 저장탱크의 정상부까지의 깊이는 60cm 이상으로 할 것
④ 저장탱크 주위에 마른 모래를 채울 것

저장탱크의 설치방법

(1) 저장탱크실

설치 기준 항목	설치 세부 내용
재료	레드믹스콘크리트
시공	수밀성 콘크리트 시공
천장 벽 바닥의 재료와 두께	30cm 이상 방수조치를 한 철근콘크리트
저장탱크와 저장탱크실의 빈 공간	세립분을 함유하지 않은 모래를 채움 ※ 고압가스 안전관리법의 저장탱크의 지하 설치 시는 마른 모래를 채움
집수관	직경 : 80A 이상(바닥에 고정)
검지관	• 직경 : 40A 이상 • 개수 : 4개소 이상

(2) 저장탱크

설치 기준 항목		설치 세부 내용
상부 윗면과 탱크실 상부와 탱크실 바닥과 탱크 하부까지 60cm		60cm 이상 유지 ※ 비교사항 • 탱크 지상 실내 설치 시 : 탱크 정상부 탱크실 천장까지 60cm 유지 • 고압가스 안전관리법 기준 : 지면에서 탱크 정상부까지 60cm 이상 유지
2개 이상 인접설치 시		상호간 1m 이상 유지 ※ 비교사항 지상설치 시에는 물분무장치가 없을 때 두 탱크 직경의 1/4을 곱하여 1m보다 크면 그 길이를, 1m보다 작으면 1m를 유지
탱크 묻은 곳의 지상		경계표지 설치
점검구	설치 수	• 20t 이하 : 1개소 • 20t 초과 : 2개소
	규격	• 사각형 : 0.8m×1m • 원형 : 직경 0.8m 이상
가스방출관 설치 위치		지면에서 5m 이상 가스 방출관 설치
참고사항		지하 저장탱크는 반드시 저장탱크실 내에 설치(단, 소형 저장탱크는 지하에 설치하지 않는다)

정답 61.② 62.② 63.① 64.②

65 고압가스 일반 제조의 저장탱크 기준으로 맞지 않은 것은?

① 액상의 가연성 가스 또는 독성가스를 이입하기 위하여 설치된 배관에는 긴급 차단장치를 반드시 설치할 것
② 독성가스의 액화가스 저장탱크로서 내용적이 5000L 미만에 설치한 배관에는 저장탱크 외면으로부터 5m 이상 떨어진 위치에서 조작할 수 있는 긴급 차단장치를 설치할 것
③ 저장능력이 1000톤 미만인 가연성 가스의 액화가스 저장탱크는 방류둑의 내측 및 그 외면으로부터 8m 이내에는 안전상 지장없는 것 외에는 설치하지 아니할 것
④ 가연성 가스 저장탱크 저장능력이 1000톤 이상 주위에는 유출을 방지할 수 있는 방류둑 또는 이와 동등 이상의 효과가 있는 시설을 설치할 것

66 일반 제조의 긴급차단장치에 대하여 틀린 것은?

① 동력원은 액압, 기압, 전기압이다.
② 주밸브와 겸용할 수 있다.
③ 조작위치는 탱크외면에서 5m 떨어진 장소이다.
④ 작동검사 주기는 연 1회 이상이다.

해설

긴급차단장치는 주밸브와 겸용할 수 없다.

67 긴급차단장치의 제조 · 수리 시 수압시험방법은?

① KS B 2304 ② KS B 1100
③ KS B 2305 ④ KS B 2300

68 긴급차단장치의 원격조작 온도는 몇 ℃인가?

① 50℃ ② 100℃
③ 110℃ ④ 120℃

69 방류제를 설치하지 아니한 가연성 가스의 저장탱크에 있어서 당해 저장탱크 외면으로부터 몇 m 이내에 온도상승 방지조치를 해야 하는가?

① 5m
② 10m
③ 15m
④ 20m

해설

(1) 온도상승 방지조치
가연성 가스 및 독성가스의 저장탱크(그 밖의 저장탱크 중 가연성 가스 저장탱크 또는 가연성 물질을 취급하는 설비의 주위에 있는 저장탱크를 포함) 및 그 지주에는 온도의 상승을 방지할 수 있는 조치를 할 것
(2) 가연성 가스 저장탱크의 주위 또는 가연성 물질을 취급하는 설비 주위의 온도 상승 방지 조치
㉠ 방류둑을 설치한 가연성 가스 저장탱크 : 당해 방류둑 외면으로부터 10m 이내
㉡ 방류둑을 설치하지 아니한 가연성 가스 저장탱크 : 당해 저장탱크 외면으로부터 20m 이내
㉢ 가연성 물질을 취급하는 설비 : 그 외면으로부터 20m 이내

70 고압가스설비는 그 두께가 상용압력의 몇 배 이상의 압력으로 하는 내압시험에 합격한 것이어야 하는가?

① 2.5배 ② 3배
③ 1.5배 ④ 1배

해설

T_P(내압시험압력) = 상용압력×1.5배

참고
• T_P : 내압시험압력(MPa)
• F_P : 최고 충전압력(MPa)
• A_P : 기밀시험압력(MPa)

71 다음 ( ) 안에 맞는 것은?

'기밀시험압력'이라 함은 아세틸렌 용기에 있어서 최고충전압력의 ( )의 압력을 말한다.

① 0.8배 ② 1.1배
③ 1.5배 ④ 1.8배

정답 65.② 66.② 67.① 68.③ 69.④ 70.③ 71.④

72 고압가스설비는 상용압력의 몇 배 이상의 압력에서 항복을 일으키지 않는 두께를 가져야 하는가?

① 2.5배　② 2배
③ 1.5배　④ 1배

해설

항복
㉠ 상용압력×2배
㉡ 최고사용압력×1.7배

73 고압가스설비에 장치하는 압력계의 최고눈금에 대하여 옳은 것은?

① 상용압력의 2배 이상 2.5배 이하
② 상용압력의 1.5배 이상 2배 이하
③ 상용압력의 2.5배 이하
④ 상용압력의 1.5배 이상 3배 이하

압력계의 최고눈금=상용압력×1.5배 이상 2배 이하

74 고압가스설비에 압력계를 설치하려고 한다. 상용압력이 200kg/cm^{2}라면 게이지의 최고눈금은 다음의 어떤 것이 가장 좋은가?

① 700~800kg/cm^2
② 500~600kg/cm^2
③ 300~400kg/cm^2
④ 200~250kg/cm^2

해설

$200\times1.5\sim200\times2(\text{kg/cm}^2)=300\sim400\text{kg/cm}^2$

75 가연성 가스의 가스설비는 그 외면으로부터 화기를 취급하는 장소까지 몇 m 이상의 우회거리를 두어야 하는가?

① 10m　② 8m
③ 5m　④ 2m

해설

화기와의 우회거리
㉠ 8m(가연성가스, 산소가스 설비, 에어졸 설비)
㉡ 2m(기타 가스 설비, 가정용 설비, 가스계량기, 입상관 LPG 판매 설비)

참고 화기와 직선(이내)거리 : 2m
※ 단, 산소가스 설비의 직선거리 : 5m

76 가연성 가스의 저장탱크에 설치하는 방출관의 방출구 위치는 지면으로부터 몇 m 높이의 주위에 화기 등이 없는 안전한 위치에 설치하는가?

① 15m
② 10m
③ 5m
④ 8m

해설

㉠ 지상탱크 방출관의 방출구 위치 : 지면에서 5m 이상, 탱크 정상부에서 2m 이상 중 높은 위치
㉡ 지하탱크 방출관의 방출구 위치 : 지면에서 5m 이상

참고 고압가스 일반제조 중 안전장치
㉠ 고압가스설비 내의 압력이 허용압력을 초과하는 경우에 즉시 그 압력을 허용압력 이하로 되돌릴 수 있는 안전장치를 설치할 것
㉡ ㉠의 규정에 의하여 설치한 안전장치 중 가연성 가스 및 독성가스의 안전밸브 또는 파열판에는 가스방출관을 설치할 것. 이 경우 가스방출관의 방출구 위치는 다음 기준에 의할 것
- 가연성 가스의 저장탱크에 설치하는 것은 지면으로부터 5m의 높이 또는 저장탱크의 정상부로부터 2m의 높이 중 높은 위치로서 주위에 화기 등이 없는 안전한 위치일 것
- 독성가스의 고압가스 설비에 설치하는 것은 그 독성가스의 중화를 위한 설비 안에 있을 것
- 가연성 가스 및 독성가스 외의 고압가스 설비에 설치하는 것은 인근의 건축물 또는 시설물의 높이 이상의 높이로서 주위에 화기 등이 없는 안전한 위치일 것. 다만, 불활성 가스의 경우에는 그러하지 아니하다.

77 다음 (　) 안에 맞는 것은?

> 가연성 가스 제조시설의 고압가스설비는 그 외면으로부터 산소제조시설의 고압가스설비에 대하여 (　) 이상의 거리를 유지한다.

① 2m　② 5m
③ 8m　④ 10m

해설

㉠ 가연성 설비 – 가연성 설비 : 5m 이격
㉡ 가연성 설비 – 산소가스 설비 : 10m 이격

정답 72.② 73.② 74.③ 75.② 76.③ 77.④

78 방폭구조의 종류가 아닌 것은?

① 유입방폭구조
② 안전방폭구조
③ 내압방폭구조
④ 압력방폭구조

해설

방폭구조의 종류
내압방폭구조, 압력방폭구조, 유입방폭구조, 안전증방폭구조, 본질안전방폭구조 등

참고 1. 방폭구조 : 폭발을 방지할 수 있는 구조를 말하는 것으로 가연성 가스는 모두 방폭구조로 되어 있다. 단, 암모니아(NH_3), 브롬화메탄(CH_3Br)은 가연성 가스이지만 위험성이 작기 때문에 방폭성능구조로 하지 않아도 된다.
2. 방폭구조의 종류
- 내압방폭구조 : 전폐구조로서 용기 내부에서 폭발성 가스가 폭발했을 경우 그 압력에 견디고 또한 내부의 폭발화염이 외부의 폭발성 가스로 전해지지 않도록 한 구조(d)
- 유입방폭구조 : 전기기기의 불꽃 또는 아크가 발생하는 부분을 절연유에 격납함으로써 폭발가스에 점화되지 않도록 한 구조(o)
- 압력방폭구조 : 용기 내부에 공기 또는 질소 등의 보호기체를 압입하여 내압을 갖도록 하여 폭발성 가스가 침입하지 않도록 한 구조(p)
- 안전증방폭구조 : 운전 중에 불꽃, 아크 또는 과열이 발생하면 아니되는 부분에 이들이 발생하지 않도록 구조상 또는 온도상승에 대하여 특히 안전성을 높인 구조(e)
- 본질안전방폭구조 : 운전 중이나 사고 시(단락, 지락, 단성 등)에 발생하는 불꽃, 아크 또는 열에 의하여 폭발성 가스에 점화될 우려가 없음이 점화시험 등으로 확인된 구조

79 가연성 가스의 제조설비 중 전기설비는 방폭성능을 가지는 구조로 하여야 되는데 해당되지 않는 가스는?

① 산화에틸렌
② 아크릴알데히드
③ 염화메탄
④ 브롬화메탄

80 염소가스의 중화제가 아닌 것은?

① 소석회
② 가성소다 수용액
③ 탄산소다 수용액
④ 물

해설

염소를 물로 중화 시 염산이 생성된다.

81 독성가스의 제독작업에 필요한 보호구의 장착훈련 주기는?

① 6개월마다 1회 이상
② 3개월마다 1회 이상
③ 2개월마다 1회 이상
④ 1개월마다 1회 이상

해설

보호구의 장착훈련 : 작업원에게는 3개월마다 1회 이상 사용훈련 실시한다.

(1) 중화설비 · 이송설비
㉠ 독성가스의 가스설비실 및 저장설비실에는 그 가스가 누출된 경우에는 이를 중화설비로 이송시켜 흡수 또는 중화할 수 있는 설비를 설치할 것
㉡ 독성가스를 제조하는 시설을 실내에 설치하는 경우에는 흡입장치와 연동시켜 중화설비에 이송시키는 설비를 갖출 것

(2) 독성가스의 제독조치
독성가스가 누설된 때에 확산을 방지하는 조치를 해야 할 독성가스의 종류 : SO_2, NH_3, Cl_3, CH_3Cl, C_2H_4O, HCN, $COCl_2$, H_2S

(3) 제독작업에 필요한 보호구의 종류와 수량
㉠ 공기호흡기 또는 송기식 마스크(전면형)
㉡ 격리식 방독마스크(농도에 따라 전면고농도형, 중농도형, 저농도형)
㉢ 보호장갑 및 보호장화(고무 또는 비닐제품)
㉣ 보호복(고무 또는 비닐제품)

82 액화가스가 통하는 가스공급시설에서 발생하는 정전기를 제거하기 위한 접지접속선의 단면적은 얼마인가?

① $5.5mm^2$　② $5mm^2$
③ $7.5mm^2$　④ $6.5mm^2$

정답 78.② 79.④ 80.④ 81.② 82.①

해설

가연성 가스 제조설비에는 그 설비에서 생기는 정전기를 제거하는 조치를 해야 하는데, 이를 위한 정전기 제거 접지접속선 단면적은 $5.5mm^2$ 이상으로 한다.

참고 정전기 제거기준

- 접지저항치의 총합 100Ω 이하
- 피뢰설비를 설치한 것은 총합 10Ω 이하
- 접지접속은 단면적 $5.5mm^2$ 이상의 것

83 안전관리자가 상주하는 사무소와 현장사무소와의 사이 또는 현장사무소 상호간에 신속히 통보할 수 있도록 통신시설을 갖추어야 하는 설비가 아닌 것은?

① 페이징 설비
② 인터폰
③ 메가폰
④ 구내 방송설비

해설

안전관리자가 상주하는 사무소와 현장사무소 사이 또는 현장사무소 상호간 통보설비 : 구내전화, 구내방송설비, 인터폰, 페이징 설비

참고 통신시설

사업소 안에는 긴급 사태가 발생한 경우에 이를 신속히 전파할 수 있도록 사업소의 규모 · 구조에 적합한 통신시설을 갖추어야 한다. 통신시설은 다음과 같다.

통보범위	통보설비
• 안전관리자가 상주하는 사무소와 현장사무소 사이 • 현장사무소 상호간	구내 전화, 구내 방송설비, 인터폰, 페이징 설비
사업소 내 전체	구내 방송설비, 사이렌, 휴대용 확성기, 페이징 설비, 메가폰
종업원 상호간	페이징 설비, 휴대용 확성기, 트란시바, 메가폰

※ 비고

1. 메가폰은 당해 사업소 내 면적이 $1,500m^2$ 이하의 경우에 한한다.
2. 사업소 규모에 적합하도록 1가지 이상 구비한다.
3. 트란시바는 계기 등에 영향이 없는 경우에 한한다.

84 사업소 내에서 긴급 사태 발생 시 필요한 연락을 신속히 할 수 있도록 구비하여야 할 통신시설 중 메가폰은 당해 사업소 내 면적이 몇 m^2 이하인 경우에 한하는가?

① $2,000m^2$ 이하
② $1,500m^2$ 이하
③ $1,000m^2$ 이하
④ $4,000m^2$ 이하

85 상용압력이 10MPa인 설비의 안전밸브 작동압력은?

① 22.5MPa　② 20MPa
③ 18MPa　④ 12MPa

$$10 \times 1.5 \times \frac{8}{10} = 12\text{MPa}$$

86 공기액화분리기의 액화공기탱크와 액화산소증발기와의 사이에는 석유류, 유지류, 그 밖의 탄화수소를 여과 · 분리하기 위한 여과기를 설치해야 한다. 여과기 설치와 관계없는 것은?

① 공기압축량이 $1500m^3/hr$ 초과
② 공기압축량이 $2500m^3/hr$ 이하
③ 공기압축량이 $1000m^3/hr$ 초과
④ 공기압축량이 $1000m^3/hr$ 이하

해설

여과기

공기액화분리기(1시간의 공기압축량이 $1000m^3/hr$ 이하의 것을 제외)의 액화공기탱크와 액화산소증발기와의 사이에는 석유류 · 유지류, 그 밖의 탄화수소를 여과 · 분리하기 위한 여과기를 설치할 것

87 가연성 또는 독성 가스 배관설치 기준이 틀린 것은?

① 건축물의 기초 밑에 설치
② 건축물 내의 배관을 노출하여 설치
③ 건축물 내의 배관은 단독 피트 내에 설치
④ 통풍이 잘 되는 곳에 설치

정답 83.③ 84.② 85.④ 86.④ 87.①

해설

배관설치 기준
㉠ 배관은 건축물의 내부 또는 기초의 밑에 설치하지 말 것
㉡ 고압가스 일반 제조 중 배관의 설치방법 등
㉢ 배관은 건축물의 내부 또는 밑에 설치하지 말 것(다만, 그 건축물에 가스를 공급하기 위한 배관은 건축물의 내부에 설치할 수 있다.)

88 독성가스 식별표지의 바탕색은 무슨 색인가?

① 백색 ② 적색
③ 노란색 ④ 흑색

해설

독성가스의 표지 기준

항 목	식별표지	위험표지
바탕색	백색	백색
글자색	흑색	흑색
적색으로 표시하는 것	가스 명칭	주의
글자크기(가로×세로)	10cm×10cm	5cm×5cm
식별거리	30m	10m

89 독성가스의 가스설비에 관한 배관 중 이중관으로 하여야 하는 가스는?

① 포스겐, 염소, 석탄가스
② 산화에틸렌, 시안화수소, 아세틸렌
③ 황화수소, 아황산가스, 에틸벤젠
④ 염소, 암모니아, 염화메탄, 포스겐

해설

이중관으로 하는 독성가스 : SO_2, NH_3, Cl_2, CH_3Cl, C_2H_4O, HCN, $COCl_2$

90 독성가스 배관 중 2중관의 규격으로 맞는 것은?

① 외층관 외경은 내층관 외경의 1.2배 이상
② 외층관 외경은 내층관 내경의 1.2배 이상
③ 외층관 내경은 내층관 외경의 1.2배 이상
④ 외층관 내경은 내층관 내경의 1.2배 이상

이중관 규격 : 외관 내경=내관 외경×1.2배

91 압축 또는 액화 그 밖의 방법으로 처리할 수 있는 가스의 용적이 1일 $100m^3$ 이상인 사업소는 표준압력계가 몇 개 이상 있어야 하는가?

① 1개
② 2개
③ 3개
④ 4개

해설

표준압력계
압축·액화 그 밖의 방법으로 처리할 수 있는 가스의 용적이 1일 $100m^3$ 이상인 사업소에는 표준이 되는 압력계를 2개 이상 비치할 것

92 일반 고압가스 제조시설 중 배관을 지하에 매설할 경우의 설명으로 틀린 것은?

① 배관에는 온도변화에 의한 길이 변화에 대비한 신축이음을 설치한다.
② 이상을 발견한 경우 연락을 부탁하는 표지판을 설치한다.
③ 배관 매설위치를 표시한다.
④ 지면으로부터 60cm 이하에 매설한다.

해설

④ 지면으로부터 1m 이상에 매설하다.

93 배관을 온도의 변화에 의한 길이의 변화에 대비하여 설치하는 장치는?

① 신축흡수장치
② 자동제어장치
③ 역류방지장치
④ 온도보정장치

해설

신축흡수장치 = 완충장치

94 고압가스 일반제조시설에서 액화가스 배관에 설치해야 하는 장치는?

① 온도계, 압력계 ② 수취기
③ 스톱밸브 ④ 압력계

해설

압축가스 배관에는 압력계를 설치해야 한다.

정답 88.① 89.④ 90.③ 91.② 92.④ 93.① 94.①

95 산소 또는 천연메탄을 수송하기 위한 배관과 이에 접속하는 압축기와의 사이에 설치하여 수분을 제거하는 설비는?

① 수취기 ② CO_2 건조기
③ 건조기 ④ 유분리기

96 다음 가스 중 압축이 가능한 것은?

① C_2H_2 99%, O_2 1%
② C_3H_8 95%, O_2 5%
③ C_4H_{10} 94%, O_2 6%
④ C_2H_4 98%, O_2 2%

압축 금지 가스

가스 종류	농 도
가연성 중 산소(C_2H_2, H_2, C_2H_4 제외)	4% 이상
산소 중 가연성(C_2H_2, H_2, C_2H_4 제외)	4% 이상
C_2H_2, H_2, C_2H_4 중 산소	2% 이상
산소 중 C_2H_2, H_2, C_2H_4	2% 이상

참고 고압가스 일반제조 중 압축 금지 가스
고압가스를 제조하는 경우 다음의 가스는 압축하지 아니한다.
㉠ 가연성 가스(아세틸렌, 에틸렌 및 수소를 제외한다) 중 산소 용량이 전용량의 4% 이상의 것
㉡ 산소 중의 가연성 가스의 용량이 전용량의 4% 이상의 것
㉢ 아세틸렌, 에틸렌 또는 수소 중의 산소 용량이 전용량의 2% 이상의 것
㉣ 산소 중의 아세틸렌, 에틸렌 및 수소의 용량 합계가 전용량의 2% 이상의 것

97 공기액화분리기(공기압축량이 1000m³/hr 이하 제외) 내에 설치된 액화산소통 내의 액화산소 분석주기는?

① 1년에 1회 이상 ② 1월 1회 이상
③ 1주일 1회 이상 ④ 1일 1회 이상

98 용기에 표시된 각인 기호 중 서로 연결이 틀린 것은?

① F_P : 충전질량 ② T_P : 내압시험압력
③ V : 내용적 ④ W : 질량

해설

용기의 각인 내용 및 표시방법
㉠ 용기 제조업자의 명칭 또는 약호
㉡ 충전하는 가스의 명칭
㉢ 용기의 번호
㉣ 내용적(기호 : V, 단위 : L)
㉤ 초저온용기 외의 용기는 밸브 및 부속품(분리할 수 있는 것에 한한다)을 포함하지 아니한 용기의 질량(기호 : W, 단위 : kg)
㉥ 아세틸렌가스 충전용기는 ㉤의 질량에 용기의 다공물질, 용제 및 밸브의 질량을 포함한 질량(기호 : Tw, 단위 : kg)
㉦ 내압시험에 합격한 연월
㉧ 압축가스를 충전하는 용기는 최고 충전압력(기호 : F_P, 단위 : MPa)
㉨ 내용적이 500L를 초과하는 용기에는 동판의 두께(기호 : t, 단위 : mm)
㉩ 내압시험압력(기호 : T_P, 단위 : MPa)

99 다음 ( ) 안에 들어갈 올바른 것은?

> 고압가스 일반 제조시설의 충전용 주관 압력계는 매월 (㉮)회 이상, 기타의 압력계는 (㉯)월에 1회 이상 표준압력계로 그 기능을 검사하여야 한다.

① ㉮ 1, ㉯ 1 ② ㉮ 1, ㉯ 3
③ ㉮ 2, ㉯ 6 ④ ㉮ 1, ㉯ 2

해설

충전용 주관의 압력계는 매월 1회, 기타의 압력계는 3월에 1회 그 기능을 검사할 것

참고 고압가스 일반제조 중 제조설비의 점검 등
㉠ 고압가스 제조설비의 사용개시 전 및 사용종료 후에는 반드시 그 제조설비에 속하는 제조시설의 이상 유무를 점검하는 외에 1일 1회 이상 제조설비의 작동상황에 대하여 점검 · 확인을 하고 이상이 있을 때에는 그 설비의 보수 등 필요한 조치를 할 것
㉡ 가스설비의 수리 또는 청소는 산업통상자원부장관이 정하여 고시하는 방법에 따라 실시할 것
㉢ 충전용 주관의 압력계는 매월 1회 이상, 그 밖의 압력계는 3월에 1회 이상 표준이 되는 압력계로 그 기능을 검사할 것
㉣ 안전밸브(액화산소 저장탱크는 안전장치) 중 압축기의 최종단에 설치한 것은 1년에 1회 이상, 그 밖의 안전밸브는 2년에 1회 이상 조정을 하여 설계압력 이상 내압시험압력의 10분의 8(액화산소 탱크의 경우에는 상용압력의 1.5배) 이하의 압력에서 작동이 되도록 할 것

정답 95.① 96.① 97.④ 98.① 99.②

100 고압가스 안전밸브 중 압축기의 최종단과 기타 안전밸브의 점검주기는?

① 압축기 최종단은 3년에 1회 이상, 기타 안전밸브는 1년에 1회 이상
② 압축기 최종단은 2년에 1회 이상, 기타 안전밸브는 6월에 1회 이상
③ 압축기 최종단은 1년에 1회 이상, 기타 안전밸브는 2년에 1회 이상
④ 압축기 최종단은 6월에 1회 이상, 기타 안전밸브는 1년에 1회 이상

해설

압축기 최종단 안전밸브는 1년에 1회, 기타 안전밸브는 2년에 1회 점검한다.

101 다음 중 틀린 것은?

① 석유류, 유지류 등은 산소압축기의 윤활제가 될 수 없다.
② 시안화수소 충전 시 순도는 98%이다.
③ 습식 아세틸렌가스 발생기의 표면온도는 70℃이다.
④ 습식 아세틸렌가스 발생기의 최적온도는 40~50℃이다.

해설

습식 C_2H_2 발생기의 표면 온도 : 70℃ 이하(최적온도 50~60℃)

참고 고압가스 일반제조 중 아세틸렌의 충전
- 아세틸렌을 2.5MPa의 압력으로 압축하는 때에는 질소·메탄·일산화탄소 또는 에틸렌 등의 희석제를 첨가할 것
- 습식 아세틸렌 발생기의 표면은 70℃ 이하의 온도로 유지하여야 하며, 그 부근에서는 불꽃이 튀는 작업을 하지 아니할 것
- 아세틸렌을 용기에 충전하는 때에는 미리 용기에 다공물질을 고루 채워 다공도가 75% 이상 92% 미만이 되도록 한 후 아세톤 또는 디메틸포름아미드를 고루 침윤시키고 충전할 것
- 아세틸렌을 용기에 충전하는 때 충전 중의 압력은 2.5MPa 이하로 하고, 충전 후에는 압력이 15℃에서 1.5MPa 이하로 될 때까지 정치하여 둘 것
- 상하의 통으로 구성된 아세틸렌 발생장치로 아세틸렌을 제조하는 때에는 사용 후 그 통을 분리하거나 잔류가스가 없도록 조치할 것

102 다음 중 산화에틸렌가스의 안정제는?

① N_2, CO_2 ② H_2, C_3H_8
③ CH_4, CO ④ 황산, 아황산

해설

㉠ C_2H_4O을 충전 시 45℃에서 0.4MPa 이상되도록 N_2, CO_2를 충전하고 산화에틸렌을 충전
㉡ C_2H_4O의 안정제 : N_2, CO_2, 수증기

참고 고압가스 일반제조 중 산화에틸렌의 충전
- 산화에틸렌의 저장탱크는 그 내부의 질소가스, 탄산가스 및 산화에틸렌가스의 분위기 가스를 질소가스 또는 탄산가스로 치환하고 5℃ 이하로 유지할 것
- 산화에틸렌을 저장탱크 또는 용기에 충전하는 때에는 미리 그 내부 가스를 질소가스 또는 탄산가스로 바꾼 후에 산 또는 알칼리를 함유하지 아니하는 상태로 충전할 것
- 산화에틸렌의 저장탱크 및 충전용기에는 45℃에서 그 내부 가스의 압력이 0.4MPa 이상이 되도록 질소가스 또는 탄산가스를 충전할 것

103 액화가스를 이음매 없는 용기에 충전 시 음향검사 실시하고 불량 시 내부 조명검사를 실시하는데 내부 조명검사를 실시하지 않아도 되는 가스는?

① 액화석유가스 ② 액화염소
③ 액화탄산가스 ④ 액화암모니아

해설

음향 불량 시 내부 조명검사를 하는 가스 : 액화염소, 액화탄산가스, 액화암모니아

참고 고압가스 일반제조 중 음향검사 및 조명검사
압축가스(아세틸렌을 제외) 및 액화가스(액화암모니아, 액화탄산가스 및 액화염소에 한함)를 이음매 없는 용기에 충전하는 때에는 그 용기에 대하여 음향검사를 실시하고 음향이 불량한 용기는 내부 조명검사를 하여야 하며, 내부에 부식, 이물질 등이 있을 때에는 그 용기를 사용하지 아니한다.

104 고압가스 일반제조에서 차량정지목을 설치하는 탱크의 크기는?

① 4000L 이상 ② 3000L 이상
③ 2000L 이상 ④ 1000L 이상

해설

㉠ 고압가스 일반제조 중 차량에 고정된 탱크의 차량정지목 설치기준 : 2000L 이상
㉡ 액화석유가스 사업법의 차량에 고정된 탱크의 차량정지목 설치기준 : 5000L 이상

참고 고압가스 일반제조 중 차량에 고정된 탱크
차량에 고정된 탱크(내용적이 2000L 이상의 것에 한한다)에 고압가스를 충전하거나 그로부터 가스를 이입받을 때에는 차량정지목 등을 설치하는 등 그 차량이 고정되도록 할 것

정답 100.③ 101.④ 102.① 103.① 104.③

105 고압가스 용기보관장소에 충전용기를 보관할 때의 기준으로 맞지 않는 것은?

① 가연성 가스의 용기보관장소에는 휴대용 손전등 외의 등화를 휴대하고 들어가지 아니할 것
② 충전용기는 항상 40℃ 이하의 온도를 유지하고, 직사광선을 받지 않도록 조치할 것
③ 용기보관장소의 주위 5m 이내에는 화기 또는 인화성 물질이나 발화성 물질을 두지 아니할 것
④ 충전용기와 잔가스용기는 각각 구분하여 용기보관장소에 놓을 것

해설

용기보관장소 이내거리 : 2m, 우회거리 : 8m

참고 고압가스 일반제조 중 용기의 보관
용기보관장소에 용기를 보관하는 때에는 다음의 기준에 적합해야 한다.
- 충전용기와 잔가스용기는 각각 구분하여 용기보관장소에 놓을 것
- 가연성 가스, 독성 가스 및 산소의 용기는 각각 구분하여 용기보관장소에 놓을 것
- 용기보관장소에는 계량기 등 작업에 필요한 물건 외에는 두지 아니할 것
- 용기보관장소의 주위 2m 이내에는 화기 또는 인화성 물질이나 발화성 물질을 두지 아니할 것
- 충전용기는 항상 40℃ 이하의 온도를 유지하고, 직사광선을 받지 않도록 조치할 것
- 충전용기(내용적이 5L 이하의 것 제외한다)에는 넘어짐 등에 의한 충격 및 밸브의 손상을 방지하는 등의 조치를 하고 난폭한 취급을 하지 아니할 것
- 가연성 가스 용기보관장소에는 방폭형 휴대용 손전등 외의 등화를 휴대하고 들어가지 아니할 것

106 다음 중 에어졸 제조기준이 아닌 것은 어느 것인가?

① 금속제 용기 두께는 0.125mm일 것
② 35℃에서 내압시험압력이 0.8MPa 이하일 것
③ 설비 주위 3m 이내에는 인화성 물질을 두지 말 것
④ 에어졸 충전 시 용량은 90% 이하일 것

해설

㉠ 저장탱크 : 고정 설치된 것
㉡ 용기 : 이동 가능한 것
㉢ 저장설비 : 저장탱크 및 용기집합시설
㉣ 충전용기 : 가스가 $\frac{1}{2}$ 이상 충전되어 있는 것
㉤ 잔가스용기 : 가스가 $\frac{1}{2}$ 미만인 것
㉥ 초저온용기 : −50℃ 이하 액화가스를 충전하기 위한 용기
㉦ 처리능력 : 1일에 0℃, 0Pa 이상을 처리할 수 있는 양
㉧ 처리설비 : 고압가스의 제조에 필요한 펌프, 압축기, 기화장치
㉨ 불연재료 : 콘크리트, 벽돌, 기와 등에 불에 타지 않는 것

107 인체용 에어졸 제품의 용기에 기재할 사항 중 맞지 않는 것은?

① 사용 후 불속에 버리지 말 것
② 가능한 인체에 20cm 떨어져 사용할 것
③ 온도 45℃ 이상의 장소에 사용하지 말 것
④ 특정 부위에 장시간 사용하지 말 것

해설

③ 40℃ 이상의 장소에 사용하지 말 것

108 에어졸 제조시설의 온수시험탱크에서 가스누출 시험 온도는 몇 ℃인가?

① 16~20℃
② 26~30℃
③ 36~40℃
④ 46~50℃

109 다음 중 품질검사 대상 가스로 이루어진 항목은?

① 염소, 질소, 수소
② 산소, 수소, 아세틸렌
③ 수소, 공기, 오존
④ 산소, 수소, 염소

정답 105.③ 106.③ 107.③ 108.④ 109.②

해설

고압가스 일반제조 중 산소 · 아세틸렌 및 수소의 품질검사
산소 · 아세틸렌 및 수소를 제조하는 자는 다음의 기준에 따라 품질검사를 실시한다. 다만, 액체 산소를 기화시켜 용기에 충전하는 경우와 자체 사용을 목적으로 제조하는 경우를 제외한다.

㉠ 품질검사방법
- 검사는 1일 1회 이상 가스제조장에서 실시할 것
- 검사는 안전관리책임자가 실시하여야 하며, 검사결과를 안전관리부 총괄자와 안전관리 책임자가 함께 확인하고 서명 · 날인할 것

㉡ 품질검사기준
- 산소는 동 · 암모니아 시약을 사용한 오르자트법에 의한 시험결과 순도가 99.5% 이상이고, 용기 내의 가스충전압력이 35℃에서 11.8MPa 이상일 것
- C_2H_2은 발연황산시약을 사용한 오르자트법 또는 브롬시약을 사용한 뷰렛법에 의한 시험에서 순도가 98% 이상이고, 질산은시약을 사용한 정성시험에서 합격한 것
- 수소는 피로카롤 또는 하이드로설파이드시약을 사용한 오르자트법에 의한 시험에서 순도가 98.5% 이상이고, 용기 내의 가스충전압이 35℃에서 11.8MPa 이상일 것

㉢ 품질검사 대상 가스

구 분	순 도	시 약	검사방법	충전상태
O_2	99.5%	동 · 암모니아	오르자트법	35℃, 11.8MPa
H_2	98.5%	피로카롤 하이드로설파이드	오르자트법	35℃, 11.8MPa
C_2H_2	98%	발연황산	오르자트법	질산은시약을 사용한 정성시험에 합격한 것일 것
		브롬시약	뷰렛법	

110 품질검사 대상가스의 순도 및 시약으로 잘못 연결된 것은?

① 산소 – 99.5% – 동 · 암모니아
② 수소 – 98.5% – 피로카롤
③ 질소 – 98% – 질산은
④ 아세틸렌 – 98% – 정성시험

111 다음 설명 중 틀린 것은?

① 냉동제조설비 중 압축기 최종단의 안전밸브는 6월 1회 기능을 검사할 것
② 냉동제조설비 중 특정 설비는 검사에 합격한 것일 것
③ 냉동제조설비 중 냉매설비에는 자동제어장치를 설치할 것
④ 제조설비는 진동, 충격, 부식 등으로 냉매가스가 누출되지 아니할 것

해설

압축기 최종단에 설치한 안전장치는 1년에 1회, 그 밖의 안전장치는 2년에 1회, 내압시험압력이 8/10 이하의 압력에서 작동해야 한다.

112 다음 중 냉매설비의 내압시험압력은 어느 것인가?

① 설계압력×1.5
② 상용압력×1.5
③ 최고사용압력×1.5
④ 최고사용압력 이상

해설

냉동제조의 기밀시험 및 내압시험
냉매설비는 설계압력 이상으로 행하는 기밀시험(기밀시험을 실시하기 곤란한 경우에는 누출검사)에 냉매설비 중 배관 외의 부분은 설계압력의 1.5배 이상의 압력으로 행하는 내압시험에 합격할 것. 다만, 부득이한 사유로 물을 채우는 것이 부적당한 경우에는 설계압력의 1.25배 이상의 압력에 의하여 내압시험을 실시할 수 있으며, 이 경우에는 기밀시험을 따로 실시하지 아니할 수 있다.

113 다음은 고압가스 저장에 관한 기술 및 시설기준이다. 틀린 것은?

① 저장탱크에 가스충전 시 용량의 85%를 넘지 않을 것
② 저장실 주위 2m 이내는 화기 인화성 물질을 두지 말 것
③ 가연성, 조연성, 독성 용기는 구분하여 보관할 것
④ 공기보다 무거운 독 · 가연성 저장실에는 가스누출검지경보장치를 설치할 것

해설

저장탱크에 가스를 충전 시 용량의 90%를 넘지 않을 것(단, 소형 저장탱크는 85%를 넘지 않을 것)

정답 110.③ 111.① 112.① 113.①

114 차량에 고정된 탱크의 운반 시 차량의 앞뒤에 표시하는 "위험고압가스"라는 경계표지의 크기는?

① 가로 – 차체 폭의 20% 이상, 세로 – 가로 치수의 30% 이상
② 가로 – 차체 폭의 30% 이상, 세로 – 가로 치수의 20% 이상
③ 가로 – 차체 길이의 30% 이상, 세로 – 차체 폭의 20% 이상
④ 가로 – 차체 길이의 30% 이상, 세로 – 가로 치수의 20% 이상

해설

고압가스 운반 등의 기준

㉠ 독성가스 외의 고압가스 용기에 의한 운반기준
경계표지 : 충전용기(납붙임 또는 접합용기에 충전하여 포장한 것을 포함한다. 이하 같다)를 차량에 적재하여 운반하는 때에는 그 차량의 앞뒤 보기 쉬운 곳에 각각 붉은 글씨로 '위험고압가스'라는 경계표지와 전화번호를 표시할 것

㉡ 차량의 경계표지(고압가스 운반차량)
- 차량의 전후에서 명료하게 볼 수 있도록 '고압가스'라 표시하고 '적색 삼각기'를 운전석 외부의 보기 쉬운 곳에 계양. 다만, RTC의 경우는 좌우에서 볼 수 있도록 할 것
- 경계표지의 크기(KS M 5334 적색 발광도료 사용)
  - 가로 치수 : 차체 폭의 30% 이상
  - 세로 치수 : 가로 치수의 20% 이상의 직사각형으로 표시
  - 정사각형의 경우 : 면적을 600cm^2 이상의 크기로 표시

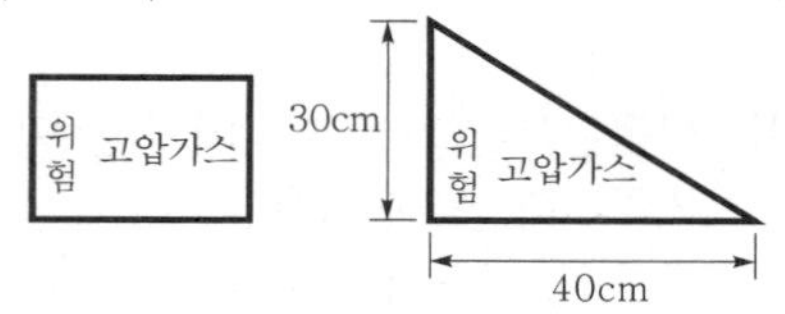

115 차량에 고정된 탱크로서 고압가스를 운반할 때 그 내용의 한계로서 옳지 않은 것은?

① 수소 : 18000L
② 산소 : 18000L
③ 액화 암모니아 : 12000L
④ 액화 염소 : 12000L

해설

차량에 고정된 탱크에 의한 운반기준

㉠ 경계표지 : 차량의 앞뒤 보기 쉬운 곳에 각각 붉은 글씨로 '위험고압가스'라는 경계표지를 할 것

㉡ 탱크의 내용적 : 가연성 가스(액화석유가스를 제외한다) 및 산소탱크의 내용적은 18000L, 독성가스(액화암모니아를 제외한다)의 탱크의 내용적은 12000L를 초과하지 아니할 것. 다만, 철도차량 또는 견인되어 운반되는 차량에 고정하여 운반하는 탱크를 제외한다.

㉢ 온도계 : 충전탱크는 그 온도(가스온도를 계측할 수 있는 용기에 있어서는 가스의 온도)를 항상 40℃ 이하로 유지할 것. 이 경우 액화가스가 충전된 탱크에는 온도계 또는 온도를 적절히 측정할 수 있는 장치를 설치할 것

㉣ 액면요동 방지조치
- 액화가스를 충전하는 탱크는 그 내부에 액면요동을 방지하기 위한 방파판 등을 설치할 것
- 탱크(그 탱크의 정상부에 설치한 부속품을 포함한다)의 정상부의 높이가 차량정상부의 높이보다 높을 경우에는 높이를 측정하는 기구를 설치할 것

116 다음 중 비열처리 재료가 아닌 것은?

① 내식 알루미늄 합금판
② 내식 알루미늄 합금 단조품
③ 오스테나이트계 스테인리강
④ 내식 합금판

비열처리 재료
오스테나이트계 스테인리스강, 내식 알루미늄 합금판, 내식 알루미늄 합금 단조품 등과 같이 열처리가 필요없는 것

참고 고압가스 일반제조의 용기제조의 기술기준

㉠ 용기의 재료는 스테인리스강, 알루미늄합금, 탄소·인 및 황의 함유량이 각각 0.33%(이음매 없는 용기의 경우에는 0.55%) 이하, 0.04% 이하 및 0.05% 이하인 강 또는 이와 동등 이상의 기계적 성질 및 가공성 등을 갖는 것으로 할 것. 다만, 내용적이 125L 미만인 액화석유가스 용기를 강재로 제조하는 경우에는 KS D 3533(고압가스용기용 강판 및 강대)의 재료 또는 이와 동등 이상의 기계적 성질 및 가공성 등을 갖는 것을 사용할 것

㉡ 용접용기 동판의 최대 두께와 최소 두께와의 차이는 평균 두께의 10% 이하로 할 것

㉢ 열처리재료로 제조하는 용기는 열가공을 한 후 그 재료 및 두께에 따라서 적당한 열처리를 할 것

㉣ 용기는 ㉢의 열처리(비열처리재료로 제조한 용기의 경우에는 열가공)를 한 후 세척하여 스케일, 석유류 그 밖의 이물질을 제거할 것

정답 114.② 115.③ 116.④

㉤ 초저온용기는 오스테나이트계 스테인리스강 또는 알루미늄합금으로 제조할 것
㉥ 이음매 없는 용기는 최고 충전압력 1.7, 알루미늄합금으로 제조한 용기는 1.5 또는 내력비(내력과 인장강도의 비를 말한다. 이와 같다)의 5배의 수치를 내력비에 1을 더한 수치로 나누어 얻은 수치 중 큰 것 이상을 곱한 수의 압력을 가할 때에 항복을 일으키지 아니하는 두께 이상일 것(항복=최고충전압력×1.7=상용압력×2배)

117 이음매 없는 용기는 얼마의 압력시험으로 시험했을 때 항복을 일으키지 않아야 하는가?

① 상용압력의 2배 이하
② 최고충전압력의 1.7배 이상
③ 상용압력의 1.5배 이하
④ 상용압력의 1.8배 이상

118 특정가스사용시설 외의 가스사용시설에서 배관의 재료 및 부식방지 조치기준의 설명으로 틀린 것은?

① 건축물 내의 매몰배관은 동관, 또는 스테인리스강관 등 내식성 재료를 사용
② 지하매몰 배관은 청색으로 표시할 것
③ 지상배관은 황색으로 표시할 것
④ 배관은 그 외부에 사용 가스명, 최고 사용압력 및 가스흐름 방향을 표시할 것

해설
일반도시가스사업의 특정가스사용시설 외의 가스사용시설
㉠ 배관은 외부에 사용가스명, 최고사용압력, 가스흐름 방향을 표시할 것
㉡ 가스배관의 표면 색상은 지상배관 황색, 매몰배관은 적색 또는 황색으로 할 것
㉢ 건축물 내의 배관은 동관 스테인리스강관 등 내식성 재료를 사용할 것

119 다음 냉동제조시설 기준을 설명한 것으로 아닌 것은?

① 압축기, 유분리기와 이들 사이의 배관은 화기를 취급하는 곳에 인접 설치하지 않는다.
② 독성가스를 사용하는 냉동제조설비에는 흡수장치가 되어 있으며 보호거리 유지가 필요 없다.
③ 방호벽이나 자동제어장치를 설치한 경우에는 안전거리 15m 이상이다.
④ 냉매설비는 압력계를 달아야 한다.

해설
③ 방호벽이나 자동제어장치가 있을 때 안전거리를 유지하지 않아도 된다.

120 독성가스를 냉매가스로 하는 냉매설비 중 수액기의 내용적이 얼마 이상일 때 가스 유출을 방지할 수 있는 방류둑을 설치하는가?

① 1000L ② 3000L
③ 5000L ④ 10000L

121 고압가스 공급자의 안전점검기준에서 독성가스시설을 점검하고자 할 때 갖추지 않아도 되는 점검장비는?

① 점검에 필요한 시설 및 기구
② 가스누출검지액
③ 가스누출시험지
④ 가스누설 자동차단기

해설
가스의 종류에 관계없이 누출검지액과 점검에 필요한 시설기구는 꼭 필요한 장비이며 독성가스는 누출시험지가, 가연성 가스는 누출검지기가 필요하다.

참고 고압가스 안전관리법 중 공급자의 안전점검기준의 점검장비

점검장비	산 소	불연성 가스	가연성 가스	독성 가스
가스누출검지기			○	
가스누출시험지				○
가스누출검지액	○	○	○	○
그 밖에 점검에 필요한 시설 및 기구	○	○	○	○

122 두께 8mm 미만의 판에 펀칭가공으로 구멍을 뚫은 경우에는 그 가장자리를 몇 mm 이상 깎아야 하는가?

① 2mm ② 1.5mm
③ 3mm ④ 4mm

정답 117.② 118.② 119.③ 120.④ 121.④ 122.②

해설

고압가스 일반제조의 특정 설비제조의 기술기준
재료의 절단·성형 및 다듬질은 다음의 기준에 적합하도록 할 것

㉠ 동판 또는 경판에 사용하는 판의 재료의 기계적 성질을 부당하게 손상하지 아니하도록 성형하고, 동체와의 접속부에 있어서의 경판 안지름의 공차는 동체 안지름의 1.2% 이하로 할 것
㉡ 두께 8mm 이상의 판에 구멍을 뚫을 경우에는 펀칭가공으로 하지 아니할 것
㉢ 두께 8mm 미만의 판에 펀칭가공으로 구멍을 뚫은 경우에는 그 가장자리를 1.5mm 이상 깎아낼 것
㉣ 가스로 구멍을 뚫은 경우에는 그 가장자리를 3mm 이상 깎아낼 것. 다만, 뚫은 자리를 용접하는 경우에는 그러하지 아니한다.

123 확관에 의하여 관을 부착하는 관판의 관부착부 두께는 몇 mm 이상으로 하는가?

① 50mm
② 30mm
③ 15mm
④ 10mm

고압가스 일반제조의 특정 설비제조의 기술기준
열교환기 그 밖에 이와 유사한 것의 관판에 관을 부착하는 경우에는 다음의 기준에 의할 것

㉠ 확관에 의하여 관을 부착하는 관판의 관구멍 중심 간의 거리는 관 바깥지름의 1.25배 이상으로 할 것
㉡ 확관에 의하여 관을 부착하는 관판의 관부착부 두께는 10mm 이상으로 할 것

124 용기 제조자의 수리범위에 해당되지 않는 것은?

① 냉동기 내의 단열재 교체
② 아세틸렌 용기 내의 다공질물 교체
③ 용기 몸체의 용접가공
④ 용기의 스커트, 네크링의 가공

제조자의 수리범위

수리 자격자	수리 범위
용기 제조자	• 용기 몸체의 용접 • 아세틸렌 용기 내의 다공질물 교체 • 용기의 스커트·프로텍터 및 넥크링의 교체 및 시공 • 용기 부속품의 부품 교체 • 저온 또는 초저온용기의 단열재 교체, 초저온 용기 부속품의 탈·부착
특정설비 제조자	• 특정 설비 몸체의 용접 • 특정 설비의 부속품(그 부품 포함)의 교체 및 가공 • 단열재 교체
냉동기 제조자	• 냉동기 용접 부분의 용접 • 냉동기 부속품(그 부품 포함)의 교체 및 가공 • 냉동기의 단열재 교체
고압가스 제조자	• 초저온용기 부속품의 탈부착 및 용기 부속품의 부품(안전장치 제외) 교체(용기 부속품 제조자가 그 부속품의 규격에 적합하게 제조한 부품의 교체만을 말한다) • 특정 설비의 부품 교체 • 냉동기의 부품 교체 • 단열재 교체(고압가스 특정제조자만을 말한다) • 용접가공[고압가스 특정제조자로 한정하며, 특정 설비 몸체의 용접가공은 제외. 다만, 특정 설비 몸체의 용접수리를 할 수 있는 능력을 갖추었다고 한국가스안전공사가 인정하는 제조자의 경우에는 특정설비(차량에 고정된 탱크는 제외) 몸체의 용접가공도 할 수 있다]
검사기관	특정 설비의 부품 교체 및 용접(특정 설비 몸체의 용접은 제외. 다만, 특정설비 제조자와 계약을 체결하고 해당 제조업소로 하여금 용접을 하게 하거나, 특정설비 몸체의 용접수리를 할 수 있는 용접설비기능사 또는 용접기능사 이상의 자격자를 보유하고 있는 경우에는 그러하지 아니하다) • 냉동설비의 부품 교체 및 용접 • 단열재 교체 • 용기의 프로텍터·스커트 교체 및 용접(열처리 설비를 갖춘 전문 검사기관만을 말한다.) • 초저온 용기 부속품의 탈부착 및 용기 부속품의 부품 교체 • 액화석유가스를 액체상태로 사용하기 위한 액화석유가스 용기 액출구의 나사사용 막음 조치(막음 조치에 사용하는 나사의 규격은 KS B 6212에 적합한 경우만을 말한다)
액화석유가스 충전사업자	액화석유가스 용기용 밸브의 부품 교체(핸들 교체 등 그 부품의 교체 시 가스누출의 우려가 없는 경우만을 말한다)
자동차 관리사업자	자동차의 액화석유가스 용기에 부착된 용기 부속품의 수리

정답 123.④ 124.①

125 독성가스의 제독작업에 필요한 보호구의 장착훈련은?

① 6개월마다 1회 이상
② 3개월마다 1회 이상
③ 2개월마다 1회 이상
④ 1개월마다 1회 이상

126 고압가스 충전용기의 운반기준 중 차량에 고정된 용기에 의하여 운반하는 경우를 제외한 용기의 운반기준 설명으로 옳은 것은?

① 가연성과 수소는 동일차량에 적재 운반하지 아니한다.
② 가연성 가스와 산소는 동일차량에 적재 운반하지 아니한다.
③ 아세틸렌과 암모니아는 동일차량에 적재 운반하지 아니한다.
④ 염소와 아세틸렌은 동일차량에 적재 운반하지 아니한다.

해설

혼합적재의 금지
㉠ 염소와 아세틸렌, 암모니아 또는 수소는 동일차량에 적재하여 운반하지 아니할 것
㉡ 가연성 가스와 산소를 동일차량에 적재하여 운반하는 때에는 그 충전용기의 밸브가 서로 마주보지 아니하도록 적재할 것
㉢ 충전용기와 소방법이 정하는 위험물과 동일차량에 적재하여 운반하지 아니할 것

127 다음의 두 가지 물질이 공존하는 경우 가장 위험한 것은?

① 수소와 아세틸렌
② 염소와 이산화탄소
③ 염소와 아세틸렌
④ 수소와 질소

해설

조연성과 가연성이 공존 시 폭발의 위험이 있다.

128 고압가스의 운반기준으로 적합하지 않은 것은?

① 고압가스 운반차량은 제1종 및 제2종 보호시설에서만 주차할 수 있다.
② 독성가스 운반차량은 방독면, 고무장갑 등을 휴대한다.
③ 프로판 3000kg 이상은 운반책임자를 동승시킨다.
④ 산소를 운반하는 차량은 소화설비를 갖춘다.

해설

(1) 주차의 제한
충전용기를 차량에 적재하여 운반하는 도중에 주차하고자 하는 때에는 충전용기를 차에 싣거나 차에서 내릴 때를 제외하고는 보호시설 부근을 피하고, 주위의 교통상황, 지형조건, 화기 등을 고려하여 안전한 장소를 택하여 주차하여야 하며, 주차 시에는 엔진을 정지시킨 후 주차제동장치를 걸어놓고 차바퀴를 고정목으로 고정시킬 것

(2) 운반책임자
다음 표에 정하는 기준 이상의 고압가스를 차량에 적재하여 운반하는 때에는 운반자 외에 공사에서 실시하는 운반에 관한 소정의 교육을 이수한 자, 안전관리책임자 또는 안전관리원 자격을 가진 자를 동승시켜 운반에 대한 감독 또는 지원을 하도록 할 것. 다만, 운전자가 운반책임자의 자격을 가진 경우에는 운반책임자의 자격이 없는 자를 동승시킬 수 있다.

가스의 종류		기 준
압축가스	독성	100m^3 이상(LC$_{50}$ 허용농도 200ppm 이하 시는 10m^3)
	가연성	300m^3 이상
	조연성	600m^3 이상
액화가스	독성	1000kg 이상(LC$_{50}$ 허용농도 200ppm 이하 시는 100kg)
	가연성	3000kg(납붙임, 접합용기 2000kg 이상)
	조연성	6000kg 이상

129 특정설비의 종류에 해당하지 않는 것은?

① 기화장치
② 조정기
③ 긴급차단장치
④ 안전밸브

해설

특정설비 : 안전밸브, 긴급차단장치, 기화기, 자동차용 가스 자동주입기, 역화방지장치, 압력용기, 독성가스 배관용 밸브, 특정 고압가스용 실린더 캐비닛, LPG 용기 잔류가스 회수장치, 자동차용 압축천연가스 완속충전설비

정답 125.② 126.④ 127.③ 128.① 129.②

130 용기 종류별 부속품의 기호표시가 맞지 않는 것은?

① AG : 아세틸렌가스를 충전하는 용기의 부속품
② PG : 압축가스를 충전하는 용기의 부속품
③ LG : 액화석유가스를 충전하는 용기의 부속품
④ LT : 초저온용기 및 저온용기의 부속품

해설

㉠ LPG : 액화석유가스를 충전하는 용기의 부속품
㉡ LG : 액화석유가스 외의 액화가스를 충전하는 용기의 부속품

131 고압가스 충전용기의 운반기준 중 맞지 않는 것은?

① 독성가스 충전용 운반 시에는 목재 칸막이 또는 패킹을 할 것
② 차량 통행이 가능한 지역에서는 오토바이로 적재하여 운반할 것
③ 운반 중의 충전용기는 항상 40℃ 이하를 유지할 것
④ 충전용기를 운반하는 때에는 충격을 방지하기 위해 단단하게 묶을 것

해설

차량 통행이 곤란한 지역에서 자전거, 오토바이 등에 20kg 용기 2개 이하를 운반할 수 있다(단, 용기운반 전용 적재함이 장착된 경우).

참고 위험한 운반의 금지
충전용기는 자전거, 오토바이에 적재하여 운반하지 아니할 것. 다만, 차량이 통행하기 곤란한 지역이나 그 밖에 시·도지사가 지정하는 경우에는 다음의 기준에 적합한 경우에 한하여 액화석유가스 충전용기를 오토바이에 적재하여 운반할 수 있다.
㉠ 넘어질 경우 용기에 손상이 가지 아니하도록 제작된 용기운반 전용 적재함이 장착된 것인 경우
㉡ 적재하는 충전용기는 충전량이 20kg 이하이고, 적재 수가 2개 이하인 경우

132 충전된 용기를 운반할 때에 용기 사이에 목재 칸막이 또는 고무패킹을 사용하여야 할 가스는?

① 액화석유가스 ② 독성가스
③ 불연성 가스 ④ 가연성 가스

133 가연성 가스 이동 시 휴대하는 공작용 공구가 아닌 것은?

① 제독제 ② 가위
③ 렌치 ④ 해머

해설

가연성 가스 또는 산소를 운반하는 차량에는 소화설비 및 재해발생 방지를 위한 응급조치에 필요한 '자재 및 공구' 등을 휴대해야 한다. 제독제는 독성가스에 필요한 것이다.

134 가연성 가스 저장실에는 소화기를 설치하게 되어 있는데 이때 사용되는 소화제는?

① 중탄산소화제 ② 포말소화제
③ 건조사 ④ 물

해설

가연성 가스, 산소가스 운반차량에 구비하여야 하는 소화제는 분말 중 탄산소화제를 사용한다.

135 독성가스 운반 시 응급조치에 필요한 것이 아닌 것은?

① 제독제 ② 고무장갑
③ 소화기 ④ 방독면

해설

독성가스 운반 시 그 독성가스의 종류에 따라 방독면, 고무장갑, 고무장화 그 밖의 보호구와 재해발생 방지를 위한 응급조치에 필요한 제독제, 자재 및 공구 등을 휴대할 것. 소화기는 가연성 산소 운반 시 필요한 것이다.

136 독성가스를 운반할 때 휴대하는 자재 중 로프는 길이 몇 m 이상의 것이어야 하는가?

① 20m ② 15m
③ 8m ④ 7m

137 충전용기 등을 적재하여 운반책임자를 동승하는 차량의 운행거리가 6km일 때 현저하게 우회하는 도로의 경우 이동거리는?

① 12km 이상 ② 9km 이상
③ 6km 이상 ④ 3km 이상

정답 130.③ 131.② 132.② 133.① 134.① 135.③ 136.② 137.①

해설

현저하게 우회하는 도로는 이동거리의 2배이다.

∴ $6 \times 2 = 12$km

참고 운반책임자를 동승하는 차량의 운행 시 준수사항

- 현저하게 우회하는 도로인 경우 부득이한 경우를 제외하고 번화가 또는 사람이 붐비는 장소는 피할 것 현저하게 우회하는 도로는 이동거리가 2배 이상이 되는 경우, 번화가란 도시의 중심부 또는 번화한 상점을 말하며 차량의 너비에 3.5m를 더한 너비 이하인 통로의 주위)
- 200km 거리 초과 시 충분한 휴식
- 운반계획서에 기재된 도로를 따라 운행할 것

138 충전용기 등을 적재하여 운반책임자를 동승하는 차량의 운행에 있어 몇 km 거리 초과 시마다 충분한 휴식을 취하는가?

① 400km ② 500km
③ 200km ④ 100km

139 차량에 고정된 탱크가 있다. 차체 폭이 A, 차체 길이가 B라고 할 때 이 탱크의 운반 시 표시해야 하는 경계표시의 크기는?

① 가로 : A×0.3 이상,
세로 : B×0.3×0.2 이상
② 가로 : A×0.3 이상,
세로 : A×0.3×0.2 이상
③ 가로 : B×0.3 이상,
세로 : A×0.2 이상
④ 가로 : A×0.3 이상,
세로 : B×0.2 이상

해설

가로 : 차폭의 30% 이상, 세로 : 가로의 20% 이상

140 2개 이상의 탱크를 동일한 차량에 고정하여 운반할 때 충전관에 설치하는 것이 아닌 것은?

① 긴급탈압밸브
② 압력계
③ 안전밸브
④ 유량계

해설

차량에 고정된 탱크에 2개 이상의 탱크 설치 시 동일 차량에 고정하여 운반하는 경우 다음 기준에 적합해야 한다.

㉠ 탱크마다 탱크의 주밸브를 설치할 것
㉡ 탱크 상호간 또는 탱크와 차량과의 사이를 단단하게 부착하는 조치를 할 것
㉢ 충전관에는 안전밸브, 압력계 및 긴급탈압밸브를 설치할 것

141 고압가스 운반기준에서 후부취출식 탱크 외의 탱크는 탱크 후면과 차량의 뒷범퍼와의 수평거리가 몇 cm 이상이 되도록 탱크를 차량에 고정시켜야 되는가?

① 1m 이상
② 60cm 이상
③ 40cm 이상
④ 30cm 이상

142 차량에 고정된 용기의 운반기준에 있어 고압가스 운반 시 운반책임자를 동승시키지 않아도 되는 것은?

① 압축가스 중 용적이 700m^{3}인 산소
② 압축가스 중 용적이 200m^{3}인 독성가스
③ 액화가스 중 질량이 3200kg인 독성가스
④ 액화가스 중 질량이 500kg인 독성가스

해설

운반책임자 동승기준

압축가스			액화가스		
독성	가연성	조연성	독성	가연성	조연성
100m^3 이상	300m^3 이상	600m^3 이상	1000kg 이상	30000kg 이상	6000kg 이상

143 독성가스를 운반할 때 휴대하는 자재 중 로프는 길이가 몇 m 이상의 것이어야 하는가?

① 20m
② 15m
③ 10m
④ 7m

정답 138.③ 139.② 140.④ 141.④ 142.④ 143.②

144 독성가스를 냉매가스로 하는 냉매설비 중 수액기의 내용적에 얼마 이상일 때 가스유출을 방지할 수 있는 방류둑을 설치해야 하는가?

① 1000L　② 2000L
③ 5000L　④ 10000L

145 내용적 1000L 염소용기 제조 시 부식여유는 몇 mm 이상이어야 하는가?

① 5mm　② 3mm
③ 2mm　④ 1mm

해설

부식여유치

NH_3	1000L 이하	1mm
	1000L 초과	2mm
Cl_2	1000L 이하	3mm
	1000L 초과	5mm

146 차량에 고정된 탱크를 운행할 경우에 휴대해야 할 서류가 아닌 것은?

① 작업일지
② 고압가스 이동계획서
③ 탱크 테이블(용량환산표)
④ 운전면허증

상기 항목 이외에 차량등록증, 차량운행일지 등도 휴대해야 한다.

147 아세틸렌 용기의 내용적이 10L 이하이고, 다공물질의 다공도가 90%일 때 디메틸포름아미드의 최대 충전량은 얼마인가?

① 36.3% 이하　② 38.7% 이하
③ 41.8% 이하　④ 43.5% 이하

해설

디메틸포름아미드의 최대 충전량

용기 구분 / 다공도(%)	내용적 10L 이하	내용적 10L 초과
90 이상 92 이하	43.5% 이하	43.7% 이하
85 이상 90 미만	41.1% 이하	42.8% 이하
80 이상 85 미만	38.7% 이하	40.3% 이하
75 이상 80 미만	36.3% 이하	37.8% 이하

148 가스계량기(30m^3/h 미만)의 설치 높이는 바닥으로부터 얼마인가?

① 3~4m　② 2~2.5m
③ 1.6~2m　④ 1.2~1.5m

149 긴급차단장치 작동검사 실시 주기로서 옳은 것은?

① 3년 1회　② 1년 1회
③ 1월 1회　④ 1주 1회

150 정전기를 제거하기 위한 본딩용 접속선의 단면적은 몇 mm^2 이상의 것으로 하는가?

① 5.5mm^2　② 3.5mm^2
③ 2.5mm^2　④ 1.5mm^2

151 다음 중 고압가스와 그 충전용기의 도색이 알맞은 것은? (단, 의료용이 아니다.)

① 액화암모니아 – 황색
② 액화염소 – 갈색
③ 액화이산화탄소 – 백색
④ 산소 – 청색

해설

㉠ 암모니아 – 백색
㉡ 이산화탄소 – 청색
㉢ 산소 – 녹색

152 상용압력이 15MPa인 고압설비의 안전밸브 작동압력은?

① 12MPa　② 18MPa
③ 10.5MPa　④ 7.5MPa

해설

상용압력×1.5×0.8=15×1.5×0.8=18MPa

153 암모니아 또는 메탄올의 합성탑이나 정제탑과 압축기와의 사이의 배관에 설치하여야 하는 설비는 어느 것인가?

① 안전밸브　② 역화방지장치
③ 역류방지밸브　④ 가스방출장치

정답 144.④ 145.② 146.① 147.④ 148.③ 149.② 150.① 151.② 152.② 153.③

154 고압가스 저장탱크를 지하에 설치하는 방법 중 틀린 것은?

① 저장탱크를 묻은 곳의 주위에는 지상에 경계를 표시한다.
② 저장탱크를 2개 이상 인접하여 설치하는 경우에는 상호간에 1m 이상의 거리를 유지한다.
③ 저장탱크의 정상부와 지면과의 거리는 30cm 이상으로 한다.
④ 저장탱크 주위에 마른 모래를 채운다.

해설

③ 저장탱크 정상부와 지면과의 거리는 60cm 이상으로 한다.

155 가연성 가스 저장탱크와 산소 저장탱크가 인접하여 물분무장치를 설치할 때 저장탱크의 외면으로부터 몇 m 이상 떨어진 위치에서 조작할 수 있도록 설치하여야 하는가?

① 15m
② 10m
③ 8m
④ 2m

해설

㉠ 물분무장치 : 탱크 외면으로부터 15m
㉡ 살수장치 : 탱크 외면으로부터 15m

156 고압가스 저장시설 기준을 설명한 것 중 틀린 것은?

① 저장탱크에는 그 가스 용량이 저장탱크 상용온도에서 내용적의 90%를 초과하지 아니할 것
② 저장실 주위의 10m 이내에는 화기 또는 인화성 물질이나 발화성 물질을 두지 아니할 것
③ 공기보다 무거운 가연성 가스 및 독성 가스의 저장설비에는 가스누설검지 경보장치를 설치할 것
④ 가연성 가스 저장실과 조연성 가스 저장실은 각각 구분하여 설치할 것

해설

㉠ 화기와 이내거리 : 2m
※ 산소가스와 화기의 이내거리 : 5m
㉡ 화기와 우회거리
• 8m(가연성 가스, 산소가스 설비, 에어졸 설비)
• 2m(가정용 시설, 가스계량기, 입상관 우회거리 LPG 판매, 기타 가스 설비)

157 배관을 철도부지 밑에 매설할 경우 배관의 외면과 지면과의 거리는 몇 m 이상인가?

① 1.2m 이상 ② 1.3m 이상
③ 1.4m 이상 ④ 1.5m 이상

158 허용농도 1ppb란?

① $\frac{1}{10^8}$
② $\frac{1}{10^4}$
③ $\frac{1}{10^9}$
④ $\frac{1}{10^6}$

159 다음 중 가스사용자가 시공하여도 무방한 것은?

① 배관에 설치된 밸브의 교체
② 배관에 고정설치된 가스용품의 교체
③ 배관의 교체
④ 호스의 교체

160 다음 중 일반용 고압가스 용기의 도색이 옳은 것은?

① 액화염소 – 황색
② 아세틸렌 – 주황색
③ 수소 – 회색
④ 액화암모니아 – 백색

해설

① 염소 – 갈색
② 아세틸렌 – 황색
③ 수소 – 주황색

정답 154.③ 155.① 156.② 157.① 158.③ 159.④ 160.④

161 고압가스 충전장소와 압축기와의 사이에는 다음 중 어느 것을 설치하여야 하는가?

㉮ 가스방출장치	㉯ 안전밸브
㉰ 방호벽	㉱ 압력계와 액면계

① ㉱ ② ㉮, ㉱
③ ㉰ ④ ㉮, ㉯

162 아세틸렌 제조설비를 끝낸 후 내부 공기를 치환하고자 할 때 사용하면 안 되는 것은?

① 산소 ② 불활성 가스
③ 이산화탄소 ④ 질소

해설
산소는 순수 조연성이므로 기밀시험에 사용 시 폭발의 우려가 있다.

163 다음은 고압가스 특정제조의 시설기준 중 플레어스택에 관한 설명이다. 옳지 아니한 항은 어느 것인가?

① 파일럿버너를 항상 점화하여 두는 등 플레어스택에 관련된 폭발을 방지하기 위한 조치를 한다.
② 플레어스택에서 발생하는 최대 열량에 장시간 견딜 수 있는 재료와 구조이어야 한다.
③ 플레어스택에서 발생하는 복사열이 다른 시설에 영향을 주지 않도록 안전한 높이와 위치에 설치한다.
④ 가연성 가스인 경우에는 방출된 가연성 가스가 지상에서 폭발한계에 도달하지 아니하도록 한다.

해설
④는 벤트스택의 설명이다.

참고 벤트스택은 방출가스가 독성인 경우 허용농도 미만, 가연성인 경우 폭발하한계 미만이므로 방출되어야 한다.

164 시안화수소를 충전한 용기는 충전 후 몇 시간 정지한 뒤 가스의 누설검사를 해야 하는가?

① 24시간 ② 18시간
③ 12시간 ④ 6시간

165 가연성 가스 제조공장에서 착화의 원인이 아닌 것은?

① 밸브의 급격한 조작
② 사용촉매의 접촉 작용
③ 베릴륨 합금제 공구에 의한 충격
④ 정전기

해설
가연성 가스 제조공장에서 불꽃이 나지 않는 안전용 공구
나무, 고무, 가죽, 플라스틱, 베릴륨, 베아론 합금 등

166 가스사용시설의 배관을 움직이지 아니하도록 고정부착하는 조치에 해당되지 않는 것은?

① 관경이 43mm 미만의 것에는 4000mm 마다 고정부착하는 조치를 해야 한다.
② 관경이 13mm 이상 33mm 미만의 것에는 2000mm마다 고정부착하는 조치를 해야 한다.
③ 관경이 33mm 이상인 것에는 3000mm 마다 고정부착하는 조치를 해야 한다.
④ 관경이 13mm 미만의 것에는 1000mm 마다 고정부착하는 조치를 해야 한다.

해설
배관의 고정부착 조치
㉠ 관경 13mm 미만 : 1m마다
㉡ 관경 13 ~ 33mm : 2m마다
㉢ 관경 33mm 이상 : 3m마다

167 고압가스 저장탱크에 물분무장치를 설치 시 수원의 수량이 몇 분 이상 연속 방사할 수 있어야 하는가?

① 60분 ② 40분
③ 30분 ④ 20분

해설
도시가스의 경우 물분무장치 수원 : 60분 연속 방사 가능한 수원에 접속

정답 161.③ 162.① 163.④ 164.① 165.③ 166.① 167.③

168 고압가스 특정제조시설에 설치되어 플레어스택의 설치 위치 및 높이는 플레어스택 바로 밑의 지표면에 미치는 복사열이 몇 kcal/m^2 · h 이하가 되도록 하여야 하는가?

① 12000kcal/m^2 · h
② 8000kcal/m^2 · h
③ 5000kcal/m^2 · h
④ 4000kcal/m^2 · h

169 용기의 보관장소에 충전용기를 보관할 때의 기준으로 적당한 것은?

① 용기보관장소 주위 5m 이내에는 화기, 인화성 물질 등을 두지 아니할 것
② 충전용기는 통풍이 잘되고 직사광선을 받을 수 있는 곳에 둘 것
③ 충전용기는 60℃ 이하의 온도를 유지하도록 할 것
④ 충전용기와 잔가스용기는 각각 구분하여 용기보관장소에 놓을 것

해설

① 이내거리 : 2m
② 직사광선을 피하여야 함
③ 40℃ 이하 유지

170 독성가스 사용설비에서 가스누설에 대비하여 설치하는 것은?

① 흡수장치
② 살수장치
③ 액화수장치
④ 액화방지장치

해설

가연성 산소는 소화설비, 독성가스는 흡수 또는 재해장치를 한다.

171 습식 아세틸렌가스 발생 시의 표면유지 온도는 몇 ℃ 이하로 유지하여야 하는가?

① 40℃ 이하　② 50℃ 이하
③ 60℃ 이하　④ 70℃ 이하

해설

표면유지 온도 : 70℃ 이하, 최적 온도 : 50~60℃

172 배관을 지하에 매설할 때 산과 들 이외의 지역에서 매설깊이로 옳은 것은?

① 1.5m　② 1.2m
③ 1m　④ 0.8m

배관을 지하에 매설 시 산과 들은 1m 깊이에, 그 밖의 지역은 1.2m 깊이에 매설한다.

173 가스용기의 운반 시 주의해야 할 사항으로 옳은 것은?

① 차량에서 하역 시 전도, 전락 및 충격을 피한다.
② 용기의 단거리 이동은 전용 자전거를 이용한다.
③ 차량에 적재하여 운반할 때는 안전하게 용기를 눕혀서 운반한다.
④ 자전거 운반 시는 10kg 이하 용기에만 한한다.

174 산화에틸렌 저장탱크에 대한 설명으로 적당하지 못한 것은?

① 충전 시 염소, 초산, 공기 등의 안정제를 첨가한다.
② 충전 시 45℃에서 내부 압력이 0.4MPa 이상이 되도록 N_2, CO_2 가스를 충전한다.
③ 저장탱크에 충전 시 내부를 질소 또는 탄산가스로 치환할 것
④ 저장탱크는 5℃ 이하를 유지할 것

산화에틸렌의 안정제 : N_2, CO_2, 수증기

175 고압가스 특정제조사업소의 고압가스설비 중 특수반응설비와 긴급차단장치를 설치한 고압가스설비에서 이상사태가 발생하였을 때 그 설비 내의 내용물을 설비 밖으로 긴급하고 안전하게 이송시키기 위한 설비는?

① 위험사태 발생방지 장치
② 인터록
③ 벤트스택
④ 내부 반응감시장치

정답 168.④ 169.④ 170.① 171.④ 172.② 173.① 174.① 175.①

176 운반차량의 적재방법 중 원칙적으로 세워서 적재하는 충전용기가 아닌 것은?

① 염소가스 용기
② 압축산소가스 용기
③ 액화석유가스 용기
④ 아세틸렌가스 용기

해설
- 액화석유가스 용기는 원칙적으로 세워서 적재한다.
- 압축산소가스 용기는 세우기가 곤란한 경우 적재함 높이 이내로 눕혀서 적재할 수 있다.

177 LPG 저장탱크를 수리할 때 작업원이 저장탱크 속으로 들어가서는 안 되는 탱크 속의 산소의 농도는?

① 20%
② 21%
③ 19%
④ 16%

해설
산소의 유지농도는 18%~22%, 16% 이하 시 질식의 우려, 25% 이상 시 이상 연소의 우려가 있다.

178 액화석유가스 저장탱크의 외부 도색과 글자의 색은?

① 은백색, 적색
② 회색, 청색
③ 황색, 청색
④ 은백색, 회색

179 고압가스 운반책임자의 자격이 될 수 없는 자는?

① 한국가스안전공사에서 운반에 관한 소정의 교육을 이수한 자
② 안전관리 총괄자
③ 안전관리 책임자
④ 안전관리원

해설
운반책임자 : 국가기술자격법에 의한 가스기능사 이상의 자격을 취득한 자 및 공사에서 실시하는 운반에 관한 교육을 이수한 자로 한다.
② 안전관리 총괄자는 자격취득자가 아니다.

180 다음 중 중합에 의한 폭발에 해당되지 않는 것은?

① 산화에틸렌
② 염화비닐
③ 염소아릴륨
④ 시안화수소

181 독성가스 제독작업에 갖추지 않아도 되는 보호구는?

① 보호용 면수건
② 고무장화, 비닐장갑
③ 격리식 방독마스크
④ 공기호흡기

182 독성가스를 운반하는 차량이 갖추어야 할 공구에 해당되지 않는 것은?

① 소화장비
② 고무장갑, 고무장화
③ 제독재
④ 방독면

183 방류둑을 설치한 가연성 가스의 저장탱크에 있어서 온도상승 방지조치를 하여야 하는 주위라는 것은 방류둑 외면으로부터 몇 m 이내를 말하는가?

① 20m ② 15m
③ 10m ④ 5m

해설
내열 구조 및 유효한 냉각장치와 온도상승 방지조치 기준
㉠ 방류둑 설치 : 10m 이내
㉡ 방류둑 미설치 : 20m 이내
㉢ 가연성 물질 취급설치 : 20m 이내

184 충전용기를 적재한 차량의 운반개시 전 점검사항이 아닌 것은?

① 용기 보호캡의 부착유무 확인
② 용기 고정상태 확인
③ 용기의 충전량 확인
④ 차량의 적재중량 확인

정답 176.② 177.④ 178.① 179.② 180.③ 181.① 182.① 183.③ 184.③

185 액화석유가스 저장탱크에 설치하는 액면계가 아닌 것은?

① 부르동관식 액면계
② 고정튜브식 액면계
③ 차압식 액면계
④ 평행 투시식 액면계

186 고압가스 특정제조시설 기준 및 기술기준에서 설비와 설비 사이의 거리가 옳은 것은?

① 제조설비는 그 외면으로부터 당해 제조소의 경계와 15m 이상 유지
② 가연성 가스의 저장탱크는 그 외면으로부터 처리능력이 20만m^3 이상인 압축기와 20m 거리 유지
③ 다른 저장탱크와 사이에 두 저장탱크의 외경지름을 합한 길이의 1/4이 1m 이상인 경우 1m 이하로 유지
④ 안전구역 내의 고압가스설비(배관을 제외)는 그 외면으로부터 당해 안전구역에 인접하는 다른 안전구역 내에 있는 고압설비와 30m 이상의 거리 유지

① 제조소의 경계 : 20m
② 처리능력 : 20만m^3 이상인 압축기 : 30m

187 압축가스 저장능력 산정기준으로 올바른 식은? (단, Q : 저장설비의 저장능력(m^3), V : 저장설비의 내용적(m^3), P : 35℃ 온도에서 저장설비의 최고충전압력(MPa))

① $Q=\dfrac{V}{10P}$
② $Q=(10P+1)V$
③ $Q=(V+1)10P$
④ $Q=V10P$

188 정전기 제거기준 중 가연성 가스 제조설비의 접지저항치는 총합 몇 Ω 이하이어야 하는가? (단, 피뢰설비를 설치한 것이다.)

① 100Ω 이하　② 50Ω 이하
③ 20Ω 이하　④ 10Ω 이하

해설

정전기 제거기준
㉠ 총합 : 100Ω
㉡ 피뢰설비 설치 시 : 10Ω
㉢ 접지접속선의 단면적 : 5.5mm^2

189 염소가스의 안전장치로 가용전을 사용할 때 용융온도는?

① 60~68℃　② 40~45℃
③ 30~35℃　④ 10~15℃

190 일반고압가스 저장탱크에 부착된 안전밸브는 내압시험압력의 $\dfrac{8}{10}$ 이하의 압력에서 작동할 수 있도록 조정을 몇 년에 몇 회 실시하여야 하는가?

① 2년에 3회 이상
② 1년에 2회 이상
③ 1년에 1회 이상
④ 2년에 1회 이상

㉠ 압축기 최종단의 안전밸브 : 1년 1회 이상
㉡ 그 밖의 안전밸브 : 2년에 1회 이상

191 초저온용기의 단열성능시험에 있어 침입열량산식은 다음과 같이 구해진다. 여기서 q가 뜻하는 것은?

$$Q=\frac{W\cdot q}{H\cdot \Delta t\cdot V}$$

① 시험용 가스의 기화잠열
② 기화된 가스량
③ 측정시간
④ 침입열량

해설

$Q=\dfrac{W\cdot q}{H\cdot \Delta t\cdot V}$

여기서, Q : 침입열량(kcal/hr · ℃ · L)
W : 기화가스량(kg)
q : 기화잠열(kcal/kg)
H : 측정시간(hr)
Δt : 온도차(℃)
V : 내용적(L)

정답 185.① 186.④ 187.② 188.④ 189.① 190.④ 191.①

192 누설을 검지하는 검지경보설비의 경보설정값으로 올바른 것은?

① 일산화탄소 3%
② 암모니아 60ppm
③ 아세틸렌 0.625%
④ 수소 4%

해설

경보 농도
㉠ 가연성 : 폭발하한의 $\frac{1}{4}$ 이하
㉡ 독성 : 허용농도 이하
㉢ C_2H_2: $2.5 \times \frac{1}{4} = 0.625\%$

193 TLV-TWA의 기준 유해가스 허용농도라 함은 1일 몇 시간 작업을 기준으로 하는가?

① 8시간
② 5시간
③ 3시간
④ 1시간

194 고압가스 제조설비에 대한 1일 1회 이상 점검사항 중 운전 중의 점검사항이 아닌 것은?

① 공구, 측정기구, 보호구 등의 준비상황
② 탑, 저장탱크류, 배관 등의 진동 및 이상음
③ 계기류의 지시, 경보, 제어의 상태
④ 제조설비 등으로부터의 누설점검

195 차량에 고정된 탱크의 운반기준에 대한 기술 중 옳은 것은?

① 후부취출식 탱크 이외의 탱크는 탱크 후면과 차량의 뒷범퍼와의 수직거리가 20cm 이상이 되도록 탱크를 차량에 고정시킨다.
② 탱크의 정상부의 높이가 차량 정상부의 높이보다 높을 경우에는 높이 측정기구를 설치한다.
③ 차량의 전후 보기 쉬운 곳에 "위험"이라는 경계표시를 한다.
④ 액화가스 충전탱크는 그 내부에 액면 요동을 방지하기 위한 주밸브를 설치한다.

해설

① 30cm 이상이 되어야 한다.
③ 위험고압가스
④ 액면 요동을 방지하기 위하여 방파판을 설치

196 배관시설에 검지경보장치의 검출부를 설치하여야 하는 장소로 부적당한 곳은?

① 슬리브관, 이중관 등에 의하여 밀폐되어 설치된 배관의 부분
② 누설된 가스가 체류하기 쉬운 구조인 배관의 부분
③ 방호구조물 등에 의하여 개방되어 설치된 배관의 부분
④ 긴급차단장치의 부분

해설

방호구조물에 의하여 밀폐되어 설치된 배관의 부분이 검출부를 설치하는 장소임

197 가연성 가스 제조설비의 정전기 제거조치 기준으로 적당한 것은?(단, 피뢰설비가 설치된 경우에 한함)

① 접지저항치는 총합 100Ω 이하이어야 한다.
② 접지저항치는 총합 50Ω 이하이어야 한다.
③ 접지저항치는 총합 20Ω 이하이어야 한다.
④ 접지저항치는 총합 10Ω 이하이어야 한다.

해설

㉠ 일반 접지저항치 : 100Ω
㉡ 피뢰설비 설치 시 : 10Ω

198 다음 중 산업자원부령으로 정하는 특정설비의 종류에 해당하지 않는 것은?

① 릴리프 밸브
② 저장탱크
③ 특정고압가스용 실린더 캐비닛
④ 액화석유가스용 잔류가스 회수장치

정답 192.③ 193.① 194.① 195.② 196.③ 197.④ 198.①

특정설비 : 저장탱크 + 고압가스 관련 설비
고압가스 관련 설비로는 ③, ④ 이외에 다음의 설비 등이 있다.

㉠ 안전밸브 및 긴급차단장치
㉡ 기화장치
㉢ 압력용기
㉣ 자동차용 가스자동주입기
㉤ 독성가스용 배관용 밸브
㉥ 냉동설비
㉦ 자동차용 CNG 완속 충전설비(처리능력 18.5m^3/h 미만임)

199 가연성 가스 또는 산소 운반 시에 휴대하는 자재가 아닌 것은?

① 로프 ② 헝겊
③ 메가폰 ④ 적색기

로프는 독성가스 운반 시 휴대하는 자재임

정답 199.①

chapter 2 LPG 안전관리

'chapter 2'는 한국산업인력공단의 출제기준 중에서 가스안전관리의 LPG 제조, 충전, 저장, 판매, 운반, 취급 부분입니다.

01 안전거리 및 허가대상 가스 용품

(1) 액화석유가스, 자동차 용기의 저장 · 충전설비 안전거리

저장능력	1종	2종
10톤 이하	17m	12m
10톤 초과 20톤 이하	21m	14m
20톤 초과 30톤 이하	24m	16m
30톤 초과 40톤 이하	27m	18m
40톤 초과	30m	20m

(2) 허가대상 가스 용품

① 압력조정기, 가스누출 자동차단장치
② 콕(퓨즈콕, 상자콕, 주물연소기용 노즐콕)
③ 연소기(시간당 가스 소비량이 200000kcal 이하인 것 또는 232.6kW 이하인 것)
④ 호스
⑤ 볼 밸브, 글로브 밸브, 콕, 매몰형 정압기, 정압기용 필터, 다기능 가스안전계량기

02 액화석유가스 충전사업의 시설기준 및 기술기준

(1) 저장탱크의 사용시설

① 저장 · 충전설비 안전거리 유지(지하 $\frac{1}{2}$ 유지)
② 저장탱크 가스충전장소 방호벽 설치(단, 저장탱크 충전소 사이 20m 이상 유지 시 제외)
③ 살수장치(5m)

(2) 내열구조 및 유효한 냉각장치와 온도상승 방지조치

① 방류둑 설치, 가연성 : 10m 이내
② 방류둑 미설치, 가연성 : 20m 이내
③ 가연성 물질을 취급하는 설비 : 20m 이내

(3) 물분무장치 설치기준

① 일반제조시설 : 가연성－산소간 300m^3, 3톤 간에 이격거리 유지하지 않았을 때
② LPG 이격거리를 유지하지 않았을 때
③ 저장시설 이격거리를 유지하지 않았을 때
④ 소화전의 호스 끝 수압 0.35MPa
⑤ 방수능력 400L/min
⑥ 최대 수량은 40m 이내 설치
⑦ 조작위치 15m 이내
⑧ 30분 연속 분무

(4) 지반침하 방지 탱크의 용량

3톤 이상(고법은 1톤, 100m^3)

(5) 충전시설의 규모 등

① 안전밸브 분출면적 : 배관 최대 지름부 단면적의 $\frac{1}{10}$ 이상
② 납붙임 접합용기에 LPG 충전 시 자동계량충전기로 충전
③ 충전시설 : 연간 1만톤 이상을 처리할 수 있는 규모
④ 저장탱크 저장능력 : 1만톤의 $\frac{1}{100}$ $\left(\text{주거 및 상업지역에서 다른 지역으로 이전 시 } \frac{1}{200}\right)$
⑤ 충전설비(충전기, 잔량측정기, 자동계량기 등 구비) : 충전시설은 용기 보수를 위한 잔가스 제거장치, 용기 질량 측정장치, 밸브 탈착기, 도색 설비 등을 구비
⑥ 소형 저장탱크에 LPG 공급 시 : 펌프 또는 압축기가 부착된 액화석유가스 전용 운반차량(벌크로리)을 구비할 것

(6) 자동차 용기 충전시설 기준

① 황색 바탕에 흑색 글씨 : 충전 중 엔진정지
② 백색 바탕에 붉은 글씨 : 화기엄금
③ 충전기 호스 길이 : 5m(배관 중 호스 길이 : 3m)
④ 원터치형, 정전기 제거장치가 있을 것
⑤ 충전기 상부 캐노피를 설치하고 공지 면적의 $\frac{1}{2}$ 이상이 되게 할 것

(7) 액화석유가스 충전시설 중 저장설비 외면으로부터 사업소 경계와의 거리

저장능력	사업소 경계와의 거리
10톤 이하	24m
10톤 초과 20톤 이하	27m
20톤 초과 30톤 이하	30m
30톤 초과 40톤 이하	33m
40톤 초과 200톤 이하	36m
200톤 초과	39m

03 LPG 집단공급사업

(1) 저장탱크(소형 저장탱크 제외) 안전거리 유지(지하 설치 시는 제외)

(2) 저장설비 주위 경계책 1.5m

(3) 집단공급시설의 저장설비(저장탱크, 소형 저장탱크)로 설치(용기집합시설은 설치하지 않는다.)

(4) 지하 매몰 가능 배관

① 동관, 스테인리스관 등을 이음매 없이 설치 시
② 폴리에틸렌 피복강관, 폴리에틸렌관, 분말융착식 가스용 폴리에틸렌관

(5) 소형 저장탱크를 제외한 저장탱크에는 살수장치를 설치

(6) 배관의 유지거리

① 지면과 1m
② 차량통행도로과는 1.2m
③ 공동주택 부지 및 1m의 매설 깊이 유지가 곤란한 곳은 0.6m
④ 보호관-보호관 0.3m
⑤ 배관의 접합은 용접시공을 할 것(부적당 시 플랜지 접합가능)

(7) 용접부 비파괴시험 실시

① 중압(0.1MPa) 이상 배관의 용접부
② 저압 배관으로 호칭경 80A 이상의 용접부
③ 비파괴시험을 하지 않은 배관 : 80A 미만의 저압 배관, 건축물 외부에 노출하여 설치한 사용압력 0.01MPa 미만 용접부

(8) 검지기 설치 위치

① 공기보다 무거운 경우 : 지면에서 30cm 이내
② 공기보다 가벼운 경우 : 천장에서 30cm 이내

(9) 차량에 고정된 탱크에 가스충전 시 가스충전 중의 표시를 하고 내용적 90%(소형 저장탱크는 85%)를 넘지 않을 것

(10) LPG 판매

① 용기저장실에는 분리형 가스누설경보기를 설치할 것
② 판매업소, 영업소에는 계량기를 구비할 것
③ 용기보관실의 벽과 방호벽 지붕은 불연성, 난연성의 재료로 설치할 것
④ 용기보관실 우회거리는 2m
⑤ 용기보관실 면적은 $19m^2$, 사무실은 $9m^2$ 이상이며 동일 부지에 설치
⑥ 주차장 면적 $11.5m^2$ 이상

04 입구압력 및 조정압력 기준

(1) 압력조정기의 종류에 따른 입구 · 조정 압력(KGS AA434)

종 류	입구압력(MPa)	조정압력(kPa)
1단 감압식 저압 조정기	0.07~1.56	2.30~3.30
1단 감압식 준저압 조정기	0.1~1.56	5.0~30.0 이내에서 제조자가 설정한 기준 압력의 ±20%
2단 감압식 1차용 조정기 (용량 100kg/h 이하)	0.1~1.56	57.0~83.0
2단 감압식 1차용 조정기 (용량 100kg/h 초과)	0.3~1.56	57.0~83.0
2단 감압식 2차용 저압 조정기	0.01~0.1 또는 0.025~0.1	2.30~3.30
2단 감압식 2차용 준저압 조정기	조정압력 이상~0.1	5.0~30.0 이내에서 제조자가 설정한 기준 압력의 ±20%
자동절체식 일체형 저압 조정기	0.1~1.56	2.55~3.30
자동절체식 일체형 준저압 조정기	0.1~1.56	5.0~30.0 이내에서 제조자가 설정한 기준 압력의 ±20%
그 밖의 압력조정기	조정압력 이상~1.56	5kPa를 초과하는 압력범위에서 상기 압력조정기 종류에 따른 조정압력에 해당되지 않는 것에 한하며 제조자가 설정한 기준 압력의 ±20%일 것

(2) 조정압력이 3.3kPa 이하인 조정기 안전장치 작동압력

① 작동 표준압력 7kPa

② 작동 개시압력 5.6~8.4kPa

③ 작동 정지압력 5.04~8.4kPa

05 그 밖의 가스용품

(1) 배관용 밸브

① 개폐동작의 원활한 작동

② 유로 크기는 구멍 지름 이상

③ 개폐용 핸들휠은 열림방향이 시계바늘 반대

④ 볼 밸브 표면 5μ 이상

(2) 콕 : 호스콕, 퓨즈콕, 상자콕, 노즐콕 등이 있다.

(3) 염화비닐 호스 : 6.3mm(1종), 9.5mm(2종), 12.7mm(3종), 내압시험(3MPa), 파열시험(4MPa), 기밀시험(0.2MPa)

(4) 교류전원 사용 및 변압기 선로직류 500V 공급의 경우 가스누설 자동차단기

: 전기충전부 및 비충전금속부 절연저항 5MΩ 이상

(5) 자동차용 기화기

① 안정성, 내구성, 호환성 고려

② 혼합비 조정할 수 없는 구조

③ 내부 가스 용이하게 방출할 수 있는 구조

④ 엔진 정지 시 가스공급되지 않는 구조

⑤ 내압시험압력(고압부 3MPa, 저압부 1MPa)

chapter 2

출 / 제 / 예 / 상 / 문 / 제

01 액화석유가스 제조시설 기준 중 고압가스 설비의 기초는 지반침하로 당해 고압가스 설비에 유해한 영향을 끼치지 않도록 해야 하는데 이 경우 저장탱크의 저장능력이 몇 톤 이상일 때를 말하는가?

① 5톤 이상 ② 3톤 이상
③ 2톤 이상 ④ 1톤 이상

해설

지반침하를 방지하기 위해 기초를 튼튼히 하여야 하는 저장탱크의 용량
㉠ 고압가스 일반제조 기준 : 1톤 이상
㉡ 액화석유가스 충전사업 기준 : 3톤 이상

참고 액화석유가스 충전사업 기준 중 가스설비 등의 기초
저장설비 및 가스설비의 기초는 지반침하로 그 설비에 유해한 영향을 끼치지 아니하도록 할 것. 이 경우 저장탱크(저장능력이 3톤 미만의 저장설비를 제외한다)의 지주(지주가 없는 저장탱크에는 그 아랫부분)는 동일한 기초 위에 설치하고 지주 상호간은 단단히 연결할 것

02 액화석유가스 충전설비가 갖추어야 할 사항에 들지 않는 것은?

① 자동계량기 ② 잔량측정기
③ 충전기 ④ 질량측정기

해설

액화석유가스 충전사업 중 충전설비에는 충전기, 잔량측정기, 자동계량기를 구비하여야 한다.

참고 액화석유가스 충전사업 중 충전시설의 규모
- 충전시설은 연간 1만톤 이상의 범위에서 시 · 도지사가 정하는 액화석유가스 물량을 처리할 수 있는 규모일 것. 다만, 내용적 1L 미만의 용기와 용기내장형 가스난방기용 용기에 충전하는 시설의 경우에는 그러하지 아니하다.
- 충전설비에는 충전기, 잔량측정기 및 자동계량기를 갖출 것
- 충전용기(납붙임 또는 접합용기를 제외한다)의 전체에 대하여 누출을 시험할 수 있는 수조식 장치 등의 시설을 갖출 것
- 충전시설에는 용기 보수에 필요한 잔가스 제거장치, 용기질량 측정기, 밸브 탈착기 및 도색 설비를 갖출 것(다만, 시 · 도지사의 인정을 받아 용기재검사기관의 설비를 이용하는 경우에는 그러하지 아니하다)
- 납붙임 또는 접합용기에 액화석유가스를 충전하는 때에는 자동계량 충전기로 충전할 것
- 액화석유 가스가 충전된 납붙임 또는 접합용기를 46℃ 이상 50℃ 미만으로 가스누출시험을 할 수 있는 온수시험탱크를 갖출 것

03 액화석유가스의 안전 및 사업관리법에 관하여 다음 중 맞는 것은?

① 가스설비는 그 외면으로부터 화기취급 장소(그 설비 내의 것 제외)까지 7m 이상의 직선거리를 두어야 할 것
② 가스설비에 장착하는 압력계는 최고 눈금이 상용압력의 1.5배 이상 2배 이하인 것
③ 가스설비는 상용압력의 1.5배의 압력으로서 항복을 일으키지 않는 두께이어야 한다.
④ 가스설비는 상용압력의 1.5배의 압력으로 실시하는 누설검사에 합격한 것

해설

① 화기와 직선거리 : 2m
③ 항복 : 상용압력×2배 이상
④ 기밀시험압력=상용압력
내압시험압력=상용압력×1.5배

참고 액화석유가스 충전사업 기술기준 중
㉠ 화기와의 거리 : 저장설비 및 가스설비는 그 외면으로부터 화기(그 설비 내의 것 제외한다)를 취급하는 장소까지 8m 이상의 우회거리를 두어야 하며, 가스설비와 화기를 취급하는 장소와의 사이에 그 가스설비로부터 누출된 가스가 유동하는 것을 방지하기 위한 시설을 설치할 것
㉡ 저장탱크의 저장능력 : 저장탱크의 저장능력은

정답 01.② 02.④ 03.②

10000톤 규모의 100분의 1(주거 · 상업지역에서 다른 지역으로 이전하는 경우는 200분의 1) 이상일 것

- 저장탱크 간의 거리 : 저장탱크와 다른 저장탱크와의 사이에는 두 저장탱크의 최대 지름을 합산한 길이의 1/4 이상에 해당하는 거리(두 저장탱크의 최대 지름을 합산한 길이의 1/4이 1m 미만인 경우에는 1m 이상의 거리)를 유지할 것. 다만, 액화석유가스 저장탱크에 물분무장치를 설치한 경우에는 그러하지 아니하다.

㉢ 가스설비는 상용압력의 2배 이상의 압력에서 항복을 일으키지 아니하는 두께를 가져야 하며, 상용의 압력에 견디는 충분한 강도를 갖는 것일 것

- 가스설비의 내압능력 : 가스설비는 상용압력의 1.5배(그 구조상 물에 의한 내압시험이 곤란하여 공기 · 질소 등의 기체에 의하여 내압시험을 실시하는 경우에는 1.25배) 이상의 압력(이하 '내압시험압력'이라 한다)으로 내압시험을 실시하여 이상이 없고, 상용압력이 이상의 기체의 압력으로 기밀시험(공기 · 질소 등의 기체에 의하여 내압시험을 실시하는 경우에는 제외하고 기밀시험을 실시하기 곤란한 경우에는 누출검사)을 실시하여 이상이 없을 것

04 액화석유가스 사업에는 표준이 되는 압력계 몇 개를 보유해야 하는가?

① 5개 이상　　② 4개 이상
③ 2개 이상　　④ 없어도 된다.

해설

고압가스 일반제조기준

㉠ 1일 $100m^3$ 이상을 처리하는 사업으로 표준압력계 2개 이상 보유

㉡ 액화석유가스 충전사업 기술기준 : 표준압력계 2개 이상 보유

참고 LPG 충전사업 기술기준 중 안전장치 등

(1) 압력계

㉠ 저장설비 및 가스설비에 장치하는 압력계는 상용압력의 1.5배 이상 2배 이하의 최고 눈금이 있는 것일 것

㉡ 사업소에는 표준이 되는 압력계를 2개 이상 보유할 것

(2) 안전장치

㉠ 가스설비에는 설비 내의 압력이 허용압력을 초과한 경우에 즉시 그 압력을 허용압력 이하로 되돌릴 수 있는 안전장치를 설치할 것

㉡ ㉠의 규정에 의하여 설치한 안전장치의 경우 안전밸브에는 가스방출관을 설치할 것. 이 경우 가스방출관의 방출구 위치는 주위의 화기 등이 없는 안전한 위치에 설치하여야 하며 저장탱크에 설치한 것은 지면에서 5m 이상 또는 그 저장탱크의 정상부로부터 2m 이상의 높이 중 높은 위치에 설치할 것

05 액화석유가스 저장탱크에 부착된 배관에는 저장탱크의 외면으로부터 몇 m 이상 떨어진 위치에서 조작할 수 있는 긴급차단장치를 설치하는가?

① 20m　　② 15m
③ 30m　　④ 5m

해설

긴급차단장치

㉠ 저장탱크(소형 저장탱크를 제외한다)에 부착된 배관(액상의 액화석유가스를 송출 또는 이입하는 것에 한하여, 저장탱크와 배관과의 접속부분을 포함한다)에는 그 저장탱크의 외면으로부터 5m 이상(저장탱크를 지하에 매몰하여 설치하는 경우에는 그러하지 아니하다) 떨어진 위치에서 조작할 수 있는 긴급차단장치를 설치할 것. 다만, 액상의 액화석유가스를 이입하기 위하여 설치된 배관에는 역류방지밸브로 갈음할 수 있다.

㉡ ㉠의 규정에 의한 배관에는 긴급차단장치에 딸린 밸브 외에 2개 이상의 밸브를 설치하고 그 중 1개는 배관에 속하는 저장탱크의 가장 가까운 부근에 설치할 것. 이 경우 그 저장탱크의 가장 가까운 부근에 설치한 밸브는 가스를 송출 또는 이입하는 때 외에는 잠가둘 것

06 LP저장탱크 외부에는 도료를 바르고 주위에서 보기 쉽도록 '액화석유가스' 또는 'LPG'로 표시하여야 하는데 이 저장탱크의 외부 도료 색깔은 어떤 색인가?

① 은백색　　② 황색
③ 청색　　④ 녹색

해설

액화석유가스 충전사업 기준 중 저장탱크의 설치

지상에 설치하는 저장탱크(국가보안 목표시설로 지정된 것을 제외한다)의 외면에는 은백색 도료를 바르고 주위에서 보기 쉽도록 '액화석유가스' 또는 'LPG'를 붉은 글씨로 표시할 것

정답 04.④ 05.④ 06.①

07 액화석유가스저장탱크 주위에는 방류둑을 설치해야 하는데 저장능력이 얼마 이상이어야 하는가?

① 2000톤 ② 1000톤
③ 500톤 ④ 300톤

08 액화석유가스가 공기 중 누설 시 그 농도가 몇 %일 때 감지할 수 있도록 부취제를 섞는가?

① 2% ② 5%
③ 0.5% ④ 0.1%

해설

LPG 충전사업 기술기준 중 가스충전
㉠ 가스를 충전하는 때에는 충전설비에서 발생하는 정전기를 제거하는 조치를 할 것
㉡ 액화석유가스는 공기 중의 혼합비율 용량이 $\frac{1}{1000}$의 상태에서 감지할 수 있도록 냄새가 나는 물질(공업용의 경우를 제외한다)을 섞어 차량에 고정된 탱크 및 용기에 충전할 것

09 액화석유가스 충전사업의 기술기준에서 압축기 최종단 안전밸브는 얼마마다 당해 설비 내압시험의 8/10 이하의 압력에서 작동하도록 조정하는가?

① 3월에 1회 이상
② 2년에 1회 이상
③ 1년에 1회 이상
④ 6월에 1회 이상

해설

압축기 최종단 안전밸브 1년 1회, 기타 안전밸브 2년 1회 작동상황 점검

10 액화석유가스를 충전하거나 가스를 이입받는 차량에 고정된 탱크는 내용적이 몇 L 이상인 경우 차량정지목을 설치해야 하는가?

① 12000L 이상 ② 10000L 이상
③ 5000L 이상 ④ 1000L 이상

해설

㉠ 고압가스 일반제조 기술기준 중 차량정지목 설치탱크 내용적 2000L 이상
㉡ LPG 충전사업 기술기준 중 차량정지목 설치탱크 내용적 5000L 이상

참고 LPG 충전사업 기술기준 중 액화석유가스의 충전
㉠ 액화석유가스의 충전은 다음의 기준에 따라 안전 확보상 지장이 없는 상태로 할 것
- 안전밸브 또는 방출밸브에 설치된 스톱밸브는 항상 열어둘 것. 다만, 안전밸브 또는 방출밸브의 수리 · 청소를 위하여 특히 필요한 경우에는 그러하지 아니하다.

㉡ 차량에 고정된(내용적이 5000L 이상) 가스를 충전하거나 가스를 이입받을 때에는 차량이 고정되도록 차량정지목을 설치할 것

11 다음 ( ) 안에 맞는 것은?

> 액화석유가스를 충전받는 차량은 지상에 설치된 저장탱크의 외면으로부터 ( )이상 떨어져 정지한다.

① 8m ② 6m
③ 3m ④ 1m

해설

액화석유가스를 충전받는 차량(탱크로리) : 저장탱크는 3m 떨어져 정지할 것

참고 LPG 충전사업 기술기준(저장설비)
- 저장탱크에 가스를 충전할 때 가스의 용량이 상용 온도에서 저장탱크 내용적의 90%를 넘지 아니할 것
- 차량에 고정된 탱크는 저장탱크의 외면으로부터 3m 이상 떨어져 정지할 것(단, 저장탱크와 차량에 고정된 탱크와의 사이에 방호책 등을 설치한 경우에는 제외)

12 액화석유가스 충전사업의 시설기준에서 지상에 설치된 저장탱크와 가스충전장소 사이에 어느 것을 설치해야 하는가?

① 물분무장치 ② 살수장치
③ 방호벽 ④ 경계표시

방호벽
지상에 설치된 저장탱크와 가스충전장소 사이에 방호벽을 설치할 것(단, 방호벽 설치로 인하여 조업이 불가능할 정도로 특별한 사정이 있다고 시 · 도지사가 인정하거나, 그 저장탱크와 가스충전장소 사이에 사업소 경계와의 거리와 같은 거리가 유지된 경우에는 방호벽을 설치하지 아니할 수 있다)

정답 07.② 08.④ 09.③ 10.③ 11.③ 12.③

13 다음 ( ) 안에 맞는 것은?

액화석유가스 제조시설 기준 중 지상에 설치하는 저장탱크 및 그 지주에는 외면으로부터 ( ) 이상 떨어진 위치에서 조작할 수 있는 냉각용 살수장치를 설치해야 한다.

① 7m ② 5m
③ 3m ④ 1m

저장탱크 등의 구조
지상에 설치하는 저장탱크 및 그 지주는 내열성의 구조로 하고, 저장탱크 및 그 지주에는 외면으로부터 5m 이상 떨어진 위치에서 조작할 수 있는 냉각살수장치 그 밖에 유효한 냉각장치를 설치할 것. 다만, 소형 저장탱크의 경우에는 그러하지 않는다. 내열구조 및 유효한 냉각장치와 저장탱크 주위의 온도상승 방지조치 기준은 다음과 같다.

㉠ 적용 시설
- 액화석유가스 제조시설
- 일반고압가스 제조시설
- 저장시설
  - 가연성 가스 저장탱크 주위와 그 지주
  - 독성가스 저장탱크 주위와 그 지주
  - 가연성 물질을 취급하는 설비의 주위에 있는 저장탱크

㉡ 내용 요약
- 방류벽을 설치한 가연성 가스 저장탱크 : 방류둑 외면 10m 이내
- 방류벽을 설치하지 않은 가연성 가스 저장탱크 : 저장탱크 외면 20m 이내
- 가연성 물질을 취급하는 설비 : 외면 20m 이내

14 액화석유가스 충전시설의 배관에 대한 설명 중 적합하지 않은 것은?

① 지상에 설치한 배관에는 온도의 변화에 의한 길이의 변화에 따른 신축을 흡수하는 조치를 할 것
② 배관에는 살수장치를 설치할 것
③ 배관의 적당한 곳에는 안전밸브를 설치할 것
④ 배관의 적당한 곳에는 압력계 및 온도계를 설치할 것

해설

살수장치 및 물분무장치는 저장탱크에 설치하는 것이다.

참고 LPG 충전사업 기술기준 중 배관의 설치방법 등

㉠ 배관은 건축물의 내부 또는 기초의 밑에 설치하지 아니할 것(단, 그 건축물에 가스를 공급하기 위하여 설치하는 배관은 건축물의 내부에 설치할 수 있다.)
㉡ 배관을 지상에 설치하는 경우에는 지면으로부터 떨어져 설치하고, 그 보기 쉬운 장소에 액화석유가스의 배관임을 표시할 것
㉢ 배관을 지상에 설치하는 경우 그 외면에 녹이 슬지 않도록 부식방지 도장을 하고, 지하에 매설하는 경우 부식방지 조치 및 전기부식방지 조치를 한 후 지면으로부터 1m 이상의 깊이에 매설하고 보기 쉬운 장소에 액화석유 가스의 배관을 매설하였음을 표시할 것
㉣ 배관을 수중에 설치하는 경우 선박 · 파도 등의 영향을 받지 않는 깊은 곳에 설치할 것
㉤ 지상에 설치한 배관은 온도변화에 의한 길이의 변화에 따른 신축을 흡수하는 조치를 할 것
㉥ 배관에는 그 온도를 40℃ 이하로 유지할 수 있는 조치를 할 것
㉦ 배관의 적당한 곳에 압력계 및 온도계를 설치할 것(고법 : 압축가스 배관에는 압력계를, 액화가스 배관에는 압력계 온도계를 설치)
㉧ 배관의 적당한 곳에 안전밸브를 설치하고, 그 분출면적은 배관의 최대 지름부 단면적의 1/10 이상으로 하여야 하며, 그 설정압력은 배관 내압시험 압력의 8/10 이하 배관의 설계압력 이상일 것

15 자동차용기 충전시설 기준에서 충전소에는 보기 쉬운 위치에 '충전 중 엔진정지'라고 표시해야 하는데 게시판의 색상으로 맞는 것은?

① 황색 바탕에 백색 글씨
② 황색 바탕에 흑색 글씨
③ 백색 바탕에 적색 글씨
④ 백색 바탕에 황색 글씨

해설

㉠ 충전 중 엔진정지(황색 바탕에 흑색 글씨)
㉡ 화기엄금(백색 바탕에 적색 글씨)

정답 13.② 14.② 15.②

16 자동차용기 충전시설 기준에서 충전기 상부에는 캐노피를 설치하고 그 면적은 공지면적의 얼마로 하는가?

① $\frac{1}{2}$ 이상 ② $\frac{1}{5}$ 이상
③ $\frac{1}{4}$ 이상 ④ $\frac{1}{3}$ 이상

해설
㉠ 캐노피의 면적은 공지면적의 1/2 이상, 충전기의 충전호스 길이는 5m 이내
㉡ 충전호스에 과도한 인장력이 가해졌을 때 충전기와 가스주입기가 분리될 수 있는 구조, 충전기 주위에는 가스누설경보기 설치

17 자동차용기 충전시설 기준에서 충전기 주위에는 무엇을 설치하는가?

① 유량계 ② 가스누설경보기
③ 온도계 ④ 압력계

18 가연성 가스의 내화구조 저장탱크가 상호 인접하여 있을 때 탱크 직경 1/4 중 큰 것과 규정거리를 유지하지 못했을 경우 물분무장치의 방사능력은?

① $2L/min \cdot m^2$ ② $4L/min \cdot m^2$
③ $6L/min \cdot m^2$ ④ $8L/min \cdot m^2$

해설

시 설	수 량
내화구조	4L/min
준내화구조	6.5L/min
저장탱크 전표면	8L/min

19 LPG의 용기보관실 바닥면적이 $3m^2$이라면 통풍구의 크기는 얼마로 하여야 하는가?

① $600cm^2$ ② $700cm^2$
③ $900cm^2$ ④ $1100cm^2$

해설
$30000 \times 0.03 = 900cm^2$(바닥면적의 3%)

20 LPG의 집단공급 시설을 할 때에 저장설비의 주위에는 경계책 높이를 몇 m 이상으로 설치되는가?

① 2m ② 3m
③ 1.5m ④ 1m

21 2개 이상의 탱크를 동일한 차량에 고정 운반 시의 기준에 적합하지 않은 것은?

① 독성가스 운반시 소화설비를 휴대할 것
② 충전관에는 안전밸브 압력계 및 긴급 탈압밸브를 설치할 것
③ 탱크 상호간 또는 탱크의 차량 사이를 견고히 결속할 것
④ 탱크마다 주밸브를 설치할 것

해설
독성가스 운반 시 방독면 고무장갑 재해제 등을 휴대 (소화설비는 가연성, 산소를 운반 시 휴대하는 장비)

22 저장탱크에 LPG를 충전하는 때에는 가스의 용량이 상용의 온도에서 저장탱크 내용적의 몇 %를 넘지 않아야 하는가?

① 80% ② 85%
③ 90% ④ 95%

해설
탱크를 충전 시 90% 이하 충전
(단, 소형 저장탱크는 85% 이하 충전)

23 LPG 저장탱크를 지하에 묻는 경우 탱크실의 철근 콘크리트의 두께는?

① 30cm 이상 ② 25cm 이상
③ 20cm 이상 ④ 12cm 이상

24 LPG 용기 보관소 경계표지 중 "화기엄금"의 표지 색상은?

① 검정색 ② 파란색
③ 적색 ④ 노란색

해설
화기엄금 : 바탕색은 백색, 글자색은 적색

25 액화석유가스의 실량 표시 증지에 기재할 사항이 아닌 것은?

① 충전 연월일 ② 발행기관
③ 가스의 무게 ④ 빈용기 무게

정답 16.① 17.② 18.② 19.③ 20.③ 21.① 22.③ 23.① 24.③ 25.①

해설

실량 표시 증지에 기재하는 사항
㉠ 빈용기 무게
㉡ 가스의 무게
㉢ 총무게
㉣ 충전소명 및 전화번호
㉤ 발행기관

26 액화석유가스 사용시설 기준 설명 중 옳지 않은 것은?

① 가스사용을 위한 가스용품 및 특정설비는 검사에 합격한 것을 사용할 것
② 기화장치에는 가스가 액체상태로 넘쳐흐르지 말도록 필요한 장치를 설치할 것
③ 액화석유 가스의 기화장치는 직화식 가열구조가 아닐 것
④ 가정용 가스사용 시설에서 호스의 길이는 5m 이내일 것

해설

배관 중 호스의 길이는 3m 이내일 것

27 LPG 저장탱크에 폭발방지장치를 설치해애 하는 경우는 다음 중 어느 것인가?

① 주거, 상업지역의 지하에 매몰하는 저장능력 10톤 이상
② 주거, 상업지역에 설치하는 저장능력 10톤 이상
③ 주거지역에 설치하는 저장능력 5톤 이상
④ 준공업지역에 설치하는 저장능력 5톤 이상

28 조정압력이 3.3kPa 이하인 LP가스용 조정기의 작동정지압력은?

① 5.6~8.4kPa ② 5.04~8.4kPa
③ 5.5~7kPa ④ 5.04~7kPa

해설

조정압력이 3.3kPa 이하인 LP가스 조정기의 안전장치의 작동압력
㉠ 작동표준압력 : 7kPa
㉡ 작동개시압력 : 5.6~8.4kPa
㉢ 작동정지압력 : 5.04~8.4kPa

29 LP가스의 연소기에 대한 설명으로 옳은 것은?

① 도시가스용보다도 입구의 수를 적게 하면 좋다.
② 도시가스용보다 공기구멍이 작다.
③ 도시가스용보다 공기구멍이 크다.
④ 도시가스용으로 알맞다.

30 지상에 액화석유가스(LPG) 저장탱크를 설치하는 경우 냉각용 살수장치는 그 외면으로부터 몇 m 이상 떨어진 곳에서 조작할 수 있어야 하는가?

① 7m
② 5m
③ 3m
④ 2m

해설

㉠ 물분무장치 : 15m
㉡ 살수장치 : 5m

31 가스연소기 버너의 가스소비량은 표시량의 몇 ±% 이내이어야 하는가?

① 표시치의 ±40% 이내
② 표시치의 ±30% 이내
③ 표시치의 ±20% 이내
④ 표시치의 ±10% 이내

32 액화석유가스가 공기 중에서 누설 시 그 농도가 몇 %일 때 감지할 수 있도록 부취제를 섞는가?

① 2%
② 1%
③ 0.5%
④ 0.1%

33 LPG 용기 보관소 화기엄금의 경계표시의 표시는 어느 색으로 나타내는가?

① 적색 ② 청색
③ 노랑색 ④ 흰색

정답 26.④ 27.② 28.② 29.② 30.② 31.④ 32.④ 33.①

34 LP가스 공급원이 보유하여야 할 장비는?

① 조정기의 폐쇄압력 측정기
② 자기압력 기록계
③ 가스누출 검지기
④ 연소기 입구압력 측정기

해설

㉠ 가연성 : 가스누출 검지기 · 누출검지액
㉡ 독성 : 가스누출 시험지, 누출검지액

35 액화석유가스 충전사업 시설기준 중 배관에 설치해야 할 안전밸브의 분출면적과 작동압력이 바르게 표시된 것은?

① 분출면적은 배관 최소 지름부의 단면적의 2/10 이상, 작동압력은 상용압의 8/10 이상
② 분출면적은 배관 최대 지름부의 단면적의 1/10 이상, 작동압력은 내압시험압의 8/10 이상
③ 분출면적은 배관 최소 지름부의 단면적의 2/10 이상, 작동압력은 상용압의 9/10 이상
④ 분출면적은 배관 최소 지름부의 단면적의 1/10 이상, 작동압력은 내압시험압의 9/10 이상

36 가스용품 중 가스누설 자동차단기의 전기 충전부와 비충전 금속부와의 절연저항은?

① 2.5MΩ
② 2MΩ
③ 1MΩ
④ 0.5MΩ

해설

도시가스배관 절연조치 시 신규절연저항 1MΩ 이상, 향후는 0.1MΩ 이상

37 주거지역, 상업지역의 저장탱크에 폭발방지장치를 설치해야 하는 저장능력 규모는?

① 30톤 이상 ② 20톤 이상
③ 15톤 이상 ④ 10톤 이상

정답 34.③ 35.② 36.③ 37.④

chapter 3 도시가스 안전관리

'chapter 3'은 한국산업인력공단의 출제기준에서 안전관리의 도시가스 제조 사용시설 부분입니다.

01 가스 도매사업

(1) 안전거리

① LNG 저장 처리설비는(1일 52500m^3 이하, 펌프, 압축기, 기화장치 제외) 50m 또는 $L = C^3\sqrt{143000W}$ 와 동등 거리를 유지한다.

여기서, L : 유지하는 거리(m)

C : 상수

W : 저장탱크는 저장능력의 제곱근(톤)

② LPG 저장 처리설비는 30m 거리 유지

(2) 설비 사이의 거리

① 고압인 가스공급 시설의 안전구역 면적 20000m^2 미만

② 안전구역 내 고압가스 공급시설(고압가스 공급시설 사이는 30m 유지)

③ 제조소 경계 20m 유지

④ LNG 저장탱크 처리능력 200000m^3, 압축기와 30m 유지

(3) 검지구를 설치하는 장소

① 긴급차단장치 부분

② 슬리브관 이중관 방호구조물 등에 밀폐 설치된 부분

③ 누설가스가 체류하기 쉬운 부분

(4) 검지부를 설치하지 않는 장소

① 연기 등의 접촉 우려가 있는 곳

② 누설가스 유통이 원활하지 못한 곳

③ 40℃ 이상인 곳

④ 경보기 파손의 우려가 있는 곳

(5) 벤트스택

① 긴급용 및 공급시설 벤트스택 방출구 위치 : 10m

② 그 밖의 벤트스택 방출구 위치 : 5m

(6) 배관에 표시하는 사항

① 가스흐름 방향(표지판의 간격 : 500m마다)

② 사용가스명

③ 최고 사용압력

④ 중압 이상의 배관, 용접부 모두 비파괴시험 실시

(7) 배관의 설치

① 지하매설 : 건축물 1.5m, 타 시설물 0.3m, 산과 들 1m, 기타 1.2m

② 시가지의 도로노면 : 배관 외면 1.5m, 방호구조물 내 1.2m

③ 시가지 외 도로노면 : 배관 외면 1.2m

④ 철도부지에 매설 : 궤도 중심과 4m, 철도부지 경계와 1m

⑤ 철도부지 밑 매설 시 거리를 유지하지 않아도 되는 경우

㉠ 열차 하중을 고려한 경우

㉡ 방호구조물로 방호한 경우

㉢ 열차 하중의 영향을 받지 않는 경우

⑥ 배관을 철도와 병행하여 매설하는 경우 : 50m의 간격으로 표지판을 설치할 것

(8) 배관 설치 시 유지하는 공지의 폭

상용압력	공지의 폭
0.2MPa 미만	5m 이상
0.2~1MPa 미만	9m 이상
1MPa 이상	15m 이상

02 일반 도시가스 사업

(1) 안전관리

① 표지판 설치간격 : 제조소 공급소 500m, 제조소 공급소 밖 200m마다 설치

② 가스발생기, 가스홀더 : 고압 20m, 중압 10m, 저압 5m 유지

③ 가스혼합기, 가스정제설비, 배송기, 압송기, 사업장 경계까지 3m 유지

④ 최고 사용압력이 고압인 것은 20m, 1종 보호시설 30m의 안전거리 유지

(2) 고압, 중압 가스공급 시설 중 내압시험을 생략하는 경우

① 용접 배관에 방사선 투과시험 합격 시

② 15m 미만 고압, 중압 배관으로 최고 압력이 1.5배로 합격 시

③ 배송기, 압송기, 압축기, 송풍기, 액화가스용 펌프, 정압기

(3) 가스공급 시설 중 가스가 통하는 부분은 최고사용압력의 1.1배의 기밀시험 시 이상이 없을 것

(4) 기밀시험 생략

① 최고 압력이 0Pa 이하

② 항상 대기에 개방된 시설

(5) 도시가스 사용시설의 기밀시험압력

8.4kPa 또는 최고사용압력의 1.1배 중 높은 압력

(6) 배관 내용적에 따른 기밀시험 유지시간

내용적	기밀시험시간	내용적	기밀시험시간
10L 이하	5분	50L 초과	24분
10~50L	10분		

(7) 안전밸브 분출압력

① 안전변 1개 : 최고사용압력 이하

② 안전변 2개 : 1개는 최고사용압력, 다른 것은 최고사용압력이 1.03배

(8) 안전밸브 분출량을 결정하는 압력

① 고압, 중압가스 공급시설 : 최고사용압력의 1.1배 이하

② 액화가스가 통하는 가스공급시설 : 최고사용압력의 1.2배 이상

(9) 가스발생설비, 가스정제설비, 배송기, 압송기 등에는 가스차단장치, 액면계, 경보장치 설치

(10) 가스공급시설의 조명도

150lux 이상

(11) 비상공급시설

① 고압 · 중압 비상공급시설 : T_P = 최고사용압력×1.5

A_p = 최고사용압력×1.1배

② 안전거리 : 1종 15m, 2종 10m 유지

③ 비상공급시설에는 정전기 제거조치를 한다.

④ 비상공급시설에는 원동기에서 불씨가 방출되지 않도록 한다.

(12) 가스발생설비(기화장치 제외)

① 압력상승 방지장치를 설치한다.
② 역류방지장치를 설치한다.
③ 사이클링식 가스발생설비에는 자동조종장치를 설치한다.

(13) 기화장치

① 직화식 가열구조가 아닐 것
② 온수가열 시 동결 방지장치
③ 액화가스의 넘쳐 흐름을 방지하는 액유출 방지장치를 설치

(14) 저압가스 정제설비에는 수봉기를 설치

(15) 가스홀더(고압, 중압 가스홀더)

① 신축 흡수 조치
② 응축액을 외부로 뽑을 수 있는 장치
③ 응축액의 동결 방지조치
④ 맨홀, 검사구 설치

(16) 저압유수식 가스홀더

① 원활히 작동할 것
② 가스방출장치 설치
③ 수조에 물공급관과 물이 넘쳐 빠지는 구멍 설치(동결 방지조치)

(17) 저압무수식 가스홀더

① 피스톤이 원활히 작동할 것
② 봉액 사용 시 봉액공급용 예비펌프를 설치

(18) 긴급차단장치 설치위치((5m) 그 밖의 부대설비)

① 저장탱크와 가스홀더 사이는 저장탱크 최대 직경의 $\frac{1}{2}\left(\text{지하설치 시는 }\frac{1}{4}\right)$의 길이 중 큰 것과 동등 길이를 유지할 것
② 주거지역, 상업지역에 설치되는 10톤 이상 탱크에 폭발방지장치를 할 것
③ 지반침하 방지용량(1톤 이상)
④ 방류둑 설치용량(1000톤 이상)
⑤ 가스방출관 : 지면에서 5m, 탱크정상부에서 2m 중 높은 위치

(19) 배관을 옥외 공동구내 설치 시

① 환기장치
② 방폭구조
③ 신축 흡수 조치
④ 배관의 관통부에서 손상방지 조치
⑤ 격벽을 설치

(20) 입상관

바닥으로부터 1.6~2m 이내에 설치

(21) 가스계량기

① 우회거리 : 2m
② 용량 30m^3/hr 미만의 가스계량기 설치 높이 1.6~2m 이내(격납상자 내에 설치 시 설치 높이 제한없음)

(22) 가스누출 자동차단장치

① 영업장 면적 100m^2 이상인 경우 가스누출 경보차단장치 또는 가스누출 자동차단기 설치
② 가스누출 자동차단장치를 설치하지 않아도 되는 경우
㉠ 월사용 예정량 : 2000m^3 미만 연소기로 퓨즈콕, 상자콕 안전장치 및 연소기에 소화(안전장치 부착 시)
㉡ 가스공급 차단 시 막대한 손실이 발생하는 산업자원부장관이 고시하는 시설

(23) 가스사용시설에는 퓨즈콕 설치

단, 19400kcal/hr(사용압력 3.3kPa) 초과 연소기가 연결된 배관에는 호스콕 또는 배관용 밸브로 대용할 수 있다.

(24) 공동주택에 압력조정기를 설치하는 경우

① 공급압력 저압인 경우 : 250세대 미만
② 공급압력 중압인 경우 : 150세대 미만

chapter 3

출/제/예/상/문/제

01 도시가스 사용시설에 실시하는 기밀시험은 얼마인가?

① 최고사용압력의 2배 또는 10kPa
② 최고사용압력의 1.8배 또는 10kPa
③ 최고사용압력의 1.5배 또는 10kPa
④ 최고사용압력의 1.1배 또는 8.4kPa

해설

일반 도시가스 사업의 가스사용 시설기준 중 내압시험 및 기밀시험

㉠ 최고사용압력이 중압 이상인 배관은 최고사용압력의 1.5배 이상의 압력으로 내압시험을 실시하여 이상이 없을 것
㉡ 가스사용 시설(연소기를 제외한다)은 최고사용압력의 1.1배 또는 8.4kPa 중 높은 압력 이상의 압력으로 기밀시험(완성검사를 받은 후의 자체 검사시에는 사용압력 이상의 압력으로 실시하는 누출검사)을 실시하여 이상이 없을 것

02 다음은 도시가스 사용시설의 월 사용예정량 산출식이다. 여기서 A가 뜻하는 내용이 맞는 것은?

$$Q=(A\times 240)+(B\times 90)/11000$$

① 월 사용예정량
② 산업용으로 사용하는 연소기의 명판에 기재된 가스소비량 합계
③ 발열량
④ 비산업용의 가스소비량

03 일반 도시가스 사업에서 배관을 옥외 공동구내에 설치하는 경우 기준에 적합하지 않은 것은?

① 배관에 가스유입을 차단하는 장치를 설치하되 그 장치를 옥외 공동구내에 설치하는 경우에는 격벽으로 하지 말 것
② 배관은 신축이음매 또는 플렉시블 튜브에 의하여 온도변화에 의한 신축을 흡수하는 조치가 되어 있을 것
③ 전기설비는 그 전기설비가 방폭구조의 것일 것
④ 환기장치가 있을 것

해설

일반 도시가스 사업의 시설기준과 기술기준 배관의 설치 등

참고 공동구내의 시설
배관을 옥외의 공동구내에 설치하는 경우에는 다음 각 호에 적합할 것
㉠ 환기장치가 있을 것
㉡ 전기설비가 있는 것은 그 전기설비가 방폭구조의 것일 것
㉢ 배관은 벨로스형, 신축이음매 또는 주름관 등에 의하여 온도변화에 의한 신축을 흡수하는 조치를 할 것
㉣ 옥외 공동구벽을 관통하는 배관의 관통부 및 그 부근에는 배관의 손상방지를 위한 조치를 할 것
㉤ 배관에 가스유입을 차단하는 장치를 설치하되 그 장치를 옥외 공동구내에 설치하는 경우에는 격벽을 설치할 것

04 도시가스 사용시설 중 배관에 있어서 부식방지조치에 의한 지상과 지하 매몰 배관의 색깔로 옳은 것은?

① 지상 – 황색, 지하 – 흑색 또는 적색
② 지상 – 적색, 지하 – 흑색 또는 황색
③ 지상 – 적색, 지하 – 황색 또는 녹색
④ 지상 – 황색, 지하 – 적색 또는 황색

해설

배관의 표시 및 부식방지 조치는 다음 기준에 의할 것
㉠ 배관 외부 사용가스명과 최고 사용압력 및 가스의 흐름방향을 표시할 것(단, 지하에 매설하는 경우에는 흐름방향을 표시하지 아니할 수 있다).
㉡ 가스배관의 표면색상에서 지상배관은 황색으로, 매설배관에서 최고 사용압력이 저압인 배관은 황색, 중압인 배관은 적색으로 할 것. 단, 지상배관 중 건

정답 01.④ 02.② 03.① 04.④

축물의 내·외벽에 노출된 것으로서 바닥(2층 이상 건물의 경우에는 각 층의 바닥을 말한다)으로부터 1m의 높이에 폭 3cm의 황색띠를 이중으로 표시한 경우에는 표면 색상을 황색으로 하지 아니할 수 있다.

05 일반 도시가스 사업의 가스공급시설에서 가스혼합기, 가스정제설비, 배송기, 압송기 그 밖의 가스공급 시설의 부대설비는 그 외면으로부터 사업장의 경계까지의 거리가 몇 m 이상이 되도록 하는가?

① 5m　② 3m
③ 4m　④ 10m

해설

일반 도시가스 사업 가스공급 시설의 시설 및 기술기준(제조소 및 공급소의 안전설비)
㉠ 가스발생기 및 가스홀더는 사업장의 경계까지 최고사용압력이 고압 20m 이상, 중압 10m 이상, 저압 5m 이상
㉡ 가스혼합기, 가스 정제설비, 배송기, 압송기는 사업장 경계까지 3m, 최고사용압력이 고압은 20m 이상

06 도시가스 제조, 공급시설 중 가스의 제조, 공급을 위한 시설이 아닌 항목은?

① 계량기
② 공급관
③ 정압기
④ 액화가스 저장탱크

계량기, 내관 연소기 등은 사용자 시설임

07 도시가스 사업법에서 고압 또는 중압인 가스공급의 내압시험 압력은 얼마로 규정되어 있는가?

① 최고사용압력의 1.8배 이상
② 최고사용압력의 1.5배 이상
③ 최고사용압력의 1.2배 이상
④ 최고사용압력의 1.1배 이상

08 일반 도시가스 사업의 가스공급 시설 중 가스가 통하는 부분의 기밀시험 압력은?

① 상용압력의 1.1배 이상
② 최고사용압력의 1.5배 이상
③ 최고사용압력의 1.1배 이상
④ 최고사용압력 이상

09 액화천연가스 저장설비의 안전거리 계산식은? (단, L : 유지거리, C : 상수, W : 저장능력 제곱근 또는 질량)

① $L = C^{3}\sqrt{143000W}$
② $L = W^{4}\sqrt{143000C}$
③ $L = C^{2}\sqrt{143000W}$
④ $L = W^{5}\sqrt{143000C}$

10 가스 도매사업의 액화가스 저장탱크로서 내용적이 5000L 이상의 것에 설치한 배관에는 그 저장탱크의 외면으로부터 몇 m 이상 떨어진 위치에서 조작할 수 있는 긴급차단장치를 설치하는가?

① 20m　② 12m
③ 10m　④ 5m

해설

㉠ 고압가스 특정제조의 긴급차단밸브 설치위치 : 10m 이상
㉡ 고압가스 일반제조의 긴급차단밸브 설치위치 : 5m 이상
㉢ 가스 도매사업의 긴급차단밸브 설치위치 : 10m 이상
㉣ 일반 도시가스 사업의 긴급차단밸브 설치위치 : 5m 이상

11 가스 도매사업의 도시가스 사업법에 의한 방류둑을 설치해야 할 경우는 액화가스 저장탱크의 저장능력이 몇 톤 이상일 때인가?

① 500톤 이상　② 400톤 이상
③ 200톤 이상　④ 100톤 이상

해설

㉠ 고압가스 특정제조의 규정과 동일한 가연성 방류둑 : 500톤 이상
㉡ 가스도매사업의 방류둑 설치용량 : 500톤 이상
㉢ 일반 도시가스 사업의 방류둑 설치용량 : 1000톤 이상
㉣ 액화석유가스 사업의 방류둑 설치용량 : 1000톤 이상

정답 05.② 06.① 07.② 08.③ 09.① 10.③ 11.①

12 다음 중 도시가스의 오전 열량 측정 시간으로 옳은 것은?

① 10시30분~12시
② 9시~10시
③ 6시30분~9시
④ 4시30분~5시50분

해설
㉠ 오전 : 6시 30분~9시
㉡ 오후 : 17시~20시 30분

13 도시가스 배관 중 입상관에 설치한 밸브의 높이 중 가장 적당한 것은 어느 것인가?

① 3.0m ② 2.2m
③ 1.8m ④ 1.2m

해설
1.6m 이상 2m 이내

14 일반 도시가스 공급시설 기준 중 적합하지 아니한 것은?

① 가스공급시설의 내압부분 및 액화가스가 통하는 부분은 최고 사용압력의 1.1배 이상의 압력으로 실시하는 내압시험에 합격해야 한다.
② 액화가스가 통하는 가스공급시설에는 당해 가스공급시설에서 발생하는 정전기를 제거하는 조치를 한다.
③ 제조소 또는 공급소에 설치된 가스가 통하는 가스공급시설의 부근에 설치하는 전기설비는 방폭성능을 가져야 한다.
④ 가스공급시설을 설치하는(제조소 및 공급소 내에 설치된 것에 한함) 양호한 통풍구조로 한다.

해설
일반 도시가스 공급시설의 내압시험압력=최고사용압력×1.5배

15 도시가스 공급배관에서 입상관의 밸브는 바닥으로부터 몇 m 이내인가?

① 1.5m 이상 2m 이내
② 1m 이상 2m 이내
③ 1.6m 이상 2m 이내
④ 1m 이상 1.5m 이내

16 가스 도매사업의 가스공급시설에서 배관을 지하에 매설할 경우 기준이 틀린 것은?

① 배관의 깊이는 산과 들에서는 0.6m 이상으로 할 것
② 배관의 깊이는 산과 물 이외의 지역에서는 1.2m 이상으로 할 것
③ 배관은 그 외면으로부터 다른 시설물과 0.3m 이상을 유지할 것
④ 배관은 그 외면으로부터 수평거리로 건축물까지 1.5m 이상을 유지할 것

해설
배관의 매설깊이 : 산과 들에는 1m 이상

17 도시가스 공급시설을 설치하는 곳에 가스 누설 시 가스가 체류하지 아니하도록 강제 통풍시설을 하여야 할 때 옳지 않은 것은?

① 배기가스 방출구를 공기보다 비중이 무거운 경우 5m 이상의 높이에 설치할 것
② 배기가스 방출구를 공기보다 비중이 가벼운 경우 3m 이상의 높이에 설치할 것
③ 배기구는 공기보다 가벼운 경우 바닥면 가까이에 설치할 것
④ 통풍능력은 바닥면적 $1m^2$ 당 $0.5m^3$/분 이상일 것

해설
공기보다 가벼운 경우 배기구는 천정면 가까이 설치

18 도시가스용 소화대책으로 옳은 것은?

① 탄산가스 소화기 ② 포말소화제
③ 분말소화제 ④ 소화전

19 도시가스 사용시설에서 가스계량기의 설치 높이로 옳은 것은?

정답 12.③ 13.③ 14.① 15.③ 16.① 17.③ 18.① 19.③

① 바닥으로부터 2m 이상 3m 이내에 45° 경사지게 설치
② 바닥으로부터 2m 이상 3m 이내에 수직, 수평으로 설치
③ 바닥으로부터 1.6m 이상 2m 이내에 수평으로 설치
④ 바닥으로부터 1.2m 이상 2m 이내에 수직, 수평으로 설치

20 일반 도시가스 사업의 제조소 또는 공급소의 배관 이외의 가스공급시설과 화기를 취급하는 설비의 우회거리는?

① 8m 이상　　② 6m 이상
③ 5m 이상　　④ 3m 이상

21 저장능력 $300m^3$ 이상에서 두 가스홀더인 A, B간에 유지해야 할 거리는? (단, A, B의 최대지름은 각각 8m, 4m이다.)

① 4m　　② 3m
③ 2m　　④ 1m

$(8+4)\times\frac{1}{4}=3m$

22 도시가스 공급시설 중 정압기의 종류가 아닌 것은?

① 로드식 정압기
② 엑시앨(플로식 정압기)
③ 피셔식 정압기
④ 레이놀드식 정압기

23 가스공급시설의 안전조작에 필요한 장소의 조도는 몇 lux인가?

① 150　　② 110
③ 60　　④ 10

24 도시가스의 유해성분 측정에 있어 암모니아는 도시가스 $1m^3$당 몇 g을 초과해서는 안되는가?

① 2.0　　② 1.0
③ 0.05　　④ 0.2

해설

㉠ 황 : 0.5g
㉡ 황화수소 : 0.02g
㉢ 암모니아 : 0.2g

25 도시가스 부취제가 갖추어야 할 성질 중 틀린 것은?

① 도관 내의 사용온도에서는 응축하지 않을 것
② 가스관이나 가스미터에 흡착되어야 할 것
③ 극히 낮은 온도에서도 냄새가 확인될 수 있을 것
④ 독성이 없을 것

해설

가스관이나 가스미터에 흡착되지 않을 것

26 도시가스의 저장탱크 외부에는 그 주위에서 보기 쉽도록 가스의 명칭을 표시해야 하는데 무슨 색으로 표시해야 하는가?

① 적색　　② 흑색
③ 황록색　　④ 회색

27 공기보다 비중이 가벼운 도시가스의 공급시설로서 공급시설이 지하에 설치된 경우 통풍 구조는 흡입구 및 배기구의 관경을 몇 mm 이상으로 하는가?

① 150mm　　② 100mm
③ 75mm　　④ 50mm

28 도시가스의 배관 내의 상용압력이 4.2MPa이다. 배관 내의 압력이 이상 상승하여 경보장치의 경보가 울리기 시작하는 압력은?

① 4.61MPa 초과 시
② 4.51MPa 초과 시
③ 4.4MPa 초과 시
④ 4.2MPa 초과 시

정답 20.① 21.② 22.① 23.① 24.④ 25.② 26.① 27.② 28.③

해설

경보장치는 다음의 경우에 경보가 울림
㉠ 압력이 정상보다 15% 초과 시
㉡ 유량이 정상보다 7% 초과 시
㉢ 긴급차단밸브가 고장 시
㉣ 압력이 상용압력의 1.05배 초과 시(상용압력이 4MPa 이상 시 상용압력이 0.2MPa를 더한 압력에 경보를 울림)
∴ 4.2+0.2=4.4MPa

29 가스계량기와 전기계량기 및 전기개폐기와의 거리는 몇 cm 이상의 거리를 유지해야 하는가?

① 80cm
② 60cm
③ 30cm
④ 15cm

30 도시가스 정압기 이후 이상압력 상승방지 조치를 위한 설비로 부적합한 것은?

① 수동식 안전장치 설치
② 바이패스 배관 설치
③ 정압기 2개를 직렬로 설치
④ 정압기 2개를 병렬로 설치

31 도시가스 사업의 가스사용 시설기준에서 가스계량기 설치기준이 옳은 것은?

① 전기개폐기와의 거리는 1m 이상에 설치
② 절연조치하지 않은 전선과의 거리는 30cm 이상에 설치
③ 화기와의 거리는 3m 이상에 설치
④ 바닥으로부터 1.6m 이상 2m 이내에 수직, 수평으로 설치

해설

㉠ 전기개폐기 : 60cm
㉡ 전선 : 15cm
㉢ 가스계량기와 화기의 우회거리 : 2m 이상

32 도시가스의 배관장치를 해저에 설치하는 아래의 기준 중에서 적합하지 않은 것은?

① 배관을 매설하지 않고 설치하는 경우에는 해저면을 고르게 하여 배관이 해저면에 닿도록 할 것
② 배관은 원칙적으로 다른 배관과 20m의 수평거리를 유지할 것
③ 배관의 입상부에는 방호시설물을 설치할 것
④ 배관은 원칙적으로 다른 배관과 교차하지 않을 것

해설

수평거리 : 30m

33 도시가스를 공급하는 배관으로서 지하에 매설할 수 없는 배관은?

① 아연도금강관
② 가스용 폴리에틸렌관
③ 분말융착식 폴리에틸렌 피복강관
④ 폴리에틸렌 피복강관

정답 29.② 30.③ 31.④ 32.② 33.①

출 / 제 / 예 / 상 / 문 / 제

01 다음 중 전기방식의 종류가 아닌 것은?

① 음극전류법 ② 희생양극법
③ 외부전원법 ④ 배류법

해설

전기방식 : 지중, 수중에 설치하는 강제 배관 및 저장탱크 외면에 전류를 유입시켜 양극반응을 저지함으로써 배관의 전기적 부식을 방지하는 것

02 다음 중 외부전원법에서 양극(+)에 접속하는 부분은?

① 매설 배관 ② 외부전원용 전극
③ 지면 ④ 토양

해설

㉠ 양극 : 토양 수중에 설치한 외부전원용 전극
㉡ 음극 : 매설 배관

03 전기방식 방법 중 직류전철 등에 따른 누출전류의 영향이 없는 경우 선택 방법은?

① 외부전원법
② 희생양극법
③ 외부전원법 또는 희생양극법
④ 배류법

해설

누출전류의 영향을 받는 배관의 경우 : 배류법으로 하되 방식효과가 충분하지 않을 때에는, 외부전원법 또는 희생양극법을 병용

04 전기방식법에서 외부전원법의 경우 전위측정용 터미널(T/B)의 설치는 배관 길이 몇 m마다 설치하여야 하는가?

① 100m ② 200m
③ 300m ④ 500m

해설

전위측정용 터미널(T/B)의 설치간격
㉠ 희생양극법, 배류법 : 300m 이내 간격
㉡ 외부전원법 : 500m 이내 간격

05 전기방식 효과를 유지하기 위해 절연조치를 하여야 하는 장소가 아닌 것은?

① 교량횡단 배관의 양단
② 고압가스 시설과 철근콘크리트 구조물 사이
③ 배관과 강재보호관
④ 다른 시설물과 30cm 이격된 접근교차지점

해설

①, ②, ③의 장소 이외에 다음의 장소 등이 있다.
㉠ 배관과 지지물 사이
㉡ 저장탱크와 배관 사이
㉢ 다른 시설물과 접근교차지점(단, 다른 시설물과 30cm 이상 이격 설치된 경우에는 제외)

06 고압가스시설의 부식 방지를 위한 전위 상태에서 방식 전류가 흐르는 상태에서 자연전위와의 전위 변화는 몇 mV 이하이어야 하는가?

① −100mV ② −200mV
③ −300mV ④ −500mV

해설

전위 상태

법규 구분 및 항목		전위변화값
고압가스시설	자연전위와의 전위변화	−300mV 이하
	포화황산동 기준전극	−5V 이상 −0.85V 이하
	황산염 환원박테리아가 번식하는 토양	−0.95V 이하
액화석유가스시설	자연전위와의 전위변화	−300mV 이하
	포화황상동 기준전극	−0.85V 이하
	황산염 환원박테리아가 번식하는 토양	−0.95V 이하
도시가스시설	자연전위와의 전위변화	−300mV 이하
	포화황산동 기준전극	−0.85V 이하
	황산염 환원박테리아가 번식하는 토양	−0.95V 이하

정답 01.① 02.② 03.③ 04.④ 05.④ 06.③

07 방식전위 및 시설점검에서 틀린 항목은?

① 관대지 전위 1년 1회 점검
② 외부전원점 관대지 전위 정류기 출력 전압 · 전류 배선의 접속 상태 6월 1회 점검
③ 배류점의 관대지 전위 정류기 출력 전압 · 전류 배선의 접속 상태 3월 1회 점검
④ 절연부속품 역전류 방지장치 결선 보호절연체는 6월 1회 이상 점검

해설

외부전원점 관대지 전위 3월 1회 이상 점검

08 가스배관 내진 등급 기준이 아닌 것은?

① 내진 특등급 : 최고사용압력 6.9MPa 이상 배관
② 내진 1등급 : 최고사용압력 0.5MPa 이상 배관
③ 내진 2등급 : 내진 특등급 내진 1등급 이외의 배관
④ 내진 3등급 : 최고사용압력 0.2MPa 미만의 배관

해설

가스배관 내진 등급의 종류
특등급, 1등급, 2등급

09 가연성 가스를 수송하는 배관의 중요도의 내진 등급의 분류는?

① 특등급 ② 1등급
③ 2등급 ④ 3등급

해설

㉠ 독성가스 수송배관의 중요도 : 내진 특등급
㉡ 가연성 가스 수송배관의 중요도 : 내진 1등급
㉢ 독성 · 가연성 이외 가스 수송배관의 중요도 : 내진 2등급

10 다음 설명의 내진 등급에 해당되는 기준은?

> 설비의 손상이나 기능 상실이 사업소 경계 밖에 있는 공공의 생명과 재산에 막대한 피해 초래 및 사회의 정상적 기능에 심각한 지장을 가져오는 것

① 내진 특등급 ② 내진 1등급
③ 내진 2등급 ④ 내진 3등급

해설

㉠ 1등급 : 상당한 피해 초래
㉡ 2등급 : 경미한 피해 초래

11 다음 (   )에 적당한 수치는?

> 염소, 시안화수소, 이산화질소, 불소, 포스겐 그 밖에 허용농도가 (   )ppm 이하인 것을 1종 독성가스라 한다.

① 1 ② 2
③ 3 ④ 5

해설

2종 독성가스
염화수소, 삼불화붕소, 이산화유황, 불화수소, 브롬화메틸, 황화수소 및 그 밖에 허용농도가 1ppm 초과 10ppm 이하

12 고법의 적용 독성, 가연성 가스시설에 내진설계의 용량은?

① 1톤 100m^3 이상 시설
② 2톤 200m^3 이상 시설
③ 3톤 300m^3 이상 시설
④ 5톤 500m^3 이상 시설

해설

내진설계 적용대상시설

구 분		적용시설 용량
고법	독성, 가연성	5톤 500m^3 이상
	비독성, 비가연성	10톤 1000m^3 이상
액법		3톤 이상
도법		3톤 300m^3 이상

참고 시설물의 종류 : 저장탱크, 압력용기, 가스홀더 지지물의 기초 와이들의 연결부

13 가스배관의 용접 시 배관상호 길이 이음매는 원주 방향에서 원칙적으로 몇 mm 이상 떨어지게 하여야 하는가?

① 10mm ② 20mm
③ 30mm ④ 50mm

정답 07.② 08.④ 09.② 10.① 11.① 12.④ 13.④

14 다음 설명에 부합되는 방폭구조의 종류는?

> 방폭전기기기의 용기 내부에서 가연성 가스의 폭발이 발생할 경우 그 용기가 폭발압력에 견디고, 접합면, 개구부 등을 통해 외부의 가연성 가스에 인화되지 않도록 한 구조를 말한다.

① 내압방폭구조(d)
② 압력방폭구조(p)
③ 유입방폭구조(o)
④ 안전증방폭구조(e)

해설

방폭구조의 종류

㉠ 유입(油入)방폭구조 : 용기 내부에 절연유를 주입하여 불꽃 아아크 또는 고온 발생 부분이 기름 속에 잠기게 함으로써 기름면 위에 존재하는 가연성 가스에 인화되지 않도록 한 구조를 말한다.(o)
㉡ 압력(壓力)방폭구조 : 용기 내부에 보호가스(신선한 공기 또는 불활성가스)를 압입하여 내부 압력을 유지함으로써 가연성 가스가 용기 내부로 유입되지 않도록 한 구조를 말한다.(p)
㉢ 안전증방폭구조 : 정상운전 중에 가연성 가스의 점화원이 될 전기불꽃 아아크 또는 고온부분 등의 발생을 방지하기 위해 기계적, 전기적 구조상 또는 온도상승에 대해 특히 안전도를 증가시킨 구조를 말한다.(e)
㉣ 본질안전방폭구조 : 정상 시 및 사고(단선, 단락, 지락 등) 시에 발생하는 전기불꽃 아아크 또는 고온부로 인하여 가연성 가스가 점화되지 않는 것이 점화시험, 그 밖의 방법에 의해 확인된 구조를 말한다.(ia, ib)
㉤ 특수방폭구조 : ㉠~㉣ 구조 이외의 방폭구조로서 가연성 가스에 점화를 방지할 수 있다는 것이 시험, 그 밖의 방법으로 확인된 구조를 말한다.(s)

15 다음에서 설명하는 위험장소의 종류는?

> 상용의 상태에서 가연성 가스의 농도가 연속해서 폭발하한계 이상으로 되는 장소(폭발상한계를 넘는 경우에는 폭발한계 이내로 들어갈 우려가 있는 경우를 포함한다)

① 0종　　② 1종
③ 2종　　④ 3종

해설

(1) 1종 장소
상용상태에서 가연성 가스가 체류해 위험하게 될 우려가 있는 장소, 정비보수 또는 누출 등으로 인하여 종종 가연성 가스가 체류하여 위험하게 될 우려가 있는 장소
(2) 2종 장소
㉠ 밀폐된 용기 또는 설비 안에 밀봉된 가연성 가스가 그 용기 또는 설비의 사고로 인하여 파손되거나 오조작의 경우에만 누출할 위험이 있는 장소
㉡ 확실한 기계적 환기조치에 따라 가연성 가스가 체류하지 아니하도록 되어 있으나 환기장치에 이상이나 사고가 발생한 경우에는 가연성 가스가 체류해 위험하게 될 우려가 있는 장소
㉢ 1종 장소의 주변 또는 인접한 실내에서 위험한 농도의 가연성 가스가 종종 침입할 우려가 있는 장소

16 방폭전기기기의 결합부의 나사류를 외부에서 쉽게 조작함으로써 방폭성능을 손상시킬 우려가 있는 것은 드라이버, 스패너, 플라이어 등 일반 공구로 조작할 수 없도록 한 구조를 어떤 구조라 하는가?

① 방폭죄임구조
② 가스안전구조
③ 자물쇠식 죄임구조
④ 특수 죄임구조

17 방폭전기기기 설비 부속품은 어떠한 방폭구조로 하여야 하는가?

① 압력방폭구조　　② 안전증방폭구조
③ 유입방폭구조　　④ 특수방폭구조

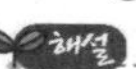

방폭전기기기 설비 부속품은 내압 또는 안전증 방폭구조로 한다.

18 방폭전기기기에 설치에 사용되는 정션, 풀박스 접속함의 방폭구조는?

① 유입방폭구조
② 유입방폭구조
③ 본질안전방폭구조
④ 내압방폭구조

정답 14.① 15.① 16.③ 17.② 18.④

해설

정선, 풀 박스 접속함은 내압 또는 안전증방폭구조로 한다.

19 도시가스 공급시설의 정압기실 구역압력조정기실 개구부와 RTU Box가 다음의 시설과 유지하여야 할 이격거리(m)는?

> 지구정압기, 건축물 내 지역정압기 및 공기보다 무거운 가스를 사용하는 지역정압기

① 1m ② 2m
③ 3.5m ④ 4.5m

해설

공기보다 가벼운 가스를 사용하는 지역정압기 및 구역압력조정기의 경우 1m 이상으로 한다.

20 가스를 운반 시 승하차용 리프트와 적재함이 부착되지 않아도 되는 경우는?

① 허용농도 200ppm 이하 충전용기 운반 시
② 내용적 800L 독성가스 충전용기 운반 시
③ 독성가스 적재능력 3t의 차량으로 운반 시
④ 내용적 1000L 이상 독성가스 충전용기 운반 시

해설

독성가스 내용적 1000L 이상 운반 시 승하차용 리프트와 밀폐구조 적재함이 부착된 차량은 제외한다.

21 다음 중 자연발화성 가연성 가스가 용기운반 시 휴대하지 않아도 되는 자재는?

① 적색기
② 차바퀴 고정목 2개
③ 누출검지기
④ 휴대용 손전등

해설

자연발화성 가연성 가스의 경우는 누출검지기를 휴대하지 않아도 된다.

22 염소, 염화수소, 포스겐, 아황산 등의 독성가스 1000kg 이상 운반 시 휴대하여야 하는 소석회의 양은?

① 10kg ② 20kg
③ 30kg ④ 40kg

해설

1000kg 미만 운반 시는 20kg 이상 휴대하여야 한다.

23 고압가스 운반차량의 경계표지에 관한 ( )에 적당한 용어는?

> 충전용기를 차량에 적재하여 운반 시 차량 앞뒤 보기 쉬운 곳에 붉은 글씨로 위험고압가스 ( )라는 경계표지와 위험을 알리는 도형, 상호 사업자의 전화번호, 운반기준 위반행위를 신고할 수 있는 등록관청의 전화번호가 표시된 안내문을 부착한다.

① 액화가스 ② 압축가스
③ 독성가스 ④ 가연성 가스

24 독성가스를 운반하는 차량에는 소화설비 인명보호장비 및 재해발생 발생방지를 위한 응급조치에 필요한 자재공구 등을 몇 개월마다 점검하여야 하는가?

① 1월 ② 2월
③ 3월 ④ 4월

정답 19.④ 20.④ 21.③ 22.④ 23.③ 24.①

성공하려면
당신이 무슨 일을 하고 있는지를 알아야 하며,
하고 있는 그 일을 좋아해야 하며,
하는 그 일을 믿어야 한다.

-윌 로저스(Will Rogers)-

☆

때론 지치고 힘들지만 언제나 가슴에 큰 꿈을 안고 삽시다.
노력은 배반하지 않습니다.^^

부록

과년도 출제문제

※ 과년도 출제문제 해설은 별책부록집과 함께 공부하세요!

국가기술자격 필기시험문제

2013년 기능사 제1회 필기시험(1부) (2013년 1월 시행)

자격종목	시험시간	문제수	문제형별
가스기능사	**1시간**	**60**	**A**

수험번호		성 명	

01 액화석유가스 또는 도시가스용으로 사용되는 가스용 염화비닐호스는 그 호스의 안전성, 편리성 및 호환성을 확보하기 위하여 안지름 치수를 규정하고 있는데 그 치수에 해당하지 않는 것은? **[안전 121]**

① 4.8mm ② 6.3mm
③ 9.5mm ④ 12.7mm

염화비닐호스 안지름 치수에 따른 구조
6.3mm : 1종, 9.5mm : 2종, 12.7mm : 3종

02 가스누출 자동차단장치의 검지부 설치 금지장소에 해당하지 않는 것은? **[안전 16]**

① 출입구 부근 등으로서 외부의 기류가 통하는 곳
② 가스가 체류하기 좋은 곳
③ 환기구 등 공기가 들어오는 곳으로부터 1.5m 이내의 곳
④ 연소기의 폐가스에 접촉하기 쉬운 곳

② 가스가 체류하기 좋은 곳 : 검지부 설치장소

03 가연성 고압가스 제조소에서 다음 중 착화원인이 될 수 없는 것은? **[설비 27]**

① 정전기
② 베릴륨합금체 공구에 의한 타격
③ 사용 촉매의 접촉
④ 밸브의 급격한 조작

가연성 제조공장에서 불꽃발생을 방지하기 위하여 사용되는 안전용 공구의 재료
㉠ 베릴륨, 베아론합금제
㉡ 플라스틱
㉢ 나무, 고무, 가죽

04 LP가스의 일반적인 성질에 대한 설명 중 옳은 것은?

① 공기보다 무거워 바닥에 고인다.
② 액의 체적팽창률이 적다.
③ 증발잠열이 적다.
④ 기화 및 액화가 어렵다.

LP가스
- C_3H_8 = 44g
- C_4H_{10} = 58g

공기보다 무거워 누설 시 바닥에 체류한다.

05 도시가스 사용시설에서 배관의 호칭지름이 25mm인 배관은 몇 [m] 간격으로 고정하여야 하는가? **[안전 71]**

① 1m 마다 ② 2m 마다
③ 3m 마다 ④ 4m 마다

13mm 이상 33mm 미만 : 2m 마다 고정

06 액화석유가스는 공기 중의 혼합 비율의 용량이 얼마인 상태에서 감지할 수 있도록 냄새가 나는 물질을 섞어 용기에 충전하여야 하는가? **[안전 55]**

① $\frac{1}{10}$ ② $\frac{1}{100}$
③ $\frac{1}{1000}$ ④ $\frac{1}{10000}$

정답 01.① 02.② 03.② 04.① 05.② 06.③

07 다음 중 천연가스(LNG)의 주성분은?

① CO　② CH_4
③ C_2H_4　④ C_2H_2

08 건축물 안에 매설할 수 없는 도시가스 배관의 재료는? [안전 122]

① 스테인리스강관
② 동관
③ 가스용 금속 플렉시블호스
④ 가스용 탄소강관

09 고압가스용 용접용기 동판의 최대두께와 최소두께와의 차이는? [안전 106]

① 평균두께의 5% 이하
② 평균두께의 10% 이하
③ 평균두께의 20% 이하
④ 평균두께의 25% 이하

10 공기 중에서 폭발범위가 가장 넓은 가스는?

① 메탄　② 프로판
③ 에탄　④ 일산화탄소

가스별 폭발범위

가스명	폭발범위(%)
메탄	5~15
프로판	2.1~9.5
에탄	3~12.5
일산화탄소	12.5~74

11 다음 중 마찰, 타격 등으로 격렬히 폭발하는 예민한 폭발물질로서 가장 거리가 먼 것은?

① AgN_2　② H_2S
③ Ag_2C_2　④ N_4S_4

타격, 마찰, 충격 등에 의한 폭발성 물질
Cu_2C_2, Ag_2C_2, Hg_2C_2, AgN_2, HgN_2, N_4S_4, Cu, Ag, Hg 등과 결합되어 생성되는 물질. 즉, 아세틸라이드를 형성하는 물질은 약간의 충격에도 폭발의 우려가 있는 물질이라 한다.

12 독성 가스용기 운반기준에 대한 설명으로 틀린 것은? [안전 4]

① 차량의 최대적재량을 초과하여 적재하지 아니 한다.
② 충전용기는 자전거나 오토바이에 적재하여 운반하지 아니 한다.
③ 독성 가스 중 가연성 가스와 조연성 가스는 같은 차량의 적재함으로 운반하지 아니 한다.
④ 충전용기를 차량에 적재하여 운반할 때에는 적재함에 넘어지지 않게 뉘어서 운반한다.

④ 충전용기는 세워서 운반

13 도시가스 계량기와 화기 사이에 유지하여야 하는 거리는?

① 2m 이상
② 4m 이상
③ 5m 이상
④ 8m 이상

가스계량기와 화기는 2m 이상 우회거리를 유지

14 용기밸브 그랜드너트의 6각 모서리에 V형의 홈을 낸 것은 무엇을 표시하기 위한 것인가?

① 왼나사임을 표시
② 오른나사임을 표시
③ 암나사임을 표시
④ 수나사임을 표시

15 부탄가스용 연소기의 명판에 기재할 사항이 아닌 것은?

① 연소기명
② 제조자의 형식 호칭
③ 연소기 재질
④ 제조(로트) 번호

정답 07.② 08.④ 09.② 10.④ 11.② 12.④ 13.① 14.① 15.③

16 도시가스 도매사업자가 제조소에 다음 시설을 설치하고자 한다. 다음 중 내진설계를 하지 않아도 되는 시설은? **[안전 72]**

① 저장능력이 2톤인 지상식 액화천연가스 저장탱크의 지지구조물
② 저장능력이 300m^3인 천연가스 홀더의 지지구조물
③ 처리능력이 10m^3인 압축기의 지지구조물
④ 처리능력이 15m^3인 펌프의 지지구조물

(KGS Gc 203)
① 저장능력 3톤 지상식 저장탱크 및 그 지지구조물이 내진설계 대상 시설

17 저장탱크의 지하설치 기준에 대한 설명으로 틀린 것은? **[안전 6]**

① 천장, 벽 및 바닥의 두께가 각각 30cm 이상인 방수조치를 한 철근콘크리트로 만든 곳에 설치한다.
② 지면으로부터 저장탱크의 정상부까지의 깊이는 1m 이상으로 한다.
③ 저장탱크에 설치한 안전밸브에는 지면에서 5m 이상의 높이에 방출구가 있는 가스방출관을 설치한다.
④ 저장탱크를 매설한 곳의 주위에는 지상에 경계표지를 설치한다.

(KGS Fu 331)
② 지면으로부터 저장탱크 정상부 깊이 60cm 이상

18 가스 중 음속보다 화염전파속도가 큰 경우 충격파가 발생하는 데 이때 가스의 연소속도로서 옳은 것은? **[장치 5]**

① 0.3~100m/s ② 100~300m/s
③ 700~800m/s ④ 1000~3500m/s

19 도시가스 사용시설의 가스계량기 설치기준에 대한 설명으로 옳은 것은? **[안전 24, 28]**

① 시설 안에서 사용하는 자체 화기를 제외한 화기와 가스계량기와 유지하여야 하는 거리는 3m 이상이어야 한다.
② 시설 안에서 사용하는 자체 화기를 제외한 화기와 입상관과 유지하여야 하는 거리는 3m 이상이어야 한다.
③ 가스계량기와 단열조치를 하지 아니한 굴뚝과의 거리는 10cm 이상 유지하여야 한다.
④ 가스계량기와 전기개폐기와의 거리는 60cm 이상 유지하여야 한다.

화기와 우회거리
㉠ 가연성, 산소 : 8m 이상
㉡ 가연성, 산소 이외의 가스 및 가스계량기, 입상관 : 2m 이상
㉢ 도시가스 사용시설의 가스계량기와 단열조치 하지 않은 굴뚝 : 30cm 이상

20 비등액체팽창증기폭발(BLEVE)이 일어날 가능성이 가장 낮은 곳은?

① LPG 저장탱크
② 액화가스 탱크로리
③ 천연가스 지구정압기
④ LNG 저장탱크

특수 폭발의 종류

구 분	핵심 내용
블래브 (BLEVE) (비등액체 증기폭발)	저비점 탱크 주변 화재 발생 시 탱크 벽면이 장시간 화염에 노출되면 온도의 상승으로 내부 탱크가 비등되어 압력이 올라가 탱크 벽면에 파이어볼로 파괴되는 현상으로, 주로 비점이 낮은 액체 저장탱크에서 발생
증기운 폭발	대기 중 다량의 가연성 가스 및 액체가 유출되어 발생한 증기가 공기와 혼합해서 가연성 혼합기체를 형성하여 발화원에 의해 발생하는 폭발

21 액화석유가스를 탱크로리로부터 이·충전할 때 정전기를 제거하는 조치로 접지하는 접지접속선의 규격은?

① 5.5mm^2 이상
② 6.7mm^2 이상
③ 9.6mm^2 이상
④ 10.5mm^2 이상

정답 16.① 17.② 18.④ 19.④ 20.③ 21.①

22 가연성 가스, 독성 가스 및 산소설비의 수리 시 설비 내의 가스 치환용으로 주로 사용되는 가스는?

① 질소　　② 수소
③ 일산화탄소　　④ 염소

23 다음 중 지연성 가스에 해당되지 않는 것은?

① 염소
② 불소
③ 이산화질소
④ 이황화탄소

24 내용적이 300L인 용기에 액화암모니아를 저장하려고 한다. 이 저장설비의 저장능력은 얼마인가? (단, 액화암모니아의 충전정수는 1.86이다.)

① 161kg　　② 232kg
③ 279kg　　④ 558kg

해설

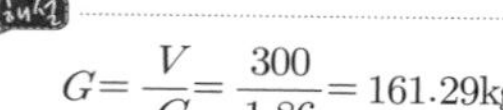

$G=\frac{V}{C}=\frac{300}{1.86}=161.29\text{kg}$

25 다음 중 방류둑을 설치하여야 할 기준으로 옳지 않은 것은? **[안전 15]**

① 저장능력이 5톤 이상인 독성 가스 저장탱크
② 저장능력이 300톤 이상인 가연성 가스 저장탱크
③ 저장능력이 1000톤 이상인 액화석유가스 저장탱크
④ 저장능력이 1000톤 이상인 액화산소 저장탱크

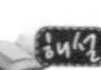

방류둑 설치 기준 저장탱크 저장능력
㉠ 고압가스 특정 제조(독성 : 5t 이상, 가연성 : 500t 이상, 산소 : 1000t 이상)
㉡ 고압가스 일반 제조(독성 : 5t 이상, 가연성, 산소 : 1000t 이상)
㉢ 액화석유가스법(1000t 이상)
㉣ 일반 도시가스사업법(1000t 이상)
㉤ 가스도매사업법(500t 이상)
㉥ 고압가스 냉동제조(수액기 내용력 10000L 이상)

26 다음은 도시가스 사용시설의 월 사용예정량을 산출하는 식이다. 이 중 기호 "A"가 의미하는 것은? **[안전 54]**

$$Q=\frac{[(A\times 240)+(B\times 90)]}{11000}$$

① 월 사용예정량
② 산업용으로 사용하는 연소기의 명판에 기재된 가스소비량의 합계
③ 산업용이 아닌 연소기의 명판에 기재된 가스소비량의 합계
④ 가정용 연소기의 가스소비량 합계

B : 산업용이 아닌 연소기 명판에 기재된 가스소비량의 합계

27 LPG 압력조정기 중 1단 감압식 저압조정기의 조정압력의 범위는? **[안전 73]**

① 2.3~3.3kPa
② 2.55~3.3kPa
③ 57~83kPa
④ 5.0~30kPa 이내에서 제조자가 설정한 기준압력의 ±20%

28 용기의 내용적 40L에 내압시험 압력의 수압을 걸었더니 내용적이 40.24L로 증가하였고, 압력을 제거하여 대기압으로 하였더니 용적은 40.02L가 되었다. 이 용기의 항구증가율과 또 이 용기의 내압시험에 대한 합격 여부는?

① 1.6%, 합격
② 1.6%, 불합격
③ 8.3%, 합격
④ 8.3%, 불합격

$$\text{항구증가율}=\frac{\text{항구증가량}}{\text{전증가량}}\times 100=\frac{40.02-40}{40.24-40}\times 100=8.3\%$$

∴ 항구증가율 10% 이하 : 합격

정답 22.① 23.④ 24.① 25.② 26.② 27.① 28.③

29 산소가스설비의 수리를 위한 저장탱크 내의 산소를 치환할 때 산소측정기 등으로 치환 결과를 수시로 측정하여 산소의 농도가 원칙적으로 몇 [%] 이하가 될 때까지 치환하여야 하는가?

① 18% ② 20%
③ 22% ④ 24%

30 최근 시내버스 및 청소차량 연료로 사용되는 CNG 충전소 설계 시 고려하여야 할 사항으로 틀린 것은? **[안전 123]**

① 압축장치와 충전설비 사이에는 방호벽을 설치한다.
② 충전기에는 90kgf 미만의 힘에서 분리되는 긴급분리장치를 설치한다.
③ 자동차 충전기(디스펜서)의 충전호스 길이는 8m 이하로 한다.
④ 펌프 주변에는 1개 이상 가스누출 검지경보장치를 설치한다.

해설
(KGS Fp 651) (2.6.1.4.3)
② 긴급분리장치 : 수평방향으로 당겼을 때 666.4N (68kgf) 미만에서 분리
LNG 자동차 충전시설 기준(KGS Fp 651) (2.6.2)
고정식 압축도시가스 자동차 충전시설 기준

항 목		세부 핵심 내용
가스누출경보장치	설치장소	㉠ 압축설비 주변 ㉡ 압축가스설비 주변 ㉢ 개별충전설비 본체 내부 ㉣ 밀폐형 피트 내부에 설치된 배관접속부(용접부 제외) 주위 ㉤ 펌프 주변
	설치개수	1개 이상: ㉠ 압축설비 주변 ㉡ 충전설비 내부 ㉢ 펌프 주변 ㉣ 배관접속부 10m 마다
		2개: 압축가스설비 주변
긴급분리장치	설치개요	충전호스에는 충전 중 자동차의 오발진으로 인한 충전기 및 충전호스의 파손 방지를 위하여
	설치장소	각 충전설비 마다
	분리되는 힘	수평방향으로 당길 때 666.4N (68kgf) 미만의 힘
방호벽	설치장소	㉠ 저장설비와 사업소 안 보호시설 사이 ㉡ 압축장치와 충전설비 사이 및 압축가스 설비와 충전설비 사이
자동차 충전기	충전 호스길이	8m 이하

31 다이어프램식 압력계의 특징에 대한 설명 중 틀린 것은?

① 정확성이 높다.
② 반응속도가 빠르다.
③ 온도에 따른 영향이 적다.
④ 미소압력을 측정할 때 유리하다.

다이어프램 압력계
㉠ 응답성이 좋다(반응속도가 빠르다).
㉡ 감도가 좋고 저압 측정에 유리하다.
㉢ 온도변화에 따른 영향이 있다.
㉣ 부식성 유체, 점도가 좋은 유체 측정이 가능하다.

32 어떤 도시가스의 발열량이 15000kcal/Sm^3일 때 웨버지수는 얼마인가? (단, 가스의 비중은 0.5로 한다.)

① 12121 ② 20000
③ 21213 ④ 30000

$$WI = \frac{H}{\sqrt{d}}$$

여기서, H : 15000
d : 0.5

$$= \frac{15000}{\sqrt{0.5}} = 21213$$

33 다음 중 염화파라듐지로 검지할 수 있는 가스는? **[안전 21]**

① 아세틸렌 ② 황화수소
③ 염소 ④ 일산화탄소

① 아세틸렌 : 염화제1동 착염지
② 황화수소 : 연당지
③ 염소 : KI 전분지

정답 29.③ 30.② 31.③ 32.③ 33.④

34 전위측정기로 관 대지전위(pipe to soil potential) 측정 시 측정 방법으로 적합하지 않은 것은? (단, 기준전극은 포화황산동 전극이다.) **[안전 42]**

① 측정선 말단의 부식부분을 연마 후에 측정한다.
② 전위측정기의 (+)는 T/B(Test Box), (−)는 기준전극에 연결한다.
③ 콘크리트 등으로 기준전극을 토양에 접지할 수 없을 경우에는 물에 적신 스펀지 등을 사용하여 측정한다.
④ 전위측정은 가능한 한 배관에서 먼 위치에서 측정한다.

KGS Fp 202 관련
④ 전위측정 : 배관의 가까운 곳에서 측정

35 주로 탄광 내에서 CH_4의 발생을 검출하는 데 사용되며 청염(푸른 불꽃)의 길이로써 그 농도를 알 수 있는 가스검지기는? **[장치 26]**

① 안전등형
② 간섭계형
③ 열선형
④ 흡광광도형

36 다음 중 용적식 유량계에 해당하는 것은 어느 것인가?

① 오리피스 유량계
② 플로노즐 유량계
③ 벤투리관 유량계
④ 오벌기어식 유량계

오리피스, 플로노즐, 벤투리관 : 차압식 유량계

37 가스난방기의 명판에 기재하지 않아도 되는 것은?

① 제조자의 형식 호칭(모델번호)
② 제조자명이나 그 약호
③ 품질보증 기간과 용도
④ 열효율

38 진탕형 오토클레이브의 특징에 대한 설명으로 틀린 것은? **[장치 4]**

① 가스누출의 가능성이 적다.
② 고압력에 사용할 수 있고 반응물의 오손이 적다.
③ 장치 전체가 진동하므로 압력계는 본체로부터 떨어져 설치한다.
④ 뚜껑판에 뚫어진 구멍에 촉매가 끼어 들어갈 염려가 없다.

④ 뚜껑판에 뚫어진 구멍에 촉매가 끼어들어갈 염려가 크다.

39 송수량 12000L/min, 전양정 45m인 볼류트 펌프의 회전수를 1000rpm에서 1100rpm으로 변화시킨 경우 펌프의 축동력은 약 몇 [PS]인가? (단, 펌프의 효율은 80%이다.) **[설비 35]**

① 165
② 180
③ 200
④ 250

㉠ 처음의 동력 계산

$$L_{PS} = \frac{\gamma \cdot Q \cdot H}{75\eta} = \frac{1000 \times 12 \times 45}{75 \times 60 \times 0.8} = 150\text{PS}$$

㉡ 회전수 변경 시 동력변화값 P_2 계산

$$P_2 = P_1 \times \left(\frac{N_2}{N_1}\right)^3 = 150 \times \left(\frac{1100}{1000}\right)^3 = 200\text{PS}$$

40 펌프의 실제 송출유량을 Q, 펌프 내부에서의 누설유량을 ΔQ, 임펠러 속을 지나는 유량을 $Q+\Delta Q$라 할 때 펌프의 체적효율(η_v)를 구하는 식은?

① $\eta_v = \dfrac{Q}{Q+\Delta Q}$　② $\eta_v = \dfrac{Q+\Delta Q}{Q}$
③ $\eta_v = \dfrac{Q-\Delta Q}{Q+\Delta Q}$　④ $\eta_v = \dfrac{Q+\Delta Q}{Q-\Delta Q}$

$$\text{펌프의 체적효율} = \frac{\text{실제 송출유량}}{\text{실제 송출유량}+\text{누설유량}}$$

정답 34.④ 35.① 36.④ 37.④ 38.④ 39.③ 40.①

41 염화메탄을 사용하는 배관에 사용하지 못하는 금속은?

① 주강 ② 강
③ 동합금 ④ 알루미늄합금

염화메탄은 알루미늄 및 알루미늄합금을 부식시킨다.

42 고압가스 용기의 관리에 대한 설명으로 틀린 것은?

① 충전용기는 항상 40℃ 이하를 유지하도록 한다.
② 충전용기는 넘어짐 등으로 인한 충격을 방지하는 조치를 하여야 하며 사용한 후에는 밸브를 열어둔다.
③ 충전용기 밸브는 서서히 개폐한다.
④ 충전용기 밸브 또는 배관을 가열하는 때에는 열습포나 40℃ 이하의 더운물을 사용한다.

② 사용 후에는 밸브를 닫아둔다.

43 저온장치의 분말진공 단열법에서 충진용 분말로 사용되지 않는 것은?

① 펄라이트 ② 알루미늄분말
③ 글라스울 ④ 규조토

44 다음 중 저온을 얻는 기본적인 원리는?

① 등압팽창 ② 단열팽창
③ 등온팽창 ④ 등적팽창

45 압축기를 이용한 LP가스 이·충전 작업에 대한 설명으로 옳은 것은? **[설비 1]**

① 충전시간이 길다.
② 잔류가스를 회수하기 어렵다.
③ 베이퍼록 현상이 일어난다.
④ 드레인 현상이 일어난다.

해설
① 충전시간이 짧다.
② 잔가스 회수가 용이하다.
③ 베이퍼록의 우려가 없다.

46 다음 중 가장 높은 압력은?

① 1atm ② 100kPa
③ 10mH_2O ④ 0.2MPa

표준대기압
1atm=101.325kPa
=10.332mH_2O=0.101325MPa이므로
단위를 atm으로 통일하면
① 1atm
② $\frac{100}{101.325}=0.986\text{atm}$
③ $\frac{10}{10.332}=0.976\text{atm}$
④ $\frac{0.2}{0.101325}=1.97\text{atm}$
∴ ④ 1.97atm이 가장 크다.

47 다음 중 비점이 가장 낮은 것은?

① 수소 ② 헬륨
③ 산소 ④ 네온

가스별 비등점

가스명	비등점(℃)
수소	−252
헬륨	−268
산소	−183
네온	−246

48 공기 중에 10vol% 존재 시 폭발의 위험성이 없는 가스는?

① CH_3Br ② C_2H_6
③ C_2H_4O ④ H_2S

해설
① CH_3Br의 폭발범위가 13.5~14.5%이므로 10%는 폭발범위를 벗어나 있으므로 폭발의 우려가 없다.

49 LP가스의 일반적인 연소특성이 아닌 것은?

① 연소 시 다량의 공기가 필요하다.
② 발열량이 크다.
③ 연소속도가 늦다.
④ 착화온도가 낮다.

④ 착화온도가 높다.
그 이외에 연소범위가 좁다.

정답 41.④ 42.② 43.③ 44.② 45.④ 46.④ 47.② 48.① 49.④

50 LNG의 특징에 대한 설명 중 틀린 것은?

① 냉열을 이용할 수 있다.
② 천연에서 산출한 천연가스를 약 −162℃까지 냉각하여 액화시킨 것이다.
③ LNG는 도시가스, 발전용 이외에 일반 공업용으로도 사용된다.
④ LNG로부터 기화한 가스는 부탄이 주성분이다.

④ LNG의 주성분은 메탄(CH_4)

51 가정용 가스보일러에서 발생하는 가스 중독사고의 원인으로 배기가스의 어떤 성분에 의하여 주로 발생하는가?

① CH_4 ② CO_2
③ CO ④ C_3H_8

52 순수한 물 1g을 온도 14.5℃에서 15.5℃까지 높이는 데 필요한 열량을 의미하는 것은?

① 1cal ② 1BTU
③ 1J ④ 1CHU

| 열량 |

구 분	정 의
1kcal	순수한 물 1kg을 14.5℃에서 15.5℃까지 높이는 데 필요한 열량
1BTU	순수한 물 1Lb를 1℉ 높이는 데 필요한 열량
1CHU	순수한 물 1Lb를 1℃ 높이는 데 필요한 열량

53 물질이 융해, 응고, 증발, 응축 등과 같은 상태의 변화를 일으킬 때 발생 또는 흡수하는 열을 무엇이라 하는가?

① 비열
② 현열
③ 잠열
④ 반응열

㉠ 현열(감열) : 온도변화가 있는 열량
㉡ 잠열 : 융해·응고·증발·응축 등 온도변화 없이 상태변화가 있는 열량

54 에틸렌(C_2H_4)의 용도가 아닌 것은?

① 폴리에틸렌의 제조
② 산화에틸렌의 원료
③ 초산비닐의 제조
④ 메탄올합성의 원료

55 공기 100kg 중에는 산소가 약 몇 [kg] 포함되어 있는가?

① 12.3kg
② 23.2kg
③ 31.5kg
④ 43.7kg

해설

공기 중 함유하는 각 가스의 %

구 분	N_2	O_2	Ar 및 기타
부피(%)	78%	21%	1%
중량(%)	75.4%	23.2%	1.38%

∴ 공기 : 100kg×0.232=23.2kg

56 100℉를 섭씨온도로 환산하면 약 몇 [℃]인가?

① 20.8 ② 27.8
③ 37.8 ④ 50.8

해설

$$℃ = \frac{5}{9}(℉-32) = \frac{5}{9}(100-32) = 37.8℃$$

57 0℃, 2기압 하에서 1L의 산소와 0℃, 3기압 2L의 질소를 혼합하여 2L로 하면 압력은 몇 기압이 되는가?

① 2기압 ② 4기압
③ 6기압 ④ 8기압

해설

돌턴의 분압의 법칙에서 전압력(P)

$$\therefore P = \frac{P_1V_1 + P_2V_2}{V} = \frac{(2\times1)+(3\times2)}{2L} = 4기압$$

58 다음 중 상온에서 비교적 낮은 압력으로 가장 쉽게 액화되는 가스는?

① CH_4 ② C_3H_8
③ O_2 ④ H_2

정답 50.④ 51.③ 52.① 53.③ 54.④ 55.② 56.③ 57.② 58.②

구 분		비등점(℃)	관 계
압축가스	He	−268	비등점이 낮은 가스
	H_2	−252	
	Ne	−246	
	N_2	−196	
	O_2	−186	
	CH_4	−162	
액화가스	Cl_2	−34	비등점이 높은 가스
	NH_3	−33	
	C_3H_8	−42	
	C_4H_{10}	−0.5	

59 완전연소 시 공기량이 가장 많이 필요로 하는 가스는?

① 아세틸렌 ② 메탄
③ 프로판 ④ 부탄

해설
① 아세틸렌(C_2H_2)
② 메탄(CH_4)
③ 프로판(C_3H_8)
④ 부탄(C_4H_{10})
탄소, 수소 수가 가장 많은 C_4H_{10}이 연소 시 공기량이 가장 많이 필요하다.

60 산소의 물리적 성질에 대한 설명 중 틀린 것은?

① 물에 녹지 않으며 액화산소는 담록색이다.
② 기체, 액체, 고체 모두 자성이 있다.
③ 무색, 무취, 무미의 기체이다.
④ 강력한 조연성 가스로서 자신은 연소하지 않는다.

① 산소는 물에 약간만 녹으며 헨리(기체용해도)의 법칙이 성립하며, 액체산소는 담청색이다.

정답 59.④ 60.①

국가기술자격 필기시험문제

2013년 기능사 제2회 필기시험(1부) (2013년 4월 시행)

자격종목	시험시간	문제수	문제형별
가스기능사	**1시간**	**60**	**A**

수험번호		성 명	

01 LPG 충전시설의 충전소에 "화기엄금"이라고 표시한 게시판의 색깔로 옳은 것은 어느 것인가? **[안전 5]**

① 황색바탕에 흑색 글씨
② 황색바탕에 적색 글씨
③ 흰색바탕에 흑색 글씨
④ 흰색바탕에 적색 글씨

충전소의 표지판
㉠ 충전 중 엔진정지 : 황색바탕에 흑색 글씨
㉡ 화기엄금 : 흰색바탕에 적색 글씨

02 특정 고압가스 사용시설 중 고압가스 저장량이 몇 [kg] 이상인 용기보관실의 벽을 방호벽으로 설치하여야 하는가? **[안전 57]**

① 100 ② 200
③ 300 ④ 600

특정 고압가스 사용시설 방호벽 설치 적용 용량(KGS Fp 111) (2.7.2)

가스 종류	용 량
액화가스	300kg 이상
압축가스	$60m^3$ 이상

03 도시가스 중 음식물쓰레기, 가축분료, 하수슬러지 등 유기성 폐기물로부터 생성된 기체를 정제한 가스로서 메탄이 주성분인 가스를 무엇이라 하는가? **[안전 103]**

① 천연가스
② 나프타 부생가스
③ 석유가스
④ 바이오가스

04 방폭 전기기기의 용기 내부에서 가연성 가스의 폭발이 발생할 경우 그 용기가 폭발압력에 견디고 접합면, 개구부 등을 통해 외부의 가연성 가스에 인화되지 않도록 한 방폭구조는? **[안전 45]**

① 내압(耐壓)방폭구조
② 유입(流入)방폭구조
③ 압력(壓力)방폭구조
④ 본질안전 방폭구조

05 독성 가스 여부를 판정할 때 기준이 되는 "허용농도"를 바르게 설명한 것은? **[안전 65]**

① 해당 가스를 성숙한 흰쥐 집단에게 대기 중에서 1시간 동안 계속하여 노출시킨 경우 7일 이내에 그 흰쥐의 1/2 이상이 죽게 되는 가스의 농도를 말한다.
② 해당 가스를 성숙한 흰쥐 집단에게 대기 중에서 24시간 동안 계속하여 노출시킨 경우 7일 이내에 그 흰쥐의 1/2 이상이 죽게 되는 가스의 농도를 말한다.
③ 해당 가스를 성숙한 흰쥐 집단에게 대기 중에서 1시간 동안 계속하여 노출시킨 경우 14일 이내에 그 흰쥐의 1/2 이상이 죽게 되는 가스의 농도를 말한다.
④ 해당 가스를 성숙한 흰쥐 집단에게 대기 중에서 24시간 동안 계속하여 노출시킨 경우 14일 이내에 그 흰쥐의 1/2 이상이 죽게 되는 가스의 농도를 말한다.

정답 01.④ 02.③ 03.④ 04.① 05.③

독성 가스 허용농도의 정의(고법 시행규칙 제2조)

항 목 / 종 류	측정 대상	노출 시간	실험경과 일수	측정결과
LC 50	성숙한 흰쥐 집단	1시간	14일	1/2 이상 죽게 되는 농도
TLV-TWA	건강한 성인남자	8시간	주 40시간	건강에 지장이 없는 농도

06 다음 [보기]의 독성 가스 중 독성(LC 50)이 가장 강한 것과 가장 약한 것을 바르게 나열한 것은?

[보기]
㉠ 염화수소 ㉡ 암모니아
㉢ 황화수소 ㉣ 일산화탄소

① ㉠, ㉡ ② ㉠, ㉣
③ ㉢, ㉡ ④ ㉢, ㉣

LC 50 기준으로 가장 독성이 강한 것은 황화수소, 가장 약한 것은 암모니아

가스별 독성가스 허용농도(LC 50)

가스명	LC 50 허용농도(ppm) ( )안은 TLV-TWA 농도
염화수소(HCl)	3120(5)
암모니아(NH_3)	7338(25)
황화수소(H_2S)	444(10)
일산화탄소(CO)	3760(50)

07 다음 가연성 가스 중 공기 중에서의 폭발범위가 가장 좁은 것은?

① 아세틸렌
② 프로판
③ 수소
④ 일산화탄소

가스별 폭발범위

가스명	폭발범위(%)	
	하 한	상 한
C_2H_2	2.4	81
C_3H_8	2.1	9.5
H_2	4	75
CO	12.5	74

08 산소가스설비의 수리 및 청소를 위해 저장탱크 내의 산소를 치환할 때, 산소측정기 등으로 치환결과를 측정하여 산소의 농도가 최대 몇 [%] 이하가 될 때까지 계속하여 치환작업을 하여야 하는가?

① 18%
② 20%
③ 22%
④ 24%

설비 내 수리·보수 청소를 위하여 사람이 들어갈 수 있는 가스별 안전수치

가스명	수 치(%)(ppm)
독성	TLV-TWA 기준농도 이하
가연성	폭발하한의 1/4 이하
산소	18% 이상 22% 이하

09 원심식 압축기를 사용하는 냉동설비는 그 압축기의 원동기 정격출력 몇 [kW]를 하루의 냉동능력 1톤으로 산정하는가? **[안전 91]**

① 1.0 ② 1.2
③ 1.5 ④ 2.0

냉동능력 산정기준(고법 시행규칙 별표 3)

항 목 / 냉동 방법 종류	구 분	IRT
증기압축식	한국 1냉동톤(IRT)	3320kcal/hr
흡수식 냉동기	시간당 발생기 가열량	6640kcal/hr
원심식 압축기	원동기 정격출력	1.2kW

10 다음과 같이 고압가스를 차량에 적재하여 운반할 때 운반책임자를 동승시키지 않아도 되는 경우는? **[안전 60]**

① 아세틸렌 : $400m^3$
② 일산화탄소 : $700m^3$
③ 액화염소 : 6500kg
④ 액화석유가스 : 2000kg

④ 가연성 액화가스의 경우 3000kg 이상 운반 시 운반책임자 동승

정답 06.③ 07.② 08.③ 09.② 10.④

11 고압가스 제조시설에 설치되는 피해저감설비인 방호벽을 설치해야 하는 경우가 아닌 것은? **[안전 57]**

① 압축기와 충전장소 사이
② 압축기와 가스 충전용기 보관장소 사이
③ 충전장소와 충전용 주관밸브와 조작밸브 사이
④ 압축기와 저장탱크 사이

해설

방호벽 적용(KGS Fp 111)

적용시설의 종류		설비 및 대상 건축물	방호벽 설치장소
법 규	해당사항		
고압가스	일반제조 C_2H_2 압력 9.8MPa 이상 압축가스 충전 시	압축기	㉠ 당해 충전장소 사이 ㉡ 당해 충전용기 보관장소 사이
		당해 충전 장소	㉠ 당해 충전용기 보관장소 사이 ㉡ 당해 충전용 주관밸브 사이
고압가스 LPG	판매시설	용기보관실의 벽	
	충전시설	저장탱크와 가스충전장소	
	저장탱크	사업소 내 보호시설	
특정고압가스	사용시설	압축 $60m^3$ 이상 액화 300kg 이상의 용기보관실의 벽	

12 고압가스의 제조시설에서 실시하는 가스설비의 점검 중 사용 개시 전에 점검할 사항이 아닌 것은?

① 기초의 경사 및 침하
② 인터록, 자동제어장치의 기능
③ 가스설비의 전반적인 누출 유무
④ 배관계통의 밸브 개폐 상황

해설

①항은 평소의 점검사항

13 액화가스를 운반하는 탱크로리(차량에 고정된 탱크)의 내부에 설치하는 것으로서 탱크 내 액화가스 액면요동을 방지하기 위해 설치하는 것은? **[안전 62]**

① 폭발방지장치 ② 방파판
③ 압력방출장치 ④ 다공성 충진제

14 가스공급 배관 용접 후 검사하는 비파괴검사 방법이 아닌 것은? **[설비 38]**

① 방사선투과검사
② 초음파탐상검사
③ 자분탐상검사
④ 주사전자현미경검사

해설

비파괴검사 종류
㉠ 방사선투과검사(RT)
㉡ 초음파탐상검사(UT)
㉢ 자분탐상검사(MT)
㉣ 침투탐상검사(PT)
㉤ 음향검사(AE)

15 산소 저장설비에서 저장능력이 $9000m^3$일 경우 1종 보호시설 및 2종 보호시설과의 안전거리는? **[안전 7]**

① 8m, 5m ② 10m, 7m
③ 12m, 8m ④ 14m, 9m

해설

산소가스 저장능력별 보호시설과의 안전거리

저장능력(압축 m^3) (액화 kg)	1종 보호시설(m)	2종 보호시설(m)
1만 이하	12	8
1만 초과 2만 이하	14	9
2만 초과 3만 이하	16	11
3만 초과 4만 이하	18	13
4만 초과 5만 이하	20	14

16 액화석유가스의 시설기준 중 저장탱크의 설치 방법으로 틀린 것은? **[안전 6]**

① 천장, 벽 및 바닥의 두께가 각각 30cm 이상의 방수조치를 한 철근콘크리트 구조로 한다.
② 저장탱크실 상부 윗면으로부터 저장탱크 상부까지의 깊이는 60cm 이상으로 한다.
③ 저장탱크에 설치한 안전밸브에는 지면으로부터 5m 이상의 방출관을 설치한다.
④ 저장탱크 주위 빈 공간에는 세립분을 25% 이상 함유한 마른 모래를 채운다.

정답 11.④ 12.① 13.② 14.④ 15.③ 16.④

해설

저장탱크의 빈 공간에 채워넣는 물질

법 규	내 용
고압가스 저장탱크	마른 모래
액화석유가스 저장탱크	세립분을 함유하지 않은 마른 모래

17 다음 중 고압가스의 성질에 따른 분류에 속하지 않는 것은?

① 가연성 가스 ② 액화가스
③ 조연성 가스 ④ 불연성 가스

고압가스 분류

분 류	해당가스
상태별	압축, 액화, 용해
성질(연소성)	가연성, 조연성, 불연성

18 다음 중 화학적 폭발로 볼 수 없는 것은?

① 증기 폭발 ② 중합 폭발
③ 분해 폭발 ④ 산화 폭발

해설

㉠ 물리적 폭발 : 상태가 변하여 일어나는 폭발(파열, 증기)
㉡ 화학적 폭발 : 완전히 다른 물질로 변하여 일어나는 폭발(산화, 분해, 중합, 화합)

19 가연성 가스의 위험성에 대한 설명으로 틀린 것은?

① 누출 시 산소결핍에 의한 질식의 위험성이 있다.
② 가스의 온도 및 압력이 높을수록 위험성이 커진다.
③ 폭발한계가 넓을수록 위험하다.
④ 폭발하한이 높을수록 위험하다.

해설

④ 폭발하한이 높으면 누설 시 폭발범위 안으로 진입하는 시간이 많이 걸려 폭발우려가 감소된다.

20 시안화수소의 중합 폭발을 방지할 수 있는 안정제로 옳은 것은?

① 수증기, 질소 ② 수증기, 탄산가스
③ 질소, 탄산가스 ④ 아황산가스, 황산

해설

시안화수소의 안정제
황산, 아황산, 동, 동망, 염화칼슘, 오산화인

21 LPG를 수송할 때의 주의사항으로 틀린 것은?

① 운전 중이나 정차 중에도 허가된 장소를 제외하고는 담배를 피워서는 안 된다.
② 운전자는 운전기술 외에 LPG의 취급 및 소화기 사용 등에 관한 지식을 가져야 한다.
③ 주차할 때는 안전한 장소에 주차하며, 운반책임자와 운전자는 동시에 차량에서 이탈하지 않는다.
④ 누출됨을 알았을 때는 가까운 경찰서, 소방서까지 직접 운행하여 알린다.

운반 중 가스누출 및 위험상황 발생 시 즉시 가까운 소방서 · 경찰서에 신고, 도난 · 분실 시는 경찰서에 신고하며 직접 운행하면 위험성이 있으므로 유선으로 신고한다.

22 염소의 성질에 대한 설명으로 틀린 것은?

① 상온 · 상압에서 황록색의 기체이다.
② 수분 존재 시 철을 부식시킨다.
③ 피부에 닿으면 손상의 위험이 있다.
④ 암모니아와 반응하여 푸른 연기를 생성한다.

해설

염소는 암모니아 반응 시 염화암모늄의 흰 연기가 발생한다.

$3Cl_2 + 8NH_3 \rightarrow 6NH_4Cl + N_2$

NH_4Cl(염화암모늄) : 흰 연기

23 수소에 대한 설명 중 틀린 것은?

① 수소용기의 안전밸브는 가용전식과 파열판식을 병용한다.
② 용기밸브는 오른나사이다.
③ 수소가스는 피로카롤 시약으로 사용한 오르자트법에 의한 시험법에서 순도가 98.5% 이상이어야 한다.
④ 공업용 용기의 도색은 주황색으로 하고 문자의 표시는 백색으로 한다.

정답 17.② 18.① 19.④ 20.④ 21.④ 22.④ 23.②

② 수소는 가연성이므로 용기의 나사는 왼나사 사용

24 다음 중 폭발성이 예민하므로 마찰 및 타격으로 격렬히 폭발하는 물질에 해당되지 않는 것은?

① 황화질소　② 메틸아민
③ 염화질소　④ 아세틸라이드

약간의 충격에도 폭발을 일으키는 물질
S_4N_4, N_2Cl, Cu_2C_2, Ag_2C_2, Hg_2C_2 등

25 고압가스 특정 제조시설 중 철도부지 밑에 매설하는 배관에 대한 설명으로 틀린 것은 어느 것인가? **[안전 140]**

① 배관의 외면으로부터 그 철도부지의 경계까지는 1m 이상의 거리를 유지한다.
② 지표면으로부터 배관의 외면까지의 깊이를 60cm 이상 유지한다.
③ 배관은 그 외면으로부터 궤도 중심과 4m 이상 유지한다.
④ 지하철도 등을 횡단하여 매설하는 배관에는 전기방식 조치를 강구한다.

② 지표면으로부터 배관 외면의 깊이 1.2m 이상

26 다음 중 같은 저장실에 혼합 저장이 가능한 것은?

① 수소와 염소가스
② 수소와 산소
③ 아세틸렌가스와 산소
④ 수소와 질소

④ 수소와 질소(가연성+불연성) : 혼합 저장 가능
①, ②, ③항 가연성+조연성 : 혼합 저장 위험

27 용기 부속품에 각인하는 문자 중 질량을 나타내는 것은?

① T_P　② W
③ AG　④ V

용기 및 용기 부속품 각인 사항(KGS Ac 211) (3.1.2.3)
㉠ 용기 제조업자의 명칭 또는 약호
㉡ 충전하는 가스의 명칭
㉢ 용기의 번호
㉣ V : 내용적(단위 : L)
㉤ W : 밸브 부속품을 포함하지 아니한 용기질량 (단위 : kg)
㉥ T_P : 내압시험압력(단위 : MPa)
㉦ F_P : 압축가스의 경우 최고충전압력(단위 : MPa)
㉧ AG : 아세틸렌을 충전하는 용기의 부속품

28 고압가스 특정 제조시설에서 지하매설 배관은 그 외면으로부터 지하의 다른 시설물과 몇 [m] 이상 거리를 유지하여야 하는가? **[안전 1]**

① 0.1　② 0.2
③ 0.3　④ 0.5

29 도시가스 사용시설 중 가스계량기와 다음 설비와의 안전거리의 기준으로 옳은 것은? **[안전 24]**

① 전기계량기와는 60cm 이상
② 전기접속기와는 60cm 이상
③ 전기점멸기와는 60cm 이상
④ 절연조치를 하지 않는 전선과는 30cm 이상

도시가스, LPG 사용 시설의 배관이음부, 가스계량기와의 이격거리 규정

법 규 / 항 목	LPG		도시가스	
	호스, 배관 이음부 (용접이음매 제외)	가스 계량기	배관이음매 (용접이음매 제외)	가스 계량기
전기 계량기 전기 개폐기	60cm 이상			
전기 점멸기 전기 접속기	15cm 이상	30cm 이상	15cm 이상	30cm 이상

정답 24.② 25.② 26.④ 27.② 28.③ 29.①

항 목 \ 법 규	LPG		도시가스	
	호스, 배관 이음부 (용접이음매 제외)	가스 계량기	배관이음매 (용접이음매 제외)	가스 계량기
절연조치 한 전선	10cm 이상		10cm 이상	
절연조치 하지 않은 전선	15cm 이상			
단열조치 하지 않은 굴뚝	15cm 이상	30cm 이상	15cm 이상	30cm 이상

30 고압가스 제조설비에서 누출된 가스의 확산을 방지할 수 있는 재해조치를 하여야 하는 가스가 아닌 것은? **[안전 58]**

① 이산화탄소 ② 암모니아
③ 염소 ④ 염화메틸

누출확산 방지조치 독성 가스의 종류

구 분	가스의 종류
제조시설	아황산, 암모니아, 염소, 염화메탄, 산화에틸렌, 시안화수소, 포스겐, 황화수소
시가지, 하천, 터널, 도로, 수로, 사질토 등에 배관을 설치 시	아황산, 염소, 시안화수소, 포스겐, 황화수소, 불소, 아크릴알데히드

31 흡수식 냉동기에서 냉매로 물을 사용할 경우 흡수제로 사용하는 것은?

① 암모니아 ② 사염화메탄
③ 리튬브로마이드 ④ 파라핀유

흡수식 냉동기의 냉매와 흡수제의 관계

냉 매	흡수제
NH_3	H_2O
H_2O	LiBr(리튬브로마이드)

32 다음 중 이음매 없는 용기의 특징이 아닌 것은?

① 독성 가스를 충진하는 데 사용한다.
② 내압에 대한 응력분포가 균일하다.
③ 고압에 견디기 어려운 구조이다.
④ 용접용기에 비해 값이 비싸다.

용접 무이음 용기의 특징

용기 구분 \ 용기 특징	특 징
용접용기	㉠ 모양 치수가 자유롭다(용접으로 제작하므로). ㉡ 경제성이 있다(저렴한 강판을 사용). ㉢ 두께공차가 적다. ㉣ 고압력에는 사용이 곤란하다(용접부위가 약함).
무이음용기	㉠ 가격이 고가이다. ㉡ 응력분포가 균일하다. ㉢ 고압력에 견딜 수 있어 압축가스에 주로 사용된다.

33 부유 피스톤형 압력계에서 실린더 지름 5cm, 추와 피스톤의 무게가 130kg일 때 이 압력계에 접속된 부르동관의 압력계 눈금이 7kg/cm²를 나타내었다. 이 부르동관 압력계의 오차는 약 몇 [%]인가?

① 5.7 ② 6.6
③ 9.7 ④ 10.5

$$P=\frac{W}{A}$$

여기서, P : (게이지압력)(참값)
W : 추와 피스톤 무게 : 130kg
A : 실린더 단면적 : $\frac{\pi}{4}\times(5\text{cm})^2$

$$=\frac{130}{\frac{\pi}{4}\times(5\text{cm})^2}=6.62\text{kg/cm}^2$$

$$\therefore \text{오차값}(\%)=\frac{\text{측정값}-\text{참값}}{\text{참값}}\times 100$$

$$=\frac{7-6.62}{6.62}\times 100=5.7\%$$

34 다음 고압가스설비 중 축열식 반응기를 사용하여 제조하는 것은?

① 아크릴로라이드
② 염화비닐
③ 아세틸렌
④ 에틸벤젠

정답 30.① 31.③ 32.③ 33.① 34.③

해설

고압설비 반응기별 제조가스 종류

반응장치	제조가스
내부연소식	아세틸렌 및 합성용 가스
축열식	아세틸렌 및 에틸렌
탑식	에틸벤젠, 벤졸의 염소화
유동층식 접촉	석유개질
이동상식	에틸렌
관식	에틸렌, 염화비닐

35 열기전력을 이용한 온도계가 아닌 것은 어느 것인가? **[장치 8]**

① 백금－백금 · 로듐 온도계
② 동－콘스탄탄 온도계
③ 철－콘스탄탄 온도계
④ 백금－콘스탄탄 온도계

해설

열전대 온도계의 종류
㉠ PR(백금－백금 · 로듐)
㉡ CA(크로멜－알루멜)
㉢ IC(철－콘스탄탄)
㉣ CC(동－콘스탄탄)

36 다음 중 유체의 흐름방향을 한 방향으로만 흐르게 하는 밸브는?

① 글로브밸브
② 체크밸브
③ 앵글밸브
④ 게이트밸브

37 다음 가스분석 중 화학분석법에 속하지 않는 방법은?

① 가스 크로마토그래피법
② 중량법
③ 분광광도법
④ 요오드 적정법

해설

① G/C 가스 크로마토그래피 : 물리적 분석계 및 기기분석법

38 다음 고압장치의 금속재료 사용에 대한 설명으로 옳은 것은?

① LNG 저장탱크－고장력강
② 아세틸렌 압축기 실린더－주철
③ 암모니아 압력계 도관－동
④ 액화산소 저장탱크－탄소강

해설

①, ④항 LNG 액산저장탱크(18－8 STS, 9% Ni, Cu, Al)
③ NH_3 : 탄소강 및 동 함유량 62% 미만의 동합금

39 고압가스설비의 안전장치에 관한 설명 중 옳지 않은 것은?

① 고압가스 용기에 사용되는 가용전은 열을 받으면 가용 합금이 용해되어 내부의 가스를 방출한다.
② 액화가스용 안전밸브의 토출량은 저장탱크 등의 내부 액화가스가 가열될 때의 증발량 이상이 필요하다.
③ 급격한 압력 상승이 있는 경우에는 파열판은 부적당하다.
④ 펌프 및 배관에는 압력 상승방지를 위해 릴리프밸브가 사용된다.

해설

압력이 급상승 우려가 있는 곳에 파열판을 사용

40 다음 중 압력계 사용 시 주의사항으로 틀린 것은?

① 정기적으로 점검한다.
② 압력계의 눈금판은 조작자가 보기 쉽도록 안면을 향하게 한다.
③ 가스의 종류에 적합한 압력계를 선정한다.
④ 압력의 도입이나 배출은 서서히 행한다.

41 LPG(C_4H_{10}) 공급방식에서 공기를 3배 희석했다면 발열량은 약 몇 [kcal/Sm^3]이 되는가? (단, C_4H_{10}의 발열량은 30000kcal/Sm^{3}로 가정한다.)

① 5000
② 7500
③ 10000
④ 11000

정답 35.④ 36.② 37.① 38.② 39.③ 40.② 41.②

C_4H_{10} $1Sm^3$당 발열량 30000kcal이므로 가스 $1Sm^3$에 공기를 3배 희석할 경우 총 가스량은 $4Sm^3$이 되므로

$\frac{30000}{4} = 7500kcal/Sm^3$

※ 공기희석의 목적
㉠ 발열량 조절
㉡ 누설 시 손실 감소
㉢ 연소 효율 증대
㉣ 재액화 방지

42 고압가스 제조소의 작업원은 얼마의 기간 이내에 1회 이상 보호구의 사용 훈련을 받아 사용 방법을 숙지하여야 하는가?

① 1개월　② 3개월
③ 6개월　④ 12개월

43 고점도 액체나 부유 현탁액의 유체압력 측정에 가장 적당한 압력계는?

① 벨로스　② 다이어프램
③ 부르동관　④ 피스톤

44 내산화성이 우수하고 양파 썩는 냄새가 나는 부취제는? [안전 55]

① T.H.T　② T.B.M
③ D.M.S　④ NAPHTHA

부취제 냄새
㉠ THT : 석탄가스 냄새
㉡ TBM : 양파 썩는 냄새
㉢ DMS : 마늘 냄새

45 계측기기의 구비조건으로 틀린 것은?

① 설치장소 및 주위조건에 대한 내구성이 클 것
② 설비비 및 유지비가 적게 들 것
③ 구조가 간단하고 정도(精度)가 낮을 것
④ 원거리 지시 및 기록이 가능할 것

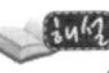

③ 정도(정밀도, 정확도)가 높을 것
①, ②, ④항 이외에 인원절감

46 다음 중 화씨온도와 가장 관계가 깊은 것은?

① 표준대기압에서 물의 어느점을 0으로 한다.
② 표준대기압에서 물의 어는점을 12로 한다.
③ 표준대기압에서 물의 끓는점을 100으로 한다.
④ 표준대기압에서 물의 끓는점을 212로 한다.

온도의 종류

종 류	정 의
섭씨(℃)	물의 어는점 0℃, 끓는점 100℃로 하여 그 사이를 100등분한 값
화씨(℉)	물의 어는점 32℉, 끓는점 212℉로 하여 그 사이를 180등분한 값
켈빈(K)	㉠ 섭씨의 절대온도 ㉡ 인간이 얻을 수 있는 가장 낮은 온도 −273℃ = 0K
랭킨(°R)	화씨의 절대온도 −460℉ = 0°R

47 다음 중 부탄가스의 완전연소 반응식은?

① $C_3H_8 + 4O_2 \rightarrow 3CO_2 + 5H_2O$
② $C_3H_8 + 5O_2 \rightarrow 3CO_2 + 4H_2O$
③ $C_4H_{10} + 6O_2 \rightarrow 4CO_2 + 5H_2O$
④ $2C_4H_{10} + 13O_2 \rightarrow 8CO_2 + 10H_2O$

② C_3H_8의 연소 반응식

48 다음 중 LP 가스의 성질에 대한 설명으로 틀린 것은?

① 온도변화에 따른 액팽창률이 크다.
② 석유류 또는 동·식물유나 천연고무를 잘 용해시킨다.
③ 물에 잘 녹으며 알코올과 에테르에 용해된다.
④ 액체는 물보다 가볍고, 기체는 공기보다 무겁다.

정답 42.② 43.② 44.② 45.③ 46.④ 47.④ 48.③

해설

LP가스 일반적 특성 및 연소 시 특성

일반적 특성	연소 시 특성
㉠ 분자량이 공기보다 무거워 가스는 공기보다 1.5~2배 무겁다. ㉡ 액비중 0.5로 물보다 가볍다. ㉢ 기화·액화가 용이하여 액화가스로 충전된다. ㉣ 기화 시에는 체적이 250배 커진다. ㉤ 물에 녹지 않고 알코올, 에테르에 용해한다. ㉥ 천연고무는 용해하므로 패킹 제조는 실리콘 고무가 사용된다.	㉠ 연소속도가 늦다(타 가연성 가스에 비교 시). ㉡ 연소범위가 좁다. ㉢ 탄소, 수소 수가 많아 연소열량이 높다. ㉣ 연소 시 다량의 공기가 필요하다. ㉤ 착화온도가 높다.

49 가스 배관 내 잔류물질을 제거할 때 사용하는 것이 아닌 것은?

① 피그 ② 거버너
③ 압력계 ④ 컴프레서

50 염소에 대한 설명으로 틀린 것은?

① 황록색을 띠며 독성이 강하다.
② 표백작용이 있다.
③ 액상은 물보다 무겁고 기상은 공기보다 가볍다.
④ 비교적 쉽게 액화된다.

해설

기상(기체는 공기보다 무겁다)

비중 : $\frac{71}{29} \fallingdotseq 2.45$

51 도시가스 제조공정 중 접촉분해 공정에 해당하는 것은? **[안전 124]**

① 저온수증기 개질법
② 열분해 공정
③ 부분연소 공정
④ 수소화분해 공정

해설

접촉분해(수증기 개질) 공정
㉠ 사이클링식
㉡ 저온수증기 개질
㉢ 고온수증기 개질

도시가스 프로세스

• 프로세스 종류와 개요

프로세스 종류	개 요	
	원 료	온도변환 가스 제조열량
열분해	원유, 중유, 나프타(분자량이 큰 탄화수소)	800~900℃로 분해 10000kcal/Nm^3의 고열량을 제조
부분연소	메탄에서 원유까지 탄화수소를 가스화제로 사용	산소, 공기, 수증기를 이용, CH_4, H_2, CO, CO_2로 변환하는 방법
수소화 분해	C/H비가 비교적 큰 탄화수소	수증기 흐름 중 또는 Ni 등의 수소화 촉매를 사용, 나프타 등 비교적 C/H가 낮은 탄화수소를 메탄으로 변화시키는 방법 ※ 수증기 자체가 가스화제로 사용되지 않고 탄화수소를 수증기 흐름 중에 분해시키는 방법임
접촉분해(수증기 개질, 사이클링식 접촉분해, 저온수증기 개질, 고온수증기 개질)	사용온도 400~800℃에서 탄화수소와 수증기를 반응시킴	수소, CO, CO_2, CH_4 등의 저급 탄화수소를 변화시키는 반응
사이클링식 접촉분해	연소속도의 빠름과 열량 3000kcal/Nm^3 전후의 가스를 제조하기 위해 이용되는 저열량의 가스를 제조하는 장치	

• 수증기 개질(접촉분해) 공정의 반응온도 압력 수증기비 변화에 따른 가스량(CH_4, CO_2, H_2, CO)의 변화관계

온도·압력 수증기비 카본생성 조건 \ 가스량		$CH_4 \cdot O_2$	$H_2 \cdot CO$
반응온도	상승	적어짐	많아짐
	하강	많아짐	적어짐
반응압력	상승	많아짐	적어짐
	하강	적어짐	많아짐
수증기비	증가	적어짐	많아짐
	감소	많아짐	적어짐

정답 49.② 50.③ 51.①

가스량 / 온도·압력 수증기비 카본생성 조건		$CH_4 \cdot O_2$	$H_2 \cdot CO$
카본생성을 어렵게 하는 조건	$2CO \rightarrow CO_2 + C$	상기 반응식은 반응온도는 높게, 반응압력은 낮게 하면 카본생성이 안 됨	상기 반응식을 반응온도는 낮게, 반응압력은 높게 하면 카본생성이 안 됨
	$CH_4 \rightarrow 2H_2 + C$		

※ 기억 방법 : CH_4, CO_2를 기준 반응온도 상승/수증기비 증가 시는 적어짐이므로 (모두를 거꾸로 생각한다면)
㉠ 온도 하강 시는 많아짐
㉡ 반응압력 상승(많아짐)
㉢ 수증기비 감소(많아짐)
$H_2 \cdot CO$도 역으로 반응온도 상승(많아짐), 하강(적어짐), 반응압력 상승(적어짐), 하강(많아짐) 수증기비 증가 $CH_4 \cdot CO_2$가 적어짐이므로 $H_2 \cdot CO$는 많아짐. 수증기비 감소는 적어짐으로 기억. 결국 암기의 기준은 $CH_4 \cdot CO_2$ 반응온도 상승 수증기비 증가 시(적어짐)으로 하며 (1) 온도상승 반대 (2) 압력상승 반대 (3) 압력 하강 시 압력상승 반대의 요령으로 암기할 것

52 −10℃인 얼음 10kg을 1기압에서 증기로 변화시킬 때 필요한 열량은 몇 [kcal]인가? (단, 얼음의 비열은 0.5kcal/kg℃, 얼음의 용해열은 80kcal/kg, 물의 기화열은 539kcal/kg이다.)

① 5400
② 6000
③ 6240
④ 7240

㉠ −10℃ 얼음이 0℃ 얼음으로 되는 과정
$Q_1 = GC_1 \Delta t = 10 \times 0.5 \times 10 = 50\text{kcal}$
㉡ 0℃ 얼음이 0℃ 물로 되는 과정
$Q_2 = G\gamma = 10 \times 80 = 800\text{kcal}$
㉢ 0℃ 물이 100℃ 물로 되는 과정
$Q_3 = GC_2 \Delta t = 10 \times 1 \times 100 = 1000\text{kcal}$
㉣ 100℃ 물이 100℃ 수증기로 되는 과정
$Q_4 = G\gamma = 10 \times 539 = 5390\text{kcal}$
∴ 전체열량=㉠+㉡+㉢+㉣
=50+800+1000+5390
=7240kcal

53 다음 중 1atm과 다른 것은?

① 9.8N/m^2
② 101325Pa
③ 14.7lb/in^2
④ $10.332\text{mH}_2\text{O}$

$1\text{atm} = 1.0332\text{kgf/cm}^2 = 101325\text{Pa(N/m}^2)$
$= 14.7\text{lb/in}^2 = 10.332\text{mH}_2\text{O}$

$1.0332\text{kgf/cm}^2 = 1.0332 \times 9.8 \times 10^4\text{N/m}^2$
$= 101325\text{N/m}^2\text{(Pa)}$

[참고] ㉠ 1kgf=9.8N
㉡ $1\text{m}^2 = 10^4\text{cm}^2$

54 산소가스의 품질검사에 사용되는 시약은 어느 것인가? **[안전 36]**

① 동암모니아 시약
② 피로카롤 시약
③ 브롬 시약
④ 하이드로설파이드 시약

• 품질검사 대상가스

구분 / 종류	시약	검사방법	순도	충전상태
O_2	동암모니아	오르자트법	99.5%	35℃ 11.8MPa
H_2	피로카롤 하이드로설파이드	오르자트법	98.5%	35℃ 11.8MPa
C_2H_2	발연황산 브롬 시약 질산은 시약	오르자트법 뷰렛법 정성시험	98%	질산은 시약을 사용한 정성시험에 합격할 것

• 검사 장소 : 1일 1회 이상 가스 제조장

55 표준상태에서 산소의 밀도는 몇 [g/L]인가?

① 1.33 ② 1.43
③ 1.53 ④ 1.63

$$\text{가스밀도} = \frac{M(\text{분자량})\text{g}}{22.4\text{L}} \text{ 이므로}$$
$$= \frac{32\text{g}}{22.4\text{L}} \fallingdotseq 1.43\text{g/L}$$

정답 52.④ 53.① 54.① 55.②

56 공기 중에 누출 시 폭발위험이 가장 큰 가스는?

① C_3H_8 ② C_4H_{10}
③ CH_4 ④ C_2H_2

폭발범위가 가장 넓은 것은 C_2H_2 가스이다.
가스별 폭발범위

가스명	폭발범위
C_3H_8	2.1~9.5
C_4H_{10}	1.8~8.4
CH_4	5~15
C_2H_2	2.5~81

57 표준물질에 대한 어떤 물질의 밀도의 비를 무엇이라고 하는가?

① 비중 ② 비중량
③ 비용 ④ 비열

58 LP가스가 증발할 때 흡수하는 열을 무엇이라 하는가?

① 현열
② 비열
③ 잠열
④ 융해열

59 LP가스를 자동차 연료로 사용할 때의 장점이 아닌 것은?

① 배기가스의 독성이 가솔린보다 적다.
② 완전연소로 발열량이 높고 청결하다.
③ 옥탄가가 높아서 녹킹 현상이 없다.
④ 균일하게 연소되므로 엔진수명이 연장된다.

LP가스를 자동차 연료로 사용 시
㉠ 장점
- 경제적이다.
- 완전연소한다.
- 공해가 적다.
- 엔진 수명이 연장된다.

㉡ 단점
- 용기의 무게, 설치공간이 필요하다.
- 급속한 가속은 곤란하다.
- 누설가스가 차내에 들어오지 않도록 밀폐하여야 한다.

60 다음 중 염소의 주된 용도가 아닌 것은?

① 표백
② 살균
③ 염화비닐 합성
④ 강재의 녹 제거용

정답 56.④ 57.① 58.③ 59.③ 60.④

국가기술자격 필기시험문제

2013년 기능사 제4회 필기시험(1부) (2013년 7월 시행)

자격종목	시험시간	문제수	문제형별
가스기능사	**1시간**	**60**	**A**

수험번호		성 명	

01 신규검사에 합격된 용기의 각인 사항과 그 기호의 연결이 틀린 것은? **[안전 115]**

① 내용적 : V ② 최고충전압력 : F_P
③ 내압시험압력 : T_P ④ 용기의 질량 : M

④ W: 밸브 부속품을 포함하지 아니하는 용기의 질량(단위 : kg)

02 역화방지장치를 설치하지 않아도 되는 곳은 어느 것인가? **[안전 23]**

① 가연성 가스 압축기와 충전용 주관 사이의 배관
② 가연성 가스 압축기와 오토클레이브 사이의 배관
③ 아세틸렌 충전용 지관
④ 아세틸렌 고압건조기와 충전용 교체밸브 사이의 배관

①항은 역류방지밸브 설치장소

03 아세틸렌 용접용기의 내압시험압력으로 옳은 것은? **[안전 2]**

① 최고충전압력의 1.5배
② 최고충전압력의 1.8배
③ 최고충전압력의 5/3배
④ 최고충전압력의 3배

용기의 내압시험압력

용기 명칭	T_P
아세틸렌	$F_P \times 3$
초저온 및 저온 용기	$F_P \times 5/3$
그 이외의 용기	$F_P \times 5/3$

04 가연성 가스의 제조설비 또는 저장설비 중 전기설비 방폭구조를 하지 않아도 되는 가스는? **[안전 37]**

① 암모니아, 시안화수소
② 암모니아, 염화메탄
③ 브롬화메탄, 일산화탄소
④ 암모니아, 브롬화메탄

05 고압가스 특정 제조시설에서 안전구역 설정 시 사용하는 안전구역 안의 고압가스설비 연소열량수치(Q)의 값은 얼마 이하로 정해져 있는가? **[안전 82]**

① 6×10^8 ② 6×10^9
③ 7×10^8 ④ 7×10^9

안전구역 설정(KGS Fp 111)(p 7)
㉠ 설정목적 : 가연성 독성 가스의 재해 확대방지를 위해
㉡ 안전구역의 면적 : 2만m^2 이하
㉢ 연소열량 : 6×10^8 이하
㉣ 연소열량 공식(한 종류의 가스가 있는 경우)
$Q = KW$
여기서, Q : 연소열량
K : 가스 종류 · 상용온도에 따라 정한 상수
W : 저장설비 · 처리설비에 따라 정한 수치

06 LP가스 사용시설에서 호스의 길이는 연소기까지 몇 [m] 이내로 하여야 하는가?

① 3m ② 5m
③ 7m ④ 9m

정답 01.④ 02.① 03.④ 04.④ 05.① 06.①

㉠ 사용시설 배관 중 호스길이 3m 이내
㉡ LPG 충전기 호스길이 5m 이내
㉢ 고정식, 이동식 LNG 충전기 호스길이 8m 이내

07 액상의 염소가 피부에 닿았을 경우의 조치로서 가장 적절한 것은?

① 암모니아로 씻어낸다.
② 이산화탄소로 씻어낸다.
③ 소금물로 씻어낸다.
④ 맑은 물로 씻어낸다.

08 용기에 의한 고압가스 판매시설 저장실 설치기준으로 틀린 것은? **[안전 31]**

① 고압가스의 용적이 $300m^3$를 넘는 저장설비는 보호시설과 안전거리를 유지하여야 한다.
② 용기보관실 및 사무실은 동일 부지 내에 구분하여 설치한다.
③ 사업소의 부지는 한 면이 폭 5m 이상의 도로에 접하여야 한다.
④ 가연성 가스 및 독성 가스를 보관하는 용기보관실의 면적은 각 고압가스별로 $10m^2$ 이상으로 한다.

③ 사업소 부지는 한 면이 폭 4m 이상의 도로에 접하여야 한다.

09 아세틸렌용기에 다공질 물질을 고루 채운 후 아세틸렌을 충전하기 전에 침윤시키는 물질은? **[안전 11]**

① 알코올
② 아세톤
③ 규조토
④ 탄산마그네슘

C_2H_2

구 분	내 용
용제의 종류	아세톤, DMF
다공물질의 종류	석면, 규조토, 목탄, 석회, 다공성 플라스틱

10 운전 중인 액화석유가스 충전설비의 작동상황에 대하여 주기적으로 점검하여야 한다. 점검 주기는?

① 1일에 1회 이상
② 1주일에 1회 이상
③ 3개월에 1회 이상
④ 6개월에 1회 이상

11 다음 중 어떤 가스를 수소와 함께 차량에 적재하여 운반할 때 그 충전용기와 밸브가 서로 마주보지 않도록 하여야 하는가? **[안전 3]**

① 산소 ② 아세틸렌
③ 브롬화메탄 ④ 염소

고법 시행규칙 별표 24
가연성 가스와 산소용기를 동일차량에 적재 운반 시 충전용기 밸브를 마주보지 않도록 적재한다.

12 LP가스가 누출될 때 감지할 수 있도록 첨가하는 냄새가 나는 물질의 측정 방법이 아닌 것은? **[안전 49]**

① 유취실법 ② 주사기법
③ 냄새주머니법 ④ 오더(Oder)미터법

무취실법, 주사기법, 오더미터법, 냄새주머니법

13 다음 중 독성 가스 허용농도의 종류가 아닌 것은?

① 시간가중 평균농도(TLV-TWA)
② 단시간노출 허용농도(TLV-STEL)
③ 최고허용농도(TLV-C)
④ 순간사망 허용농도(TLV-D)

14 내용적 94L인 액화 프로판 용기의 저장능력은 몇 [kg]인가? (단, 충전상수 C는 2.35이다.)

① 20 ② 40
③ 60 ④ 80

$$W=\frac{V}{C}=\frac{94}{2.35}=40\text{kg}$$

정답 07.④ 08.③ 09.② 10.① 11.① 12.① 13.④ 14.②

15 가연성 가스의 제조설비 중 1종 장소에서의 변압기의 방폭구조는? **[안전 125]**

① 내압방폭구조 ② 안전증 방폭구조
③ 유입방폭구조 ④ 압력방폭구조

위험장소에 따른 방폭기기 선정

위험장소	방폭 전기기기 종류
0종	본질안전방폭구조(ia, ib)
1종	본질안전(ia, ib), 유입(o), 압력(p), 내압(d) 방폭구조
2종	1종의 방폭구조+안전증방폭구조(e)
변압기의 설비는 1종, 2종 장소에 내압방폭구조를 사용	

16 액화석유가스 용기를 실외 저장소에 보관하는 기준으로 틀린 것은?

① 용기보관장소의 경계 안에서 용기를 보관할 것
② 용기는 눕혀서 보관할 것
③ 충전용기는 항상 40℃ 이하를 유지할 것
④ 충전용기는 눈 · 비를 피할 수 있도록 할 것

② 용기는 세워서 보관하여야 한다.

17 가스계량기와 전기계량기와는 최소 몇 [cm] 이상의 거리를 유지하여야 하는가? **[안전 24]**

① 15cm ② 30cm
③ 60cm ④ 80cm

18 산소에 대한 설명 중 옳지 않은 것은 어느 것인가? **[설비 6]**

① 고압의 산소와 유지류의 접촉은 위험하다.
② 과잉의 산소는 인체에 유해하다.
③ 내산화성 재료로서는 주로 납(Pb)이 사용된다.
④ 산소의 화학반응에서 과산화물은 위험성이 있다.

㉠ 산소가스 부식명 : 산화
㉡ 산화 방지 금속 : Cr, Al, Si

19 재검사 용기에 대한 파기 방법의 기준으로 틀린 것은?

① 절단 등의 방법으로 파기하여 원형으로 가공할 수 없도록 할 것
② 허가관청에 파기의 사유 · 일시 · 장소 및 인수시한 등에 대한 신고를 하고 파기할 것
③ 잔가스를 전부 제거한 후 절단할 것
④ 파기하는 때에는 검사원이 검사장소에서 직접 실시할 것

② 검사 신청인에게 파기의 사유, 일시, 장소, 인수시한 등을 통지하고 파기할 것

불합격 용기 및 특정설비 파기 방법(고법 시행규칙 별표 23)

신규용기 및 특정설비	재검사 용기 및 특정설비
㉠ 절단 등의 방법으로 파기. 원형으로 가공할 수 없도록 할 것 ㉡ 파기는 검사장소에서 검사원 입회 하에 용기 및 특정설비 제조자로 하여금 실시하게 할 것	㉠ 절단 등의 방법으로 파기. 원형으로 가공할 수 없도록 할 것 ㉡ 잔가스는 전부 제거한 후 절단할 것 ㉢ 검사 신청인에게 파기의 사유, 일시, 장소, 인수시한 등을 통지하고 파기할 것 ㉣ 파기 시 검사장소에서 검사원으로 하여금 직접 하게 하거나 검사원 입회하에 용기, 특정설비 사용자로 하여금 실시하게 할 것 ㉤ 파기한 물품은 검사 신청인이 인수시한(통지한 날로 1월 이내) 내에 인수치 않을 경우 검사기관으로 하여금 임의로 매각처분하게 할 것

20 시내버스의 연료로 사용되고 있는 CNG의 주요 성분은?

① 메탄(CH_4)
② 프로판(C_3H_8)
③ 부탄(C_4H_{10})
④ 수소(H_2)

CNG : 압축천연가스(CH_4이 주성분)

정답 15.① 16.② 17.③ 18.③ 19.② 20.①

21 액화석유가스의 냄새 측정 기준에서 사용하는 용어에 대한 설명으로 옳지 않은 것은 어느 것인가? **[안전 49]**

① 시험가스란 냄새를 측정할 수 있도록 액화석유가스를 기화시킨 가스를 말한다.
② 시험자란 미리 선정한 정상적인 후각을 가진 사람으로서 냄새를 판정하는 자를 말한다.
③ 시료 기체란 시험가스를 청정한 공기로 희석한 판정용 기체를 말한다.
④ 희석배수란 시료 기체의 양을 시험가스의 양으로 나눈 값을 말한다.

KGS Fp 331
시험자 : 냄새 · 농도 측정에 있어서 희석조작을 하여 냄새 농도를 측정하는 자

22 다음 가스의 폭발에 대한 설명 중 틀린 것은?

① 폭발범위가 넓은 것은 위험하다.
② 폭굉은 화염전파속도가 음속보다 크다.
③ 안전간격이 큰 것일수록 위험하다.
④ 가스의 비중이 큰 것은 낮은 곳에 체류할 위험이 있다.

안전간격이 적은 것은 위험하다.

23 독성 가스의 저장탱크에는 그 가스의 용량이 탱크 내용적의 몇 [%]까지 채워야 하는가? **[안전 13]**

① 80% ② 85%
③ 90% ④ 95%

24 고압가스 특정 제조시설에서 상용압력 0.2MPa 미만의 가연성 가스 배관을 지상에 노출하여 설치 시 유지하여야 할 공지의 폭 기준은? **[안전 52]**

① 2m 이상 ② 5m 이상
③ 9m 이상 ④ 15m 이상

배관 공지의 폭

상용압력(MPa)	공지의 폭(m)
0.2 미만	5
0.2~1 미만	9
1 이상	15

25 고압가스 공급자 안전점검 시 가스누출 검지기를 갖추어야 할 대상은?

① 산소 ② 가연성 가스
③ 불연성 가스 ④ 독성 가스

해설
공급자의 안전점검장비

안전점검장비	가스별		
가스누설시험지	독성		
가스누설검지기		가연성	
가스누설검지액	독성	가연성	산소 및 기타 가스
기타 안전에 필요한 장비	독성	가연성	산소 및 기타 가스

26 고압가스설비에 설치하는 압력계의 최고눈금의 범위는?

① 상용압력의 1배 이상 1.5배 이하
② 상용압력의 1.5배 이상 2배 이하
③ 상용압력의 2배 이상 3배 이하
④ 상용압력의 3배 이상 5배 이하

27 고압가스 특정 제조시설에서 고압가스설비의 설치기준에 대한 설명으로 틀린 것은?

① 아세틸렌의 충전용 교체밸브는 충전하는 장소에 직접 설치한다.
② 에어졸 제조시설에는 정량을 충전할 수 있는 자동충전기를 설치한다.
③ 공기액화분리기로 처리하는 원료공기의 흡입구는 공기가 맑은 곳에 설치한다.
④ 공기액화분리기에 설치하는 피트는 양호한 환기구조로 한다.

KGS Fp 111
① 아세틸렌 충전용 교체밸브의 설치는 충전장소에서 떨어져 설치하여야 한다.

정답 21.② 22.③ 23.③ 24.② 25.② 26.② 27.①

28 도시가스 사용시설에 정압기를 2013년에 설치하였다. 다음 중 이 정압기의 분해점검 만료 시기로 옳은 것은? **[안전 44]**

① 2015년
② 2016년
③ 2017년
④ 2018년

해설
(KGS Fu 551, Fp 551) 정압기의 분해점검

시설구분		주 기
공급시설		2년 1회 이상
사용시설	신규	3년 1회 이상
	향후	4년 1회 이상

29 다음 액화석유가스 충전사업장에서 가스충전 준비 및 충전작업에 대한 설명으로 틀린 것은?

① 자동차에 고정된 탱크는 저장탱크의 외면으로부터 3m 이상 떨어져 정지한다.
② 안전밸브에 설치된 스톱밸브는 항상 열어둔다.
③ 자동차에 고정된 탱크(내용적이 1만리터 이상의 것에 한한다.)로부터 가스를 이입받을 때에는 자동차가 고정되도록 자동차 정지목 등을 설치한다.
④ 자동차에 고정된 탱크로부터 저장탱크에 액화석유가스를 이입받을 때에는 5시간 이상 연속하여 자동차에 고정된 탱크를 저장탱크에 접속하지 아니 한다.

차량 정지목(자동차 정지목) 설치기준

법규 구분	자동차에 고정된 탱크용량
고압가스 안전관리법의 탱크로리	2000L 이상
액화석유 가스사업법의 탱크로리	5000L 이상

30 저장량이 10000kg인 산소저장설비는 제1종 보호시설과의 거리가 얼마 이상이면 방호벽을 설치하지 아니할 수 있는가? **[안전 7]**

① 9m　② 10m
③ 11m　④ 12m

해설
(KGS Fp 112) 저장능력에 따른 산소가스 보호시설과 이격거리

저장능력 압축가스(m^3), 액화가스(kg)	1종 보호 시설(m)	2종 보호 시설(m)
1만 이하	12	8
1만 초과 2만 이하	14	9
2만 초과 3만 이하	16	11
3만 초과 4만 이하	18	13
4만 초과	20	14

31 압력계의 측정 방법에는 탄성을 이용하는 것과 전기적 변화를 이용하는 방법 등이 있다. 전기적 변화를 이용하는 압력계는?

① 부르동관 압력계
② 벨로스 압력계
③ 스트레인게이지
④ 다이어프램 압력계

압력계의 구분

측정방법	종 류	특 성
탄성식 압력계	부르동관	가장 많이 쓰임. 고압력 측정
	벨로스	신축의 원리를 이용한 압력계
	다이어프램	독성 가스 및 부식성 유체의 압력측정
전기식 압력계	피에조 전기	C_2H_2과 같은 급격한 압력 측정에 이용
	전기저항식	일반적 전기의 성질을 이용한 압력계
액주식	U자관	차압의 측정에 이용
	경사관식	미압측정에 사용
	링밸런스식	링안에 액주를 넣어 하부에는 액이 있으므로 상부에 기체압을 측정

32 금속재료에서 고온일 때 가스에 의한 부식으로 틀린 것은?

① 산소 및 탄산가스에 의한 산화
② 암모니아에 의한 강의 질화
③ 수소가스에 의한 탈탄작용
④ 아세틸렌에 의한 황화

상기 항목 이외에 일산화탄소에 의한 침탄 또는 카르보닐화

정답 28.② 29.③ 30.④ 31.③ 32.④

33 오리피스미터로 유량을 측정할 때 갖추지 않아도 되는 조건은?

① 관로가 수평일 것
② 정상류 흐름일 것
③ 관 속에 유체가 충만되어 있을 것
④ 유체의 전도 및 압축의 영향이 클 것

34 액화석유가스용 강제용기란 액화석유가스를 충전하기 위한 내용적이 얼마 미만인 용기를 말하는가?

① 30L ② 50L
③ 100L ④ 125L

35 나사압축기에서 숫로터의 직경 150mm, 로터길이 100mm, 회전수가 350rpm이라고 할 때 이론적 토출량은 약 몇 [m³/min]인가? (단, 로터 형상에 의한 계수(C_V)는 0.476이다.)

① 0.11 ② 0.21
③ 0.37 ④ 0.47

나사압축기 피스톤 송출량

$Q = KD^2LN$

$= 0.476 \times (0.15\text{m})^3 \times \dfrac{0.1}{0.15} \times 350$

$= 0.37\text{m}^3/\text{min}$

여기서, K : 기어의 형에 따른 계수
D : 로터 직경(m)
L : 압축에 유효하게 작용하는 로터길이(m)
N : 분당 회전수(rpm)

36 고압가스설비는 그 고압가스의 취급에 적합한 기계적 성질을 가져야 한다. 충전용 지관에는 탄소 함유량이 얼마 이하의 강을 사용하여야 하는가?

① 0.1% ② 0.33%
③ 0.5% ④ 1%

37 고압식 액화산소 분리장치의 원료공기에 대한 설명 중 틀린 것은?

① 탄산가스가 제거된 후 압축기에서 압축된다.
② 압축된 원료공기는 예냉기에서 열교환하여 냉각된다.
③ 건조기에서 수분이 제거된 후에는 팽창기와 정류탑의 하부로 열교환하며 들어간다.
④ 압축기로 압축한 후 물로 냉각한 다음 축냉기에 보내진다.

압축기로 압축한 후 예냉기로 보내진다.

38 LP가스 수송관의 이음부분에 사용할 수 있는 패킹재료로 적합한 것은?

① 종이 ② 천연고무
③ 구리 ④ 실리콘 고무

39 회전 펌프의 특징에 대한 설명으로 틀린 것은?

① 고압에 적당하다.
② 점성이 있는 액체에 성능이 좋다.
③ 송출량의 맥동이 거의 없다.
④ 왕복 펌프와 같은 흡입 · 토출 밸브가 있다.

회전 펌프의 특징
①, ②, ③항 이외에 흡입 · 토출 밸브가 없다. 연속송출 된다.

40 공기액화분리기에서 이산화탄소 7.2kg을 제거하기 위해 필요한 건조제(NaOH)의 양은 약 몇 [kg]인가?

① 6 ② 9
③ 13 ④ 15

㉠ 반응식 : $2NaOH + CO_2 \rightarrow Na_2CO_3 + H_2O$
㉡ NaOH와 CO_2가 2 : 1로 반응하므로
$2NaOH : CO_2$
$2 \times 40 : 44$
$x : 7.2$
$\therefore x = \dfrac{2 \times 40 \times 7.2}{44}$
$= 13\text{kg}$

정답 33.④ 34.④ 35.③ 36.① 37.④ 38.④ 39.④ 40.③

41 염화메탄을 사용하는 배관에 사용해서는 안 되는 금속은?

① 철
② 강
③ 동합금
④ 알루미늄

염화메탄은 알루미늄 및 알루미늄합금을 부식시킨다.

42 저온장치에 사용하는 금속재료로 적합하지 않은 것은? **[설비 34]**

① 탄소강
② 18-8 스테인리스강
③ 알루미늄
④ 크롬-망간강

탄소강은 일반적으로 사용되는 재질로 저온용으로 사용 시 저온취성이 발생한다.

43 관 내를 흐르는 유체의 압력강하에 대한 설명으로 틀린 것은? **[설비 42]**

① 가스비중에 비례한다.
② 관 길이에 비례한다.
③ 관내경의 5승에 반비례한다.
④ 압력에 비례한다.

저압 배관 유량식

$$Q = K\sqrt{\frac{D^5 H}{SL}}$$

$$\therefore\ H = \frac{Q^2 \cdot S \cdot L}{K^2 \cdot D^5}$$

여기서, H : 압력손실(mmH_2O)
Q : 가스유량(m^3/h)
S : 가스비중
L : 관길이(m)
K : 유량계수
D : 관경(cm)

※ 압력손실
㉠ 가스유량의 제곱에 비례
㉡ 가스비중에 비례
㉢ 관길이에 비례
㉣ 관내경의 5승에 반비례

44 액화천연가스(LNG) 저장탱크의 지붕 시공 시 지붕에 대한 좌굴강도(Bucking Strength)를 검토하는 경우 반드시 고려하여야 할 사항이 아닌 것은?

① 가스압력
② 탱크의 지붕판 및 지붕뼈대의 중량
③ 지붕부위 단열재의 중량
④ 내부 탱크 재료 및 중량

45 연소기의 설치 방법에 대한 설명으로 틀린 것은?

① 가스온수기나 가스보일러는 목욕탕에 설치할 수 있다.
② 배기통이 가연성 물질로 된 벽 또는 천장 등을 통과하는 때에는 금속 외의 불연성 재료로 단열조치를 한다.
③ 배기팬이 있는 밀폐형 또는 반밀폐형의 연소기를 설치한 경우 그 배기팬의 배기가스와 접촉하는 부분은 불연성 재료로 한다.
④ 개방형 연소기를 설치한 실에는 환풍기 또는 환기구를 설치한다.

① 가스온수기, 가스보일러 등은 환기불량한 목욕탕에 설치 시 산소결핍에 의한 질식사의 우려가 있어 설치할 수 없다.

46 '자연계에 아무런 변화도 남기지 않고 어느 열원의 열을 계속해서 일로 바꿀 수 없다. 즉 고온 물체의 열을 계속해서 일로 바꾸려면 저온 물체로 열을 버려야만 한다.'라고 표현되는 법칙은? **[설비 27]**

① 열역학 제0법칙 ② 열역학 제1법칙
③ 열역학 제2법칙 ④ 열역학 제3법칙

47 공기 중에서의 프로판의 폭발범위(하한과 상한)를 바르게 나타낸 것은?

① 1.8~8.4% ② 2.2~9.5%
③ 2.1~8.4% ④ 1.8~9.5%

정답 41.④ 42.① 43.④ 44.④ 45.① 46.③ 47.②

48 액화석유가스의 주성분이 아닌 것은?

① 부탄　② 헵탄
③ 프로판　④ 프로필렌

탄화수소의 명명법
㉠ 탄소 수 3 : 프로
⇨ C_3H_8(프로판), C_3H_6(프로필렌), C_3H_4(프로핀)
㉡ 탄소 수 4 : 부타
⇨ C_4H_{10}(부탄), C_4H_8(부틸렌), C_4H_6(부타디엔) 등으로 액화석유가스는 탄소 수가 3~4로 이루어진 가스를 말한다.

49 고압가스안전관리법령에 따라 "상용의 온도에서 압력이 1MPa 이상이 되는 압축가스로서 실제로 그 압력이 1MPa 이상이 되는 경우에는 고압가스에 해당한다." 여기에서 압력은 어떠한 압력을 말하는가? **[설비 2]**

① 대기압
② 게이지압력
③ 절대압력
④ 진공압력

법령에서 정하는 가스의 압력은 게이지압력이다.

50 비중병의 무게가 비었을 때는 0.2kg이고, 액체로 충만되어 있을 때에는 0.8kg이었다. 액체의 체적이 0.4L라면 비중량(kg/m^3)은 얼마인가?

① 120　② 150
③ 1200　④ 1500

㉠ 빈병무게 : 0.2kg
㉡ 병과 액체의 무게 : 0.8kg이므로 액체만의 무게는 0.8−0.2=0.6kg이다.
㉢ $비중량 = \frac{액체무게(kg)}{액체부피(m^3)} = \frac{0.6kg}{0.4L}$
$= 1.5kg/L (1m^3 = 10^3L에서)$
$= 1.5 \times 10^3 kg/m^3 = 1500kg/m^3$

51 가스를 그대로 대기 중에 분출시켜 연소에 필요한 공기를 전부 불꽃의 주변에서 취하는 연소방식은? **[안전 10]**

① 적화식　② 분젠식
③ 세미분젠식　④ 전 1차 공기식

연소 방법의 분류 : (　)는 불꽃온도

구 분	특 징
분젠식 (1200~1300℃)	㉠ 가스가 노즐에서 분사되며 운동에너지에 의해 공기구멍으로부터 1차 공기를 흡입 ㉡ 가스와 1차 공기가 혼합관 속에서 혼합되어 염공에서 나오며 연소 ㉢ 불꽃 주위확산에 의해 2차 공기를 취함
적화식 (1000℃)	㉠ 가스를 그대로 대기 중에서 분출하며 연소 ㉡ 필요공기는 모두 불꽃 주변에서 확산에 의해 취함 ㉢ 연소 과정이 늦고 불꽃은 장염으로 적황색을 띔
세미분젠식 (1000℃)	㉠ 적화식과 분젠식의 중간 형태 ㉡ 1차 공기율이 40℃ 이하
전 1차 공기식 (850~900℃)	㉠ 필요 공기를 모두 1차 공기로만 공급 ㉡ 역화하기 쉽다.

52 천연가스(NG)를 공급하는 도시가스의 주요 특성이 아닌 것은?

① 공기보다 가볍다.
② 메탄이 주성분이다.
③ 발전용, 일반공업용 연료로도 널리 사용된다.
④ LPG보다 발열량이 높아 최근 사용량이 급격히 많아졌다.

천연가스는 CH_4이 주성분으로 LPG(C_3H_8, C_4H_{10})에 비해 탄소 수, 수소 수가 적으므로 발열량이 낮다.

53 다음 중 엔트로피의 단위는?

① kcal/h
② kcal/kg
③ kcal/kg · m
④ kcal/kg · K

정답 48.② 49.② 50.④ 51.① 52.④ 53.④

해설
② 엔탈피
③ 일의 열당량

▌물리학적 단위▐

물리학적 개념	단 위	개 요
엔탈피	kcal/kg	단위중량당 열량(물체가 가지는 총에너지)
밀도	kg/m^3(g/L)	단위체적당 질량
비체적	m^3/kg(L/g)	단위질량당 체적
일의 열당량	1/427kcal/kg · m	어떤 물체 1kg을 1m 움직이는 데 필요한 열량
열의 일당량	427kg · m/kcal	열량 1kcal로 427kg의 물체를 1m 움직일 수 있음
엔트로피	kcal/kg · K	단위중량당 열량을 절대온도로 나눈 값
비열	kcal/kg℃	어떤 물체 1kg을 1℃ 높이는 데 필요한 열량

54 압력에 대한 설명으로 옳은 것은? **[설비 2]**

① 절대압력=게이지압력+대기압이다.
② 절대압력=대기압+진공압이다.
③ 대기압은 진공압보다 낮다.
④ 1atm은 1033.2kg/m^2이다.

55 수분이 존재할 때 일반 강재를 부식시키는 가스는? **[설비 6]**

① 황화수소　　② 수소
③ 일산화탄소　　④ 질소

해설
① 황화수소 : 수분 존재 시 황산생성으로 부식
• 수분 존재 시 부식을 일으키는 가스
H_2S, SO_2, CO_2, Cl_2, $COCl_2$

56 브로민화수소의 성질에 대한 설명으로 틀린 것은?

① 독성 가스이다.
② 기체는 공기보다 가볍다.
③ 유기물 등과 격렬하게 반응한다.
④ 가열 시 폭발 위험성이 있다.

57 증기압이 낮고 비점이 높은 가스는 기화가 쉽게 되지 않는다. 다음 가스 중 기화가 가장 안 되는 가스는?

① CH_4　　② C_2H_4
③ C_3H_8　　④ C_4H_{10}

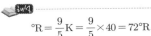

해설
기화가 쉽게 되지 않는 가스
비등점이 높은 액화가스이므로
CH_4(−162℃)
C_2H_4(−104℃)
C_3H_8(−42℃)
C_4H_{10}(−0.5℃)
∴ 가장 비등점이 높은 C_4H_{10}이다.

58 절대온도 40K를 랭킨온도로 환산하면 몇 [°R]인가?

① 36　　② 54
③ 72　　④ 90

해설
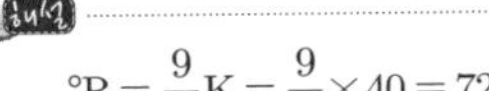
$°R = \frac{9}{5}K = \frac{9}{5} \times 40 = 72°R$

59 도시가스에 사용되는 부취제 중 DMS의 냄새는? **[안전 55]**

① 석탄가스 냄새
② 마늘 냄새
③ 양파 썩는 냄새
④ 암모니아 냄새

해설
① 석탄가스 냄새 : THT
② 마늘 냄새 : DMS
③ 양파 썩는 냄새 : TBM

60 0℃, 1atm인 표준상태에서 공기와의 같은 부피에 대한 무게비를 무엇이라고 하는가?

① 비중　　② 비체적
③ 밀도　　④ 비열

정답 54.① 55.① 56.② 57.④ 58.③ 59.② 60.①

국가기술자격 필기시험문제

2013년 기능사 제5회 필기시험(1부)

(2013년 10월 시행)

자격종목	시험시간	문제수	문제형별
가스기능사	**1시간**	**60**	**A**

수험번호		성 명	

01 가스가 누출되었을 때 조치로 가장 적당한 것은?

① 용기밸브가 열려서 누출 시 부근 화기를 멀리하고 즉시 밸브를 잠근다.
② 용기밸브 파손으로 누출 시 전부 대피한다.
③ 용기 안전밸브 누출 시 그 부위를 열 습포도 감싸준다.
④ 가스 누출로 실내에 가스 체류 시 그냥 놔두고 밖으로 피신한다.

02 무색, 무미, 무취의 폭발범위가 넓은 가연성 가스로서 할로겐원소와 격렬하게 반응하여 폭발반응을 일으키는 가스는?

① H_2 ② Cl_2
③ HCl ④ C_6H_6

H_2는 할로겐(F, Cl, Br)과 폭발적으로 반응하여 폭명기를 생성한다.
㉠ $H_2+Cl_2 \rightarrow 2HCl$(염소폭명기) 생성
㉡ $H_2+F_2 \rightarrow 2HF$(불소폭명기) 생성

03 가스사용시설의 연소기 각각에 대하여 퓨즈콕을 설치하여야 하나, 연소기 용량이 몇 [kcal/h]를 초과할 때 배관용 밸브로 대용할 수 있는가?

① 12500 ② 15500
③ 19400 ④ 25500

중간밸브 설치(KGS Fu 551) (2.4.4.4)
㉠ 가스사용시설에는 연소기 각각에 대하여 퓨즈콕을 설치한다. 다만, 연소기가(가스용 금속 플렉시블호스 포함) 배관에 연결된 경우 또는 가스소비량이 19400kcal/hr을 초과하거나 사용압력이 3.3kPa를 초과하는 연소기가 연결된 배관(가스용 금속 플렉시블호스 포함)에는 배관용 밸브를 설치할 수 있다.
㉡ 배관이 분기되는 경우 주배관에 배관용 밸브를 설치한다.
㉢ 2개 이상의 실로 분기되는 경우에는 각 실의 주배관마다 배관용 밸브를 설치한다.

04 C_2H_2 제조설비에서 제조된 C_2H_2를 충전용기에 충전 시 위험한 경우는?

① 아세틸렌이 접촉되는 설비부분에 동 함량 72%의 동합금을 사용하였다.
② 충전 중의 압력을 2.5MPa 이하로 하였다.
③ 충전 후에 압력이 15℃에서 1.5MPa 이하로 될 때까지 정치하였다.
④ 충전용 지관은 탄소 함유량 0.1% 이하의 강을 사용하였다.

① C_2H_2 접촉부분에 동 함유량 62% 이상 사용 시 Cu_2C_2(동아세틸라이드) 생성으로 폭발의 우려가 있다.

05 LP가스 저장탱크를 수리할 때 작업원이 저장탱크 속으로 들어가서는 아니 되는 탱크 내의 산소농도는?

① 16% ② 19%
③ 20% ④ 21%

탱크 수리를 위하여 유지하여야 하는 산소의 농도 : 18% 이상 22% 이하

정답 01.① 02.① 03.③ 04.① 05.①

06 고압가스 용기 등에서 실시하는 재검사 대상이 아닌 것은?

① 충전할 고압가스 종류가 변경된 경우
② 합격표시가 훼손된 경우
③ 용기밸브를 교체한 경우
④ 손상이 발생된 경우

07 다음 중 제독제로서 다량의 물을 사용하는 가스는? **[안전 22]**

① 일산화탄소 ② 이황화탄소
③ 황화수소 ④ 암모니아

제독제로 물을 사용하는 독성 가스의 종류 : 아황산, 암모니아, 염화메탄, 산화에틸렌

08 고압가스 냉매설비의 기밀시험 시 압축공기를 공급할 때 공기의 온도는 몇 [℃] 이하로 할 수 있는가?

① 40℃ ② 70℃
③ 100℃ ④ 140℃

09 LP가스 저온 저장탱크에 반드시 설치하지 않아도 되는 장치는? **[안전 20]**

① 압력계 ② 진공안전밸브
③ 감압밸브 ④ 압력경보설비

저장탱크 부압 방지조치 설비(KGS Fp 111)
①, ②, ④항 이외에 균압관, 압력과 연동하는 긴급차단장치를 설치한 냉동제어설비, 송액 설비

10 가연성 가스 제조설비 중 전기설비는 방폭성능을 가지는 구조이어야 한다. 다음 중 반드시 방폭성능을 가지는 구조로 하지 않아도 되는 가연성 가스는? **[안전 37]**

① 수소 ② 프로판
③ 아세틸렌 ④ 암모니아

방폭 성능이 필요없는 가연성 가스
(NH_3, CH_3Br) 암모니아, 브롬화메탄

11 도시가스 품질검사 시 허용기준 중 틀린 것은 어느 것인가? **[안전 81]**

① 전유황 : 30mg/m^3 이하
② 암모니아 : 10mg/m^3 이하
③ 할로겐 총량 : 10mg/m^3 이하
④ 실록산 : 10mg/m^3 이하

도시가스 품질검사(도시가스 통합 고시 별표 1)
② 암모니아 : 검출되지 않아야 한다.

12 포스겐의 취급 방법에 대한 설명 중 틀린 것은?

① 환기시설을 갖추어 작업한다.
② 취급 시에는 반드시 방독마스크를 착용한다.
③ 누출 시 용기가 부식되는 원인이 되므로 약간의 누출에도 주의한다.
④ 포스겐을 함유한 폐기액은 염화수소로 충분히 처리한다.

포스겐은 중화액, 가성소다수용액이나 소석회 등으로 처리하여야 한다.

13 가스보일러의 공통 설치기준에 대한 설명으로 틀린 것은? **[안전 93]**

① 가스보일러는 전용 보일러실에 설치한다.
② 가스보일러는 지하실 또는 반지하실에 설치하지 아니 한다.
③ 전용 보일러실에는 반드시 환기팬을 설치한다.
④ 전용 보일러실에는 사람이 거주하는 곳과 통기될 수 있는 가스레인지 배기덕트를 설치하지 아니 한다.

가스보일러 공동설치 기준(KGS Fu 551) (p38)
③ 전용 보일러실에는 부압의 원인이 되는 환기팬을 설치하지 않는다.

14 수소가스의 위험도(H)는 약 얼마인가?

① 13.5 ② 17.8
③ 19.5 ④ 21.3

정답 06.③ 07.④ 08.④ 09.③ 10.④ 11.② 12.④ 13.③ 14.②

수소의 연소범위 : 4~75%이므로

$\therefore H = \frac{U-L}{L} = \frac{75-4}{4} \fallingdotseq 17.8$

15 액화석유가스 용기 충전시설의 저장탱크에 폭발방지장치를 의무적으로 설치하여야 하는 경우는?

① 상업지역에 저장능력 15톤 저장탱크를 지상에 설치하는 경우
② 녹지지역에 저장능력 20톤 저장탱크를 지상에 설치하는 경우
③ 주거지역에 저장능력 5톤 저장탱크를 지상에 설치하는 경우
④ 녹지지역에 저장능력 30톤 저장탱크를 지상에 설치하는 경우

LPG 탱크 폭발방지장치 설치 유무(KGS Fp 331)(p22) (2.3.3.5)

폭발방지장치	
설치하는 경우	설치하지 않는 경우
㉠ LPG 차량 고정탱크 ㉡ 주거지역, 상업지역에 설치하는 10t 이상 저장탱크	㉠ 안전조치가 되어 있는 저장탱크 ㉡ 지하에 매몰하여 설치하는 저장탱크 ㉢ 마운드형 저장탱크
폭발방지장치 재료 : 다공성 알루미늄 합금박판	

16 다음 가스 저장시설 중 환기구를 갖추는 등의 조치를 반드시 하여야 하는 곳은?

① 산소 저장소
② 질소 저장소
③ 헬륨 저장소
④ 부탄 저장소

공기보다 무거운 가연성 저장실에 환기구를 설치하여야 하므로 ④ C_3H_{10} : 연소범위 1.8~8.4%, 분자량 : 58g으로 공기보다 무거움

17 고압가스 용기를 내압시험한 결과 전 증가량은 400mL, 영구증가량이 20mL이었다. 영구증가율은 얼마인가?

① 0.2% ② 0.5%
③ 5% ④ 20%

$$영구증가율(\%) = \frac{영구증가량}{전증가량} \times 100 = \frac{20\text{mL}}{400\text{mL}} \times 100 = 5\%$$

18 염소의 일반적인 성질에 대한 설명으로 틀린 것은?

① 암모니아와 반응하여 염화암모늄을 생성한다.
② 무색의 자극적인 냄새를 가진 독성, 가연성 가스이다.
③ 수분과 작용하면 염산을 생성하여 철강을 심하게 부식시킨다.
④ 수돗물의 살균소독제, 표백분 제조에 이용된다.

② 황록색의 자극성 냄새를 가진 독성, 조연성 액화가스이다.

19 독성 가스 용기 운반차량의 경계표지를 정사각형으로 할 경우 그 면적의 기준은? **[안전 79]**

① $500cm^2$ 이상
② $600cm^2$ 이상
③ $700cm^2$ 이상
④ $800cm^2$ 이상

독성 가스 용기 운반 시 경계표지(KGS Gc 206)

경계표지 종류		규 격
직사각형	가로	차폭의 30% 이상
	세로	가로의 20% 이상
정사각형	전체 경계면적	$600cm^2$ 이상

20 독성 가스인 염소를 운반하는 차량에 반드시 갖추어야 할 용구나 물품에 해당되지 않는 것은?

① 소화장비 ② 제독제
③ 내산장갑 ④ 누출검지기

① 소화장비 : 가연성, 산소 운반 시 구비하는 보호구

정답 15.① 16.④ 17.③ 18.② 19.② 20.①

21 다음 중 연소기구에서 발생할 수 있는 역화(back fire)의 원인이 아닌 것은? **[장치 7]**

① 염공이 적게 되었을 때
② 가스의 압력이 너무 낮을 때
③ 콕이 충분히 열리지 않았을 때
④ 버너 위에 큰 용기를 올려서 장시간 사용할 경우

① 염공이 적게 되었을 때 : 선화의 원인

22 다음 중 특정 고압가스에 해당되지 않는 것은 어느 것인가? **[안전 53]**

① 이산화탄소
② 수소
③ 산소
④ 천연가스

특정 고압가스 종류
포스핀, 셀렌화수소, 게르만디실란, 오불화비소, 오불화인, 삼불화인, 삼불화질소, 삼불화붕소, 사불화유황, 사불화규소, 수소, 산소, 액화암모니아, 아세틸렌, 액화염소, 천연가스, 압축모노실란, 압축디보레인, 액화알진

23 일반 도시가스 배관의 설치기준 중 하천 등을 횡단하여 매설하는 경우로서 적합하지 않은 것은?

① 하천을 횡단하여 배관을 설치하는 경우에는 배관의 외면과 계획하상(河床, 하천의 바닥) 높이와의 거리는 원칙적으로 4.0m 이상으로 한다.
② 소화전, 수로를 횡단하여 배관을 매설하는 경우 배관의 외면과 계획하상(河床, 하천의 바닥) 높이와의 거리는 원칙적으로 2.5m 이상으로 한다.
③ 그 밖의 좁은 수로를 횡단하여 배관을 매설하는 경우 배관의 외면과 계획하상(河床, 하천의 바닥) 높이와의 거리는 원칙적으로 1.5m 이상으로 한다.
④ 하상변동, 패임, 닻 내림 등의 영향을 받지 아니 하는 깊이에 매설한다.

해설

③ 좁은 수로 : 1.2m 이상
일반도시가스 제조공급소 밖, 하천구역 배관매설 (KGS Fs 551) (p34) 관련

구 분	핵심 내용(설치 및 매설깊이)
하천 횡단매설	교량설치, 교량설치 불가능 시 하천 밑 횡단매설
하천수로 횡단매설	2중관 또는 방호구조물 안에 설치
배관매설 깊이 기준	하상변동, 패임, 닻 내림 등 영향이 없는 곳에 매설(단, 한국가스안전공사의 평가 시 평가 제시거리 이상으로 하되 최소깊이는 1.2m 이상)
하천 구역깊이	4m 이상 단폭이 20m 이하 중압 이하 배관을 하천매설 시 하상폭 양끝단에서 보호시설까지 $L=220\sqrt{P}\cdot d$ 산출식 이상인 경우 2.5m 이상으로 할 수 있다.
소화전 수로	2.5m 이상
그 밖의 좁은 수로	1.2m 이상

24 일반 공업지역의 암모니아를 사용하는 A공장에서 저장능력 25톤의 저장탱크를 지상에 설치하고자 한다. 저장설비 외면으로부터 사업소 외의 주택까지 몇 [m] 이상의 안전거리를 유지하여야 하는가? **[안전 7]**

① 12m
② 14m
③ 16m
④ 18m

해설

암모니아, 주택과 보호시설 안전거리
㉠ 가스의 종류 : 독성
㉡ 보호시설의 종류 : 2종
㉢ 저장능력 25톤=250000kg
독성, 가연성 보호시설과 안전거리

저장능력	안전거리(m)	
	1종	2종
1만 이하	17	12
1만 초과 2만 이하	21	14
2만 초과 3만 이하	24	16
3만 초과 4만 이하	27	18

정답 21.① 22.① 23.③ 24.③

25 폭발범위의 상한 값이 가장 낮은 가스는?

① 암모니아 ② 프로판
③ 메탄 ④ 일산화탄소

가스별 폭발범위

가스명	폭발범위(%)
암모니아	15~28
프로판	2.1~9.5
메탄	5~15
일산화탄소	12.5~74

26 고압가스 설비의 내압 및 기밀시험에 대한 설명으로 옳은 것은? [안전 2]

① 내압시험은 상용압력의 1.1배 이상의 압력으로 실시한다.
② 기체로 내압시험을 하는 것은 위험하므로 어떠한 경우라도 금지된다.
③ 내압시험을 할 경우에는 기밀시험을 생략할 수 있다.
④ 기밀시험은 상용압력 이상으로 하되 0.7MPa을 초과하는 경우 0.7MPa 이상으로 한다.

㉠ T_P=상용압력의 1.5배 이상
㉡ 공기, 질소 등으로 내압시험 압력으로 시험할 경우 T_P=상용압력의 1.25배 이상으로 한다.
㉢ 내압시험과 기밀시험은 각각 실시
- 내압시험 : 내압력에 견디는 정도이어야 한다.
- 기밀시험 : 누설 유무를 판단하여야 한다.

27 저장탱크에 의한 LPG 사용시설에서 가스계량기의 설치기준에 대한 설명으로 틀린 것은? [안전 28]

① 가스계량기와 화기와의 우회거리 확인은 계량기의 외면과 화기를 취급하는 설비의 외면을 실측하여 확인한다.
② 가스계량기는 화기와 3m 이상의 우회거리를 유지하는 곳에 설치한다.
③ 가스계량기의 설치높이는 1.6m 이상 2m 이내에 설치하여 고정한다.
④ 가스계량기와 굴뚝 및 전기 점멸기와의 거리는 30cm 이상의 거리를 유지한다.

화기와 우회거리
㉠ 가연성, 산소의 가스 : 8m 이상
㉡ 가연성, 산소를 제외한 가스 : 2m 이상
㉢ 입상 배관, 가스계량기 : 2m 이상
㉣ 액화석유가스 판매 및 충전사업자의 용기저장소

28 차량에 고정된 탱크로서 고압가스를 운반할 때 그 내용적의 기준으로 틀린 것은 어느 것인가? [안전 12]

① 수소 : 18000L
② 액화암모니아 : 12000L
③ 산소 : 18000L
④ 액화염소 : 12000L

차량에 고정된 탱크로 가스운반 시 내용적의 한계

가스 종류	내용적
LPG 이외의 가연성 및 산소	18000L 이상 운반금지
암모니아 제외 독성	12000L 이상 운반금지
LPG, NH_3	내용적 제한 없음

29 고압가스 특정 제조시설에서 안전구역 안의 고압가스 설비는 그 외면으로부터 다른 안전구역 안에 있는 고압가스 설비의 외면까지 몇 [m] 이상의 거리를 유지하여야 하는가? [안전 83]

① 5m ② 10m
③ 20m ④ 30m

해설

고압가스 특정 제조시설
㉠ 고압설비는 다른 안전구역 안의 고압설비의 면까지 : 30m 이상
㉡ 처리능력 20만m^3 압축기와 30m 이상 거리 유지
㉢ 제조소 경계와 20m 이상 유지

30 다음 중 독성 가스에 해당하지 않는 것은?

① 아황산가스
② 암모니아
③ 일산화탄소
④ 이산화탄소

정답 25.② 26.④ 27.② 28.② 29.④ 30.④

해설

독성 가스별 허용농도

가스명	허용농도(ppm)
아황산	2520(2)ppm
암모니아	7338(25)ppm
일산화탄소	3760(50)ppm
( )은 TLV-TWA 기준농도 값	

31 고압식 공기액화 분리장치의 복식 정류탑 하부에서 분리되어 액체산소 저장탱크에 저장되는 액체산소의 순도는 약 얼마인가?

① 99.6~99.8% ② 96~98%
③ 90~92% ④ 88~90%

32 초저온 용기의 단열성능 검사 시 측정하는 침입열량의 단위는? [장치 9]

① kcal/h · L · ℃ ② $kcal/m^2$ · h · ℃
③ kcal/m · h · ℃ ④ kcal/m · h · bar

해설

초저온 용기

구 분		세부 내용
정의		섭씨 영하 50도 이하의 액화가스를 충전하기 위한 용기로서 단열재로 피복하거나 냉동설비로 냉각 용기 내 온도가 상용온도를 초과하지 아니하도록 조치한 용기
단열성능시험 가스 종류		㉠ 액화질소(-196℃) ㉡ 액화아르곤(-186℃) ㉢ 액화산소(-183℃)
침투열량에 따른 합격기준	1000L 이상 용기	0.002kcal/h℃L 이하가 합격
	1000L 미만 용기	0.0005kcal/h℃L 이하가 합격

33 저장능력 10톤 이상의 저장탱크에는 폭발방지장치를 설치한다. 이때 사용되는 폭발방지제의 재질로서 가장 적당한 것은?

① 탄소강 ② 구리
③ 스테인리스 ④ 알루미늄

해설

폭발방지장치 재료(KGS Fp 331) : 다공성 벌집형 알루미늄 합금 박판

34 긴급차단장치의 동력원으로 가장 부적당한 것은? [안전 19]

① 스프링 ② X선
③ 기압 ④ 전기

해설

긴급차단장치 동력원 : 공기압, 전기압, 스프링압

35 다음 중 1차 압력계는?

① 부르동관 압력계
② 전기저항식 압력계
③ U자관형 마노미터
④ 벨로스 압력계

해설

압력계 구분

구 분		내 용
1차 압력계	종류	자유(부유) 피스톤식 압력계, 액주식(마노미터) 압력계
	용도	2차 압력계의 눈금교정용
2차 압력계	종류	부르동관, 벨로스, 다이어프램, 전기저항
	용도	실제 현장에서 사용되는 압력계

36 압축기 윤활의 설명으로 옳은 것은? [설비 10]

① 산소압축기의 윤활유로는 물을 사용한다.
② 염소압축기의 윤활유로는 양질의 광유가 사용된다.
③ 수소압축기의 윤활유로는 식물성유가 사용된다.
④ 공기압축기의 윤활유로는 식물성유가 사용된다.

해설

② 염소압축기 : 진한 황산
③ 수소압축기 : 양질의 광유
④ 공기압축기 : 양질의 광유

37 다음 금속재료 중 저온재료로 가장 부적당한 것은? [설비 34]

① 탄소강 ② 니켈강
③ 스테인리스강 ④ 황동

해설

① 탄소강 : 상온, 상압이나 일반적으로 사용되는 재료로, 저온용으로 사용 시 저온취성을 일으켜 파열의 우려가 있다.

정답 31.① 32.① 33.④ 34.② 35.③ 36.① 37.①

38 다음 유량 측정 방법 중 직접법은? [장치 28]

① 습식 가스미터 ② 벤투리미터
③ 오리피스미터 ④ 피토튜브

유량 측정

구 분	유량계 종류
직접식	습식 가스미터
간접식	오리피스, 벤투리관, 피토관, 로터미터
추량(추측)식	오리피스, 벤투리, 델타, 터빈, 선근차, 와류(소용돌이)(볼텍스)

39 내용적 47L인 LP가스 용기의 최대충전량은 몇 [kg]인가?

① 20 ② 42
③ 50 ④ 110

$W=\frac{V}{C}$ 이므로

여기서, V : 47, C : 2.35

$\therefore\ W=\frac{47}{2.35}=20\text{kg}$

40 다음 중 정압기의 부속설비가 아닌 것은?

① 불순물 제거장치
② 이상압력 상승 방지장치
③ 검사용 맨홀
④ 압력기록장치

정압기의 기본 흐름도

필터 → SSV(긴급차단장치) → 조정장치
→ 이상압력 방지장치 → 자기압력 기록계

41 다음 [보기]의 특징을 가지는 펌프는?

[보기]
- 고압, 소유량에 적당하다.
- 토출량이 일정하다.
- 송수량의 가감이 가능하다.
- 맥동이 일어나기 쉽다.

① 원심 펌프 ② 왕복 펌프
③ 축류 펌프 ④ 사류 펌프

42 터보식 펌프로서 비교적 저양정에 적합하며, 효율변화가 비교적 급한 펌프는?

① 원심 펌프
② 축류 펌프
③ 왕복 펌프
④ 사류 펌프

43 산소용기의 최고충전압력이 15MPa일 때 이 용기의 내압시험압력은 얼마인가?

① 15MPa
② 20MPa
③ 22.5MPa
④ 25MPa

용기$(T_P)=F_P\times\frac{5}{3}=15\times\frac{5}{3}=25\text{MPa}$

44 기화기에 대한 설명으로 틀린 것은?

① 기화기 사용 시 장점은 LP가스 종류에 관계없이 한냉 시에도 충분히 기화시킨다.
② 기화장치의 구성요소 중에는 기화부, 제어부, 조압부 등이 있다.
③ 감압가열방식은 열교환기에 의해 액상의 가스를 기화시킨 후 조정기로 감압시켜 공급하는 방식이다.
④ 기화기를 증발 형식에 의해 분류하면 순간 증발식과 유입 증발식이 있다.

기화기(베이퍼라이저)

항 목		세부 핵심 내용
정의		외기온도와 관계없이 액가스를 가열 기화하여 기화가스로 공급하기 위하여 사용되는 고압가스의 특정설비
구성요소		기화부, 제어부, 조압부
증발형식	가온감압식	열교환기에 의해 액상 LP가스를 온도를 상승 기화된 가스를 조정기로 감압(압력을 낮추어)시켜 공급하는 방식
	감압가온식	액상 LP가스를 조정기로 감압 후 열교환기에서 가열하는 방식

정답 38.① 39.① 40.③ 41.② 42.② 43.④ 44.③

45 펌프에서 유량을 Q(m³/min), 양정을 H(m), 회전수 N(rpm)이라 할 때 1단 펌프에서 비교회전도 η_s를 구하는 식은?

① $\eta_s = \dfrac{Q^2\sqrt{N}}{H^{\frac{3}{4}}}$ ② $\eta_s = \dfrac{N^2\sqrt{Q}}{H^{\frac{3}{4}}}$

③ $\eta_s = \dfrac{N\sqrt{Q}}{H^{\frac{3}{4}}}$ ④ $\eta_s = \dfrac{\sqrt{NQ}}{H^{\frac{3}{4}}}$

46 액체산소의 색깔은?

① 담황색 ② 담적색
③ 회백색 ④ 담청색

47 LPG에 대한 설명 중 틀린 것은?

① 액체상태는 물(비중 1)보다 가볍다.
② 기화열이 커서 액체가 피부에 닿으면 동상의 우려가 있다.
③ 공기와 혼합시켜 도시가스 원료로도 사용된다.
④ 가정에서 연료용으로 사용하는 LPG는 올레핀계 탄화수소이다.

해설
④ LPG는 파라핀계 탄화수소이다.

48 "기체의 온도를 일정하게 유지할 때 기체가 차지하는 부피는 절대압력에 반비례한다." 라는 법칙은?

① 보일의 법칙 ② 샤를의 법칙
③ 헨리의 법칙 ④ 아보가드로의 법칙

구 분		내 용
이상 기체 법칙	보일의 법칙	온도 일정 시 이상기체 부피는 압력에 반비례
	샤를의 법칙	압력 일정 시 이상기체 부피는 온도에 비례
	보일-샤를의 법칙	이상기체 부피는 온도에 비례, 압력에는 반비례
	아보가드로의 법칙	이상기체 1mol=22.4L=분자량=6.02×10^{23}개의 분자 수를 가진다.
기체 용해도 법칙	헨리의 법칙	기체가 용해하는 부피는 압력에 관계없이 일정하고 질량은 압력에 비례한다.
	적용 기체	O_2, H_2, N_2, CO_2
	비적용 기체	NH_3

49 압력 환산 값을 서로 가장 바르게 나타낸 것은?

① $1\text{lb/ft}^2 \fallingdotseq 0.142\text{kg/cm}^2$
② $1\text{kg/cm}^2 \fallingdotseq 13.7\text{lb/in}^2$
③ $1\text{atm} \fallingdotseq 1033\text{g/cm}^2$
④ $76\text{cmHg} \fallingdotseq 1013\text{dyne/cm}^2$

해설
① 1lb/ft^2
$1\text{kg}=2.205\text{lb}$
$1\text{ft}=30.48\text{cm}$이므로
$1\times\dfrac{1}{2.205}\text{kg}/(30.48\text{cm})^2 \fallingdotseq 4.9\times10^{-4}\text{kg/cm}^2$
② $1.0332\text{kg/cm}^2=14.7\text{lb/in}^2$이므로
$1.0332 : 14.7$
$1 : x$
$\therefore x = 14.22\text{lb/in}^2$
③ $1\text{atm}=1.033\text{kg/cm}^2=1033\text{g/cm}^2$
④ $1\text{atm}=1.0332\text{kgf/cm}^2=76\text{cmHg}$
$\therefore 76\text{cmHg}=1.0332\times9.8\times10^5\text{dyne/cm}^2$
$=1012536\text{dyne/cm}^2$

$1\text{kgf}=9.8\times10^5\text{dyne}=9.8\text{N}$

50 절대온도 0K는 섭씨온도 약 몇 [℃]인가?

① −273 ② 0
③ 32 ④ 273

해설
$K=℃+273$
$\therefore ℃=K-273=0-273=-273℃$

51 다음 수소와 산소 또는 공기와의 혼합기체에 점화하면 급격히 화합하여 폭발하므로 위험하다. 이 혼합기체를 무엇이라고 하는가?

① 염소폭명기 ② 수소폭명기
③ 산소폭명기 ④ 공기폭명기

정답 45.③ 46.④ 47.④ 48.① 49.③ 50.① 51.②

폭명기

종 류	반응식
수소폭명기	$2H_2+O_2 \rightarrow 2H_2O$
염소폭명기	$H_2+Cl_2 \rightarrow 2HCl$
불소폭명기	$H_2+F_2 \rightarrow 2HF$

52 기체연료의 일반적인 특징에 대한 설명으로 틀린 것은?

① 완전연소가 가능하다.
② 고온을 얻을 수 있다.
③ 화재 및 폭발의 위험성이 적다.
④ 연소조절 및 점화, 소화가 용이하다.

③ 기체는 역화(폭발) 및 화재의 위험성이 액체, 고체에 비하여 높다.

53 다음 중 압력단위가 아닌 것은?

① Pa
② atm
③ bar
④ N

$1atm=101325Pa(N/m^2)=1.013bar$

54 공기비가 클 경우 나타나는 현상이 아닌 것은 어느 것인가? **[장치 23]**

① 통풍력이 강하여 배기가스에 의한 열손실 증대
② 불완전연소에 의한 매연 발생이 심함
③ 연소가스 중 SO_3의 양이 증대되어 저온 부식 촉진
④ 연소가스 중 NO_3의 발생이 심하여 대기오염 유발

② 공기비가 클 경우 연소성은 향상되므로 불완전 연소하지는 않는다.

공기비(m)=(과잉공기비)

<table>
<tr><th>구 분</th><th colspan="2">간추린 핵심 내용</th></tr>
<tr><td>정의</td><td colspan="2">이론공기량에 대한 실제공기량의 비</td></tr>
<tr><td>공식</td><td colspan="2">$m=\frac{A}{A_o}=\frac{A_o+P}{A_o}=1+\frac{P}{A_o}$</td></tr>
<tr><td>공식</td><td colspan="2">기호
m : 공기비
A : 실제공기량
A_o : 이론공기량
P : 과잉공기량$(A-A_o)=(m-1)A_o$</td></tr>
<tr><td>과잉 공기율</td><td colspan="2">$\frac{P}{A_o}\times 100=\frac{(m-1)A_o}{A}\times 100$
$=(m-1)\times 100$</td></tr>
<tr><td rowspan="2">공기비가 클 경우와 적을 경우의 영향</td><td>클 경우</td><td>작을 경우</td></tr>
<tr><td>㉠ 연료소비량 증가
㉡ 연소가스 중 N_2 산화물 증가
㉢ 질소로 인한 연소가스 온도 저하
㉣ 배기(폐)가스량 증가
㉤ 황에 의한 저온부식 초래</td><td>㉠ 불완전연소 초래
㉡ 불완전연소에 의한 매연발생 우려
㉢ 미연소 가스에 의한 열손실 발생
㉣ 미연소가스에 의한 역화의 우려</td></tr>
</table>

55 표준상태에서 1몰의 아세틸렌이 완전연소될 때 필요한 산소의 몰 수는?

① 1몰
② 1.5몰
③ 2몰
④ 2.5몰

㉠ C_2H_2의 연소반응식
$C_2H_2+2.5O_2 \rightarrow 2CO_2+H_2O$
㉡ C_2H_2 1mol당 O_2의 몰수는 2.5mol
즉, 반응 비율은 1 : 2.5이다.

56 다음 [보기]에서 설명하는 가스는?

[보기]
• 독성이 강하다.
• 연소시키면 잘 탄다.
• 물에 매우 잘 녹는다.
• 각종 금속에 작용한다.
• 가압 · 냉각에 의해 액화가 쉽다.

① HCl
② NH_3
③ CO
④ C_2H_2

정답 52.③ 53.④ 54.② 55.④ 56.②

NH_3의 특성

구 분	내 용
분자량	17g(공기보다 무겁다)
독성	TLV-TWA(25ppm) LC 50(7380ppm)
가연성	연소범위(15~28%)
물에 대한 용해도	물 1에 800배 용해
중화액	물, 묽은 염산, 묽은 황산
액화가스	비등점(-33℃)

57 질소의 용도가 아닌 것은?

① 비료에 이용
② 질산 제조에 이용
③ 연료용에 이용
④ 냉매로 이용

58 27℃, 1기압 하에서 메탄가스 80g이 차지하는 부피는 약 몇 [L]인가?

① 112 ② 123
③ 224 ④ 246

이상기체 상태식

$PV = \frac{W}{M}RT$에서

$V = \frac{WRT}{PM}$ 이므로

여기서, W : 80g
R : 0.082atm · L/mol · K
T : 273+27=300K
P : 1atm
M : 16g

$\therefore V = \frac{80 \times 0.082 \times 300}{1 \times 16} = 123L$

59 산소농도의 증가에 대한 설명으로 틀린 것은?

① 연소속도가 빨라진다.
② 발화온도가 올라간다.
③ 화염온도가 올라간다.
④ 폭발력이 세어진다.

② 발화온도 낮아진다.

산소농도 증가 시 화학적 변화값

항 목	변화값	증가 및 감소 유무
연소범위	넓어진다.	증가
연소속도	빨라진다.	증가
화염속도	빨라진다.	증가
화염온도	높아진다.	증가
발화(점화)에너지	낮아진다.	감소
인화점	낮아진다.	감소

60 다음 중 보관 시 유리를 사용할 수 없는 것은?

① HF ② C_6H_6
③ $NaHCO_3$ ④ KBr

HF(불화수소)

보관 가능병	보관 불가능
폴리에틸렌 병	유리제병(화학반응 시 유리와 부식을 일으킴)

정답 57.③ 58.② 59.② 60.①

국가기술자격 필기시험문제

2014년 기능사 제1회 필기시험(1부) (2014년 1월 시행)

자격종목	시험시간	문제수	문제형별
가스기능사	**1시간**	**60**	**A**

수험번호		성 명	

01 도로굴착공사에 의한 도시가스 배관 손상 방지기준으로 틀린 것은? **[안전 126, 127]**

① 착공 전 도면에 표시된 가스 배관과 기타 지장물 매설유무를 조사하여야 한다.
② 도로굴착자의 굴착공사로 인하여 노출된 배관길이가 10m 이상인 경우에야 점검통로 및 조명시설을 하여야 한다.
③ 가스 배관이 있을 것으로 예상되는 지점으로부터 2m 이내에서 줄파기를 할 때에는 안전관리전담자의 입회하에 시행하여야 한다.
④ 가스 배관의 주위를 굴착하고자 할 때에는 가스 배관의 좌우 1m 이내의 부분은 인력으로 굴착한다.

KGS Fs 551
② 굴착 시 점검통로 조명시설을 하여야 하는 경우의 노출된 배관의 길이 : 15m 이상

02 도시가스 배관이 하천을 횡단하는 배관 주위의 흙이 사질토의 경우 방호구조물의 비중은?

① 배관 내 유치 비중 이상의 값
② 물의 비중 이상의 값
③ 토양의 비중 이상의 값
④ 공기의 비중 이상의 값

03 액화석유가스 사용시설에서 LPG 용기 접합설비의 저장능력이 얼마 이하일 때 용기, 용기밸브, 압력조정기가 직사광선, 눈 또는 빗물에 노출되지 않도록 해야 하는가? **[안전 9]**

① 50kg 이하 ② 100kg 이하
③ 300kg 이하 ④ 500kg 이하

LPG 용기 접합설비에서의 용기 보관방법

저장능력	보관방법
100kg 이하	용기, 용기밸브, 압력조정기 등이 직사광선, 빗물 등에 노출되지 않도록 조치
100kg 초과	용기저장실을 만들고 용기저장실 내에 보관

04 아세틸렌용기를 제조하고자 하는 자가 갖추어야 하는 설비가 아닌 것은?

① 원료혼합기 ② 건조로
③ 원료충전기 ④ 소결로

C_2H_2 용기 제조시설 기준이 갖추어야 하는 제조설비
(KGS Ac 214) 2(제조시설 기준) 2.1(제조설비)

구 분	내 용
개요	용기제조자가 용기제조를 위하여 갖추어야 하는 설비 종류 규정
설비 종류	㉠ 단조설비 또는 성형설비 ㉡ 아래부분 접합설비(아래부분을 접합하여 제조하는 경우로 한정) ㉢ 열처리로 및 그 노내의 온도를 측정하여 자동으로 기록하는 장치 ㉣ 세척설비 ㉤ 쇼트브라스팅 및 도장설비 ㉥ 밸브 탈부착기 ㉦ 용기 내부 건조설비 및 진공흡입설비(대기압 이하) ㉧ 용접설비(내용적 250L 미만의 용기는 자동용접설비) ㉨ 넥크링 가공설비(전문생산업체로부터 공급받는 경우 제외) ㉩ 원료혼합기, 건조로, 원료충전기, 자동부식방지 도장설비 ㉪ 아세톤, DMF 충전설비

정답 01.② 02.② 03.② 04.④

05 가스의 연소한계에 대하여 가장 바르게 나타낸 것은?

① 착화온도의 상한과 하한
② 물질이 탈 수 있는 최저온도
③ 완전연소가 될 때의 산소공급 한계
④ 연소가 가능한 가스의 공기와의 혼합 비율의 상한과 하한

06 LPG 사용시설에서 가스누출 경보장치 검지부 설치높이의 기준으로 옳은 것은?

① 지면에서 30cm 이내
② 지면에서 60cm 이내
③ 천장에서 30cm 이내
④ 천장에서 60cm 이내

해설

가스누출 검지경보장치 검지부 설치높이

가스의 종류	설치높이(m)
공기보다 가벼움 (CH_4 주성분 도시가스)	천장에서 검지부 하단까지 30cm 이내
공기보다 무거움 (C_3H_8, C_4H_{10} 주성분 LPG)	지면에서 검지부 상단까지 30cm 이내

07 도시가스사업자는 가스공급시설을 효율적으로 관리하기 위하여 배관 정압기에 대하여 도시가스 배관망을 전산화하여야 한다. 이때 전산관리 대상이 아닌 것은? **[안전 59]**

① 설치도면 ② 시방서
③ 시공자 ④ 배관 제조자

해설

배관망의 전산화(KGS Fs 551) (3.1.4.1)

구 분	핵심 내용
개요	가스공급시설의 효율적 관리를 위함
전산화 항목	㉠ 배관, 정압기 설치도면 ㉡ 시방서(호칭지름과 재질 등에 관한 사항 기재) ㉢ 시공자 ㉣ 시공연월일

08 겨울철 LP 가스용기 표면에 성애가 생겨 가스가 잘 나오지 않을 경우 가스를 사용하기 위한 가장 적절한 조치는?

① 연탄불로 쪼인다.
② 용기를 힘차게 흔든다.
③ 열 습포를 사용한다.
④ 90℃ 정도의 물을 용기에 붓는다.

해설

동계에 LP 가스가 잘 나오지 않을 경우 녹이는 방법
㉠ 40℃ 이하 온수를 사용
㉡ 열 습포(더운 물수건) 사용

09 액화석유가스를 저장하기 위하여 지상 또는 지하에 고정 설치된 탱크로서 액화석유가스의 안전관리 및 사업법에서 정한 "소형 저장탱크"는 그 저장능력이 얼마인 것을 말하는가?

① 1톤 미만
② 3톤 미만
③ 5톤 미만
④ 10톤 미만

해설

소형 저장탱크

구 분	내 용
정의	저장능력 3t 미만인 탱크
용기집합설비로 시공하지 않고 소형 저장탱크로 시공하여야 하는 저장능력	500kg 이상
소형 저장탱크의 저장능력(kg) 산정식	$W=0.85dV$ 여기서, d : 비중 V : 내용적(L)

10 차량이 고정된 탱크로 염소를 운반할 때 탱크의 최대 내용적은? **[안전 12]**

① 12000L
② 18000L
③ 20000L
④ 38000L

해설

차량 고정탱크로 가스를 운반 시 내용적의 한계(L)

가스의 종류	내용적 한계(L)
NH_3 제외 독성	12000L 이상 운반금지
LPG 제외 가연성	18000L 이상 운반금지
NH_3, LPG	내용적 제한이 없음

정답 05.④ 06.① 07.④ 08.③ 09.② 10.①

11 굴착으로 인하여 도시가스 배관이 65m가 노출되었을 경우 가스누출경보기의 설치 개수로 알맞은 것은?

① 1개 ② 2개
③ 3개 ④ 4개

해설
(KGS Fs 551)에 의해 굴착으로 노출된 노출 배관 길이 20m 이상 시 20m 마다 가스누출경보기를 설치하여야 하므로
∴ 65m ÷ 20 = 3.25개 ≒ 4개를 설치하여야 한다.

12 도시가스 제조소 저장탱크 방류둑에 대한 설명으로 틀린 것은? **[안전 15]**

① 지하에 묻은 저장탱크 내의 액화가스가 전부 유출된 경우에 그 액면이 지면보다 낮도록 된 구조는 방류둑을 설치한 것으로 본다.
② 방류둑의 용량은 저장탱크 저장능력의 90%에 상당하는 용적 이상이어야 한다.
③ 방류둑의 재료는 철근콘크리트, 금속, 흙, 철골 · 철근 콘크리트 또는 이들을 혼합하여야 한다.
④ 방류둑은 액밀한 것이어야 한다.

해설
방류둑의 용량

구 분		내 용
정의		액상의 가스 누설 시 방류둑에서 차단할 수 있는 능력
독, 가연성 가스	차단 능력	저장능력 상당용적(저장능력 상당용적의 100%) 이상
산소	차단 능력	저장능력 상당용적의 60% 이상

13 냉동기란 고압가스를 사용하여 냉동하기 위한 기기로서 냉동능력 산정기준에 따라 계산된 냉동능력 몇 톤 이상인 것을 말하는가?

① 1 ② 1.2
③ 2 ④ 3

14 에어졸 제조설비와 인화성 물질과의 최소 우회거리는?

① 2m 이상 ② 5m 이상
③ 8m 이상 ④ 10m 이상

(KGS Fp 112) (3.2.2.1) 에어졸 제조
에어졸과 화기의 우회거리 : 8m 이상

15 지상 배관은 안전을 확보하기 위해 그 배관의 외부에 다음의 항목들을 표기하여야 한다. 해당하지 않는 것은?

① 사용가스명
② 최고사용압력
③ 가스의 흐름방향
④ 공급회사명

해설
배관에 표시사항

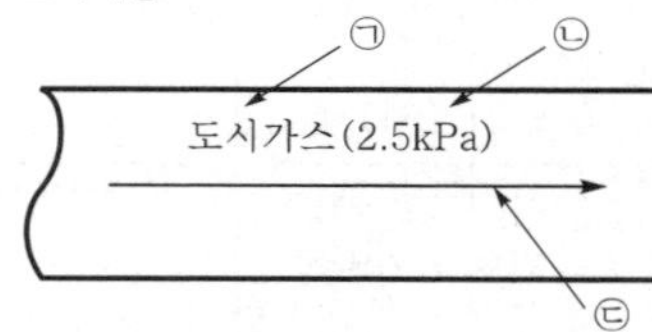

㉠ 도시가스 : 사용가스명
㉡ 2.5kPa : 최고사용압력
㉢ → : 가스 흐름방향

16 고압가스 제조시설에서 가연성 가스 가스설비 중 전기설비를 방폭구조로 하여야 하는 가스는? **[안전 37]**

① 암모니아
② 브롬화메탄
③ 수소
④ 공기 중에서 자기 발화하는 가스

방폭구조 시공여부 가스의 종류

가스명	시공여부
NH_3, CH_3Br 및 가연성 이외의 가스	방폭구조 시공이 필요없음
NH_3, CH_3Br 제외 가연성 가스	방폭구조로 시공

17 용기 종류별 부속품의 기호 중 아세틸렌을 충전하는 용기의 부속품 기호는? **[안전 29]**

① AT ② AG
③ AA ④ AB

정답 11.④ 12.② 13.④ 14.③ 15.④ 16.③ 17.②

해설

용기 종류별 부속품의 기호

㉠ LG : LPG를 제외한 액화가스를 충전하는 용기의 부속품
㉡ LPG : 액화석유가스를 충전하는 용기의 부속품
㉢ PG : 압축가스를 충전하는 용기의 부속품
㉣ AG : 아세틸렌가스를 충전하는 용기의 부속품
㉤ LT : 초저온 및 저온 용기의 부속품

18 도시가스 배관을 노출하여 설치하고자 할 때 배관 손상방지를 위한 방호조치 기준으로 옳은 것은?

① 방호 철판두께는 최소 10mm 이상으로 한다.
② 방호 철판의 크기는 1m 이상으로 한다.
③ 철근콘크리트재 방호구조물은 두께가 15cm 이상이어야 한다.
④ 철근콘크리트재 방호구조물은 높이가 1.5m 이상이어야 한다.

해설

(KGS Fs 551) (p40) 도시가스 노출 배관의 방호

구 분	간추린 핵심 내용
개요	차량통행 기타 충격에 의해 손상 우려 노출 배관은 방호조치를 하여야 한다.
지상설치 배관	㉠ 지면에서 30cm 이상 유지 및 방책 가드레일 설치 ㉡ 차량 추돌 우려가 없는 안전 장소에 설치
ㄷ자 형태 방호 철판	㉠ 두께 4mm 이상 어느 정도 강도 유지 ㉡ 부식방지조치 및 야간식별(야광테이프, 야광페인트) 표시 ㉢ 철판 크기 1m 이상
방호 파이프	㉠ 호칭경 50A 이상 어느 정도 강도 유지 ㉡ 야간식별 가능 표시
ㄷ자 형태 철근콘크리트재	㉠ 두께 10cm 이상, 높이 1m 이상 ㉡ 야간식별 가능 표시

19 다음 중 누출 시 다량의 물로 제독할 수 있는 가스는? **[안전 21]**

① 산화에틸렌
② 염소
③ 일산화탄소
④ 황화수소

해설

물로 제독 가능한 독성 가스

㉠ 아황산
㉡ 암모니아
㉢ 염화메탄
㉣ 산화에틸렌

20 시안화수소의 충전 시 사용되는 안정제가 아닌 것은?

① 암모니아
② 황산
③ 염화칼슘
④ 인산

해설

시안화수소 안정제(KGS Fp 112) (p93)

구 분	안정제
법령 규정 안정제	아황산, 황산
그 밖의 안정제	동, 동망, 염화칼슘, 오산화인

21 가스계량기와 전기개폐기와의 최소안전거리는? **[안전 24]**

① 15cm ② 30cm
③ 60cm ④ 80cm

22 다음 중 공동주택 등에 도시가스를 공급하기 위한 것으로서 압력조정기의 설치가 가능한 경우는? **[안전 128]**

① 가스압력이 중압으로서 전체 세대 수가 100세대인 경우
② 가스압력이 중압으로서 전체 세대 수가 150세대인 경우
③ 가스압력이 저압으로서 전체 세대 수가 250세대인 경우
④ 가스압력이 저압으로서 전체 세대 수가 300세대인 경우

(KGS Fs 551) (2.4.4.1.1)

㉠ 압력이 중압 이상 전체 세대 수 150세대 미만의 경우 압력조정기 설치
㉡ 150세대 미만이어야 설치
㉢ 250세대 미만이어야 설치

정답 18.② 19.① 20.① 21.③ 22.①

23 다음 중 동일차량에 적재하여 운반할 수 없는 가스는? **[안전 4]**

① 산소와 질소
② 염소와 아세틸렌
③ 질소와 탄산가스
④ 탄산가스와 아세틸렌

해설
동일차량 적재금지
㉠ 염소와(아세틸렌, 암모니아, 수소)
㉡ 가연성 산소의 충전용기 밸브가 마주보는 경우
㉢ 독성 가스 중 가연성과 조연성 가스
㉣ 충전용기와 소방기본법이 정하는 위험물

24 고압가스 배관의 설치기준 중 하천과 병행하여 매설하는 경우에 대한 설명으로 틀린 것은? **[안전 148]**

① 배관은 견고하고 내구력을 갖는 방호구조물 안에 설치한다.
② 배관의 외면으로부터 2.5m 이상의 매설심도를 유지한다.
③ 하상(河床, 하천의 바닥)을 포함한 하천구역에 하천과 병행하여 설치한다.
④ 배관손상으로 인한 가스누출 등 위급한 상황이 발생한 때에 그 배관에 유입되는 가스를 신속히 차단할 수 있는 장치를 설치한다.

KGS Fp 112
③ 설치 지역은 하상이 아닌 곳에 설치하여야 한다.

25 가스사용 시설에서 원칙적으로 PE 배관을 노출배관으로 사용할 수 있는 경우는? **[안전 129]**

① 지상 배관과 연결하기 위하여 금속관을 사용하여 보호조치를 한 경우로서 지면에서 20cm 이하로 노출하여 시공하는 경우
② 지상 배관과 연결하기 위하여 금속관을 사용하여 보호조치를 한 경우로서 지면에서 30cm 이하로 노출하여 시공하는 경우
③ 지상 배관과 연결하기 위하여 금속관을 사용하여 보호조치를 한 경우로서 지면에서 50cm 이하로 노출하여 시공하는 경우
④ 지상 배관과 연결하기 위하여 금속관을 사용하여 보호조치를 한 경우로서 지면에서 1m 이하로 노출하여 시공하는 경우

도시가스 사용시설 폴리에틸렌관 설치 제한(KGS Fu 551) (1.7.1.1) (p9)
폴리에틸렌관(PE)은 노출 배관으로 사용하지 않는다. 단, 지상 배관과의 연결을 위하여 금속관을 사용하여 보호조치를 할 경우로서 지면에서 30cm 이하로 노출하여 시공하는 경우에는 노출하여 시공 가능

26 가연물의 종류에 따른 화재의 구분이 잘못된 것은? **[설비 36]**

① A급 : 일반 화재
② B급 : 유류 화재
③ C급 : 전기 화재
④ D급 : 식용유 화재

해설
④ D급 : 금속 화재
화재 종류, 색, 소화제

급 수	화재 종류	색	소화제
A급	일반 화재(종이, 목재)	백색	물
B급	가스 화재, 유류 화재	황색	분말소화제
C급	전기 화재	청색	건조사
D급	금속 화재	무색	해당 소화기

27 정전기에 대한 설명 중 틀린 것은?

① 습도가 낮을수록 정전기를 축적하기 쉽다.
② 화학섬유로 된 의류는 흡수성이 높으므로 정전기가 대전하기 쉽다.
③ 액상의 LP가스는 전기절연성이 높으므로 유동 시에는 대전하기 쉽다.
④ 재료 선택 시 접촉 전위차를 적게 하여 정전기 발생을 줄인다.

화학섬유 : 흡수성이 낮으므로 정전기가 대전하기 쉽다.

정답 23.② 24.③ 25.② 26.④ 27.②

28 비중이 공기보다 커서 바닥에 체류하는 가스로만 나열된 것은?

① 프로판, 염소, 포스겐
② 프로판, 수소, 아세틸렌
③ 염소, 암모니아, 아세틸렌
④ 염소, 포스겐, 암모니아

해설

각 가스의 분자량

가스명	분자량
$COCl_2$	99g
Cl_2	71g
C_3H_8	44g
C_2H_2	26g
NH_3	17g
H_2	2g

※ 공기(Air)=29g이므로 바닥에 체류하는 가스
: 포스겐, 염소, 프로판

29 아세틸렌을 용기에 충전 시 미리 용기에 다공물질을 채우는 데 이때 다공도의 기준은? **[안전 11]**

① 75% 이상 92% 미만
② 80% 이상 95% 미만
③ 95% 이상
④ 98% 이상

30 다음 중 폭발방지 대책으로서 가장 거리가 먼 것은?

① 압력계 설치
② 정전기 제거를 위한 접지
③ 방폭성능 전기설비 설치
④ 폭발하한 이내로 불활성 가스에 의한 희석

31 재료에 인장과 압축하중을 오랜 시간 반복적으로 작용시키면 그 응력이 인장강도보다 작은 경우에도 파괴되는 현상은?

① 인성파괴
② 피로파괴
③ 취성파괴
④ 크리프 파괴

32 아세틸렌용기에 주로 사용되는 안전밸브의 종류는? **[설비 28]**

① 스프링식　② 가용전식
③ 파열판식　④ 압전식

가스별 안전밸브 형식

가스 종류	안전밸브 형식
압축가스	파열판식
Cl_2, C_2H_2, C_2H_4O	가용전식
그 밖의 가스	스프링식(가장 많이 쓰임)

33 다량의 메탄을 액화시키려면 어떤 액화 사이클을 사용해야 하는가? **[장치 24]**

① 캐스케이드 사이클
② 필립스 사이클
③ 캐피자 사이클
④ 클라우드 사이클

캐스케이드 액화
비점이 점차 낮은 냉매를 사용, 메탄과 같이 저비점의 가스를 액화

34 저온액체 저장설비에서 열의 침입요인으로 가장 거리가 먼 것은?

① 단열재를 직접 통한 열대류
② 외면으로부터의 열복사
③ 연결 파이프를 통한 열전도
④ 밸브 등에 의한 열전도

해설

고압가스 저장탱크 열의 침입요인
㉠ 단열재를 충전한 공간에 남은 가스의 열전도
㉡ 외면에서의 열복사
㉢ 연결된 배관을 통한 열전도
㉣ 밸브 안전밸브에 의한 열전도

35 LP가스 이송설비 중 압축기의 부속장치로서 토출측과 흡수측을 전환시키며 액송과 가스 회수를 한 동작으로 할 수 있는 것은?

① 액트랩
② 액가스 분리기
③ 전자밸브
④ 사방밸브

정답 28.① 29.① 30.① 31.② 32.② 33.① 34.① 35.④

36 다음 중 고압배관용 탄소강 강관의 KS 규격 기호는? **[장치 10]**

① SPPS ② SPHT
③ STS ④ SPPH

① SPPS(압력배관용 탄소강관)
② SPHT(고온배관용 탄소강관)
③ STS(스테인리스 강관)
④ SPPH(고압배관용 탄소강관)

37 저온장치용 재료 선정에 있어서 가장 중요하게 고려해야 하는 사항은?

① 고온취성에 의한 충격치의 증가
② 저온취성에 의한 충격치의 감소
③ 고온취성에 의한 충격치의 감소
④ 저온취성에 의한 충격치의 증가

38 다음 가연성 가스 검출기 중 가연성 가스의 굴절률 차이를 이용하여 농도를 측정하는 것은? **[장치 26]**

① 열선형 ② 안전등형
③ 검지관형 ④ 간섭계형

39 다음 곡률반지름(r)이 50mm일 때 90° 구부림 곡선길이는 얼마인가?

① 48.75mm ② 58.75mm
③ 68.75mm ④ 78.75mm

곡률반경(r)에 대한 90° 구부린 곡선길이(L)

$1.5\times\frac{D}{2}+\frac{1.5\times\frac{D}{2}}{20}$ 에서

여기서, $\frac{D}{2}$=곡률반지름 50mm

$\therefore\ 1.5\times50+\frac{1.5\times50}{20}=78.75\text{mm}$

40 다음 펌프 중 시동하기 전에 프라이밍이 필요한 펌프는?

① 기어 펌프 ② 원심 펌프
③ 축류 펌프 ④ 왕복 펌프

원심 펌프 : 펌프에 액을 채우지 않고 운전 시 진공이 형성되지 않아 기동 불능상태가 되어 펌프에 액을 채운 다음 기동을 하여야 하며 이것을 프라이밍이라 하고 원심 펌프 기동 시에 반드시 필요한 작업이다.

41 강관의 녹을 방지하기 위해 페인트를 칠하기 전에 먼저 사용되는 도료는?

① 알루미늄 도료
② 산화철 도료
③ 합성수지 도료
④ 광명단 도료

42 "압축된 가스를 단열팽창시키면 온도가 강하한다"는 것은 무슨 효과라고 하는가?

① 단열 효과
② 줄-톰슨 효과
③ 정류 효과
④ 팽윤 효과

43 다음 중 저온장치 재료로서 가장 우수한 것은? **[설비 34]**

① 13% 크롬강 ② 9% 니켈강
③ 탄소강 ④ 주철

저온에 사용되는 재료의 종류
㉠ 18-8 STS(오스테나이트계 스테인리스강)
㉡ 9% Ni
㉢ 구리 및 구리합금
㉣ 알루미늄 및 알루미늄합금

44 펌프의 회전수를 1000rpm에서 1200rpm으로 변환시키면 동력은 약 몇 배가 되는가?

① 1.3 ② 1.5
③ 1.7 ④ 2.0

펌프를 운전 중 회전수를 N_1에서 N_2로 변경 시 변경된 동력

$$P_2=P_1\times\left(\frac{N_2}{N_1}\right)^3$$
$$=P_1\times\left(\frac{1200}{1000}\right)^3\fallingdotseq1.7$$

정답 36.④ 37.② 38.④ 39.④ 40.② 41.④ 42.② 43.② 44.③

45 왕복동 압축기의 특징이 아닌 것은?

① 압축하면 맥동이 생기기 쉽다.
② 기체의 비중에 관계없이 고압이 얻어진다.
③ 용량조절의 폭이 넓다.
④ 비용적식 압축기이다.

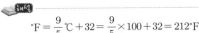

해설
④ 왕복 압축기 : 용적식 압축기
원심 압축기 : 원심식 압축기

46 각 가스의 성질에 대한 설명으로 옳은 것은?

① 질소는 안정한 가스로서 불활성 가스라고도 하고, 고온에서도 금속과 화합하지 않는다.
② 염소는 반응성이 강한 가스로 강재에 대하여 상온에서도 무수(無水) 상태로 현저한 부식성을 갖는다.
③ 암모니아는 동을 부식하고 고온 · 고압에서는 강재를 침식한다.
④ 산소는 액체공기를 분류하여 제조하는 반응성이 강한 가스로 그 자신이 잘 연소한다.

① N_2 : 안정된 가스, 불활성 가스, 고온 · 고압에서 다른 금속과 화합한다.
② Cl_2 : 반응성이 강한 가스이나 수분이 없으면 부식이 없으므로 용기재질로는 탄소강을 사용, 수분접촉에 주의하여야 한다.
③ NH_3 : 동을 부식시키므로 동사용 시 함유량 62% 미만을 사용, 고온 · 고압에서는 강재를 침식한다.
④ 산소는 연소되는 가연성이 아님. 가연성을 연소시키는 데 도와주는 조연성 가스이다.

47 어떤 액의 비중을 측정하였더니 2.50이었다. 이 액의 액주 5m의 압력은 몇 [kg/cm^2] 인가?

① 15kg/cm^2　② 1.5kg/cm^2
③ 0.15kg/cm^2　④ 0.015kg/cm^2

$P = S \times H$(비중×높이)
여기서, S : 2.5kg/L
H : 5m

$\therefore\ P = \frac{2.5}{1000}(\text{kg/cm}^3) \times 500\text{cm} = 1.5\text{kg/cm}^2$
$(\because\ 1\text{L} = 1000\text{cm}^3)$

48 100℃를 화씨온도로 단위환산하면 몇 [℉] 인가?

① 212　② 234
③ 248　④ 273

$℉ = \frac{9}{5}℃ + 32 = \frac{9}{5} \times 100 + 32 = 212℉$

49 밀도의 단위로 옳은 것은?

① g/S^2　② L/g
③ g/cm^3　④ lb/in^2

해설
밀도 : 단위체적당 질량(g/cm^3, kg/m^3)

50 수돗물의 살균과 섬유의 표백용으로 주로 사용되는 가스는?

① F_2　② Cl_2
③ O_2　④ CO_2

51 다음 중 1atm에 해당하지 않는 것은?

① 760mmHg　② 14.7PSI
③ 29.92inHg　④ 1013kg/m^2

1atm = 760mmHg
= 14.7PSI
= 29.92inHg
= 10332kg/m^3

52 다음 중 액화석유가스의 일반적인 특성이 아닌 것은?

① 기화 및 액화가 용이하다.
② 공기보다 무겁다.
③ 액상의 액화석유가스는 물보다 무겁다.
④ 증발잠열이 크다.

③ 액상의 LP 가스는 액비중이 0.5이므로 물보다 가볍다.

정답 45.④ 46.③ 47.② 48.① 49.③ 50.② 51.④ 52.③

53 다음 가스 1몰을 완전연소시키고자 할 때 공기가 가장 적게 필요한 것은?

① 수소 ② 메탄
③ 아세틸렌 ④ 에탄

각 가스의 연소식

① $H_2 + \frac{1}{2}O_2 \rightarrow H_2O$

② $CH_4 + 2O_2 \rightarrow CO_2 + 2H_2O$

③ $C_2H_2 + 2.5O_2 \rightarrow CO_2 + H_2O$

④ $C_2H_6 + 3.5O_2 \rightarrow 2CO_2 + 3H_2O$

수소연소 시 산소의 몰수가 1/2몰이므로 연소 시 가장 공기량이 적게 필요하다.

54 다음 중 열(熱)에 대한 설명이 틀린 것은 어느 것인가?

① 비열이 큰 물질은 열용량이 크다.
② 1cal는 약 4.2J이다.
③ 열은 고온에서 저온으로 흐른다.
④ 비열은 물보다 공기가 크다.

④ 물의 비열 : 1, 공기의 비열 : 0.24로서 물의 비열이 크다.

55 다음 중 무색, 무취의 가스가 아닌 것은 어느 것인가?

① O_2 ② N_2
③ CO_2 ④ O_3

④ O_3 독성, 조연성 가스

56 불완전연소 현상의 원인으로 옳지 않은 것은 어느 것인가?

① 가스압력에 비하여 공급 공기량이 부족할 때
② 환기가 불충분한 공간에 연소기가 설치되었을 때
③ 공기와의 접촉혼합이 불충분할 때
④ 불꽃의 온도가 증대되었을 때

불완전연소 원인
㉠ 공기량 부족
㉡ 연소기구 불량
㉢ 배기 불량, 환기 불량
㉣ 프레임의 냉각
㉤ 가스조성 불량

57 무색의 복숭아 냄새가 나는 독성 가스는?

① Cl_2
② HCN
③ NH_3
④ PH_3

HCN(시안화수소) : 복숭아 냄새 및 감 냄새

58 기체밀도가 가장 작은 것은?

① 프로판 ② 메탄
③ 부탄 ④ 아세틸렌

기체의 밀도 분자량÷22.4L이므로 분자량이 가장 작은 H_2(2g)의 밀도가 가장 작다.

59 수소의 성질에 대한 설명 중 틀린 것은?

① 무색, 무미, 무취의 가연성 기체이다.
② 밀도가 아주 작아 확산속도가 빠르다.
③ 열전도율이 작다.
④ 높은 온도일 때에는 강재, 기타 금속재료라도 쉽게 투과한다.

③ 수소는 열전도율이 가장 빠르다.

60 액화천연가스(LNG)의 폭발성 및 인화성에 대한 설명으로 틀린 것은?

① 다른 지방족 탄화수소에 비해 연소속도가 느리다.
② 다른 지방족 탄화수소에 비해 최소발화에너지가 낮다.
③ 다른 지방족 탄화수소에 비해 폭발하한 농도가 높다.
④ 전기저항이 작으며 유동 등에 의한 정전기 발생은 다른 가연성 탄화수소류보다 크다.

② LNG는 CH_4이 주성분이고 연소범위 5~15%, 하한값이 5%로 최소발화에너지가 높다.

정답 53.① 54.④ 55.④ 56.④ 57.② 58.② 59.③ 60.②

국가기술자격 필기시험문제

2014년 기능사 제2회 필기시험(1부) (2014년 4월 시행)

자격종목	시험시간	문제수	문제형별
가스기능사	**1시간**	**60**	**A**

수험번호		성 명	

01 고압가스 특정 제조시설에서 긴급이송설비에 의하여 이송되는 가스를 안전하게 연소시킬 수 있는 장치는?

① 플레어스택
② 벤트스택
③ 인터록 기구
④ 긴급차단장치

긴급이송설비

구 분	내 용
벤트스택	독성, 가연성 가스를 폐기시키는 탑
플레어스택	가연성 가스를 연소시켜 폐기시키는 탑

02 어떤 도시가스의 웨버지수를 측정하였더니 36.52MJ/m³이었다. 품질검사기준에 의한 합격 여부는? **[안전 130]**

① 웨버지수 허용기준보다 높으므로 합격이다.
② 웨버지수 허용기준보다 낮으므로 합격이다.
③ 웨버지수 허용기준보다 높으므로 불합격이다.
④ 웨버지수 허용기준보다 낮으므로 불합격이다.

도시가스안저관리법 통합 고시
도시가스 품질검사 기준 *WI*(웨버지수) 허용수치

기 준	단위별	수 치
0℃ 101.3kPa	MJ/m^3	51.50~56.52
	$kcal/m^3$	12300~13500

03 다음 아세틸렌의 성질에 대한 설명으로 틀린 것은?

① 색이 없고 불순물이 있을 경우 악취가 난다.
② 융점과 비점이 비슷하여 고체아세틸렌은 융해하지 않고 승화한다.
③ 발열화합물이므로 대기에 개방하면 분해 폭발할 우려가 있다.
④ 액체아세틸렌보다 고체아세틸렌이 안정하다.

③ C_2H_2은 흡열화합물로서 압축 시 분해 폭발의 우려가 있다.

04 교량에 도시가스 배관을 설치하는 경우 보호조치 등 설계 · 시공에 대한 설명으로 옳은 것은?

① 교량첨가 배관은 강관을 사용하며, 기계적 접합을 원칙으로 한다.
② 제3자의 출입이 용이한 교량설치 배관의 경우 보행방지 철조망 또는 방호철조망을 설치한다.
③ 지진발생 시 등 비상 시 긴급차단을 목적으로 첨가 배관의 길이가 200m 이상인 경우 교량 양단의 가까운 곳에 밸브를 설치토록 한다.
④ 교량첨가 배관에 가해지는 여러 하중에 대한 합성응력이 배관의 허용응력을 초과하도록 설계한다.

정답 01.① 02.④ 03.③ 04.②

① 용접접합을 원칙으로 한다.
③ 주요하천 호수를 횡단하는 배관으로서 횡단거리가 500m 이상이고 교량에 설치하는 배관에는 그 배관 횡단부의 양끝으로 가까운 거리에 설치한다.
④ 교량 첨가 배관에 가해지는 여러 가지 하중에 대한 합성응력이 배관의 허용응력을 초과하지 아니하도록 설계한다.

05 가스 폭발을 일으키는 영향요소로 가장 거리가 먼 것은?

① 온도
② 매개체
③ 조성
④ 압력

06 프로판을 사용하고 있던 버너에 부탄을 사용하려고 한다. 프로판의 경우보다 약 몇 배의 공기가 필요한가?

① 1.2배　　② 1.3배
③ 1.5배　　④ 2.0배

연소반응식
㉠ $C_3H_8 + 5O_2 \rightarrow 3CO_2 + 4H_2O$
$C_4H_{10} + 6.5O_2 \rightarrow 4CO_2 + 5H_2O$
㉡ 연소반응식에서 C_3H_8과 C_4H_{10}의 산도 비율이 5 : 6.5이고 이것을 공기배수로 변경 시
$5\times\frac{100}{21} : 6.5\times\frac{100}{21}$ 이므로
$$\therefore \frac{6.5\times\frac{100}{21}}{5\times\frac{100}{21}} = 1.3\text{배}$$
(산소 비율이나 공기 비율은 동일하므로 6.5/5 =1.3으로 계산하여도 무방)

07 차량에 고정된 충전탱크는 그 온도를 항상 몇 [℃] 이하로 유지하여야 하는가?

① 20　　② 30
③ 40　　④ 50

08 아세틸렌의 취급 방법에 대한 설명으로 가장 부적절한 것은?

① 저장소는 화기엄금을 명기한다.
② 가스출구 동결 시 60℃ 이하의 온수로 녹인다.
③ 산소용기와 같이 저장하지 않는다.
④ 저장소는 통풍이 양호한 구조이어야 한다.

② 가스가 동결 시 40℃ 이하 온수나 열 습포로 녹인다.

09 용기의 안전점검 기준에 대한 설명으로 틀린 것은?

① 용기의 도색 및 표시 여부를 확인
② 용기의 내 · 외면을 점검
③ 재검사 기간의 도래여부를 확인
④ 열영향을 받은 용기는 재검사와 상관이 없이 새 용기로 교환

용기의 안전점검기준(고법 시행규칙 별표 18)
㉠ 용기 내외면 점검 : 사용 시 위험한 부식, 금, 주름 등의 여부 확인
㉡ 용기는 도색 및 표시가 되어 있는지 확인
㉢ 용기의 스커트에 찌그러짐이 있는지, 사용할 때 위험하지 않도록 적정간격을 유지하고 있는지 여부를 확인할 것
㉣ 유통 중 열영향을 받았는지 여부를 점검할 것. 이 경우 열영향을 받는 용기는 재검사를 받을 것
㉤ 용기 캡이 씌워져 있거나 프로텍터가 부착되어 있는지 여부를 확인할 것
㉥ 재검사기간의 도래여부를 확인할 것
㉦ 용기 아랫부분의 부식상태를 확인할 것
㉧ 밸브의 몸통, 충전구 나사, 안전밸브에 사용상 지장을 주는 흠, 주름, 스프링, 부식 등이 있는지 확인할 것
㉨ 밸브의 개폐조작이 쉬운 핸들이 부착되어 있는지 여부를 확인할 것

10 독성 가스 사용시설에서 처리설비의 저장능력이 45000kg인 경우 제2종 보호시설까지 안전거리는 얼마 이상 유지하여야 하는가? **[안전 7]**

① 14m　　② 16m
③ 18m　　④ 20m

정답 05.② 06.② 07.③ 08.② 09.④ 10.④

해설

보호시설과 안전거리 조건
㉠ 독성 가스(가스 종류)
㉡ 45000kg(저장능력)
㉢ 2종(보호시설의 구분)

저장능력	1종(m)	2종(m)
4만 초과 5만 이하	30m	20m
45000kg이므로 2종과는 20m 이격		

11 300kg의 액화프레온 12(R-12) 가스를 내용적 50L 용기에 충전할 때 필요한 용기의 개수는? (단, 가스정수 C는 0.86이다.)

① 5개 ② 6개
③ 7개 ④ 8개

해설

㉠ 용기 1개당 충전량
$$W=\frac{V}{C}=\frac{50}{0.86}=58.139\text{kg}$$
㉡ 전체 용기 수
300 ÷ 58.139 = 5.16 = 6개

12 상용의 온도에서 사용압력이 1.2MPa인 고압가스 설비에 사용되는 배관의 재료로서 부적합한 것은?

① KSD 3562(압력배관용 탄소강관)
② KSD 3570(고온배관용 탄소강관)
③ KSD 3507(배관용 탄소강관)
④ KSD 3576(배관용 스테인리스강관)

해설

③ 배관용 탄소강관 : 중압 0.01MPa 이상 0.2MPa 미만에서 사용

가스배관 및 일반강관의 사용용도 및 특징

압력별 가스배관의 사용재료 (KGS code에 규정된 부분)		
최고사용압력	배관 종류	KS D 번호
고압용 10MPa 이상에서 (액화가스는 0.2MPa 이상) 사용하는 배관	압력배관용 탄소강관	KS D 3562
	보일러 및 열교환기용 탄소강관	KS D 3563
	고압배관용 탄소강관	KS D 3564
	저온배관용 탄소강관	KS D 3569
	고온배관용 탄소강관	KS D 3570
	보일러 및 열교환기용 합금강강관	KS D 3572
	배관용 합금강강관	KS D 3573
	배관용 스테인리스강관	KS D 3576
	보일러 및 열교환기용 스테인리스강관	KS D 3577
중압용 0.1MPa 이상 10MPa 미만(액화가스는 0.01MPa 이상 0.2MPa 미만)	연료가스 배관용 탄소강관	KS D 3631
	배관용 아크용접 탄소강관	KS D 3583
저압용 0.1MPa 미만(액화가스는 0.01MPa 미만)	이음매 없는 동 및 동합금관	KS D 5301
	이음매 있는 니켈 합금관	KS D 5539
지하매몰배관	폴리에틸렌 피복강관	KS D 3589
	분말 용착식 폴리에틸렌 피복강관	KS D 3607
	가스용 폴리에틸렌관	KS M 3514

일반배관 재료의 사용온도압력		
기 호	관의 명칭	사용압력 및 온도
SPP	배관용 탄소강관	사용압력 1MPa 미만
SPPS	압력배관용 탄소강관	사용압력 1MPa 이상 10MPa 미만
SPPH	고압배관용 탄소강관	사용압력 10MPa 이상
SPW	배관용 아크용접 탄소강관	사용압력 1MPa 미만
SPPW	수도용 아연도금강관	급수배관에 사용

13 도시가스 사용시설의 지상 배관은 표면색상을 무슨 색으로 도색하여야 하는가? **[안전 147]**

① 황색 ② 적색
③ 회색 ④ 백색

해설

배관의 색상

지상 배관		황색
매몰 배관	저 압	황색
	중압 이상	적색

정답 11.② 12.③ 13.①

14 LPG 저장탱크 지하 설치 시 저장탱크실 상부 윗면으로부터 저장탱크 상부까지의 깊이는 얼마 이상으로 하여야 하는가? **[안전 6]**

① 0.6m ② 0.8m
③ 1m ④ 1.2m

15 고압가스용 이음매 없는 용기의 재검사 시 내압시험 합격 판정의 기준이 되는 영구증가율은?

① 0.1% 이하 ② 3% 이하
③ 5% 이하 ④ 10% 이하

내압시험 시 영구(항구)증가율 합격기준

검사 구분		영구증가율 합격기준(%)
신규검사		10% 이하
재검사	질량검사 95% 이상	10% 이하
	질량검사 90% 이상 95% 미만	6% 이하

16 초저온용기나 저온용기의 부속품에 표시하는 기호는? **[안전 29]**

① AG ② PG
③ LG ④ LT

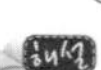

㉠ AG : 아세틸렌가스를 충전하는 용기의 부속품
㉡ PG : 압축가스를 충전하는 용기의 부속품
㉢ LG : LPG 이외의 액화가스를 충전하는 용기의 부속품

17 액화석유가스 충전시설 중 충전설비는 그 외면으로부터 사업소 경계까지 몇 [m] 이상의 거리를 유지하여야 하는가? **[안전 132]**

① 5 ② 10
③ 15 ④ 24

액화석유가스 충전사업의 사업소 경계와의 거리(KGS Fp 331) (2.1.4) (p10)
액화석유가스 충전시설 중 저장설비 외면에서 사업소 경계(사업소 경계가 바다, 호수, 하천, 도로 등과 접한 경우에는 그 반대 끝을 경계로 본다)까지 거리는 다음 표의 거리 이상(단, 지하설치 저장설비 안에 액중 펌프를 설치할 경우 사업소 경계거리에서 0.7을 곱한 거리 이상으로 할 수 있다.

시설별		사업소 경계거리	
충전시설에서의 충전설비		24m 이상	
충전시설에서의 저장설비	저장능력	사업소경계거리	
		기준	지하에 액중 펌프 설치 시
	10톤 이하	24m 이상	24m×0.7m 이상
	10톤 초과 20톤 이하	27m	27m×0.7m 이상
	20톤 초과 30톤 이하	30m	30m×0.7m 이상
	30톤 초과 40톤 이하	33m	33m×0.7m 이상
	40톤 초과 200톤 이하	36m	36m×0.7m 이상
	200톤 초과	39m	39m×0.7m 이상

18 가연성이면서 독성 가스인 것은? **[안전 17]**

① NH_3 ② H_2
③ CH_4 ④ N_2

가연성, 독성 가스
CO, C_2H_4O, CH_3Cl, H_2S, CS_2, 석탄가스, C_6H_6, HCN, 아크릴로니트릴, NH_3, CH_3Br

19 가스의 연소에 대한 설명으로 틀린 것은?

① 인화점은 낮을수록 위험하다.
② 발화점은 낮을수록 위험하다.
③ 탄화수소에서 착화점은 탄소 수가 많은 분자일수록 낮아진다.
④ 최소점화에너지는 가스의 표면장력에 의해 주로 결정된다.

최소점화에너지(MIE)
연소에 필요한 최소한의 에너지로서, 연료의 성질 · 공기의 혼합 정도 · 점화원에 의해서 결정된다.

20 에어졸 시험 방법에서 불꽃길이 시험을 위해 채취한 시료의 온도조건은? **[안전 50]**

① 24℃ 이상 26℃ 이하
② 26℃ 이상 30℃ 미만
③ 46℃ 이상 50℃ 미만
④ 60℃ 이상 66℃ 미만

정답 14.① 15.④ 16.④ 17.④ 18.① 19.④ 20.①

에어졸시험 방법(KGS Fp 112) (3.2.2.1)

시험온도 종류	온 도
누설시험 온도	46℃ 이상 50℃ 미만
불꽃길이시험 온도	24℃ 이상 26℃ 이하

21 도시가스로 천연가스를 사용하는 경우 가스누출경보기의 검지부 설치위치로 가장 적합한 것은?

① 바닥에서 15cm 이내
② 바닥에서 30cm 이내
③ 천장에서 15cm 이내
④ 천장에서 30cm 이내

가스누설검지기의 가스 종류별 설치위치

구 분	설치위치	사용 가스
공기보다 무거운 가스	지면에서 검지기 상단부까지 30cm 이내	C_3H_8, C_4H_{10} 등 Cl_2, $COCl_2$ 등
공기보다 가벼운 가스	천장에서 검지기 하단부까지 30cm 이내	CH_4, NH_3, CO_2, H_2

22 다음 각 독성 가스 누출 시 사용하는 제독제로서 적합하지 않은 것은? **[안전 22]**

① 염소 : 탄산소다수용액
② 포스겐 : 소석회
③ 산화에틸렌 : 소석회
④ 황화수소 : 가성소다수용액

③ 산화에틸렌 : 물

23 저장탱크에 의한 액화석유가스 사용시설에서 가스계량기는 화기와 몇 [m] 이상의 우회거리를 유지해야 하는가? **[안전 28]**

① 2m　② 3m
③ 5m　④ 8m

화기와의 우회거리

구 분	우회거리(m)
가연성 가스, 산소	8m
가연성 산소를 제외한 그 밖의 가스	2m
가스계량기 입상관 LPG 판매시설 영업소의 용기저장소	2m

24 가연성 물질을 공기로 연소시키는 경우 공기 중의 산소농도를 높게 하면 연소속도와 발화온도는 어떻게 변하는가?

① 연소속도는 빠르게 되고, 발화온도는 높아진다.
② 연소속도는 빠르게 되고, 발화온도는 낮아진다.
③ 연소속도는 느리게 되고, 발화온도는 높아진다.
④ 연소속도는 느리게 되고, 발화온도는 낮아진다.

공기 중 산소농도 증가 시 변화하는 현상

항 목	변화값	증가 및 감소
연소범위	넓어진다.	증가
연소속도	빨라진다.	증가
화염온도	높아진다.	증가
발화(착화)온도	낮아진다.	감소
인화점, 점화에너지	낮아진다.	감소

25 다음 중 독성(LC 50)이 강한 가스는?

① 염소　② 시안화수소
③ 산화에틸렌　④ 불소

가스별 허용농도

가스명	허용농도(ppm)	
	LC 50	TLV-TWA
Cl_2(염소)	293ppm	1ppm
HCN(시안화수소)	140ppm	140ppm
C_2H_4O(산화에틸렌)	2900ppm	1ppm
F_2(불소)	185pm	0.1ppm

※ LC 50의 순서 : HCN(140) − F_2(185) − Cl_2(293) − C_2H_4O(2900)

26 가스사고가 발생하면 산업통상자원부령에서 정하는 바에 따라 관계 기관에 가스사고를 통보해야 한다. 다음 중 사고 통보내용이 아닌 것은? **[안전 86]**

① 통보자의 소속, 직위, 성명 및 연락처
② 사고원인자 인적사항
③ 사고발생 일시 및 장소
④ 시설현황 및 피해현황(인명 및 재산)

정답 21.④ 22.③ 23.① 24.② 25.② 26.②

해설

고압가스 사고 시 통보 방법(고법 시행규칙 별표 34) 사고 통보 내용에 포함되어야 하는 사항 ①, ③, ④항 이외에 사고내용(가스의 종류, 양, 확산거리 등 포함)

27 가스의 경우 폭굉(Detonation)의 연소속도는 약 몇 [m/s] 정도인가? **[장치 5]**

① 0.03~10 ② 10~50
③ 100~600 ④ 1000~3500

해설

㉠ 가스의 정상연소속도 : 0.03~10m/s
㉡ 가스의 폭굉속도 : 1000~3500m/s

28 다음 가스 중 위험도(H)가 가장 큰 것은?

① 프로판
② 일산화탄소
③ 아세틸렌
④ 암모니아

해설

㉠ 위험도(H)= $\frac{U-L}{L}$ 이고
㉡ 각 가스의 연소범위
- C_3H_8(2.1~9.5%)
- CO(12.5~74%)
- C_2H_2(2.5~81%)
- NH_3(15~28%)

∴ C_2H_2의 위험도= $\frac{81-2.5}{2.5}=31.4$

[참고] CS_2(이황화탄소) : 1.2~44%이므로 위험도 계산 시= $\frac{44-1.2}{1.2}=35.67$로 모든 가연성 중 위험도 수치는 C_2H_2 보다 높아 가장 크다.

29 의료용 가스용기의 도색구분이 틀린 것은 어느 것인가? **[안전 3]**

① 산소 – 백색
② 액화탄산가스 – 회색
③ 질소 – 흑색
④ 에틸렌 – 갈색

해설

③ C_2H_4의 의료용 용기 도색 : 자색

30 고압가스 저장실 등에 설치하는 경계책과 관련된 기준으로 틀린 것은? **[안전 56]**

① 저장설치 · 처리설비 등을 설치한 장소의 주위에는 높이 1.5m 이상의 철책 또는 철망 등의 경계표지를 설치하여야 한다.
② 건축물 내에 설치하였거나, 차량의 통행 등 조업시행이 현저히 곤란하여 위해 요인이 가중될 우려가 있는 경우에는 경계책 설치를 생략할 수 있다.
③ 경계책 주위에는 외부 사람이 무단출입을 금하는 내용의 경계표지를 보기 쉬운 장소에 부착하여야 한다.
④ 경계책 안에는 불가피한 사유발생 등 어떠한 경우라도 화기, 발화 또는 인화하기 쉬운 물질을 휴대하고 들어가서는 아니 된다.

해설

④ 경계책 안에는 누구도 발화 · 인화우려 물질을 휴대하고 들어가지 아니 한다(단, 당해 설비의 수리 · 정비가 불가피한 사유발생 시 안전관리책임자 감독하에는 휴대가 가능하다).

31 가스 여과분리장치에서 냉동 사이클과 액화 사이클을 응용한 장치는?

① 한냉발생장치
② 정유분출장치
③ 정유흡수장치
④ 불순물제거장치

32 양정 90m, 유량이 90m³/h인 송수 펌프의 소요동력은 약 몇 [kW]인가? (단, 펌프의 효율은 60%이다.)

① 30.6 ② 36.8
③ 50.2 ④ 56.8

해설

소요동력 $L_{kW}=\frac{\gamma \cdot Q \cdot H}{102\eta}$

여기서, γ : 1000kgf/m³
Q : 90m³/hr =90m³/3600s
H : 90m
η : 0.6

$=\frac{1000\times 90\times 90}{1.2\times 0.6\times 3600}$
$=36.8$kW

정답 27.④ 28.③ 29.④ 30.④ 31.① 32.②

33 도시가스 공급시설에서 사용되는 안전제어장치와 관계가 없는 것은?

① 중화장치
② 압력안전장치
③ 가스누출 검지경보장치
④ 긴급차단장치

34 재료가 일정온도 이상에서 응력이 작용할 때 시간이 경과함에 따라 변형이 증대되고 때로는 파괴되는 현상을 무엇이라 하는가?

① 피로 ② 크리프
③ 에로션 ④ 탈탄

해설

금속재료의 기계적 성질 및 부식

구 분		정 의
기계적 성질	강도	재료에 하중을 줄 때 파괴될 때까지 최대응력
	인성	재료의 충격에 대한 저항력(질긴 정도)
	피로	인장, 압축에 의해 강도보다 작은 응력이 생기는 하중이라도 반복적으로 작용 시 재료가 파괴되는 현상
	크리프	어느 온도(350℃) 이상에서 재료에 하중을 가하면 변형이 증대되는 현상
부식	에로션	금속의 배관 밴드, 펌프 회전차 등과 같이 유속이 큰 부분은 부식환경에서 마모가 현저한데 이것을 에로션이라 하며 황산이송배관에서 많이 일어난다.
	산화	산소가스 등이 고온 · 고압에서 부식을 일으키는 현상
	탈탄	수소가 고온 · 고압 하에서 일으키는 부식
	침탄	일명 카보닐이라고 하며, CO에 의한 부식을 말함

35 저압가스 수송 배관의 유량공식에 대한 설명으로 틀린 것은? **[설비 42]**

① 배관길이에 반비례한다.
② 가스비중에 비례한다.
③ 허용압력손실에 비례한다.
④ 관경에 의해 결정되는 계수에 비례한다.

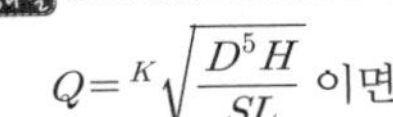

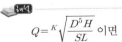

$Q={}^{K}\sqrt{\dfrac{D^5H}{SL}}$ 이면

② 유량은 가스비중의 평방근에 반비례한다.

36 구조에 따라 외치식, 내치식, 편심로터리식 등이 있으며 베이퍼록 현상이 일어나기 쉬운 펌프는?

① 제트 펌프 ② 기포 펌프
③ 왕복 펌프 ④ 기어 펌프

37 탄소강 중에서 저온취성을 일으키는 원소로 옳은 것은?

① P ② S
③ Mo ④ Cu

38 유량을 측정하는 데 사용하는 계측기기가 아닌 것은? **[장치 16]**

① 피토관 ② 오리피스
③ 벨로스 ④ 벤투리

③ 벨로스 : 탄성식 압력계

39 가스의 연소방식이 아닌 것은? **[안전 10]**

① 적화식
② 세미분젠식
③ 분젠식
④ 원지식

가스의 연소방식 : ①, ②, ③항 이외에 전 1차 공기식이 있다.

40 다음 중 터보(Turbo)형 펌프가 아닌 것은?

① 원심 펌프 ② 사류 펌프
③ 축류 펌프 ④ 플런저 펌프

해설

④ 플런저 펌프 : 왕복 펌프이며 ,용적식에 해당

▌펌프의 분류▐

구 분		종 류
용적식	왕복	피스톤, 플런저, 다이어프램
	회전	기어, 베인, 나사
터보식	원심	벌류트, 터빈
	축류	축방향으로 흡입하여 축방향으로 토출
	사류	축방향으로 흡입하여 경사방향으로 토출

정답 33.① 34.② 35.② 36.④ 37.① 38.③ 39.④ 40.④

41 LP가스 공급방식 중 강제기화방식의 특징에 대한 설명 중 틀린 것은? **[장치 1]**

① 기화량 가감이 용이하다.
② 공급가스의 조성이 일정하다.
③ 계량기를 설치하지 않아도 된다.
④ 한냉 시에도 충분히 기화시킬 수 있다.

해설
③ 계량기의 설치 유무는 체적으로 사용할 것인가 중량으로 사용할 것인가를 구분 시 필요

42 LPG나 액화가스와 같이 비점이 낮고 내압이 0.4~0.5MPa 이상인 액체에 주로 사용되는 펌프의 메커니컬 시일의 형식은?

① 더블 시일형
② 인사이드 시일형
③ 아웃사이드 시일형
④ 밸런스 시일형

43 기화기의 성능에 대한 설명으로 틀린 것은? **[장치 1]**

① 온수가열방식은 그 온수의 온도가 90℃ 이하일 것
② 증기가열방식은 그 증기의 온도가 120℃ 이하일 것
③ 압력계는 그 최고눈금이 상용압력의 1.5~2배일 것
④ 기화통 안의 가스액이 토출 배관으로 흐르지 않도록 적합한 자동제어장치를 설치할 것

기화기의 가열방식의 매체

구 분	온 도
온수가열식	80℃ 이하
증기가열식	120℃ 이하

44 가스 크로마토그래피의 구성요소가 아닌 것은?

① 광원 ② 칼럼
③ 검출기 ④ 기록계

해설
G/C 가스 크로마토그래피의 3대 요소 : 분리관(칼럼), 검출기, 기록계

45 고압장치의 재료로서 가장 적합하게 연결된 것은?

① 액화염소용기 – 화이트메탈
② 압축기의 베어링 – 13% 크롬강
③ LNG 탱크 – 9% 니켈강
④ 고온 · 고압의 수소반응탑 – 탄소강

해설
③ LNG 탱크(CH_4이 주성분이며 액화 시 −162℃ 이하이므로 초저온에 견딜 수 있는 금속재료인 18–8 STS(오스테나이트계 스테인리스강) 9% Ni, Cu 및 Cu 합금, Al 및 Al 합금 등의 재료를 사용하여야 한다)

46 섭씨온도(℃)의 눈금과 일치하는 화씨온도(℉)는?

① 0
② −10
③ −30
④ −40

해설
$℃ = \frac{5}{9}(℉ - 32)$에서 ℉가 −40일 때 ℃가 −40이 된다.

47 연소기 연소상태 시험에 사용되는 도시가스 중 역화하기 쉬운 가스는?

① 13A–1 ② 13A–2
③ 13A–3 ④ 13A–R

48 가스분석 시 이산화탄소의 흡수제로 사용되는 것은? **[장치 5]**

① KOH
② H_2SO_4
③ NH_4Cl
④ $CaCl_2$

해설
흡수분석법에서의 각 가스의 흡수제

가스명	흡수제
CO_2	KOH 용액
C_mH_n(탄화수소)	발연황산
O_2	알칼리성 피로카롤용액
CO	암모니아성 염화제1동용액

정답 41.③ 42.④ 43.① 44.① 45.③ 46.④ 47.② 48.①

49 기체의 성질을 나타내는 보일의 법칙(Boyles law)에서 일정한 값으로 가정한 인자는 어느 것인가?

① 압력 ② 온도
③ 부피 ④ 비중

이상기체의 법칙

종 류	일정값	물리학의 관계
보일의 법칙	온도	압력과 부피 반비례
샤를의 법칙	압력	온도와 부피 비례
보일-샤를의 법칙	없음	부피는 압력에 반비례, 온도에 비례

50 산소(O_2)에 대한 설명 중 틀린 것은?

① 무색, 무취의 기체이며, 물에는 약간 녹는다.
② 가연성 가스이나 그 자신은 연소하지 않는다.
③ 용기의 도색은 일반 공업용이 녹색, 의료용이 백색이다.
④ 저장용기는 무계목 용기를 사용한다.

② 산소는 조연성 가스로 자신이 연소하지 않고 다른 가연성 가스가 연소하는 데 도와주는 가스 즉, 보조 가연성 가스라 한다.

51 다음 중 폭발범위가 가장 넓은 가스는?

① 암모니아 ② 메탄
③ 황화수소 ④ 일산화탄소

해설

가스별 폭발범위

가스명	폭발범위(%)
NH_3(암모니아)	15~28
CH_4(메탄)	5~15
H_2S(황화수소)	4.3~45
CO(일산화탄소)	12.5~74

52 다음 중 암모니아 건조제로 사용되는 것은?

① 진한 황산
② 할로겐화합물
③ 소다석회
④ 황산동수용액

53 공기보다 무거워서 누출 시 낮은 곳에 체류하며, 기화 및 액화가 용이하고, 발열량이 크며, 증발잠열이 크기 때문에 냉매로도 이용되는 성질을 갖는 것은?

① O_2 ② CO
③ LPG ④ C_2H_4

54 "열은 스스로 저온의 물체에서 고온의 물체로 이동하는 것은 불가능하다."와 같은 관계 있는 법칙은? **[설비 27]**

① 에너지 보존의 법칙
② 열역학 제2법칙
③ 평형이동의 법칙
④ 보일-샤를의 법칙

55 다음 압력 중 가장 높은 압력은?

① $1.5kg/cm^2$ ② $10mH_2O$
③ 745mmHg ④ 0.6atm

$1atm = 1.033kg/cm^2 = 10.33mH_2O = 760mmHg$ 에서 압력값을 atm으로 통일

① $1.5 \div 1.033 = 1.45atm$
② $10 \div 10.332 = 0.96atm$
③ $745 \div 760 = 0.98atm$
④ 0.6atm

56 게이지압력을 옳게 표시한 것은? **[설비 2]**

① 게이지압력 = 절대압력 − 대기압
② 게이지압력 = 대기압 − 절대압력
③ 게이지압력 = 대기압 + 절대압력
④ 게이지압력 = 절대압력 + 진공압력

57 다음 중 나프타(Naphtha)의 가스화 효율이 좋으려면?

① 올레핀계 탄화수소 함량이 많을수록 좋다.
② 파라핀계 탄화수소 함량이 많을수록 좋다.
③ 나프텐계 탄화수소 함량이 많을수록 좋다.
④ 방향족계 탄화수소 함량이 많을수록 좋다.

정답 49.② 50.② 51.④ 52.③ 53.③ 54.② 55.① 56.① 57.②

나프타 : 도시가스 원료로 사용되는 정제되지 않은 가솔린이며 비점이 200℃ 이하 유분을 말한다. 또한 포화탄화수소(파라핀계) 탄화수소가 많아야 효율이 좋다.

58 10L 용기에 들어있는 산소의 압력이 10MPa 이었다. 이 기체를 20L 용기에 옮겨놓으면 압력은 몇 [MPa]로 변하는가?

① 2 ② 5
③ 10 ④ 20

보일의 법칙에 의하여 $P_1 V_1 = P_2 V_2$이므로

$$\therefore\ P_2 = \frac{P_1 V_1}{V_2} = \frac{10\text{MPa} \times 10\text{L}}{20\text{L}} = 5\text{MPa}$$

59 순수한 물 1kg을 1℃ 높이는 데 필요한 열량을 무엇이라 하는가? **[설비 5]**

① 1kcal ② 1BTU
③ 1CHU ④ 1kJ

60 같은 조건일 때 액화시키기 가장 쉬운 가스는 어느 것인가?

① 수소 ② 암모니아
③ 아세틸렌 ④ 네온

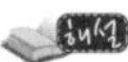

상태별 가스의 구분

구 분	종 류	비등점(℃)	비 고
압축 가스	He H_2 N_2 Ar O_2	−246.5 −252 −196 −186 −186	비등점이 낮아 액화하기 어려운 가스
액화 가스	C_4H_{10} C_3H_8 Cl_2 NH_3	−0.5 −42 −34 −33	비등점이 압축가스보다 높아 액화하기 쉬운 가스
용해 가스	C_2H_2	−84	충전 시 녹이면서 충전하므로 용해가스라 부르나 용기 내의 상태는 액체상태이다.

※ 비등점이 가장 높은 NH_3(−33℃)가 가장 액화하기 쉽다.

정답 58.② 59.① 60.②

국가기술자격 필기시험문제

2014년 기능사 제4회 필기시험(1부) (2014년 7월 시행)

자격종목	시험시간	문제수	문제형별
가스기능사	**1시간**	**60**	**A**

수험번호		성 명	

01 다음 중 가연성이면서 유독한 가스는 어느 것인가? **[안전 17]**

① NH_3 ② H_2
③ CH_4 ④ N_2

가연성인 동시에 독성 가스의 종류
㉠ CO ㉡ C_2H_4O
㉢ CH_3Cl ㉣ H_2S
㉤ CS_2 ㉥ 석탄가스
㉦ C_6H_6 ㉧ HCN
㉨ NH_3 ㉩ CH_3Br

02 시안화수소(HCN)의 위험성에 대한 설명으로 틀린 것은?

① 인화온도가 아주 낮다.
② 오래된 시안화수소는 자체 폭발할 수 있다.
③ 용기에 충전한 후 60일을 초과하지 않아야 한다.
④ 호흡 시 흡입하면 위험하나 피부에 묻으면 아무 이상이 없다.

HCN
㉠ 독성 TLV-TWA 10ppm, LC 50 140ppm(독성가스이므로 피부접촉 시 독성에 의한 피부손상이 있다)
㉡ 가연성 6~41%
㉢ 산화 폭발, 중합 폭발
㉣ 충전 후 60일이 경과되기 전 다른 용기에 옮겨 다시 충전하여야 중합 폭발을 방지할 수 있다.
㉤ 순도는 98% 이상
㉥ 중합 방지 안정제 : 황산, 아황산

03 도시가스 배관의 지하매설 시 사용하는 침상재료(Bedding)는 배관 하단에서 배관 상단 몇 [cm]까지 포설하는가? **[안전 51]**

① 10 ② 20
③ 30 ④ 50

도시가스 배관의 지하매설 시 되메움 재료 및 다짐공정(KGS Fs 451) (2.5.8.2.1)
지하매설 배관에 설치하는 재료의 종류

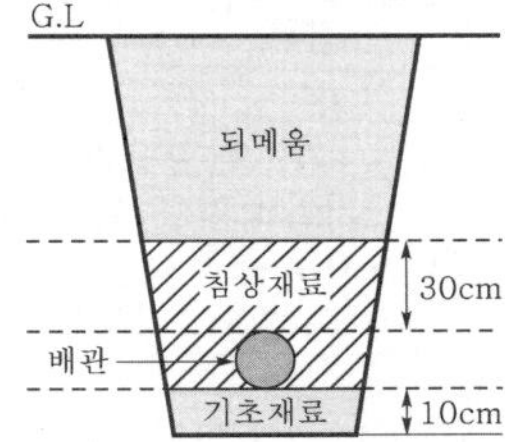

04 다음은 이동식 압축도시가스 자동차 충전시설을 점검한 내용이다. 이 중 기준에 부적합한 경우는? **[안전 137]**

① 이동충전차량과 가스배관구를 연결하는 호스의 길이가 6m이었다.
② 가스배관구 주위에는 가스배관구를 보호하기 위하여 높이 40cm, 두께 13cm인 철근콘크리트 구조물이 설치되어 있었다.
③ 이동충전차량과 충전설비 사이 거리는 8m이었고, 이동충전차량과 충전설비 사이에 강판제 방호벽이 설치되어 있었다.
④ 충전설비 근처 및 충전설비에서 6m 떨어진 장소에 수동긴급 차단장치가 각각 설치되어 있었으며 눈에 잘 띄었다.

정답 01.① 02.④ 03.③ 04.①

해설

① 8m 이상이어야 함
② 높이 30cm 이상, 두께 12cm 이상이면 되므로 규정에 적합
③ 이동충전차량과 충전설비 사이 8m 이상이면 규정에 적합. 방호벽 설치 시는 8m를 유지하지 않아도 되나 더욱 안전보강조치를 한 것이므로 규정에 적합
④ 수동 긴급차단장치의 이격거리 5m 이상이므로 6m는 규정에 적합

이동식 압축도시가스 자동차 충전시설의 기술기준 (KGS Fp 652) (2)

항 목			규정 이격거리
처리설비, 이동충전 차량과 충전설비	화기와의 수평거리	고압전선 (직류 750V 초과 교류 600V 초과)	5m 이상
	화기와 우회거리		8m 이상
	가연성물질 저장소		8m 이상
이동충전차량 방호벽 설치 경우			이동충전차량 및 충전설비로부터 30m 이내 보호시설이 있을 때
설비와 이격거리	가스배관구와 가스배관구 사이 이동충전차량과 충전설비 사이		8m 이상(방호벽 설치 시는 제외)
사업소 경계와 거리	이동충전차량, 충전설비 외면과 사업소 경계 안전거리		10m 이상(단, 외부에 방화판 충전설비 주위 방호벽이 있는 경우 5m 이상)
도로경계와 거리	충전설비		5m 이상(방호벽 설치 시 2.5m 이상 유지)
철도와 거리	이동충전차량 충전설비		15m 이상 유지
이동충전 차량	가스배관구 연결호스		5m 이내
충전설비 주위 및 가스배관 구 주위	충전기 보호의 구조물 및 가스 배관구 보호 구조물 규격 및 재질		높이 30cm 이상 두께 12cm 이상 철근콘크리트 구조물 설치
수동긴급 차단장치	충전설비 근처 충전설비로부터 이격거리		5m 이상(쉽게 식별할 수 있는 조치 할 것)
충전작업 이동충전 차량 설치대수	충전소 내 주정차 가능 및 주차공간 확보를 위함		3대 이상

05 고정식 압축도시가스 자동차 충전의 저장설치, 처리설비, 압축가스설비 외부에 설치하는 경계책의 설치기준으로 틀린 것은 어느 것인가? **[안전 138]**

① 긴급차단장치를 설치할 경우는 설치하지 아니할 수 있다.
② 방호벽(철근콘크리트로 만든 것)을 설치할 경우는 설치하지 아니할 수 있다.
③ 처리설비 및 압축가스설비가 밀폐형 구조물 안에 설치된 경우는 설치하지 아니할 수 있다.
④ 저장설비 및 처리설비가 액화산방지 시설 내에 설치된 경우는 설치하지 아니할 수 있다.

해설

고정식 압축도시가스 자동차시설 기술기준(KGS Fp 651) (2.9) 사업소(저장, 처리, 압축가스)설치에 경계표지 경계책 설치

구 분	핵심 내용
설치목적	설비의 안전 확보를 위하여 필요장소에 도시가스 취급시설, 일반인 출입제한시설 등 눈에 띄게 경계표지, 외부인 출입을 금지하는 경계책 설치
설치하지 않아도 되는 경우	㉠ 방호벽 설치 시 ㉡ 처리, 압축가스 설비가 밀폐구조물 안에 설치되어 있는 경우 ㉢ 저장, 처리 설비가 액확산 방지시설 안에 설치된 경우

고정식 압축 도시가스 자동차 충전시설 기술기준(KGS Fp 651)(2)

항 목		이격거리 및 세부 내용
(저장, 처리, 충전, 압축가스) 설비	고압전선 (직류 750V 초과 교류 600V 초과)	수평거리 5m 이상 이격
	저압전선 (직류 750V 이하 교류 600V 이하)	수평거리 1m 이상 이격
	화기취급장소 우회거리, 인화성 가연성 물질저장소 수평거리	8m 이상
	철도	30m 이상 유지

정답 05.①

항 목		이격거리 및 세부 내용
처리설비 압축가스 설비	30m 이내 보호시설이 있는 경우	방호벽 설치(단처리설비 주위 방류둑 설치 경우 방호벽을 설치하지 않아도 된다.)
유동방지 시설	내화성 벽	높이 2m 이상으로 설치
	화기취급장소 우회거리	8m 이상
사업소 경계	압축, 충전설비 외면	10m 이상 유지(단처리 압축가스설비 주위 방호벽 설치 시 5m 이상 유지)
도로경계	충전설비	5m 이상 유지
충전설비 주위	충전기 주위 보호구조물	높이 30cm 이상 두께 12cm 이상 철근콘크리트 구조물 설치
방류둑	수용용량	최대저장용량 110% 이상의 용량
긴급분리 장치	분리되는 힘	수평방향으로 당길 때 666.4N(68kgf) 미만
수동긴급 분리장치	충전설비 근처 및 충전 설비로부터	5m 이상 떨어진 장소에 설치
역류방지 밸브	설치장소	압축장치 입구측 배관
내진설계 기준 저장능력	압축	500m^3 이상
	액화	5톤 이상 저장탱크 및 압력용기에 적용
압축가스 설비	밸브와 배관부속품 주위	1m 이상 공간확보(단, 밀폐형 구조물 내에 설치 시는 제외)
펌프 및 압축장치	직렬로 설치	차단밸브 설치
	병렬로 설치	토출 배관에 역류방지밸브 설치
강제기화 장치	열원 차단장치 설치	열원차단장치는 15m 이상 위치에 원격조작이 가능할 것
대기식 및 강제기화 장치	저장탱크로부터 15m 이내 설치 시	기화장치에서 3m 이상 떨어진 위치에 액배관에 자동차단밸브 설치

06 다음 중 일반 도시가스사업 가스공급시설의 입상관 밸브는 분리가 가능한 것으로서 바닥으로부터 몇 [m] 범위에 설치하여야 하는가?

① 0.5~1m
② 1.2~1.5m
③ 1.6~2.0m
④ 2.5~3.0m

07 연소에 대한 일반적인 설명 중 옳지 않은 것은?

① 인화점이 낮을수록 위험성이 크다.
② 인화점보다 착화점의 온도가 낮다.
③ 발열량이 높을수록 착화온도가 낮아진다.
④ 가스의 온도가 높아지면 연소범위는 넓어진다.

08 독성 가스 저장시설의 제독 조치로서 옳지 않은 것은?

① 흡수, 중화조치
② 흡착, 제거조치
③ 이송설비로 대기 중에 배출
④ 연소조치

09 다음 굴착공사 중 굴착공사를 하기 전에 도시가스사업자와 협의를 하여야 하는 것은 어느 것인가? **[안전 133]**

① 굴착공사 예정지역 범위에 묻혀 있는 도시가스 배관의 길이가 110m인 굴착공사
② 굴착공사 예정지역 범위에 묻혀 있는 송유관의 길이가 200m인 굴착공사
③ 해당 굴착공사로 인하여 압력이 3.2kPa인 도시가스 배관의 길이가 30m 노출된 것으로 예상되는 굴착공사
④ 해당 굴착공사로 인하여 압력이 0.8MPa인 도시가스 배관의 길이가 8m 노출될 것으로 예상되는 굴착공사

해설

도시가스사업법 시행규칙 제55조
도시가스 배관길이 100m 이상의 굴착공사 시 협의서를 작성하여야 하므로 110m 굴착공사 시 협의서 작성

정답 06.③ 07.② 08.③ 09.①

10 고압가스 제조설비에 설치하는 가스누출경보 및 자동차단장치에 대한 설명으로 틀린 것은? [안전 16]

① 계기실 내부에도 1개 이상 설치한다.
② 잡가스에는 경보하지 아니 하는 것으로 한다.
③ 누출을 검지하여 그 농도를 지시함과 동시에 경보를 울리는 방식으로 한다.
④ 가연성 가스의 제조설비에 격막 갈바니 전지방식의 것을 설치한다.

④ 가연성의 경우 접촉연소식 사용

11 건축물 내 도시가스 매설배관으로 부적합한 것은? [안전 122]

① 동관
② 강관
③ 스테인리스강
④ 가스용 금속 플렉시블호스

12 시안화수소를 충전한 용기는 충전 후 몇 시간 정치한 뒤 가스의 누출검사를 해야 하는가?

① 6 ② 12
③ 18 ④ 24

13 도시가스 공급시설의 공사계획 승인 및 신고대상에 대한 설명으로 틀린 것은?

① 제조소 안에서 액화가스용 저장탱크의 위치변경 공사는 공사계획 신고대상이다.
② 밸브 기지의 위치변경 공사는 공사계획 신고대상이다.
③ 호칭지름 50mm 이하인 저압의 공급관을 설치하는 공사는 공사계획 신고대상에서 제외한다.
④ 저압인 사용자 공급관 50m를 변경하는 공사는 공사계획 신고대상이다.

도시가스 안전관리법 시행규칙 별표 2.3
④ 사용자 공급관을 제외한 공급관 중 최고사용압력이 저압인 공급관을 20m 이상 설치하거나 변경하는 공사인 경우 신고대상이 된다.

14 고압가스용 냉동기에 설치하는 안전장치의 구조에 대한 설명으로 틀린 것은?

① 고압차단장치는 그 설정압력이 눈으로 판별할 수 있는 것으로 한다.
② 고압차단장치는 원칙적으로 자동복귀 방식으로 한다.
③ 안전밸브는 작동압력을 설정한 후 봉인될 수 있는 구조로 한다.
④ 안전밸브 각 부의 가스 통과면적은 안전밸브의 구경면적 이상으로 한다.

해설
고압가스 냉동기 제조의 시설, 기술검사 기준(KGS AA 111) (3.4.6) 안전장치 구조
② 고압차단장치는 작동 후 원칙적으로 수동복귀 방식으로 한다.
(KGS Aa 111) (3.4.6) 고압가스 냉동기 제조의 시설기술 검사기준의 안전장치

안전장치 부착의 목적	냉동설비를 안전하게 사용하기 위하여 상용압력 이하로 되돌림
종 류	㉠ 고압차단장치 ㉡ 안전밸브(압축기 내장형 포함) ㉢ 파열판 ㉣ 용전 및 압력 릴리프 장치
안전밸브 구조	작동압력을 설정한 후 봉인될 수 있는 구조
안전밸브 가스통과 면적	안전밸브 구경면적 이상
고압차단장치	㉠ 설정압력이 눈으로 판별할 수 있는 것 ㉡ 원칙적으로 수동복귀방식이다(단, 냉매가 가연성 · 독성이 아닌 유니트형 냉동설비에서 자동복귀되어도 위험이 없는 경우는 제외). ㉢ 냉매설비 고압부 압력을 바르게 검지할 수 있을 것
용 전	냉매가스 온도를 정확히 검지할 수 있고 압축기 또는 발생기의 고온 토출가스에 영향을 받지 않는 위치에 부착
파열판	냉매가스 압력이 이상 상승 시 파열 냉매가스를 방출하는 구조

정답 10.④ 11.② 12.④ 13.④ 14.②

15 염소(Cl_2)의 재해방지용으로서 흡수제 및 제해제가 아닌 것은? [안전 21]

① 가성소다수용액 ② 소석회
③ 탄산소다수용액 ④ 물

16 아세틸렌은 폭발 형태에 따라 크게 3가지로 분류된다. 이에 해당되지 않은 폭발은 어느 것인가? [설비 15]

① 화합 폭발 ② 중합 폭발
③ 산화 폭발 ④ 분해 폭발

해설

C_2H_2의 폭발성

폭발종류	개 념	반응식
화합(아세틸라이드) 폭발	아세틸렌이 Cu, Ag, Hg 등과 화합 시 Cu_2C_2, Ag_2C_2, Hg_2C_2 등을 생성, 약간의 충격에도 일어나는 폭발	• $2Cu+C_2H_2 \rightarrow Cu_2C_2+H_2$ • $2Ag+C_2H_2 \rightarrow Ag_2C_2+H_2$ • $2Hg+C_2H_2 \rightarrow Hg_2C_2+H_2$
분해 폭발	아세틸렌이 2.5MPa 이상 압축 시 분해되면서 일어나는 폭발	$C_2H_2 \rightarrow 2C+H_2$
산화 폭발	C_2H_2이 산소 또는 공기와 연소 시 연소범위 내에서 일어나는 폭발	$C_2H_2+2.5O_2 \rightarrow 2CO_2+H_2O$

17 다음 중 고압가스안전관리법의 적용을 받는 가스는? [안전 95]

① 철도 차량의 에어컨디셔너 안의 고압가스
② 냉동능력 3톤 미만의 냉동설비 안의 고압가스
③ 용접용 아세틸렌가스
④ 액화브롬화메탄 제조설비 외에 있는 액화브롬화메탄

해설

①, ②, ④항은 적용범위에서 제외되는 고압가스

18 액화석유가스 사용시설을 변경하여 도시가스를 사용하기 위해서 실시하여야 하는 안전조치 중 잘못 설명한 것은?

① 일반도시가스 사업자는 도시가스를 공급한 이후에 연소기 열량의 변경 사실을 확인하여야 한다.
② 액화석유가스의 배관 양단에 막음조치를 하고 호스는 철거하여 설치하려는 도시가스 배관과 구분되도록 한다.
③ 용기 및 부대설비가 액화석유가스 공급자의 소유인 경우에는 도시가스 공급 예정일까지 용기 등을 철거해 줄 것을 공급자에게 요청해야 한다.
④ 도시가스로 연료를 전환하기 전에 액화석유가스 안전공급계약을 해지하고 용기 등의 철거와 안전조치를 확인하여야 한다.

① 일반도시가스 사업자는 도시가스를 공급하기 전 연소기 열량의 변경 사실을 확인한다.

19 고압가스설비에 장치하는 압력계의 눈금은?

① 상용압력의 2.5배 이상 3배 이하
② 상용압력의 2배 이상 2.5배 이하
③ 상용압력의 1.5배 이상 2배 이하
④ 상용압력의 1배 이상 1.5배 이하

20 LP가스 충전설비의 작동상황 점검주기로 옳은 것은?

① 1일 1회 이상 ② 1주일 1회 이상
③ 1월 1회 이상 ④ 1년 1회 이상

21 다음은 어떤 안전설비에 대한 설명인가?

> 설비가 잘못 조작되거나 정상적인 제조를 할 수 없는 경우 자동으로 원재료의 공급을 차단시키는 등 고압가스 제조설비 안에 제조를 제어하는 기능을 한다.

① 긴급이송설비 ② 인터록 기구
③ 안전밸브 ④ 벤트스택

22 일반 도시가스사업자의 가스공급시설 중 정압기의 분해 점검주기의 기준은? [안전 44]

① 1년에 1회 이상
② 2년에 1회 이상
③ 3년에 1회 이상
④ 5년에 1회 이상

정답 15.④ 16.② 17.③ 18.① 19.③ 20.① 21.② 22.②

해설

정압기 및 필터 / 시설별		정압기	필터	
			처음 공급개시 시	공급 개시 후
공급시설		2년 1회	1월 이내	1년 1회
사용시설	처 음	3년 1회	1월 이내	3년 1회(공급 개시 후의 첫 번째 검사 시)
	그 이후(향후)	4년 1회		4년 1회(공급 개시 후 처음 검사한 이후의 검사주기)
기 타		정압기실 작동상황점검과 정압기실 가스누출 경보기는 1주일 1회 이상 점검한다.		

23 공기 중 폭발범위에 따른 위험도가 가장 큰 가스는?

① 암모니아 ② 황화수소
③ 석탄가스 ④ 이황화탄소

$H(\text{위험도}) = \dfrac{U-L}{L}$

① 암모니아 : $\dfrac{28-15}{15} = 0.86$

② 황화수소 : $\dfrac{45-4.3}{4.3} = 9.45$

③ 석탄가스 : $\dfrac{31-5.3}{5.3} = 4.85$

④ 이황화탄소 : $\dfrac{44-1.2}{1.2} = 35.67$

24 공기 중에서 폭발하한 값이 가장 낮은 것은?

① 시안화수소
② 암모니아
③ 에틸렌
④ 부탄

가스별 폭발범위

가스명	하 한(%)	상 한(%)
HCN(시안화수소)	6	41
NH_3(암모니아)	15	28
C_2H_4(에틸렌)	2.7	36
C_4H_{10}(부탄)	1.8	8.4

25 폭발 등급은 안전간격에 따라 구분한다. 폭발 등급 1급이 아닌 것은? [안전 47]

① 일산화탄소 ② 메탄
③ 암모니아 ④ 수소

안전간격에 따른 폭발 등급

폭발등급	안전간격(mm)	해당 가스
1등급	안전간격 0.6mm 초과	㉠ 2등급, 3등급 이외의 모든 가스 ㉡ CH_4, C_2H_6, C_3H_8, C_4H 등
2등급	0.4mm 초과 0.6mm 이하	에틸렌, 석탄가스
3등급	0.4mm 이하	C_2H_2, H_2, 수성가스, 이황화탄소

26 다음 ( ) 안의 Ⓐ와 Ⓑ에 들어갈 명칭은 무엇인가?

아세틸렌을 용기에 충전하는 때에는 미리 용기에 다공물질을 고루 채워 다공도가 75% 이상 92% 미만이 되도록 한 후 (Ⓐ) 또는 (Ⓑ)를(을) 고루 침윤시키고 충전하여야 한다.

① Ⓐ 아세톤, Ⓑ 알코올
② Ⓐ 아세톤, Ⓑ 물(H_2O)
③ Ⓐ 아세톤, Ⓑ 디메틸포름아미드
④ Ⓐ 알코올, Ⓑ 물(H_2O)

27 고압가스 용기의 파열사고 원인으로서 가장 거리가 먼 내용은?

① 압축산소를 충전한 용기를 차량에 눕혀서 운반하였을 때
② 용기의 내압이 이상 상승하였을 때
③ 용기 재질의 불량으로 인하여 인장강도가 떨어질 때
④ 균열되었을 때

① 압축가스의 경우 운반차량의 적재함 높이 이하로 눕혀서 운반가능

파열사고 원인으로는 ②, ③, ④항 이외에 과충전 등이 있다.

정답 23.④ 24.④ 25.④ 26.③ 27.①

28 도시가스 사용시설 중 자연배기식 반밀폐식, 보일러에서 배기톱의 옥상돌출부는 지붕면으로부터 수직거리로 몇 [cm] 이상으로 하여야 하는가?

① 30　② 50
③ 90　④ 100

해설
반밀폐 자연배기식 보일러(KGS Fu 551) (2.7.1.3)

항 목		내 용
배기통	굴곡 수	4개 이하
	입상높이	10m 이하 (10m 초과 시 보온조치)
	끝부분	옥외로 뽑아냄
	가로길이	5m 이하
배기톱	위치	풍압대를 피하고 통풍이 잘 되는 곳 설치
	옥상돌출부	지붕면으로부터 수직거리 1m 이상
급기구 상부 환기구	유효단면적	배기통 단면적 이상

29 자동차용 압축천연가스 완속충전설비에서 실린더 내경이 100mm, 실린더의 행정이 200mm, 회전수가 100rpm일 때 처리능력(m^3/h)은 얼마인가?

① 9.42　② 8.21
③ 7.05　④ 6.15

해설
자동차용 압축천연가스 완속충전설비 제조의 시설 검사기준(KGS AA 915) (3.8.3.2) (p15)
처리능력(V)

$$V=\frac{\pi\times D^2}{4}\times L\times N\times 60\times 10^{-9}$$

여기서, V : 표준상태의 압축가스 양(m^3/h)
D : 제1단 실린더 내경(mm) : 100
L : 제1단 실린더 행정(mm) : 200
N : 회전수 : 100

$$=\frac{\pi\times(100)^2}{4}\times 200\times 100\times 60\times 10^{-9}$$

$=3.42m^3/hr$

※ 처리능력은 상기 식으로 계산한 값이 18.5m^3/hr 미만이 되도록 하여야 한다.

30 공정과 설비의 고장 형태 및 영향, 고장 형태별 위험도 순위 등을 결정하는 안전성 평가 기법은? [안전 111]

① 위험과 운전분석(HAZOP)
② 예비위험분석(PHA)
③ 결함수분석(FTA)
④ 이상위험도분석(FMECA)

해설
(KGS Gc 211) 고압가스 안정성 평가 기준(1.3) (p1)

평가 방법	개 요
위험과 운전분석 (HAZOP) (1.3.6)	공정에 존재하는 위험요소들과 공정의 효율을 떨어뜨릴 수 있는 운전상 문제점을 찾아내어 그 원인을 제거하는 기법(정성적)
예비위험분석 (PHA) (1.3.11)	공정설비 등에 관한 상세한 정보를 얻을 수 없는 상황에서 위험물질과 공정요소에 초점을 맞추어 초기위험을 확인하는 방법
결함수분석 (FTA) (1.3.8)	사고를 일으키는 장치의 이상이나 운전자 실수의 조합을 연역적으로 분석하는 안전성 평가기법(정량적)
이상위험도분석 (FMECA) (1.3.7)	공정과 설비의 고장형태 및 영향, 고장형태별 위험도 순위 등을 결정하는 기법

31 3단 토출압력이 2MPag이고, 압축비가 2인 4단 공기압축기에서 1단 흡입압력은 약 몇 [MPag]인가? (단, 대기압은 0.1MPa로 한다.)

① 0.16MPag　② 0.26MPag
③ 0.36MPag　④ 0.46MPag

해설
㉠ 압축비(a)=2
3단 토출압력 $(P_a)_3$=2MPa(게이지)
=2+0.1
=2.1MPa(절대)

㉡ 4단 압축기의 최초흡입압력 P_1, 최종토출압력 P_2라고 한다면

• 4단 부분의 압축비(a)$=\frac{P_2(4단의 토출)}{(P_a)_3(4단의 흡입)}$

$P_2=a\times(P_a)_3=2\times2.1=4.2$MPa

• 전체 기준의 압축비(a)$=\sqrt[4]{\frac{P_2}{P_1}}$ 이므로

$a=\sqrt[4]{\frac{P_2}{P_1}}$ 에서

$\therefore P_1=\frac{P_2}{a^4}=\frac{4.2}{2^4}=0.26$MPa(절대)
$=0.2625-0.1$
$=0.16$MPa(게이지)

정답 28.④ 29.① 30.④ 31.①

32 다음 중 [보기]에서 설명하는 정압기의 종류는?

[보기]
- Unloading형이다.
- 본체는 복좌밸브로 되어 있어 상부에 다이어프램을 가진다.
- 정특성은 아주 좋으나 안정성은 떨어진다.
- 다른 형식에 비하여 크기가 크다.

① 레이놀즈 정압기
② 엠코 정압기
③ 피셔식 정압기
④ 엑셀 플로우식 정압기

33 대형 저장탱크 내를 가는 스테인리스관으로 상하로 움직여 관내에서 분출하는 가스상태와 액체상태의 경계면을 찾아 액면을 측정하는 액면계로 옳은 것은?

① 슬립튜브식 액면계
② 유리관식 액면계
③ 클린카식 액면계
④ 플로트식 액면계

34 다음 배관재료 중 사용온도 350℃ 이하, 압력이 10MPa 이상의 고압관에 사용되는 것은? **[안전 136]**

① SPP ② SPPH
③ SPPW ④ SPPG

해설

㉠ SPP(배관용 탄소강관) : 사용압력 1MPa 미만
㉡ SPPS(압력배관용 탄소강관) : 사용압력 1MPa 이상 10MPa 미만
㉢ SPPH(고압배관용 탄소강관) : 사용압력 10MPa 이상
㉣ SPPW(수도용 아연도금강관) : 급수관에 사용

35 반복하중에 의해 재료의 저항력이 저하하는 현상을 무엇이라고 하는가?

① 교축 ② 크리프
③ 피로 ④ 응력

금속재료의 성질

종 류	정 의
교축	금속재료가 온도가 낮아져 수축되는 현상
신율	금속재료가 온도 상승 시 늘어나는 현상
크리프	어느 온도 이상에서 재료에 하중을 가하면 시간과 더불어 변형이 증대되는 현상
피로	재료에 반복적으로 하중을 가해 저항력이 저하하는 현상
응력	물체에 하중이 작용할 때 그 재료 내부에 생기는 저항력을 내력이라 하고 단위 면적당 내력의 크기를 응력이라 한다.

36 다음 중 왕복식 펌프에 해당하는 것은?

① 기어 펌프
② 베인 펌프
③ 터빈 펌프
④ 플런저 펌프

펌프의 분류

구 분	형 식	종 류
용적식	왕복	㉠ 피스톤 ㉡ 플런저 ㉢ 다이어펌프
	회전	㉠ 기어 ㉡ 베인 ㉢ 나사
터보식	원심	㉠ 벌류트 ㉡ 터빈
	축류	축방향으로 흡입하여 축방향으로 토출
	사류	축방향으로 흡입하여 경사방향으로 토출

37 LP가스 공급방식 중 자연기화방식의 특징에 대한 설명으로 틀린 것은?

① 기화능력이 좋아 대량 소비 시에 적당하다.
② 가스 조성의 변화량이 크다.
③ 설비장소가 크게 된다.
④ 발열량의 변화량이 크다.

자연기화
정의 : 대기 중의 열을 흡수하여 액가스를 기화하므로 소량의 소비처인 가정용으로 주로 사용된다.

정답 32.① 33.① 34.② 35.③ 36.④ 37.①

38 LPG를 탱크로리에서 저장탱크로 이송 시 작업을 중단해야 되는 경우가 아닌 것은 어느 것인가? **[설비 33]**

① 과충전이 된 경우
② 충전기에서 자동차에 충전하고 있을 때
③ 작업 중 주위에서 화재 발생 시
④ 누출이 생길 경우

LP 가스 이충전 시 작업을 중단하여야 하는 경우
㉠ 과충전 시
㉡ 주변 화재 발생 시
㉢ 누설 시
㉣ 펌프로 이송 시 베이퍼록 발생 시
㉤ 압축기로 이송 시 액압축 발생 시
㉥ 안전관리자 부재 시

39 저온액화 가스탱크에서 발생할 수 있는 열의 침입현상으로 가장 거리가 먼 것은?

① 연결된 배관을 통한 열전도
② 단열재를 충전한 공간에 남은 가스분자의 열전도
③ 내면으로부터의 열전도
④ 외면의 열복사

①, ②, ④항 이외에 지지물에 의한 열전도, 밸브, 안전밸브를 통한 열전도 등

40 내압이 0.4~0.5MPa 이상이고, LPG나 액화가스와 같이 낮은 비점의 액체일 때 사용되는 터보식 펌프의 메커니컬 시일 형식은?

① 더블 시일
② 아웃사이드 시일
③ 밸런스 시일
④ 언밸런스 시일

41 펌프의 실제송출유량을 Q, 펌프 내부에서의 누설유량을 $0.6Q$, 임펠러 속을 지나는 유량을 $1.6Q$라 할 때 펌프의 체적효율 (η_ν)은?

① 37.5% ② 40%
③ 60% ④ 62.5%

해설

$$\text{펌프체적효율}(\eta_V) = \frac{\text{실제송출유량}}{\text{실체송출유량} + \text{누설유량}}$$
$$= \frac{Q}{Q+0.6Q} \times 100$$
$$= 62.5\%$$

42 도시가스의 측정 사항에 있어서 반드시 측정하지 않아도 되는 것은?

① 농도 측정
② 연소성 측정
③ 압력 측정
④ 열량 측정

43 가연성 냉매로 사용되는 냉동제조시설의 수액기에는 액면계를 설치한다. 다음 중 수액기의 액면계로 사용 할 수 없는 것은?

① 환형유리관 액면계
② 차압식 액면계
③ 초음파식 액면계
④ 방사선식 액면계

44 가연성 가스 검출기 중 탄광에서 발생하는 CH_4의 농도를 측정하는 데 주로 사용되는 것은?

① 간섭계형 ② 안전등형
③ 열선형 ④ 반도체형

안전등형 : 탄광 내에서 주로 CH_4의 농도측정에 사용되며 발생되는 청염의 불꽃길이로 측정한다.

45 LP가스 자동차충전소에서 사용하는 디스펜서(Dispenser)에 대해 옳게 설명한 것은?

① LP가스 충전소에서 용기에 일정량의 LP가스를 충전하는 충전기기이다.
② LP가스 충전소에서 용기에 충전하는 가스용적을 계량하는 기기이다.
③ 압축기를 이용하여 탱크로리에서 저장탱크로 LP가스를 이송하는 장치이다.
④ 펌프를 이용하는 LP가스를 저장탱크로 이송할 때 사용하는 안전장치이다.

정답 38.② 39.③ 40.③ 41.④ 42.① 43.① 44.② 45.①

46 고압가스의 성질에 따른 분류가 아닌 것은?

① 가연성 가스 ② 액화가스
③ 조연성 가스 ④ 불연성 가스

② 액화가스 : 상태별 분류

47 다음 중 확산속도가 가장 빠른 것은 어느 것인가?

① O_2 ② N_2
③ CH_4 ④ CO_2

그레암의 법칙 : 기체의 확산속도는 분자량의 제곱근에 반비례하므로 가장 분자량이 적은 CH_4(16g)이 가장 빠름

확산속도식 : $\frac{u_1}{u_2} = \sqrt{\frac{M_2}{M_1}}$

여기서, u_1, u_2 : 각각의 확산속도
M_1, M_2 : 각각의 분자량

48 다음 각 온도의 단위환산 관계로서 틀린 것은?

① 0℃=273K
② 32°F=492°R
③ 0K=−273℃
④ 0K=460°R

① K = ℃+273 = 0+273 = 273K
② °R = °F+460 = 32+460 = 492°R
③ K = ℃+273 = −273+273 = 0K
④ °R = 1.8K = 1.8×0 = 0°R

49 수소의 공업적 용도가 아닌 것은?

① 수증기의 합성
② 경화유의 제조
③ 메탄올의 합성
④ 암모니아 합성

수소의 공업적 용도 : 경화유 제조, 메탄올 합성, 암모니아 합성, 유지공업, 금속제련, 염산제조

50 압력이 일정할 때 기체의 온도가 절대온도와 체적은 어떤 관계가 있는가?

① 절대온도와 체적은 비례한다.
② 절대온도와 체적은 반비례한다.
③ 절대온도는 체적의 제곱에 비례한다.
④ 절대온도는 체적의 제곱에 반비례한다.

이상기체의 체적과 압력온도의 관계

종 류	일정값	관계 물리학 변수	비례변수
보일의 법칙	온도	체적과 압력	반비례
샤를의 법칙	압력	체적과 온도	비례
보일-샤를의 법칙	없음	체적, 압력, 온도	체적은 압력에 반비례, 온도에 비례

51 다음 중에서 수소(H_2)의 제조법이 아닌 것은?

① 공기액화 분리법
② 석유 분해법
③ 천연가스 분해법
④ 일산화탄소 전화법

수소의 제조법
㉠ 공업적 : 석유의 분해, 천연가스 분해, 일산화탄소 전화법, 물의 전기분해, 소금물 전기분해
㉡ 실험적 : 금속에 산을 첨가하는 방법

52 프로판의 완전연소 반응식으로 옳은 것은?

① $C_3H_8 + 4O_2 \rightarrow 3CO_2 + 2H_2O$
② $C_3H_8 + 5O_2 \rightarrow 3CO_2 + 4H_2O$
③ $C_3H_8 + 2O_2 \rightarrow 3CO + H_2O$
④ $C_3H_8 + O_2 \rightarrow CO_2 + H_2O$

53 도시가스 제조방식 중 촉매를 사용하여 사용온도 400~800℃에서 탄화수소와 수증기를 반응시켜 수소, 메탄, 일산화탄소, 탄산가스 등의 저급 탄화수소로 변환시키는 프로세스는? **[안전 124]**

① 열분해 프로세스
② 접촉분해 프로세스
③ 부분연소 프로세스
④ 수소화분해 프로세스

정답 46.② 47.③ 48.④ 49.① 50.① 51.① 52.② 53.②

해설

도시가스 제조 프로세스

㉠ 부분연소 프로세스 : 메탄에서 원유까지의 탄화수소를 가스화제로서 산소, 공기 및 수증기를 이용 CH_4, H_2, CO, CO_2로 변환하는 방법

㉡ 수소화분해 프로세스 : 고압 · 고온에서 C/H비가 비교적 큰 탄화수소를 수증기 흐름 중 또는 Ni 등의 수소화 촉매를 사용해서 나프타 등의 비교적 C/H비가 낮은 탄화수소를 메탄으로 변환시키는 방법으로 수증기 자체가 가스화제로 사용되지 않고 탄화수소를 수증기 흐름 중에 분해를 시키는 방법

㉢ 접촉분해 프로세스 : 탄화수소와 수증기를 반응시킨 수소, CO, CO_2, CH_4 등의 저급 탄화수소를 변화하는 반응

㉣ 열분해 공정 : 분자량이 큰 탄화수소 원료 즉 나프타 중유, 원유 등을 800~900℃에서 열분해 가스화재로서 수증기가 첨가되고 있다.

54 표준상태에서 분자량이 44인 기체의 밀도는?

① 1.96g/L ② 1.96kg/L
③ 1.55g/L ④ 1.55kg/L

해설

기체(가스)의 밀도 : M(g)÷22.4L(M : 분자량)

∴ 44g÷22.4L=1.96g/L

55 다음 중 저장소의 바닥부 환기에 가장 중점을 두어야 하는 가스는?

① 메탄 ② 에틸렌
③ 아세틸렌 ④ 부탄

㉠ 바닥부 환기 : 공기보다 무거운 C_4H_{10}, C_3H_8, Cl_2 등

㉡ 천장부 환기 : 공기보다 가벼운 NH_3, CH_4, H_2 등

56 다음 중 일산화탄소의 성질에 대한 설명 중 틀린 것은?

① 산화성이 강한 가스이다.
② 공기보다 약간 가벼우므로 수상치환으로 포집한다.
③ 개미산에 진한 황산을 작용시켜 만든다.
④ 혈액 속의 헤모글로빈과 반응하여 산소의 운반력을 저하시킨다.

① CO는 환원성이 강한 가스

57 수은주 760mmHg 압력은 수주로는 얼마가 되는가?

① 9.33mH_2O ② 10.33mH_2O
③ 11.33mH_2O ④ 12.33mH_2O

1atm=1.0332kgf/cm^2

=760mmHg=10.332mH_2O

$S_1H_1 = S_2H_2$에서(S_1 : 수은비중, S_2 : 물비중)

$H_2 = \dfrac{S_1h_1}{S_2} = \dfrac{13.6\times0.76}{1} \fallingdotseq 10.33\text{m}$ 이다.

58 고압가스 종류별 발생 현상 또는 작용으로 틀린 것은? **[설비 6]**

① 수소-탈탄작용
② 염소-부식
③ 아세틸렌-아세틸라이드 생성
④ 암모니아-카르보닐 생성

㉠ 암모니아 : 질화 또는 수소취성(탈탄작용)

㉡ 일산화탄소 : 카르보닐 또는 침탄 작용

59 100J의 일의 양을 [cal] 단위로 나타내면 약 얼마인가?

① 24 ② 40
③ 240 ④ 400

100×0.24=24cal

60 정압비열(C_P)와 정적비열(C_V)의 관계를 나타내는 비열비(k)를 옳게 나타낸 것은?

① $K = C_P/C_V$ ② $K = C_V/C_P$
③ $K < 1$ ④ $K = C_V - C_P$

K(비열비)$= \dfrac{\text{정압비열}}{\text{정적비열}}$이다.

② $K = \dfrac{C_P}{C_V}$

③ $K > 1$

④ $C_P - C_V = R$

정답 54.① 55.④ 56.① 57.② 58.④ 59.① 60.①

국가기술자격 필기시험문제

2014년 기능사 제5회 필기시험(1부) (2014년 10월 시행)

자격종목	시험시간	문제수	문제형별
가스기능사	**1시간**	**60**	**A**

수험번호		성 명	

01 다음 각 가스의 정의에 대한 설명으로 틀린 것은? **[안전 84]**

① 압축가스란 일정한 압력에 의하여 압축되어 있는 가스를 말한다.
② 액화가스란 가압·냉각 등의 방법에 의하여 액체상태로 되어 있는 것으로서 대기압에서의 끓는점이 40℃ 이하 또는 상용온도 이하인 것을 말한다.
③ 독성 가스란 인체에 유해한 독성을 가진 가스로서 허용농도가 100만분의 3000 이하인 것을 말한다.
④ 가연성 가스란 공기 중에서 연소하는 가스로서 폭발한계의 하한이 10% 이하인 것과 폭발한계의 상한과 하한의 차가 20% 이상인 것을 말한다.

해설

독성 가스의 정의

종 류	정 의	허용농도
LC 50	성숙한 흰쥐의 집단에서 1시간 흡입 실험에 의하여 14일 이내 실험동물의 50%가 사망할 수 있는 농도	100만분의 5000 이하
TLV-TWA	건강한 성인남자가 1일 8시간, 주 40시간 그 분위기에서 작업하여도 건강에 지장이 없는 농도	100만분의 200 이하

02 용기 신규검사에 합격된 용기 부속품 각인에서 초저온용기나 저온용기의 부속품에 해당하는 기호는? **[안전 29]**

① LT ② PT
③ MT ④ UT

해설

① LT : 저온 및 초저온 용기의 부속품
② PT : 비파괴검사(침투탐상시험)
③ MT : 비파괴검사(자분탐상시험)
④ UT : 비파괴검사(초음파탐상시험)

03 용기의 재검사 주기에 대한 기준으로 맞는 것은? **[안전 68]**

① 압력용기는 1년 마다 재검사
② 저장탱크가 없는 곳에 설치한 기화기는 2년 마다 재검사
③ 500L 이상 이음매 없는 용기는 5년 마다 재검사
④ 용접용기로서 신규검사 후 15년 이상 20년 미만인 용기는 3년 마다 재검사

용기 및 특정설비 재검사 기간(고법 시행규칙 별표 22)

<table>
<tr><th colspan="2">용기 및 특정설비</th><th>재검사 주기</th></tr>
<tr><td colspan="2">압력용기</td><td>4년 마다</td></tr>
<tr><td rowspan="3">기화장치</td><td>저장탱크와 함께 설치된 것</td><td>검사 후 2년을 경과하여 해당 탱크의 재검사 시 마다</td></tr>
<tr><td>저장탱크가 없는 곳에 설치된 것</td><td>3년 마다</td></tr>
<tr><td>설치되지 않은 것</td><td>2년 마다</td></tr>
<tr><td colspan="2">안전밸브 및 긴급차단장치</td><td>검사 후 2년을 경과하여 해당 안전밸브 또는 긴급차단장치가 설치된 저장탱크 또는 차량 고정탱크의 재검사 시 마다</td></tr>
</table>

정답 01.③ 02.① 03.③

용기 및 특정설비	재검사 주기
저장탱크	5년(재검사에 불합격되어 수리한 것은 3년, 음향방출 시험에 의해 안정성이 확인된 것은 5년)
500L 이상 이음매 없는 용기	5년 마다

용접용기

구 분		신규검사 후 경과년수 15년 미만	15년 이상 20년 미만	20년 이상
용접용기	500L 이상	5년 마다	2년 마다	1년 마다
	500L 미만	3년 마다	2년 마다	1년 마다
LPG 용기	500L 이상	5년 마다	2년 마다	1년 마다
	500L 미만	5년 마다		2년 마다

04 가스사용시설인 가스보일러의 급 · 배기 방식에 따른 구분으로 틀린 것은? **[안전 112]**

① 반밀폐형 자연배기식(CF)
② 반밀폐형 강제배기식(FE)
③ 밀폐형 자연배기식(RF)
④ 밀폐형 강제 급 · 배기식(FF)

해설

가스보일러의 급 · 배기 방식

항 목		정 의
반밀폐식	자연배기식(CF)	연소용 공기는 옥내에서 연소 후 배기가스는 자연통풍으로 옥외로 배출
	강제배기식(FE)	연소용 공기는 옥내에서 연소 후 배기가스는 배기용 송풍기에 의하여 강제로 옥외에 배출하는 방식
밀폐식	자연 급 · 배기식(BF)	급 · 배기통을 외기와 접하는 벽을 관통하여 옥외로 설치하고 자연통기력에 의해 급 · 배기를 하는 방식
	강제 급 · 배기식(FF)	급 · 배기통을 외기와 접하는 벽을 관통하여 옥외로 설치하고 급 · 배기용 송풍기에 의해 강제로 급 · 배기를 하는 방식

05 도시가스 배관을 지상에 설치 시 검사 및 보수를 위하여 지면으로부터 몇 [cm] 이상의 거리를 유지하여야 하는가?

① 10cm ② 15cm
③ 20cm ④ 30cm

06 차량에 고정된 산소용기 운반차량에는 일반인이 쉽게 식별할 수 있도록 표시하여야 한다. 운반차량에 표시하여야 하는 것은?

① 위험고압가스, 회사명
② 위험고압가스, 전화번호
③ 화기엄금, 회사명
④ 화기엄금, 전화번호

07 LPG 충전 · 집단공급 저장시설의 공기에 의한 내압시험 시 상용압력의 일정압력 이상으로 승압한 후 단계적으로 승압시킬 때, 상용압력의 몇 [%]씩 증가시켜 내압시험 압력에 달하였을 때 이상이 없어야 하는가? **[안전 25]**

① 5% ② 10%
③ 15% ④ 20%

해설

내압시험을 공기 등으로 실시할 때의 순서
㉠ 압력은 한 번에 시험압력까지 승압하지 아니하고 50%까지 승압
㉡ 그 이후에는 상용압력의 10%씩 단계적으로 승압

08 도시가스 도매사업자가 제조소 내에 저장능력이 20만톤인 지상식 액화천연가스 저장탱크를 설치하고자 한다. 이때 처리능력이 30만m^3인 압축기와 얼마 이상의 거리를 유지하여야 하는가?

① 10m ② 24m
③ 30m ④ 50m

해설

제조소 공급소의 시설기준(도시가스사업법 시행규칙 별표 5)

1. 액화석유가스 저장설비 처리설비 외면에서 보호시설까지 30m 이상 유지
2. 배관 제외 가스공급시설 화기취급장소까지 8m 이상 우회거리 유지
3. 안전구역 안의 가스공급시설과 다른 안전구역의 가스공급시설 외면까지 30m 이상 유지
4. 제조소가 인접하여 있는 가스공급시설은 외면에서 다른 제조소 경계와 20m 이상 유지
5. 액화천연가스 저장탱크는 처리능력 20만m^3 이상 압축기와 30m 이상 거리를 유지할 것

정답 04.③ 05.④ 06.② 07.② 08.③

09 특정 고압가스 가용시설에서 독성 가스 감압설비와 그 가스의 반응설비 간의 배관에 반드시 설치하여야 하는 설비는? **[안전 23]**

① 안전밸브
② 역화방지장치
③ 중화장치
④ 역류방지장치

10 과압안전장치 형식에서 용전의 용융온도로서 옳은 것은? (단, 저압부에 사용하는 것은 제외한다.)

① 40℃ 이하 ② 60℃ 이하
③ 75℃ 이하 ④ 105℃ 이하

11 차량에 고정된 탱크 중 독성 가스는 내용적을 얼마 이하로 하여야 하는가? **[안전 12]**

① 12000L ② 15000L
③ 16000L ④ 18000L

차량 고정탱크의 내용적 한계

탱크 종류	초과 금지 내용적
가연성(LPG 제외) 산소	18000L
독성(암모니아 제외)	12000L

12 다음 중 2중관으로 하여야 하는 가스가 아닌 것은? **[안전 19]**

① 일산화탄소 ② 암모니아
③ 염화메탄 ④ 염소

독성 가스 중 이중관 제독설비 설치 확산 방지조치 대상가스(KGS Fp 112) (2.3.4) : 아황산, 암모니아, 염소, 염화메탄, 산화에틸렌, 시안화수소, 포스겐, 황화수소

13 LPG 저장탱크에 설치하는 압력계는 상용압력 몇 배 범위의 최고눈금이 있는 것을 사용하여야 하는가?

① 1~1.5배 ② 1.5~2배
③ 2~2.5배 ④ 2.5~3배

14 암모니아 취급 시 피부에 닿았을 때 조치사항으로 가장 적당한 것은?

① 열습포로 감싸준다.
② 아연화 연고를 바른다.
③ 산으로 중화시키고 붕대로 감는다.
④ 다량의 물로 세척 후 붕산수를 바른다.

15 압축, 액화 등의 방법으로 처리할 수 있는 가스의 용적이 1일 100m^3 이상인 사업소에는 표준이 되는 압력계를 몇 개 이상 비치하여야 하는가?

① 1개 ② 2개
③ 3개 ④ 4개

16 압력조정기 출구에서 연소기 입구까지의 호스는 얼마 이상의 압력으로 기밀시험을 실시하는가?

① 2.3kPa ② 3.3kPa
③ 5.63kPa ④ 8.4kPa

17 가연성 가스 및 독성 가스의 충전용기 보관실에 대한 안전거리 규정으로 옳은 것은?

① 충전용기 보관실 1m 이내에 발화성 물질을 두지 말 것
② 충전용기 보관실 2m 이내에 인화성 물질을 두지 말 것
③ 충전용기 보관실 5m 이내에 발화성 물질을 두지 말 것
④ 충전용기 보관실 8m 이내에 인화성 물질을 두지 말 것

18 액화염소가스 1375kg을 용량 50L인 용기에 충전하려면 몇 개의 용기가 필요한가? (단, 액화염소가스의 정수(C)는 0.8이다.)

① 20 ② 22
③ 35 ④ 37

$$1375\text{kg} \div \frac{50}{0.8}\text{kg} = 22$$

정답 09.④ 10.③ 11.① 12.① 13.② 14.④ 15.② 16.④ 17.② 18.②

19 고압가스 품질검사에 대한 설명으로 틀린 것은? **[안전 36]**

① 품질검사 대상가스는 산소, 아세틸렌, 수소이다.
② 품질검사는 안전관리책임자가 실시한다.
③ 산소는 동암모니아 시약을 사용한 오르자트법에 의한 시험결과 순도가 99.5% 이상이어야 한다.
④ 수소는 하이드로설파이드 시약을 사용한 오르자트법에 의한 시험결과 순도가 99.0% 이상이어야 한다.

가스의 품질검사(KGS Fp 112) (3.2.2.9)

품질검사 대상		산소, 아세틸렌, 수소 제조 시 (단, 액체산소를 기화시켜 용기 충전하는 경우, 자체 사용목적의 경우는 제외)
검사장소		1일 1회 가스 제조장
검 사	시행자	안전관리책임자
	확인 서명 날인자	안전관리책임자, 부총괄자

판정기준				
가스명	사용 시약	검사 방법	순 도	용기 내부상태 및 기타 항목
산소 (O_2)	동암모니아	오르자트법	99.5% 이상	35℃에서 11.8MPa 이상
수소 (H_2)	피로카롤 하이드로설파이드	오르자트법	98.5% 이상	35℃에서 11.8MPa 이상
아세틸렌 (C_2H_2)	발연황산	오르자트법	98% 이상	질산은 시약을 사용한 정성시험에 합격
	브롬 시약	뷰렛법		

20 저장탱크 방류둑 용량은 저장능력에 상당하는 용적 이상의 용적이어야 한다. 다만, 액화산소 저장탱크의 경우에는 저장능력 상당용적의 몇 [%] 이상으로 할 수 있는가? **[안전 15]**

① 40 ② 60
③ 80 ④ 90

방류둑의 용량 및 구조

용 량(누설 시 차단능력)	
독성 · 가연성	산소
저장능력 상당용적 (저장능력의 100% 이상)	저장능력 상당용적의 60% 이상

구 조	
성토의 각도	45° 이하
정상부 폭	30cm 이상
출입구 수	둘레 50m 마다 1개소 전 둘레 50m 미만 시 출입구 2곳을 분산 설치

21 도시가스 중압 배관을 매몰할 경우 다음 중 적당한 색상은? **[안전 147]**

① 회색
② 청색
③ 녹색
④ 적색

배관의 색상

지상 배관		황색
매몰 배관	저 압	황색
	중압 이상	적색

22 가연성 가스를 취급하는 장소에서 공구의 재질로 사용하였을 경우 불꽃이 발생할 가능성이 가장 큰 것은? **[설비 25]**

① 고무
② 가죽
③ 알루미늄합금
④ 나무

③ 알루미늄합금 : 금속제 공구이므로 불꽃 발생
불꽃 발생하지 않는 안전 공구 : 베릴륨, 베아론, 나무, 고무, 가죽 등

23 고압가스 저장능력 산정기준에서 액화가스의 저장탱크 저장능력을 구하는 식은? (단, Q, W는 저장능력, P는 최고충전압력, V는 내용적, C는 가스 종류에 따른 정수, d는 가스의 비중이다.) **[안전 30]**

① $W=0.9dV$
② $Q=10PV$
③ $W=\dfrac{V}{C}$
④ $Q=(10P+1)V$

정답 19.④ 20.② 21.④ 22.③ 23.①

해설

저장능력 계산

압축가스	액화가스		
$Q=(10P+1)V$ 여기서, Q : 저장능력(m^3) P : 35℃의 F_P(MPa) V : 내용적(m^3)	용기	저장 탱크	소형 저장탱크
	$W=\frac{V}{C}$	$W=0.9dV$	$W=0.85dV$
	W : 저장능력(kg) d : 액비중(kg/L) V : 내용적(L) C : 충전상수		

24 도시가스 공급시설의 안전조작에 필요한 조명 등의 조도는 몇 럭스 이상이어야 하는가?

① 100　② 150
③ 200　④ 300

25 도시가스사업법에서 정한 특정가스 사용시설에 해당하지 않는 것은? **[안전 135]**

① 제1종 보호시설 내 월 사용예정량 1000m^3 이상인 가스사용시설
② 제2종 보호시설 내 월 사용예정량 2000m^3 이상인 가스사용시설
③ 월 사용예정량 2000m^3 이하인 가스사용시설 중 많은 사람이 이용하는 시설로 시·도지사가 지정하는 시설
④ 전기사업법, 에너지이용합리화법에 의한 가스사용시설

26 가연성 가스용 가스누출경보 및 자동차단장치의 경보농도 설정치의 기준은? **[안전 18]**

① ±5% 이하
② ±10% 이하
③ ±15% 이하
④ ±25% 이하

해설

가스누출경보 및 자동차단장치의 경보농도(KGS Fp 112) (2.6.2.1.3)

가스 종류	설정치 기준
독성	±30% 이하
가연성	±25% 이하

27 액화가스를 충전하는 탱크는 그 내부에 액면요동을 방지하기 위하여 무엇을 설치하여야 하는가? **[안전 62]**

① 방파판　② 안전밸브
③ 액면계　④ 긴급차단장치

28 고압가스 충전용 밸브를 가열할 때의 방법으로 가장 적당한 것은?

① 60℃ 이상의 더운 물을 사용한다.
② 열습포를 사용한다.
③ 가스버너를 사용한다.
④ 복사열을 사용한다.

해설

가열 방법 : 40℃ 이하 온수 및 열습포

29 일반 도시가스사업 정압기실에 설치되는 기계환기설비 중 배기구의 관경은 얼마 이상으로 하여야 하는가? **[안전 110]**

① 10cm　② 20cm
③ 30cm　④ 50cm

흡입구, 배기구 관경 100mm 이상

30 도시가스 공급시설을 제어하기 위한 기기를 설치한 계기실의 구조에 대한 설명으로 틀린 것은? **[안전 134]**

① 계기실의 구조는 내화구조로 한다.
② 내장재는 불연성 재료로 한다.
③ 창문은 망입(網入)유리 및 안전유리 등으로 한다.
④ 출입구는 1곳 이상에 설치하고 출입문은 방폭문으로 한다.

해설

도시가스 공급시설의 계기실의 구조(KSG Fp 451 28 41)

1. 계기실은 안전한 구조로 하고 출입문이나 창문은 내화성으로 한다.
2. 계기실의 구조는 내화구조로 한다.
3. 내장재는 불연성 재료로 한다. 다만, 바닥재료는 난연성 재료를 사용할 수 있다.
4. 출입구는 둘 이상의 장소에 설치하고 출입문은 방화문으로 하며 그 중 하나의 장소는 위험한 장소로 향하지 않도록 설치한다.
5. 창문은 망입유리 및 안전유리 등으로 한다.
6. 계기실의 출입문은 2중문으로 한다.

정답 24.② 25.④ 26.④ 27.① 28.② 29.① 30.④

31 가스미터의 설치장소로서 가장 부적당한 곳은?

① 통풍이 양호한 곳
② 전기공작물 주변의 직사광선이 비치는 곳
③ 가능한 한 배관의 길이가 짧고 꺾이지 않는 곳
④ 화기와 습기에서 멀리 떨어져 있고 청결하며 진동이 없는 곳

32 액주식 압력계에 사용되는 액체의 구비조건으로 틀린 것은? **[장치 11]**

① 화학적으로 안정되어야 한다.
② 모세관 현상이 없어야 한다.
③ 점도와 팽창계수가 작아야 한다.
④ 온도변화에 의한 밀도변화가 커야 한다.

④ 온도변화에 의한 밀도변화가 적어야 한다.

33 고압가스안전관리법령에 따라 고압가스 판매시설에서 갖추어야 할 계측설비가 바르게 짝지어진 것은?

① 압력계, 계량기
② 온도계, 계량기
③ 압력계, 온도계
④ 온도계, 가스분석계

34 사용압력이 2MPa, 관의 인장강도가 20kg/mm^{2}일 때의 스케줄 번호(Sch No)는? (단, 안전율은 4로 한다.) **[설비 40]**

① 10　② 20
③ 40　④ 80

$$\text{SCH} = 100 \times \frac{P}{S} = 100 \times \frac{2}{20 \times \left(\frac{1}{4}\right)} = 40$$

(스케줄 번호) : 관두께를 나타내며, 클수록 관이 두꺼움
P : 사용압력
S : 허용응력(인장강도×1/4)

• $\text{SCH} = 10 \times \frac{P}{S}$
P : kg/cm^2, S : kg/mm^2

• $\text{SCH} = 1000 \times \frac{P}{S}$
P : kg/mm^2, S : kg/mm^2

• $\text{SCH} = 100 \times \frac{P}{S}$
P : MPa, S : kg/mm^2

35 부취제 주입용기를 가스압으로 밸런스시켜 중력에 의해서 부취제를 가스흐름 중에 주입하는 방식은? **[안전 55]**

① 적하주입방식
② 펌프주입방식
③ 위크증발식 주입방식
④ 미터연결 바이패스 주입방식

부취제 주입설비

종 류		특 징
액체 주입식	펌프 주입 방식	소용량의 다이어프램 등에 의하여 부취제를 직접가스 중에 주입하는 방식. 규모가 큰 곳에 사용되며 부취제 농도를 항상 일정하게 유지할 수 있다.
	적하 주입 방식	부취제 주입용기를 가스압으로 밸런스시켜 중력에 의해 부취제를 가스흐름 중 떨어뜨린다.
	미터연결 바이패스 주입방식	오리피스 차압에 의해 바이패스 라인과 가스유량을 변화시켜 바이패스 라인에 설치된 가스미터에 연동하고 있는 부취제 첨가장치를 구동하여 부취제를 가스 중에 주입하는 방식
증발식	바이패스 증발식	부취제를 넣는 용기에 가스를 저유속으로 흐르면 가스는 부취제의 증발로 포화되면 오리피스에 의해 부취제 용기에서 흐르는 유량을 조절하면 부취제 포화가스가 가스라인으로 흘러 일정 비율로 부취할 수 있다.
	위크 증발식	아스베스토스심을 전달하여 부취제가 상승하고 이것에 가스가 접촉하는 데 부취제가 증발하여 부취가 된다.

정답 31.② 32.④ 33.① 34.③ 35.①

36 도시가스의 품질검사 시 가장 많이 사용되는 검사 방법은? **[안전 130]**

① 원자흡광광도법
② 가스 크로마토그래피법
③ 자외선, 적외선 흡수분광법
④ ICP법

37 도시가스시설 중 입상관에 대한 설명으로 틀린 것은?

① 입상관이 화기가 있을 가능성이 있는 주위를 통과하여 불연재료로 차단조치를 하였다.
② 입상관의 밸브는 분리가능한 것으로서 바닥으로부터 1.7m의 높이에 설치하였다.
③ 입상관의 밸브를 어린아이들이 장난을 못하도록 3m의 높이에 설치하였다.
④ 입상관의 밸브높이가 1m이어서 보호상자 안에 설치하였다.

해설
입상관의 설치위치 : 지면에서 1.6m 이상 2m 이내

38 배관 속을 흐르는 액체의 속도를 급격히 변화시키면 물이 관벽을 치는 현상이 일어나는 데 이런 현상을 무엇이라 하는가?

① 캐비테이션 현상 ② 워터해머링 현상
③ 서징 현상 ④ 맥동 현상

39 연소기의 설치 방법으로 틀린 것은?

① 환기가 잘 되지 않은 곳에는 가스온수기를 설치하지 아니 한다.
② 밀폐형 연소기는 급기구 및 배기통을 설치하여야 한다.
③ 배기통의 재료는 불연성 재료로 한다.
④ 개방형 연소기가 설치된 실내에는 환풍기를 설치한다.

해설
연소기별 설치기구(KGS Fp 551) (2.7.3)

연소기 종류	설치기구
개방형 연소기	환풍기, 환기구
반밀폐형 연소기	급기구, 배기통

40 오리피스미터 특징의 설명으로 옳은 것은?

① 압력손실이 매우 작다.
② 침전물이 관벽에 부착되지 않는다.
③ 내구성이 좋다.
④ 제작이 간단하고 교환이 쉽다.

41 압력조정기의 종류에 따른 조정압력이 틀린 것은? **[안전 73]**

① 1단 감압식 저압조정기 : 2.3~3.3kPa
② 1단 감압식 준저압조정기 : 5~30kPa 이내에서 제조자가 설정한 기준압력의 ±20%
③ 2단 감압식 2차용 저압조정기 : 2.3~3.3kPa
④ 자동절체식 일체형 저압조정기 : 2.3~3.3kPa

해설
압력조정기의 종류에 따른 입구압력, 조정압력 범위 (KGS AA 434) (1.7)

<table>
<tr><th>종 류</th><th colspan="2">입구압력(MPa)</th><th>조정압력(kPa)</th></tr>
<tr><td>1단 감압식 저압조정기</td><td colspan="2">0.07~1.56</td><td>2.3~3.3</td></tr>
<tr><td>1단 감압식 준저압 조정기</td><td colspan="2">0.1~1.56</td><td>5.0~30.0 내에서 제조자가 설정한 기준압력의 ±20%</td></tr>
<tr><td rowspan="2">2단 감압식 1차용 조정기</td><td>용량 100kg/h 이하</td><td>0.1~1.56</td><td rowspan="2">57.0~83.0</td></tr>
<tr><td>용량 100kg/h 초과</td><td>0.3~1.56</td></tr>
<tr><td>2단 감압식 2차용 조정기</td><td colspan="2">0.01~0.1 또는 0.025~0.1</td><td>2.30~3.30</td></tr>
<tr><td>자동절체식 일체형 저압조정기</td><td colspan="2">0.1~1.56</td><td>2.55~3.30</td></tr>
<tr><td>자동절체식 일체형 준저압 조정기</td><td colspan="2">0.1~1.56</td><td>5.0~30.0 내에서 제조자가 설정한 기준압력의 ±20%</td></tr>
<tr><td>그 밖의 압력조정기</td><td colspan="2">조정압력 이상 ~1.56</td><td>5kPa를 초과하는 압력 범위에서 상기 압력 조정기 종류에 따른 조정압력에 해당하지 않는 것에 한하며 제조사가 설정한 기준압력의 ±20%일 것</td></tr>
</table>

정답 36.② 37.③ 38.② 39.② 40.④ 41.④

42 용기의 내용적이 105L인 액화암모니아 용기에 충전할 수 있는 가스의 충전량은 약 몇 [kg]인가? (단, 액화암모니아의 가스정수 C값은 1.86이다.)

① 20.5 ② 45.5
③ 56.5 ④ 117.5

$W = \frac{V}{C} = \frac{105}{1.86} = 56.5\text{kg}$

43 증기압축식 냉동기에서 냉매가 순환되는 경로로 옳은 것은? **[장치 20]**

① 압축기 → 증발기 → 응축기 → 팽창밸브
② 증발기 → 응축기 → 압축기 → 팽창밸브
③ 증발기 → 팽창밸브 → 응축기 → 압축기
④ 압축기 → 응축기 → 팽창밸브 → 증발기

㉠ 증기압축식 냉동기
압축기 – 응축기 – 팽창밸브 – 증발기
㉡ 흡수식 냉동기
흡수기 – 발생기(재생기) – 응축기 – 증발기

44 도시가스 정압기에 사용되는 정압기용 필터의 제조기술 기준으로 옳은 것은?

① 내가스 성능시험의 질량변화율은 5~8%이다.
② 입 · 출구 연결부는 플랜지식으로 한다.
③ 기밀시험은 최고사용압력 1.25배 이상의 수압으로 실시한다.
④ 내압시험은 최고사용압력 2배의 공기압으로 실시한다.

정압기용 필터 제조기술 기준(KGS AA 433)
㉠ 내가스 성능시험의 질량변화율 : −8~53% 이내
㉡ 기밀시험 : 최고사용압력의 1.1배 이상의 공기압에서 1분간 누출이 없어야 한다.
㉢ 내압성능 : 최고사용압력의 1.5배 수압으로 1분간 유지 시 이상이 없어야 한다.

45 구조가 간단하고 고압 · 고온 밀폐탱크의 압력까지 측정이 가능하여 가장 널리 사용되는 액면계는?

① 크린카식 액면계 ② 벨로스식 액면계
③ 차압식 액면계 ④ 부자식 액면계

46 주기율표의 0족에 속하는 불활성 가스의 성질이 아닌 것은?

① 상온에서 기체이며, 단원자 분자이다.
② 다른 원소와 잘 화합한다.
③ 상온에서 무색, 무미, 무취의 기체이다.
④ 방전관에 넣어 방전시키면 특유의 색을 낸다.

47 LPG 1L가 기화해서 약 250L의 가스가 된다면 10kg의 액화 LPG가 기화하면 가스 체적은 얼마나 되는가? (단, 액화 LPG의 비중은 0.5이다.)

① 1.25m^3 ② 5.0m^3
③ 10.1m^3 ④ 25m^3

$10\text{kg} \div 0.5\text{kg/L} = 20\text{L}$
$\therefore 20 \times 250 = 5000\text{L} = 5\text{m}^3$

48 공급가스인 천연가스 비중이 0.6이라할 때 45m 높이의 아파트 옥상까지 압력손실은 약 몇 [mmH_2O]인가?

① 18.0 ② 23.3
③ 34.9 ④ 27.0

$p = 1.293(1-S)h = 1.293(1-0.6) \times 45 = 23.274\text{mmH}_2\text{O}$

49 시안화수소 충전에 대한 설명 중 틀린 것은?

① 용기에 충전하는 시안화수소는 순도가 98% 이상이어야 한다.
② 시안화수소를 충전한 용기는 충전 후 24시간 이상 정치한다.
③ 시안화수소는 충전 후 30일이 경과되기 전에 다른 용기에 옮겨 충전하여야 한다.
④ 시안화수소 충전용기는 1일 1회 이상 질산구리, 벤젠 등의 시험지로 가스누출검사를 한다.

③ 충전 후 60일이 경과되기 전에 다른 용기에 옮겨 충전하여야 한다.

정답 42.③ 43.④ 44.② 45.④ 46.② 47.② 48.② 49.③

50 다음 중 절대압력을 정하는 데 기준이 되는 것은? **[설비 2]**

① 게이지압력 ② 국소 대기압
③ 완전진공 ④ 표준 대기압

압력의 종류	기준이 되는 압력
절대압력	완전진공
게이지압력	대기압력
진공압력	대기압력보다 낮은 부압 (−)의 의미를 가진 압력

51 일산화탄소 전화법에 의해 얻고자 하는 가스는?

① 암모니아
② 일산화탄소
③ 수소
④ 수성 가스

일산화탄소 전화법
$CO + H_2O \rightarrow CO_2 + H_2$

52 도시가스는 무색, 무취이기 때문에 누출 시 중독 및 사고를 미연에 방지하기 위하여 부취제를 첨가하는 데, 그 첨가 비율의 용량이 얼마의 상태에서 냄새를 감지할 수 있어야 하는가? **[안전 55]**

① 0.1% ② 0.01%
③ 0.2% ④ 0.02%

$\frac{1}{1000}$ 상태=0.1%

53 절대영도로 표시한 것 중 가장 거리가 먼 것은?

① −273.15℃
② 0K
③ 0°R
④ 0°F

0K=−273.15℃=0°R

54 염소(Cl_2)에 대한 설명으로 틀린 것은?

① 황록색의 기체로 조연성이 있다.
② 강한 자극성의 취기가 있는 독성 기체이다.
③ 수소와 염소의 등량 혼합기체를 염소폭명기라 한다.
④ 건조 상태의 상온에서 강재에 대하여 부식성을 갖는다.

염소 : 습기가 있는 상태에서 현저한 부식성을 가지고 습기가 없으면 부식성이 없음

55 '효율이 100%인 열기관은 제작이 불가능하다.'라고 표현되는 법칙은? **[설비 27]**

① 열역학 제0법칙
② 열역학 제1법칙
③ 열역학 제2법칙
④ 열역학 제3법칙

56 순수한 물의 증발잠열은?

① 539kcal/kg
② 79.68kcal/kg
③ 539cal/kg
④ 79.68cal/kg

57 게이지압력 1520mmHg는 절대압력으로 몇 기압인가?

① 0.33atm
② 3atm
③ 30atm
④ 33atm

절대압력=대기압력+게이지압력
=760+1520=2280mmHg
$\therefore \frac{2280}{760} = 3\text{atm}$

58 압력단위를 나타낸 것은?

① kg/cm^2 ② kL/m^2
③ $kcal/mm^2$ ④ kV/km^2

정답 50.③ 51.③ 52.① 53.④ 54.④ 55.③ 56.① 57.② 58.①

59 A의 분자량은 B의 분자량의 2배이다. A와 B의 확산속도의 비는?

① $\sqrt{2}$: 1　② 4 : 1
③ 1 : 4　④ 1 : $\sqrt{2}$

$\frac{u_A}{u_B} = \sqrt{\frac{1}{2}}$ 이므로

$u_A : u_B = 1 : \sqrt{2}$

∴ 확산속도는 분자량의 제곱근에 반비례한다.

60 부탄(C_4H_{10}) 가스의 비중은?

① 0.55
② 0.9
③ 1.5
④ 2

해설

$C_4H_{10} = 58g$ 이므로

∴ $\frac{58}{29} = 2$

정답 59.④ 60.④

국가기술자격 필기시험문제

2015년 기능사 제1회 필기시험(1부) (2015년 1월 시행)

자격종목	시험시간	문제수	문제형별
가스기능사	**1시간**	**60**	**A**

수험번호		성 명	

01 도시가스의 매설 배관에 설치하는 보호판은 누출가스가 지면으로 확산되도록 구멍을 뚫는데 그 간격의 기준으로 옳은 것은? **[안전 8]**

① 1m 이하 간격
② 2m 이하 간격
③ 3m 이하 간격
④ 5m 이하 간격

02 처리능력이 1일 35000m^3인 산소 처리설비로 전용 공업지역이 아닌 지역일 경우 처리설비 외면과 사업소 밖에 있는 병원과는 몇 [m] 이상 안전거리를 유지하여야 하는가? **[안전 7]**

① 16m ② 17m
③ 18m ④ 20m

해설

산소와 보호시설의 안전거리

처리 및 저장능력	1종	2종
1만 이하	12m	8m
1만 초과 2만 이하	14m	9m
2만 초과 3만 이하	16m	11m
3만 초과 4만 이하	18m	13m
4만 초과	20m	14m

• 병원 : 1종 보호시설

03 도시가스사업자는 굴착공사 정보지원센터로부터 굴착계획의 통보 내용을 통지받은 때에는 얼마 이내에 매설된 배관이 있는지를 확인하고 그 결과를 굴착공사 정보지원센터에 통지하여야 하는가?

① 24시간 ② 36시간
③ 48시간 ④ 60시간

04 공기 중에서 폭발범위가 가장 좁은 것은?

① 메탄 ② 프로판
③ 수소 ④ 아세틸렌

폭발범위

가스명	폭발범위(%)
CH_4	5~15
C_3H_8	2.1~9.5
H_2	4~75
C_2H_2	2.5~81

05 용기에 의한 액화석유가스 저장소에서 실외 저장소 주위의 경계울타리와 용기보관장소 사이에는 얼마 이상의 거리를 유지하여야 하는가?

① 2m ② 8m
③ 15m ④ 20m

06 다음 중 고압가스 특정 제조허가의 대상이 아닌 것은? **[안전 139]**

① 석유정제시설에서 고압가스를 제조하는 것으로서 그 저장능력이 100톤 이상인 것
② 석유화학공업시설에서 고압가스를 제조하는 것으로서 그 처리능력이 1만세제곱미터 이상인 것
③ 철강공업시설에서 고압가스를 제조하는 것으로서 그 처리능력이 1만세제곱미터 이상인 것
④ 비료 제조시설에서 고압가스를 제조하는 것으로서 그 저장능력이 100톤 이상인 것

정답 01.③ 02.③ 03.① 04.② 05.④ 06.③

07 가연성 가스의 제조설비 중 전기설비를 방폭 성능을 가지는 구조로 갖추지 아니하여도 되는 가스는?

① 암모니아 ② 염화메탄
③ 아크릴알데히드 ④ 산화에틸렌

해설
방폭구조 시공 가스
모든 가연성 가스(단, NH_3, CH_3Br 제외)

08 가스도매사업 제조소의 배관장치에 설치하는 경보장치가 울려야 하는 시기의 기준으로 잘못된 것은? **[안전 40]**

① 배관 안의 압력이 상용압력의 1.05배를 초과한 때
② 배관 안의 압력이 정상운전 때의 압력보다 15% 이상 강하한 경우 이를 검지한 때
③ 긴급차단밸브의 조작회로가 고장난 때 또는 긴급차단밸브가 폐쇄된 때
④ 상용압력이 5MPa 이상인 경우에는 상용압력에 0.5MPa를 더한 압력을 초과한 때

경보장치
사용압력 4MPa 이상 시 0.2MPa를 더한 압력이므로
∴ 5+0.2=5.2MPa

09 다음 중 상온에서 가스를 압축, 액화상태로 용기에 충전시키기가 가장 어려운 가스는?

① C_3H_8 ② CH_4
③ Cl_2 ④ CO_2

해설

가스 종류	해당 가스
압축가스	H_2, O_2, N_2, CO, CH_4, Ar
액화가스	C_3H_8, C_4H_{10}, Cl_2, NH_3

압축하여 액화상태로 충전 : 액화가스를 의미

10 일반 도시가스사업의 가스공급시설 기준에서 배관을 지상에 설치할 경우 가스 배관의 표면 색상은? **[안전 147]**

① 흑색 ② 청색
③ 적색 ④ 황색

11 가스도매사업의 가스공급시설 중 배관을 지하에 매설할 때의 기준으로 틀린 것은 어느 것인가? **[안전 140]**

① 배관은 그 외면으로부터 수평거리로 건축물까지 1.0m 이상을 유지한다.
② 배관은 그 외면으로부터 지하의 다른 시설물과 0.3m 이상의 거리를 유지한다.
③ 배관을 산과 들에 매설할 때는 지표면으로부터 배관의 외면까지의 매설깊이를 1m 이상으로 한다.
④ 배관은 지반 동결로 손상을 받지 아니하는 깊이로 매설한다.

① 건축물까지 1.5m 이상 유지

12 운반책임자를 동승시키지 않고 운반하는 액화석유가스용 차량에서 고정된 탱크에 설치하여야 하는 장치는?

① 살수장치 ② 누설방지장치
③ 폭발방지장치 ④ 누설경보장치

13 수소의 특징에 대한 설명으로 옳은 것은?

① 조연성 기체이다.
② 폭발범위가 넓다.
③ 가스의 비중이 커서 확산이 느리다.
④ 저온에서 탄소와 수소취성을 일으킨다.

① 가연성
③ 비중이 적어 확산이 빠르다.
④ 고온 · 고압에서 수소취성을 일으킨다.

14 다음 중 제1종 보호시설이 아닌 것은 어느 것인가? **[안전 64]**

① 가설건축물이 아닌 사람을 수용하는 건축물로서 사실상 독립된 부분의 연면적이 $1500m^2$인 건축물
② 문화재보호법에 의하여 지정문화재로 지정된 건축물
③ 수용 능력이 100인(人) 이상인 공연장
④ 어린이집 및 어린이놀이시설

정답 07.① 08.④ 09.② 10.④ 11.① 12.③ 13.② 14.③

예식장, 장례식장 및 전시장 그 밖에 이와 유사한 시설로 300인 이상 수용할 수 있는 건축물(공연장은 그 밖에 유사한 시설에 해당, 300인 이상이 제1종 보호시설임)

15 가연성 가스와 동일차량에 적재하여 운반할 경우 충전용기의 밸브가 서로 마주보지 않도록 적재해야 할 가스는?

① 수소
② 산소
③ 질소
④ 아르곤

16 천연가스의 발열량이 10400kcal/Sm^3이다. SI 단위인 [MJ/Sm^3]으로 나타내면?

① 2.47 ② 43.68
③ 2476 ④ 43680

1cal=4.2J

1kcal=4.2kJ=4.2×10^{-3}MJ이므로

$\therefore$ 10400kcal/Sm^3=$10400\times4.2\times10^{-3}$MJ/$Sm^3$
=43.68MJ/Sm^3

17 다음 중 연소의 3요소가 아닌 것은?

① 가연물
② 산소공급원
③ 점화원
④ 인화점

18 다음 중 허가대상 가스용품이 아닌 것은 어느 것인가? **[안전 141]**

① 용접절단기용으로 사용되는 LPG 압력조정기
② 가스용 폴리에틸렌 플러그형 밸브
③ 가스소비량이 132.6kW인 연료전지
④ 도시가스 정압기에 내장된 필터

19 가연성 가스 충전용기 보관실의 벽 재료의 기준은?

① 불연재료
② 난연재료
③ 가벼운 재료
④ 불연 또는 난연 재료

해설

가연성 충전용기 보관실
㉠ 벽 : 불연재료
㉡ 천장 : 가벼운 불연성 또는 난연성 재료

20 고압가스안전관리법상 독성 가스는 공기 중에 일정량 이상 존재하는 경우 인체에 유해한 독성을 가진 가스로서 허용농도(해당 가스를 성숙한 흰쥐 집단에게 대기 중에서 1시간 동안 계속하여 노출시킨 경우 14일 이내에 그 흰쥐의 2분의 1 이상이 죽게 되는 가스의 농도를 말한다.)가 얼마인 것을 말하는가?

① 100만분의 2000 이하
② 100만분의 3000 이하
③ 100만분의 4000 이하
④ 100만분의 5000 이하

21 고압가스 저장의 시설에서 가연성 가스 시설에 설치하는 유동방지 시설의 기준은? **[15-5]**

① 높이 2m 이상의 내화성 벽으로 한다.
② 높이 1.5m 이상의 내화성 벽으로 한다.
③ 높이 2m 이상의 불연성 벽으로 한다.
④ 높이 1.5m 이상의 불연성 벽으로 한다.

22 다음 중 고압가스 용기 재료의 구비조건이 아닌 것은?

① 내식성, 내마모성을 가질 것
② 무겁고 충분한 강도를 가질 것
③ 용접성이 좋고 가공 중 결함이 생기지 않을 것
④ 저온 및 사용온도에 견디는 연성과 점성강도를 가질 것

② 가볍고 충분한 강도를 가질 것

정답 15.② 16.② 17.④ 18.④ 19.① 20.④ 21.① 22.②

23 LPG 충전소에는 시설의 안전확보상 "충전 중 엔진정지"를 주위의 보기 쉬운 곳에 설치해야 한다. 이 표지판의 바탕색과 문자색은? **[안전 5]**

① 흑색바탕에 백색 글씨
② 흑색바탕에 황색 글씨
③ 백색바탕에 흑색 글씨
④ 황색바탕에 흑색 글씨

LPG 충전소
㉠ 황색바탕에 흑색 글씨 : 충전 중 엔진정지
㉡ 백색바탕에 붉은 글씨 : 화기엄금

24 도시가스 배관의 지름이 15mm인 배관에 대한 고정장치의 설치 간격은 몇 [m] 이내마다 설치하여야 하는가? **[안전 71]**

① 1 ② 2
③ 3 ④ 4

배관의 고정장치
13mm 이상 33mm 미만 : 2m 마다

25 가스 운반 시 차량 비치 항목이 아닌 것은?

① 가스 표시 색상
② 가스 특성(온도와 압력과의 관계, 비중, 색깔 냄새)
③ 인체에 대한 독성 유무
④ 화재, 폭발의 위험성 유무

26 다음 중 고압가스 판매자가 실시하는 용기의 안전점검 및 유지관리의 기준으로 틀린 것은?

① 용기 아래부분의 부식상태를 확인할 것
② 완성검사 도래 여부를 확인할 것
③ 밸브의 그랜드너트가 고정핀으로 이탈 방지를 위한 조치가 되어 있는지의 여부를 확인할 것
④ 용기 캡이 씌워져 있거나 프로텍터가 부착되어 있는지의 여부를 확인할 것

② 재검사 도래 여부를 확인할 것

27 독성 가스인 암모니아의 저장탱크에는 그 가스의 용량이 그 저장탱크 내용적의 몇 [%]를 초과하지 않아야 하는가? **[안전 13]**

① 80%
② 85%
③ 90%
④ 95%

28 다음 중 액화암모니아 10kg을 기화시키면 표준상태에서 약 몇 [m³]의 기체로 되는가?

① 80
② 5
③ 13
④ 26

해설

NH_3의 분자량은 17g이므로

$17\text{kg} : 22.4\text{m}^3$

$10\text{kg} : x(\text{m}^3)$

$$\therefore x = \frac{10 \times 22.4}{17} = 13.176 = 13.18\text{m}^3$$

29 용기에 의한 고압가스 판매시설의 충전용기 보관실 기준으로 옳지 않은 것은?

① 가연성 가스 충전용기 보관실은 불연성 재료나 난연성의 재료를 사용한 가벼운 지붕을 설치한다.
② 공기보다 무거운 가연성 가스의 용기 보관실에는 가스누출 검지경보장치를 설치한다.
③ 충전용기 보관실은 가연성 가스가 새어나오지 못하도록 밀폐구조로 한다.
④ 용기보관실의 주변에는 화기 또는 인화성 물질이나 발화성 물질을 두지 않는다.

③ 가연성 가스 충전용기 보관실은 통풍이 양호한 구조로 한다.

정답 23.④ 24.② 25.① 26.② 27.③ 28.③ 29.③

30 도시가스 배관의 용어에 대한 설명으로 틀린 것은? **[안전 143]**

① 배관이란 본관, 공급관, 내관 또는 그 밖의 관을 말한다.
② 본관이란 도시가스 제조사업소의 부지경계에서 정압기까지 이르는 배관을 말한다.
③ 사용자 공급관이란 공급관 중 정압기에서 가스사용자가 구분하여 소유하는 건축물의 외벽에 설치된 계량기까지 이르는 배관을 말한다.
④ 내관이란 가스사용자가 소유하거나 점유하고 있는 토지의 경계에서 연소기까지 이르는 배관을 말한다.

사용자 공급관 : 가스사용자가 소유하거나 점유하고 있는 토지의 경계에서 가스사용자가 구분하여 소유하거나 점유하는 건축물의 외벽에 설치된 계량기의 전단밸브(계량기가 건축물 내부에 설치된 경우에는 건축물의 외벽)까지 이르는 배관

31 측정압력이 0.01~10kg/cm^2 정도이고, 오차가 ±1~2% 정도이며 유체 내의 먼지 등의 영향이 적으나, 압력변동에 적응하기 어렵고 주위온도 차에 의한 충분한 주의를 요하는 압력계는?

① 전기저항 압력계
② 벨로스(Bellows) 압력계
③ 부르동(bourdon)관 압력계
④ 피스톤 압력계

32 1단 감압식 저압조정기의 조정압력(출구압력)은? **[안전 73]**

① 2.3~3.3kPa ② 5~30kPa
③ 32~83kPa ④ 57~83kPa

33 초저온 저장탱크에 주로 사용되며, 차압에 의하여 측정하는 액면계는?

① 시창식 ② 햄프슨식
③ 부자식 ④ 회전 튜브식

34 분말진공 단열법에서 충진용 분말로 사용되지 않는 것은?

① 탄화규소
② 펄라이트
③ 규조토
④ 알루미늄 분말

35 압축기에서 다단 압축을 하는 목적으로 틀린 것은? **[설비 11]**

① 소요일량의 감소
② 이용효율의 증대
③ 힘의 평형 향상
④ 토출온도 상승

④ 온도 상승을 방지한다.

36 1000L의 액산탱크에 액산을 넣어 방출밸브를 개방하여 12시간 방치하였더니 탱크 내의 액산이 4.8kg 방출되었다면 1시간당 탱크에 침입하는 열량은 약 몇 [kcal]인가? (단, 액산의 증발잠열은 60kcal/kg이다.)

① 12 ② 24
③ 70 ④ 150

해설

12h : 4.8kg×60kcal/kg
1hr : x
$\therefore x=\frac{1\times4.8\times60}{12}=24\text{kcal}$

37 도시가스용 압력조정기에 대한 설명으로 옳은 것은?

① 유량성능은 제조자가 제시한 설정압력의 ±10% 이내로 한다.
② 합격표시는 바깥지름이 5mm의 "K"자 각인을 한다.
③ 입구측 연결배관 관경은 50A 이상의 배관에 연결되어 사용되는 조정기이다.
④ 최대표시유량 300Nm^3/h 이상인 사용처에 사용되는 조정기이다.

정답 30.③ 31.② 32.① 33.② 34.① 35.④ 36.② 37.②

해설
도시가스용 압력조정기 제조의 시설 · 기술검사 기준 (KGS AA 431)

1. 도시가스용 압력조정기란 도시가스 정압기 이외에 설치되는 압력조정기로 호칭지름이 50A 이하 최대표시유량이 $300Nm^3/h$ 이하인 것
2. 유량성능에서 도시가스 압력조정기 유량시험은 조절 스프링을 고정하고 표시된 입구압력 범위 안에서 최대표시유량을 통과시킬 경우 출구압력은 제조자가 제시한 설정압력의 ±20% 이내로 한다.
3. 도시가스용 압력조정기는 바깥지름 5mm의 "K"자 각인 정압기용 압력조정기는 바깥지름 10mm의 "K"자 각인
4. 입구측에는 황동 선망이나 스테인리스강 선망 등을 사용한 스트레나를 부착(조립)할 수 있는 구조로 한다.(최대표시유량이 $300Nm^3/h$ 이하인 것에 적용)
5. 출구압력이 이상 상승 시 자동으로 가스를 방출시킬 수 있는 릴리프식 안전장치와 입구측 가스흐름을 차단시키는 이상승압 차단장치를 부착한 구조로 한다.

38 오리피스 유량계는 다음 중 어떤 형식의 유량계인가?

① 차압식
② 면적식
③ 용적식
④ 터빈식

39 질소를 취급하는 금속재료에서 내질화성을 증대시키는 원소는?

① Ni ② Al
③ Cr ④ Ti

40 다음 각 가스에 의한 부식 현상 중 틀린 것은?

① 암모니아에 의한 강의 질화
② 황화수소에 의한 철의 부식
③ 일산화탄소에 의한 금속의 카르보닐화
④ 수소원자에 의한 강의 탈수소화

수소원자에 의한 강의 탈탄(탈탄소화)
$Fe_3C + 2H_2 \rightarrow CH_4 + 3Fe$

41 다음 중 아세틸렌과 치환반응을 하지 않는 것은?

① Cu ② Ag
③ Hg ④ Ar

- $2Cu + C_2H_2 \rightarrow Cu_2C_2 + H_2$
- $2Ag + C_2H_2 \rightarrow Ag_2C_2 + H_2$
- $2Hg + C_2H_2 \rightarrow Hg_2C_2 + H_2$

42 비점이 점차 낮은 냉매를 사용하여 저비점의 기체를 액화하는 사이클은? **[장치 24]**

① 클라우드 액화 사이클
② 플립스 액화 사이클
③ 캐스케이드 액화 사이클
④ 캐피자 액화 사이클

43 유체가 5m/s의 속도로 흐를 때 이 유체의 속도수두는 약 몇 [m]인가? (단, 중력가속도는 $9.8m/s^2$이다.)

① 0.98 ② 1.28
③ 12.2 ④ 14.1

속도수두 $= \dfrac{V^2}{2g} = \dfrac{5^2}{2 \times 9.8} = 1.275 = 1.28m$

44 빙점 이하의 낮은 온도에서 사용되며 LPG 탱크, 저온에도 인성이 감소되지 않는 화학 공업 배관 등에 주로 사용되는 관의 종류는? **[안전 136]**

① SPLT ② SPHT
③ SPPH ④ SPPS

해설
① 저온배관용 탄소강관
② 고온배관용 탄소강관
③ 고압배관용 탄소강관
④ 압력배관용 탄소강관

45 고압가스용 이음매 없는 용기에서 내력비란?

① 내력과 압궤강도의 비를 말한다.
② 내력과 파열강도의 비를 말한다.
③ 내력과 압축강도의 비를 말한다.
④ 내력과 인장강도의 비를 말한다.

정답 38.① 39.① 40.④ 41.④ 42.③ 43.② 44.① 45.④

46 섭씨온도로 측정할 때 상승된 온도가 5℃이었다. 이 때 화씨온도로 측정하면 상승온도는 몇 도인가?

① 7.5 ② 8.3
③ 9.0 ④ 41

해설
상승온도 5℃ : 5×1.8=9°F
주의 섭씨온도 5℃를 화씨온도로 계산할 때에는 °F=℃×1.8+32=5×1.8+32=41℃이다.
※ 상승한 만큼의 화씨온도는 ℃×1.8=°F임.

47 어떤 물질의 고유의 양으로 측정하는 장소에 따라 변함이 없는 물리량은?

① 질량 ② 중량
③ 부피 ④ 밀도

해설
㉠ 중량(kgf) : 물체가 가지는 무게
㉡ 비열(kcal/kg℃) : 단위중량당 열량을 섭씨온도로 나눈 값 또는 어떤 물질 1kg을 1℃ 높이는데 필요한 열량

48 하버-보시법으로 암모니아 44g을 제조하려면 표준상태에서 수소는 약 몇 [L]가 필요한가?

① 22 ② 44
③ 87 ④ 100

$N_2+3H_2 \rightarrow 2NH_3$
3×22.4L : 34g
x(L) : 44g
$\therefore x=\dfrac{3\times22.4\times44}{34}=86.96=87\text{L}$

49 기체연료의 연소 특성으로 틀린 것은?

① 소형의 버너도 매연이 적고, 완전연소가 가능하다.
② 하나의 연료공급원으로부터 다수의 연소로와 버너에 쉽게 공급된다.
③ 미세한 연소조정이 어렵다.
④ 연소율의 가변범위가 넓다.

50 비중이 13.6인 수은은 76cm의 높이를 갖는다. 비중이 0.5인 알코올로 환산하면 그 수주는 몇 [m]인가?

① 20.67 ② 15.2
③ 13.6 ④ 5

해설
$S_1h_1=S_2h_2$ 이므로
$\therefore h_2=\dfrac{S_1h_1}{S_2}=\dfrac{13.6\times76}{0.5}$
$=2067.2\text{cm}=20.67\text{m}$

51 SNG에 대한 설명으로 가장 적당한 것은 어느 것인가?

① 액화석유가스
② 액화천연가스
③ 정유가스
④ 대체천연가스

① LPG
② LNG
③ Off Gas

52 액체는 무색투명하고, 특유의 복숭아 향을 가진 맹독성 가스는?

① 일산화탄소 ② 포스겐
③ 시안화수소 ④ 메탄

53 단위체적당 물체의 질량은 무엇을 나타내는 것인가?

① 중량 ② 비열
③ 비체적 ④ 밀도

해설
㉠ 비체적(m^3/kg) : 단위질량당 체적 또는 단위중량당 체적
㉡ 밀도(kg/m^3) : 단위체적당 질량

54 다음 중 지연성 가스로만 구성되어 있는 것은?

① 일산화탄소, 수소
② 질소, 아르곤
③ 산소, 이산화질소
④ 석탄가스, 수성 가스

해설
지연성 가스 : O_2, NO_2, O_3, 공기, Cl_2

정답 46.③ 47.① 48.③ 49.③ 50.① 51.④ 52.③ 53.④ 54.③

55 메탄가스의 특성에 대한 설명으로 틀린 것은?

① 메탄은 프로판에 비해 연소에 필요한 산소량이 많다.
② 폭발하한 농도가 프로판보다 높다.
③ 무색, 무취이다.
④ 폭발상한 농도가 부탄보다 높다.

• $CH_4+2O_2 \rightarrow CO_2+2H_2O$
• $C_3H_8+5O_2 \rightarrow 3CO_2+4H_2O$
연소에 필요한 산소량이 적다.

56 암모니아의 성질에 대한 설명으로 옳지 않은 것은?

① 가스일 때 공기보다 무겁다.
② 물에 잘 녹는다.
③ 구리에 대하여 부식성이 강하다.
④ 자극성 냄새가 있다.

NH_3는 분자량 17g으로 공기보다 가볍다.

57 수소에 대한 설명으로 틀린 것은?

① 상온에서 자극성을 가지는 가연성 기체이다.
② 폭발범위는 공기 중에서 약 4~75%이다.
③ 염소와 반응하여 폭명기를 형성한다.
④ 고온 · 고압에서 강재 중 탄소와 반응하여 수소취성을 일으킨다.

수소는 무색 · 무취의 가연성 가스이다.

58 다음 중 표준상태에서 가스상 탄화수소의 점도가 가장 높은 가스는?

① 에탄 ② 메탄
③ 부탄 ④ 프로판

분자량이 적고 비등점이 낮을수록 점도가 높다.

59 도시가스의 원료인 메탄가스를 완전연소시켰다. 이 때 어떤 가스가 주로 발생되는가?

① 부탄 ② 암모니아
③ 콜타르 ④ 이산화탄소

$CH_4+2O_2 \rightarrow CO_2+2H_2O$

60 표준대기압 하에서 물 1kg의 온도를 1℃ 올리는 데 필요한 열량은 얼마인가?

① 0kcal
② 1kcal
③ 80kcal
④ 539kcal/kg℃

정답 55.① 56.① 57.① 58.② 59.④ 60.②

국가기술자격 필기시험문제

2015년 기능사 제2회 필기시험(1부) (2015년 4월 시행)

자격종목	시험시간	문제수	문제형별
가스기능사	1시간	60	A

수험번호		성 명	

01 액화석유가스의 안전관리 및 사업법에서 정한 용어에 대한 설명으로 틀린 것은 어느 것인가?

① 저장설비란 액화석유가스를 저장하기 위한 설비로서 각종 저장탱크 및 용기를 말한다.
② 저장탱크란 액화석유가스를 저장하기 위하여 지상 또는 지하에 고정 설치된 탱크로서 그 저장능력이 3톤 이상인 탱크를 말한다.
③ 용기집합설비란 2개 이상의 용기를 집합하여 액화석유가스를 저장하기 위한 설비를 말한다.
④ 충전용기란 액화석유가스 충전질량의 90% 이상이 충전되어 있는 상태의 용기를 말한다.

㉠ 충전용기 : 충전질량 50% 이상 충전되어 있는 용기
㉡ 잔가스용기 : 충전질량 50% 미만 충전되어 있는 용기

02 다음 중 방호벽을 설치하지 않아도 되는 곳은? **[안전 57]**

① 아세틸렌가스 압축기와 충전장소 사이
② 판매소의 용기 보관실
③ 고압가스 저장설비와 사업소 안 보호시설과의 사이
④ 아세틸렌가스 발생장치와 해당 가스 충전용기 보관장소의 사이

03 공기와 혼합된 가스의 압력이 높아지면 폭발범위가 좁아지는 가스는?

① 메탄
② 프로판
③ 일산화탄소
④ 아세틸렌

㉠ 모든 가연성 가스는 압력을 올리면 폭발범위가 넓어진다.
㉡ CO는 압력을 올리면 폭발범위가 좁아진다.
㉢ H_2는 압력을 올리면 폭발범위가 좁아지다가 계속 압력을 올리면 폭발범위가 다시 넓어진다.

04 천연가스 지하매설 배관의 퍼지용으로 주로 사용되는 가스는?

① N_2
② Cl_2
③ H_2
④ O_2

치환용(퍼지용) 가스
N_2, CO_2, He 등

05 산소압축기의 내부 윤활유제로 주로 사용되는 것은? **[설비 10]**

① 석유
② 물
③ 유지
④ 황산

정답 01.④ 02.④ 03.③ 04.① 05.②

06 지하에 매설된 도시가스 배관의 전기방식 기준으로 틀린 것은? **[안전 42]**

① 전기방식전류가 흐르는 상태에서 토양 중에 있는 배관 등의 방식전위 상한값은 포화황산동 기준전극으로 −0.85V 이하일 것
② 전기방식전류가 흐르는 상태에서 자연전위와의 전위변화가 최소한 −300mV 이하일 것
③ 배관에 대한 전위측정은 가능한 배관 가까운 위치에서 실시할 것
④ 전기방식시설의 관 대지전위 등을 2년에 1회 이상 점검할 것

07 충전용기 등을 적재한 차량의 운반 개시 전 용기 적재상태의 점검내용이 아닌 것은?

① 차량의 적재중량 확인
② 용기 고정상태 확인
③ 용기 보호캡의 부착유무 확인
④ 운반계획서 확인

08 도시가스 사용시설에서 안전을 확보하기 위하여 최고사용압력의 1.1배 또는 얼마의 압력 중 높은 압력으로 실시하는 기밀시험에 이상이 없어야 하는가?

① 5.4kPa
② 6.4kPa
③ 7.4kPa
④ 8.4kPa

09 다음 각 폭발의 종류와 그 관계로서 맞지 않는 것은?

① 화학 폭발 : 화약의 폭발
② 압력 폭발 : 보일러의 폭발
③ 촉매 폭발 : C_2H_2의 폭발
④ 중합 폭발 : HCN의 폭발

촉매 폭발

$$H_2 + Cl_2 \xrightarrow{\text{햇빛}} 2HCl$$

10 일반 도시가스사업자가 설치하는 가스공급시설 중 정압기의 설치에 대한 설명으로 틀린 것은? **[안전 44]**

① 건축물 내부에 설치된 도시가스사업자의 정압기로서 가스누출경보기와 연동하여 작동하는 기계환기설비를 설치하고 1일 1회 이상 안전점검을 실시하는 경우에는 건축물의 내부에 설치할 수 있다.
② 정압기에 설치되는 가스방출관의 방출구는 주위에 불 등이 없는 안전한 위치로서 지면으로부터 3m 이상의 높이에 설치하여야 하며, 전기시설물과의 접촉 등으로 사고의 우려가 있는 장소에서는 5m 이상의 높이로 설치한다.
③ 정압기에 설치하는 가스차단장치는 정압기의 입구 및 출구에 설치한다.
④ 정압기는 2년에 1회 이상 분해점검을 실시하고 필터는 가스공급 개시 후 1월 이내 및 가스공급 개시 후 매년 1회 이상 분해점검을 실시한다.

② 정압기 안전밸브 가스방출관 : 지면에서 5m 이상(단, 전기시설물 접촉 우려 시 3m 이상으로 할 수 있다.)

11 아세틸렌(C_2H_2)에 대한 설명으로 틀린 것은?

① 폭발범위는 수소보다 넓다.
② 공기보다 무겁고 황색의 가스이다.
③ 공기와 혼합되지 않아도 폭발할 수 있다.
④ 구리, 은, 수은 및 그 합금과 폭발성 화합물을 만든다.

C_2H_2 : 분자량 26g으로 공기보다 가볍다.

12 고압가스 충전용기는 항상 몇 [℃] 이하의 온도를 유지하여야 하는가?

① 10℃　　② 30℃
③ 40℃　　④ 50℃

정답 06.④ 07.④ 08.④ 09.③ 10.② 11.② 12.③

13 용기에 의한 고압가스 운반기준으로 틀린 것은? **[안전 60]**

① 3000kg의 액화 조연성 가스를 차량에 적재하여 운반할 때에는 운반책임자가 동승하여야 한다.
② 허용농도가 500ppm인 액화 독성 가스 1000kg을 차량에 적재하여 운반할 때에는 운반책임자가 동승하여야 한다.
③ 충전용기와 위험물안전관리법에서 정하는 위험물과는 동일차량에 적재하여 운반할 수 없다.
④ $300m^3$의 압축 가연성 가스를 차량에 적재하여 운반할 때에는 운전자가 운반책임자의 자격을 가진 경우에는 자격이 없는 사람을 동승시킬 수 있다.

해설
액화 조연성 가스 : 6000kg 이상일 경우 운반책임자 동승

14 공기 중으로 누출 시 냄새로 쉽게 알 수 있는 가스로만 나열된 것은?

① Cl_2, NH_3
② CO, Ar
③ C_2H_2, CO
④ O_2, Cl_2

15 신규검사 후 20년이 경과한 용접용기(액화석유가스용 용기는 제외한다)의 재검사 주기는? **[안전 68]**

① 3년마다
② 2년마다
③ 1년마다
④ 6개월마다

16 액화석유가스 저장탱크 벽면의 국부적인 온도상승에 따른 저장탱크의 파열을 방지하기 위하여 저장탱크 내벽에 설치하는 폭발방지장치의 재료로 맞는 것은?

① 다공성 철판
② 다공성 알루미늄판
③ 다공성 아연판
④ 오스테나이트계 스테인리스판

17 최대지름 6m인 가연성 가스 저장탱크 2개가 서로 유지하여야 할 최소 거리는? **[안전 144]**

① 0.6m ② 1m
③ 2m ④ 3m

$(6m+6m)\times\frac{1}{4}=3m$

18 다음 중 연소의 형태가 아닌 것은 어느 것인가? **[장치 25]**

① 분해연소 ② 확산연소
③ 증발연소 ④ 물리연소

19 고압가스 일반제조시설 중 에어졸의 제조기준에 대한 설명으로 틀린 것은? **[안전 50]**

① 에어졸의 분사제는 독성 가스를 사용하지 아니 한다.
② 35℃에서 그 용기의 내압은 0.8MPa 이하로 한다.
③ 에어졸 제조설비는 화기 또는 인화성 물질과 5m 이상의 우회거리를 유지한다.
④ 내용적이 $30cm^3$ 이상인 용기는 에어졸의 제조에 재사용하지 않는다.

③ 8m 이상 우회거리

20 가스누출 검지경보장치의 설치에 대한 설명으로 틀린 것은?

① 통풍이 잘 되는 곳에 설치한다.
② 가스의 누출을 신속하게 검지하고 경보하기에 충분한 개수 이상을 설치한다.
③ 장치의 기능은 가스의 종류에 적절한 것으로 한다.
④ 가스가 체류할 우려가 있는 장소에 적절하게 설치한다.

① 가스누출 시 체류하기 쉬운 장소에 설치한다.

정답 13.① 14.① 15.③ 16.② 17.④ 18.④ 19.③ 20.①

21 가스용기의 취급 및 주의사항에 대한 설명으로 틀린 것은?

① 충전 시 용기는 용기 재검사기간이 지나지 않았는지 확인한다.
② LPG 용기나 밸브를 가열할 때는 뜨거운 물(40℃ 이상)을 사용한다.
③ 충전한 후에는 용기 밸브의 누출여부를 확인한다.
④ 용기 내에 잔류물이 있을 때는 잔류물을 제거하고 충전한다.

② LPG 용기나 밸브를 가열할 때는 40℃ 이하의 물을 사용한다.

22 용기 신규검사에 합격된 용기 부속품 기호 중 압축가스를 충전하는 용기 부속품의 기호는? **[안전 29]**

① AG ② PG
③ LG ④ LT

23 일반 액화석유가스 압력조정기에 표시하는 사항이 아닌 것은?

① 제조자명이나 그 약호
② 제조번호나 로트번호
③ 입구압력(기호 : P, 단위 : MPa)
④ 검사 연월일

24 다음 중 산화에틸렌 취급 시 주로 사용되는 제독제는? **[안전 22]**

① 가성소다수용액
② 탄산소다수용액
③ 소석회수용액
④ 물

25 고압가스 설비에 설치하는 압력계의 최고눈금에 대한 측정범위의 기준으로 옳은 것은?

① 상용압력의 1.0배 이상 1.2배 이하
② 상용압력의 1.2배 이상 1.5배 이하
③ 상용압력의 1.5배 이상 2.0배 이하
④ 상용압력의 2.0배 이상 3.0배 이하

26 0종 장소는 원칙적으로 어떤 방폭구조의 것으로 하여야 하는가? **[안전 46]**

① 내압방폭구조
② 본질안전방폭구조
③ 특수방폭구조
④ 안전증 방폭구조

0종 장소에는 본질안전방폭구조만 사용

27 도시가스 사용시설에서 PE 배관은 온도가 몇 [℃] 이상이 되는 장소에 설치하지 아니하는가?

① 25℃
② 30℃
③ 40℃
④ 60℃

PE 배관 설치 장소 제한(KGS Fu 551) (2.5.4.1.4)
PE 배관은 온도가 40℃ 이상이 되는 장소에 설치하지 아니 한다. 단, 파이프, 슬리브 등을 이용하여 단열조치를 한 경우에는 온도가 40℃ 이상되는 장소에 설치할 수 있다.

28 충전용 주관의 압력계는 정기적으로 표준압력계로 그 기능을 검사하여야 한다. 다음 중 검사의 기준으로 옳은 것은?

① 매월 1회 이상
② 3개월에 1회 이상
③ 6개월에 1회 이상
④ 1년에 1회 이상

충전용 주관의 압력계는 월 1회, 기타 압력계는 3월 1회 표준압력계로 기능을 검사

29 방류둑의 내측 및 그 외면으로부터 몇 [m] 이내에 그 저장탱크의 부속설비 외의 것을 설치하지 못하도록 되어 있는가? **[안전 15]**

① 3m
② 5m
③ 8m
④ 10m

정답 21.② 22.② 23.④ 24.④ 25.③ 26.② 27.③ 28.① 29.④

30 가스의 성질로 옳은 것은?

① 일산화탄소는 가연성이다.
② 산소는 조연성이다.
③ 질소는 가연성도 조연성도 아니다.
④ 아르곤은 공기 중에 함유되어 있는 가스로서 가연성이다.

해설
① CO : 독가연성
③ N_2 : 불연성
④ Ar : 불연성

31 부취제를 외기로 분출하거나 부취설비로부터 부취제가 흘러나오는 경우 냄새를 감소시키는 방법으로 틀린 것은? [안전 49]

① 연소법
② 수동조절
③ 화학적 산화처리
④ 활성탄에 의한 흡착

32 고압가스 매설배관에 실시하는 전기방식 중 외부전원법의 장점이 아닌 것은? [설비 16]

① 과방식의 염려가 없다.
② 전압 · 전류의 조정이 용이하다.
③ 전식에 대해서도 방식이 가능하다.
④ 전극의 소모가 적어서 관리가 용이하다.

해설
① 과방식의 우려가 있다.

33 압력 배관용 탄소강관의 사용압력범위로 가장 적당한 것은? [안전 136]

① 1~2MPa
② 1~10MPa
③ 10~20MPa
④ 10~50MPa

34 정압기(Governor)의 기능을 모두 옳게 나열한 것은?

① 감압기능
② 정압기능
③ 감압기능, 정압기능
④ 감압기능, 정압기능, 폐쇄기능

35 고압식 액화분리장치의 작동 개요에 대한 설명이 아닌 것은?

① 원료공기는 여과기를 통하여 압축기로 흡입하여 약 150~200kg/cm^{2}로 압축시킨다.
② 압축기를 빠져나온 원료공기는 열교환기에서 약간 냉각되고 건조기에서 수분이 제거된다.
③ 압축공기는 수세정탑을 거쳐 축냉기로 송입되어 원료공기와 불순 질소류가 서로 교환된다.
④ 액체공기는 상부 정류탑에서 약 0.5atm 정도의 압력으로 정류된다.

36 정압기의 분해점검 및 고장에 대비하여 예비정압기를 설치하여야 한다. 다음 중 예비정압기를 설치하지 않아도 되는 경우는 어느 것은가? [안전 145]

① 캐비닛형 구조의 정압기실에 설치된 경우
② 바이패스관이 설치되어 있는 경우
③ 단독 사용자에게 가스를 공급하는 경우
④ 공동 사용자에게 가스를 공급하는 경우

37 부유 피스톤형 압력계에서 실린더 지름이 0.02m, 추와 피스톤의 무게가 20000g일 때 이 압력계에 접속된 부르동관의 압력계 눈금이 7kg/cm^{2}를 나타내었다. 이 부르동관 압력계의 오차는 약 몇 [%]인가?

① 5%
② 10%
③ 15%
④ 20%

해설
게이지압력 $= \dfrac{W}{A}$

$$= \frac{20\text{kg}}{\frac{\pi}{4}\times(2\text{cm})^2} = 6.36\text{kg/cm}^2$$

$$\therefore \text{ 오차값} = \frac{7-6.36}{6.36}\times 100 = 9.95 = 10\%$$

정답 30.② 31.② 32.① 33.② 34.④ 35.③ 36.③ 37.②

38 저비점(低沸点) 액체용 펌프의 사용상 주의사항으로 틀린 것은?

① 밸브와 펌프 사이에 기화가스를 방출할 수 있는 안전밸브를 설치한다.
② 펌프의 흡입·토출관에는 신축 조인트를 장치한다.
③ 펌프는 가급적 저장용기(貯槽)로부터 멀리 설치한다.
④ 운전 개시 전에는 펌프를 청정(清淨)하여 건조한 다음 충분히 예냉(豫冷)한다.

③ 펌프는 가급적 저장용기 가까이에 설치한다.

39 금속재료의 저온에서의 성질에 대한 설명으로 가장 거리가 먼 것은?

① 강은 암모니아 냉동기용 재료로서 적당하다.
② 탄소강은 저온도가 될수록 인장강도가 감소한다.
③ 구리는 액화분리장치용 금속재료로서 적당하다.
④ 18-8 스테인리스강은 우수한 저온장치용 재료이다.

② 탄소강은 저온일수록 인장강도 경도 증가, 신율 충격치는 감소한다.

40 사용압력 15MPa, 배관내경 15mm, 재료의 인장강도 480N/mm^2, 관내면 부식여유 1mm, 안전율 4, 외경과 내경의 비가 1.2 미만인 경우 배관의 두께는?

① 2mm ② 3mm
③ 4mm ④ 5mm

해설
외경과 내경의 비가 1.2 미만인 배관의 두께 계산식

$$t=\frac{PD}{2\times\frac{f}{S}-P}+C$$

$$=\frac{15\times15}{2\times\frac{480}{4}-15}+1$$

$$=2\text{mm}$$

41 수소불꽃을 이용하여 탄화수소의 누출을 검지할 수 있는 가스누출 검출기는?

① FID
② OMD
③ 접촉연소식
④ 반도체식

㉠ FID(수소이온화검출기)
㉡ OMD(광학식 메탄가스 검출기)

42 압축기에 사용하는 윤활유 선택 시 주의사항으로 틀린 것은? **[설비 10]**

① 인화점이 높을 것
② 잔류탄소의 양이 적을 것
③ 점도가 적당하고 항유화성이 적을 것
④ 사용가스와의 화학반응을 일으키지 않을 것

③ 항유화성이 클 것

43 공기에 의한 전열이 어느 압력까지 내려가면 급히 압력에 비례하여 적어지는 성질을 이용하는 저온장치에 사용되는 진공 단열법은?

① 고진공 단열법
② 분말진공 단열법
③ 다층진공 단열법
④ 자연진공 단열법

44 1단 감압식 저압조정기의 성능에서 조정기의 최대 폐쇄압력은?

① 2.5kPa 이하 ② 3.5kPa 이하
③ 4.5kPa 이하 ④ 5.5kPa 이하

45 백금-백금 로듐 열전대 온도계의 온도측정 범위로 옳은 것은? **[장치 78]**

① −180~350℃
② −20~800℃
③ 0~1700℃
④ 300~2000℃

정답 38.③ 39.② 40.① 41.① 42.③ 43.① 44.② 45.③

46 비열에 대한 설명 중 틀린 것은?

① 단위는 kcal/kg · ℃이다.
② 비열비는 항상 1보다 크다.
③ 정적비열은 정압비열보다 크다.
④ 물의 비열은 얼음의 비열보다 크다.

해설
③ 정압비열은 정적비열보다 크다.

47 다음 화합물 중 탄소의 함유율이 가장 많은 것은?

① CO_2 ② CH_4
③ C_2H_4 ④ CO

해설
① $CO_2 = \frac{12}{44} = 0.27$

② $CH_4 = \frac{12}{16} = 0.75$

③ $C_2H_4 = \frac{24}{28} = 0.85$

④ $CO = \frac{12}{28} = 0.428$

48 수소(H_2)에 대한 설명으로 옳은 것은?

① 3중 수소는 방사능을 갖는다.
② 밀도가 크다.
③ 금속재료를 취화시키지 않는다.
④ 열전달률이 아주 작다.

② 수소의 밀도는 2g/22.4L로, 모든 가스 중 최소의 밀도이다.
③ 고온 · 고압에서 금속을 취화시켜 수소 취성을 일으킨다.
④ 열전달률이 크다.

49 샤를의 법칙에서 기체의 압력이 일정할 때 모든 기체의 부피는 온도가 1℃ 상승함에 따라 0℃ 때의 부피보다 어떻게 되는가?

① 22.4배씩 증가한다.
② 22.4배씩 감소한다.
③ $\frac{1}{273}$씩 증가한다.
④ $\frac{1}{273}$씩 감소한다.

50 다음 중 가장 높은 온도는?

① −35℃ ② −45°F
③ 213K ④ 450°R

해설
① −35℃

② $-45°F = \frac{-45-32}{1.8} = -42℃$

③ $213K = 213 - 273 = -60℃$

④ $\frac{450}{1.8} - 273 = -23℃$

51 일산화탄소와 염소가 반응하였을 때 주로 생성되는 것은?

① 포스겐 ② 카르보닐
③ 포스핀 ④ 사염화탄소

$CO + Cl_2 \rightarrow COCl_2$(포스겐)

52 현열에 대한 가장 적절한 설명은?

① 물질이 상태변화 없이 온도가 변할 때 필요한 열이다.
② 물질이 온도변화 없이 상태가 변할 때 필요한 열이다.
③ 물질이 상태, 온도 모두 변할 때 필요한 열이다.
④ 물질이 온도변화 없이 압력이 변할 때 필요한 열이다.

㉠ 현열 : 물질이 상태변화 없이 온도변화에 필요한 열량
㉡ 잠열 : 물질이 온도변화 없이 상태변화에 필요한 열량

53 다음 [보기]에서 압력이 높은 순서대로 나열된 것은?

[보기]
㉠ 100atm
㉡ $2kg/mm^2$
㉢ 15m 수은주

① ㉠ > ㉡ > ㉢ ② ㉡ > ㉢ > ㉠
③ ㉢ > ㉠ > ㉡ ④ ㉡ > ㉠ > ㉢

정답 46.③ 47.③ 48.① 49.③ 50.④ 51.① 52.① 53.④

해설

① 100atm

② $2kg/mm^2=200kg/cm^2=\frac{200}{1.033}=193.6atm$

③ $15mHg=\frac{15}{0.76}=19.73atm$

54 산소에 대한 설명으로 옳은 것은?

① 안전밸브는 파열판식을 주로 사용한다.
② 용기는 탄소강으로 된 용접용기이다.
③ 의료용 용기는 녹색으로 도색한다.
④ 압축기 내부 윤활유는 양질의 광유를 사용한다.

해설

② 무이음 용기
③ 공업용(녹색), 의료용(백색)
④ 윤활유(물, 10% 이하 글리세린수)

55 다음 가스 중 가장 무거운 것은?

① 메탄
② 프로판
③ 암모니아
④ 헬륨

해설

① 메탄 : 16g
② 프로판 : 44g
③ 암모니아 : 17g
④ 헬륨 : 4g

56 대기압 하에서 0℃ 기체의 부피가 500mL였다. 이 기체의 부피가 2배로 될 때의 온도는 몇 [℃]인가? (단, 압력은 일정하다.)

① −100℃
② 32℃
③ 273℃
④ 500℃

해설

$\frac{V_1}{T_1}=\frac{V_2}{T_2}$ 에서

$T_2=\frac{2V_2}{V_1}\times T_1$

$=2\times273=546K$ 이므로

$\therefore 546-273=273℃$

57 다음 [보기]에서 설명하는 열역학법칙은 무엇인가? [설비 27]

> [보기]
> 어떤 물체의 외부에서 일정량의 열을 가하면 물체는 이 열량의 일부분을 소비하여 외부에 대하여 일을 하고 남은 부분은 전부 내부에너지로 내부에 저장되고, 그 사이에 소비된 열은 발생되는 일과 같다.

① 열역학 제0법칙　② 열역학 제1법칙
③ 열역학 제2법칙　④ 열역학 제3법칙

58 다음 중 불연성 가스는?

① CO_2　② C_3H_6
③ C_2H_2　④ C_2H_4

불연성(CO_2, N_2, He, Ne)

59 에틸렌(C_2H_4)이 수소와 반응할 때 일으키는 반응은?

① 환원반응　② 분해반응
③ 제거반응　④ 첨가반응

60 황화수소의 주된 용도는?

① 도료　② 냉매
③ 형광물질 원료　④ 합성고무

정답 54.① 55.② 56.③ 57.② 58.① 59.④ 60.③

국가기술자격 필기시험문제

2015년 기능사 제4회 필기시험(1부) (2015년 7월 시행)

자격종목	시험시간	문제수	문제형별
가스기능사	**1시간**	**60**	**A**

수험번호		성 명	

01 압축 또는 액화 그 밖의 방법으로 처리할 수 있는 가스의 용적이 1일 $100m^3$ 이상인 사업소는 압력계를 몇 개 이상 비치하도록 되어 있는가?

① 1 ② 2
③ 3 ④ 4

계측설비 설치(KGS Fp 112) (2.8.1)

계측기 종류		핵심 정리 내용
압력계 설치	최고눈금범위	상용압력의 1.5배 이상 2배 이하
	국가표준기본법의 인정, 압력계 2개 설치 경우	압축 액화 그 밖의 방법으로 처리할 수 있는 가스용적 1일 $100m^3$ 이상 사업소
액면계 설치	설치설비	액화가스 저장탱크
	액면계 종류	평형반사식 유리액면계, 평형투시식 유리액면계 및 플로트식, 차압식, 정전용량식, 편위식, 고정튜브식, 회전튜브식, 스립튜브식
	환형유리제, 액면계 설치 가능, 저장탱크	산소, 불활성 가스 초저온 저장탱크

02 고압가스의 충전용기는 항상 몇 ℃ 이하의 온도를 유지하여야 하는가?

① 15 ② 20
③ 30 ④ 40

03 암모니아 200kg을 내용적 50L 용기에 충전할 경우 필요한 용기의 개수는? (단, 충전 정수를 1.86으로 한다.)

① 4개 ② 6개
③ 8개 ④ 12개

용기 1개당 충전량 $W=\frac{V}{C}$이므로

∴ 전체 필요 용기 수

$200\text{kg} \div \frac{50}{1.86} = 7.44 = 8$개

04 가스도매사업자 가스공급시설의 시설기준 및 기술기준에 의한 배관의 해저 설치의 기준에 대한 설명으로 틀린 것은?

① 배관은 원칙적으로 다른 배관과 교차하지 아니 한다.
② 두 개 이상의 배관을 동시에 설치하는 경우에는 배관이 서로 접촉하지 아니하도록 필요한 조치를 한다.
③ 배관이 부양하거나 이동할 우려가 있는 경우에는 이를 방지하기 위한 조치를 한다.
④ 배관은 원칙적으로 다른 배관과 20m 이상의 수평거리를 유지한다.

④ 배관은 원칙적으로 다른 배관과 수평거리 30m 이상 유지

배관의 해저 설치(KGS Fs 451) (2.5.8.5)

설치 기준사항	세부 내용
매설하는 장소	해저면 밑
매설하지 않아도 되는 경우	닻내림 등으로 손상의 우려가 없는 경우
금기사항	타 배관과 교차하지 아니하도록
다른 배관과 수평 유지거리	30m 이상
배관 입상부에 설치하는 것	방호시설물

정답 01.② 02.④ 03.③ 04.④

05 도시가스 제조시설의 플레어스택 기준에 적합하지 않은 것은?

① 스택에서 방출된 가스가 지상에서 폭발한계에 도달하지 아니하도록 할 것
② 연소능력은 긴급이송설비로 이송되는 가스를 안전하게 연소시킬 수 있을 것
③ 스택에서 발생하는 최대열량에 장시간 견딜 수 있는 재료 및 구조로 되어 있을 것
④ 폭발을 방지하기 위한 조치가 되어 있을 것

06 초저온 용기에 대한 정의로 옳은 것은?

① 임계온도가 50℃ 이하인 액화가스를 충전하기 위한 용기
② 강판과 동판으로 제조된 용기
③ −50℃ 이하인 액화가스를 충전하기 위한 용기로서 용기 내의 가스온도가 상용의 온도를 초과하지 않도록 한 용기
④ 단열재로 피복하여 용기 내의 가스온도가 상용의 온도를 초과하도록 조치된 용기

07 독성 가스의 제독제로 물을 사용하는 가스는?

① 염소
② 포스겐
③ 황화수소
④ 산화에틸렌

해설

제독제를 물로 사용하는 독성 가스
암모니아, 염화메탄, 산화에틸렌, 아황산

08 특정설비 중 압력용기의 재검사 주기는?

① 3년 마다
② 4년 마다
③ 5년 마다
④ 10년 마다

09 아세틸렌 제조설비의 방호벽 설치기준으로 틀린 것은?

① 압축기와 충전용주관밸브 조작밸브 사이
② 압축기와 가스충전용기 보관장소 사이
③ 충전장소와 가스충전용기 보관장소 사이
④ 충전장소와 충전용주관밸브 조작밸브 사이

C_2H_2 가스 압력이 9.8MPa 이상인 압축가스를 용기에 충전하는 경우(KGS Fp 112) (2.7.2) 방호벽 설치(p69)

설치대상 기준설비	설치장소
압축기와	㉠ 그 충전 장소 사이 ㉡ 그 충전 장소 용기보관소 사이
충전장소와	㉠ 그 충전 용기보관장소 사이 ㉡ 충전용 주관밸브와 조작밸브 사이

10 용기 파열사고의 원인으로 가장 거리가 먼 것은?

① 용기의 내압력 부족
② 용기 내 규정압력의 초과
③ 용기 내에서 폭발성 혼합가스에 의한 발화
④ 안전밸브의 작동

안전밸브 작동 시 용기 내 압력이 정상화되었으므로 파열되지 않음

11 액화산소 저장탱크 저장능력이 $1000m^3$일 때 방류둑의 용량은 얼마 이상으로 설치하여야 하는가?

① $400m^3$　② $500m^3$
③ $600m^3$　④ $1000m^3$

방류둑 용량

구 분	세부 핵심 내용
개요	누설 시 방류둑에서 차단하는 능력
산소	저장능력 상당용적의 60% 이상
독, 가연성	저장능력 상당용적 (상당용적의 100% 이상)
$1000m^3 \times 0.6 = 600m^3$의 용량	

정답 05.① 06.③ 07.④ 08.② 09.① 10.④ 11.③

12 당해 설비 내의 압력이 상용압력을 초과할 경우 즉시 상용압력 이하로 되돌릴 수 있는 안전장치의 종류에 해당하지 않는 것은?

① 안전밸브 ② 감압밸브
③ 바이패스밸브 ④ 파열판

과압안전장치(KGS Fp 112) (2.6.1)

항 목	세부 핵심 내용
설치목적	고압설비 내의 압력이 상용압력을 초과하는 경우, 즉시 사용압력 이하로 되돌릴 수 있게 하기 위하여
종 류	**작동 개요**
안전밸브	기체 및 증기의 압력상승방지
파열판	급격한 압력의 상승, 독성 가스 누출, 유체의 부식성, 반응 생성물 성상에 따라 안전밸브 설치가 부적당 시
릴리프밸브 또는 안전밸브	펌프 및 배관의 압력상승방지를 위하여
안전제어장치	고압설비 내압이 상용압력을 초과한 경우, 그 고압설비 등으로 가스 유입량을 감소
상기 항목 이외에 기타 안전장치에는 바이패스밸브 등이 있다.	

13 일반도시가스 배관을 지하에 매설하는 경우에는 표지판을 설치해야 하는데 몇 [m] 간격으로 1개 이상을 설치하는가?

① 100m ② 200m
③ 500m ④ 1000m

도시가스 배관의 표지판

구 분		설치 간격 및 규격	
일반도시 가스 공급시설 (2.5.10.3.3) (2.10.3.3.3)	제조소 및 공급소 (KGS Fp 551)	500m 간격으로 설치	
	제조소 및 공급소 밖 (KGS Fp 551)	200m 간격으로 설치	
가스도매 사업 공급시설 (2.5.10.3.3) (2.10.3.3.3)	제조소 공급소 (KGS Fs 451)	500m 간격으로 설치	
	제조소 공급소 밖 (KGS Fs 451)	500m 간격으로 설치	
표지판 규격 (가로×세로)	표지판의 바탕색, 글자색	㉠ 가로 200mm ㉡ 세로 150mm	㉠ 바탕색 : 황색 ㉡ 글자색 : 검정색
설치장소		시가지 외의 도로, 산지, 농지, 철도 부지에 매설할 경우 설치	

[문제 출제 오류]
가스도매사업 공급시설의 경우는 제조소 공급소의 배관과 제조소 공급소 밖의 배관 표지판 설치 간격이 모두 500m 마다이나, 일반도시가스공급시설의 경우는 제조소 공급소 배관은 500m, 제조소 공급소 밖의 배관은 200m 마다 설치하여야 하므로 문제에서 제조소 공급소인지, 제조소 공급소 밖의 배관인지를 구분하여 출제하여야 한다.

14 도시가스 보일러 중 전용 보일러실에 반드시 설치하여야 하는 것은?

① 밀폐식 보일러
② 옥외에 설치하는 가스보일러
③ 반밀폐형 자연 배기식 보일러
④ 전용급기통을 부착시키는 구조로 검사에 합격한 강제배기식 보일러

가스보일러 설치기준(KGS Fu 551) (2.7.1.2)

구 분	세부 핵심 내용
설치장소	전용 보일러실
전용보일러실에 설치하지 않아도 되는 보일러 종류	밀폐식 보일러, 옥외에 설치 시, 전용 급기통을 부착시키는 구조로서 검사에 합격한 강제배기식 보일러
전용보일러실에 설치하지 않는 것	환기팬(부압형성의 원인이 되므로), 가스레인지 배기후드
가스보일러의 설치 제외장소	지하실, 반지하실(단, 밀폐식 보일러 및 급·배기시설을 갖춘 전용 보일러실에 설치된 반밀폐식 보일러의 경우는 지하실·반지하실 설치 가능)

15 다음 중 산소압축기의 내부 윤활제로 적당한 것은?

① 광유
② 유지류
③ 물
④ 황산

정답 12.② 13.② 14.③ 15.③

16 고압가스 용기 제조의 시설기준에 대한 설명으로 옳은 것은?

① 용접용기 동판의 최대두께와 최소두께와의 차이는 평균두께의 5% 이하로 한다.
② 초저온 용기는 고압배관용 탄소강관으로 제조한다.
③ 아세틸렌용기에 충전하는 다공질물은 다공도가 72% 이상 95% 미만으로 한다.
④ 용접용기에는 그 용기의 부속품을 보호하기 위하여 프로텍터 또는 캡을 고정식 또는 체인식으로 부착한다.

① 용접용기 동판의 최대두께와 최소두께 차이는 평균두께의 10% 이하
② 초저온 용기는 초저온용 재료로 제조
③ 다공도 75% 이상 92% 미만

17 도시가스 배관 이음부와 전기점멸기, 전기접속기와는 몇 cm 이상의 거리를 유지해야 하는가?

① 10cm ② 15cm
③ 30cm ④ 40cm

도시가스 배관이음매(용접이음매 제외) 유지거리

설비 명칭	공급시설 (KGS Fu 551) (2.5.8.3.1)	사용시설 (KGS Fu 551) (2.5.4.5.8)
전기계량기, 전기개폐기	60cm 이상	60cm 이상
전기점멸기, 전기접속기	30cm 이상	15cm 이상
절연조치하지 않은 전선, 단열조치하지 않은 굴뚝	15cm 이상	15cm 이상
절연전선	10cm 이상	10cm 이상

[문제 출제 오류]
도시가스 배관 이음부와 전기점멸기 · 접속기와의 이격거리에서 공급시설 : 30cm, 사용시설 : 15cm이므로 공급 · 사용시설의 구분이 있어야 한다.

18 용기 종류별 부속품의 기호 표시로서 틀린 것은?

① AG : 아세틸렌가스를 충전하는 용기의 부속품
② PG : 압축가스를 충전하는 용기의 부속품
③ LG : 액화석유가스를 충전하는 용기의 부속품
④ LT : 초저온 용기 및 저온 용기의 부속품

③ LG : 액화석유가스 이외에 액화가스를 충전하는 용기의 부속품

19 독성 가스 제독작업에 필요한 보호구의 보관에 대한 설명으로 틀린 것은?

① 독성 가스가 누출할 우려가 있는 장소에 가까우면서 관리하기 쉬운 장소에 보관한다.
② 긴급 시 독성 가스에 접하고 반출할 수 있는 장소에 보관한다.
③ 정화통 등의 소모품은 정기적 또는 사용 후에 점검하여 교환 및 보충한다.
④ 항상 청결하고 그 기능이 양호한 장소에 보관한다.

20 일반 공업용 용기의 도색 기준으로 틀린 것은?

① 액화염소 – 갈색
② 액화암모니아 – 백색
③ 아세틸렌 – 황색
④ 수소 – 회색

④ 수소 : 주황색

21 액화석유가스의 안전관리 및 사업법에 규정된 용어의 정의에 대한 설명으로 틀린 것은?

① 저장설비라 함은 액화석유가스를 저장하기 위한 설비로서 저장탱크, 마운드형 저장탱크, 소형 저장탱크 및 용기를 말한다.
② 자동차에 고정된 탱크라 함은 액화석유가스의 수송, 운반을 위하여 자동차에 고정 설치된 탱크를 말한다.
③ 소형 저장탱크라 함은 액화석유가스를 저장하기 위하여 지상 또는 지하에 고정 설치된 탱크로서 그 저장능력이 3톤 미만인 탱크를 말한다.
④ 가스설비라 함은 저장설비 외의 설비로서 액화석유가스가 통하는 설비(배관을 포함한다)와 그 부속설비를 말한다.

정답 16.④ 17.② 18.③ 19.② 20.④ 21.④

액화석유가스안전관리법 시행규칙 제2조 (정의)

④ 가스설비 : 저장설비 외의 설비로서 액화석유가스가 통하는 설비(배관은 제외)와 그 부속설비를 말한다.

22 1%에 해당하는 ppm의 값은?

① 10^2ppm ② 10^3ppm
③ 10^4ppm ④ 10^5ppm

해설

$1\% = \frac{1}{100}$

$1ppm = \frac{1}{10^6}$ 이므로

$1\% = 10^4 ppm$

23 가스배관의 시공 신뢰성을 높이는 일환으로 실시하는 비파괴검사 방법 중 내부선원법, 이중벽 이중상법 등을 이용하는 방법은?

① 초음파탐상시험
② 자분탐상시험
③ 방사선투과시험
④ 침투탐상방법

24 차량에 고정된 저장탱크로 염소를 운반할 때 용기의 내용적(L)은 얼마 이하가 되어야 하는가?

① 10000 ② 12000
③ 15000 ④ 18000

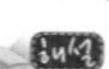

차량 고정탱크의 운반한계 내용적

구 분	초과금지 내용적(L)
LPG 제외 가연성 가스와 산소가스의 고정 저장탱크	18000L
NH_3 제외 독성 가스의 고정 저장탱크	12000L

25 일산화탄소와 공기의 혼합가스는 압력이 높아지면 폭발범위는 어떻게 되는가?

① 변함없다. ② 좁아진다.
③ 넓어진다. ④ 일정치 않다.

26 도시가스 배관을 폭 8m 이상의 도로에서 지하에 매설 시 지표면으로부터 배관의 외면까지의 매설깊이의 기준은?

① 0.6m 이상
② 1.0m 이상
③ 1.2m 이상
④ 1.5m 이상

해설

배관의 지하매설(KGS Fs 551) (2.5.8.2.1)

항 목	매설깊이(m)
공동주택 부지 안	0.6
폭 8m 이상 도로	1.2
도로에 매설된 최고사용압력이 저압인 배관에서 횡으로 분기 수요자에게 직접 연결 배관	1
폭 4m 이상 8m 미만인 도로	1
호칭경 300mm 이하 최고사용압력 저압 배관	0.8
도로에 매설된 최고사용압력 저압 배관으로 횡으로 분기 수요자에게 연결된 배관	0.8
폭 4m 미만 도로(암반 지하매설물 등으로 매설깊이 유지 · 곤란하다고 시장, 군수, 구청장이 인정 시)	0.6

27 도시가스시설의 설치공사 또는 변경공사를 하는 때에 이루어지는 주요공정 시공감리 대상은?

① 도시가스사업자 외의 가스공급시설 설치자의 배관 설치공사
② 가스도매사업자의 가스공급시설 설치공사
③ 일반도시가스 사업자의 정압기 설치공사
④ 일반도시가스 사업자의 제조소 설치공사

해설

도시가스안전관리법 시행규칙 제23조

도시가스시설의 설치 변경 공사의 주요공정 시공감리 대상

㉠ 가스도매사업 가스공급시설
㉡ 일반도시가스 사업의 가스공급시설
㉢ 나프타 부생가스 제조사업 가스공급시설
㉣ 바이오가스 제조사업 가스공급시설
㉤ 합성천연가스 제조사업의 가스공급시설(공급시설에는 제조소, 정압기 등을 포함한다.)

정답 22.③ 23.③ 24.② 25.② 26.③ 27.①

28 고압가스 공급자의 안전점검 항목이 아닌 것은?

① 충전 용기의 설치 위치
② 충전 용기의 운반 방법 및 상태
③ 충전 용기와 화기와의 거리
④ 독성 가스의 경우 흡수장치, 제해장치 및 보호구 등에 대한 적합여부

29 액화석유가스 판매업소의 충전용기 보관실에 강제 통풍장치 설치 시 통풍능력의 기준은?

① 바닥면적 $1m^2$당 $0.5m^3$/분 이상
② 바닥면적 $1m^2$당 $1.0m^3$/분 이상
③ 바닥면적 $1m^2$당 $1.5m^3$/분 이상
④ 바닥면적 $1m^2$당 $2.0m^3$/분 이상

통풍장치 및 자연환기구

구 분	통풍능력 및 환기구면적
강제통풍장치	바닥면적 $1m^2$당 $0.5m^3$/min
자연환기구 크기	바닥면적 $1m^2$당 $300cm^2$ 이상

30 다음 중 동일차량에 적재하여 운반할 수 없는 경우는?

① 산소와 질소
② 질소와 탄산가스
③ 탄산가스와 아세틸렌
④ 염소와 아세틸렌

31 액화가스의 이송 펌프에서 발생하는 캐비테이션 현상을 방지하기 위한 대책으로서 틀린 것은?

① 흡입 배관을 크게 한다.
② 펌프의 회전수를 크게 한다.
③ 펌프의 설치위치를 낮게 한다.
④ 펌프의 흡입구 부근을 냉각한다.

캐비테이션(공동 현상)

구 분	내 용
정의	유수 중 그 수온의 증기압보다 낮은 부분이 생기면 물이 증발을 일으키고 기포를 발생하는 현상으로 원심 펌프의 물을 수송하는 펌프 입구 배관에서 발생
방지법	㉠ 회전수를 낮춘다. ㉡ 흡입관경을 넓힌다. ㉢ 펌프 설치위치를 낮춘다. ㉣ 양흡입 펌프를 사용한다. ㉤ 두 대 이상의 펌프를 사용한다. ㉥ 수직축 펌프를 사용하고 회전차를 수중에 완전히 잠기게 한다.

32 다음 중 대표적인 차압식 유량계는?

① 오리피스미터
② 로터미터
③ 마노미터
④ 습식 가스미터

차압식(교축 기구식) 유량계 : 오리피스, 플로노즐, 벤투리

33 공기액화분리기 내의 CO_2를 제거하기 위해 NaOH 수용액을 사용한다. 1.0kg의 CO_2를 제거하기 위해서는 약 몇 kg의 NaOH를 가해야 하는가?

① 0.9
② 1.8
③ 3.0
④ 3.8

반응식

$2NaOH + CO_2 \rightarrow Na_2CO_3 + H_2O$

여기서, $2NaOH : CO_2$

$2 \times 40g : 44g$

$x(kg) : 1kg$

$\therefore x = \frac{2 \times 40 \times 1}{44} = 1.82kg$

34 다음 왕복동 압축기 용량 조정 방법 중 단계적으로 조절하는 방법에 해당되는 것은?

① 회전수를 변경하는 방법
② 흡입 주밸브를 폐쇄하는 방법
③ 타임드 밸브 제어에 의한 방법
④ 클리어런스 밸브에 의해 용적 효율을 낮추는 방법

정답 28.② 29.① 30.④ 31.② 32.① 33.② 34.④

해설

용량 조정

항 목		내 용
목적		토출량 조절, 무부하 운전
방법	단계적	㉠ 클리어런스 밸브에 의해 용적 효율을 낮추는 방법 ㉡ 흡입밸브 강제개방법
	연속적	㉠ 회전수 변경법 ㉡ 타임드밸브 제어에 의한 방법 ㉢ 흡입주밸브 폐쇄법 ㉣ 바이패스밸브에 의한 방법

35 LP 가스에 공기를 희석시키는 목적이 아닌 것은?

① 발열량 조절
② 연소효율 증대
③ 누설 시 손실 감소
④ 재액화 촉진

해설

공기희석의 목적
④ 재액화 방지

36 다음 중 정압기의 부속설비가 아닌 것은?

① 불순물 제거장치
② 이상압력상승 방지장치
③ 검사용 맨홀
④ 압력기록장치

37 금속재료 중 저온 재료로 적당하지 않은 것은?

① 탄소강
② 황동
③ 9% 니켈강
④ 18-8 스테인리스강

해설

저온장치에 탄소강 사용 시 저온취성을 일으킴

38 터보압축기에서 주로 발생할 수 있는 현상은?

① 수격작용(water hammer)
② 베이퍼록(vapor lock)
③ 서징(surging)
④ 캐비테이션(cavitation)

해설

서징(Surging) (맥동) 현상

구 분	내 용
정의	터보압축기에서 압축기와 송풍기 사이 토출측 저항이 커지면 풍량이 감소하고 불완전한 진동을 일으키는 현상
방지법	㉠ 우상특성이 없게 하는 방법 ㉡ 방출밸브에 의한 방법 ㉢ 안내깃 각도 조정법(베인콘트롤) ㉣ 회전수 변경법 ㉤ 교축밸브 근접설치법

수격, 베이퍼록, 캐비테이션은 원심 펌프에서 일어나는 현상

39 파이프 커터로 강관을 절단하면 거스러미(burr)가 생긴다. 이것을 제거하는 공구는?

① 파이프 벤더 ② 파이프 렌치
③ 파이프바이스 ④ 파이프리머

40 고속회전하는 임펠러의 원심력에 의해 속도에너지를 압력에너지로 바꾸어 압축하는 형식으로서 유량이 크고 설치면적이 적게 차지하는 압축기의 종류는?

① 왕복식 ② 터보식
③ 회전식 ④ 흡수식

41 가스홀더의 압력을 이용하여 가스를 공급하며 가스 제조공장과 공급 지역이 가깝거나 공급 면적이 좁을 때 적당한 가스공급 방법은?

① 저압공급방식
② 중앙공급방식
③ 고압공급방식
④ 초 고압공급방식

42 가스 종류에 따른 용기의 재질로서 부적합한 것은?

① LPG : 탄소강 ② 암모니아 : 동
③ 수소 : 크롬강 ④ 염소 : 탄소강

해설

암모니아는 동 및 동합금 62% 이상 사용 시 착이온 생성으로 부식을 일으킨다.

정답 35.④ 36.③ 37.① 38.③ 39.④ 40.② 41.① 42.②

43 오르자트법으로 시료가스를 분석할 때의 성분 분석 순서로서 옳은 것은?

① CO_2 → O_2 → CO
② CO → CO_2 → O_2
③ O_2 → CO → CO_2
④ O_2 → CO_2 → CO

44 수소염이온화식(FID) 가스 검출기에 대한 설명으로 틀린 것은?

① 감도가 우수하다.
② CO_2, NO_2는 검출할 수 없다.
③ 연소하는 동안 시료가 파괴된다.
④ 무기화합물의 가스검지에 적합하다.

45 다음 [보기]와 관련있는 분석 방법은?

[보기]
- 쌍극자모멘트의 알짜변화
- 진동 짝지움
- Nernst 백열등
- Fourier 변환분광계

① 질량분석법
② 흡광광도법
③ 적외선 분광분석법
④ 킬레이트 적정법

46 표준상태에서 1000L의 체적을 갖는 가스상태의 부탄은 약 몇 kg인가?

① 2.6
② 3.1
③ 5.0
④ 6.1

부탄은 아보가드로 법칙에 의하여
1mol=22.4L=58g이므로
22.4L : 58
1000L : x

$$\therefore x = \frac{1000 \times 58}{22.4} = 2589\text{g} = 2.589\text{kg} \fallingdotseq 2.6\text{kg}$$

47 다음 중 일반 기체상수(R)의 단위는?

① kg · m/kmol · K ② kg · m/kcal · K
③ kg · m/m^3 · K ④ kcal/kg · ℃

기체상수(R)의 값

수 치	단 위
0.082	atm · L/mol · K
848	kg · m/kmol · K
1.987	cal/mol · K
8.314	J/mol · K kJ/kg · K
8314	J/kg · K

[참고] J=N · m, kJ=kN · m이므로 J을 N · m로 kJ은 kN · m으로 사용하기도 한다.

48 열역학 제1법칙에 대한 설명이 아닌 것은?

① 에너지 보존의 법칙이라고 한다.
② 열은 항상 고온에서 저온으로 흐른다.
③ 열과 일은 일정한 관계로 상호교환된다.
④ 제1종 영구기관이 영구적으로 일하는 것은 불가능하다는 것을 알려준다.

② 열역학 제2법칙

49 표준상태의 가스 $1m^3$를 완전연소시키기 위하여 필요한 최소한의 공기를 이론공기량이라고 한다. 다음 중 이론공기량으로 적합한 것은? (단, 공기 중에 산소는 21% 존재한다.)

① 메탄 : 9.5배
② 메탄 : 12.5배
③ 프로판 : 15배
④ 프로판 : 30배

$CH_4 + 2O_2 \rightarrow CO_2 + 2H_2O$에서
산소는 2mol이므로 공기배수를 구하면

$$2 \times \frac{100}{21} = 9.52\text{mol}$$

$C_3H_8 + 5O_2 \rightarrow 3CO_2 + 4H_2O$
산소는 5mol이므로

$$5 \times \frac{100}{21} = 23.80\text{mol}$$

정답 43.① 44.④ 45.③ 46.① 47.① 48.② 49.①

50 다음 중 액화가 가장 어려운 가스는?

① H_2 ② He
③ N_2 ④ CH_4

비등점이 가장 낮을수록 액화되기가 어렵다.

가스별	비등점(℃)
H_2	−252
He	−269
N_2	−196
CH_4	−162

51 다음 중 아세틸렌의 발생방식이 아닌 것은?

① 주수식 : 카바이드에 물을 넣는 방법
② 투입식 : 물에 카바이드를 넣는 방법
③ 접촉식 : 물과 카바이드를 소량씩 접촉시키는 방법
④ 가열식 : 카바이드를 가열하는 방법

52 이상기체의 등온과정에서 압력이 증가하면 엔탈피(H)는?

① 증가한다.
② 감소한다.
③ 일정하다.
④ 증가하다가 감소한다.

53 1kW의 열량을 환산한 것으로 옳은 것은?

① 536kcal/h
② 632kcal/h
③ 720kcal/h
④ 860kcal/h

1kWh=860kcal/hr
1PSh=632.5kcal/hr

54 섭씨온도와 화씨온도가 같은 경우는?

① −40℃ ② 32°F
③ 273℃ ④ 45°F

$$°F = \frac{9}{5}℃ + 32 = \frac{9}{5}(-40) + 32 = -40$$

$\therefore -40°F = -40℃$

55 다음 중 1기압(1atm)과 같지 않은 것은?

① 760mmHg
② 0.9807bar
③ 10.332mH_2O
④ 101.3kPa

(표준대기압)
1atm=760mmHg
=1.01325bar
=10.332mH_2O
=0.101325MPa
=101.325kPa
=101325Pa

56 어떤 기구가 1atm, 30℃에서 10000L의 헬륨으로 채워져 있다. 이 기구가 압력이 0.6atm이고 온도가 −20℃인 고도까지 올라갔을 때 부피는 약 몇 L가 되는가?

① 10000 ② 12000
③ 14000 ④ 16000

보일-샤를의 법칙에 의해

$$\frac{P_1V_1}{T_1} = \frac{P_2V_2}{T_2}$$

$$\therefore V_2 = \frac{P_1V_1T_2}{T_1P_2} = \frac{1 \times 10000 \times (273-20)}{(273+30) \times 0.6} = 13916.39\text{L} ≒ 14000\text{L}$$

57 다음 중 절대온도 단위는?

① K
② °R
③ °F
④ °C

58 이상기체를 정적하에서 가열하면 압력과 온도의 변화는?

① 압력 증가, 온도 일정
② 압력 일정, 온도 일정
③ 압력 증가, 온도 상승
④ 압력 일정, 온도 상승

정답 50.② 51.④ 52.③ 53.④ 54.① 55.② 56.③ 57.① 58.③

59 산소의 물리적인 성질에 대한 설명으로 틀린 것은?

① 산소는 약 −183℃에서 액화한다.
② 액체 산소는 청색으로 비중이 약 1.13 이다.
③ 무색, 무취의 기체이며 물에는 약간 녹는다.
④ 강력한 조연성 가스이므로 자신이 연소한다.

④ 강력한 조연성이며 자신은 연소하지 않고 다른 가연성이 연소하는 것을 도와준다.

60 도시가스의 주원료인 메탄(CH_4)의 비점은 약 얼마인가?

① −50℃
② −82℃
③ −120℃
④ −162℃

정답 59.④ 60.④

국가기술자격 필기시험문제

2015년 기능사 제5회 필기시험(1부) (2015년 10월 시행)

자격종목	시험시간	문제수	문제형별
가스기능사	1시간	60	A

수험번호		성 명	

01 다음 중 플레어스택에 대한 설명으로 틀린 것은? **[안전 76]**

① 플레어스택에서 발생하는 복사열이 다른 제조시설에 나쁜 영향을 미치지 아니하도록 안전한 높이 및 위치에 설치한다.
② 플레어스택에서 발생하는 최대열량에 장시간 견딜 수 있는 재료 및 구조로 되어 있는 것으로 한다.
③ 파일럿버너를 항상 점화하여 두는 등 플레어스택에 관련된 폭발을 방지하기 위한 조치가 되어 있는 것으로 한다.
④ 특수반응설비 또는 이와 유사한 고압가스설비에는 그 특수반응설비 또는 고압가스설비마다 설치한다.

02 초저온 용기의 단열성능 시험에 있어 침입열량 산식은 다음과 같이 구해진다. 여기서 "q"가 의미하는 것은? **[장치 9]**

$$Q = \frac{W \cdot q}{H \cdot \Delta t \cdot V}$$

① 침입열량
② 측정시간
③ 기화된 가스량
④ 시험용 가스의 기화잠열

03 고압가스용 저장탱크 및 압력용기 제조시설에 대하여 실시하는 내압검사에서 압력용기 등의 재질이 주철인 경우 내압시험압력의 기준은?

① 설계압력의 1.2배의 압력
② 설계압력의 1.5배의 압력
③ 설계압력의 2배의 압력
④ 설계압력의 3배의 압력

(KGS Fp 112)
압력용기 등의 재질이 주철인 경우 내압시험압력을 설계압력의 2배로 한다.

04 가스도매사업시설에서 배관 지하매설의 설치기준으로 옳은 것은? **[안전 140]**

① 산과 들 이외의 지역에서 배관의 매설깊이는 1.5m 이상
② 산과 들에서의 배관의 매설깊이는 1m 이상
③ 배관은 그 외면으로부터 수평거리로 건축물까지 1.2m 이상 거리 유지
④ 배관은 그 외면으로부터 지하의 다른 시설물과 1.2m 이상 거리 유지

05 일반 도시가스의 배관을 철도부지 밑에 매설할 경우 배관의 외면과 지표면과의 거리는 몇 m 이상으로 하여야 하는가?

① 1.0m ② 1.2m
③ 1.3m ④ 1.5m

일반 도시가스 제조소 공급소 밖의 배관 철도부지 매설 유지간격

정답 01.④ 02.④ 03.③ 04.② 05.②

항 목 구 분	철도와 병행매설	철도와 횡단매설
궤도중심	4m 이상	㉠ 횡단부 지하에는 지면으로부터 1.2m 이상 깊이에 매설 ㉡ 횡단하여 배관에 설치 시 강재의 이중보호관 및 방호구조물 안에 설치
부지경계	1m 이상	
지표면으로부터 배관 외면까지 길이	1.2m 이상	
수평거리 건축물	1.5m 이상	
다른 시설물	0.3m 이상	
표지판	50m 간격	

06 도시가스 배관의 매설심도를 확보할 수 없거나 타 시설물과 이격거리를 유지하지 못하는 경우 등에는 보호판을 설치한다. 압력이 중압 배관일 경우 보호판의 두께 기준은 얼마인가? **[안전 8]**

① 3mm ② 4mm
③ 5mm ④ 6mm

07 자연발화의 열의 발생속도에 대한 설명으로 틀린 것은?

① 발열량이 큰 쪽이 일어나기 쉽다.
② 표면적이 적을수록 일어나기 쉽다.
③ 초기온도가 높은 쪽이 일어나기 쉽다.
④ 촉매물질이 존재하면 반응속도가 빨라진다.

08 가연성 가스의 지상 저장탱크의 경우 외부에 바르는 도료의 색깔은 무엇인가?

① 청색 ② 녹색
③ 은 · 백색 ④ 검정색

09 산화에틸렌 충전용기에는 질소 또는 탄산가스를 충전하는데 그 내부 가스압력의 기준으로 옳은 것은?

① 상온에서 0.2MPa 이상
② 35℃에서 0.2MPa 이상
③ 40℃에서 0.4MPa 이상
④ 45℃에서 0.4MPa 이상

10 보일러 중독사고의 주원인이 되는 가스는?

① 이산화탄소 ② 일산화탄소
③ 질소 ④ 염소

11 인화온도가 약 −30℃이고 발화온도가 매우 낮아 전구 표면이나 증기 파이프 등의 열에 의해 발화할 수 있는 가스는?

① CS_2 ② C_2H_2
③ C_2H_4 ④ C_3H_8

12 발열량이 9500kcal/m^{3}이고, 가스비중이 0.65인 (공기 1) 가스의 웨버지수는 약 얼마인가?

① 6175 ② 9500
③ 11780 ④ 14615

$$WI = \frac{H_g}{\sqrt{d}} = \frac{9500}{\sqrt{0.65}} = 11783$$

13 고압가스 제조허가의 종류가 아닌 것은?

① 고압가스 특수제조
② 고압가스 일반제조
③ 고압가스 충전
④ 냉동제조

14 아세틸렌 용기에 대한 다공물질 충전검사 적합 판정기준은?

① 다공물질은 용기 벽을 따라서 용기 안지름의 1/200 또는 1mm를 초과하는 틈이 없는 것으로 한다.
② 다공물질은 용기 벽을 따라서 용기 안지름의 1/200 또는 3mm를 초과하는 틈이 없는 것으로 한다.
③ 다공물질은 용기 벽을 따라서 용기 안지름의 1/100 또는 5mm를 초과하는 틈이 없는 것으로 한다.
④ 다공물질은 용기 벽을 따라서 용기 안지름의 1/100 또는 10mm를 초과하는 틈이 없는 것으로 한다.

정답 06.② 07.② 08.③ 09.④ 10.② 11.① 12.③ 13.① 14.②

15 비등액체팽창증기폭발(BLEVE)이 일어날 가능성이 가장 낮은 곳은?

① LPG 저장탱크
② LNG 저장탱크
③ 액화가스 탱크로리
④ 천연가스 지구정압기

해설

BLEVE(블래브, 비등액체증기폭발)

구 분	세부 내용
정의	가연성 액화가스가 외부 화재에 의하여 비등 증기가 팽창하면서 일어나는 폭발
발생장소	㉠ LPG, LNG 액화가스의 저장탱크 ㉡ 액화가스 탱크로리

16 가스누출 자동차단장치의 구성요소에 해당하지 않는 것은? **[장치 2]**

① 지시부
② 검지부
③ 차단부
④ 제어부

가스누출 자동차단장치 구성요소

구 분	기 능
검지부	누설가스를 검지하여 제어부로 신호를 보냄
제어부	차단부에 자동차단 신호를 전송
차단부	제어부의 신호에 따라 가스를 개폐하는 기능

17 다음 가스의 용기보관실 중 그 가스가 누출된 때에 체류하지 않도록 통풍구를 갖추고, 통풍이 잘 되지 않는 곳에는 강제환기시설을 설치하여야 하는 곳은?

① 질소 저장소
② 탄산가스 저장소
③ 헬륨 저장소
④ 부탄 저장소

해설

공기보다 무거운 가연성 가스 저장실에는 통풍구를 갖추고 통풍이 잘 되지 않는 곳은 강제환기시설을 갖춘다.

18 고압가스안전관리법의 적용을 받는 고압가스의 종류 및 범위로서 틀린 것은? **[안전 95]**

① 상용의 온도에서 압력이 1MPa 이상이 되는 압축가스
② 섭씨 35도의 온도에서 압력이 0Pa을 초과하는 아세틸렌가스
③ 상용의 온도에서 압력이 0.2MPa 이상이 되는 액화가스
④ 섭씨 35도의 온도에서 압력이 0Pa을 초과하는 액화가스 중 액화시안화수소

19 LP가스 저장탱크 지하에 설치하는 기준에 대한 설명으로 틀린 것은? **[안전 6]**

① 저장탱크실 상부 윗면으로부터 저장탱크 상부까지의 깊이는 1m 이상으로 한다.
② 저장탱크 주위 빈 공간에는 세립분을 함유하지 않은 것으로서 손으로 만졌을 때 물이 손에서 흘러내리지 않는 상태의 모래를 채운다.
③ 저장탱크를 2개 이상 인접하여 설치하는 경우에는 상호간에 1m 이상의 거리를 유지한다.
④ 저장탱크실은 천장, 벽 및 바닥의 두께가 각각 30cm 이상의 방수조치를 한 철근콘크리트 구조로 한다.

① 저장탱크실 상부 윗면으로부터 저장탱크실 상부까지의 깊이는 60cm 이상으로 한다.

20 다음 중 사용신고를 하여야 하는 특정고압가스에 해당하지 않는 것은? **[안전 53]**

① 게르만 ② 삼불화질소
③ 사불화규소 ④ 오불화붕소

21 LPG 자동차에 고정된 용기충전시설에서 저장탱크의 물분무장치는 최대수량을 몇 분 이상 연속해서 방사할 수 있는 수원에 접속되어 있도록 하여야 하는가? **[안전 69]**

① 20분 ② 30분
③ 40분 ④ 60분

정답 15.④ 16.① 17.④ 18.② 19.① 20.④ 21.②

22 다음 중 용기의 설계단계 검사항목이 아닌 것은? **[안전 149]**

① 단열성능
② 내압성능
③ 작동성능
④ 용접부의 기계적 성능

용기 제조시설 기술검사 기준의 설계단계 검사항목
㉠ 재료의 기계적 · 화학적 성능
㉡ 용접부의 기계적 성능
㉢ 단열 성능
㉣ 내압 성능
㉤ 기밀 성능
㉥ 그 밖의 용기의 안전확보에 필요한 성능

23 액화석유가스가 공기 중에 얼마의 비율로 혼합되었을 때 그 사실을 알 수 있도록 냄새가 나는 물질을 섞어 용기에 충전하여야 하는가? **[안전 55]**

① $\frac{1}{1000}$　② $\frac{1}{10000}$
③ $\frac{1}{100000}$　④ $\frac{1}{1000000}$

24 도시가스 사용시설에서 도시가스 배관의 표시 등에 대한 기준으로 틀린 것은?

① 지하에 매설하는 배관은 그 외부에 사용가스명, 최고사용압력, 가스의 흐름방향을 표시한다.
② 지상 배관은 부식방지 도장 후 황색으로 도색한다.
③ 지하매설 배관은 최고사용압력이 저압인 배관은 황색으로 한다.
④ 지하매설 배관은 최고사용압력이 중압 이상인 배관은 적색으로 한다.

지상설치 배관의 표시사항

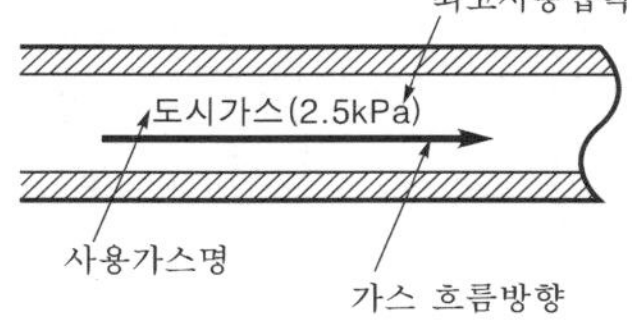

25 특정고압가스 사용시설에서 용기의 안전조치 방법으로 틀린 것은?

① 고압가스의 충전용기는 항상 40℃ 이하를 유지하도록 한다.
② 고압가스의 충전용기 밸브는 서서히 개폐한다.
③ 고압가스의 충전용기 밸브 또는 배관을 가열할 때에는 열습포나 40℃ 이하의 더운 물을 사용한다.
④ 고압가스의 충전용기를 사용한 후에는 밸브를 열어 둔다.

④ 충전용기 사용 후 밸브는 잠가 둔다.

26 액화가스를 충전하는 차량에 고정된 탱크는 그 내부에 액면요동을 방지하기 위하여 액면요동 방지조치를 하여야 한다. 다음 중 액면요동 방지조치로 올바른 것은?

① 방파판　② 액면계
③ 온도계　④ 스톱밸브

27 암모니아 충전용기로서 내용적이 1000L 이하인 것은 부식여유 두께의 수치가 (A)mm이고, 염소 충전용기로서 내용적이 1000L를 초과하는 것은 부식여유 두께의 수치가 (B)mm이다. A와 B에 알맞은 부식여유치는? **[안전 150]**

① A : 1, B : 3
② A : 2, B : 3
③ A : 1, B : 5
④ A : 2, B : 5

부식 여유치

구 분	내 용		
개요	NH_3, Cl_2의 독성 가스 용기의 부식되는 정도를 감안하여 용기를 미리 두껍게 제작하는 개념		
해당 가스	NH_3	1000L 이하	1mm
		1000L 초과	2mm
	Cl_2	1000L 이하	3mm
		1000L 초과	5mm

정답 22.③ 23.① 24.① 25.④ 26.① 27.③

28 아르곤(Ar)가스 충전용기의 도색은 어떤 색상으로 하여야 하는가? **[안전 3]**

① 백색　② 녹색
③ 갈색　④ 회색

29 인체용 에어졸 제품의 용기에 기재하여야 할 사항으로 틀린 것은? **[안전 50]**

① 불 속에 버리지 말 것
② 가능한 한 인체에서 10cm 이상 떨어져서 사용할 것
③ 온도가 40℃ 이상 되는 장소에 보관하지 말 것
④ 특정부위에 계속하여 장시간 사용하지 말 것

30 지하에 매몰하는 도시가스 배관의 재료로 사용할 수 없는 것은?

① 가스용 폴리에틸렌관
② 압력 배관용 탄소강관
③ 압출식 폴리에틸렌 피복강관
④ 분말융착식 폴리에틸렌 피복강관

해설

지하매몰 도시가스 배관의 재료
① 가스용 PE(폴리에틸렌)관
② PLP(폴리에틸렌 피복) 강관
③ 분말융착식 피복강관

31 연소에 필요한 공기를 전부 2차 공기로 취하며 불꽃의 길이가 길고, 온도가 가장 낮은 연소방식은? **[안전 10]**

① 분젠식
② 세미분젠식
③ 적화식
④ 전 1차 공기식

32 압축천연가스 자동차 충전소에 설치하는 압축가스설비의 설계압력이 25MPa인 경우 이 설비에 설치하는 압력계의 지시눈금은?

① 최소 25.0MPa까지 지시할 수 있는 것
② 최소 27.5MPa까지 지시할 수 있는 것
③ 최소 37.5MPa까지 지시할 수 있는 것
④ 최소 50.0MPa까지 지시할 수 있는 것

압력계의 눈금범위
설계압력의 1.5배 이상 2배 이하이므로 25×1.5=37.5MPa까지 최소눈금을 지시할 수 있는 것

33 저온, 고압의 액화석유가스 저장탱크가 있다. 이 탱크를 퍼지하여 수리 점검 작업할 때에 대한 설명으로 옳지 않은 것은?

① 공기로 재치환하여 산소농도가 최소 18%인지 확인한다.
② 질소가스로 충분히 퍼지하여 가연성 가스의 농도가 폭발하한계의 1/4 이하가 될 때까지 치환을 계속한다.
③ 단시간에 고온으로 가열하면 탱크가 손상될 우려가 있으므로 국부가열이 되지 않게 한다.
④ 가스는 공기보다 가벼우므로 상부 맨홀을 열어 자연적으로 퍼지가 되도록 한다.

액화석유가스는 공기보다 무겁다.

34 공기액화 분리장치에는 다음 중 어떤 가스 때문에 가연성 물질을 단열재로 사용할 수 없는가?

① 질소　② 수소
③ 산소　④ 아르곤

35 도시가스 사용시설의 정압기실에 설치된 가스누출 경보기의 점검주기는?

① 1일 1회 이상
② 1주일 1회 이상
③ 2주일 1회 이상
④ 1개월 1회 이상

36 도시가스 공급시설이 아닌 것은?

① 압축기　② 홀더
③ 정압기　④ 용기

정답 28.④ 29.② 30.② 31.③ 32.③ 33.④ 34.③ 35.② 36.④

37 저압식(Linde-Frankl 식) 공기액화 분리장치의 정류탑 하부의 압력은 다음 중 어느 정도인가?

① 1기압 ② 5기압
③ 10기압 ④ 20기압

38 액주식 압력계에 대한 설명으로 틀린 것은?

① 경사관식은 정도가 좋다.
② 단관식은 차압계로도 사용된다.
③ 링 밸런스식은 저압가스의 압력측정에 적당하다.
④ U자관은 메니스커스의 영향을 받지 않는다.

39 액화산소, LNG 등에 일반적으로 사용될 수 있는 재질이 아닌 것은? **[설비 34]**

① Al 및 Al합금
② Cu 및 Cu합금
③ 고장력 주철강
④ 18-8 스테인리스강

해설

저온용에 사용되는 재료
㉠ 18-8 STS(오스테나이트계 스테인리스강)
㉡ 9% Ni
㉢ Cu 및 Cu합금
㉣ Al 및 Al합금

40 다음 중 암모니아 용기의 재료로 주로 사용되는 것은?

① 동
② 알루미늄합금
③ 동합금
④ 탄소강

41 이동식 부탄연소기의 용기 연결방법에 따른 분류가 아닌 것은?

① 용기이탈식
② 분리식
③ 카세트식
④ 직결식

42 저온장치에서 열의 침입 원인으로 가장 거리가 먼 것은?

① 내면으로부터의 열전도
② 연결배관 등에 의한 열전도
③ 지지요크 등에 의한 열전도
④ 단열재를 넣은 공간에 남은 가스의 분자 열전도

① 외면에서의 열전도

43 고압가스 제조설비에서 정전기의 발생 또는 대전 방지에 대한 설명으로 옳은 것은 어느 것인가? **[안전 94]**

① 가연성 가스 제조설비의 탑류, 벤트스택 등은 단독으로 접지한다.
② 제조장치 등에 본딩용 접속선은 단면적이 $5.5mm^2$ 미만의 단선을 사용한다.
③ 대전 방지를 위하여 기계 및 장치에 절연재료를 사용한다.
④ 접지 저항치 총합이 100Ω 이하의 경우에는 정전기 제거 조치가 필요하다.

44 저장탱크 내부의 압력이 외부의 압력보다 낮아져 그 탱크가 파괴되는 것을 방지하기 위한 설비와 관계없는 것은? **[안전 20]**

① 압력계 ② 진공안전밸브
③ 압력경보설비 ④ 벤트스택

45 LP가스 저압배관 공사를 완료하여 기밀시험을 하기 위해 공기압을 $1000mmH_2O$로 하였다. 이 때 관지름 25mm, 길이 30m로 할 경우 배관의 전체 부피는 약 몇 L인가?

① 5.7L ② 12.7L
③ 14.7L ④ 23.7L

배관 내용적

$$V=\frac{\pi}{4}\times D^2\times L$$
$$=\frac{\pi}{4}\times(0.025m)^2\times 30m$$
$$=0.0147m^3=14.7L$$

정답 37.② 38.④ 39.③ 40.④ 41.① 42.① 43.① 44.④ 45.③

46 이상기체의 정압비열(C_P)과 정적비열(C_V)에 대한 설명 중 틀린 것은? (단, k는 비열비이고, R은 이상기체 상수이다.)

① 정적비열과 R의 합은 정압비열이다.
② 비열비(k)는 $\frac{C_P}{C_V}$로 표현된다.
③ 정적비열은 $\frac{R}{k-1}$로 표현된다.
④ 정압비열은 $\frac{k-1}{k}$로 표현된다.

㉠ $C_P - C_V = R$
$\therefore C_P = C_V + R$
㉡ $C_P = \frac{k}{k-1}$

47 부탄가스의 주된 용도가 아닌 것은 어느 것인가?

① 산화에틸렌 제조
② 자동차 연료
③ 라이터 연료
④ 에어졸 제조

48 LNG의 주성분은?

① 메탄 ② 에탄
③ 프로판 ④ 부탄

49 부양기구의 수소 대체용으로 사용되는 가스는?

① 아르곤
② 헬륨
③ 질소
④ 공기

50 착화원이 있을 때 가연성 액체나 고체의 표면에 연소하한계 농도의 가연성 혼합기가 형성되는 최저온도는?

① 인화온도 ② 임계온도
③ 발화온도 ④ 포화온도

51 황화수소에 대한 설명으로 틀린 것은?

① 무색이다.
② 유독하다.
③ 냄새가 없다.
④ 인화성이 아주 강하다.

52 표준상태에서 산소의 밀도(g/L)는?

① 0.7 ② 1.43
③ 2.72 ④ 2.88

산소의 밀도
M(g)/22.4L=32g/22.4L=1.43g/L

53 다음 중 가장 낮은 압력은?

① 1atm ② 1kg/cm^2
③ 10.33mH_2O ④ 1MPa

1atm=1.033kg/cm^2=10.33mH_2O
=0.101325MPa이므로
① 1atm
② 1÷1.033=0.968atm
③ 10.33mH_2O=1atm
④ 1MPa÷0.101325=9.869atm

54 시안화수소를 충전한 용기는 충전 후 얼마를 정치해야 하는가?

① 4시간 ② 8시간
③ 16시간 ④ 24시간

55 메탄(CH_4)의 공기 중 폭발범위 값에 가장 가까운 것은?

① 5~15.4% ② 3.2~12.5%
③ 2.4~9.5% ④ 1.9~8.4%

56 다음 가스 중 비중이 가장 적은 것은?

① CO ② C_3H_8
③ Cl_2 ④ NH_3

해설

분자량
① CO : 28g ② C_3H_8 : 44g
③ Cl_2 : 71g ④ NH_3 : 17g

정답 46.④ 47.① 48.① 49.② 50.① 51.③ 52.② 53.② 54.④ 55.① 56.④

57 포스겐의 화학식은?

① $COCl_2$　　② $COCl_3$
③ PH_2　　④ PH_3

58 표준상태에서 부탄가스의 비중은 약 얼마인가? (단, 부탄의 분자량은 58이다.)

① 1.6　　② 1.8
③ 2.0　　④ 2.2

C_4H_{10} = 58g이므로

$\therefore S(\text{비중}) = \frac{58}{29} = 2$

59 다음 중 헨리의 법칙에 잘 적용되지 않는 가스는?

① 암모니아　　② 수소
③ 산소　　④ 이산화탄소

헨리의 법칙(기체 용해도의 법칙)

구 분	간추린 핵심 내용
개요	기체가 용해하는 용해도는 압력에 비례한다.
적용 가스	물에 약간 녹는 기체(O_2, H_2, N_2, CO_2)
적용되지 않는 가스	NH_3(NH_3는 물 1에 800배 용해)

60 아세틸렌(C_2H_2)에 대한 설명 중 틀린 것은?

① 공기보다 무거워 낮은 곳에 체류한다.
② 카바이드(CaC_2)에 물을 넣어 제조한다.
③ 공기 중 폭발범위는 약 2.5~81%이다.
④ 흡열화합물이므로 압축하면 폭발을 일으킬 수 있다.

C_2H_2 = 26g으로 공기보다 가볍다.

정답 57.① 58.③ 59.① 60.①

국가기술자격 필기시험문제

2016년 기능사 제1회 필기시험(1부) (2016년 1월 시행)

자격종목	시험시간	문제수	문제형별
가스기능사	1시간	60	A

수험번호		성 명	

01 고압가스 제조설비에서 기밀시험용으로 사용할 수 없는 것은?

① 산소
② 질소
③ 공기
④ 탄산가스

기밀시험 사용 가스
공기 및 불활성(N_2, CO_2) 가스

02 액화석유가스 자동차에 고정된 용기 충전시설에 설치하는 긴급차단장치에 접속하는 배관에 대하여 어떠한 조치를 하도록 되어 있는가?

① 워터해머가 발생하지 않도록 조치
② 긴급차단에 따른 정전기 등이 발생하지 않도록 하는 조치
③ 체크밸브를 설치하여 과량 공급이 되지 않도록 조치
④ 바이패스 배관을 설치하여 차단성능을 향상시키는 조치

03 액화석유가스 자동차에 고정된 용기 충전시설에 게시한 "화기엄금"이라 표시한 게시판의 색상은? **[안전 5]**

① 황색바탕에 흑색글씨
② 흑색바탕에 황색글씨
③ 백색바탕에 적색글씨
④ 적색바탕에 백색글씨

LPG 충전시설의 표지

충전 중 엔진정지	(황색바탕에 흑색글씨)
화기엄금	(백색바탕에 적색글씨)

04 특정고압가스 사용시설의 시설기준 및 기술기준으로 틀린 것은?

① 가연성 가스의 사용설비에는 정전기 제거설비를 설치한다.
② 지하에 매설하는 배관에는 전기부식 방지조치를 한다.
③ 독성 가스의 저장설비에는 가스가 누출된 때 이를 흡수 또는 중화할 수 있는 장치를 설치한다.
④ 산소를 사용하는 밸브에는 밸브가 잘 동작할 수 있도록 석유류 및 유지류를 주유하여 사용한다.

산소는 석유류, 유지류와 접촉 시 연소폭발이 일어남

05 다음 중 가연성이면서 독성 가스는? **[안전 17]**

① $CHClF_2$ ② HCl
③ C_2H_2 ④ HCN

가연성이면서 독성

㉠ CO ㉡ C_2H_4O
㉢ CH_3Cl ㉣ H_2S
㉤ CS_2 ㉥ 석탄가스
㉦ C_6H_6 ㉧ HCN
㉨ NH_3 ㉩ CH_3Br

정답 01.① 02.① 03.③ 04.④ 05.④

06 액화석유가스 집단공급시설에서 가스설비의 상용압력이 1MPa일 때 이 설비의 내압시험 압력은 몇 MPa로 하는가? **[안전 2]**

① 1
② 1.25
③ 1.5
④ 2.0

T_P(내압시험압력) = 상용압력 × 1.5
= 1 × 1.5
= 1.5MPa

07 아세틸렌가스 또는 압력이 9.8MPa 이상인 압축가스를 용기에 충전하는 경우 방호벽을 설치하지 않아도 되는 곳은? **[안전 57]**

① 압축기와 충전장소 사이
② 압축가스 충전장소와 그 가스 충전용기 보관장소 사이
③ 압축기와 그 가스 충전용기 보관장소 사이
④ 압축가스를 운반하는 차량과 충전용기 사이

방호벽 적용(KGS Fp 111)

적용시설의 종류 법 규	적용시설의 종류 해당 사항	설비 및 대상 건축물	방호벽 설치장소
고압가스	일반제조 C_2H_2 압력 9.8MPa 이상 압축가스 충전 시	압축기	㉠ 당해 충전장소 사이 ㉡ 당해 충전용기 보관장소 사이
고압가스	일반제조 C_2H_2 압력 9.8MPa 이상 압축가스 충전 시	당해 충전장소	㉠ 당해 충전용기 보관장소 사이 ㉡ 당해 충전용 주관밸브 사이
고압가스 LPG	판매시설	용기보관실의 벽	
고압가스 LPG	충전시설	저장탱크와 가스충전장소	
고압가스 LPG	저장탱크	사업소 내 보호시설	
특정고압가스	사용시설	압축 60m³ 이상 액화 300kg 이상의 용기보관실의 벽	

08 저장탱크에 의한 액화석유가스 저장소에서 지상에 노출된 배관을 차량 등으로부터 보호하기 위하여 설치하는 방호철판의 두께는 얼마 이상으로 하여야 하는가? **[안전 8]**

① 2mm
② 3mm
③ 4mm
④ 5mm

보호철판(보호판)

구 분	규격: 설치대상	규격: 재료	규격: 구멍 직경 및 간격	규격: 두께
지하매설배관	최고사용압력 0.1MPa 이상의 배관	KSD 3503	30mm 이상 50mm 이하의 구멍, 3m 간격으로 설치 (누출가스가 지면으로 확산되는 것 방지)	4mm 이상 (단, 고압배관 매설 시 6mm 이상)
지상노출배관	두께 4mm 이상			

09 가스 제조시설에 설치하는 방호벽의 규격으로 옳은 것은? **[안전 104]**

① 박강판 벽으로 두께 3.2cm 이상, 높이 3m 이상
② 후강판 벽으로 두께 10mm 이상, 높이 3m 이상
③ 철근콘크리트 벽으로 두께 12cm 이상, 높이 2m 이상
④ 철근콘크리트 블록 벽으로 두께 20cm 이상, 높이 2m 이상

방호벽

종 류	높 이	두 께
철근콘크리트	2m 이상	12cm 이상
콘크리트블록	2m 이상	15cm 이상
박강판	2m 이상	3.2mm 이상
후강판	2m 이상	6mm 이상

정답 06.③ 07.④ 08.③ 09.③

10 고압가스안전관리법의 적용범위에서 제외되는 고압가스가 아닌 것은? **[안전 95]**

① 섭씨 35℃의 온도에서 게이지압력이 4.9MPa 이하인 유닛형 공기압축장치 안의 압축공기
② 섭씨 15℃의 온도에서 압력이 0Pa을 초과하는 아세틸렌가스
③ 내연 기관의 시동, 타이어의 공기 충전, 리베팅, 착암 또는 토목공사에 사용되는 압축장치 안의 고압가스
④ 냉동능력이 3톤 미만인 냉동설비 안의 고압가스

해설

고법 시행령 제2조 및 별표 1
적용 고압가스

가스의 구분	온도	압력	세부 내용
압축가스	상용	1MPa(g) 이상	실제로 그 압력이 1MPa(g) 이상 되는 것
	35℃	1MPa(g) 이상	압축가스
액화가스	상용	0.2MPa(g) 이상	실제로 그 압력이 0.2MPa(g) 이상 되는 것
		0.2MPa의 경우	35℃ 이하인 액화가스
아세틸렌	15℃	0Pa 초과	
액화시안화수소, 액화브롬화메탄, 액화산화에틸렌	35℃	0Pa 초과	

11 도시가스 배관에 설치하는 희생양극법에 의한 전위 측정용 터미널은 몇 m 이내의 간격으로 하여야 하는가? **[안전 160]**

① 200m ② 300m
③ 500m ④ 600m

12 고압가스 용기를 취급 또는 보관할 때의 기준으로 옳은 것은?

① 충전용기와 잔가스용기는 각각 구분하여 용기 보관장소에 놓는다.
② 용기는 항상 60℃ 이하의 온도를 유지한다.
③ 충전용기는 통풍이 잘 되고 직사광선을 받을 수 있는 따스한 곳에 둔다.
④ 용기 보관장소의 주위 5m 이내에는 화기, 인화성 물질을 두지 아니한다.

② 용기는 40℃ 이하 온도 유지
③ 용기는 직사광선, 빗물을 받지 않는 장소에 보관
④ 용기 보관장소 2m 이내에는 화기, 인화성 · 발화성 물질을 두지 않는다.

13 다음 중 고압가스의 용어에 대한 설명으로 틀린 것은? **[안전 84]**

① 액화가스란 가압, 냉각 등의 방법에 의하여 액체상태로 되어 있는 것으로서 대기압에서의 끓는점이 섭씨 40℃ 이하 또는 상용의 온도 이하인 것을 말한다.
② 독성 가스란 공기 중에 일정량이 존재하는 경우 인체에 유해한 독성을 가진 가스로서 허용농도가 100만분의 2000 이하인 가스를 말한다.
③ 초저온 저장탱크라 함은 섭씨 영하 50℃ 이하의 액화가스를 저장하기 위한 저장탱크로서 단열재로 씌우거나 냉동설비로 냉각하는 등의 방법으로 저장탱크 내의 가스 온도가 상용의 온도를 초과하지 아니하도록 한 것을 말한다.
④ 가연성 가스라 함은 공기 중에서 연소하는 가스로서 폭발한계의 하한이 10% 이하인 것과 폭발한계의 상한과 하한의 차가 20% 이상인 것을 말한다.

14 도시가스에 대한 설명 중 틀린 것은?

① 국내에서 공급하는 대부분의 도시가스는 메탄을 주성분으로 하는 천연가스이다.
② 도시가스는 주로 배관을 통하여 수요자에게 공급된다.
③ 도시가스의 원료로 LPG를 사용할 수 있다.
④ 도시가스는 공기와 혼합만 되면 폭발한다.

정답 10.② 11.② 12.① 13.② 14.④

④ 도시가스 및 모든 가연성 가스는 폭발범위 내에서 연소 및 폭발한다.

15 도시가스 배관에는 도시가스를 사용하는 배관임을 명확하게 식별할 수 있도록 표시를 한다. 다음 중 그 표시방법에 대한 설명으로 옳은 것은? **[안전 153]**

① 지상에 설치하는 배관 외부에는 사용가스명, 최고사용압력 및 가스의 흐름방향을 표시한다.
② 매설배관의 표면색상은 최고사용압력이 저압인 경우에는 녹색으로 도색한다.
③ 매설배관의 표면색상은 최고사용압력이 중압인 경우에는 황색으로 도색한다.
④ 지상배관의 표면색상은 백색으로 도색한다. 다만, 흑색으로 2중 띠를 표시한 경우 백색으로 하지 않아도 된다.

16 고압가스 특정 제조시설에서 선임하여야 하는 안전관리원의 선임 인원 기준은? **[안전 154]**

① 1명 이상 ② 2명 이상
③ 3명 이상 ④ 5명 이상

17 일반도시가스 공급시설에 설치하는 정압기의 분해점검 주기는? **[안전 44]**

① 1년에 1회 이상
② 2년에 1회 이상
③ 3년에 1회 이상
④ 1주일에 1회 이상

정압기 분해점검
① 공급시설 : 2년 1회, 사용시설 : 3년 1회

18 방폭전기기기 구조별 표시방법 중 "e"의 표시는?

① 안전증방폭구조
② 내압방폭구조
③ 유입방폭구조
④ 압력방폭구조

방폭전기기기 기호 및 종류

기 호	종 류
d	내압방폭구조
p	압력방폭구조
o	유입방폭구조
e	안전증방폭구조
ia, ib	본질안전방폭구조

19 자연환기설비 설치 시 LP가스의 용기보관실 바닥면적이 $3m^2$라면 통풍구의 크기는 몇 cm^2 이상으로 하도록 되어 있는가? (단, 철망 등이 부착되어 있지 않은 것으로 간주한다.) **[안전 155]**

① 500 ② 700
③ 900 ④ 1100

∴ $3m^2 = 30000cm^2$이므로
$30000 \times 0.03 = 900cm^2$

20 고속도로 휴게소에서 액화석유가스 저장능력이 얼마를 초과하는 경우에 소형 저장탱크를 설치하여야 하는가? **[안전 156]**

① 300kg ② 500kg
③ 1000kg ④ 3000kg

21 액화석유가스의 용기보관소 시설기준으로 틀린 것은?

① 용기보관실은 사무실과 구분하여 동일 부지에 설치한다.
② 저장설비는 용기집합식으로 한다.
③ 용기보관실은 불연재료를 사용한다.
④ 용기보관실 창의 유리는 망입유리 또는 안전유리로 한다.

액화석유가스 안전관리법 별표 6
용기저장소 시설 기술검사기준
1. 용기보관실은 불연성 재료 사용, 지붕은 불연성 재료를 사용한 가벼운 지붕 설치
2. 용기보관실의 벽은 방호벽으로 할 것
3. 용기보관실은 누출가스가 사무실로 유입되지 않도록 하고 용기보관실의 면적은 $19m^2$ 이상

정답 15.① 16.② 17.② 18.① 19.③ 20.② 21.②

4. 용기보관실과 사무실은 동일 부지 위에 구분 설치할 것
5. 용기보관실의 창의 유리는 망입유리 또는 안전유리로 할 것
6. 저장설비는 용기집합식으로 하지 아니할 것

22 액화석유가스 사용시설의 연소기 설치방법으로 옳지 않은 것은? **[안전 157]**

① 밀폐형 연소기는 급기구, 배기통과 벽과의 사이에 배기가스가 실내로 들어올 수 없게 한다.
② 반밀폐형 연소기는 급기구와 배기통을 설치한다.
③ 개방형 연소기를 설치한 실에는 환풍기 또는 환기구를 설치한다.
④ 배기통이 가연성 물질로 된 벽을 통과시에는 금속 등 불연성 재료로 단열조치를 한다.

23 상용압력이 10MPa인 고압설비의 안전밸브 작동압력은 얼마인가?

① 10MPa ② 12MPa
③ 15MPa ④ 20MPa

$$안전밸브\ 작동압력 = 상용압력 \times 1.5 \times \frac{8}{10}$$
$$= 10 \times 1.5 \times \frac{8}{10}$$
$$= 12\text{MPa}$$

24 다음 가스 중 독성(LC_{50})이 가장 강한 것은?

① 암모니아
② 디메틸아민
③ 브롬화메탄
④ 아크릴로니트릴

LC_{50}(ppm) 농도

가스의 종류	LC_{50}(ppm)
NH_3	7338
디메틸아민	11100
브롬화메탄	850
아크릴로니트릴	20

25 특정고압가스 사용시설에서 취급하는 용기의 안전조치사항으로 틀린 것은?

① 고압가스 충전용기는 항상 40℃ 이하를 유지한다.
② 고압가스 충전용기 밸브는 서서히 개폐하고 밸브 또는 배관을 가열하는 때에는 열습포나 40℃ 이하의 더운 물을 사용한다.
③ 고압가스 충전용기를 사용한 후에는 폭발을 방지하기 위하여 밸브를 열어 둔다.
④ 용기보관실에 충전용기를 보관하는 경우에는 넘어짐 등으로 충격 및 밸브 등의 손상을 방지하는 조치를 한다.

③ 고압가스 용기 사용 후 밸브를 닫아 둔다.

26 LPG 충전자가 실시하는 용기의 안전점검기준에서 내용적 얼마 이하의 용기에 대하여 "실내보관 금지" 표시여부를 확인하여야 하는가?

① 15L ② 20L
③ 30L ④ 50L

27 독성가스 충전용기를 차량에 적재할 때의 기준에 대한 설명으로 틀린 것은? **[안전 158]**

① 운반 차량에 세워서 운반한다.
② 차량의 적재함을 초과하여 적재하지 아니한다.
③ 차량의 최대적재량을 초과하여 적재하지 아니한다.
④ 충전용기는 2단 이상으로 겹쳐 쌓아 용기가 서로 이격되지 않도록 한다.

28 허용농도가 100만분의 200 이하인 독성가스 용기 중 내용적이 얼마 미만인 충전용기를 운반하는 차량의 적재함에 대하여 밀폐된 구조로 하여야 하는가?

① 500L ② 1000L
③ 2000L ④ 3000L

정답 22.④ 23.② 24.④ 25.③ 26.① 27.④ 28.②

KGS Gc 206
허용농도가 100만분의 200 이하인 독성가스 충전용기를 운반 시 용기 승하차용 리프트와 밀폐된 구조의 적재함이 부착된 전용 차량(독성가스 전용 차량)으로 운반한다. 단, 내용적이 1000L 이상인 충전용기를 운반하는 경우에는 그러하지 아니하다.

29 도시가스 배관 굴착작업 시 배관의 보호를 위하여 배관 주위 얼마 이내에는 인력으로 굴착하여야 하는가? **[안전 127]**

① 0.3m ② 0.6m
③ 1m ④ 1.5m

30 차량에 고정된 고압가스 탱크를 운행할 경우에 휴대하여야 할 서류가 아닌 것은 어느 것인가? **[안전 159]**

① 차량등록증
② 탱크테이블(용량환산표)
③ 고압가스이동계획서
④ 탱크제조시방서

31 다단 왕복동 압축기의 중간단의 토출온도가 상승하는 주된 원인이 아닌 것은?

① 압축비 감소
② 토출밸브 불량에 의한 역류
③ 흡입밸브 불량에 의한 고온가스 흡입
④ 전단 쿨러 불량에 의한 고온가스 흡입

① 압축비 감소 : 토출온도 저하의 원인

32 LP가스의 자동교체식 조정기 설치 시의 장점에 대한 설명 중 틀린 것은? **[설비 37]**

① 도관의 압력손실을 적게 해야 한다.
② 용기 숫자가 수동식보다 적어도 된다.
③ 용기 교환주기의 폭을 넓힐 수 있다.
④ 잔액이 거의 없어질 때까지 소비가 가능하다.

자동교체 조정기 사용 시 장점
②, ③, ④항 이외에 분리형 사용 시 도관의 압력손실이 커도 된다.

33 수은을 이용한 U자관 압력계에서 액주 높이(h)는 600mm, 대기압(P_1)은 1kg/cm^{2}일 때 P_2는 약 몇 kg/cm^{2}인가?

① 0.22 ② 0.92
③ 1.82 ④ 9.16

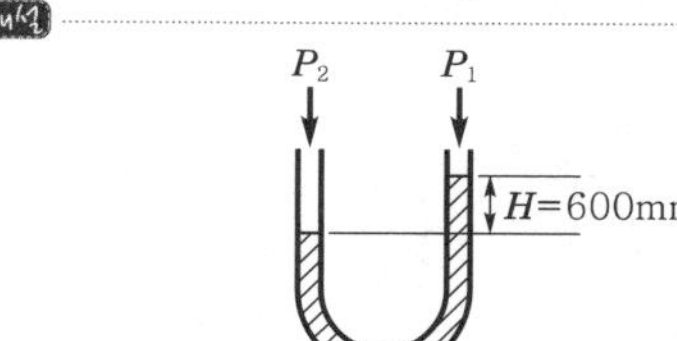

$$\therefore\ P_2 = P_1 + SH$$
$$= 1\text{kg/cm}^2 + 13.6\text{kg/L} \times 60\text{cm}$$
$$= 1\text{kg/cm}^2 + 13.6\text{kg}/10^3\text{cm}^3 \times 60\text{cm}$$
$$= 1.816$$
$$= 1.82\text{kg/cm}^2$$

34 공기액화분리장치의 내부를 세척하고자 할 때 세정액으로 가장 적당한 것은?

① 염산(HCl)
② 가성소다(NaOH)
③ 사염화탄소(CCl_4)
④ 탄산나트륨(Na_2CO_3)

공기액화분리장치 중요사항

<table>
<tr><th colspan="2">항 목</th><th colspan="2">세부 요점내용</th></tr>
<tr><td colspan="2">분리장치 사용목적</td><td colspan="2">기체공기를 고압, 저온으로 L-O_2, L-Ar, L-N_2를 비등점 차이로 제조</td></tr>
<tr><td colspan="2">즉시 운전을 중지하여야 하는 경우</td><td colspan="2">㉠ 액화산소 5L 중 C의 질량이 500mg 이상 시
㉡ 액화산소 5L 중 C_2H_2의 질량이 5mg 이상 시</td></tr>
<tr><td>압축기 윤활제</td><td>내부 세정제</td><td>양질의 광유</td><td>CCl_4(사염화탄소)</td></tr>
<tr><td colspan="2">분리장치 폭발원인</td><td colspan="2">㉠ 공기취입구로부터 C_2H_2 혼입
㉡ 압축기 윤활유 분해에 따른 탄화수소 생성
㉢ 액체 공기 중 O_3의 혼입
㉣ 공기 중 질소 화합물의 혼입</td></tr>
<tr><td colspan="2">대책</td><td colspan="2">㉠ 공기취입구를 맑은 곳에 설치한다.
㉡ 부근에 카바이드 작업을 피한다.
㉢ 윤활유는 양질의 광유를 사용한다.
㉣ 연 1회 CCl_4로 세척한다.</td></tr>
</table>

정답 29.③ 30.④ 31.① 32.① 33.③ 34.③

35 오리피스 유량계의 특징에 대한 설명으로 옳은 것은?

① 내구성이 좋다.
② 저압, 저유량에 적당하다.
③ 유체의 압력손실이 크다.
④ 협소한 장소에는 설치가 어렵다.

해설
오리피스 유량계
차압식 유량계(오리피스, 플로노즐, 벤투리)로서 압력손실이 가장 크다.

36 가스 유량 2.03kg/h, 관의 내경 1.61cm, 길이 20m의 직관에서의 압력손실은 약 몇 mm 수주인가? (단, 온도 15℃에서 비중 1.58, 밀도 2.04kg/m^3, 유량계수 0.436이다.)

① 11.4 ② 14.0
③ 15.2 ④ 17.5

해설
저압 배관 유량식

$Q = K\sqrt{\dfrac{D^5 H}{SL}}$ 에서

$$H = \frac{Q^2 \cdot S \cdot L}{K^2 \cdot D^5}$$

$$= \frac{\left(\dfrac{2.03}{2.04}\right)^2 \times 1.58 \times 20}{0.436^2 \times 1.61^5}$$

$= 15.21 mmH_2O$

[참고] 유량(Q)의 단위가 m^3/h이므로

$$\frac{2.03 kg/hr}{2.04 kg/m^3} = \frac{2.03}{2.04} m^3/h$$

37 암모니아를 사용하는 고온 · 고압 가스장치의 재료로 가장 적당한 것은?

① 동
② PVC 코팅강
③ 알루미늄 합금
④ 18-8 스테인리스강

38 가스보일러의 본체에 표시된 가스소비량이 100000kcal/h이고, 버너에 표시된 가스소비량이 120000kcal/h일 때 도시가스 소비량 산정은 얼마를 기준으로 하는가?

① 100000kcal/h ② 105000kcal/h
③ 110000kcal/h ④ 120000kcal/h

39 다음 중 다공도를 측정할 때 사용되는 식은? (단, V : 다공물질의 용적, E : 아세톤 침윤 잔용적이다.) **[안전 11]**

① 다공도$= \dfrac{V}{(V-E)}$

② 다공도$= (V-E) \times \dfrac{100}{V}$

③ 다공도$= (V+E) \times V$

④ 다공도$= (V+E) \times \dfrac{V}{100}$

다공도
불활성 가스인 He, Ne, Ar, Kr 등은 원자가 0

40 공기액화분리 장치의 부산물로 얻어지는 아르곤가스는 불활성 가스이다. 아르곤가스의 원자가는?

① 0 ② 1
③ 3 ④ 8

41 로터미터는 어떤 형식의 유량계인가?

① 차압식 ② 터빈식
③ 회전식 ④ 면적식

유량계
㉠ 용적식 : 습식 가스미터, 건식 가스미터
㉡ 차압식 : 오리피스, 플로노즐, 벤투리
㉢ 면적 : 로터미터

42 LP가스 사용 시의 주의사항으로 틀린 것은 어느 것인가?

① 용기밸브, 콕 등은 신속하게 열 것
② 연소기구 주위에 가연물을 두지 말 것
③ 가스누출 유무를 냄새 등으로 확인할 것
④ 고무호스의 노화, 갈라짐 등은 항상 점검할 것

① 밸브의 개폐는 서서히 한다.

정답 35.③ 36.③ 37.④ 38.① 39.② 40.① 41.④ 42.①

43 원심펌프의 양정과 회전속도의 관계는? (단, N_1 : 처음 회전수, N_2 : 변화된 회전수) [설비 35]

① $\left(\frac{N_2}{N_1}\right)$ ② $\left(\frac{N_2}{N_1}\right)^2$
③ $\left(\frac{N_2}{N_1}\right)^3$ ④ $\left(\frac{N_2}{N_1}\right)^5$

회전수 변화($N_1 \rightarrow N_2$)에 따른 송수량(유량)(Q), 양정(H), 동력(P) 값의 변화

송수량	$Q_2 = Q_1 \times \left(\frac{N_2}{N_1}\right)$
양 정	$H_2 = H_1 \times \left(\frac{N_2}{N_1}\right)^2$
동 력	$P_2 = P_1 \times \left(\frac{N_2}{N_1}\right)^3$

44 조정압력이 2.8kPa인 액화석유가스 압력 조정기의 안전장치 작동표준압력은? [안전 73]

① 5.0kPa ② 6.0kPa
③ 7.0kPa ④ 8.0kPa

조정압력이 3.3kPa 이하인 조정기의 안전장치 작동압력

압력 구분	압력(kPa)
작동 표준	7
작동 개시	5.6~8.4
작동 정지	5.04~8.4

45 오스테나이트계 스테인리스강에 대한 설명으로 틀린 것은?

① Fe-Cr-Ni 합금이다.
② 내식성이 우수하다.
③ 강한 자성을 갖는다.
④ 18-8 스테인리스강이 대표적이다.

46 임계온도에 대한 설명으로 옳은 것은?

① 기체를 액화할 수 있는 절대온도
② 기체를 액화할 수 있는 평균온도
③ 기체를 액화할 수 있는 최저의 온도
④ 기체를 액화할 수 있는 최고의 온도

해설

㉠ 임계온도 : 기체를 액화시킬 수 있는 최고의 온도
㉡ 임계압력 : 기체를 액화시킬 수 있는 최저의 압력

47 암모니아에 대한 설명 중 틀린 것은?

① 물에 잘 용해된다.
② 무색, 무취의 가스이다.
③ 비료의 제조에 이용된다.
④ 암모니아가 분해되면 질소와 수소가 된다.

48 LNG의 특징에 대한 설명 중 틀린 것은?

① 냉열을 이용할 수 있다.
② 천연에서 산출한 천연가스를 약 -162℃까지 냉각하여 액화시킨 것이다.
③ LNG는 도시가스, 발전용 이외에 일반 공업용으로도 사용된다.
④ LNG로부터 기화한 가스는 부탄이 주성분이다.

49 불꽃의 끝이 적황색으로 연소하는 현상을 의미하는 것은?

① 리프트 ② 옐로우팁
③ 캐비테이션 ④ 워터해머

50 랭킨온도가 420°R일 경우 섭씨온도로 환산한 값으로 옳은 것은?

① -30℃ ② -40℃
③ -50℃ ④ -60℃

°R=1.8K이므로

$K = \frac{°R}{1.8} = \frac{420}{1.8} = 233.33K$

$\therefore$ °C = K − 273 = 233.33 − 273 = − 39.66 ≒ − 40°C

51 도시가스의 제조공정이 아닌 것은? [안전 124]

① 열분해 공정
② 접촉분해 공정
③ 수소화분해 공정
④ 상압증류 공정

정답 43.② 44.③ 45.③ 46.④ 47.② 48.④ 49.② 50.② 51.④

해설

도시가스 프로세스
㉠ 열분해
㉡ 부분연소
㉢ 수소화분해
㉣ 접촉분해(수증기 개질, 사이클링식, 저온수증기 개질, 고온수증기 개질)

52 포화온도에 대하여 가장 잘 나타낸 것은?

① 액체가 증발하기 시작할 때의 온도
② 액체가 증발현상 없이 기체로 변하기 시작할 때의 온도
③ 액체가 증발하여 어떤 용기 안이 증기로 꽉 차 있을 때의 온도
④ 액체와 증기가 공존할 때 그 압력에 상당한 일정한 값의 온도

53 다음 중 1MPa과 같은 것은?

① $10N/cm^2$
② $100N/cm^2$
③ $1000N/cm^2$
④ $10000N/cm^2$

해설

$1MPa = 10^6 Pa$
$Pa = N/m^2$
$1m^2 = 10^4 cm^2$이므로
$10^6 N/m^2 = 10^6 N/10^4 cm^2 = 100N/cm^2$

54 20℃의 물 50kg을 90℃로 올리기 위해 LPG를 사용하였다면, 이때 필요한 LPG의 양은 몇 kg인가? (단, LPG 발열량은 10000kcal/kg이고, 열효율은 50%이다.)

① 0.5
② 0.6
③ 0.7
④ 0.8

해설

$Q = Gc\Delta t$
$= 50kg \times 1kcal/kg℃ \times (90-20)℃ = 3500kcal$
3500kcal : x(프로판)kg = 10000×0.5kcal : 1kg
$\therefore x = \dfrac{3500 \times 1}{10000 \times 0.5} = 0.7kg$

55 다음 중 압축가스에 속하는 것은?

① 산소　② 염소
③ 탄산가스　④ 암모니아

해설

압축가스와 비등점

가스 종류	비등점
He	−269℃
H_2	−252℃
N_2	−196℃
O_2	−183℃
CH_4	−162℃
CO	−192℃

56 진공도 200mmHg는 절대압력으로 약 몇 $kg/cm^2 \cdot abs$인가?

① 0.76　② 0.80
③ 0.94　④ 1.03

해설

절대압력 = 대기압력 − 진공압력
= 760 − 200
= 560mmHg
$\therefore \dfrac{560}{760} \times 1.0332 = 0.76kg/cm^2$

57 다음 중 압력 단위로 사용하지 않는 것은?

① kg/cm^2　② Pa
③ mmH_2O　④ kg/m^3

해설

④ kg/m^3 : 밀도의 단위

58 다음 중 엔트로피의 단위는? [설비 39]

① kcal/h
② kcal/kg
③ kcal/kg · m
④ kcal/kg · K

해설

물리학적 단위
㉠ 시간당 열량
㉡ 엔탈피
㉢ 일의 열당량

정답 52.④ 53.② 54.③ 55.① 56.① 57.④ 58.④

59 다음 각 가스의 특성에 대한 설명으로 틀린 것은?

① 수소는 고온, 고압에서 탄소강과 반응하여 수소 취성을 일으킨다.
② 산소는 공기액화분리장치를 통해 제조하며, 질소와 분리 시 비등점 차이를 이용한다.
③ 일산화탄소는 담화액의 무취 기체로 허용농도는 TLV-TWA 기준으로 50ppm 이다.
④ 암모니아는 붉은 리트머스를 푸르게 변화시키는 성질을 이용하여 검출할 수 있다.

③ CO는 무색무취의 독성 가스

60 대기압 하에서 다음 각 물질별 온도를 바르게 나타낸 것은?

① 물의 동결점 : −273K
② 질소의 비등점 : −183℃
③ 물의 동결점 : 32°F
④ 산소의 비등점 : −196℃

① 물의 동결점 : 273K
② 질소의 비등점 : −196℃
④ 산소의 비등점 : −183℃

정답 59.③ 60.③

국가기술자격 필기시험문제

2016년 기능사 제2회 필기시험(1부) (2016년 4월 시행)

자격종목	시험시간	문제수	문제형별
가스기능사	1시간	60	A

수험번호		성 명	

01 다음 중 전기설비 방폭구조의 종류가 아닌 것은? [안전 45]

① 접지 방폭구조
② 유입 방폭구조
③ 압력 방폭구조
④ 안전증 방폭구조

해설
전기설비 방폭구조
유입 방폭구조, 압력 방폭구조, 안전증 방폭구조, 내압 방폭구조, 본질안전 방폭구조, 특수 방폭구조

02 다음 중 특정고압가스에 해당되지 않는 것은? [안전 53]

① 이산화탄소
② 수소
③ 산소
④ 천연가스

해설
특정고압가스
수소, 산소, 액화암모니아, 액화염소, 아세틸렌천연가스, 압축모노실란, 압축디보레인, 액화알진

03 내부용적이 25000L인 액화산소 저장탱크의 저장능력은 얼마인가? (단, 비중은 1.14이다.) [안전 30]

① 21930kg
② 24780kg
③ 25650kg
④ 28500kg

해설
$W = 0.9dv = 0.9 \times 1.14 \times 25000 = 25650\text{kg}$

04 배관의 설치방법으로 산소 또는 천연메탄을 수송하기 위한 배관과 이에 접속하는 압축기와의 사이에 반드시 설치하여야 하는 것은?

① 방파판 ② 솔레노이드
③ 수취기 ④ 안전밸브

05 공정에 존재하는 위험요소와 비록 위험하지는 않더라도 공정의 효율을 떨어뜨릴 수 있는 운전상의 문제를 파악하기 위한 안전성 평가기법은? [안전 111]

① 안전성 검토(Safety Review)기법
② 예비위험성 평가(Preliminary Hazard Analysis)기법
③ 사고예상 질문(What If Analysis)기법
④ 위험과 운전분석(HAZOP)기법

06 다음 특정설비 중 재검사 대상인 것은?

① 역화방지장치
② 차량에 고정된 탱크
③ 독성가스 배관용 밸브
④ 자동차용 가스 자동주입기

07 독성가스 외의 고압가스 충전용기를 차량에 적재하여 운반할 때 부착하는 경계표지에 대한 내용으로 옳은 것은? [안전 34]

① 적색글씨로 "위험 고압가스"라고 표시
② 황색글씨로 "위험 고압가스"라고 표시
③ 적색글씨로 "주의 고압가스"라고 표시
④ 황색글씨로 "주의 고압가스"라고 표시

정답 01.① 02.① 03.③ 04.③ 05.④ 06.② 07.①

08 LP가스설비를 수리할 때 내부의 LP가스를 질소 또는 물로 치환하고, 치환에 사용된 가스나 액체를 공기로 재치환하여야 하는데, 이때 공기에 의한 재치환의 결과가 산소농도 측정기로 측정하여 산소농도가 얼마의 범위 내에 있을 때까지 공기로 재치환하여야 하는가?

① 4~6% ② 7~11%
③ 12~16% ④ 18~22%

09 고압가스특정제조시설 중 도로 밑에 매설하는 배관의 기준에 대한 설명으로 틀린 것은? [안전 140]

① 시가지의 도로 밑에 배관을 설치하는 경우에는 보호판을 배관의 정상부로부터 30cm 이상 떨어진 그 배관의 직상부에 설치한다.
② 배관은 그 외면으로부터 도로의 경계와 수평거리로 1m 이상을 유지한다.
③ 배관은 원칙적으로 자동차 등의 하중의 영향이 적은 곳에 매설한다.
④ 배관은 그 외면으로부터 도로 밑의 다른 시설물과 60cm 이상의 거리를 유지한다.

④ 도로 밑 다른 시설물과 30cm 이상 유지

10 공기보다 비중이 가벼운 도시가스의 공급시설로서 공급시설이 지하에 설치된 경우의 통풍구조의 기준으로 틀린 것은? [안전 110]

① 통풍구조는 환기구를 2방향 이상 분산하여 설치한다.
② 배기구는 천장면으로부터 30cm 이내에 설치한다.
③ 흡입구 및 배기구의 관경은 500mm 이상으로 하되, 통풍이 양호하도록 한다.
④ 배기가스 방출구는 지면에서 3m 이상의 높이에 설치하되, 화기가 없는 안전한 장소에 설치한다.

흡입구 배기구의 관경 100mm 이상

11 다음 중 폭발한계의 범위가 가장 좁은 것은?

① 프로판 ② 암모니아
③ 수소 ④ 아세틸렌

① 2.1~9.5 ② 15~28
③ 4~75 ④ 2.5~81

12 도시가스 사용시설에서 정한 액화가스란 상용의 온도 또는 섭씨 35도의 온도에서 압력이 얼마 이상이 되는 것을 말하는가?

① 0.1MPa ② 0.2MPa
③ 0.5MPa ④ 1MPa

13 염소가스 저장탱크의 과충전 방지장치는 가스충전량이 저장탱크 내용적의 몇 %를 초과할 때 가스충전이 되지 않도록 동작하는가?

① 60% ② 80%
③ 90% ④ 95%

14 도시가스 사고의 사고 유형이 아닌 것은?

① 시설 부식
② 시설 부적합
③ 보호포 설치
④ 연결부 이완

15 가연성 가스 저온저장탱크 내부의 압력이 외부의 압력보다 낮아져 저장탱크가 파괴되는 것을 방지하기 위한 조치로서 갖추어야 할 설비가 아닌 것은? [안전 20]

① 압력계
② 압력경보설비
③ 정전기제거설비
④ 진공안전밸브

해설

저장탱크 부압파괴방지 설비
㉠ 압력계
㉡ 압력경보설비
㉢ 기타 설비 중 1 이상의 설비(진공안전밸브, 균압관 압력과 연동하는 긴급차단장치를 설치한 냉동제어설비 및 송액설비)

정답 08.④ 09.④ 10.③ 11.① 12.② 13.③ 14.③ 15.③

16 일반 도시가스 배관 중 중압 이하의 배관과 고압배관을 매설하는 경우 서로간의 거리를 몇 m 이상으로 유지하여야 하는가? **[안전 131]**

① 1　② 2
③ 3　④ 5

해설
중압 이하 배관과 고압배관 매설 시 매설간격 2m 이상(단, 철근콘크리트 방호구조물 내 설치 시 1m 이상 배관의 주체가 같은 경우 3m 이상)

17 초저온용기의 단열성능시험용 저온 액화가스가 아닌 것은?

① 액화아르곤　② 액화산소
③ 액화공기　④ 액화질소

18 고압가스 판매소의 시설기준에 대한 설명으로 틀린 것은? **[안전 31, 98]**

① 충전용기의 보관실은 불연재료를 사용한다.
② 가연성 가스 · 산소 및 독성가스의 저장실은 각각 구분하여 설치한다.
③ 용기보관실 및 사무실은 부지를 구분하여 설치한다.
④ 산소, 독성가스 또는 가연성 가스를 보관하는 용기보관실의 면적은 각 고압가스별로 $10m^2$ 이상으로 한다.

해설
용기보관실 및 사무실은 동일부지에 설치

19 운전 중인 액화석유가스 충전설비의 작동상황에 대하여 주기적으로 점검하여야 한다. 점검주기는?

① 1일에 1회 이상
② 1주일에 1회 이상
③ 3월에 1회 이상
④ 6월에 1회 이상

20 재검사 용기 및 특정설비의 파기방법으로 틀린 것은? **[안전 68]**

① 잔가스를 전부 제거한 후 절단한다.
② 절단 등의 방법으로 파기하여 원형으로 가공할 수 없도록 한다.
③ 파기 시에는 검사장소에서 검사원 입회하에 사용자가 실시할 수 있다.
④ 파기 물품은 검사 신청인이 인수시한 내에 인수하지 아니한 때도 검사인이 임의로 매각 처분하면 안 된다.

해설
파기 물품은 검사 신청인이 인수시한(통지한 날로부터 1월 이내) 내에 인수하지 않을 경우 검사기관으로 하여금 임의로 매각 처분하게 할 수 있다.

21 도시가스 배관이 굴착으로 20m 이상이 노출되어 누출가스가 체류하기 쉬운 장소일 때 가스누출경보기는 몇 m마다 설치해야 하는가? **[안전 126]**

① 5　② 10
③ 20　④ 30

해설
근무자가 상주하는 곳에 경보음이 전달되도록 20m마다 설치한다.

22 시안화수소의 중합폭발을 방지하기 위하여 주로 사용할 수 있는 안정제는? **[설비 43]**

① 탄산가스
② 황산
③ 질소
④ 일산화탄소

23 고압가스 용접용기 동체의 내경은 약 몇 mm인가?

• 동체 두께 : 2mm
• 최고충전압력 : 2.5MPa
• 인장강도 : $480N/mm^2$
• 부식 여유 : 0
• 용접 효율 : 1

① 190mm
② 290mm
③ 660mm
④ 760mm

정답 16.② 17.③ 18.③ 19.① 20.④ 21.③ 22.② 23.①

해설

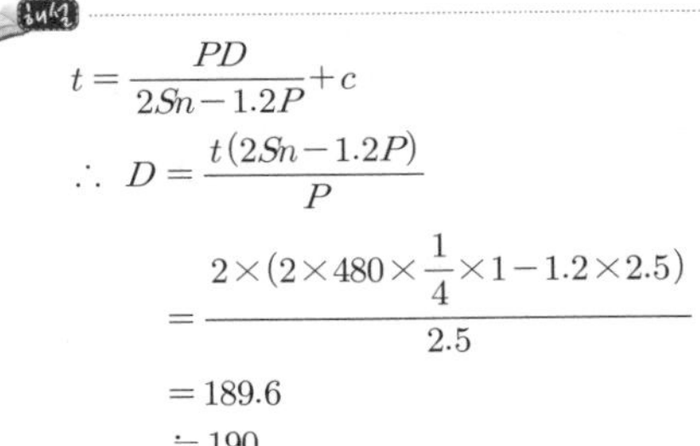

$$t=\frac{PD}{2Sn-1.2P}+c$$

$$\therefore\ D=\frac{t(2Sn-1.2P)}{P}$$

$$=\frac{2\times(2\times480\times\frac{1}{4}\times1-1.2\times2.5)}{2.5}$$

$$=189.6$$

$$\fallingdotseq 190$$

24 고압가스관련법에서 사용되는 용어의 정의에 대한 설명 중 틀린 것은? **[안전 84]**

① 가연성 가스라 함은 공기 중에서 연소하는 가스로서 폭발한계의 하한이 10% 이하인 것과 폭발한계의 상한과 하한의 차가 20% 이상인 것을 말한다.
② 독성가스라 함은 인체에 유해한 독성을 가진 가스로서 허용농도가 100만분의 100 이하인 것을 말한다.
③ 액화가스라 함은 가압·냉각 등의 방법에 의하여 액체상태로 되어 있는 것으로서 대기압에서의 비점이 섭씨 40도 이하 또는 상용의 온도 이하인 것을 말한다.
④ 초저온저장탱크라 함은 섭씨 영하 50도 이하의 저장탱크로서 단열재로 피복하거나 냉동설비로 냉각하는 등의 방법으로 저장탱크 내의 가스온도가 상용의 온도를 초과하지 아니하도록 한 것을 말한다.

해설
독성가스라 함은 인체에 유해한 독성을 가진 가스로서 허용농도가 100만분의 5000 이하인 것을 말한다.

25 다음 고압가스 압축작업 중 작업을 즉시 중단하여야 하는 경우인 것은? **[안전 78]**

① 산소 중의 아세틸렌, 에틸렌 및 수소의 용량 합계가 전체 용량의 2% 이상인 것
② 아세틸렌 중의 산소용량이 전체 용량의 1% 이하인 것
③ 산소 중의 가연성 가스(아세틸렌, 에틸렌 및 수소를 제외한다)의 용량이 전체 용량의 2% 이하의 것
④ 시안화수소 중의 산소 용량이 전체 용량의 2% 이상의 것

해설
고압가스 압축작업 중 작업을 즉시 중단하여야 하는 경우
㉠ 가연성 중의 산소 및 산소 중 가연성 : 4% 이상
㉡ 수소, 아세틸렌, 에틸렌 중 산소 중 수소, 아세틸렌, 에틸렌 : 2% 이상

26 다음 중 가스사고를 분류하는 일반적인 방법이 아닌 것은?

① 원인에 따른 분류
② 사용처에 따른 분류
③ 사고형태에 따른 분류
④ 사용자의 연령에 따른 분류

27 고압가스 저장시설에 설치하는 방류둑에는 계단, 사다리 또는 토사를 높이 쌓아올림 등에 의한 출입구를 둘레 몇 m마다 1개 이상을 두어야 하는가? **[안전 15]**

① 30
② 50
③ 75
④ 100

고압가스 저장시설에 설치하는 방류둑에는 계단, 사다리 또는 토사를 높이 쌓아올림 등에 의한 출입구를 둘레 50m마다 1개 설치(전 둘레 50m 미만 시 2곳을 분산 설치)한다.

28 LPG 용기 및 저장탱크에 주로 사용되는 안전밸브의 형식은?

① 가용전식
② 파열판식
③ 중추식
④ 스프링식

정답 24.② 25.① 26.④ 27.② 28.④

29 가스 충전용기 운반 시 동일차량에 적재할 수 없는 것은? **[안전 4]**

① 염소와 아세틸렌
② 질소와 아세틸렌
③ 프로판과 아세틸렌
④ 염소와 산소

해설
염소와 아세틸렌, 암모니아, 수소는 한 차량에 운반하지 않는다.

30 다음 ( ) 안에 들어갈 수 있는 경우로 옳지 않은 것은?

> 액화천연가스의 저장설비와 처리설비는 그 외면으로부터 사업소 경계까지 일정 규모 이상의 안전거리를 유지하여야 한다. 이 때 사업소 경계가 ( )의 경우에는 이들의 반대 편 끝을 경계로 보고 있다.

① 산 ② 호수
③ 하천 ④ 바다

31 비중이 0.5인 LPG를 제조하는 공장에서 1일 10만L를 생산하여 24시간 정치 후 모든 산업현장으로 보낸다. 이 회사에서 생산하는 LPG를 저장하려면 저장용량이 5톤인 저장탱크 몇 개를 설치해야 하는가?

① 2 ② 5
③ 7 ④ 10

해설
$0.5(kg/L) \times 100000L = 50000kg$
$= 50ton$
$\therefore 50 \div 5 = 10$

32 고압용기나 탱크 및 라인(line) 등의 퍼지(purge)용으로 주로 쓰이는 기체는?

① 산소
② 수소
③ 산화질소
④ 질소

33 고압가스 제조소의 작업원은 얼마의 기간 이내에 1회 이상 보호구의 사용훈련을 받아 사용방법을 숙지하여야 하는가?

① 1개월
② 3개월
③ 6개월
④ 12개월

34 LPG 기화장치의 작동원리에 따른 구분으로 저온의 액화가스를 조정기를 통하여 감압한 후 열교환기에 공급해 강제 기화시켜 공급하는 방식은?

① 해수가열 방식
② 가온감압 방식
③ 감압가열 방식
④ 중간 매체 방식

35 도시가스사업법령에서는 도시가스를 압력에 따라 고압, 중압 및 저압으로 구분하고 있다. 중압의 범위로 옳은 것은? (단, 액화가스가 기화되고 다른 물질과 혼합되지 않은 경우로 가정한다.) **[안전 160]**

① 0.1MPa 이상 1MPa 미만
② 0.2MPa 이상 1MPa 미만
③ 0.1MPa 이상 0.2MPa 미만
④ 0.01MPa 이상 0.2MPa 미만

해설
중압
0.1MPa 이상 1MPa 미만(단, 액화가스가 기화되고 다른 물질과 혼합되지 않은 경우 0.01MPa 이상 0.2MPa 미만)

36 가연성 가스 누출검지 경보장치의 경보농도는 얼마인가?

① 폭발하한계 이하
② LC_{50} 기준농도 이하
③ 폭발하한계 1/4 이하
④ TLV-TWA 기준농도 이하

정답 29.① 30.① 31.④ 32.④ 33.② 34.③ 35.④ 36.③

37 내용적 47L인 LP가스 용기의 최대 충전량은 몇 kg인가? (단, LP가스 정수는 2.35이다.)

① 20　② 42
③ 50　④ 110

$W = \frac{V}{C} = \frac{47}{2.35} = 20\text{kg}$

38 부식성 유체나 고점도의 유체 및 소량의 유체 측정에 가장 적합한 유량계는?

① 차압식 유량계
② 면적식 유량계
③ 용적식 유량계
④ 유속식 유량계

39 LP가스 이송설비 중 압축기에 의한 이송방식에 대한 설명으로 틀린 것은? **[설비 1]**

① 베이퍼록 현상이 없다.
② 잔가스 회수가 용이하다.
③ 펌프에 비해 이송시간이 짧다.
④ 저온에서 부탄가스가 재액화되지 않는다.

LP가스 이송설비 중 압축기에 의한 이송 시에는 재액화와 드레인 우려가 있다.

40 공기, 질소, 산소 및 헬륨 등과 같이 임계온도가 낮은 기체를 액화하는 액화사이클의 종류가 아닌 것은?

① 구데 공기액화사이클
② 린데 공기액화사이클
③ 필립스 공기액화사이클
④ 캐스케이드 공기액화사이클

41 다기능 가스안전계량기에 대한 설명으로 틀린 것은?

① 사용자가 쉽게 조작할 수 있는 테스트 차단기능이 있는 것으로 한다.
② 통상의 사용상태에서 빗물, 먼지 등이 침입할 수 없는 구조로 한다.
③ 차단밸브가 작동한 후에는 복원조작을 하지 아니하는 한 열리지 않는 구조로 한다.
④ 복원을 위한 버튼이나 레버 등은 조작을 쉽게 실시할 수 있는 위치에 있는 것으로 한다.

42 계측기기의 구비조건으로 틀린 것은?

① 설비비 및 유지비가 적게 들 것
② 원거리 지시 및 기록이 가능할 것
③ 구조가 간단하고 정도(精度)가 낮을 것
④ 설치장소 및 주위조건에 대한 내구성이 클 것

43 압축기에서 두압이란?

① 흡입압력이다.
② 증발기 내의 압력이다.
③ 피스톤 상부의 압력이다.
④ 크랭크케이스 내의 압력이다.

44 반밀폐식 보일러의 급·배기설비에 대한 설명으로 틀린 것은?

① 배기통의 끝은 옥외로 뽑아낸다.
② 배기통의 굴곡수는 5개 이하로 한다.
③ 배기통의 가로길이는 5m 이하로서 될 수 있는 한 짧게 한다.
④ 배기통의 입상높이는 원칙적으로 10m 이하로 한다.

배기통의 굴곡수는 4개 이하

45 흡입압력이 대기압과 같으며 최종압력이 $15\text{kgf/cm}^2\cdot\text{g}$인 4단 공기압축기의 압축비는 약 얼마인가? (단, 대기압은 1kgf/cm^2로 한다.)

① 2　② 4
③ 8　④ 16

$a = \sqrt[4]{\frac{16}{1}} = 2$

정답 37.① 38.② 39.④ 40.① 41.① 42.③ 43.③ 44.② 45.①

46 순수한 것은 안정하나 소량의 수분이나 알칼리성 물질을 함유하면 중합이 촉진되고 독성이 매우 강한 가스는?

① 염소 ② 포스겐
③ 황화수소 ④ 시안화수소

47 다음 중 비점이 가장 높은 가스는?

① 수소 ② 산소
③ 아세틸렌 ④ 프로판

① −252℃ ② −183℃
③ −75℃ ④ −42℃

48 단위질량인 물질의 온도를 단위온도차 만큼 올리는 데 필요한 열량을 무엇이라고 하는가?

① 일률 ② 비열
③ 비중 ④ 엔트로피

49 LNG의 성질에 대한 설명 중 틀린 것은?

① LNG가 액화되면 체적이 약 1/600로 줄어든다.
② 무독, 무공해의 청정가스로 발열량이 약 9500kcal/m^3 정도이다.
③ 메탄을 주성분으로 하며 에탄, 프로판 등이 포함되어 있다.
④ LNG는 기체상태에서는 공기보다 가벼우나 액체상태에서는 물보다 무겁다.

액체상태에서는 물보다 가볍다.

50 압력에 대한 설명 중 틀린 것은?

① 게이지압력은 절대압력에 대기압을 더한 압력이다.
② 압력이란 단위면적당 작용하는 힘의 세기를 말한다.
③ 1.0332kg/cm^2의 대기압을 표준대기압이라고 한다.
④ 대기압은 수은주를 76cm만큼의 높이로 밀어 올릴 수 있는 힘이다.

절대압력＝대기압력＋게이지압력

51 프로판을 완전연소시켰을 때 주로 생성되는 물질은?

① CO_2, H_2
② CO_2, H_2O
③ C_2H_4, H_2O
④ C_4H_{10}, CO

$C_3H_8 + 5O_2 \rightarrow 3CO_2 + 4H_2O$

52 요소비료 제조 시 주로 사용되는 가스는?

① 염화수소 ② 질소
③ 일산화탄소 ④ 암모니아

$2NH_3 + CO_2 \rightarrow (NH_2)_2CO + H_2O$

53 수분이 존재할 때 일반 강재를 부식시키는 가스는?

① 황화수소 ② 수소
③ 일산화탄소 ④ 질소

수분 존재 시 부식을 일으키는 가스
CO_2, H_2S, SO_2, Cl_2, $COCl_2$

54 폭발위험에 대한 설명 중 틀린 것은?

① 폭발범위의 하한값이 낮을수록 폭발위험은 커진다.
② 폭발범위의 상한값과 하한값의 차가 작을수록 폭발위험은 커진다.
③ 프로판보다 부탄의 폭발범위 하한값이 낮다.
④ 프로판보다 부탄의 폭발범위 상한값이 낮다.

55 다음 중 액체가 기체로 변하기 위해 필요한 열은?

① 융해열 ② 응축열
③ 승화열 ④ 기화열

정답 46.④ 47.④ 48.② 49.④ 50.① 51.② 52.④ 53.① 54.② 55.④

56 부탄 $1Nm^3$를 완전연소시키는 데 필요한 이론공기량은 약 몇 Nm^3인가? (단, 공기 중의 산소농도는 21v%이다.)

① 5　② 6.5
③ 23.8　④ 31

$C_4H_{10}+6.5O_2 \rightarrow 4CO_2+5H_2O$

$1 : 6.5\times\frac{100}{21}=31Nm^3$

57 온도 410℉를 절대온도로 나타내면?

① 273K　② 483K
③ 512K　④ 612K

해설

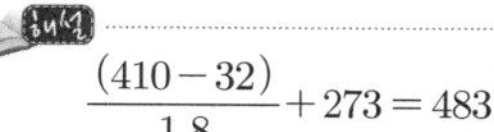

$\frac{(410-32)}{1.8}+273=483K$

58 도시가스에 사용되는 부취제 중 DMS의 냄새는?

① 석탄가스 냄새　② 마늘 냄새
③ 양파 썩는 냄새　④ 암모니아 냄새

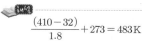

- THT : 석탄가스 냄새
- TBM : 양파 썩는 냄새
- DMS : 마늘 냄새

59 다음에서 설명하는 기체와 관련된 법칙은?

> 기체의 종류에 관계 없이 모든 기체 1몰은 표준상태(0℃, 1기압)에서 22.4L의 부피를 차지한다.

① 보일의 법칙
② 헨리의 법칙
③ 아보가드로의 법칙
④ 아르키메데스의 법칙

60 내용적 47L인 용기에 C_3H_8 15kg이 충전되어 있을 때 용기 내 안전공간은 약 몇 %인가? (단, C_3H_8의 액 밀도는 0.5kg/L이다.)

① 20　② 25.2
③ 36.1　④ 40.1

15kg÷0.5kg/L=30L

$\therefore\ \frac{47-30}{47}\times100\%=36.1\%$

정답 56.④ 57.② 58.② 59.③ 60.③

국가기술자격 필기시험문제

2016년 기능사 제4회 필기시험(1부) (2016년 7월 시행)

자격종목	시험시간	문제수	문제형별
가스기능사	**1시간**	**60**	**A**

수험번호		성 명	

01 가스 공급시설의 임시사용 기준 항목이 아닌 것은? **[안전 161]**

① 공급의 이익 여부
② 도시가스의 공급이 가능한지의 여부
③ 가스 공급시설을 사용할 때 안전을 해칠 우려가 있는지 여부
④ 도시가스의 수급상태를 고려할 때 해당 지역에 도시가스의 공급이 필요한지의 여부

02 다음 [보기]의 독성가스 중 독성(LC_{50})이 가장 강한 것과 가장 약한 것을 바르게 나열한 것은?

[보기] ㉠ 염화수소
㉡ 암모니아
㉢ 황화수소
㉣ 일산화탄소

① ㉠, ㉡
② ㉢, ㉡
③ ㉠, ㉣
④ ㉢, ㉣

해설

독성 LC_{50}의 농도

가스명	LC_{50}(ppm)
염화수소	3120
암모니아	7338
황화수소	444
일산화탄소	3760

03 가연성 가스의 발화점이 낮아지는 경우가 아닌 것은?

① 압력이 높을수록
② 산소농도가 높을수록
③ 탄화수소의 탄소수가 많을수록
④ 화학적으로 발열량이 낮을수록

④ 화학적으로 발열량이 높을수록

04 다음 각 가스의 품질검사 합격기준으로 옳은 것은?

① 수소 : 99.0% 이상
② 산소 : 98.5% 이상
③ 아세틸렌 : 98.0% 이상
④ 모든 가스 : 99.5% 이상

산소, 수소, 아세틸렌 품질검사

해당 가스 및 판정기준			
해당 가스	순 도	시약 및 방법	합격온도, 압력
산소	99.5% 이상	동암모니아 시약, 오르자트법	35℃, 11.8MPa 이상
수소	98.5% 이상	피로카롤, 하이드로설파이드, 오르자트	35℃, 11.8MPa 이상
아세틸렌	㉠ 발연황산 시약을 사용한 오르자트법, 브롬 시약을 사용한 뷰렛법에서 순도가 98% 이상 ㉡ 질산은 시약을 사용한 정성시험에서 합격한 것		

정답 01.① 02.② 03.④ 04.③

05 0℃에서 10L의 밀폐된 용기 속에 32g의 산소가 들어있다. 온도를 150℃로 가열하면 압력은 약 얼마가 되는가?

① 0.11atm ② 3.47atm
③ 34.7atm ④ 111atm

(처음 압력)

$$P=\frac{wRT}{VM}=\frac{32\times0.082\times273}{10\times32}=2.2386\text{atm}$$

(나중 압력)

$$\frac{P_1V_1}{T_1}=\frac{P_2V_2}{T_2}(V_1=V_2)$$

$$\therefore P_2=\frac{P_1T_2}{T_1}=\frac{2.2386\times(273+150)}{273}=3.47\text{atm}$$

06 염소에 다음 가스를 혼합하였을 때 가장 위험할 수 있는 가스는?

① 일산화탄소
② 수소
③ 이산화탄소
④ 산소

혼합 시 위험한 가스는 (가연성+조연성)이므로 염소(조연성)이고 가연성(일산화탄소, 수소) 중 폭발범위가 넓은 수소(4~75%) 혼합 시 가장 위험

07 고압가스 특정제조시설에서 배관을 해저에 설치하는 경우의 기준으로 틀린 것은?

① 배관은 해저면 밑에 매설한다.
② 배관은 원칙적으로 다른 배관과 교차하지 아니하여야 한다.
③ 배관은 원칙적으로 다른 배관과 수평거리로 30m 이상을 유지하여야 한다.
④ 배관의 입상부에는 방호시설물을 설치하지 아니한다.

배관의 해저 해상 설치

구 분	간추린 핵심 내용
설치 위치	해저면 밑에 매설(단, 닻 내림 등 손상우려가 없거나 부득이한 경우는 제외)
설치 방법	㉠ 다른 배관과 교차하지 아니할 것 ㉡ 다른 배관과 30m 이상 수평거리 유지

08 고압가스 특정제조시설 중 비가연성 가스의 저장탱크는 몇 m^3 이상일 경우에 지진영향에 대한 안전한 구조로 설계하여야 하는가? **[안전 72]**

① 300 ② 500
③ 1000 ④ 2000

내진설계 적용대상 시설

법령 구분		보유 능력	대상 시설물
고법 적용시설	독성, 가연성	5t, 500m^3 이상	㉠ 저장탱크(지하 제외) ㉡ 압력용기(반응, 분리, 정제, 증류 등을 행하는 탑류) 동체부 높이 5m 이상인 것
	비독성, 비가연성	10t, 1000m^3 이상	
	세로방향 설치 동체 길이 5m 이상		원통형 응축기 및 내용적 5000L 이상 수액기와 지지구조물
액법 도법 적용시설	3t, 300m^3 이상		저장탱크 가스홀더의 연결부와 지지구조물
그 밖의 도법 적용시설	5t, 500m^3 이상		㉠ 고정식 압축도시가스 충전시설 ㉡ 고정식 압축도시가스 자동차충전시설 ㉢ 이동식 압축도시가스 자동차충전시설 ㉣ 액화도시가스 자동차 충전시설

09 압축도시가스 이동식 충전차량 충전시설에서 가스누출검지 경보장치의 설치위치가 아닌 것은? **[안전 123]**

① 펌프 주변
② 압축설비 주변
③ 압축가스설비 주변
④ 개별충전설비 본체 외부

해설

가스누출 경보장치 설치장소
㉠ 압축설비 주변
㉡ 압축가스설비 주변
㉢ 개별충전설비 본체 내부
㉣ 밀폐형 피트 내부에 설치된 배관접속부(용접부 제외) 주위
㉤ 펌프 주변

정답 05.② 06.② 07.④ 08.③ 09.④

10 흡수식 냉동설비의 냉동능력 정의로 옳은 것은? **[안전 91]**

① 발생기를 가열하는 1시간의 입열량 3320kcal를 1일의 냉동능력 1톤으로 본다.
② 발생기를 가열하는 1시간의 입열량 6640kcal를 1일의 냉동능력 1톤으로 본다.
③ 발생기를 가열하는 24시간의 입열량 3320kcal를 1일의 냉동능력 1톤으로 본다.
④ 발생기를 가열하는 24시간의 입열량 6640kcal를 1일의 냉동능력 1톤으로 본다.

냉동능력

구 분	1RT의 능력
한국 1냉동톤	3320kcal/hr
흡수식 냉동기	6640kcal/hr
원심식 압축기	1.2kW

11 폭발범위에 대한 설명으로 옳은 것은?

① 공기 중의 폭발범위는 산소 중의 폭발범위보다 넓다.
② 공기 중 아세틸렌가스의 폭발범위는 약 4~71%이다.
③ 한계산소농도치 이하에서는 폭발성 혼합가스가 생성된다.
④ 고온, 고압일 때 폭발범위는 대부분 넓어진다.

① 산소 중 폭발범위가 더 넓다.
② 공기 중 아세틸렌(C_2H_2)가스의 폭발범위는 2.5~81%이다.

12 도시가스 사용시설에서 배관의 이음부와 절연전선과의 이격거리는 몇 cm 이상으로 하여야 하는가? **[안전 24]**

① 10　② 15
③ 30　④ 60

13 압축기 최종단에 설치된 고압가스 냉동제조시설의 안전밸브는 얼마마다 작동압력을 조정하여야 하는가?

① 3개월에 1회 이상
② 6개월에 1회 이상
③ 1년에 1회 이상
④ 2년에 1회 이상

해설

안전밸브 작동압력 조정 주기
㉠ 압축기 최종단 안전밸브 : 1년에 1회 이상
㉡ 그 밖의 안전밸브 : 2년에 1회 이상

14 고압가스 특정제조시설에서 플레어스택의 설치기준으로 틀린 것은?

① 파일럿 버너를 항상 점화하여 두는 등 플레어스택에 관련된 폭발을 방지하기 위한 조치가 되어 있는 것으로 한다.
② 긴급이송설비로 이송되는 가스를 대기로 방출할 수 있는 것으로 한다.
③ 플레어스택에서 발생하는 복사열이 다른 제조시설에 나쁜 영향을 미치지 아니하도록 안전한 높이 및 위치에 설치한다.
④ 플레어스택에서 발생하는 최대열량에 장시간 견딜 수 있는 재료 및 구조로 되어 있는 것으로 한다.

② 긴급이송설비로 이송되는 가스를 안전하게 연소시킬 수 있는 것으로 한다.

플레어스택

항 목	세부 핵심 내용
개요	긴급이송설비로 이송되는 가스를 안전하게 연소시킬 수 있는 것
발생복사열	타 제조설비에 나쁜 영향을 미치지 아니하도록 안전한 높이 및 위치에 설치
폭발방지조치	파일럿 버너를 항상 점화하여 두는 등의 조치
복사열	4000kcal/m^{2}h 이하
역화 및 공기와 혼합 폭발을 방지하기 위한 시설	㉠ Liquid seal 설치 ㉡ Flame Arrestor 설치 ㉢ Vapor seal 설치 ㉣ Purge gas 주입 ㉤ Molecular 설치

정답 10.② 11.④ 12.① 13.③ 14.②

15 액화석유가스 판매시설에 설치되는 용기보관실에 대한 시설기준으로 틀린 것은?

① 용기보관실에는 가스가 누출될 경우 이를 신속히 검지하여 효과적으로 대응할 수 있도록 하기 위하여 반드시 일체형 가스누출경보기를 설치한다.
② 용기보관실에 설치되는 전기설비는 누출된 가스의 점화원이 되는 것을 방지하기 위하여 반드시 방폭구조로 한다.
③ 용기보관실에는 누출된 가스가 머물지 않도록 하기 위하여 그 용기보관실의 구조에 따라 환기구를 갖추고 환기가 잘 되지 아니하는 곳에는 강제통풍시설을 설치한다.
④ 용기보관실에는 용기가 넘어지는 것을 방지하기 위하여 적절한 조치를 마련한다.

① 분리형 가스누출경보기를 설치한다.

16 20kg LPG 용기의 내용적은 몇 L인가? (단, 충전상수 C는 2.35이다.)

① 8.51
② 20
③ 42.3
④ 47

해설

$W=\frac{V}{C}$에서

$V=W\cdot C$

$=20\times2.35=47\text{L}$

17 독성가스 용기를 운반할 때에는 보호구를 갖추어야 한다. 비치하여야 하는 기준은?

① 종류별로 1개 이상
② 종류별로 2개 이상
③ 종류별로 3개 이상
④ 그 차량의 승무원 수에 상당한 수량

18 가스보일러의 안전사항에 대한 설명으로 틀린 것은?

① 가동 중 연소상태, 화염유무를 수시로 확인한다.
② 가동 중지 후 노 내 잔류가스를 충분히 배출한다.
③ 수면계의 수위는 적정한가 자주 확인한다.
④ 점화 전 연료가스를 노 내에 충분히 공급하여 착화를 원활하게 한다.

19 고압가스배관의 설치기준 중 하천과 병행하여 매설하는 경우로서 적합하지 않은 것은?

① 배관은 견고하고 내구력을 갖는 방호구조물 안에 설치한다.
② 매설심도는 배관의 외면으로부터 1.5m 이상 유지한다.
③ 설치지역은 하상(河床, 하천의 바닥)이 아닌 곳으로 한다.
④ 배관 손상으로 인한 가스누출 등 위급한 상황이 발생한 때에 그 배관에 유입되는 가스를 신속히 차단할 수 있는 장치를 설치한다.

② 매설심도는 배관의 외면으로부터 2.5m 이상 유지한다.

20 LP Gas 사용 시 주의사항에 대한 설명으로 틀린 것은?

① 중간밸브 개폐는 서서히 한다.
② 사용 시 조정기 압력은 적당히 조절한다.
③ 완전연소되도록 공기조절기를 조절한다.
④ 연소기는 급배기가 충분히 행해지는 장소에 설치하여 사용하도록 한다.

② 조정기 압력은 임의로 조절할 수 없다.

21 도시가스 매설배관의 주위에 파일박기 작업 시 손상방지를 위하여 유지하여야 할 최소거리는?

① 30cm ② 50cm
③ 1m ④ 2m

정답 15.① 16.④ 17.④ 18.④ 19.② 20.② 21.①

22 액화 독성 가스의 운반질량이 1000kg 미만 이동 시 휴대하여야 할 소석회는 몇 kg 이상이어야 하는가?

① 20kg ② 30kg
③ 40kg ④ 50kg

독성 가스 운반 시 휴대하여야 하는 제독제의 양

품 명	운반하는 독성 가스의 양 / 액화가스 질량 1000kg 미만	운반하는 독성 가스의 양 / 액화가스 질량 1000kg 이상	적용 독성 가스
소석회	20kg 이상	40kg 이상	염소, 염화수소, 포스겐, 아황산 등 효과가 있는 액화가스에 적용

23 고압가스를 취급하는 자가 용기안전점검 시 하지 않아도 되는 것은?

① 도색표시 확인
② 재검사기간 확인
③ 프로텍터의 변형여부 확인
④ 밸브의 개폐조작이 쉬운 핸들 부착 여부 확인

24 도시가스 도매사업의 가스공급시설 기준에 대한 설명으로 옳은 것은?

① 고압의 가스공급시설은 안전구획 안에 설치하고 그 안전구역의 면적은 1만m^2 미만으로 한다.
② 안전구역 안의 고압인 가스공급시설은 그 외면으로부터 다른 안전구역 안에 있는 고압인 가스공급시설의 외면까지 20m 이상의 거리를 유지한다.
③ 액화천연가스의 저장탱크는 그 외면으로부터 처리능력이 20만m^3 이상인 압축기까지 30m 이상의 거리를 유지한다.
④ 두 개 이상의 제조소가 인접하여 있는 경우의 가스공급시설은 그 외면으로부터 그 제조소와 다른 제조소의 경계까지 10m 이상의 거리를 유지한다.

가스 도매사업자의 가스공급시설(KGS Fp 451)(2.1.3)의 다른 설비와의 거리

① 고압인 가스공급시설 안전구역 안에 설치하고 안전구역의 면적은 20000m^2 미만(공정상 밀접한 관련을 가지는 가스공급시설로서 둘 이상 안전구역을 구분 시 운영에 지장을 줄 우려가 있을 때 그 면적을 20000m^2 이상 가능)으로 한다.
② 안전구역 안 고압가스 공급시설 그 외면으로부터 다른 안전구역 안에 있는 고압인 가스공급시설 외면까지 30m 이상 거리를 유지한다.
④ 둘 이상 제조소가 인접하여 있는 경우의 가스공급시설은 그 외면으로부터 그 제조소와 다른 제조소 경계까지 20m 이상 거리를 유지한다.

25 가연성 가스의 폭발등급 및 이에 대응하는 본질안전 방폭구조의 폭발등급 분류 시 사용하는 최소점화전류비는 어느 가스의 최소점화전류를 기준으로 하는가? **[안전 46]**

① 메탄
② 프로판
③ 수소
④ 아세틸렌

본질안전구조의 폭발등급

최소점화전류비의 범위(mm)	0.8 초과	0.45 이상 0.8 이하	0.45 미만
가연성 가스의 폭발등급	A	B	C
방폭전기기기의 폭발등급	ⅡA	ⅡB	ⅡC

[비고] 최소점화전류비는 메탄가스의 최소점화전류를 기준으로 나타낸다.

26 수소의 성질에 대한 설명 중 옳지 않은 것은?

① 열전도도가 적다.
② 열에 대하여 안정하다.
③ 고온에서 철과 반응한다.
④ 확산속도가 빠른 무취의 기체이다.

정답 22.① 23.③ 24.③ 25.① 26.①

27 용기 종류별 부속품 기호로 틀린 것은?

① AG : 아세틸렌가스를 충전하는 용기의 부속품
② LPG : 액화석유가스를 충전하는 용기의 부속품
③ TL : 초저온용기 및 저온용기의 부속품
④ PG : 압축가스를 충전하는 용기의 부속품

해설
용기 종류별 부속품의 기호
㉠ AG : C_2H_2 가스를 충전하는 용기의 부속품
㉡ PG : 압축가스를 충전하는 용기의 부속품
㉢ LG : LPG 이외의 액화가스를 충전하는 용기의 부속품
㉣ LPG : 액화석유가스를 충전하는 용기의 부속품
㉤ LT : 초저온용기 및 저온용기의 부속품

28 공기액화 분리장치의 폭발원인이 아닌 것은 어느 것인가? **[장치 13]**

① 액체 공기 중의 아르곤의 혼입
② 공기 취입구로부터 아세틸렌 혼입
③ 공기 중의 질소화합물(NO, NO_2)의 혼입
④ 압축기용 윤활유 분해에 따른 탄화수소 생성

해설
공기액화 분리장치의 폭발원인
㉠ 공기취입구로부터 C_2H_2 혼입
㉡ 압축기용 윤활유 분해에 따른 탄화수소 생성
㉢ 공기 중 질소화합물의 혼입
㉣ 액체 공기 중 O_3의 혼입

29 고압가스 충전용기를 운반할 때 운반책임자를 동승시키지 않아도 되는 경우는? **[안전 60]**

① 가연성 압축가스 $-300m^3$
② 조연성 액화가스 $-5000kg$
③ 독성 압축가스(허용농도가 100만분의 200 초과, 100만분의 5000 이하) $-100m^3$
④ 독성 액화가스(허용농도가 100만분의 200 초과, 100만분의 5000 이하) $-1000kg$

30 고압가스 배관재료로 사용되는 동관의 특징에 대한 설명으로 틀린 것은?

① 가공성이 좋다.
② 열전도율이 적다.
③ 시공이 용이하다.
④ 내식성이 크다.

31 다음 중 폭발범위의 상한값이 가장 낮은 가스는?

① 암모니아 ② 프로판
③ 메탄 ④ 일산화탄소

해설
폭발범위(%)

가스명	폭발범위(%)
암모니아	15~28
프로판	2.1~9.5
메탄	5~15
일산화탄소	12.5~74

32 자동절체식 일체형 저압 조정기의 조정압력은? **[안전 73]**

① 2.30~3.30kPa
② 2.55~3.30kPa
③ 57~83kPa
④ 5.0~30kPa 이내에서 제조자가 설정한 기준압력의 ±20%

33 수소(H_2)가스 분석방법으로 가장 적당한 것은?

① 팔라듐관 연소법
② 헴펠법
③ 황산바륨 침전법
④ 흡광광도법

34 터보압축기의 구성이 아닌 것은?

① 임펠러
② 피스톤
③ 디퓨저
④ 증속기어장치

정답 27.③ 28.① 29.② 30.② 31.② 32.② 33.① 34.②

35 피토관을 사용하기에 적당한 유속은?

① 0.001m/s 이상
② 0.1m/s 이상
③ 1m/s 이상
④ 5m/s 이상

해설

피토관
유속식 유량계로서 5m/s 이상에 적용 가능

36 수소를 취급하는 고온, 고압 장치용 재료로서 사용할 수 있는 것은?

① 탄소강, 니켈강
② 탄소강, 망간강
③ 탄소강, 18-8 스테인리스강
④ 18-8 스테인리스강, 크롬-바나듐강

37 원심식 압축기 중 터보형의 날개출구각도에 해당하는 것은?

① 90°보다 작다. ② 90°이다.
③ 90°보다 크다. ④ 평행이다.

원심압축기 날개출구각도
㉠ 터보형 : 90°보다 작을 때
㉡ 레이디얼형 : 90°
㉢ 다익형 : 90°보다 클 때

38 압력변화에 의한 탄성변위를 이용한 탄성 압력계에 해당되지 않는 것은?

① 플로트식 압력계
② 부르동관식 압력계
③ 벨로스식 압력계
④ 다이어프램식 압력계

해설

압력계 구분

구 분	종 류
탄성식	부르동관 벨로스 다이어프램
전기식	전기저항압력계 피에조전기압력계
액주식	U자관 경사관식 환상천평식

39 다음 중 액면측정 장치가 아닌 것은?

① 임펠러식 액면계
② 유리관식 액면계
③ 부자식 액면계
④ 퍼지식 액면계

40 나사압축기에서 숫로터의 직경 150mm, 로터 길이 100mm, 회전수가 350rpm이라고 할 때 이론적 토출량은 약 몇 m^3/min인가? (단, 로터 형상에 의한 계수[C_v]는 0.476이다.)

① 0.11 ② 0.21
③ 0.37 ④ 0.47

$Q = C_v \times D^2 \times L \times N$
$C_v = 0.476$
$D = 0.15\text{m}$
$L = 0.1\text{m}$
$N = 350\text{rpm}$이므로
$\therefore\ Q = 0.476 \times (0.15\text{m})^2 \times 0.1\text{m} \times 350$
$= 0.37\text{m}^3/\text{min}$

41 다음 중 아세틸렌의 정성시험에 사용되는 시약은? **[안전 36]**

① 질산은
② 구리암모니아
③ 염산
④ 피로카롤

42 정압기를 평가 · 선정할 경우 고려해야 할 특성이 아닌 것은? **[설비 22]**

① 정특성 ② 동특성
③ 유량특성 ④ 압력특성

43 액화석유가스 소형저장탱크가 외경 1000mm, 길이 2000mm, 충전상수 0.03125, 온도보정계수 2.15일 때의 자연기화능력(kg/h)은 얼마인가?

① 11.2 ② 13.2
③ 15.2 ④ 17.2

정답 35.④ 36.④ 37.① 38.① 39.① 40.③ 41.① 42.④ 43.①

44 가스누출을 감지하고 차단하는 가스누출 자동차단기의 구성요소가 아닌 것은?

① 제어부 ② 중앙통제부
③ 검지부 ④ 차단부

가스누출 자동차단장치 구성요소
㉠ 검지부 : 누설가스를 검지하여 제어부로 신호를 보냄
㉡ 제어부 : 차단부에 자동차단 신호를 전송
㉢ 차단부 : 제어부의 신호에 따라 가스를 개폐하는 기능

45 다음 중 단별 최대압축비를 가질 수 있는 압축기는?

① 원심식 ② 왕복식
③ 축류식 ④ 회전식

46 C_3H_8 비중이 1.5라고 할 때 20m 높이 옥상까지의 압력손실은 약 몇 mmH_2O인가?

① 12.9 ② 16.9
③ 19.4 ④ 21.4

$H = 1.293 \times (S-1)H$
$= 1.293(1.5-1) \times 20 = 12.9 mmH_2O$

47 실제기체가 이상기체의 상태식을 만족시키는 경우는? **[설비 46]**

① 압력과 온도가 높을 때
② 압력과 온도가 낮을 때
③ 압력이 높고 온도가 낮을 때
④ 압력이 낮고 온도가 높을 때

48 다음 중 유리병에 보관해서는 안 되는 가스는?

① O_2 ② Cl_2
③ HF ④ Xe

49 황화수소에 대한 설명으로 틀린 것은?

① 무색의 기체로서 유독하다.
② 공기 중에서 연소가 잘 된다.
③ 산화하면 주로 황산이 생성된다.
④ 형광물질 원료의 제조 시 사용된다.

50 다음 중 가연성 가스가 아닌 것은?

① 일산화탄소 ② 질소
③ 에탄 ④ 에틸렌

51 나프타의 성상과 가스화에 미치는 영향 중 PONA 값의 각 의미에 대하여 잘못 나타낸 것은? **[설비 30]**

① P : 파라핀계 탄화수소
② O : 올레핀계 탄화수소
③ N : 나프텐계 탄화수소
④ A : 지방족 탄화수소

④ A : 방향족 탄화수소

52 25℃의 물 10kg을 대기압하에서 비등시켜 모두 기화시키는 데 약 몇 kcal의 열이 필요한가? (단, 물의 증발잠열은 540kcal/kg이다.)

① 750 ② 5400
③ 6150 ④ 7100

Q_1 : 25℃ 물 → 100℃ 물
$= 10 \times 1 \times 75 = 750 kcal$
Q_2 : 100℃ 물 → 100℃ 수증기
$= 10 \times 540 = 5400 kcal$
$\therefore Q = Q_1 + Q_2 = 750 + 5400 = 6150 kcal$

53 다음에서 설명하는 법칙은?

> 같은 온도(T)와 압력(P)에서 같은 부피(V)의 기체는 같은 분자 수를 가진다.

① Dalton의 법칙 ② Henry의 법칙
③ Avogadro의 법칙 ④ Hess의 법칙

① 돌턴의 법칙 : 이상기체가 가지는 전압은 각 성분에 의한 분압의 합과 같다.
② 헨리의 법칙 : 기체 용해도의 법칙
④ 헤스의 법칙 : 총열량 불변의 법칙

정답 44.② 45.② 46.① 47.④ 48.③ 49.③ 50.② 51.④ 52.③ 53.③

54 LP가스의 제법으로서 가장 거리가 먼 것은?

① 원유를 정제하여 부산물로 생산
② 석유정제공정에서 부산물로 생산
③ 석탄을 건류하여 부산물로 생산
④ 나프타 분해공정에서 부산물로 생산

55 가스의 연소와 관련하여 공기 중에서 점화원없이 연소하기 시작하는 최저온도를 무엇이라 하는가?

① 인화점 ② 발화점
③ 끓는점 ④ 융해점

56 아세틸렌가스 폭발의 종류로서 가장 거리가 먼 것은? **[설비 29]**

① 중합폭발 ② 산화폭발
③ 분해폭발 ④ 화합폭발

57 도시가스 제조 시 사용되는 부취제 중 THT의 냄새는? **[안전 55]**

① 마늘 냄새
② 양파 썩는 냄새
③ 석탄가스 냄새
④ 암모니아 냄새

부취제

특성 \ 종류	TBM (터시어리부틸메르카부탄)	THT (테트라하이드로티오페)	DMS (디메틸설파이드)
냄새 종류	양파 썩는 냄새	석탄가스 냄새	마늘 냄새
강도	강함	보통	약간 약함
혼합 사용 여부	혼합 사용	단독 사용	혼합 사용

58 압력에 대한 설명으로 틀린 것은?

① 수주 280cm는 0.28kg/cm^{2}와 같다.
② 1kg/cm^{2}은 수은주 760mm와 같다.
③ 160kg/mm^{2}는 16000kg/cm^{2}에 해당한다.
④ 1atm이란 1cm^{2}당 1.033kg의 무게와 같다.

① $280\text{cmH}_2\text{O} = \dfrac{280\text{cmH}_2\text{O}}{1033.2\text{cmH}_2\text{O}} \times 1.0332\text{kg/cm}^2 = 0.28\text{kg/cm}^2$

② $\dfrac{1\text{kg/cm}^2}{1.0332\text{cm}^2} \times 730\text{mmHg} = 735.57\text{mmHg}$

③ $160\text{kg/mm}^2 = 160\text{kg/mm}^2 \times 100\text{mm}^2/1\text{cm}^2 = 16000\text{kg/cm}^2$

④ $1\text{atm} = 1.033\text{kg/cm}^2$

59 프레온(Freon)의 성질에 대한 설명으로 틀린 것은?

① 불연성이다.
② 무색, 무취이다.
③ 증발잠열이 적다.
④ 가압에 의해 액화되기 쉽다.

60 다음 중 가장 낮은 온도는?

① −40°F ② 430°R
③ −50°C ④ 240K

해설

① $-40°\text{F} = \dfrac{-40-32}{1.8} = -40℃$

② $430°\text{R} = 430 - 460 = -30°\text{F}$

$\therefore \dfrac{-30-32}{1.8} = -0.26℃$

④ $240 - 273 = -33℃$

정답 54.③ 55.② 56.① 57.③ 58.② 59.③ 60.③

제1회 CBT 기출복원문제

가스기능사	수험번호 : 수험자명 :	※ 제한시간 : 60분 ※ 남은시간 :
글자 크기 100% 150% 200% 화면 배치	전체 문제 수 : 안 푼 문제 수 :	답안 표기란 ① ② ③ ④

01 냉동설비의 수액기 방류둑 용량을 결정하는 데 있어서 암모니아의 경우 수액기 내의 압력이 0.7MPa 이상 2.1MPa 미만일 경우 내용적은?

① 방류둑에 설치된 수액기 내용적의 60%
② 방류둑에 설치된 수액기 내용적의 70%
③ 방류둑에 설치된 수액기 내용적의 80%
④ 방류둑에 설치된 수액기 내용적의 90%

해설
냉동제조의 방류둑 용량(KGS Fp 113 관련)

구 분		세부 핵심 내용	
NH_3 이외의 냉매		방류둑 내에 설치된 수액기 내용적 90% 이상 용적	
NH_3 사용 냉매	수액기 안의 압력(MPa)	0.7 이상 2.1 미만	방류둑 내 설치된 수액기 내용적의 90%
		2.1 이상	방류둑 내 설치된 수액기 내용적의 80%

02 산화에틸렌의 저장탱크는 그 내부의 질소가스, 탄산가스 및 산화에틸렌가스의 분위기 가스를 질소가스 또는 탄산가스로 치환하고 몇 [℃] 이하로 유지해야 하는가?

① 0　② 5
③ 10　④ 20

03 차량에 고정된 탱크로서 고압가스를 운반할 때 그 내용적의 한계로서 틀린 것은 어느 것인가? **[안전 12]**

① 수소 : 18000L
② 산소 : 18000L
③ 액화암모니아 : 12000L
④ 액화염소 : 12000L

액화암모니아, 액화석유가스는 운반용량의 제한이 없음

04 차량에 고정된 고압가스 탱크 및 용기의 안전밸브 작동압력은? **[안전 2]**

① 사용압력의 8/10 이하
② 내압시험압력의 8/10 이하
③ 기밀시험압력의 8/10 이하
④ 최고충전압력의 8/10 이하

05 가연성 가스와 산소의 혼합비가 완전산화에 가까울수록 발화지연은 어떻게 되는가?

① 길어진다.
② 짧아진다.
③ 변함이 없다.
④ 일정치 않다.

06 독성 가스의 제독제로 물을 사용하는 가스명은 어느 것인가? **[안전 22]**

① 염소　② 포스겐
③ 황화수소　④ 산화에틸렌

제독제가 물인 독성 가스
㉠ 산화에틸렌
㉡ 아황산
㉢ 암모니아
㉣ 염화메탄

정답 01.④ 02.② 03.③ 04.② 05.② 06.④

07 고압가스 충전용기는 그 온도를 항상 몇 [℃] 이하로 유지하도록 해야 하는가?

① 40℃ ② 30℃
③ 20℃ ④ 15℃

해설
고압가스 저장실 설치규격(KGS Fu 111) (p16)

규정 항목	세부 핵심 내용
가연성, 산소, 독성 용기보관실	각각 구분 설치
가연성 용기보관실	㉠ 통풍구를 갖춘다. ㉡ 통풍이 불량 시 강제환기 시설을 설치한다.
독성 용기보관실	누출가스의 확산을 적절히 방지할 수 있는 구조

※ C_4H_{10}(부탄) : 공기보다 무거운 가연성으로서 양호한 통풍구조로 하여야 한다.

08 내부반응 감시장치를 설치하여야 할 설비에서 특수반응 설비에 속하지 않는 것은 어느 것인가? [안전 85]

① 암모니아 2차 개질로
② 수소화 분해반응기
③ 사이클로헥산 제조시설의 벤젠 수첨 반응기
④ 산화에틸렌 제조시설의 아세틸렌 수첨탑

09 다음 가스의 저장시설 중 양호한 통풍구조로 해야 되는 것은?

① 질소 저장소 ② 탄산가스 저장소
③ 헬륨 저장소 ④ 부탄 저장소

해설
공기보다 무거운 가연성 가스의 저장실은 양호한 통풍구조로 하여야 한다.

10 가스 중독에 원인이 되는 가스로 거리가 가장 먼 것은?

① 시안화수소 ② 염소
③ 이산화유황 ④ 헬륨

해설
①, ②, ③항은 독성 가스
④항 헬륨은 불활성 가스

11 가스용접 중 고무 호스에 역화가 일어났을 때 제일 먼저 해야 할 일은?

① 즉시 산소용기의 밸브를 닫는다.
② 토치에서 고무관을 뺀다.
③ 안전기에 규정의 물을 넣어 다시 사용한다.
④ 토치의 나사부를 충분히 조인다.

12 다음은 폭발에 관한 가스의 성질을 설명한 것이다. 틀린 것은?

① 폭발범위가 넓은 것은 위험하다.
② 가스비중이 큰 것은 낮은 것 속에 체류할 위험이 있다.
③ 안전간격이 큰 것일수록 위험하다.
④ 폭굉은 화염 전파속도가 음속보다 크다.

해설
안전간격 1등급 0.6mm 이상으로 폭발범위가 좁은 가스로서 안전간격이 큰 것은 안정성이 높은 가스이다.

13 내압시험에 합격하려면 용기의 전 증가량이 500cc일 때 영구증가량은 얼마인가? (단, 이음매없는 용기는 신규 검사 시)

① 80cc 이하 ② 50cc 이하
③ 60cc 이하 ④ 70cc 이하

해설
500cc의 10%는 50cc임
항구증가율과 내압시험

검사구분		내압시험의 합격기준
신규검사		항구증가율 10% 이하
재검사	질량검사 95% 이상	항구증가율 10% 이하
	질량검사 98% 이상 95% 미만	항구증가율 6% 이하

14 도시가스 배관 이음부와 굴뚝, 전기점멸기, 전기접속기와는 몇 [cm] 이상의 거리를 유지해야 하는가? [안전 24]

① 10cm ② 30cm
③ 40cm ④ 60cm

정답 07.① 08.④ 09.④ 10.④ 11.① 12.③ 13.② 14.②

해설

가스계량기 호스이음부, 배관이음부 이격거리 유지 (단, 용접이음부 제외)

<table>
<tr><th>시설명</th><th>이격거리</th><th colspan="2">법령 및 기설기준</th><th colspan="2">이격하여야 하는 해당 시설</th></tr>
<tr><td>전기계량기, 전기개폐기</td><td>60cm 이상</td><td colspan="2">LPG, 도시가스의 공급시설 사용시설</td><td colspan="2">배관이음매 (용접이음매 제외) 호스이음매 가스계량기</td></tr>
<tr><td rowspan="3">전기점멸기, 전기접속기</td><td rowspan="2">30cm 이상</td><td colspan="2">LPG 도시가스 공급시설</td><td colspan="2">배관이음매 (용접이음매 제외)</td></tr>
<tr><td>LPG 사용시설</td><td>도시가스 사용시설</td><td>호스, 배관이음매 가스계량기</td><td>가스계량기</td></tr>
<tr><td>15cm 이상</td><td colspan="2">도시가스 사용시설</td><td colspan="2">배관이음매 (용접이음매 제외)</td></tr>
<tr><td rowspan="2">단열조치하지 않은 굴뚝</td><td>30cm 이상</td><td>LPG 도시가스 공급시설</td><td>LPG 도시가스 사용시설</td><td>배관이음매</td><td>가스계량기</td></tr>
<tr><td>15cm 이상</td><td colspan="2">LPG 도시가스 사용시설</td><td colspan="2">호스이음매 배관이음매</td></tr>
<tr><td rowspan="2">절연조치하지 않은 전선</td><td>30cm 이상</td><td colspan="2">LPG 공급시설</td><td colspan="2">배관이음매</td></tr>
<tr><td>15cm 이상</td><td>도시가스 공급시설</td><td>LPG 도시가스 사용시설</td><td>배관이음매</td><td>호스이음매 배관이음매 가스계량기</td></tr>
<tr><td>절연조치한 전선</td><td>10cm 이상</td><td>LPG 도시가스 공급시설</td><td>LPG 도시가스 사용시설</td><td>배관이음매</td><td>배관이음매 호스이음매</td></tr>
<tr><td>암기방법</td><td colspan="5">㉠ 전기계량기 전기개폐기 : LPG, 도시가스 공급시설 사용시설에 관계 없이 60cm 이상
㉡ 전기점멸기 전기접속기 : 도시가스 사용시설의 배관이음매는 15cm 그 이외는 모두 30cm 이상
㉢ 단열조치하지 않은 굴뚝 : LPG, 도시가스 사용시설의 호스, 배관이음매 15cm 그 이외는 모두 30cm 이상
즉 LPG 도시가스 사용시설이라도 가스계량기와는 30cm 이상임
㉣ 절연조치하지 않은 전선 : LPG 공급시설의 배관이음매는 30cm 이상 그 이외는 모두 15cm 이상
㉤ 절연조치한 전선 : 가스계량기와는 이격거리 규정이 없으며 그 이외는 모두 10cm 이상</td></tr>
</table>

15 다음 중 가스공급시설의 임시합격 기준에 틀린 것은?

① 도시가스 공급이 가능한지의 여부
② 당해 지역의 도시가스의 수급상 도시가스의 공급이 필요한지의 여부
③ 공급의 이익 여부
④ 가스공급시설을 사용함에 따른 안전저해의 우려가 있는지의 여부

16 LPG 충전 및 저장시설 내압시험 시 공기를 사용하는 경우 우선 상용압력의 몇 [%]까지 승압하는가? **[안전 25]**

① 상용압력의 30%까지
② 상용압력의 40%까지
③ 상용압력의 50%까지
④ 상용압력의 60%까지

17 암모니아 취급 시 피부에 닿았을 때 조치사항은?

① 열습포로 감싸준다.
② 다량의 물로 세척 후 붕산수를 바른다.
③ 산으로 중화시키고 붕대를 감는다.
④ 아연화 연고를 바른다.

18 저압가스 사용시설의 배관의 중간 밸브로 사용할 때 적당한 밸브는?

① 플러그 밸브 ② 글로브 밸브
③ 볼 밸브 ④ 슬루스 밸브

19 고압가스 탱크의 제조 및 유지관리에 대한 설명 중 틀린 것은?

① 지진에 대해서는 구형보다 횡형이 안전하다.
② 용접 후는 잔류응력을 제거하기 위해 용접부를 서서히 냉각시킨다.
③ 용접부는 방사선 검사를 실시한다.
④ 정기적으로 내부를 검사하여 부식균열의 유무를 조사한다.

정답 15.③ 16.③ 17.② 18.③ 19.①

20 가스가 누출될 경우에 제2의 누출을 방지하기 위해서 방류둑을 설치한다. 방류둑을 설치하지 않아도 되는 저장탱크는?

① 저장능력 1000톤 이상의 액화질소 탱크
② 저장능력 5톤 이상의 암모니아 탱크
③ 저장능력 1000톤 이상의 액화산소 탱크
④ 저장능력 5톤 이상의 액화염소 탱크

방류둑 설치용량
㉠ 일반 제조 : 가연성 산소－1000t 이상, 독성－5t 이상
㉡ 특정 제조 : 산소－1000t 이상, 가연성－500t 이상, 독성－5t 이상

21 가스설비 및 저장설비는 그 외면으로부터 화기를 취급하는 장소까지 몇 [m] 이상의 우회거리를 두어야 하는가?

① 2m ② 5m
③ 8m ④ 10m

화기와 설비와의 이격거리(KGS Fs 231)

구 분	직선(이내) 거리	구 분	우회 거리
산소와 화기	5m	가연성, 산소	8m
산소 이외의 가스와 화기	2m	㉠ 그 밖의 가스 ㉡ 가정용 가스시설 ㉢ 가스계량기 ㉣ 입상관 ㉤ 액화석유가스 판매 및 충전사업자의 영업소 용기저장소	2m

22 다음 가스 중 독성이 가장 큰 것은?

① 염소 ② 불소
③ 시안화수소 ④ 암모니아

독성 가스의 농도

가스명	허용농도	
	TLV-TWA	LC 50
Cl_2	1	293
F_2	0.1	185
HCN	10	140
NH_3	25	7338

출제 당시 TLV-TWA가 기준이었으나 LC 50 농도가 기준이므로 같이 숙지하여야 한다.

23 가정용 액화석유가스(LPG) 연소 기구의 부근에서 가스가 새어나올 때의 적절한 조치 방법은?

① 용기를 안전한 장소로 옮긴다.
② 용기에 메인밸브를 즉시 잠근다.
③ 물을 뿌려서 가스를 용해시킨다.
④ 방의 창문을 닫고 가스가 다른 곳으로 새어나가지 않도록 한다.

24 아세틸렌 용기의 기밀시험은 최고충전압력의 얼마로 해야 하는가? **[안전 2]**

① 0.8배
② 1.1배
③ 1.5배
④ 1.8배

C_2H_2의
A_P(기밀시험압력) = F_P(최고충전압력) × 1.8배

C_2H_2 F_P = 1.5MPa

25 아세틸렌에 대한 설명으로 틀린 것은?

① 액체아세틸렌은 비교적 안정하다.
② 아세틸렌은 접촉식으로 수소화하면 에틸렌, 에탄이 된다.
③ 가열, 충격, 마찰 등의 원인으로 탄소와 수소로 자기분해한다.
④ 동, 은, 수은 등의 금속과 화합 시 폭발성의 화합물인 아세틸라이드를 생성한다.

물질의 상태인 고체, 액체, 기체 중 안정도의 순서는 고체 > 액체 > 기체이다.

26 산화에틸렌 충전용기에는 질소 또는 탄산가스를 충전하는 데 그 내부 압력은?

① 상온에서 0.2MPa 이상
② 35℃에서 0.2MPa 이상
③ 40℃에서 0.4MPa 이상
④ 45℃에서 0.4MPa 이상

45℃에서 0.4MPa

정답 20.① 21.① 22.② 23.② 24.④ 25.① 26.④

27 방류둑의 내측 및 그 외면으로부터 몇 [m] 이내에는 그 저장탱크의 부속설비 외의 것을 설치하지 않아야 하는가? **[안전 15]**

① 10m ② 20m
③ 30m ④ 50m

방류둑 부속설비 설치에 관한 규정

구 분	간추린 핵심 내용
방류둑 외측 및 내면	10m 이내 그 저장탱크 부속설비 이외의 것을 설치하지 아니함
10m 이내 설치 가능 시설	㉠ 해당 저장탱크의 송출 송액설비 ㉡ 불활성 가스의 저장탱크 물분무, 살수장치 ㉢ 가스누출검지 경보설비 ㉣ 조명, 배수설비 ㉤ 배관 및 파이프 래크

※ 상기 문제 출제 시에는 10m 이내 설치 가능 시설의 규정이 없었으나 법 규정 이후 변경되었음

28 가연성 가스를 취급하는 장소에는 누출된 가스의 폭발사고를 방지하기 위하여 전기설비를 방폭구조로 한다. 다음 중 방폭구조가 아닌 것은? **[안전 45]**

① 안전증 방폭구조 ② 내열방폭구조
③ 압력방폭구조 ④ 내압방폭구조

가스시설 전기방폭 기준

종 류	표시방법	정 의
내압 방폭 구조	d	방폭전기기기의 용기(이하 "용기") 내부에서 가연성 가스의 폭발이 발생할 경우 그 용기가 폭발압력에 견디고, 접합면, 개구부 등을 통해 외부의 가연성 가스에 인화되지 않도록 한 구조를 말한다.
유입 방폭 구조	o	용기 내부에 절연유를 주입하여 불꽃·아크 또는 고온발생 부분이 기름 속에 잠기게 함으로써 기름면 위에 존재하는 가연성 가스에 인화되지 않도록 한 구조를 말한다.
압력 방폭 구조	p	용기 내부에 보호 가스(신선한 공기 또는 불활성 가스)를 압입하여 내부압력을 유지함으로써 가연성 가스가 용기 내부로 유입되지 않도록 한 구조를 말한다.
안전증 방폭 구조	e	정상운전 중에 가연성 가스의 점화원이 될 전기불꽃·아크 또는 고온부분 등의 발생을 방지하기 위해 기계적, 전기적 구조상 또는 온도상승에 대해 특히 안전도를 증가시킨 구조를 말한다.
본질 안전 방폭 구조	ia, ib	정상 시 및 사고(단선, 단락, 지락 등) 시에 발생하는 전기불꽃·아크 또는 고온부로 인하여 가연성 가스가 점화되지 않는 것이 점화시험, 그 밖의 방법에 의해 확인된 구조를 말한다.
특수 방폭 구조	s	상기 구조 이외의 방폭구조로서 가연성 가스에 점화를 방지할 수 있다는 것이 시험, 그 밖의 방법으로 확인된 구조를 말한다.

29 상온에서 비교적 용이하게 가스를 압축 액화상태로 용기에 충전할 수 없는 가스는?

① C_3H_8
② CH_4
③ O_2
④ CO_2

상태별 가스의 분류

구 분	종 류
압축가스	H_2, O_2, N_2, Ar, CH_4, CO
용해가스	C_2H_2
액화가스	압축, 용해가스 이외의 모든 가스

30 독성 가스 제조시설 식별표지의 가스 명칭 색상은? **[안전 26]**

① 노란색
② 청색
③ 적색
④ 흰색

독성 가스 저장실의 표지 종류(KGS Fu 111)
표지판의 설치목적은 독성 가스 시설에 일반인의 출입을 제한하여 안전을 확보하기 위함

정답 27.① 28.② 29.② 30.③

항 목 \ 표지 종류	식 별	위 험
보 기	독성 가스(○○) 저장소	독성 가스 누설 주의 부분
문자크기 (가로×세로)	10cm×10cm	5cm×5cm
식별거리	30m 이상에서 식별가능	10m 이상에서 식별가능
바탕색	백색	백색
글 씨	흑색	흑색
적색표시 글자	가스 명칭(○○)	주의

31 다음 중 팽창 조인트 KS 도시기호는?

① ─┼▭┼─
② ─┼┼─
③ ─)(─
④ ─○─

팽창 조인트=신축 이음

32 구리관의 특징이 아닌 것은 어느 것인가?

① 내식성이 좋아 부식의 염려가 없다.
② 열전도율이 높아 복사난방용에 많이 사용된다.
③ 스케일 생성에 의한 열효율이 저하가 적다.
④ 굽힘, 절단, 용접 등의 가공이 복잡하여 공사비가 많이 든다.

33 다단압축을 하는 목적은? **[설비 11]**

① 압축일과 체적효율 증가
② 압축일 증가와 체적효율 감소
③ 압축일 감소와 체적효율 증가
④ 압축일과 체적효율 감소

다단압축

구분	내용
개요	1단 압축 시 기계의 과부하 또는 고장 시 운전중지 되는 폐단을 없애기 위해 실시하는 압축방법
목적	㉠ 1단 압축에 비하여 일량이 절약된다. ㉡ 압축되는 가스의 온도상승을 피한다. ㉢ 힘의 평형이 양호하다. ㉣ 상호간의 이용효율이 증대된다.

34 고압가스에 사용되는 고압장치용 금속재료가 갖추어야 할 일반적인 성질로서 적당치 않은 것은?

① 내식성
② 내열성
③ 내마모성
④ 내알칼리성

35 다음 압력계 중 부르동관 압력계의 눈금 교정용으로 사용되는 압력계는?

① 피에조 전기 압력계
② 마노미터 압력계
③ 자유 피스톤식 압력계
④ 벨로스 압력계

36 다음 고압식 액화분리장치의 작동 개요 중 맞지 않는 것은?

① 원료공기는 여과기를 통하여 압축기로 흡입하여 약 150~200kg/cm^{2}으로 압축시킨 후 탄산가스는 흡수탑으로 흡수시킨다.
② 압축기를 빠져나온 원료공기는 열교환기에서 약간 냉각되고 건조기에서 수분이 제거된다.
③ 압축공기는 수세정탑을 거쳐 축냉기로 송입되어 원료공기와 불순 질소류가 서로 교환된다.
④ 액체공기는 상부 정류탑에서 약 0.5atm 정도의 압력으로 정류된다.

37 비접촉식 온도계의 종류로 맞는 것은 어느 것인가? **[장치 3]**

① 방사 온도계
② 열전대 온도계
③ 전기저항식 온도계
④ 바이메탈식 온도계

비접촉식 온도계(광고, 광전관, 색, 복사 온도계)

정답 31.① 32.④ 33.③ 34.④ 35.③ 36.③ 37.①

38 다음 중 수소가 고온·고압에서 탄소강에 접촉하여 메탄을 생성하는 것을 무엇이라고 하는가?

① 냉간취성 ② 수소취성
③ 메탄취성 ④ 상온취성

$Fe_3C+2H_2 \rightarrow CH_4+3Fe$(수소취성=강의 탈탄)
강에 붙어 있는 탄소가 탈락되어 CH_4를 생성하고 강의 강도가 약해짐

39 진탕형 오토클레이브의 특징이 아닌 것은 어느 것인가? **[장치 4]**

① 가스누설의 가능성이 없다.
② 고압력에 사용할 수 있고 반응물의 오손이 없다.
③ 뚜껑판에 뚫어진 구멍에 촉매가 끼워 들어 갈 염려가 있다.
④ 교반효과가 뛰어나며 교반형에 비하여 효과가 크다.

40 다음 펌프 중 베이퍼록 현상이 일어나는 것은? **[설비 8]**

① 회전 펌프 ② 기포 펌프
③ 왕복 펌프 ④ 기어 펌프

41 암모니아 합성공정을 반응압력에 따라 분류한 것이 아닌 것은?

① 고압 합성
② 중압 합성
③ 중저압 합성
④ 저압 합성

NH_3의 합성법

하버보시법에 의한 제조반응식		$N_2+3H_2 \rightarrow 2NH_3$			
고압법		중압법		저압법	
압력(MPa)	종류	압력(MPa)	종류	압력(MPa)	종류
60~100	클로드법, 카자레법	30 전후	고압 저압 이외의 방법	15	케이그법, 구데법

42 수은을 사용한 U자관 압력계에서 $h=$ 300mm일 때 P_2의 압력은 절대압력으로 얼마인가? (단, 대기압(P_1)은 1kg/cm²으로 하고 수은의 비중은 13.6×10^{-3}kg/cm³이다.)

① 0.816kg/cm²
② 1.408kg/cm²
③ 0.408kg/cm²
④ 1.816kg/cm²

P_2(절대)$=P_1$(대기압)+게이지압력
$=1\text{kg/cm}^2+13.6\times10^{-3}\text{kg/cm}^3\times30\text{cm}$
$=1.408\text{kg/cm}^2$

43 LPG의 연소방식 중 모두 연소용 공기를 2차 공기로만 취하는 방식은? **[안전 10]**

① 적화식
② 분젠식
③ 세미분젠식
④ 전 1차 공기식

44 원심 펌프를 직렬로 연결 운전할 때 양정과 유량의 변화는? **[설비 12]**

① 양정 : 일정, 유량 : 일정
② 양정 : 증가, 유량 : 증가
③ 양정 : 증가, 유량 : 일정
④ 양정 : 일정, 유량 : 증가

병렬 : 유량 증가, 양정 불변

45 왕복 압축기의 용량제어 방법으로 적당하지 않은 것은? **[설비 44]**

① 깃 각도 조정에 의한 방법
② 타일드 밸브에 의한 방법
③ 회전수 변경에 의한 방법
④ 바이패스 밸브에 의하여 압축가스를 흡입측에 복귀시키는 방법

정답 38.② 39.④ 40.① 41.③ 42.② 43.① 44.③ 45.①

46 액화천연가스(LNG)의 특징이 아닌 것은?

① 질소가 소량 함유되어 있다.
② 질식성 가스이다.
③ 연소에 필요한 공기량은 LPG에 비해 적다.
④ 발열량은 LPG에 비해 크다.

㉠ LNG(액화천연가스) : CH_4이 주성분
㉡ LPG(액화석유가스) : C_3H_8, C_4H_{10}이 주성분
㉢ 탄화수소에서 탄소(C)수와 수소(H)수가 많을수록 발열량이 높다.

47 탄화수소의 설명이 틀린 것은?

① 외부의 압력이 커지게 되면 비등점은 낮아진다.
② 탄소수가 같을 때 포화탄화수소는 불포화탄화수소보다 비등점이 높다.
③ 이성체 화합물에서는 normal은 iso보다 비등점이 높다.
④ 분자 중의 탄소 원자수가 많아질수록 비등점은 높아진다.

해설

외부의 압력이 커지면 비등점이 높아진다.

48 이산화탄소의 제거 방법이 아닌 것은?

① 암모니아 흡수법 ② 고압수 세정법
③ 열탄산칼륨법 ④ 알킬아민법

49 압력 $10kg/cm^2$은 몇 [mAq]인가?

① 1 ② 10
③ 100 ④ 1000

해설

$1kg/cm^2 = 10mAq$

50 아연, 구리, 은, 코발트 등과 같은 금속과 반응하여 착이온을 만드는 가스는?

① 암모니아 ② 염소
③ 아세틸렌 ④ 질소

NH_3는 Zn, Ag, Cu와 착이온 생성으로 부식을 일으키므로 Cu를 사용 시 62% 미만을 사용

51 천연가스(LNG)를 공급하는 도시가스의 주요 특성이 아닌 것은?

① 공기보다 가볍다.
② 황분이 없으며 독성이 없는 고열량의 연료로서 정제설비가 필요없다.
③ 공기보다 가벼워 누설되더라도 위험하지 않다.
④ 발전용, 일반공업용 연료로도 널리 쓰인다.

LNG는 가연성이므로 누설 시 폭발 우려

52 천연가스의 임계온도는 몇 [℃]인가?

① −62.1 ② −82.1
③ −92.1 ④ −112.1

53 다음 가스 중 비점이 가장 낮은 것은?

① 아르곤(Ar) ② 질소(N_2)
③ 헬륨(He) ④ 수소(H_2)

중요가스 비등점

가스명	비등점	가스명	비등점	가스명	비등점
H_2	−252℃	O_2	−183℃	C_4H_{10}	−0.5℃
N_2	−196℃	CH_4	−162℃	Cl_2	−34℃
Ar	−186℃	C_3H_8	−42℃	NH_3	−33℃

54 다음 가스 중 가압 또는 냉각하면 가장 쉽게 액화되고 공업용, 가정용 연료로 사용되는 가스는?

① 아세틸렌 ② 액화석유가스
③ CO_2 ④ 수소

55 염소가스의 건조제로 사용되는 것은?

① 진한 황산
② 염화칼슘
③ 활성알루미나
④ 진한 염산

Cl_2의 건조제 및 윤활제 : 진한 황산

정답 46.④ 47.① 48.② 49.③ 50.① 51.③ 52.② 53.③ 54.② 55.①

56 산소가스가 27℃에서 130kg/cm^{2}의 압력으로 50kg이 충전되어 있다. 이 때 부피는 몇 [m^3]인가? (단, 산소의 정수는 26.5kg · m/kg · K)

① 0.30m^3 ② 0.25m^3
③ 0.28m^3 ④ 0.43m^3

이상기체 상태식
$PV = GRT$이므로

$$\therefore V = \frac{GRT}{P} = \frac{50\text{kg} \times 26.5 \times (273+27)}{130 \times 10^4 \text{kg/m}^2} = 0.30\text{m}^3$$

57 압력이 650mmHg인 10L인 질소는 압력 750mmHg 약 몇 [L]인가? (단, 온도는 일정하다고 본다.)

① 8.5L ② 10.5L
③ 15.5L ④ 20.5L

온도 일정 시 보일의 법칙에서
$PV = P'V'$이므로

$$\therefore V' = \frac{PV}{P'} = \frac{650\text{mmHg} \times 10\text{L}}{750\text{mmHg}} = 8.5\text{L}$$

58 다음 가스 중 액화시키기가 가장 어려운 가스는?

① H_2 ② He
③ N_2 ④ CH_4

해설

압축가스(H_2, O_2, N_2, Ar, CH_4, CO)에서 He의 비등점이 가장 낮은 −269℃이므로 가장 액화가 어렵다.

59 액화천연가스의 비등점은 대기압 상태에서 몇 [℃]인가?

① −42.1 ② −140
③ −161 ④ −183

60 다음 중 열과 같은 차원을 갖는 것은?

① 밀도 ② 비중
③ 비중량 ④ 에너지

정답 56.① 57.① 58.② 59.③ 60.④

제2회 CBT 기출복원문제

가스기능사	수험번호 : 수험자명 :	※ 제한시간 : 60분 ※ 남은시간 :
글자 크기 100% 150% 200% / 화면 배치	전체 문제 수 : 안 푼 문제 수 :	답안 표기란 ① ② ③ ④

01 순수 아세틸렌은 0.15MPa 이상 압축하면 위험하다. 그 이유는? **[설비 15]**

① 중합 폭발
② 분해 폭발
③ 화학 폭발
④ 촉매 폭발

02 다음 중 폭굉이란 용어의 해석 중 적합한 것은? **[장치 5]**

① 가스 중의 폭발속도보다 음속이 큰 경우로 파면선단에 충격파라고 하는 솟구치는 압력파가 생겨 격렬한 파괴작용을 일으키는 현상
② 가스 중의 음속보다 폭발속도가 큰 경우로 파면선단에 충격파라고 하는 솟구치는 압력파가 생겨 격렬한 파괴작용을 일으키는 현상
③ 가스 중의 음속보다 화염전파속도가 큰 경우로 파면선단에 충격파라고 하는 솟구치는 압력파가 생겨 격렬한 파괴작용을 일으키는 현상
④ 가스 중의 화염전파속도보다 음속이 큰 경우로 파면선단에 충격파라고 하는 솟구치는 압력파가 생겨 격렬한 파괴작용을 일으키는 현상

03 다음 중 분해에 의한 폭발에 해당되지 않는 것은?

① 시안화수소 ② 아세틸렌
③ 히드라진 ④ 산화에틸렌

해설

HCN : 수분 2% 이상 함유 시 중합 폭발이 일어남

중합 폭발을 일으키는 가스 : ① HCN, ② C_2H_4O

04 긴급차단밸브의 동력원이 아닌 것은 어느 것인가? **[안전 19]**

① 액압 ② 기압
③ 전기 ④ 차압

05 용기 종류별 부속품 기호로 틀린 것은 어느 것인가? **[안전 29]**

① AG : 아세틸렌가스를 충전하는 용기의 부속품
② PG : 압축가스를 충전하는 용기의 부속품
③ LPG : 액화석유가스를 충전하는 용기의 부속품
④ TL : 초저온용기 및 저온용기의 부속품

06 고압가스 방출장치를 설치하여야 하는 저장탱크의 용량은 얼마 이상이어야 하는가?

① $300m^3$
② $100m^3$
③ $10m^3$
④ $5m^3$

07 다음 중 발화발생 요인이 아닌 것은?

① 용기의 재질 ② 온도
③ 압력 ④ 조성

정답 01.② 02.③ 03.① 04.④ 05.④ 06.④ 07.①

08 내부 용적이 25000L인 액화산소 저장탱크의 저장능력은 얼마인가? (단, 비중은 1.14이다.) [안전 30]

① 28500kg
② 21930kg
③ 24780kg
④ 25650kg

해설
액화가스 저장탱크의 저장능력 산정식

$W=0.9dV$
$=0.9\times1.14\times25000$
$=25650\text{kg}$

LPG의 소형 저장탱크의 경우
$W=0.85dV$로 계산

09 다음 중 몇 [km] 이상의 거리를 운행하는 경우에 중간에 충분한 유식을 취한 후 운행하는가?

① 200 ② 100
③ 50 ④ 10

10 액화석유가스 사용시설에서 가스계량기는 화기와 몇 [m] 이상의 우회거리를 유지해야 하는가? [안전 24]

① 2m ② 3m
③ 5m ④ 8m

11 도시가스 공급시설의 정압기실에 설치하는 가스누출경보기의 검지부는 바닥면 둘레 몇 [m]에 대해 1개 이상의 비율로 설치해야 하는가? [안전 16]

① 20m ② 30m
③ 40m ④ 60m

12 가스의 (TLV-TWA) 허용농도란 그 분위기 속에서 1일 몇 시간 노출되더라도 신체 장애를 일으키지 않는 것을 말하는가?

① 1시간 ② 3시간
③ 5시간 ④ 8시간

13 도시가스 배관을 도로에 매설하는 경우 보호포는 중압 이상의 배관의 경우에 보호판의 상부로부터 몇 [cm] 이상 떨어진 곳에 설치하는가? [안전 8]

① 20cm ② 30cm
③ 40cm ④ 60cm

14 가스누출 검지경보장치의 설치기준 중 틀리는 것은? [안전 16]

① 통풍이 잘 되는 곳에 설치할 것
② 설치 수는 가스의 누설을 신속하게 검지하고 경보하기에 충분한 수일 것
③ 기능은 가스 종류에 적절한 것일 것
④ 체류할 우려가 있는 장소에 적절하게 설치할 것

15 액화석유가스 용기저장소의 시설기준 중 틀린 것은? [안전 31]

① 용기보관실 주위의 2m(우회거리) 이내에는 화기취급을 하거나 인화성 물질 및 가연성 물질을 두지 않는다.
② 용기보관실의 전기시설은 방폭구조인 것이어야 하며, 전기스위치는 용기저장실 내부에 설치한다.
③ 용기보관실 내에는 분리형 가스누출 경보기를 설치한다.
④ 용기보관실 내에는 방폭등 외의 조명등을 설치하지 아니 한다.

해설
액화석유가스 판매, 충전사업자의 영업소에 설치하는 용기저장소의 시설·기술 검사기준(액화석유가스 안전관리법 별표 6 관련)

항 목		간추린 핵심 내용
사업소 부지		한 면이 폭 4m 도로에 접할 것
용기보관실	화기취급 장소	2m 이상 우회거리
	재료	불연성 지붕의 경우 가벼운 불연성
	판매용기 보관실 벽	방호벽
	용기보관실 면적	19m^2(사무실 면적 : 9m^2, 보관실 주위 부지확보면적 : 11.5m^2)

정답 08.④ 09.① 10.① 11.① 12.④ 13.② 14.① 15.②

항 목		간추린 핵심 내용
용기보관실	사무실과의 위치	동일 부지에 설치
	사고예방 조치	㉠ 가스누출경보기 설치 ㉡ 전기설비는 방폭구조 ㉢ 전기스위치는 보관실 밖에 설치 ㉣ 환기구를 갖추고 환기불량 시 강제통풍시설을 갖출 것

16 다음 중 개방식으로 할 수 없는 연소기는?

① 가스보일러 ② 가스난로
③ 가스렌지 ④ 가스 순간온수기

17 고압가스를 차량에 운반 시 액화석유가스를 제외한 가연성 가스는 몇 [L]를 초과할 수 없는가? **[안전 12]**

① 12000L ② 14000L
③ 16000L ④ 18000L

18 2개 이상의 탱크를 동일한 차량에 고정 운반 시의 기준에 적합하지 않은 것은? **[안전 12]**

① 탱크마다 주밸브를 설치할 것
② 탱크 상호간 또는 탱크와 차량 사이를 견고히 결속할 것
③ 충전관에는 안전밸브, 압력계 및 긴급 탈압밸브를 설치할 것
④ 독성 가스 운반 시 소화설비를 휴대할 것

19 다음 가스 중 허용농도 값이 가장 작은 것은?

① 염소 ② 염화수소
③ 아황산가스 ④ 일산화탄소

해설

독성 가스 농도

가 스	허용농도(ppm)	
	TLV-TWA	LC 50
Cl_2	1	293
HCl	5	3120
SO_2	10	2520
CO	50	3760

20 가연성 가스의 제조설비에서 오조작되거나 정상적인 제조를 할 수 없는 경우에 자동적으로 원재료의 공급을 차단시키는 등 제조설비 내의 제조를 제어할 수 있는 장치는?

① 인터록 기구
② 가스누설 자동차단기
③ 벤트스택
④ 플레어스택

21 액화석유가스의 냄새측정 기준에서 사용하는 용어 설명으로 옳지 않은 것은? **[안전 49]**

① 시험가스 : 냄새를 측정할 수 있도록 액화석유가스를 기화시킨 가스
② 시험자 : 미리 선정한 정상적인 후각을 가진 사람으로서 냄새를 판정하는 자
③ 시료기체 : 시험가스를 청정한 공기로 희석한 판정용 기체
④ 희석배수 : 시료기체의 양을 시험가스의 양으로 나눈 값

해설

(고압, LPG, 도시)가스의 냄새나는 물질의 첨가(KGS Fp 331) (3.2.1.1) 관련

항 목		간추린 세부 핵심 내용
공기 중 혼합 비율 용량(%)		1/1000(0.1%)
냄새농도 측정방법		㉠ 오더미터법(냄새측정기법) ㉡ 주사기법 ㉢ 냄새주머니법 ㉣ 무취실법
시료기체 희석배수 (시료기체 양 ÷시험가스 양)		㉠ 500배 ㉡ 1000배 ㉢ 2000배 ㉣ 4000배
용어설명	패널(panel)	미리 선정한 정상적인 후각을 가진 사람으로서 냄새를 판정하는 자
	시험자	냄새농도 측정에 있어서 희석조작을 하여 냄새농도를 측정하는 자
	시험가스	냄새를 측정할 수 있도록 기화시킨 가스
	시료기체	시험가스를 청정한 공기로 희석한 판정용 기체
기타 사항		㉠ 패널은 잡담을 금지한다. ㉡ 희석배수의 순서는 랜덤하게 한다. ㉢ 연속측정 시 30분마다 30분간 휴식한다.
부취제 구비조건		㉠ 경제적일 것 ㉡ 화학적으로 안정할 것 ㉢ 보통존재 냄새와 구별될 것 ㉣ 물에 녹지 않을 것 ㉤ 독성이 없을 것

정답 16.① 17.④ 18.④ 19.① 20.① 21.②

22 다음 독성 가스의 검지 방법 중 염화파라듐지에 의해 검지하는 가스는? **[안전 21]**

① 아황산가스　② 시안화수소
③ 암모니아　④ 일산화탄소

23 발화점에 영향을 주는 인자가 아닌 것은?

① 가연성 가스와 공기의 혼합비
② 가열속도와 지속시간
③ 발화가 생기는 공간의 비중
④ 점화원의 종류와 에너지 투여법

24 아세틸렌가스의 용기에 표시하는 그림은?

①

②

③
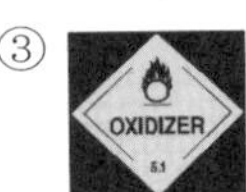

④

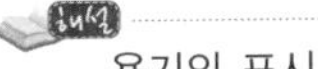

용기의 표시사항

가스 종류	표시사항
가연성	
독성	

25 정전기에 관한 다음 설명 중 틀린 것은?

① 습도가 낮을수록 정전기를 축적하기 쉽다.
② 화학섬유로 된 의류는 흡수성이 높으므로 정전기가 대전하기 쉽다.
③ 액상의 LP가스는 전기절연성이 높으므로 유동 시에는 대전하기 쉽다.
④ 재료 선택 시 접촉 전위차를 적게 하여 정전기 발생을 줄인다.

26 일반 도시가스사업의 공급시설 중 최고사용압력이 저압인 가스정제설비에서 압력의 이상 상승을 방지하기 위해 설치하는 것은?

① 액유출방지장치　② 역류방지장치
③ 고압차단 스위치　④ 수봉기

27 액화석유가스의 저장소 시설기준에 적합하지 않은 것은?

① 기화장치 주위에는 보호책을 설치해야 함
② 저장설비를 용기 집합식으로 해야 함
③ 실외 저장소 주위에는 경계책을 설치하고 경계책과 용기 보관장소 사이에는 20m 이상의 거리를 유지함
④ 저장탱크 색은 은백색이며, 글씨색은 적색임

해설
저장설비 용기보관소 등은 용기집합식으로 시설을 설치하지 않는다.

28 액화 독성 가스 1000kg 이상을 이동 시 휴대해야 할 제독제인 소석회는 몇 [kg] 이상을 휴대하여야 하는가? **[안전 32]**

① 20kg　② 30kg
③ 40kg　④ 80kg

29 도로에 도시가스 배관을 매설하는 경우에 라인마크는 구부러진 지점 및 그 주위 몇 [m] 이내에 설치하는가?

① 15m　② 30m
③ 50m　④ 100m

30 다음 중 공기를 압축 · 냉각하여 액체공기를 만드는 과정 및 액체 공기를 분류 · 증류하는 과정에서 기화, 액체되어 나오는 가스의 순서가 맞는 것은?

① 액화는 산소가 먼저하고, 기화는 질소가 먼저한다.
② 액화는 질소가 먼저하고, 기화는 산소가 먼저한다.
③ 산소가 액화, 기화 모두 먼저한다.
④ 질소가 액화, 기화 모두 먼저한다.

해설
공기액화 분리장치의 액화, 기화로서
㉠ 액화 순서 : $O_2 \rightarrow Ar \rightarrow N_2$
㉡ 기화 순서 : $N_2 \rightarrow Ar \rightarrow O_2$

정답 22.④ 23.③ 24.② 25.② 26.④ 27.② 28.③ 29.③ 30.①

31 강의 표면에 타 금속을 침투시켜 표면을 경화시키고 내식성, 내산화성을 향상시키는 것을 금속침투법이라 한다. 그 종류에 해당되지 않는 것은?

① 세라다이징(Sheardizing)
② 칼로라이징(Caiorizing)
③ 크로마이징(Chromizing)
④ 도우라이징(Dowrizing)

32 LP가스 용기의 최대 충전량 산식은? (단, C는 가스 정수, V는 내용적, P는 최고충전압력이다.) **[안전 30]**

① $G = V/C$
② $G = 0.9d \cdot V$
③ $G = (P+1)V$
④ $G = V - 0.9d$

33 질소를 취급하는 금속재료에서 내질화성을 증대시키는 원소는?

① Ni ② Al
③ Cr ④ Ti

질화 방지 조치 : Ni를 사용

34 다음 중에서 액면계의 측정방식에 해당하지 않는 것은?

① 다이어프램식 ② 정전용량식
③ 음향식 ④ 환상천평식

35 저압 압축기로서 대용량을 취급할 수 있는 압축기의 형식은?

① 왕복동식 ② 원심식
③ 회전식 ④ 흡수식

36 다음 중 공기액화 분리장치에는 가연성 단열재를 사용할 수 없다. 그 이유는 어느 가스 때문인가?

① N_2 ② CO_2
③ H_2 ④ O_2

가연성 산소 혼합 시 폭발의 우려

37 압력 배관용 탄소강관의 KS 규격기호는?

① SPP
② SPPS
③ SPLT
④ SPHT

배관의 명칭

관의 종류	명칭
SPP	배관용 탄소강관
SPPS	압력 배관용 탄소강관
SPPH	고압 배관용 탄소강관
SPLT	저온 배관용 탄소강관
SPHT	고온 배관용 탄소강관

38 금속재료에 S, P, Ni, Mn과 같은 원소들이 함유되면 강에 영향을 미치는 데 다음 설명 중 틀린 것은?

① S : 적열취성의 원인이 된다.
② P : 상온취성을 개선시킨다.
③ Mn : S과 결합하여 황에 의한 악영향을 완화시킨다.
④ Ni : 저온취성을 개선시킨다.

P(인) : 상온취성을 발생

39 고압장치의 상용압력이 150kg/cm²일 때 안전밸브의 작동압력은?

① 120kg/cm²
② 165kg/cm²
③ 180kg/cm²
④ 225kg/cm²

안전밸브 작동압력 $= T_P \times \frac{8}{10}$

$= \text{상용압력} \times 1.5 \times \frac{8}{10}$

$= 150 \times 1.5 \times \frac{8}{10}$

$= 180\text{kg/cm}^2$

($\because$ $T_P = \text{상용압력} \times 1.5$)

정답 31.④ 32.① 33.① 34.④ 35.② 36.④ 37.② 38.② 39.③

40 아세틸렌 제조시설 중 아세틸렌 접촉부분에 사용해서는 안 되는 것은? **[설비 16]**

① 알루미늄 또는 알루미늄 함량 62%
② 스테인리스 24종 이상
③ 철 또는 탄소 함유량이 4.3% 이상인 강
④ 동 또는 동 함유량이 62% 이상

41 흡수분석법에 의한 CO_2의 흡수제는 어느 것인가?

① 포화식염수
② 염화제1구리용액
③ 알칼리성 피로가롤용액
④ 수산화칼륨 30% 수용액

42 공기액화 분리장치의 CO_2에 관한 설명으로 옳지 않은 것은? **[설비 4]**

① CO_2는 수분리기에서 제거하여 건조기에서 완결되어진다.
② CO_2는 장치폐쇄를 일으킨다.
③ CO_2는 8% NaOH 용액으로 제거한다.
④ CO_2는 원료공기에 포함된 것이다.

해설
CO_2 제거법 : 탄산가스 흡수기에서 다음 반응으로 제거
$2NaOH + CO_2 \rightarrow Na_2CO_3 + H_2O$

43 고압가스설비에 설치하는 벤트스택과 플레어스택에 관한 기술 중 틀린 것은?

① 플레어스택에서는 화염이 장치 내에 들어가지 않도록 역화방지장치를 설치해야 한다.
② 플레어스택에서 방출하는 가연성 가스를 폐기할 때는 흑연의 발생을 방지하기 위하여 스팀을 불어넣는 방법이 이용된다.
③ 가연성 가스의 긴급용 벤트스택의 높이는 착지농도가 폭발하한계 값 미만이 되도록 충분한 높이로 한다.
④ 벤트스택은 가능한 공기보다 무거운 가스를 방출해야 한다.

44 펌프 중 고압에 사용하기 적합한 펌프는?

① 원심 펌프 ② 왕복 펌프
③ 축류 펌프 ④ 사류 펌프

45 다음 ( ) 안에 가장 적합한 것은?

> 공기액화분리기의 원료공기 중에서 제거해야 할 불순물로는 보통 수분과 ( ) 이(가) 있다.

① He ② CO_2
③ N_2 ④ Ar

46 다음 중 가장 큰 압력은?

① $1000kg/m^2$ ② $10kg/cm^2$
③ $0.01kg/mm^2$ ④ 수주 150m

해설
① $1000kg/m^2 \div 10332kg/m^2 = 0.096atm$
② $10kg/cm^2 \div 1.0332 = 9.67atm$
③ $0.01kg/mm^2 = 1kg/cm^2$
$1 \div 1.0332 = 0.96atm$
④ $150mH_2O \div 10.332 = 14.5atm$

47 진공도 90%란? (단, 대기압은 760mmHg)

① $0.1033kg/cm^2a$ ② 1.148ata
③ 684mmHg ④ 760mmAq

해설
㉠ 진공도 90% : 진공압력 = 대기압력 × 0.9이므로
㉡ 절대 = 760 − 760 × 0.9 = 76mmHg
㉢ $\frac{76}{760} \times 1.033 = 0.1033kg/cm^2$

48 액체는 무색 투명하고 특유한 복숭아향을 가지고 있으며 맹독성이 있고 고농도를 흡입하면 목숨을 잃는 가스는?

① 일산화탄소 ② 포스겐
③ 시안화수소 ④ 메탄

49 LNG의 임계온도는 −82℃이다. 비점은 얼마인가?

① −50℃ ② −82℃
③ −120℃ ④ −162℃

정답 40.④ 41.④ 42.① 43.④ 44.② 45.② 46.④ 47.① 48.③ 49.④

50 다음은 산소(O_2)에 대하여 설명한 것이다. 틀린 것은?

① 무색, 무취의 기체이며, 물에는 약간 녹는다.
② 가연성 가스이나 그 자신은 연소하지 않는다.
③ 용기의 도색은 일반 공업용이 녹색, 의료용이 백색이다.
④ 용기는 탄소강으로 무계목 용기이다.

해설
O_2 : 압축가스, 조연성 가스

51 다음 중 가스의 성질에 대한 설명으로 맞는 것은?

① 질소는 안정된 가스이며, 불활성 가스라고도 불리우고 고온에서도 금속과 화합하는 일은 없다.
② 암모니아는 산이나 할로겐과도 잘 화합한다.
③ 산소는 액체공기를 분류하여 제조하는 반응성이 강한 가스이며, 그 자신으로서 연소된다.
④ 염소는 반응성이 강한 가스이며, 강에 대해서 상온에서도 건조상태에서 현저한 부식성이 있다.

52 다음 중 엔트로피의 변화가 없는 것은 어느 것인가? **[설비 14]**

① 폴리트로픽 변화
② 단열변화
③ 등온변화
④ 등압변화

53 다음 중 가스와 그 용도를 짝지은 것 중 틀린 것은?

① 프레온 – 냉장고의 냉매
② 이산화황 – 환원성 표백제
③ 시안화수소 – 아크릴로니트릴 제조
④ 에틸렌 – 메탄올 합성원료

54 다음 [보기]의 세 종류 물질에 동일량의 열량을 흡수시켰을 때 그 최종온도가 높은 것부터 낮은 것의 순서대로 올바르게 나열된 것은? (단, 최초온도는 동일한 것으로 본다.)

> [보기]
> ㉠ 비열 0.7인 물질 30kg
> ㉡ 비열 1인 물질 15kg
> ㉢ 비열 0.5인 물질 40kg

① ㉠–㉡–㉢　　② ㉠–㉢–㉡
③ ㉡–㉠–㉢　　④ ㉡–㉢–㉠

현열＝중량×비열×온도차에서 열량과 최초온도는 동일하므로 온도차가 클수록 최종온도가 높은 것이므로

온도차$=\dfrac{\text{열량}}{\text{중량}\times\text{비열}}$에서 중량×비열 값이 적을수록 온도차가 큰 값이다.

㉠ $0.7\times30=21$
㉡ $1\times15=15$
㉢ $0.5\times40=20$
∴ ㉡ > ㉢ > ㉠

55 LPG의 성질에 대한 설명 중 틀린 것은?

① 상온 · 상압에서는 기체이지만 상온에서도 비교적 낮은 압력으로 액화가 가능하다.
② 프로판의 임계온도는 32.3℃이다.
③ 동일 온도하에서 프로판은 부탄보다 증기압이 높다.
④ 순수한 것은 색깔이 없고 냄새도 없다.

㉠ 프로판 임계온도 : 96.8℃
㉡ 부탄 임계온도 : 152℃

56 다음 중 가연성 가스 취급장소에서 사용 가능한 방폭 공구가 아닌 것은?

① 알루미늄합금 공구
② 베릴륨합금 공구
③ 고무 공구
④ 나무 공구

정답 50.② 51.② 52.② 53.④ 54.④ 55.② 56.①

가연성 공장에서 사용되는 안전용 공구의 종류
나무, 고무, 가죽, 플라스틱, 베릴륨합금, 베아론 합금(금속제 공구는 불꽃발생이 있으므로 위험)

57 0℃ 얼음 30kg을 100℃ 물로 만들 때 필요한 프로판 질량은 몇 [g]인가? (단, 프로판의 발열량은 12000kcal/kg이다.)

① 300 ② 350
③ 400 ④ 450

$30 \times 80 + 30 \times 1 \times 100 = 5400\text{kcal}$
$5400\text{kcal} : x(\text{kg})$
$12000\text{kcal} : 1\text{kg}$
$\therefore\ x = \dfrac{5400 \times 1}{12000} = 0.45\text{kg} = 450\text{g}$

58 LP가스의 특성을 잘못 설명한 것은?

① 상온 · 상압에서 기체상태이다.
② 증기비중은 공기의 1.5~2배이다.
③ 액체는 물보다 무겁다.
④ 액체는 무색 · 투명하며, 물에 잘 녹지 않는다.

C_3H_8의 액비중 : 0.5

59 수소가스의 용도 중 가장 거리가 먼 것은?

① 산소와 수소의 혼합 기체의 온도가 높으므로 용접용으로 사용한다.
② 암모니아나 염산의 합성원료로 사용한다.
③ 경화유의 제조에 사용한다.
④ 탄산소다의 제조 시 주원료로 사용한다.

60 다음 온도에 대한 설명 중 옳은 것은?

① 절대 0도는 물의 어는 온도를 0으로 기준한 온도이다.
② 임계온도 이상 시에는 액화되지 않는다.
③ 임계온도는 기체를 액화시킬 수 있는 최소의 온도이다.
④ 온도의 상한계를 기준으로 정한 것이 절대온도이다.

㉠ 임계온도 : 가스를 액화시킬 수 있는 최고온도
㉡ 임계압력 : 가스를 액화시킬 수 있는 최소압력
㉢ 액화의 조건 : 임계온도 이하로 낮추고 임계압력 이상으로 높인다.

정답 57.④ 58.③ 59.④ 60.②

제3회 CBT 기출복원문제

가스기능사	수험번호 : 수험자명 :	※ 제한시간 : 60분 ※ 남은시간 :
글자 크기 100% 150% 200% 화면 배치	전체 문제 수 : 안 푼 문제 수 :	답안 표기란 ① ② ③ ④

01 고압가스 일반 제조시설의 저장탱크에 설치하는 가스방출장치는 저장능력 얼마 이상의 것에 설치해야 하는가?

① $5m^3$　② $10m^3$
③ $20m^3$　④ $30m^3$

02 다음 중 도시가스 배관작업 시 파일 및 방호판 타설 시 일반적 조치사항과 적합하지 않은 것은? **[안전 33]**

① 가스 배관과 수평거리 1m 이내에서는 파일박기를 하지 말 것
② 항타기는 가스 배관과 수평거리 2m 이상 이격할 것
③ 파일을 뺀 자리는 충분히 메울 것
④ 가스 배관과 수평거리 2m 이내에서 파일박기를 할 경우에는 도시가스 사업자 입회하에 시험굴착을 통하여 가스 배관의 위치를 정확히 확인할 것

가스 배관 주위 1m 이내에는 인력굴착으로 굴착 실시(파일박기를 하지 말 것의 규정없음)

03 시안화수소 충전 시 유지해야 할 조건 중 틀린 것은?

① 충전 시 순도는 98% 이상을 유지한다.
② 안정제는 아황산가스나 황산 등을 사용한다.
③ 저장 시는 1일 2회 이상 염화제1동착염지로 누출검사를 한다.
④ 충전한 용기는 충전 후 24시간 정치한다.

HCN
㉠ 누설검지 시험지 : 질산구리벤젠지
㉡ 1일 1회 이상 누설검사 실시

04 고압가스의 분출에 대하여 정전기가 가장 발생되기 쉬운 경우는?

① 가스가 충분히 건조되어 있을 경우
② 가스 속에 고체의 미립자가 있을 경우
③ 가스 분자량이 작은 경우
④ 가스 비중이 큰 경우

05 용기에 충전한 시안화수소는 충전한 후 몇 일이 경과되기 전에 다른 용기에 옮겨 충전하여야 하는가? (단, 순도 98% 이상으로서 착색된 것에 한한다.)

① 5
② 20
③ 40
④ 60

06 LP가스 용기 충전시설 중 지상에 설치하는 경우 저장탱크의 주위에는 액상의 LP가스가 유출하지 아니하도록 방류둑을 설치하여야 한다. 다음 중 얼마의 저장량 이상일 때 방류둑을 설치하는가? **[안전 15]**

① 500톤 이상
② 1000톤 이상
③ 1500톤 이상
④ 2000톤 이상

정답 01.① 02.① 03.③ 04.② 05.④ 06.②

07 다음 중 저장능력이 1ton인 액화염소 용기의 내용적(L)은? (단, 액화염소 정수(C)는 0.80이다.) [안전 30]

① 400 ② 600
③ 800 ④ 1000

액화가스 용기 충전량

$W=\frac{V}{C}$이므로

내용적 $V=W\times C$

$=1000\times0.80=800\text{L}$

08 도시가스의 유해성분을 측정할 때 측정하지 않아도 되는 성분은?

① 일산화탄소 ② 황화수소
③ 황 ④ 암모니아

도시가스 유해성분 측정

측정가스	초과금지 양
S(황)	0.5g
H_2S(황화수소)	0.02g
NH_3(암모니아)	0.2g

09 아세틸렌 용기에 아세틸렌을 충전할 때 온도와 관계없이 몇 [MPa] 이하의 압력을 유지해야 하는가? [설비 15]

① 1.5 ② 2.0
③ 2.5 ④ 3.0

해설

C_2H_2는 압축기 분해폭발을 일으키므로

㉠ 충전 중 압력 : 2.5MPa 이하

㉡ 충전 후는 15℃, 1.5MPa 이하가 되어야 한다.

㉢ 부득이 충전 중에 2.5MPa 이상으로 할 경우 N_2, CH_4, CO, C_2H_4 등의 희석제를 첨가한다.

10 고압가스를 운반하는 차량의 경계표시 크기의 가로 치수는 차체 폭의 몇 [%] 이상으로 하는가? [안전 34]

① 5%
② 10%
③ 20%
④ 30%

11 고압가스 판매시설의 용기보관실에 대한 기준으로 맞지 않는 것은?

① 충전용기의 넘어짐 및 충격을 방지하는 조치를 할 것
② 가연성 가스와 산소의 용기보관실은 각각 구분하여 설치할 것
③ 가연성 가스의 충전용기보관실 8m 이내에 화기 또는 발화성 물질을 두지 말 것
④ 충전용기는 항상 40℃ 이하를 유지할 것

충전용기보관실 2m 이내에는 화기 또는 발화성 물질을 두지 말 것

12 가스를 사용하는 일반가정이나 음식점 등에서 호스가 절단 또는 파손으로 다량 가스 누출 시 사고예방을 위해 신속하게 자동으로 가스누출을 차단하기 위해 설치하는 것은?

① 중간밸브 ② 체크밸브
③ 나사콕 ④ 퓨즈콕

13 초저온 용기 부속품의 기호를 나타낸 것은? [안전 29]

① LG ② PG
③ LT ④ LP

14 다음 중 특정설비의 범위에 해당되지 않는 것은? [안전 35]

① 저장탱크
② 저장탱크의 안전밸브
③ 조정기
④ 기화기

15 도시가스의 가스발생설비, 가스정제설비, 가스홀더 등이 설치된 장소 주위에는 철책 또는 철망 등의 경계책을 설치하여야 하는데 그 높이는 몇 [m] 이상으로 하여야 하는가?

① 1m 이상 ② 1.5m 이상
③ 2.0m 이상 ④ 3.0m 이상

정답 07.③ 08.① 09.③ 10.④ 11.③ 12.④ 13.③ 14.③ 15.②

16 다음 독성 가스 중 제독제로 물을 사용할 수 없는 것은? [안전 22]

① 암모니아 ② 아황산가스
③ 염화메탄 ④ 황화수소

제독제
㉠ 암모니아, 아황산, 염화메탄, 산화에틸렌 : 물
㉡ 황화수소 : 가성소다수용액, 탄산소다수용액

17 도시가스 배관의 설치에서 직류 전철 등에 의한 누출전류의 영향을 받는 배관의 가장 적합한 전기방식법은? (단, 이 전기방식의 방식효과는 충분한 경우임.) [설비 16]

① 배류법
② 정류법
③ 외부전원법
④ 희생양극법

전기방식법
• 희생(유전)양극법

정 의	특 징	
	장 점	단 점
양극의 금속 Mg, Zn 등을 지하매설관에 일정간격으로 설치하면 Fe보다 (−)방향 전위를 가지고 있어 Fe이 (−) 방향으로 전위변화를 일으켜 양극의 금속이 Fe 대신 소멸되어 관의 부식을 방지함	㉠ 타 매설물의 간섭이 없다. ㉡ 시공이 간단 ㉢ 단거리 배관에 경제적이다. ㉣ 과방식의 우려가 없다.	㉠ 전류 조절이 어렵다. ㉡ 강한 전식에는 효과가 없고, 효과 범위가 좁다. ㉢ 양극의 보충이 필요하다.

• 외부전원법

정 의	특 징	
	장 점	단 점
방식 전류기를 이용 한전의 교류전원을 직류로 전환 매설배관에 전기를 공급하여 부식을 방지함	㉠ 전압전류 조절이 쉽다. ㉡ 방식효과 범위가 넓다. ㉢ 전식에 대한 방식이 가능하다. ㉣ 장거리 배관에 경제적이다.	㉠ 과방식의 우려가 있다. ㉡ 비경제적이다. ㉢ 타 매설물의 간섭이 있다. ㉣ 교류전원이 필요하다.

• 강제배류법

정 의	특 징	
	장 점	단 점
레일에서 멀리 떨어져 있는 경우에 외부전원 장치로 가장 가까운 선택배류 방법으로 전기 방식하는 방법	㉠ 전압전류조정가능하다. ㉡ 전기방식의 효과범위가 넓다. ㉢ 전철의 운행중지에도 방식이 가능하다.	㉠ 과방식의 우려가 있다. ㉡ 전원이 필요하다. ㉢ 타 매설물의 장애가 있다. ㉣ 전철의 신호 장애를 고려해야 한다.

• 선택배류법

정 의	특 징	
	장 점	단 점
직류전철에서 누설되는 전류에 의한 전식을 방지하기 위해 배관의 직류전원 (−)선을 레일에 연결 부식을 방지함	㉠ 전철의 위치에 따라 효과범위가 넓다. ㉡ 시공비가 저렴하다. ㉢ 전철의 전류를 사용, 비용절감의 효과가 있다.	㉠ 과방식의 우려가 있다. ㉡ 전철의 운행중지 시에는 효과가 없다. ㉢ 타 매설물의 간섭에 유의해야 한다.

※ 전기방식법에 의한 전위측정용 터미널 간격
1. 외부전원법은 500m 마다 설치
2. 희생양극법 배류법은 300m 마다 설치

18 고압가스의 충전용기 밸브는 서서히 개폐하고, 밸브 또는 배관을 가열하는 때에는 열습포 또는 몇 [℃]의 물을 사용하는가?

① 15℃ 이하 ② 25℃ 이하
③ 30℃ 이하 ④ 40℃ 이하

19 수소의 순도는 피로카롤 또는 하이드로설파이드 시약을 사용한 오르자트법에 의해서 몇 [%] 이상이어야 하는가?

① 98.5% ② 90%
③ 99.9% ④ 99.5%

해설

산소 · 수소 · 아세틸렌 품질검사(고법 시행규칙 별표 4. KGS Fp 112) (3.2.2.9)

항 목	간추린 핵심 내용
검사장소	1일 1회 이상 가스제조장
검사자	• 안전관리책임자 실시 • 부총괄자와 책임자가 함께 확인 후 서명

정답 16.④ 17.① 18.④ 19.①

해당 가스 및 판정기준			
해당 가스	순 도	시약 및 방법	합격온도, 압력
산소	99.5% 이상	동암모니아 시약, 오르자트법	35℃, 11.8MPa 이상
수소	98.5% 이상	피로카롤, 하이드로설파이드, 오르자트법	35℃, 11.8MPa 이상
아세틸렌	㉠ 발연황산 시약을 사용한 오르자트법(브롬 시약을 사용한 뷰렛법에서 순도가 98% 이상) ㉡ 질산은 시약을 사용한 정성시험에서 합격한 것		

20 고압가스 냉매설비의 기밀시험 시 압축공기를 공급할 때 공기의 온도는?

① 40℃ 이하　② 70℃ 이하
③ 100℃ 이하　④ 140℃ 이하

21 일반 도시가스사업 가스공급시설의 입상관 밸브는 분리가 가능한 것으로서 바닥으로부터 몇 [m] 이내에 설치해야 하는가?

① 0.5~1m　② 1.2~1.5m
③ 1.6~2.0m　④ 2.5~3.0m

22 액화석유가스 충전시설의 지하에 묻는 저장탱크는 천장, 벽 및 바닥의 철근콘크리트 두께가 몇 [cm] 이상으로 된 저장탱크실에 설치해야 하는가? **[안전 6]**

① 20cm　② 30cm
③ 40cm　④ 50cm

23 합격한 용기의 도색 구분이 백색인 가스는 어느 것인가? (단, 의료용 가스용기를 제외한다.) **[안전 3]**

① 염소　② 질소
③ 산소　④ 액화암모니아

해설
염소(갈색), 질소(회색), 산소(녹색), 이산화탄소(청색), 수소(주황색)

24 산화에틸렌 취급 시 제독제로 준비해야 할 것은? **[안전 22]**

① 가성소다수용액　② 탄산소다수용액
③ 소석회수용액　④ 물

25 아세틸렌가스의 용해 충전 시 다공질 물질의 재료로 사용할 수 없는 것은? **[안전 11]**

① 규조토, 석면
② 알루미늄 분말, 활성탄
③ 석회, 산화철
④ 탄산마그네슘, 다공성 플라스틱

26 폭발성이 예민하므로 마찰 및 타격으로 격렬히 폭발하는 물질에 해당되지 않는 것은?

① 황화질소　② 메틸아민
③ 염화질소　④ 아세틸라이드

27 다음 중 가연성 물질을 공기로 연소시키는 경우에 공기 중의 산소농도를 높게 하면 연소속도와 발화온도는 어떻게 변하는가?

① 연소속도는 크게(빠르게) 되고, 발화온도도 높아진다.
② 연소속도는 크게(빠르게) 되고, 발화온도는 낮아진다.
③ 연소속도는 낮게(느리게) 되고, 발화온도는 높아진다.
④ 연소속도는 낮게(느리게) 되고, 발화온도도 낮아진다.

28 용기보관장소에 대한 설명으로 옳지 않은 것은?

① 외부에서 보기 쉬운 곳에 경계표지를 설치할 것
② 지붕은 쉽게 연소될 수 있는 가연성 재료를 사용할 것
③ 가스가 누출된 때에 체류하지 아니하도록 할 것
④ 독성 가스인 경우에는 흡입장치와 연동시켜 중화설비에 이송시키는 설비를 갖출 것

지붕은 가벼운 불연성 재료

정답 20.④ 21.③ 22.② 23.④ 24.④ 25.② 26.④ 27.② 28.②

29 가스의 폭발범위에 영향을 주는 인자가 아닌 것은?

① 비열 ② 압력
③ 온도 ④ 가스량

30 공기보다 비중이 가벼운 도시가스의 공급시설로서 공급시설이 지하에 설치된 경우 통풍구조는 흡입구 및 배기구의 관경을 몇 [mm] 이상으로 하는가?

① 50mm ② 75mm
③ 100mm ④ 150mm

31 저온장치에서 열의 침입원인이 아닌 것은?

① 연결배관 등에 의한 열전도
② 외면으로부터 열복사
③ 밸브 등에 의한 열전도
④ 지지 요크 등에 의한 열방사

저온장치 열침입 원인
①, ②, ③항 이외에 안전밸브에 의한 열전도, 단열재를 충전한 공간에 남은 가스분자의 열전도, 지지점의 열전도

32 원통형 저장탱크의 부속품이 아닌 것은?

① 안전밸브 ② 드레인밸브
③ 액면계 ④ 승압밸브

해설

원통형 저장탱크

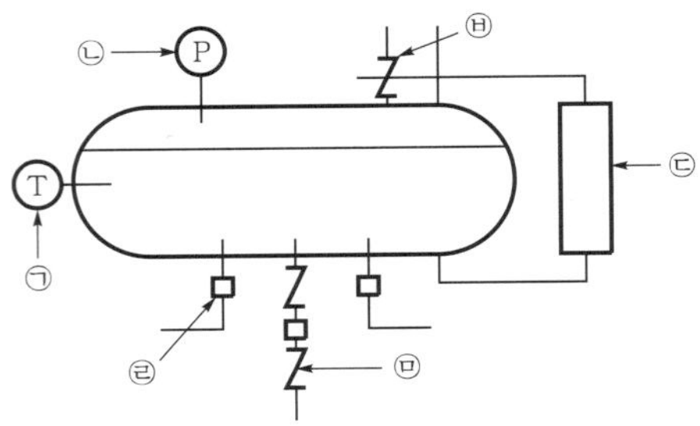

㉠ 온도계
㉡ 압력계
㉢ 액면계
㉣ 긴급차단밸브
㉤ 드레인밸브
㉥ 안전밸브

33 원심 펌프를 병렬로 연결시켜서 운전하면 무엇이 증가하는가? [설비 12]

① 양정 ② 동력
③ 유량 ④ 효율

해설

㉠ 직렬로 연결 시(양정-증가, 유량-불변)
㉡ 병렬로 연결 시(양정-일정, 유량-증가)

34 다음 [보기]는 어떤 진공단열법의 특징을 설명한 것인가?

[보기]
㉠ 단열층이 어느 정도 압력에 견디므로 내층의 지지력이 있다.
㉡ 최고의 단열성능을 얻으려면 10^{-5}Torr 정도의 높은 진공도를 필요로 한다.

① 고진공단열법
② 다층 진공단열법
③ 분말 진공단열법
④ 상압 진공단열법

35 회전 펌프의 장점이 아닌 것은?

① 왕복 펌프와 같은 흡입, 토출밸브가 없다.
② 점성이 있는 액체에 좋다.
③ 토출압력이 높다.
④ 연속 토출되어 맥동이 많다.

36 기동성이 있어 장·단거리 어느 쪽에도 적합하고 용기에 비해 다량수송이 가능한 방법은?

① 용기에 의한 방법
② 탱크로리에 의한 방법
③ 철도차량에 의한 방법
④ 유조선에 의한 방법

37 압축된 가스를 단열팽창시키면 온도가 강하한다는 효과는?

① 단열 효과
② 줄-톰슨 효과
③ 정류 효과
④ 강하 효과

정답 29.① 30.③ 31.④ 32.④ 33.③ 34.② 35.④ 36.② 37.②

38 다음 중 진탕형 교반기의 특징으로 틀린 것은?

① 교반축 스타핑박스에서 가스누설의 가능성이 많다.
② 고압력에 사용할 수 있고 반응물의 오손이 없다.
③ 장치 전체가 진동하므로 압력계는 본체에서 떨어져 설치한다.
④ 뚜껑판에 뚫어진 구멍에 촉매가 끼어 들어갈 염려가 있다.

39 실린더의 단면적 50cm², 행정 10cm, 회전수 200rpm, 체적효율 80%인 왕복 압축기의 토출량은?

① 60L/min ② 80L/min
③ 120L/min ④ 140L/min

왕복 압축기 토출량

$$Q = \frac{\pi}{4}D^2 \times L \times N \times n \times n_V$$
$$= 50\text{cm}^2 \times 10\text{cm} \times 200 \times 0.8$$
$$= 80000\text{cm}^3/\text{min}$$
$$= 80\text{L/min}$$

여기서, Q : 피스톤 압출량
A : 실린더 단면적$\left(\frac{\pi}{4}D^2\right)$
L : 행정
N : 회전수
n : 기통수
n_V : 체적효율

40 다음 가스용기의 밸브 중 충전구 나사를 왼나사로 정한 것은? **[안전 37]**

① NH_3 ② C_2H_2
③ CO_2 ④ O_2

41 다음 가스분석법 중 흡수분석법에 해당되지 않는 것은? **[장치 6]**

① 헴펠법
② 산화동법
③ 오르자트법
④ 게겔법

42 수소취성을 방지하기 위하여 첨가되는 원소가 아닌 것은?

① Mo ② W
③ Ti ④ Mn

수소취성(강의 탈탄)
$Fe_3C + 2H_2 \rightarrow CH_4 + 3Fe$
고온 · 고압하에서 수소를 사용 시 5~6% 크롬강에 텅스텐, 몰리브덴, 티탄, 바나듐 등을 첨가

43 프로판 10kg이 완전연소에 필요한 공기량은 몇 [m³]인가?

① 25.45m³ ② 121.2m³
③ 36.3m³ ④ 173.2m³

해설

$C_3H_8 + 5O_2 \rightarrow 3CO_2 + 4H_2O$
10kg : $x(\text{m}^3)$
44kg : $5 \times 22.4\text{m}^3$에서

$$\text{산소량}(x) = \frac{10 \times 5 \times 22.4}{44} = 25.4545$$

$$\therefore \text{ 공기량 } 25.4545 \times \frac{1}{0.21} = 121.21\text{m}^3$$

44 다음 설명 중 LP가스 충전 시 디스펜서(dispenser)란?

① LP가스 압축기 이송장치의 충전기기 중 소량에 충전하는 기기
② LP가스 자동차 충전소에서 LP가스 자동차의 용기에 용적을 계량하여 충전하는 충전기기
③ LP가스 대형 저장탱크에 역류방지용으로 사용하는 기기
④ LP가스 충전소에서 청소하는 데 사용하는 기기

45 초저온 저장탱크의 측정에 많이 사용되며 차압에 의해 액면을 측정하는 액면계는?

① 햄프슨식 액면계
② 전기저항식 액면계
③ 초음파식 액면계
④ 크링카식 액면계

차압식 액면계=햄프슨식 액면계

정답 38.① 39.② 40.② 41.② 42.④ 43.② 44.② 45.①

46 다음 압력 중 가장 높은 압력은?

① $2.4kg/cm^2a$ ② $3.1kg/cm^2g$
③ 760mmg ④ 1017mmbar

1atm = $1.0332kg/cm^2$ = 760mmHg = 1013mmba 이므로 kg/cm^2으로 단위를 통일한다.
① $2.4kg/cm^2a$
② $3.1 + 1.033 = 4.133kg/cm^2g$
③ 760mmHg = $1.0332kg/cm^2a$
④ $\frac{1017}{1013} \times 1.033 = 1.037kg/cm^2$ 이므로
가장 높은 압력 : $4.133kg/cm^2$이다.

47 액화천연가스를 취급하는 설비의 금속재료로 부적합한 것은?

① 일반 탄소강 ② 스테인리스강
③ 알루미늄합금 ④ 9% 니켈강

• 액화천연가스 : 가스의 온도가 −162℃ 이하, 저온용 재질을 사용
• 저온용에 사용되는 금속
㉠ 18−8 STS(오스테나이트계 스테인리스)
㉡ 9% Ni
㉢ 구리 및 구리합금
㉣ 알루미늄 및 알루미늄합금

48 천연가스의 성질 중 잘못된 것은?

① 독성이 없고 청결한 가스이다.
② 주성분은 메탄으로 이루어졌다.
③ 공기보다 무거워 누설 시 바닥에 고인다.
④ 발열량은 약 $9500 \sim 11000kcal/m^3$ 정도이다.

천연가스
㉠ 분자식 : CH_4
㉡ 분자량 : 16g
㉢ 연소범위 : 5~15%
∴ 공기보다 가볍다.

49 다음은 온도 환산식이다. 옳게 표시된 것은?

① K = ℃ − 273.15
② K = (5/9)°R
③ ℃ = (5/9)(°F + 32)
④ °F = °R + 460

온도 계산식 공식

단위별	계산식
°F와 ℃의 관계	$°F = \frac{9}{5}℃ + 32$ $℃ = \frac{5}{9}(°F - 32)$
K와 ℃의 관계	K = ℃ + 273.15 ℃ = K − 273.15
°R과 °F의 관계	°R = °F + 460 °F = °R − 460
K와 °R의 관계	°R = K × 1.8 $K = \frac{1}{1.8}°R$

$1.8 = \frac{9}{5}, \quad \frac{1}{1.8} = \frac{5}{9}$

50 수소의 용도 중 맞지 않는 것은?

① 암모니아의 합성원료로 사용
② 비료 제조용
③ 환원성이 커서 금속제련에 사용
④ 기구 부양용 가스로 사용

51 황화수소의 성질이 아닌 것은?

① 유황천에서 물에 녹아 용출한다.
② 알칼리와 반응하여 염을 만든다.
③ 무색이며, 계란 썩은 냄새가 난다.
④ 산소 중에서 노란불꽃을 내며 연소하여 육불화황을 만든다.

52 습성 천연가스 및 원유로부터 LP가스 제조법이 아닌 것은?

① 단열팽창 액화법
② 압축냉각법
③ 흡수법
④ 활성탄에 의한 흡착법

53 비체적이 큰 순서대로 나열된 것은?

① 프로판−메탄−질소−수소
② 프로판−질소−수소−메탄
③ 수소−메탄−질소−프로판
④ 수소−질소−메탄−프로판

정답 46.② 47.① 48.③ 49.② 50.② 51.④ 52.① 53.③

가스의 비체적 22.4L/M(분자량)g

㉠ C_3H_8=22.4/44=0.509L/g

㉡ CH_4=22.4/16=1.4L/g

㉢ N_2=22.4/28=0.8L/g

㉣ H_2=22.4/2=11.2L/g

54 10Joule의 일의 양을 [cal] 단위로 나타내면?

① 0.39　② 1.39

③ 2.39　④ 3.39

- 1J=0.239cal≒0.24cal
- 10J=0.24×10≒2.4cal

55 아세틸렌에 관한 다음 사항 중 틀린 것은?

① 공기 중에서의 폭발범위는 수소보다 좁다.

② 아세틸렌은 구리, 은, 수은 및 그 합금과 폭발성의 화합물을 만든다.

③ 공기와 혼합되지 아니하여도 폭발하는 수가 있다.

④ 아세틸렌은 공기보다 가볍고 무색인 가스이다.

C_2H_2은 폭발범위가 2.5~81%, 모든 가연성 가스 중 폭발범위가 가장 넓다.

56 천연가스에 대한 설명 중 맞는 것은?

① 천연가스 채굴 시 상당량의 황화합물이 함유되어 있어 제거해야 한다.

② 천연가스의 주성분은 수성가스와 프로판이다.

③ 천연가스의 액화공정으로는 팽창법만을 이용한다.

④ 천연가스 채굴 시 혼합되어 있는 고분자 탄화수소 혼합물은 분리하지 않는다.

NG(천연가스)

지하에서 채취한 천연가스는 불순물을 함유하고 있으므로 제진-탈황-탈탄산 등 불순물 제거 과정을 거쳐 LNG로 제조된다. 제조된 LNG는 불순물을 제거하였으므로 청정연료라고 한다.

57 다음 중 단위가 옳게 연결된 것은?

① 엔탈피－[kcal/kg · ℃]

② 밀도－[kcal/kg]

③ 비체적－[kg/m³]

④ 열의 일 당량－[kg · m/kcal]

물리학적 단위

물리학적 개념	단 위	개 요
엔탈피	kcal/kg	단위중량당 열량(물체가 가지는 총에너지)
밀도	kg/m³(g/L)	단위체적당 질량
비체적	m³/kg(L/g)	단위질량당 체적
일의 열 당량	1/427kcal/kg · m	어떤 물체 1kg을 1m 움직이는 데 필요한 열량
열의 일 당량	427kg · m/kcal	열량 1kcal로 427kg을 1m 움직일 수 있음
엔트로피	kcal/kg · K	단위중량당 열량을 절대온도로 나눈 값
비열	kcal/kg℃	어떤 물체 1kg을 1℃ 높이는 데 필요한 열량

58 액화석유가스 설비의 내압시험압력은 얼마인가? (단, 공기, 질소 등의 기체에 의한 내압시험은 제외)

① 상용압력의 1.5배 이상

② 기밀시험압력 이상

③ 허용압력 이상

④ 설계압력의 1.5배 이상

T_P(내압시험압력)

설비별		내압 시험 압력
용기	C_2H_2 용기	$F_P\times3$ 이상
	초저온 용기	$F_P\times1.1$ 이상
	그 밖의 용기	$F_P\times\frac{5}{3}$ 이상
배관 저장탱크 (용기 이외의 모든 설비)	물로서 시험 시	㉠ 고법, LPG법 기준 : 상용압력×1.5 이상 ㉡ 냉동 제조기준 : 설계압력×1.5 이상 ㉢ 도시가스사업법 기준 : 최고사용압력×1.5 이상
	공기 질소로 시험 시	상기 압력×1.25배 이상

정답 54.③ 55.① 56.① 57.④ 58.①

59 비중이 0.58인 액화부탄가스 1L를 표준상태에서 기화시키면 약 몇 [L]가 되는가?

① 58
② 116
③ 224
④ 448

해설

액비중 0.58kg/L이므로
1L : 0.58kg (580g)
기화 시의 체적은

$$\therefore \frac{580}{58(\text{부탄의 분자량})} \times 22.4 = 224\text{L}$$

60 다음은 염소에 대하여 기술한 것이다. 이 중 틀린 것은?

① 상온 · 상압에서 황록색의 기체로 조연성이 있다.
② 강한 자극성의 취기가 있어 맹독성이 가스로 허용농도는 1ppm이다.
③ 수소와 염소의 등량 혼합기체를 염소폭명기라 한다.
④ 건조상태로 상온에서 강재에 대하여 부식성을 갖는다.

해설

$Cl_2 + H_2O \rightarrow HCl + HClO$에서
수분과 접촉 시 HCl(염산)을 생성시켜 급격히 부식을 일으킨다(단, 수분이 없는 건조상태에서는 부식을 일으키지 않는다).

정답 59.③ 60.④

제4회 CBT 기출복원문제

가스기능사	수험번호 : 수험자명 :	※ 제한시간 : 60분 ※ 남은시간 :
글자 크기 100% 150% 200% 화면 배치	전체 문제 수 : 안 푼 문제 수 :	답안 표기란 ① ② ③ ④

01 다음은 고압가스 용기의 검사 방법이다. 초저온 용기 신규 검사항목에 해당되지 않는 것은?

① 외관검사
② 용접부에 관한 방사선검사
③ 단열성능시험
④ 다공도시험

해설

다공도시험은 C_2H_2 용기에만 해당
다공도 시험(KGS Ac 214 관련)

항 목	간추린 세부 핵심 내용
용해제 및 다공물질을 고루 채운 다공도	75% 이상 92% 미만
다공도의 측정 시 온도	20℃에서 아세톤 DMF 또는 물의 흡수량으로 측정
다공물질 고형 시	아세톤 DMF 충전 후 용기벽을 따라 용기 직경의 1/200 또는 3mm를 초과하지 아니하는 틈이 있는 것은 무방

02 타 공사 시 가스 배관 주요 사고원인과 관계가 적은 것은?

① 매설상황 조사 미실시
② 실제 매설위치와 도면의 불일치
③ 도시가스사와 사전협의 합동 순회점검 체제 미흡
④ 배관의 깊이가 깊을 때

03 시안화수소 충전 시 한 용기에서 60일을 초과할 수 있는 경우는?

① 순도가 90% 이상으로서 착색되었다.
② 순도가 90% 이상으로서 착색되지 아니하였다.
③ 순도가 98% 이상으로서 착색되었다.
④ 순도가 98% 이상으로서 착색되지 아니하였다.

04 일산화탄소와 공기의 혼합가스 폭발범위는 고압일수록 어떻게 변하는가?

① 넓어진다. ② 변하지 않는다.
③ 좁아진다. ④ 일정치 않다.

압력상승 시 폭발범위와 압력과의 관계

가스별	관 계
H_2	처음에는 좁아지다가 어느 한계의 압력에서 다시 넓어진다.
CO	좁아진다.
그 밖의 가연성 가스	넓어진다.

05 다음 중 연소의 3요소가 아닌 것은?

① 가연물 ② 산소공급원
③ 점화원 ④ 인화점

06 LPG 용기보관소 경계표지의 "연"자 표시의 색상은?

① 흑색 ② 적색
③ 노란색 ④ 흰색

07 자연발화 중 산화열에 해당되는 물질은?

① 시안화수소 ② 염화비닐
③ 과산화질소 ④ 산화은

정답 01.④ 02.④ 03.④ 04.③ 05.④ 06.② 07.③

해설

산화열

구 분	핵심 내용
정의	자연발화의 한 형태로 물질이 산소와 결합 시 일어나는 반응열
해당 물질	석탄, 고무분말, 건성유, 과산화질소

※ 자연발화가 되는 열의 종류에는(산화, 흡착, 분해)열 등이 있다.

08 내부 용적이 20000L인 액화산소 저장탱크의 저장능력은 얼마인가? (단, 액비중은 1.14로 한다.) **[안전 30]**

① 10260kg ② 20520kg
③ 30400kg ④ 42450kg

액화가스 저장탱크의 저장능력

$W = 0.9dV$

$= 0.9 \times 1.14\text{kg/L} \times 20000\text{L} = 20520\text{kg}$

09 도시가스 제조설비에 설치되는 가스누출 경보설비가 경보를 울릴 경우 검지농도로 적합한 것은? **[안전 18]**

① 폭발하한계의 1/4 이하
② 폭발하한계의 1/6 이하
③ 폭발상한계의 1/4 이하
④ 폭발상한계의 1/6 이하

해설

경보장치의 경보농도

가스별	경보농도
독성(NH_3 이외)	TLV-TWA 농도기준 농도 이하
NH_3(실내 사용 시)	TLV-TWA 농도기준 50ppm 이하
가연성	폭발하한의 1/4 이하

10 압력조정기 출구에서 연소기 입구까지의 배관 및 호스는 얼마의 압력으로 기밀시험을 실시해야 하는가?

① 2.3~3.3kPa ② 5~30kPa
③ 5.6~8.4kPa ④ 8.4kPa

11 국내 일반가정에 공급되는 도시가스(LNG)의 발열량은 약 몇 [kcal/m³]인가?

① 11000kcal/m³ ② 25000kcal/m³
③ 40000kcal/m³ ④ 54000kcal/m³

해설

발열량

- LNG(11000kcal/Nm³)
- LPG(C_3H_8 : 24000kcal/Nm³)
  (C_4H_{10} : 31000kcal/Nm³)

12 굴착으로 주위가 노출된 일반 도시가스사업자 도시가스 배관(관경이 100mm 미만인 저압 배관은 제외)으로서 노출된 부분의 길이가 100m 이상인 것은 위급 시 신속히 차단할 수 있도록 노출부분 양 끝으로부터 몇 [m] 이내에 차단장치를 설치해야 하는가?

① 200m ② 300m
③ 350m ④ 500m

해설

도시가스 배관의 굴착으로 노출된 배관의 방호(KGS Fs 551) (3.1.8.6) 관련

배관길이	위급 시 조치사항
노출 길이 100m 이상 (호칭경 100mm 미만 저압관 제외)	노출부분 양 끝 300m 이내 차단장치 설치 또는 500m 이내 원격조작 가능 차단장치 설치

※ 도시가스 배관의 긴급차단장치 및 가스공급 차단장치

긴급차단장치	차단구역 수요가구 20만 가구 이하가 되도록 설정(향후 수요가구 증가 시 25만 이하로 차단구역 설정)
가스공급 차단장치	고압·중압 배관에서 분기되는 배관의 분기점 부근에 설치

13 LPG 용기 충전시설에 설치되는 긴급차단장치에 대한 기준으로 틀린 것은? **[안전 19]**

① 저장탱크 외면에서 5m 이상 떨어진 위치에서 조작하는 장치를 설치한다.
② 기상 가스 배관 중 송출 배관에는 반드시 설치한다.
③ 액상의 가스를 이입하기 위한 배관에는 역류방지밸브로 갈음할 수 있다.
④ 소형 저장탱크에는 의무적으로 설치할 필요가 없다.

정답 08.② 09.① 10.④ 11.① 12.② 13.②

14 다음 중 일반적으로 발화의 원인에 해당되지 않는 것은?

① 온도　② 조성
③ 압력　④ 용기의 재질

상기 항목 이외에 발화가 형성되는 공간의 크기와 형태

15 독성 가스 운반 시 휴대하는 보호구가 아닌 것은? **[안전 39]**

① 방독마스크　② 메가폰
③ 보호의　④ 보호장화

16 고압가스 공급자 안전점검 시 가스누출 검지기를 갖추어야 할 대상은?

① 산소
② 가연성 가스
③ 불연성 가스
④ 독성 가스

가스 종류별 공급자의 보유장비

점검장비	해당 가스
누설검지액	모든 가스(가연성, 독성, 산소불연성)
누설검지기	가연성 가스
누설시험지	독성 가스

17 LP GAS 사용 시 주의하지 않아도 되는 것은?

① 완전연소 되도록 공기조절기를 조절한다.
② 급배기가 충분히 행해지는 장소에 설치하여 사용하도록 한다.
③ 사용 시 조정기 압력은 적당히 조절한다.
④ 중간밸브 개폐는 서서히 한다.

조정기의 조정압력은 임의로 조정이 불가능하다.

18 압축 또는 액화 그 밖의 방법으로 처리 할 수 있는 가스의 용적이 1일 $100m^3$ 이상인 사업소는 표준압력계를 몇 개 이상 비치해야 하는가?

① 1　② 2
③ 3　④ 4

19 다음 중 지연성 가스에 해당되지 않는 것은?

① 염소　② 불소
③ 이산화질소　④ 이황화탄소

지연성(조연성)
O_2, 공기, O_3, NO_2, Cl_2, F_2 등
이황화탄소는 가연성(1.2~44%)이다.

20 가스도매사업의 가스공급시설 중 배관의 운전상태 감시장치가 경보를 울려야 되는 경우가 아닌 것은? **[안전 40]**

① 긴급차단밸브 폐쇄 시
② 배관 내 압력이 상용압력의 1.05배 초과 시
③ 배관 내 압력이 정상운전 압력보다 10% 이상 강하 시
④ 긴급차단밸브 회로가 고장 시

경보가 울려야 되는 경우
③ 배관 내 압력이 정상운전 압력보다 15% 이상 강하 시

21 다음은 저장설비나 가스설비를 수리 또는 청소를 할 때 가스 치환을 생략할 수 있는 조건들이다. 이 조건에 적합하지 않은 것은 어느 것인가? **[안전 41]**

① 설비들의 내용적이 $2m^3$ 이하일 경우
② 작업원이 설비 내부로 들어가지 않고 작업을 할 경우
③ 화기를 사용하지 아니하는 작업일 경우
④ 간단한 청소, 가스켓의 교환이나 이와 유사한 경미한 작업일 경우

22 LP가스의 용기보관실 바닥면적이 $3m^2$라면 통풍구의 크기는 얼마 이상으로 하여야 하는가?

① $1100cm^2$　② $900cm^2$
③ $700cm^2$　④ $500cm^2$

자연통풍구 크기 : 바닥면적의 3%($1m^2$당 $300cm^2$)
$\therefore\ 3m^2 \times 0.03 = 0.09m = 0.09 \times 10^4 = 900cm^2$

정답 14.④ 15.② 16.② 17.③ 18.② 19.④ 20.③ 21.① 22.②

23 다음 가스 중 독성이 가장 큰 것은?

① 일산화탄소
② 불소
③ 황화수소
④ 암모니아

해설

독성 가스의 허용농도

가스별	허용농도(ppm)	
	TLV-TWA	LC 50
CO	50	3760
F_2	0.1	185
H_2S	10	
NH_3	25	7338

24 방류둑의 성토 윗부분의 폭은 얼마 이상으로 해야 하는가? **[안전 15]**

① 10cm 이상 ② 15cm 이상
③ 20cm 이상 ④ 30cm 이상

25 고압가스의 저장설비 및 충전설비는 그 외면으로부터 화기를 취급하는 장소까지 얼마 이상의 우회거리를 두어야 하는가? (단, 산소 및 가연성 가스 제외)

① 1m 이상 ② 2m 이상
③ 5m 이상 ④ 8m 이상

해설

설비화기와 우회거리

구 분	우회거리
가연성 산소 에어졸 설비	8m 이상
㉠ 가연성 산소를 제외한 그 밖의 가스 ㉡ 가정용 가스시설 ㉢ 가스계량기 ㉣ 입상배관 ㉤ LPG 판매 및 충전사업자의 용기저장소	2m 이상

26 고압가스 충전시설 중 방폭성능을 갖지 않아도 되는 가스는?

① 수소 ② 일산화탄소
③ 암모니아 ④ 아세틸렌

27 다음 차량에 고정된 탱크가 있다. 차체폭이 A, 차체길이가 B라고 할 때 이 탱크의 운반 시 표시해야 하는 경계표시의 크기는? **[안전 34]**

① 가로 : $A \times 0.3$ 이상, 세로 : $B \times 0.2$ 이상
② 가로 : $B \times 0.3$ 이상, 세로 : $A \times 0.2$ 이상
③ 가로 : $A \times 0.3$ 이상, 세로 : $A \times 0.3 \times 0.2$ 이상
④ 가로 : $A \times 0.3$ 이상, 세로 : $B \times 0.3 \times 0.2$ 이상

해설

경계표의 크기
㉠ 정사각형(경계면적 $600cm^2$ 이상)
㉡ 직사각형(가로 : 차폭의 30% 이상, 세로 : 가로의 20% 이상)

28 산화에틸렌 저장탱크의 내부를 질소 또는 탄산가스로 치환하고는 몇 [℃] 이하로 유지해야 하는가?

① 5℃
② 15℃
③ 25℃
④ 35℃

29 산소없이 분해 폭발을 일으키는 물질이 아닌 것은?

① 아세틸렌
② 산화에틸렌
③ 히드라진
④ 시안화수소

해설

가스 종류별 폭발성

폭발의 종류	해당 가스
산화 폭발	모든 가연성
분해 폭발	C_2H_2, C_2H_4O, N_2H_4(히드라진)
화합(아세틸라이드) 폭발	C_2H_2
중합	HCN, C_2H_4O

정답 23.② 24.④ 25.② 26.③ 27.③ 28.① 29.④

30 지하에 매설된 도시가스 배관의 전기방식 기준으로 틀린 것은? **[안전 42]**

① 전기방식 전류가 흐르는 상태에서 토양 중에 있는 배관 등의 방식전위 상한값은 포화황산동 기준전극으로 −0.85V 이하일 것
② 전기방식 전류가 흐르는 상태에서 자연전위와의 전위변화가 최소한 −300mV 이하일 것
③ 배관에 대한 전위측정은 가능한 배관 가까운 위치에서 실시할 것
④ 전기방식시설의 관 대지전위 등을 2년에 1회 이상 점검할 것

④ 전기방식시설의 관 대지전위 등을 1년에 1회 이상 점검

상기 항목 이외에도 다음 사항이 있다.

㉠ 외부전원법에 의한 전기방식시설은 외부전원점 관 대지전위 정류기의 출력전압 전류배선의 접속상태 및 계기류 확인 등을 3개월에 1회 이상 점검
㉡ 배류법에 의한 전기방식시설은 배류점 관 대지 전위 배류기 출력전압 전류배선의 접속상태 계기류 확인 등을 3개월에 1회 이상 점검
㉢ 절연부속품 역전류 방지장치 결선 및 보호절연체의 효과는 6월에 1회 이상 점검

31 0℃, 1기압 하에서 액체산소의 비등점(B.P)은 몇 [℃]인가?

① −186 ② −196
③ −183 ④ −178

32 액화석유가스 설비 중 소형 저장탱크라 함은 용량이 얼마 미만의 것을 말하는가?

① 500kg ② 1000kg
③ 2000kg ④ 3000kg

저장탱크와 소형 저장탱크

구 분	저장능력	계산식
저장탱크	3t 이상	$W=0.9dV$
소형 저장탱크	3t 미만	$W=0.85dV$
소형 저장탱크로 시설을 설치하여야 하는 저장능력 : 500kg 이상		

33 고압 용기의 내용적이 105L인 암모니아 용기에 법정 가스 충전량은 약 몇 [kg]인가? (단, 가스상수 C값은 1.86이다.) **[안전 30]**

① 20.5kg ② 45.5kg
③ 56.5kg ④ 117.5kg

$W=\frac{V}{C}=\frac{105}{1.86}=56.5\text{kg}$

34 터보형 펌프가 아닌 것은? **[설비 9]**

① 사류 펌프 ② 다이어프램 펌프
③ 축류식 펌프 ④ 원심식 펌프

35 다음 탱크로리 충전작업 중 작업을 중단해야 하는 경우가 아닌 것은?

① 탱크 상부로 충전 시
② 과충전 시
③ 누설 시
④ 안전밸브 작동 시

탱크로리 충전작업 중 작업을 중단하여야 하는 경우

㉠ 누설 시
㉡ 과충전 시
㉢ 긴급 차단밸브, 안전밸브 작동 시
㉣ 베이퍼록 발생 시
㉤ 액압축 발생 시
㉥ 주변 화재 발생 시

36 LPG, 액화가스와 같이 저비점의 액체용 펌프에서 쓰이는 펌프의 축봉장치는?

① 싱글 시일 ② 더블 시일
③ 언밸런스 시일 ④ 밸런스 시일

37 일반 도시가스 공급시설에서 도로가 평탄할 경우 배관의 기울기는?

① $\frac{1}{50}\sim\frac{1}{100}$
② $\frac{1}{150}\sim\frac{1}{300}$
③ $\frac{1}{500}\sim\frac{1}{1000}$
④ $\frac{1}{1500}\sim\frac{1}{2000}$

정답 30.④ 31.③ 32.④ 33.③ 34.② 35.① 36.④ 37.③

38 가스액화 분리장치를 구분할 때 속하지 않는 장치는?

① 한냉발생장치 ② 정류장치
③ 불순물 제거장치 ④ 물분무장치

39 공기액화 분리장치에서 공기 중의 이산화탄소를 제거하는 이유는?

① 가스의 원활함과 밸브 및 배관에 세척을 잘 하기 때문에
② 압축기에서 토출된 가스의 압축열을 제거하기 때문에
③ 저온장치에 이산화탄소가 존재하면 고형의 드라이아이스가 되어 밸브 및 배관을 폐쇄장애를 일으키기 때문에
④ 원료가스를 저온에서 분리, 정제하기 때문에

40 다음 중 고압가스 금속재료에서 내질화성(耐窒化性)을 증대시키는 원소는?

① Ni ② Al
③ Cr ④ Mo

㉠ N_2 부식명 : 질화
㉡ 질화방지 금속 : Ni

41 원통형의 관을 흐르는 물의 중심부의 유속을 피토관으로 측정하니 정압과 동압의 차가 수주 10m이었다. 이 때 중심부의 유속은 얼마인가?

① 10m/s ② 14m/s
③ 20m/s ④ 26m/s

유속$(V)=\sqrt{2gH}$ 에서
$g=9.8\text{m/s}^2$
$H=10\text{m}$
$\therefore\ V=\sqrt{2\times9.8\times10}=14\text{m/s}$

42 가스유량계 중 그 측정원리가 다른 하나는?

① 오리피스미터 ② 벤투리미터
③ 피토관 ④ 로터미터

㉠ 차압식(오리피스 벤투리)
㉡ 차압식 및 유속식(피토관)
㉢ 면적식(로터미터)

43 대형 용기의 상부에 설치되어 있는 튜브를 상하로 움직여 직접 유체를 유출시켜 봄으로써 액면을 측정하는 것은?

① 시창식 액면계
② 슬립 튜브식 액면계
③ 정전용량식 액면계
④ 마그네트식 액면계

44 압축기의 다단압축의 목적이 아닌 것은 어느 것인가? **[설비 11]**

① 소요 일량을 절약할 수 있다.
② 힘의 평형을 이룰 수 있다.
③ 온도 상승을 피할 수 있다.
④ 압축비가 커지며 이용효율을 증가시킨다.

45 다음 고압장치 금속재료의 사용에 대하여 올바른 것은?

① LNG 저장탱크 – 고장력강
② 아세틸렌 압축기 실린더 – 주철
③ 암모니아 압력계 도관 – 동
④ 액화산소 저장탱크 – 탄소강

가스별 사용금속 재료

재료명		사용 가스
초저온용(18-8 STS, 9% Ni, Cu, Al)		액화(O_2, N_2, Ar), LNG
탄소강		C_2H_2, NH_3, Cl_2
참고	수분에 약한 가스	Cl_2, $COCl_2$, SO_2, CO_2
	Cu 사용금지 가스	C_2H_2, NH_3, H_2S

46 도시가스의 부취제는 공기 중에서 얼마의 농도에서 쉽게 감지할 수 있어야 하겠는가?

① $\frac{1}{100}$ ② $\frac{1}{200}$
③ $\frac{1}{500}$ ④ $\frac{1}{1000}$

정답 38.④ 39.③ 40.① 41.② 42.④ 43.② 44.④ 45.② 46.④

47 가스밀도가 0.25인 기체의 비체적은?

① $0.25l/g$ ② $0.25kg/l$
③ $4.0l/g$ ④ $4.0kg/l$

밀도와 비체적은 반비례 관계

$$\frac{1}{0.25} = 4.0l/g$$

48 압력에 대한 정의는?

① 단위체적에 작용되는 힘의 합
② 단위체적에 작용되는 모멘트의 합
③ 단위면적에 작용되는 힘의 합
④ 단위길이에 작용되는 모멘트의 합

49 –10℃인 얼음 10kg을 1기압에서 증기로 변화시킬 때 필요한 열량은 몇 [kcal]인가? (단, 얼음의 비열은 0.5kcal/kg · ℃, 얼음의 용해열 80kcal/kg, 물의 기화열은 539kcal/kg이다.)

① 5,400 ② 6000
③ 6240 ④ 7240

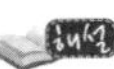
−10℃ 얼음 10kg → 수증기로 변할 때
㉠ −10℃ 얼음이 0℃ 얼음으로 변화하는 과정
$Q_1 = 10 \times 0.5 \times \{(0) - (-10)\} = 50\text{kcal}$
㉡ 0℃ 얼음이 0℃ 물로 변화하는 과정
$Q_2 = 10 \times 80 = 800\text{kcal}$
㉢ 0℃ 물이 100℃ 물로 변화하는 과정
$Q_3 = 10 \times 1 \times (100 - 0) = 1000\text{kcal}$
㉣ 100℃ 물이 100℃ 수증기로 변화하는 과정
$Q_4 = 10 \times 539 = 5390\text{kcal}$
∴ ㉠+㉡+㉢+㉣이면
50+800+1000+5390=7240kcal

50 일산화탄소가스의 용도로 알맞은 것은?

① 메탄올 합성 ② 용접 절단용
③ 암모니아 합성 ④ 섬유의 표백용

$CO + 2H_2 \rightarrow CH_3OH$(메탄올)

51 공기 100kg 중에는 산소가 약 몇 [kg] 섞여 있는가? **[설비 17]**

① 12.3kg ② 23.2kg
③ 31.5kg ④ 43.7kg

공기 중 산소의 질량(%)은 23.2%이므로

$$\therefore 100 \times \frac{23.2}{100} = 23.2\text{kg}$$

52 다음 중 확산속도가 가장 빠른 것은?

① O_2 ② N_2
③ CH_4 ④ CO_2

기체의 확산속도는 분자량의 제곱근에 반비례하므로 분자량이 적을수록 확산속도가 빠르다.

53 다음 대기압 750mmHg하에서 게이지압력이 $3.25kg/cm^2$이면, 이 때 절대압력은 약 몇 $[kg/cm^2a]$인가?

① $0.42kg/cm^2a$
② $4.27kg/cm^2a$
③ $42.7kg/cm^2a$
④ $427kg/cm^2a$

절대압력=대기압력+게이지압력

$$= 750\text{mmHg} + 3.25\text{kg/cm}^2$$
$$= \frac{750}{760} \times 1.0332\text{kg/cm}^2 + 3.25\text{kg/cm}^2$$
$$= 4.27\text{kg/cm}^2\text{a}$$

54 1atm과 다른 것은?

① $9.8N/m^2$
② 101325Pa
③ $14.7lb/in^2$
④ 10.332mAq

해설

$$1\text{atm} = 1.0332\text{kgf/cm}^2$$
$$= 1.0332 \times 9.8 \times 10^4 \text{N/m}^2$$
$$= 101325\text{N/m}^2$$

- $1\text{kgf} = 9.8\text{N}$
- $1\text{m}^2 = 10^4\text{cm}^2$

55 LPG 사용시설의 배관 중 호스의 길이는 연소기까지 몇 [m] 이내로 해야 하는가?

① 10 ② 8
③ 5 ④ 3

정답 47.③ 48.③ 49.④ 50.① 51.② 52.③ 53.② 54.① 55.④

56 고온 · 고압 하에서 암모니아 가스장치에 사용하는 금속으로 적당한 것은?

① 탄소강
② 알루미늄합금
③ 동합금
④ 18-8 스테인리스강

가스를 고온 · 고압에서 사용 시
㉠ 일반강(탄소강)은 사용하여서는 안 된다.
㉡ NH_3는 상온 · 상압에서도 Cu, Al 등과는 착이온 생성으로 부식을 일으킨다.

57 질소가스의 특징이 아닌 것은?

① 암모니아 합성원료
② 공기의 주성분
③ 방전용으로 사용
④ 산화방지제

58 표준상태 하에서 증발열이 큰 순서로 나열된 것은?

① $NH_3 - LNG - H_2O - LPG$
② $NH_3 - LPG - LNG - H_2O$
③ $H_2O - NH_3 - LNG - LPG$
④ $H_2O - LNG - LPG - NH_3$

59 주기율이 0족에 속하는 불활성 가스의 성질이 아닌 것은?

① 상온에서 기체이며, 단원자 분자이다.
② 다른 원소와 잘 화합한다.
③ 상온에서 무색, 무미, 무취의 기체이다.
④ 방전관에 넣어 방전시키면 특유의 색을 낸다.

주기율표 0족

항 목	세부 핵심 내용
가스 성질	불활성 가스
가스 종류	He, Ne, Ar, Kr, Xe, Rn
특징	안정된 가스로서 다른 원소나 화학결합을 하지 않으나 Xe(크세논)과 F_2(불소) 사이에 몇 종류의 화학결합이 있다.

60 BOG(Boil Off Gas)란 무슨 뜻인가?

① 엘엔지(LNG) 저장 중 열침입으로 발생한 가스
② 엘엔지(LNG) 저장 중 사용하기 위하여 기화시킨 가스
③ 정유탑 상부에 생성된 오프가스(Off gas)
④ 정유탑 상부에 생성된 부생가스

정답 56.④ 57.③ 58.③ 59.② 60.①

제5회 CBT 기출복원문제

가스기능사	수험번호 : 수험자명 :	※ 제한시간 : 60분 ※ 남은시간 :
글자 크기 100% 150% 200% 화면 배치	전체 문제 수 : 안 푼 문제 수 :	답안 표기란 ① ② ③ ④

01 아세틸렌 제조시설 중 가스발생기에서 최적 가스 발생온도는? **[설비 3]**

① 20~30℃
② 50~60℃
③ 90~100℃
④ 200~500℃

해설

습식 아세틸렌가스의 표면온도는 70℃ 이하–최적온도 50~60℃

‖ C_2H_2 발생기 ‖

구 분		간추린 핵심 내용
발생 형식에 따라	주수식	카바이드에 물을 넣는 형식
	투입식	물에 카바이드를 주입하는 형식
	침지식	카바이드와 물을 소량식 혼합하는 형식
발생 압력에 따라	고압식	1.3kg/cm² 이상
	중압식	0.07~1.3kg/cm² 미만
	저압식	0.07kg/cm² 미만
발생기 표면온도		70℃ 이하
발생기 최적온도		50~60℃

02 일반 도시가스사업의 가스 공급시설 중 수봉기를 설치하여야 하는 설비는?

① 최고사용압력이 고압인 차단장치
② 최고사용압력이 저압인 가스발생설비
③ 최고사용압력이 저압인 가스정제설비
④ 최고사용압력이 고압인 경보설비

03 다음 배관 중 역화방지장치를 반드시 설치하여야 할 곳은? **[안전 23]**

① 가연성 가스 압축기와 충전용 주관 사이의 배관
② 가연성 가스 압축기와 오토클레이브 사이의 배관
③ 아세틸렌 압축기의 유분리기와 고압 건조기 사이의 배관
④ 암모니아 또는 메탄올의 합성탑과 압축기 사이의 배관

해설

역화방지장치 적용시설
㉠ 가연성 가스를 압축하는 압축기와 오토클레이브 사이 배관
㉡ 아세틸렌의 고압건조기와 충전용 교체밸브 사이 배관
㉢ 아세틸렌 충전용 지관 : 수소, 산소, 아세틸렌 화염 사용시설

04 암모니아와 착이온을 생성하는 금속이 아닌 것은?

① Cu
② Zn
③ Ag
④ Fe

NH_3와 착이온 생성으로 부식을 일으키는 가스(Cu, Al, Zn)

05 가연성 가스가 폭발할 위험이 있는 장소에 전기설비를 할 경우 위험장소의 등급 분류에 해당하지 않는 것은? **[안전 46]**

① 0종 ② 1종
③ 2종 ④ 3종

해설

위험장소 분류, 가스시설 전기방폭기준(KGS Gc 201)

- 위험장소 분류 : 가연성 가스가 폭발할 위험이 있는 농도에 도달할 우려가 있는 장소(이하 "위험장소"라 한다)의 등급은 다음과 같이 분류한다.

구분	내용
0종 장소	상용의 상태에서 가연성 가스의 농도가 연속해서 폭발하한계 이상으로 되는 장소(폭발상한계를 넘는 경우에는 폭발한계 이내로 들어갈 우려가 있는 경우를 포함한다)
1종 장소	상용상태에서 가연성 가스가 체류해 위험하게 될 우려가 있는 장소, 정비보수 또는 누출 등으로 인하여 종종 가연성 가스가 체류하여 위험하게 될 우려가 있는 장소
2종 장소	㉠ 밀폐된 용기 또는 설비 안에 밀봉된 가연성 가스가 그 용기 또는 설비의 사고로 인하여 파손되거나 오조작의 경우에만 누출할 위험이 있는 장소 ㉡ 확실한 기계적 환기조치에 따라 가연성 가스가 체류하지 아니하도록 되어 있으나 환기장치에 이상이나 사고가 발생한 경우에는 가연성 가스가 체류해 위험하게 될 우려가 있는 장소 ㉢ 1종장소의 주변 또는 인접한 실내에서 위험한 농도의 가연성 가스가 종종 침입할 우려가 있는 장소

[해당 사용 방폭구조]

0종 : 본질안전방폭구조

1종 : 본질안전방폭구조, 유입방폭구조, 압력방폭구조, 내압방폭구조

2종 : 본질안전방폭구조, 유입방폭구조, 내압방폭구조, 압력방폭구조, 안전증방폭구조

- 가스시설 전기방폭기준

종 류	표시방법	정 의
내압방폭구조	(d)	방폭전기기기의 용기(이하 "용기") 내부에서 가연성 가스의 폭발이 발생할 경우 그 용기가 폭발압력에 견디고, 접합면, 개구부 등을 통해 외부의 가연성 가스에 인화되지 않도록 한 구조를 말한다.
유입방폭구조	(o)	용기 내부에 절연유를 주입하여 불꽃·아크 또는 고온발생부분이 기름 속에 잠기게 함으로써 기름면 위에 존재하는 가연성 가스에 인화되지 않도록 한 구조를 말한다.
압력방폭구조	(p)	용기 내부에 보호 가스(신선한 공기 또는 불활성 가스)를 압입하여 내부압력을 유지함으로써 가연성 가스가 용기 내부로 유입되지 않도록 한 구조를 말한다.
안전증방폭구조	(e)	정상운전 중에 가연성 가스의 점화원이 될 전기불꽃·아크 또는 고온부분 등의 발생을 방지하기 위해 기계적, 전기적 구조상 또는 온도상승에 대해 특히 안전도를 증가시킨 구조를 말한다.
본질안전방폭구조	(ia) (ib)	정상 시 및 사고(단선, 단락, 지락 등) 시에 발생하는 전기불꽃·아크 또는 고온부로 인하여 가연성 가스가 점화되지 않는 것이 점화시험, 그 밖의 방법에 의해 확인된 구조를 말한다.
특수방폭구조	(s)	상기 구조 이외의 방폭구조로서 가연성 가스에 점화를 방지할 수 있다는 것이 시험, 그 밖의 방법으로 확인된 구조를 말한다.

- 방폭기기 선정

▌내압방폭구조의 폭발등급▐

최대안전틈새 범위(mm)	0.9 이상	0.5 초과 0.9 미만	0.5이하
가연성 가스의 폭발등급	A	B	C
방폭전기기기의 폭발등급	IIA	IIB	IIC

[비고] 최대안전틈새는 내용적이 8리터이고, 틈새 깊이가 25mm인 표준용기 안에서 가스가 폭발할 때 발생한 화염이 용기 밖으로 전파하여 가연성 가스에 점화되지 않는 최대값

▌본질안전구조의 폭발등급▐

최소점화전류비의 범위(mm)	0.8 초과	0.45 이상 0.8 이하	0.45 미만
가연성 가스의 폭발등급	A	B	C
방폭전기기기의 폭발등급	IIA	IIB	IIC

[비고] 최소점화전류비는 메탄가스의 최소점화전류를 기준으로 나타낸다.

▌가연성 가스 발화도 범위에 따른 방폭전기기기의 온도등급▐

가연성 가스의 발화도(℃) 범위	방폭전기기기의 온도등급
450 초과	T1
300 초과 450 이하	T2
200 초과 300 이하	T3
135 초과 200 이하	T4
100 초과 135 이하	T5
85 초과 100 이하	T6

• 기타 방폭전기기기 설치에 관한 사항

기기 분류	간추린 핵심 내용
용기	방폭성능을 손상시킬 우려가 있는 유해한 흠, 부식, 균열, 기름 등 누출부위가 없도록 할 것
방폭전기기기 결합부의 나사류를 외부에서 조작 시 방폭성능 손상우려가 있는 것	드라이버, 스패너, 플라이어 등의 일반 공구로 조작할 수 없도록 한 자물쇠식 죄임구조로 할 것
방폭전기기기 설치에 사용되는 정션박스, 푸울박스 접속함	내압방폭구조 또는 안전증방폭구조
조명기구 천장, 벽에 메어 달 경우	바람진동에 견디도록 하고 관이 길이를 짧게 한다.

• 도시가스 공급시설에 설치하는 정압기실 및 구역압력조정기실 개구부와 RTU(Remote Terminal Unit) box와 유지거리

지구정압기 건축물 내 지역정압기 및 공기보다 무거운 가스를 사용하는 지역정압기	4.5m 이상
공기보다 가벼운 가스를 사용하는 지역정압기 및 구역압력조정기	1m 이상

06 다음 중 폭발범위가 넓은 것부터 좁은 순서로 옳게 나열한 것은?

① H_2, C_2H_2, CH_4, CO
② CH_4, CO, C_2H_2, H_2
③ C_2H_2, H_2, CO, CH_4
④ C_2H_2, CO, H_2, CH_4

폭발범위

가스명	폭발범위(%)
C_2H_2	2.5~81
H_2	4~75
CO	12.5~74
CH_4	5~15

07 압축기의 윤활에 대한 설명 중 옳은 것은 어느 것인가? **[설비 10]**

① 수소 압축기의 윤활유에는 양질의 광유(鑛油)가 사용된다.
② 아세틸렌 압축기의 윤활에는 물이 사용된다.
③ 산소 압축기의 윤활에는 진한 황산이 사용된다.
④ 염소 압축기의 윤활에는 식물성유가 사용된다.

각종 가스의 윤활제
㉠ 아세틸렌(양질의 광유)
㉡ 산소(물, 10% 이하 글리세린)
㉢ 염소(진한 황산)

08 도시가스 사용시설 중 호스의 길이는 연소기까지 몇 [m] 이내로 하여야 하는가?

① 1 ② 2
③ 3 ④ 4

호스의 길이

구분	호스 길이(m)
배관 중 호스 길이	3m 이내
LPG 자동차 충전기 호스 길이	5m 이내

09 차량에 고정된 고압가스 탱크를 운행할 경우에 휴대해야 할 서류가 아닌 것은 어느 것인가? **[안전 43]**

① 차량등록증
② 탱크테이블(용량 환산표)
③ 고압가스 이동계획서
④ 탱크 제조시방서

10 부탄(C_4H_{10})의 위험도는 약 얼마인가? (단, 폭발범위는 1.8~8.4%이다.)

① 1.23 ② 2.27
③ 3.67 ④ 4.58

$$\text{위험도}=\frac{\text{폭발한계상한}-\text{폭발한계하한}}{\text{폭발한계하한}}$$
$$=\frac{8.4\%-1.8\%}{1.8\%}=3.67$$

※ 위험도는 단위가 없는 무차원임. (%)의 단위를 붙이면 실기시험에서는 오답이 된다.

11 독성 가스 저장탱크에 과충전방지장치를 설치하고자 한다. 과충전방지장치는 가스충전량이 저장탱크 내용적의 몇 [%]를 초과하는 것을 방지하기 위하여 설치하는가?

① 80 ② 85
③ 90 ④ 95

정답 06.③ 07.① 08.③ 09.④ 10.③ 11.③

12 유독성 가스를 검지하고자 할 때 하리슨 시험지를 주로 사용하는 가스는? **[안전 22]**

① 염소 ② 아세틸렌
③ 황화수소 ④ 포스겐

13 일반 도시가스 공급시설에 설치하는 정압기의 분해점검 주기는 어떻게 정하여져 있는가? (단, 단독 사용자에게 공급하기 위한 정압기는 제외한다.) **[안전 44]**

① 1년에 1회 이상
② 2년에 1회 이상
③ 3년에 1회 이상
④ 1주일에 1회 이상

14 가연성 가스를 취급하는 장소에서 사용하는 공구 등의 재질로 불꽃이 가장 많이 발생되는 것으로 볼 수 있는 것은?

① 고무
② 알루미늄합금
③ 가죽
④ 나무

가연성 취급공장에서 불꽃이 발생되지 않는 안전용공구의 재료
㉠ 나무
㉡ 고무
㉢ 가죽
㉣ 플라스틱
㉤ 베릴륨 및 베아론합금
※ 금속제 공구 사용 시 불꽃 발생으로 폭발 우려

15 LP가스를 용기에 의해 수송할 때의 설명으로 틀린 것은?

① 용기 자체가 저장설비로 이용될 수 있다.
② 소량 수송의 경우 편리한 점이 많다.
③ 취급 부주의로 인한 사고의 위험 등이 수반된다.
④ 용기의 내용적을 모두 채울 수 있어 가스의 누설이 전혀 발생되지 않는다.

16 고압가스 충전용기는 항상 몇 [℃] 이하로 유지해야 하는가?

① 10℃ ② 30℃
③ 40℃ ④ 50℃

17 공업용 산소용기의 문자 색상은? **[안전 3]**

① 백색 ② 적색
③ 흑색 ④ 녹색

18 다음 중 허용농도 1ppb에 해당하는 것은?

① $\frac{1}{10^3}$
② $\frac{1}{10^6}$
③ $\frac{1}{10^9}$
④ $\frac{1}{10^{10}}$

19 가스도매사업의 가스 공급시설 중 배관을 지하에 매설할 때의 기준으로 틀린 것은 어느 것인가? **[안전 1]**

① 배관은 그 외면으로부터 수평거리로 건축물까지 1.0m 이상으로 할 것
② 배관은 그 외면으로부터 지하의 다른 시설물과 0.3m 이상으로 할 것
③ 배관을 산과 들에 매설할 때는 지표면으로부터 배관의 외면까지의 매설깊이를 1m 이상으로 할 것
④ 굴착 및 되메우기는 안전확보를 위하여 적절한 방법으로 실시할 것

도시가스사업법 시행규칙 별표 5
① 건축물과 수평거리 1.5m 이상 유지

20 폭발성 혼합가스에서 폭발 등급 2급의 안전 간격은? **[안전 46]**

① 0.1~0.3mm ② 0.4~0.6mm
③ 0.8~1.0mm ④ 1.5~2.0mm

정답 12.④ 13.② 14.② 15.④ 16.③ 17.① 18.③ 19.① 20.②

21 일반 도시가스사업의 가스 공급시설 중 최고사용압력이 저압인 유수식 가스홀더에 갖추어야 할 기준으로 틀린 것은? **[설비 18]**

① 모든 관의 입·출구에는 신축을 흡수하는 조치를 반드시 할 것
② 가스 방출장치를 설치한 것일 것
③ 수조에 물공급관과 물이 넘쳐 빠지는 구멍을 설치한 것일 것
④ 봉수의 동결방지 조치를 한 것일 것

해설

가스홀더 분류 및 특징

<table>
<tr><th>분 류</th><th colspan="4">종 류</th></tr>
<tr><td>정의</td><td colspan="4">공장에서 정제된 가스를 저장, 가스의 질을 균일하게 유지, 제조량·수요량을 조절하는 탱크</td></tr>
<tr><th colspan="5">분 류</th></tr>
<tr><th colspan="2">중·고압식</th><th colspan="3">저압식</th></tr>
<tr><td>원통형</td><td>구형</td><td colspan="2">유수식</td><td>무수식</td></tr>
<tr><th colspan="5">종류별 특징</th></tr>
<tr><td>구형</td><td colspan="4">㉠ 가스 수요의 시간적 변동에 대하여 제조량을 안정하게 공급하고 남는 것은 저장
㉡ 정전배관공사 공급설비의 일시적 지장에 대하여 어느 정도 공급 확보
㉢ 각 지역에 가스홀더를 설치, 피크 시 공급과 동시 배관 수송효율을 높인다.</td></tr>
<tr><td>유수식</td><td colspan="4">㉠ 물로 인한 기초공사비가 많이 든다.
㉡ 물탱크의 수분으로 습기가 있다.
㉢ 추운 곳에 물의 동결방지조치가 필요하다.
㉣ 유효 가동량이 구형에 비해 크다.</td></tr>
<tr><td>무수식</td><td colspan="4">㉠ 대용량 저장에 사용된다.
㉡ 물탱크가 없어 기초가 간단하고 설치비가 적다.
㉢ 건조 상태로 가스가 저장된다.
㉣ 작업 중 압력변동이 적다.</td></tr>
</table>

22 다음 내용 중 역화의 원인이 아닌 것은 어느 것인가?

① 염공이 적게 되었을 때
② 버너 위에 큰 용기를 올려서 장시간 사용할 경우
③ 가스의 압력이 너무 낮을 때
④ 콕이 충분히 열리지 않았을 때

23 저장능력이 23000kg인 액화석유가스의 저장탱크와 제2종 보호시설과의 안전거리 기준은 몇 [m]이어야 하는가? **[안전 7]**

① 16 ② 18
③ 20 ④ 21

해설

LPG
㉠ 가스 종류 : 가연성
㉡ 저장능력 2만 초과 3만 이하
1종 : 24m, 2종 : 16m

24 고압가스 제조시설에서 긴급사태 발생 시 필요한 연락을 신속히 할 수 있도록 설치해야 할 통신설비 중 현장사무소 상호간에 설치하여야 할 통신설비가 아닌 것은? **[안전 48]**

① 페이징 설비 ② 구내 전화
③ 인터폰 ④ 메가폰

25 일정압력 20℃에서 체적 1L의 가스는 40℃에서는 약 몇 [L]가 되는가?

① 1.07 ② 1.21
③ 1.30 ④ 1.41

$\frac{P_1 V_1}{T_1} = \frac{P_2 V_2}{T_2}$ 에서 $(P_1 = P_2)$

$\therefore V_2 = \frac{V_1 T_2}{T_1} = \frac{1 \times (273+40)}{(273+20)} = 1.07\text{L}$

26 고압가스 특정 제조시설의 배관시설에 검지경보장치의 검출부를 설치하여야 하는 장소가 아닌 것은? **[안전 16]**

① 긴급차단장치의 부분
② 방호구조물 등에 의하여 개방되어 설치된 배관의 부분
③ 누출된 가스가 체류하기 쉬운 구조인 배관의 부분
④ 슬리브관, 이중관 등에 의하여 밀폐되어 설치된 배관의 부분

KGS Fp 111(2.6.2.3) 관련
② 방호구조물에 의하여 (개방되어) → (밀폐되어)

정답 21.① 22.① 23.① 24.④ 25.① 26.②

27 고압인 도시가스 공급시설은 통로, 공지 등으로 구획된 안전구역 안에 설치하되 그 안전구역 면적은 몇 [m^2] 미만이어야 하는가?

① 10000 ② 20000
③ 30000 ④ 40000

도시가스사업법 시행규칙 별표 5
가스도매사업의 가스 공급시설 기술기준 중 안전성 평가기준

항 목	이격거리
LPG 저장처리설비 외면에서 보호시설	30m 이상
제조공급소의 가스공급시설 화기와 우회거리	8m 이상
고압가스 공급시설 안전구역 면적	2만m^2 미만
안전구역 내 고압가스 공급시설과 고압가스 공급시설	30m 이상
LNG 저장탱크와 처리능력 20만m^3 압축기	30m 이상
가스공급시설과 제조소 경계까지	20m 이상

28 고압가스 일반 제조시설의 처리설비를 실내에 설치하는 경우에 처리설비실의 천장, 벽 및 바닥의 두께가 몇 [cm] 이상인 철근콘크리트로 하여야 하는가?

① 20 ② 30
③ 40 ④ 60

29 가스의 위험성에 대한 설명 중 틀린 것은?

① 가연성 가스의 고압 배관밸브를 급격히 열면 배관 내의 철, 녹 등이 급격히 움직여 발화의 원인이 된다.
② 염소와 암모니아가 접촉할 때 염소 과잉의 경우는 대단히 강한 폭발성 물질은 NCl_3를 생성하고 사고발생의 원인이 된다.
③ 아르곤은 수은과 접촉하면 위험한 성질인 아르곤수은을 생성하여 사고발생의 원인이 된다.
④ 아세틸렌은 동(銅) 등과 반응하여 금속 아세틸라이드를 생성하여 사고발생의 원인이 된다.

Ar
㉠ 원자번호 : 18
㉡ 원자량 : 40g
㉢ 불활성으로 다른 금속과 접촉하여도 위험성이 없다.

30 도시가스의 유해성분 측정 대상이 아닌 것은?

① 황 ② 황화수소
③ 이산화탄소 ④ 암모니아

도시가스 유해성분 측정

측정 대상가스	초과금지 양
황	0.5g
황화수소	0.02g
암모니아	0.2g

31 스크루 펌프는 어느 형식의 펌프에 해당 하는가? **[설비 9]**

① 축류 펌프 ② 원심 펌프
③ 회전 펌프 ④ 왕복 펌프

펌프의 분류

용적형		터보형			
왕복	회전	원심		축류	사류
		벌류트	터빈		
피스톤, 플런저, 다이어프램	기어, 나사(스크루), 베인	안내베인이 없는 원심펌프	안내베인이 있는 원심펌프		

32 가스 배관의 배관경로의 결정에 대한 설명 중 옳지 않은 것은?

① 가능한 한 최단거리로 할 것
② 구부러지거나 오르내림을 적게 할 것
③ 가능한 한 은폐하거나 매설할 것
④ 가능한 한 옥외에 설치할 것

가스 배관경로 선정 시 유의사항
㉠ 최단거리로 할 것(최단)
㉡ 구부러지거나 오르내림이 적게 할 것=직선배관으로 할 것(직선)
㉢ 은폐매설을 피할 것=노출하여 시공할 것(노출)
㉣ 가능한 한 옥외에 설치할 것(옥외)

정답 27.② 28.② 29.③ 30.③ 31.③ 32.③

33 다음 암모니아 합성공정 중 고압합성에 이용되고 있는 방법은?

① 케미그법 ② 구데법
③ 케로그법 ④ 클로드법

- 고압법(클로드법, 카자레법)
- 중압법(IG법, 동공시법)
- 저압법(구데법, 케로그법)

❙ NH_3 합성법 ❙

하버보시법에 의한 제조반응식				$N_2+3H_2 \rightarrow 2NH_3$	
고압법		중압법		저압법	
압력(MPa)	종류	압력(MPa)	종류	압력(MPa)	종류
60~100	클로드법 카자레법	30 전후	IG법, 동공시법 등 고압 저압 이외의 방법	15	케미그법 구데법

34 펌프를 운전할 때 송출압력과 송출유량이 주기적으로 변동하여 펌프의 토출구 및 흡입구에서 압력계의 지침이 흔들리는 현상은 어느 것인가? **[설비 8]**

① 공동현상(Cavitation)
② 맥동현상(Surging)
③ 수격작용(Water hammering)
④ 진동현상(Vibration)

원심 펌프에서 발생되는 이상현상

이상현상의 종류		핵심 내용
베이퍼록	정의	저비등점을 가진 액화가스를 이송 시 펌프 입구에서 발생되는 현상으로 액의 끓음에 의한 동요현상을 일으킴
	방지법	㉠ 흡입관경을 넓힌다. ㉡ 회전수를 낮춘다. ㉢ 펌프설치 위치를 낮춘다. ㉣ 실린더라이너를 냉각시킨다. ㉤ 외부와 단열조치한다.
수격작용(워터해머)	정의	관속을 충만하여 흐르는 대형 송수관로에서 정전 등에 의한 심한 압력변화가 생기면 심한 속도변화를 일으켜 물이 가지고 있는 힘의 세기가 해머를 내려치는 힘과 같아 워터해머라 부름
	방지법	㉠ 펌프에 플라이휠(관성차)을 설치한다. ㉡ 관내유속(1m/s 이하)을 낮춘다. ㉢ 조압수조를 관선에 설치한다. ㉣ 밸브를 송출구 가까이 설치하고 적당히 제어한다.
서징(맥동)현상	정의	펌프를 운전 중 규칙바르게 양정 유량 등이 변동하는 현상
	발생조건	㉠ 펌프의 양정곡선이 산고곡선이고 그 곡선의 산고상승부에서 운전 시 ㉡ 배관 중 물탱크나 공기탱크가 있을 때 ㉢ 유량조절밸브가 탱크 뒤측에 있을 때

〈원심압축 시의 서징〉

1. 정의 : 압축기와 송풍기 사이에 토출측 저항이 커지면 풍량이 감소하고 어느 풍량에 대하여 일정압력으로 운전되나 우상특성의 풍량까지 감소되면 관로에 심한 공기의 맥동과 진동을 발생하여 불안정 운전이 되는 현상
2. 방지법
   ㉠ 우상특성이 없게 하는 방식
   ㉡ 방출밸브에 의한 방법
   ㉢ 회전수를 변화시키는 방법
   ㉣ 교축밸브를 기계에 근접시키는 방법

※ 우상특성 : 운전점이 오른쪽 상하부로 치우치는 현상

35 양면간에 복지방지용 시일드 판으로서 알루미늄박과 스페이서로서의 글라스울을 서로 다수 포개어 고진공 중에 두는 단열 방법은? **[장치 27]**

① 상압 단열법
② 고진공 단열법
③ 다층진공 단열법
④ 분말진공 단열법

36 가스용기 재료의 구비조건으로 옳지 않은 것은?

① 경량이고 충분한 흡습성이 있을 것
② 저온 및 사용온도에 견딜 것
③ 내식성, 내마모성이 있을 것
④ 용접성 및 가공성이 좋을 것

흡습성 → 용기부식을 일으킴

정답 33.④ 34.② 35.③ 36.①

37 금속재료에서 고온일 때의 가스에 의한 부식에 해당하지 않는 것은? **[설비 6]**

① 수소에 의한 강의 탈탄
② 황화수소에 의한 황화
③ 탄산가스에 의한 카보닐화
④ 산소에 의한 산화

③ CO에 의한 카보닐(침탄)

38 용기용 밸브는 가스 충전구의 형식에 따라 분류된다. 가스 충전구에 나사가 없는 것은 어느 것인가? **[안전 37]**

① A형　② B형
③ C형　④ AB형

용기밸브 충전구 나사 형식

구 분	세부 핵심 내용
왼나사	NH_3, CH_3Br을 제외한 모든 가연성 가스
오른나사	NH_3, CH_3Br을 포함한 가연성 이외의 가스
A형	충전구 나사가 숫나사
B형	충전구 나사가 암나사
C형	충전구에 나사가 없음

39 백금 로듐-백금 열전대 온도계의 온도 측정범위로 옳은 것은? **[장치 8]**

① −180∼−350℃　② −20∼−800℃
③ 0∼1,600℃　④ 300∼2000℃

40 양정 90m, 유량 $90m^3/h$의 송수 펌프의 소요동력은 약 몇 [kW]인가? (단, 펌프의 효율은 60%이다.)

① 30.6　② 36.8
③ 50.2　④ 56.8

$$L_{kW} = \frac{\gamma \cdot Q \cdot H}{102\eta}$$

여기서, γ(비중량) : $1000kg/m^3$
Q(유량) : $90m^3/h = 90/3600s$
H(양정) : 90m
η(효율) : 0.6

$$= \frac{1,000 \times (90/3,600) \times 90}{102 \times 0.6}$$
$= 36.8kW$

41 오토클레이브(Auto Clave)에 대한 설명 중 옳지 않은 것은?

① 압력은 일반적으로 부르동관식 압력계로 측정한다.
② 오토클레이브의 재질은 사용범위가 넓은 탄소강이 주로 사용된다.
③ 오토클레이브에는 정치형, 교반형, 진탕형 등이 있다.
④ 오토클레이브의 부속장치로는 압력계, 온도계, 안전밸브 등이 있다.

42 주로 탄광 내에서 CH_4의 발생을 검출하는데 사용되며 청염(푸른 불꽃)의 길이로써 그 농도를 알 수 있는 가스 검지기는? **[장치 26]**

① 안전등형　② 간섭계형
③ 열선형　④ 흡광 광도형

43 관 내에 흐르고 있는 물의 속도가 6m/s일 때 속도수두는 몇 [m]인가?

① 1.22　② 1.84
③ 2.62　④ 2.82

속도수두 $H = \frac{V^2}{2g}$

여기서, V : 유속(6m/s), g : 중력가속도($9.8m/s^2$)

$\therefore \frac{6^2}{2 \times 9.8} = 1.84m$

44 비점이 점차 낮은 냉매를 사용하여 저비점의 기체를 액화하는 사이클은? **[장치 24]**

① 클로드 액화 사이클
② 캐스케이드 액화 사이클
③ 필립스 액화 사이클
④ 린데 액화 사이클

45 LP가스의 이송설비 중 압축기에 의한 공급방식에 대한 설명으로 틀린 것은? **[설비 1]**

① 이송시간이 짧다.
② 베이퍼록 현상의 우려가 없다.
③ 재액화의 우려가 없다.
④ 잔가스 회수가 용이하다.

정답 37.③ 38.③ 39.③ 40.② 41.② 42.① 43.② 44.② 45.③

46 일산화탄소와 염소를 활성탄 촉매하에서 반응시켰을 때 주로 얻을 수 있는 것은?

① 카르보닐 ② 카르복실산
③ 사염화탄소 ④ 포스겐

$CO + Cl_2 \xrightarrow{\text{촉매↓(활성탄)}} COCl_2$(포스겐) 생성

47 장기간 보존하면 수분과 반응하여 중합 폭발을 일으키는 가스는?

① 메탄 ② 시안화수소
③ 수소 ④ 아세틸렌

48 에틸렌(C_2H_4)이 수소와 반응할 때 일으키는 반응은?

① 환원반응 ② 분해반응
③ 제거반응 ④ 부가반응

49 밀도의 단위로 옳은 것은?

① g/s^2 ② l/g
③ g/cm^3 ④ lb/in^2

50 액체의 높이가 4m이며 이 액체의 비중을 0.68이라고 할 때 수은주의 높이는 몇 [cm]인가? (단, 수은의 비중은 13.6이다.)

① 10 ② 20
③ 40 ④ 80

액비중×액면높이 = 액비중′×액면높이′

$\therefore$ 높이′ $= \dfrac{\text{액비중} \times \text{높이}}{\text{액비중}'}$

$S_1 h_1 = S_2 h_2$

여기서, S_1 : 처음의 액비중 : 0.68
h_1 : 처음의 액면높이 : 4m
S_2 : 나중의 액비중 : 13.6
h_2 : 나중의 액면높이 : x

$\therefore h_2 = \dfrac{0.68 \times 400}{13.6} = 20\text{cm}$

51 다음 중 기화열이 가장 큰 것은?

① 암모니아 ② 메탄
③ 프로판 ④ 시안화수소

기화열 : 암모니아(301.8kcal/kg), 메탄(85.7kcal/kg), 프로판(101.8kcal/kg), 시안화수소(223kcal/kg)

52 다음 중 약 −195.8℃의 비점을 가진 기체는?

① 산소 ② 질소
③ 이산화탄소 ④ 수소

비등점

가스별	비등점(℃)
O_2	−183
N_2	−196
CO_2	−78.5
H_2	−252

53 다음 가스 중 무색 · 무취가 아닌 것은?

① O_2 ② N_2
③ CO_2 ④ O_3

54 염소에 대한 설명으로 옳지 않은 것은?

① 황록색의 기체이다.
② 상수도 살균용으로 사용된다.
③ 염소가스 누출 시에는 다량의 물로 씻어낸다.
④ 수소와 혼합하면 염소폭명기가 되어 격렬히 폭발한다.

염소가스는 물과 혼합 시 염산 생성으로 급격한 부식이 생성되며 제독제는 다음과 같다.
㉠ 가성소다수용액
㉡ 탄산소다수용액
㉢ 소석회 등이 사용

55 다음 중 1기압(1atm)과 같지 않은 것은?

① 760mmHg
② 0.9807bar
③ $10.332mH_2O$
④ 101.3kPa

$1atm = 760mmHg = 1.01325bar$
$= 10.332mH_2O = 101.3kPa$
$= 14.7PSI = 0.101325MPa$

정답 46.④ 47.② 48.④ 49.③ 50.② 51.① 52.② 53.④ 54.③ 55.②

56 10kg의 물체를 온도 10℃에서 40℃까지 올리는 데 소요되는 열량은 약 몇 [kcal]인가? (단, 이 물체의 비열은 0.24kcal/kg · ℃이다.)

① 24 ② 72
③ 120 ④ 300

온도변화가 있으므로
현열공식 $Q=G\cdot C\cdot \Delta t$
여기서, G : 10kg
C : 0.24kcal/kg · ℃
Δt : 40−10=30℃
∴ $Q=10\times0.24\times30=72$kcal

57 압력단위에 대한 설명 중 옳은 것은?

① 절대압력＝게이지압력＋대기압
② 절대압력＝대기압＋진공압
③ 대기압은 진공압보다 낮다.
④ 1atm은 1033.2kg/cm^{2}이다.

② 절대압력＝대기압－진공압력
③ 진공압력 : (－)의 의미를 가지는 대기압력보다 낮은 압력
④ 1atm＝1.0332kg/cm^2

58 다음 중 수소가스의 특징이 아닌 것은 어느 것인가?

① 가연성 기체이다.
② 열에 대하여 불안정하다.
③ 확산속도가 빠르다.
④ 폭발범위가 넓다.

59 LP가스의 성질에 대한 설명 중 옳은 것은?

① 무색 투명하고 물에 잘 녹는다.
② 기체는 공기보다 가볍다.
③ 상온, 상압에서 액체이다.
④ 석유류 또는 동식물유, 천연고무를 잘 용해시킨다.

㉠ 무색 투명하고 물에 녹지 않는다.
㉡ 기체는 공기보다 무겁다.
㉢ 상온, 상압 시 기체, 가압 냉각 시 액체
㉣ 석유류, 동식물류, 천연고무는 용해시키므로 패킹제로는 합성고무제인 실리콘 고무줄을 사용한다.

60 액상의 LP가스와 물을 밀폐용기 안에 넣었을 경우에 어떻게 되겠는가?

① 물이 액상의 LP가스 위에 떠 있는 상태가 된다.
② 액상의 LP가스가 물 위에 떠 있는 상태가 된다.
③ 액상의 LP가스가 물에 용해되어 섞인 상태가 된다.
④ 액상의 LP가스가 물 중앙부에 위치하게 된다.

물의 비중은 1, LP가스의 액비중은 0.5이므로 혼합 시 비중이 무거운 물은 하부에 가라앉고 LP가스는 상부에 떠 있다.

정답 56.② 57.① 58.② 59.④ 60.②

M · E · M · O

M · E · M · O

M · E · M · O

M · E · M · O

M · E · M · O

가스기능사 필기
필수이론+기출문제집

2017. 3. 10. 초 판 1쇄 발행
2025. 1. 8. 개정 8판 1쇄(통산 14쇄) 발행

지은이 | 양용석
펴낸이 | 이종춘
펴낸곳 | BM (주)도서출판 성안당
주소 | 04032 서울시 마포구 양화로 127 첨단빌딩 3층(출판기획 R&D 센터)
| 10881 경기도 파주시 문발로 112 파주 출판 문화도시(제작 및 물류)
전화 | 02) 3142-0036
| 031) 950-6300
팩스 | 031) 955-0510
등록 | 1973. 2. 1. 제406-2005-000046호
출판사 홈페이지 | **www.cyber.co.kr**
ISBN | 978-89-315-8468-4 (13530)
정가 | 32,000원

이 책을 만든 사람들
책임 | 최옥현
진행 | 박현수
교정 · 교열 | 채정화
전산 · 편집 | 이지연
표지 디자인 | 박현정
홍보 | 김계향, 임진성, 김주승, 최정민
국제부 | 이선민, 조혜란
마케팅 | 구본철, 차정욱, 오영일, 나진호, 강호묵
마케팅 지원 | 장상범
제작 | 김유석